高等代数选讲

（第二版）

GAODENG

DAISHU

XUANJIANG

罗家贵 主编

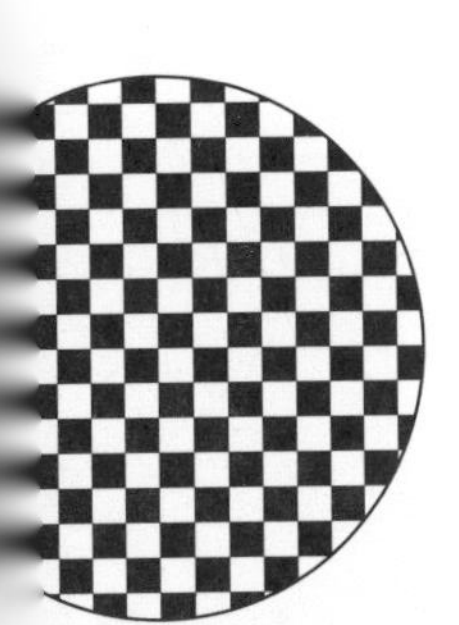

西南财经大学出版社

中国·成都

图书在版编目(CIP)数据

高等代数选讲/罗家贵主编.—2版.—成都:西南财经大学出版社,2023.6
ISBN 978-7-5504-5818-5

Ⅰ.①高… Ⅱ.①罗… Ⅲ.①高等代数—高等学校—教学参考资料
Ⅳ.①O15

中国国家版本馆 CIP 数据核字(2023)第113118号

高等代数选讲(第二版)

罗家贵 主编

责任编辑:李特军
责任校对:陈何真璐
封面设计:墨创文化
责任印制:朱曼丽

出版发行	西南财经大学出版社(四川省成都市光华村街55号)
网　　址	http://cbs.swufe.edu.cn
电子邮件	bookcj@swufe.edu.cn
邮政编码	610074
电　　话	028-87353785
照　　排	四川胜翔数码印务设计有限公司
印　　刷	郫县犀浦印刷厂
成品尺寸	185mm×260mm
印　　张	20
字　　数	499千字
版　　次	2023年6月第2版
印　　次	2023年6月第1次印刷
印　　数	1—2000册
书　　号	ISBN 978-7-5504-5818-5
定　　价	49.80元

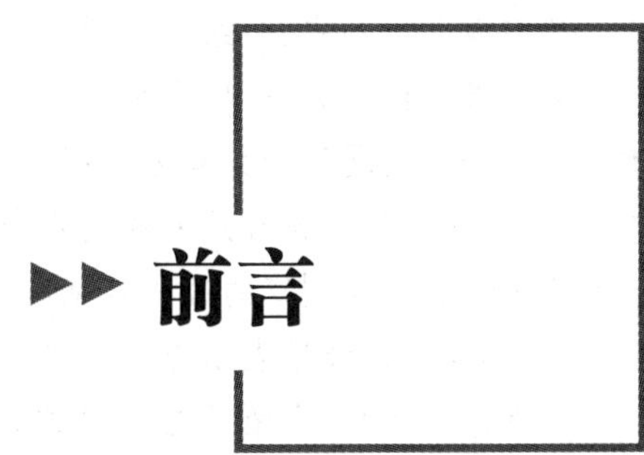

▶▶ 前言

党的二十大报告明确提出“教育、科技、人才是全面建设社会主义现代化国家的基础性、战略性的支撑，科技是第一生产力，人才是第一资源，创新是第一动力”.同时，党的二十大报告还特别提出要加强教材建设和管理.为了贯彻党的十二大精神，建设符合新时代需要的教材，作者对第一版教材进行了认真修订，目的在于教会学生运用所学高等代数知识轻松解题.本书不仅适合广大数学专业学习者使用，也可以作为高校教师和数学专业学生学习高等代数的教、学参考书，同时也可作为报考研究生同学复习高等代数的参考书.

一、本书特点

1. 目标明确.本书的编写目的就是教会学生利用所学高等代数知识轻松解题，学会解题的方法、思路和解题格式规范.

2. 内容实用.本书介绍的解题方法都是高等代数教材习题解答需要的，也是考试常考到的，特别是研究生入学考试常考到的. 运用这些方法能解答教材中出现的高等代数习题和研究生入学考试中出现的试题.

3. 结构合理.本书每一章都包含三节内容，第一节介绍高等代数习题与试题中的基本题型及其常用解题方法（指明解题依据，题型分类既按照北大版教材分为九章，又不拘泥于知识分类，凡相近题型归入同一章，例如行列式计算问题都归入第二章），实际上就是指明了这种题型所关联的是哪些基本知识；第二节为例题选讲（与第一节的基本题型分类对比举例）；第三节为北大与北师大版教材习题、各高校研究生入学高等代数试题（均配有答案，读者扫描对应的二维码即可查看）.

二、本书内容

全书分为九章，主要内容为：

第一章为多项式，介绍了商式与余式的计算方法；多项式整除性的判定与证明的7种常见解题方法；最大公因式的判定与证明的5种常见解题方法；互素的判定与证明的3种常见的解题方法；整系数多项式有理根的计算与判定的2种常见解题方法；多项式可约与不可约的判定与证明的3种常见的解题方法;重因式(重根)及其重数的计算与判定的3种常见的解题方法;多项式(多项式函数)相等的判定与证明的4种常见的解题方法;多项式因式分解的2种常见的解题方法.

第二章为行列式,介绍了行列式计算的7种常见解题方法.

第三章为线性方程组,介绍了齐次线性方程组的基础解系与通解的计算方法,非齐次线性方程组的通解的计算方法;线性方程组有解与无解的判定与证明的3种常见解题方法;向量组线性相关与无关的判定与证明的6种常见解题方法;矩阵的秩与向量组的极大无关的计算与判定的2种常见解题方法;一个向量能否由一个向量组线性表示的证明方法;向量组的线性表示与向量组的等价的解题方法.

第四章为矩阵,介绍了矩阵可逆的判定与证明及逆矩阵的计算的7种常见解题方法;矩阵幂的计算的3种常见解题方法;求矩阵的5种常见解题方法;解矩阵方程的解题方法.

第五章为二次型,介绍了二次型对应的矩阵与秩的计算方法;二次型的标准形与规范形的计算的3种常见解题方法;实二次型的正、负惯性指数,符号差的计算方法;正定二次型(矩阵)的判定与证明的5种常见解题方法;半正定、负定与半负定二次型(矩阵)的判定与证明的4种常见解题方法.

第六章为线性空间,介绍了线性空间的判定与证明的2种常见解题方法;基与维数的计算、判定与证明的4种常见解题方法;求过渡矩阵的2种常见解题方法;求坐标的2种常见解题方法;直和的判定与证明的5种常见解题方法;子空间的相关问题的解题方法;同构的判定与证明的2种常见解题方法.

第七章为线性变换,介绍了线性变换的判定与证明的2种常见解题方法;求线性变换矩阵的2种常见解题方法;线性变换(矩阵)对角化的判定与证明的4种常见解题方法;特征值与特征向量的计算、判定与证明的3种常见解题方法;特征值、特征向量及相似的3种常见应用;不变子空间的判定与证明的2种常见解题方法;象与核及其维数的计算、判定与证明的2种常见解题方法.

第八章为λ-矩阵与最小多项式,介绍了λ-矩阵的标准形的计算方法;求不变因子的4种常见解题方法;求初等因子的4种常见解题方法;求若尔当标准形的方法与步骤;求最小多项式的3种常见解题方法;矩阵相似与对角化的判定与证明的3种常见解题方法(与λ-矩阵和最小多项式相关).

第九章为欧式空间,介绍了求夹角、长度与距离的方法,柯西-施瓦兹不等式;度量矩阵的计算;欧式空间的判定与证明的方法;标准正交基的计算、判定与证明的3种常见解题方法;正交变换的判定与证明的4种常见解题方法;对称变换的判定与证明的2种常见解题方法;正交补的计算、判定与证明的2种常见解题方法.

三、对读者的建议

第一,读者要认真学习每一章的基本知识(建议使用北大版教材),做到熟记内容;对基本概念,要能清楚概念的条件与结论,掌握应用该概念解题需要做什么,应该怎样书写证明,比如最大公因式的证明,利用定义证明就需要证明两点,一是公因式,二是所有公因式的倍式;对于基本定理与基本性质,则需明确定理的条件与结论,同时能够给出证明

(若不会,参看北大或北师大版教材,不仅要理解定理证明本身,更要理解定理证明中蕴含的数学思想、方法),要判断条件是结论成立的充分必要条件,还是只是充分条件或必要条件(若只是充分或必要条件,要能举例说明),写出逆否命题(当直接利用该定理证明不好证明时,就需要利用反证法,此时就是利用逆否命题);对于基本计算,需要清楚计算的理论依据,掌握计算步骤.

第二,读者要认真学习本书第一部分,即基本题型的常见解题方法,掌握每一种方法的理论依据,用它证明问题需要书写什么,比如子空间的直和,我们介绍了 5 种方法,第一种方法利用定义来证明 $V_1+V_2+\cdots+V_r$ 是直和,则需证明 $V_1+V_2+\cdots+V_r$ 中的每一个向量的表法唯一,即对任意 $\xi\in\sum\limits_{i=1}^{n}V_i$,存在唯一的 $\alpha_i\in V_i,i=1,2,\cdots,r$,使得 $\xi=\sum\limits_{i=1}^{n}\alpha_i$(如果问题是证明 $V=V_1\oplus\cdots\oplus V_r$,则需证明任意 $\xi\in V$,存在唯一的 $\alpha_i\in V_i,i=1,2,\cdots,r$,使得 $\xi=\sum\limits_{i=1}^{n}\alpha_i$);第二种方法利用零向量表法唯一证明 $V_1+V_2+\cdots+V_r$ 是直和,就需证明若 $\sum\limits_{i=1}^{n}\alpha_i=0,\alpha_i\in V_i,i=1,\cdots,n$,则 $\alpha_i=0,i=1,\cdots,n$(表法唯一,需要证明两个方面,即表法的存在性与表法的唯一性,而此处表法的存在性是肯定的.零向量的和等于零向量,数学上证明唯一性,就是假设另有一个表法,证明这个表法与前面的表法相同,这里就是假设零向量另有一个表法,证明这个表法与全部为零向量的表法相同);第三种方法利用交空间是零空间证明 V_1+V_2 是直和,就需要证明 $V_1\cap V_2=\{0\}$;第四种方法利用维数公式证明 V_1+V_2 是直和,就需要证明 $\dim(V_1+V_2)=\dim V_1+\dim V_2$(此方法只对有限维向量空间有效);第五种方法利用特征子空间证明 $V=V_1\oplus\cdots\oplus V_r$,这里 V_i 是 V 的属于某个线性变换 $\boldsymbol{\sigma}$ 的特征值 $\boldsymbol{\lambda}_i$ 的特征子空间,需要证明 $\boldsymbol{\sigma}$ 的特征值都属于 P(如果 V 是数域 P 上的向量空间),且对每个特征值 $\boldsymbol{\lambda}_i$,对应的特征子空间的维数等于 $\boldsymbol{\lambda}_i$ 的重数.

第三,每一种解题方法的分类是按照该题型涉及的知识来划分的,但仅仅利用知识往往是不够的,还需要用到数学的思想(分类讨论的思想、化归与转化的思想、有限与无限的思想、函数与方程的思想、归纳递推的思想)、方法(数学归纳法、反证法、同一法、解析法与综合法)、原理(最小数原理、抽屉原理、加法原理与乘法原理),读者在学习第一部分与第二部分的具体题目时,要体会题目中含有哪些数学思想、方法或原理.读者在用分类讨论的思想解题时,一定要体会分类的标准(不重复,也不遗漏),同时要尽可能在少分类的情况下求得问题的正确解答,例如三个多项式按照可约与不可约分类,可以分为都不可约、恰有一个可约、恰有两个可约、三个都可约,但讨论时也可以把后面三个分类归为一类,即至少有一个可约或至多有两个不可约,也可以把前三种归为一类,即至少有一个不可约或至多有两个可约,具体应该怎样分类,就需要根据具体问题来考虑.利用数学归纳法证明问题,其难点不在于证明过程,而在于归纳递推出所要证明的结论(参见例 2.11 与例 2.12),且使用归纳法证明问题,一定要注意归纳奠基、归纳假设与归纳递推三步缺一不可,会写出正确的归纳假设(第一数学归纳法与第二数学归纳法的归纳假设是不同的),归纳递推必须把归纳奠基与归纳假设作为条件才能完成,没有归纳假设就不可能进行正确的归纳递推,没有归纳奠基,证明将毫无意义(因为递推的基础不存在).读者

要注意利用化归与转化思想将复杂的、抽象的、陌生的问题变成简单的、具体的、熟悉的问题,这就需要多记忆一些典型题型(参见第二章 n 阶行列式的计算).

第四,读者在认真学习每一章前两节内容的基础上,应尽可能多地做一些练习题(即本书的第三节练习题).需要注意的是,读者应尽量独立思考后完成,个别题目实在做不出,再看答案.

第五,读者应注意养成良好的解题习惯,**先审题**(要通过审题,明确题目的条件与结论);**学会问**(一问结论成立,需要证明什么,即寻找结论成立的充分条件,寻找自己最熟悉的解题方法.例如:已知 $x^2+x+1\mid xf_1(x^3)+f_2(x^3)$,求证 $x-1\mid f_1, x-1\mid f_2$,有的同学可能容易把结论视为整除性的问题,那就需要利用整除性的判定定理,即§1.2.1 介绍的方法2证明,有的同学可能会把结论视为证明 $f_1(1)=f_2(1)=0$,那就需要利用§1.2.1 介绍的方法7证明,通过不断地问得到题目的正确解答.二问解答是否严谨.若是证明题,则是问每一步因果关系是来源于概念,还是有定理、性质或自己已做过且熟悉的题目来支撑,如果找不到理由来支持你的证明,那么你的书写就可能不成立;若是计算题,则要问计算方法是否是学过的方法,若未学过就须证明此方法是正确的,同时要检查计算是否有误,确保计算准确);**懂本质**(理解题目解法的本质,会把具体的题目推广为一般的题目,也能由抽象的题目得到具体的题目,例如由例1.6可得例1.10、例1.13、例1.17、北大P46的第25题及§1.3.2的第48、50题等,例2.10可以记为

$$D_n(\lambda,a,b,\alpha,\beta)=[\lambda\alpha+(n-2)\lambda\beta-ab(n-1)](\alpha-\beta)^{n-2},$$

当把参数 n,λ,b,α,β 中的几个或全部替换为具体的数时,也能知道答案并利用该题的解法给出解答,比如 $D_5(2,2,2,\alpha,\beta)=(2\alpha+6\beta-16)(\alpha-\beta)^3$ 等);**会记忆**(用自己的语言去描述题目,这样便于理解和记忆题目;用符号去表述题目,这样便于书写).

四、对教学的建议

1. 教学时间建议.如果高等代数选讲开设两个学期,每期48学时,则本书前五章可以作为第一个学期的教学内容,后四章可以作为第二个学期的教学内容.具体教学学时的安排建议是:第一章,12学时;第二章,6学时;第三章,10学时;第四章,10学时;第五章,10学时;第六章,10时;第七章,16学时;第八章,10学时;第九章,12时.

2. 教学内容建议.教师讲授每一章第一节与第二节内容,应适当选讲基本知识部分中学生不易理解的内容,选讲第三节个别题目,在讲授一、二节内容时,要引导学生掌握和理解用每一种方法解题时,需要书写什么,引导学生掌握和理解一些典型题目中蕴含的数学思想、方法和原理,尤其是抽象题目与具体题目之间的转化.

本书出版得到西华师范大学“高等代数教学资源库”建设课题和西华师范大学数学与信息学院学科建设经费的支持,也得到了西南财经大学出版社的大力支持,在此表示衷心感谢!

编者

2023年6月

▶▶目录

34 / 第二章 行列式

62 / 第三章 线性方程组

第一章 多项式

§1.1 基本题型及其常用解题方法

§1.1.1 求商式与余式

计算依据:设$f,g \in P[x]$,且$g \neq 0$,则存在唯一的多项式$q,r \in P[x]$,使得

$$f(x)=q(x)g(x)+r(x),\text{其中 } r(x)=0 \text{ 或 } \partial(r(x))<\partial(g(x)). \tag{1.1}$$

使得(1.1)成立的q,r称为g除f所得商式与余式.

例 1.1 设$f=x^3-3x^2-x-1,g=3x^2-2x+1$,求$g$除$f$所得的商式$q$与余式$r$.

解 因为$x^3-3x^2-x-1=\left(\frac{1}{3}x-\frac{7}{9}\right)(3x^2-2x+1)+\left(-\frac{26}{9}x-\frac{2}{9}\right)$,所以

$$q=\frac{1}{3}x-\frac{7}{9},r=-\frac{26}{9}x-\frac{2}{9}.$$

§1.1.2 整除性的判定及其证明

1. 利用定义

理论依据:$g \mid f \Leftrightarrow \exists q \in P[x]$,使得$f=qg$.

例 1.2 若$f(x)\mid g(x),g(x)\mid h(x)$,则$f(x)\mid h(x)$.

证明 因为$f(x)\mid g(x),g(x)\mid h(x)$,所以$g(x)=f(x)q_1(x),h(x)=g(x)q_2(x)$,于是$h(x)=[q_1(x)q_2(x)]f(x)$,故:$f(x)\mid h(x)$.

2. 利用整除判定定理

理论依据:$g \mid f \Leftrightarrow g$除$f$所得余式$r=0$.

利用该方法证明问题时,对于具体多项式,只需作带余除法,求出余式判断即可;对抽象的多项式则可假设余式为$r(x)$,并利用条件和已知的事实证明这个余式$r(x)$为零即可.一般是利用最小数原理,参见例1.5或利用整除的性质,即次数大的多项式不能整除次数小的多项式,平行地描述为:如果$f\mid g$,则$g=0$或$\partial(f)\leqslant\partial(g)$,参见例1.6.

例 1.3 设 $f = x^4 + x^2 + ax + b, g = x^2 + x - 2$.若 $(f,g) = g$,则 $a =$ ____ , $b =$ ____.

解 因为 $f(x) = g(x)(x^2 - x + 4) + (a - 6)x + (b + 8)$,所以 $(f(x), g(x)) = g(x)$ 的充分必要条件是:$a = 6, b = -8$.

例 1.4 m,p,q 满足什么条件时,$x^2 + mx - 1 \mid x^3 + px + q$.

解 因为 $x^3 + px + q = (x - m)(x^2 + mx - 1) + (m^2 + p + 1)x + (q - m)$,所以 $x^2 + mx - 1 \mid x^3 + px + q$ 的充分必要条件是:$p = -1 - m^2, q = m$.

例 1.5 若 $f_1, f_2, \cdots, f_m (m > 1)$ 是数域 P 上不全为零的多项式,用 M 记 $P[x]$ 中所有形如

$$f_1u_1 + f_2u_2 \cdots + f_mu_m, u_j \in P[x], j = 1,2,\cdots,m$$

的非零多项式构成的集合.证明 M 非空,且 M 中次数最低的多项式都是 $f_1, f_2, \cdots, f_m$ 的一个最大公因式.

证明 因为 $f_1, f_2, \cdots, f_m$ 不全为零,且这些多项式中不为零的多项式 $f_i \in M$,所以 M 非空,由最小数原理可令 $d = f_1u_1 + f_2u_2 \cdots + f_mu_m$ 是 M 中次数最小的多项式,设

$$f_i = q_id + r_i,\text{这里 } r_i = 0 \text{ 或 } \partial(r_i) < \partial(d),$$

则 $r_i = f_i - q_i(f_1u_1 + f_2u_2 \cdots + f_mu_m) \in M \cup \{0\}$,因此根据 d 是 M 中次数最小的多项式的假设得:$r_i = 0$,所以:$d \mid f_i, i = 1,2,\cdots,m$;若 d_1 是 $f_1, f_2, \cdots, f_m$ 的任意一个公因式,则 $d_1 \mid f_1, d_1 \mid f_2, \cdots, d_1 \mid f_m$,因此 $d_1 \mid d = f_1u_1 + f_2u_2 \cdots + f_mu_m$,故 d 是 $f_1, f_2, \cdots, f_m$ 的一个最大公因式.

例 1.6 如果 $n - 1$ 次整系数多项式 $g(x)$ 有 $n - 1$ 个两两不等的复根 $\omega_1, \omega_2, \cdots, \omega_{n-1}$,且

$$\omega_i^n = a \in Z, i = 1,2,\cdots,n - 1, g(x) \mid \sum_{i=0}^{n-2} x^i f_{i+1}(x^n),$$

那么 $x - a \mid f_i(x), 1 \leqslant i \leqslant n - 1$.

证明 令 $f_i(x) = (x - a)P_i(x) + c_i$, c_i 为常数,则

$$\sum_{i=0}^{n-2} x^i f_{i+1}(x^n) = (x^n - a)\sum_{i=0}^{n-2} x^i P_{i+1}(x^n) + \sum_{i=0}^{n-2} c_{i+1}x^i.$$

因为 $\omega_i^n = a$,所以 $x - \omega_i \mid x^n - a \in Z, i = 1,2,\cdots,n - 1$,因此

$$g(x) = \prod_{i=1}^{n-1}(x - \omega_i) \mid (x^n - a).$$

又因为 $g(x) \mid \sum_{i=0}^{n-2} x^i f_{i+1}(x^n)$,所以 $g(x) \mid \sum_{i=0}^{n-2} c_{i+1}x^i$,因此:$c_1 = c_2 = \cdots = c_{n-1} = 0$,即 $(x - a) \mid f_1(x), (x - a) \mid f_2(x), \cdots, (x - a) \mid f_{n-1}(x)$.

说明:① 取 $n = 3, a = 1$,便得:如果 $(x^2 + x + 1) \mid f_1(x^3) + xf_2(x^3)$,那么

$$(x - 1) \mid f_1(x), (x - 1) \mid f_2(x).$$

② 取 $n = 3, a = -1$,便得:如果 $(x^2 - x + 1) \mid f_1(x^3) + xf_2(x^3)$,那么

$$(x + 1) \mid f_1(x), (x + 1) \mid f_2(x).$$

③ 取 $a = 1$,便得例 1.17(那里提供了此类题的另一种证法),不难发现 §1.3.2,48 题,50 题,例 1.10,例 1.13 均是本题的特例(都可以利用例 1.17 的方法证明).

3. **利用整除性的性质**

理论依据:

(1) $f \mid g, g \mid h \Rightarrow f \mid h$(整除关系具有传递性);

(2)$f\mid g\Rightarrow f\mid gh,\forall h\in P[x]$，$f\mid g\Leftrightarrow fh\mid gh,\forall h\in P[x],h\neq 0$；

(3)$f\mid g_i(i=1,2,\cdots,m)\Rightarrow f\mid g_1h_1+g_2h_2+\cdots+g_mh_m,\forall h_i\in P[x]$；

(4) 若$f\mid g,\partial(f)=\partial(g)$，则 $g=cf,c\in P^*$.

例 1.7 证明：$x^d-1\mid x^n-1$ 成立的充分必要条件是：$d\mid n$.

证明 充分性的证明：

设 $n=qd$，则：

$$x^n-1=(x^d-1)(x^{(q-1)d}+x^{(q-2)d}+\cdots+x^d+1),$$

故：$x^d-1\mid x^n-1$.

必要性的证明：

设 $n=qd+r,0\leqslant r<d$，则：

$$x^n-1=x^r(x^{qd}-1)+x^r-1.$$

因为 $x^d-1\mid x^n-1,x^d-1\mid x^{qd}-1$，所以 $x^d-1\mid x^r-1$，因此 $x^r-1=0$，即：$r=0$，故：$d\mid n$.

例 1.8 令f_1,f_2,g_1,g_2都是数域P上的多项式，其中$f_1\neq 0$且$g_1g_2\mid f_1f_2,f_1\mid g_1$，证明：$g_2\mid f_2$.

证明 因为$f_1\mid g_1$，所以$f_1f_2\mid g_1f_2$，又因为 $g_1g_2\mid f_1f_2$，所以 $g_1g_2\mid g_1f_2$，若 $g_1\neq 0$，则 $g_2\mid f_2$，若 $g_1=0$，则由 $f_1\neq 0,g_1g_2\mid f_1f_2$ 可得$f_2=0$，故 $g_2\mid f_2$.

例 1.9 设$f(x)=x^3+x^2+x+1,g(x)=x^{4n}+x^{4m+1}+x^{4k+2}+x^{4l+3}(m,n,k,l\in N^*)$，求证：$f(x)\mid g(x)$.

证明 因为 $x^3+x^2+x+1\mid x^4-1,x^4-1\mid x^{4t}-1,(\forall t\in N^*)$，所以 $f\mid x^{4t}-1$.

又因为 $g(x)=(x^{4n}-1)+x(x^{4m}-1)+x^2(x^{4k}-1)+x^3(x^{4l}-1)+f$，故：$f\mid g$.

例 1.10 设$f(x),g(x)$ 为复数域上两个最高次项系数为 1 的不同的 3 次多项式，若 $x^4+x^2+1\mid f(x^3)+x^4g(x^3)$，则$(f(x),g(x))=$______.

分析 因为 $x^4+x^2+1=(x^2+x+1)(x^2-x+1)$，所以利用题设条件可得 $x^2\pm x+1\mid f(x^3)+x^4g(x^3)$，按例 1.6 的方法可证 $x^2+x+1\mid c_1+c_2x^4$，这里

$f=(x-1)P+c_1,g=(x-1)Q+c_2$，由于 $c_1+c_2x^4=c_1+c_2x+c_2x(x^3-1)$，所以不难证明 $x^2+x+1\mid c_1+c_2x$，因此 $c_1=c_2=0$，所以 $x-1\mid f,x-1\mid g$，同理可证 $x+1\mid f,x+1\mid g$，因为$(x+1,x-1)=1$，所以 $x^2-1\mid f,x^2-1\mid g$，因此 $x^2-1\mid (f,g)$，因为$f(x),g(x)$ 为复数域上两个最高次项系数为 1 的不同的 3 次多项式，所以$(f(x),g(x))$ 只能是二次多项式，故$(f(x),g(x))=x^2-1$.

4. **利用多项式的典型分解式**

理论依据：设 $f(x)=p_1^{l_1}(x)p_2^{l_2}(x)\cdots p_r^{l_r}(x),g(x)=p_1^{m_1}(x)p_2^{m_2}(x)\cdots p_r^{m_r}(x)$

则 $f(x)\mid g(x)\Leftrightarrow l_i\leqslant m_i,i=1,2,\cdots,r$.

利用此定理可以直接证明问题，也可以利用它的逆否命题采用反证法：$f(x)\nmid g(x)$ 的充分必要条件是，存在不可约多项式 p，使得：

$$f=p^rf_1,g=p^sg_1,(p,f_1)=(p,g_1)=1,r>s\geqslant 0.$$

例 1.11 证明：$f(x)\mid g(x)$ 成立的充分必要条件是：$f^n(x)\mid g^n(x)$，其中 n 是正整数.

证明 必要性的证明：

因为 $f\mid g$，所以 $g=fq$. 于是 $g^n=f^nq^n$，故 $f^n\mid g^n$.

充分性的证明：

设 $f=p_1^{l_1}p_2^{l_2}\cdots p_r^{l_r}$，$g=p_1^{m_1}p_2^{m_2}\cdots p_r^{m_r}$，则：

$$f^n=p_1^{nl_1}p_2^{nl_2}\cdots p_r^{nl_r},f^n=p_1^{nm_1}p_2^{nm_2}\cdots p_r^{nm_r},$$

因为 $f^n\mid g^n$，所以 $nl_i\leqslant nm_i\Rightarrow l_i\leqslant m_i,i=1,2,\cdots,r$，故 $f\mid g$.

说明：充分性的证明也可以采用反证法：若 $f(x)\nmid g(x)$，则存在不可约多项式 p，使得

$$f=p^rf_1,g=p^sg_1,(p,f_1)=(p,g_1)=1,r>s\geqslant 0.$$

则 $f^n=p^{nr}f_1^{\ n},g^n=p^{ns}g_1^{\ n},(p,f_1^n)=(p,g_1^{\ n})=1,nr>ns\geqslant 0$，所以：$f^n\nmid g^n$，与题设条件矛盾，故：$f(x)\mid g(x)$.

5. 利用多项式互素的性质

理论依据：

(1) $f\mid gh,(f,g)=1\Rightarrow f\mid h$.

例 1.12 设 $f(x),g(x)\in R[x]$，若有 $h(x)\in R[x]$，使

$$(x+m)f(x)+(x+n)g(x)=(x^2+k)h(x) \tag{1.2}$$

$$(x-m)f(x)+(x-n)g(x)=(x^2+k)h(x) \tag{1.3}$$

则 $f(x),g(x)$ 都能被 x^2+k 整除. 这里 $m,n,k\in R,k\neq 0,m\neq n$.

证明 利用题设条件(1.2)与(1.3)可得：

$$2(m-n)xf(x)=-2n(x^2+k)h(x),2(n-m)xg(x)=-2m(x^2+k)h(x).$$

因此 $x^2+\mathrm{k}\mid xf(x),x^2+k\mid xg(x)$，又因为 $(x,x^2+k)=(x,k)=1$，故：$f(x),g(x)$ 都能被 x^2+k 整除.

(2) $f\mid h,g\mid h,(f,g)=1\Rightarrow fg\mid h$.

例 1.13 设多项式 $P(x),Q(x),R(x)$ 满足

$$P(x^3)+xQ(x^3)=(x^4+x^2+1)R(x).$$

求证：$x^2-1\mid (P(x),Q(x),R(x))$.

分析：由题设条件可得 $(x^4+x^2+1)\mid P(x^3)+xQ(x^3)$，利用例 1.6 与例 1.10 的方法可证 $x^2-1\mid P(x),x^2-1\mid Q(x)$，因此 $x^2-1\mid (x^4+x^2+1)R(x)$，由此可证.

证明 令

$$P(x)=(x-1)P_1(x)+c_1,Q(x)=(x-1)Q_1(x)+c_2,c_1,c_2\text{ 为常数},$$

$$P(x)=(x+1)P_1(x)+d_1,Q(x)=(x+1)Q_1(x)+d_2,d_1,d_2\text{ 为常数},$$

则

$$P(x^3)+xQ(x^3)=(x^3-1)[P_1(x^3)+xQ_1(x^3)]+c_1+c_2x,$$

$$P(x^3)+xQ(x^3)=(x^3+1)[P_1(x^3)+xQ_1(x^3)]+d_1+d_2x.$$

因为

$$P(x^3)+xQ(x^3)=(x^4+x^2+1)R(x),x^2-x+1\mid x^3+1,$$

$$x^2+x+1\mid x^3-1,x^4+x^2+1=(x^2+x+1)(x^2-x+1),$$

所以：$x^2+x+1\mid c_1+c_2x,x^2-x+1\mid d_1+d_2x$，因而：$c_1=c_2=0,\mathrm{d}_1=\mathrm{d}_2=0$，即 $x-1\mid P,x+1\mid P,x-1\mid Q,x+1\mid Q$. 因此：$x^2-1\mid P,x^2-1\mid Q$. 再由

$$P(x^3)+xQ(x^3)=(x^4+x^2+1)R(x)$$

得：$x^2-1\mid (x^4+x^2+1)R$. 因为 $(x^2-1,x^4+x^2+1)=1$，所以 $x^2-1\mid R$，故：

$x^2-1\mid(P(x),Q(x),R(x))$.

6. **利用不可约多项式的性质**

理论依据:

(1) 若不可约多项式 $p\mid fg$,则 $p\mid f$ 或 $p\mid g$.

例 1.14 设 $p(x)$ 是不可约多项式,若 $p(x)\mid f_1(x)f_2(x)\cdots f_m(x)$,证明:$p(x)$ 整除 $f_1(x),f_2(x),\cdots,f_m(x)$ 中的至少一个多项式.

证明 对 m 进行归纳:$m=2$ 时,结论成立;现设 $m>2$ 且结论对 $m-1$ 成立,则若 $p\mid f_1f_2\cdots f_m=f_1(f_2\cdots f_m)$,我们有:$p\mid f_1$ 或 $p\mid f_2\cdots f_m$.如果 $p\mid f_1$,结论已成立;如果 $p\mid f_2\cdots f_m$,则由归纳假设:p 整除 $f_2,\cdots,f_m$ 中的至少一个多项式,结论成立.

(2) 设 $p(x)$ 是不可约多项式,则对 $\forall f(x)\in P[x]$,有 $p(x)\mid f(x)$ 或 $(p(x),f(x))=1$.

例 1.15 设 $f(x)$ 为有理数域上的非零多项式,如果 $f(\sqrt[3]{2})=0$,证明:在有理数域上 x^3-2 整除 $f(x)$.

证明 因为 $2\nmid 1,2\mid -2,4\nmid -2$,所以根据艾森斯坦判别法可知:$x^3-2$ 在有理数域上不可约.若在有理数域上 x^3-2 不整除 $f(x)$,则在有理数域上 $(x^3-2,f(x))=1$,因此在实数域上也有 $(x^3-2,f(x))=1$,但 $f(\sqrt[3]{2})=0,(\sqrt[3]{2})^3-2=0$,所以

$$x-\sqrt[3]{2}\mid(x^3-2,f(x)),$$

矛盾,故:在有理数域上 x^3-2 整除 $f(x)$.

说明:本题证明应用了反证法,同时用到了以下性质,即多项式的最大公因式不会因为数域的扩大发生改变,因而互素的性质也不会因为数域的扩大发生改变.

7. **利用根的性质**

理论依据:设 $\alpha\in P,f(x)\in P[x]$,则 $x-\alpha\mid f(x)\Leftrightarrow f(\alpha)=0$.

例 1.16 证明:$x\mid[f(x)]^k\Leftrightarrow x\mid f(x)$.

证明 $x\mid[f(x)]^k\Leftrightarrow[f(0)]^k=0\Leftrightarrow f(0)=0\Leftrightarrow x\mid f(x)$.

例 1.17 如果 $(x^{n-1}+x^{n-2}+\cdots+x+1)\mid\sum\limits_{i=0}^{n-2}x^if_{i+1}(x^n)$,那么

$$(x-1)\mid f_i(x),i=1,2,\cdots,n-1.$$

证明 因为 $((x^n-1)',x^n-1)=(nx^{n-1},x^n-1)=1$,所以 x^n-1 没有重根,又因为 $(x^{n-1}+x^{n-2}+\cdots+x+1)\mid x^n-1$,所以 $x^{n-1}+x^{n-2}+\cdots+x+1$ 的 $n-1$ 个根 $\alpha_1,\alpha_2,\cdots,\alpha_{n-1}$ 两两不等且 $\alpha_1^n=\alpha_2^n=\cdots=\alpha_{n-1}^n=1$,于是由题设条件

$$(x^{n-1}+x^{n-2}+\cdots+x+1)\mid\sum_{i=0}^{n-2}x^if_{i+1}(x^n)$$

可得

$$\begin{cases}f_1(1)+\alpha_1f_2(1)+\cdots+\alpha_1^{n-2}f_{n-1}(1)=0\\ f_1(1)+\alpha_2f_2(1)+\cdots+\alpha_2^{n-2}f_{n-1}(1)=0\\ \vdots\\ f_1(1)+\alpha_{n-1}f_2(1)+\cdots+\alpha_{n-1}^{n-2}f_{n-1}(1)=0\end{cases},$$

因为上述齐次线性方程组的系数行列式为 $\alpha_1,\alpha_2,\cdots,\alpha_{n-1}$ 构成的 $n-1$ 阶范德蒙行列式不为零,所以 $f_1(1)=f_2(1)=\cdots=f_{n-1}(1)=0$,故 $(x-1)\mid f_i(x),i=1,2,\cdots,n-1$.

§1.1.3 最大公因式的计算、判定及其证明

1. **利用定义**

理论依据:$d(x)$ 是 $f_1,f_2,\cdots,f_s$ 的最大公因式,当且仅当 $d\mid f_i,i=1,2,\cdots,s$ 且若 $g\mid f_i$,$i=1,2,\cdots,s$,则 $g\mid d$.

例 1.18 若 $d(x)\mid f(x),d(x)\mid g(x)$,且 $d(x)$ 是 $f(x)$ 与 $g(x)$ 的一个组合,那么 $d(x)$ 是 $f(x)$ 与 $g(x)$ 的一个最大公因式.

证明 因为 $d(x)$ 是 $f(x)$ 与 $g(x)$ 的一个组合,所以可设 $d(x)=u(x)f(x)+v(x)g(x)$,若 $d_1(x)$ 是 $f(x)$ 与 $g(x)$ 的任意一个公因式,则 $d_1(x)\mid f(x),d_1(x)\mid g(x)$,因此可得

$d_1(x)\mid d(x)=u(x)f(x)+v(x)g(x)$,又因为 $d(x)\mid f(x),d(x)\mid g(x)$,故 $d(x)$ 是 $f(x)$ 与 $g(x)$ 的一个最大公因式.

例 1.19 若 $d(x)$ 是不全为零的多项式 $f(x)$ 与 $g(x)$ 的一个次数最大的公因式,那么 $d(x)$ 是 $f(x)$ 与 $g(x)$ 的一个最大公因式.

证明 设 $d_1(x)$ 是 $f(x)$ 与 $g(x)$ 的一个最大公因式,则 $d(x)\mid d_1(x)$,因此存在多项式 $h(x)$,使得 $d_1(x)=h(x)d(x)$,于是

$$\partial(d_1(x))=\partial(h(x))+\partial(d(x))\geqslant\partial(d(x)),$$

因为 $d(x)$ 是 $f(x)$ 与 $g(x)$ 的次数最大的公因式,所以 $\partial(h(x))=0,\mathrm{h}=\mathrm{c}\in\mathrm{P}^*$,故 $d(x)=\dfrac{1}{c}d_1(x)$ 是 $f(x)$ 与 $g(x)$ 的一个最大公因式.

2. **利用例 1.18 的结论**

例 1.20 设 $f,g,h\in P[x]$,h 是首项系数为 1 的多项式,证明:$(fh,gh)=(f,g)h$.

证明 令 $fu+gv=(f,g)$,则 $(fh)u+(gh)v=(f,g)h$.

因为 $(f,g)\mid f,(f,g)\mid g$,所以 $(f,g)h\mid fh,(f,g)h\mid gh$.故 $(fh,gh)=(f,g)h$.

说明:本题证明中也用到了最大公因式的性质定理,最大公因式的条件之一,即最大公因式首先是公因式. 整除的性质:整除式的两边可以同乘上一个多项式.

例 1.21 求 (x^m-1,x^n-1).

解 因为 $(m,n)\mid m,(m,n)\mid n$,所以 $x^{(m,n)}-1\mid x^m-1,x^{(m,n)}-1x^n-1$.

设 $(m,n)=rm+tn$,则 r,t 不能全为正,也不能全为负,不妨设 $r>0,t\leqslant0$,则

$$x^{(m,n)}-1=-x^{mr+nt}(x^n-1)\frac{x^{-nt}-1}{x^n-1}+(x^m-1)\frac{x^{rm}-1}{x^m-1}.$$

故 $(x^m-1,x^n-1)=x^{(\mathrm{m,n})}-1$.

3. **利用整除的性质**

理论依据:两个首 1 多项式相互整除的充分必要条件是:这两个多项式相等.

例 1.22 设 $f_1(x)=af(x)+bg(x),g_1(x)=cf(x)+dg(x),ad-bc=1$,证明

$$(f(x),g(x))=(f_1(x),g_1(x)).$$

证明 因为 $d=(f,g)\mid f,d\mid g$,所以 $d\mid af+bg=f_1,d\mid cf+dg=g_1$,所以 $d\mid(f_1,g_1)=d_1$.同理 $d_1\mid f_1,d_1\mid g_1$,因此 $d_1\mid df_1-bg_1=f,d_1\mid ag_1-cg_1$,所以 $d_1\mid d$,故 $(f(x),g(x))=d=d_1=(f_1,g_1)$.

说明:条件 $ad-bc=1$ 只是为了保证从方程组 $f_1=af+bg,g_1=cf+dg$ 中解出 f,g 且使

表达式简洁,因此利用克莱姆规则可知,可取 a,b,c,d 为数域中的任何一组满足 $ad-bc\neq 0$ 的数,即 $ad-bc=1$ 可以改为 $ad-bc\neq 0$,也可以是一组具体的数,例如证明 $(f,g)=(2f+g,f+g)$ 就相当于取 $a=2,b=c=d=1$.

例 1.23 设 $f_1,f_2,\cdots,f_n$ 是数域 P 上任意 $n>1$ 个不为零的多项式,则对任意正整数 $s,1\leqslant s<n$,有 $(f_1,f_2,\cdots,f_n)=((f_1,\cdots,f_s),(f_{s+1},\cdots,f_n))$.

证明 因为 $(f_1,f_2,\cdots,f_n)=d\mid f_i,i=1,2,\cdots,n$,所以

$d\mid(f_1,\cdots,f_s)=d_1,d\mid(f_{s+1},\cdots,f_n)=d_2$,

因此 $d\mid(d_1,d_2)$.又因为

$$(d_1,d_2)\mid d_1,(d_1,d_2)\mid d_2,d_1\mid f_i,1\leqslant i\leqslant s,d_2\mid f_j,s+1\leqslant j\leqslant n,$$

所以 $(d_1,d_2)\mid f_i,1\leqslant i\leqslant n$,因此 $(d_1,d_2)\mid d$,故 $d=(d_1,d_2)$.

4. 利用典型分解式

理论依据: 设 $f(x)=ap_1^{l_1}(x)p_2^{l_2}(x)\cdots p_s^{l_s}(x)$ 与 $g(x)=bp_1^{m_1}(x)p_2^{m_2}(x)\cdots p_s^{m_s}(x)$ 是 $f(x)$ 与 $g(x)$ 的典型分解式,则

$$(f,g)=p_1^{u_1}(x)p_2^{u_2}(x)\cdots p_s^{u_s}(x),[f,g]=p_1^{v_1}(x)p_2^{v_2}(x)\cdots p_s^{v_s}(x)$$

其中 $u_i=\min\{l_i,m_i\},v_i=\max\{l_i,m_i\},i=1,2,\cdots,s$.

说明: 利用典型分解式求最大公因式(或最小公倍式),需要求出典型分解式,理论上可行,但实际计算难度较大,因此主要是理论意义大,但利用它我们可以得到如下性质.

设 $f(x)=ap_1^{l_1}(x)p_2^{l_2}(x)\cdots p_s^{l_s}(x)$ 为 $f(x)$ 的典型分解式,则

$$\frac{f(x)}{(f(x),f'(x))}=ap_1p_2\cdots p_s.$$

例 1.24 证明:数域 P 上的一个 $n(>0)$ 次多项式 $f(x)$ 能被它的导数整除的充分必要条件是 $f(x)=a(x-b)^n$,这里 $a\neq 0,b$ 是数域 P 中的数.

证明 充分性是显然的.设 $f(x)=ap_1^{l_1}(x)p_2^{l_2}(x)\cdots p_s^{l_s}(x)$ 为 $f(x)$ 的典型分解式,则

$$\frac{f(x)}{(f(x),f'(x))}=ap_1p_2\cdots p_s.$$

因为 $f'(x)\mid f(x)$,所以 $1=\partial\left(\frac{f(x)}{(f(x),f'(x))}\right)=\partial(ap_1p_2\cdots p_s)$,因此

$s=1,\partial(p_1)=1,l=n$,令 $p_1=x-b$,则 $f(x)=a(x-b)^n$.

5. 利用欧几里得辗转相除法

理论依据: 设 $f=qg+r,f,g,r$ 不全为零多项式,则 $(f,g)=(g,r)$.

例 1.25 设 $f=x^4+x^3-3x^2-4x-1,g=x^3+x^2-x-1$,求 $(f,g),[f,g]$,并求 u,v,使得:$fu+gv=(f,g)$.

解 因为 $f=xg+(-2x^2-3x-1)$,

$$g=\left(-\frac{1}{2}x+\frac{1}{4}\right)(-2x^2-3x-1)+\left(-\frac{3}{4}x-\frac{3}{4}\right),$$

$$-2x^2-3x-1=\left(\frac{8}{3}x+\frac{4}{3}\right)\left(-\frac{3}{4}x-\frac{3}{4}\right).$$

所以 $(f,g)=x+1,[f,g]=\frac{fg}{x+1}=x^6+x^5-4x^4-5x^3+2x^2+4x+1$.

又因为 $\frac{3}{4}x+\frac{3}{4}=\left(-\frac{1}{2}x+\frac{1}{4}\right)f+\left(\frac{1}{2}x^2-\frac{1}{4}x-1\right)g$,

所以取 $u=-\frac{2}{3}x+\frac{1}{4}, v=\frac{2}{3}x^2-\frac{1}{3}x-\frac{4}{3}$，则 $fu+gv=x+1=(f,g)$.

§1.1.4　互素的判定及其证明

1. 利用定义

理论依据：如果多项式 $f_1(x), f_2(x), \cdots, f_s(x)$ 的最大公因式是零次因式，则称 $f_1(x), f_2(x), \cdots, f_s(x)$ 为互素的多项式.

例 1.26　证明：$(f(x),g(x))=1$，其中 $f(x)=x^4-4x^3+1, g(x)=x^3-3x^2+1$.

证明　因为

$$f(x)=(x-1)g+(-3x^2-x+2),$$
$$9g(x)=(-3x+10)(-3x^2-x+2)+(16x-11),$$
$$256(-3x^2-x+2)=(-48x-49)(16x-11)-27,$$

故 $(f(x),g(x))=1$.

2. 利用互素的判定定理

理论依据：数域 P 上的多项式 $f_1, f_2, \cdots, f_m (m>1)$ 互素的充分必要条件是，存在 $u_1, u_2, \cdots, u_m \in P[x]$，使得 $f_1u_1+f_2u_2\cdots+f_mu_m=1$.

例 1.27　证明：如果 $f(x), g(x)$ 不全为零，且 $u(x)f(x)+v(x)g(x)=(f(x),g(x))$，那么 $(u(x),v(x))=1$.

证明　因为 $u(x)f(x)+v(x)g(x)=(f(x),g(x))$，所以

$$u(x)\frac{f(x)}{(f(x),g(x))}+v(x)\frac{g(x)}{(f(x),g(x))}=1,$$

故 $(u(x),v(x))=1$.

例 1.28　证明：如果 $(f(x),g(x))=1, (f(x),h(x))=1$，那么

$$(f(x),g(x)h(x))=1.$$

证明　因为 $(f(x),g(x))=1, (f(x),h(x))=1$，所以存在 $u_1, v_1, u_2, v_2 \in P[x]$，使得

$$fu_1+gv_1=1, fu_2+hv_2=1,$$

因此 $f(fu_1u_2+gu_2v_1+hu_1v_2)+(gh)(v_1v_2)=1$. 故 $(f(x),g(x)h(x))=1$.

3. 利用互素的性质

理论依据：$(f,g)=1, (h,g)=1 \Leftrightarrow (fh,g)=1$.

例 1.29　设 $f_i, g_j (i=1,2,\cdots,m; j=1,2,\cdots n)$ 都是 $P[x]$ 中的多项式，而且 $(f_i,g_j)=1 (i=1,2,\cdots,m; j=1,2,\cdots n)$，求证：$(f_1f_2\cdots f_m, g_1g_2\cdots g_n)=1$.

证明　我们首先利用数学归纳法证明：

$$(f_1f_2\cdots f_m, g_j)=1 (j=1,2,\cdots n).$$

当 $m=2$ 时，$(f_1,g_j)=1, (f_2,g_j)=1$，所以 $(f_1f_2,g_j)=1$，结论成立. 现设 $m\geqslant 2$ 时，结论成立，则对 $m+1$，因为 $(f_i,g_j)=1 (i=1,2,\cdots,m+1)$，故由归纳假设有

$(f_1f_2\cdots f_m,g_j)=1$，再结合 $(f_{m+1},g_j)=1$ 可得 $(f_1f_2\cdots f_mf_{m+1},g_j)=1$.

最后对 n 归纳，可由 $(f_1f_2\cdots f_m,g_j)=1 (j=1,2,\cdots n)$，得到

$$(f_1f_2\cdots f_m, g_1g_2\cdots g_n)=1.$$

例 1.30　对任意非负整数 n，令 $f_n=x^{n+1}+(-1)^{n+1}(x+1)^{n+1}$. 设多项式 $g=\prod_{n=1}^{2012}f_n$，证

明：$(x^2+x+1,g)=1$.

证明 若$(x^2+x+1,f_n)\neq 1$，则因x^2+x+1在有理数域上不可约，所以$x^2+x+1\mid f_n$. 令ω为x^2+x+1的一个根，则有

$$0=f_n(\omega)=\omega^{n+1}+(-1)^{n+1}(-\omega^2)^{n+1}=\omega^{n+1}(\omega^{n+1}+1)=\begin{cases}2, n\equiv 2(\mathrm{mod}3)\\ -1, n\equiv 1(\mathrm{mod}3),\\ -1, n\equiv 0(\mathrm{mod}3)\end{cases}$$

矛盾，因此$(x^2+x+1,f_n(x))=1,\forall n\in N$，故$(x^2+x+1,g(x))=1$.

§1.1.5 整系数多项式有理根的计算与判定

1. 利用定义

理论依据：$\alpha\in Q$是$f(x)\in Z[x]$的根，如果$f(\alpha)=0$.

例 1.31 设$f(x)=2x^5-5x^3-5x^2-2x$，求$f(x)$的有理根.

解 因为$f=x(x+1)(2x^3-2x^2-3x-2)$，$f(0)=0$，$f(-1)=0$，所以$0,-1$是f的有理根，作综合除法表

$$\begin{array}{r|rrrr} 2 & 2 & -2 & -3 & -2 \\ + & & 4 & 4 & 2 \\ \hline & 2 & 2 & 1 & 0 \end{array}$$

故$f(2)=0$，$f=x(x+1)(x-2)(2x^2+2x+1)$，又$\Delta=-4<0$，所以$2x^2+2x+1$没有实根，更没有有理根. 所以f有$0,-1,2$三个有理根，均为单根.

2. 利用有理根的性质

理论依据：

(1) 若$\alpha=\dfrac{s}{r}(r,s\in Z)$是整系数多项式$f(x)=a_nx^n+\cdots+a_1x+a_0$的一个有理根，若$r\mid a_n,s\mid a_0$，则$r\mid a_n,s\mid a_0$.

(2) 若有理数$\alpha\neq\pm 1$是整系数多项式$f(x)$的根，则$\dfrac{f(1)}{1-\alpha}$与$\dfrac{f(-1)}{1+\alpha}$均为整数.

计算步骤：

① 求出f的最高次项系数a_n的所有正因数r_i，常数项a_0的所有因数s_j，得到f的所有可能的有理根$\dfrac{s_j}{r_i}$.

② 计算$f(1)$与$f(-1)$，确定1与-1是否是f的有理根，若$1(-1)$是f的有理根，则利用综合除法求出$1(-1)$的重数，并将f表示为$f=(x-1)^{k_1}(x+1)^{k_2}g(x)$，如果$f(1)\neq 0$，则$k_1=0$；如果$f(-1)\neq 0$，则$k_2=0$.

③ 对$\alpha=\dfrac{s_j}{r_i}(\neq\pm 1)$，计算$\dfrac{g(1)}{1-\alpha}\left(\dfrac{g(-1)}{1+\alpha}\right)$，若$\dfrac{g(1)}{1-\alpha}\notin Z$或$\dfrac{g(-1)}{1+\alpha}\notin Z$，则$\alpha$不是$f$的有理根.

④ 若$\dfrac{g(1)}{1-\alpha}\in Z$且$\dfrac{g(-1)}{1+\alpha}\in Z$，则用综合除法计算出$g(\alpha)$，判断$\alpha$是否是$f$的有理根，若是则利用累次综合除法求出$\alpha$的重数.

例 1.32 设$f(x)=x^3-6x^2+19x-14$，求$f(x)$的有理根.

解 $f(x)$ 可能的有理根是 ±1, ±2, ±7, ±14.

$f(1)=0, f(-1)=-40$,因此 1 是 $f(x)$ 的有理根,且由下述综合除法表

$$\begin{array}{r|rrrr} 1 & 1 & -6 & 19 & -14 \\ + & & 1 & -5 & 14 \\ \hline & 1 & -5 & 14 & f(1)=0 \end{array}$$

得 $f(x)=(x-1)(x^2-5x+14)=(x-1)g(x)$, $g(1)=10$, $g(-1)=20$.

又因为 $\frac{g(-1)}{1+2}=\frac{20}{3}$, $\frac{g(1)}{1-(-2)}=\frac{10}{3}$, $\frac{g(1)}{1-7}=-\frac{5}{3}$, $\frac{g(1)}{1-(-7)}=\frac{5}{4}$, $\frac{g(1)}{1-14}=-\frac{10}{13}$, $\frac{g(1)}{1-(-14)}=\frac{2}{3}$,故 -1, ±2, ±7, ±14 都不是 $f(x)$ 的有理根, $f(x)$ 的有理根有且仅有一个单根 1.

例 1.33 设 $f(x)$ 是一个整系数多项式,试证:如果 $f(0)$ 与 $f(1)$ 都是奇数,那么 $f(x)$ 不能有整数根.

证明 如果 $f(x)$ 有整数根 m,则由 $m\mid f(0)$, $f(0)$ 是奇数得 m 是奇数,且 $\frac{f(1)}{1-m}\in Z$,由此导致 $f(1)$ 是偶数,与 $f(1)$ 是奇数矛盾.故: $f(x)$ 没有整数根.

§1.1.6 可约与不可约多项式的判定及其证明

1. 利用定义

理论依据: 次数大于零的多项式 $f\in P[x]$ 在 P 上可约,如果存在 $g,h\in P[x]$,使得 $f=gh$, $0<\partial(g),\partial(h)<\partial(f)$;

或等价地说, f 在 P 上不可约,如果 $f=gh$, $g,h\in P[x]$,则 $\partial(g)=0$ 或 $\partial(h)=0$.

例 1.34 设 $p(x)$ 是次数大于零的多项式,如果对于任何多项式 $f(x)$, $g(x)$,由 $p(x)\mid f(x)g(x)$ 可以推出 $p(x)\mid f(x)$ 或者 $p(x)\mid g(x)$,那么 $p(x)$ 是不可约多项式.

证明 设 $p=fg$,则 $p\mid fg$,由题设条件得 $p\mid f$ 或者 $p\mid g$.若 $p\mid f$,则令 $f=ph$,有 $p=phg$,所以 $hg=1$,因此 $\partial(h)=\partial(g)=0$,同理可证 $p\mid g$ 时, $\partial(f)=0$.故 $p(x)$ 是不可约多项式.

说明: 本题是利用定义直接证明. 本题也可以利用定义采用反证法:如果 $p(x)$ 是可约多项式,则 $p(x)=f(x)g(x)$, $0<\partial(f),\partial(g)<\partial(p)$, $p(x)\mid p(x)=f(x)g(x)$,由题设条件得 $p\mid f$ 或者 $p\mid g$,与 $0<\partial(f),\partial(g)<\partial(p)$ 矛盾.故 p 是不可约多项式.

例 1.35 设整系数多项式 $f(x)$ 的次数是 $n=2m$ 或 $n=2m+1$. 证明:如果有 $k(\geqslant 2m+1)$ 个不同的整数 $a_1,a_2,\cdots,a_k$,使 $f(a_i)$ 取值 1 或 -1,则 $f(x)$ 在 $Q[x]$ 中不可约.

证明 若 $f(x)$ 在 $Q[x]$ 中可约,则存在 $g,h\in Z[x]$,使得

$f=gh$, $0<\partial(g),\partial(h)<\partial(f)$.

于是 $\pm1=f(a_i)=g(a_i)h(a_i)$,所以 $g(a_i)=\pm1$, $h(a_i)=\pm1$, $i=1,2,\cdots,k$.因此

$g(a_1),g(a_2),\cdots,g(a_k)$ 中同时取值为 1,或同时取值为 -1 的个数 $\geqslant k/2>m$,所以 $g(x)-1$ 或 $g(x)+1$ 的根的个数 $>m$,从而 $\partial(g)=\partial(g(x)\mp1)\geqslant m+1$. 同理可证 $\partial(h)=\partial(h(x)\mp1)\geqslant m+1$,于是

$$2m+1\geqslant\partial(f)=\partial(g)+\partial(h)\geqslant 2m+2,$$

矛盾. 故 $f(x)$ 在 $Q[x]$ 中不可约.

2. 利用艾森斯坦判别法

理论依据: 设 $f(x)=a_nx^n+\cdots+a_1x+a_0\in Z[x]$,如果存在一个素数 p,满足:(1)$p\nmid a_n$;(2)$p\mid a_i,i=0,1,\cdots,n-1$;(3)$p^2\nmid a_0$;则 $f(x)$ 在有理数域上不可约.

例 1.36 设 p 是素数,a 是整数,$f(x)=ax^p+px+1$,且 $p^2\mid(a+1)$,证明 $f(x)$ 没有有理根.

证明 因为

$$f(x+1)=ax^p+\sum_{k=1}^{p-2}\binom{p}{k}x^{p-k}+p(a+1)x+(p+a+1),p^2\mid(a+1),$$

所以素数 p 整除 $f(x+1)$ 的除最高次项系数 a 以外的所有系数,且 $p^2\nmid(p+a+1)$,由艾森斯坦判别法知 $f(x+1)$ 在有理数域上不可约,因此 $f(x)$ 也在有理数域上不可约,故 $f(x)$ 没有有理根.

说明:本题证明也用到了根的性质.

例 1.37 设 $f(x)=x^{p-1}+x^{p-2}+\cdots+x+1$,$p$ 是素数,证明 $f(x)$ 在有理数域 Q 上不可约.

证明 因为 $f(x)=\dfrac{x^p-1}{x-1}$,所以 $f(x+1)=\dfrac{(x+1)^p-1}{x}=\sum\limits_{k=0}^{p-1}\binom{p}{k}x^{p-1-k}$.

又因为 $p\nmid 1,p\mid\binom{p}{k},1\leqslant k\leqslant p-1,p^2\nmid p=\binom{p}{p-1}$,故由艾森斯坦判别法可知 $f(x+1)$ 在有理数域上不可约,因此 $f(x)$ 也在有理数域上不可约.

3. 利用根的性质

理论依据:

(1) 若 $\alpha\in P$ 是 $n>1$ 次多项式 $f(x)\in P[x]$ 的一个根,则 $f(x)$ 在 P 上可约;

(2) 次数 $\leqslant 3$ 的多项式 $f\in P[x]$ 在 P 上可约的充分必要条件是 f 在 P 上至少有一个根.

例 1.38 讨论:$f(x)=3x^3+x^2+2x+6$ 在有理数域上的可约性.

解 $f(x)$ 可能的有理根为 $\pm1,\pm2,\pm3,\pm6,\pm\dfrac{1}{3},\pm\dfrac{2}{3}$,$f(1)=12$,$f(-1)=2$,因为

$$\frac{f(1)}{1-6}=-\frac{12}{5},\frac{f(1)}{1-(-6)}=\frac{12}{7},\frac{f(-1)}{1+2}=\frac{2}{3},\frac{f(-1)}{1+3}=\frac{1}{2},$$

$$\frac{f(-1)}{1+1/3}=\frac{3}{2},\frac{f(-1)}{1+2/3}=\frac{6}{5},\frac{f(1)}{1-(-2/3)}=\frac{36}{5},$$

所以 $\pm1,2,3,\pm6,\dfrac{1}{3},\pm\dfrac{2}{3}$ 均不是 $f(x)$ 的有理根.又由

$$\begin{array}{r|rrrl} -2 & 3 & 1 & 2 & 6 \\ + & & -6 & 10 & -24 \\ \hline & 3 & -5 & 12 & f(-2)=18 \end{array}\qquad \begin{array}{r|rrrl} -3 & 3 & 1 & 2 & 6 \\ + & & -9 & 24 & -78 \\ \hline & 3 & -8 & 26 & f(-3)=-72 \end{array}$$

$$\begin{array}{r|rrrl} -1/3 & 3 & 1 & 2 & 6 \\ + & & -1 & 0 & -2/3 \\ \hline & 3 & 0 & 2 & f(-1/3)=16/3 \end{array}$$

知 $2,3,-\dfrac{1}{3}$ 也不是 $f(x)$ 的有理根,故 $f(x)$ 没有有理根,因此在有理数域上不可约.

§1.1.7 重因式(重根)及其重数的计算与判定

1. 利用定义

理论依据: 不可约多项式 p 是 f 的 k 重因式的充分必要条件是 $f=p^k g,(p,g)=1$.

例 1.39 证明:如果不可约多项式 p 是多项式 f 的 k 重因式,则 p 是 f' 的 $k-1$ 重因式.

证明 因为 p 是多项式 f 的 k 重因式,所以可设 $f=p^k g,(p,g)=1$,则

$$f'=p^{k-1}(kp'g+pg').$$

若 $p\mid kp'g+pg'$,则 $p\mid kp'g$,因为 $(p,kg)=1$,所以 $p\mid p'$,矛盾.所以 $(p,kp'g+pg')=1$,故 p 是 f' 的 $k-1$ 重因式.

例 1.40 判断 $f(x)=x^5-3x^4+5x^3-7x^2+6x-2$ 有无重因式,若有,请求出 $f(x)$ 的所有重因式并指出重数.

解 因为 $f(x)=(x-1)^3(x^2+2)$,所以 f 有且仅有一个三重因式 $x-1$.

2. 利用重因式(重根)的性质定理

理论依据:

(1) 若 p 是 f 的 k 重因式,则 p 一定是 f' 的 $k-1$ 重因式;若 α 是 f 的 k 重根,则 α 一定是 f' 的 $k-1$ 重根;

(2) p 是 f 的 $k>1$ 重因式的充分必要条件是 p 一定是 $f,f',\cdots,f^{(k-1)}$ 的因式,但不是 f^k 的因式.α 是 f 的 $k>1$ 重根的充分必要条件是

$$f(\alpha)=f'(\alpha)=\cdots=f^{(k-1)}(\alpha)=0,f^{(k)}(\alpha)\neq 0;$$

(3) f 有重因式的充分必要条件是 $(f,f')\neq 1$;f 没有重根的充分必要条件是 $(f,f')=1$.

例 1.41 证明:$1+x+\dfrac{x^2}{2!}+\cdots+\dfrac{x^n}{n!}$ 不能有重根.

证明 若 α 是 $f=1+x+\dfrac{x^2}{2!}+\cdots+\dfrac{x^n}{n!}$ 的重根,则 $f(\alpha)=f'(\alpha)=0$.

因为 $f(x)-f'(x)=\dfrac{x^n}{n!}$,所以 $\dfrac{\alpha^n}{n!}=0$ 得到 $\alpha=0$,而 $f(0)=1$,矛盾,故 f 没有重根.

3. 利用重因式(重根)的判定定理

理论依据:

(1) 不可约多项式 $p(x)$ 是 $f(x)$ 的重因式 $\Leftrightarrow p(x)\mid(f(x),f'(x))$;$\alpha$ 是 $f(x)$ 的重根的充分必要条件是 $x-\alpha\mid(f(x),f'(x))$.

(2) 多项式 $f(x)$ 没有重根 $\Leftrightarrow(f(x),f'(x))=1\Leftrightarrow$ 多项式 $f(x)$ 没有重因式.

例 1.42 求实数 t 的值,使 $f(x)=x^n+tx+3$ 有重根.

解 当 $n=1$ 时,对 $\forall t$,$f(x)=(1+t)x+3$ 没有重根;当 $n>1$ 时,$f'=nx^{n-1}+t$,$f''=n(n-1)x^{n-2}$.因为 $(f,f'')=(x,3)=1$,所以 $f(x)$ 没有重数大于2的重根,$f(x)$ 有2重根 α 的充分必要条件是 $\begin{cases}\alpha^n+t\alpha+3=0\\ n\alpha^{n-1}+t=0\end{cases}$,解之得

$$t=-n\left(\frac{3}{n-1}\right)^{\frac{n-1}{n}},\alpha=\left(\frac{3}{n-1}\right)^{\frac{1}{n}},n\ 为奇数.$$

或

$$t=\mp n\left(\frac{3}{n-1}\right)^{\frac{n-1}{n}},\alpha=\pm\left(\frac{3}{n-1}\right)^{\frac{1}{n}},n\text{ 为偶数.}$$

故 $t=-n\left(\frac{3}{n-1}\right)^{\frac{n-1}{n}}$，$f(x)$ 有 2 重根 $\alpha=\left(\frac{3}{n-1}\right)^{\frac{1}{n}}$.

n 为偶数时，$t=n\left(\frac{3}{n-1}\right)^{\frac{n-1}{n}}$，$f(x)$ 有 2 重根 $\alpha=-\left(\frac{3}{n-1}\right)^{\frac{1}{n}}$.

§1.1.8　多项式相等(多项式函数相等)

1. 利用定义

理论依据: 两个多项式相等，如果对应项的系数全部相等. 两个多项式 $f(x),g(x)\in P[x]$ 在 P 上定义的多项式函数相等，如果 $f(c)=g(c)$，$\forall c\in\in P$.

例 1.43　设 $f(x),g(x)$ 是实系数多项式，满足 $(x^2+2)f(x)-(x^3+1)g(x)=1$. 若 $f(x)$ 是首项系数为 1 的 3 次实系数多项式，求 $g(x)$.

解　由题设条件可设 $f(x)=x^3+ax^2+bx+c$，$g(x)=x^2+dx+e$，将它们带入 $(x^2+2)f(x)-(x^3+1)g(x)=1$ 中，比较两边系数得:

$$a=d,2+b=e,2a+c=1,2b=d,2c=1+e,$$

解之得: $a=d=-\frac{2}{9}$，$b=-\frac{1}{9}$，$c=\frac{13}{9}$，$e=\frac{17}{9}$，故: $g=x^2-\frac{2}{9}x+\frac{17}{9}$.

例 1.44　设 $f(x)$ 为实系数多项式，证明: 如果对任何实数 c 都有 $f(c)\geqslant 0$，则存在实系数多项式 $g(x)$ 和 $h(x)$，使 $f(x)=(g(x))^2+(h(x))^2$.

证明　如果 f 是零多项式，则令 $g=h=0$ 即可；如果 f 是零次多项式且 $f=a>0$，则令 $g=\sqrt{a}$，$h=0$ 即可；现设 $\partial(f)=n>0$，

$$f=a_0+a_1x+\cdots+a_nx^n\in R[x],a_n\neq 0,$$

则由题设条件对任何实数 c 都有 $f(c)\geqslant 0$ 知: $a_n>0$，n 为偶数，下面利用数学归纳法证明结论成立. $n=2$ 时，必有 $a_1^2-4a_0a_2\leqslant 0$，因此:

$$f=a_2\left(x-\frac{a_1}{2a_2}\right)^2+\frac{4a_0a_2-a_1^2}{4a_2}=g^2+h^2$$

其中: $g=\sqrt{a_2}\left(x-\frac{a_1}{2a_2}\right)$，$h=\frac{\sqrt{4a_0a_2-a_1^2}}{2\sqrt{a_2}}$，结论成立. 现设 $n>2$ 且结论对次数小于 n 且满足题设条件的多项式成立，则对满足题设条件的 n 次多项式 f，我们证明存在两个次数小于 n 且满足题设条件的多项式 f_1,f_2，使得: $f=f_1f_2$. 事实上，如果 f 的典型分解式中含有一个二次不可约因式 $f_1=x^2+ax+b$，则 $a^2-4b<0$，因此 $f=f_1f_2$，且对任何实数 c 都有 $f_1(c)>0$，从而由 $f(c)=f_1(c)f_2(c)\geqslant 0$ 得: 对任何实数 c 都有 $f_2(c)\geqslant 0$. 如果 f 的典型分解式中没有二次不可约因式，则可令

$$f=a_n(x-\alpha_1)^{t_1}(x-\alpha_2)^{t_2}\cdots(x-\alpha_k)^{t_k},\alpha_1<\alpha_2<\cdots<\alpha_k,k\geqslant 1,$$

若 $k=1$，则 $f=f_1f_2$，其中 $f_1=a_n(x-\alpha)^2$，$f_2=(x-\alpha)^{n-2}$，结论也成立；

若 $k>1$，则 $t_1,t_2,\cdots,t_k$ 均为偶数，否则可设 i 是使得 t_i 为奇数的最大下标，则对实数 c，$\alpha_{i-1}<c<\alpha_i$，$f(c)<0$，矛盾. 那么 $f=f_1f_2$，这里 $f_1=a_n(x-\alpha_1)^{t_1}$，$f_2=\frac{f}{f_1}$ 是两个次数小

于 n 且满足题设条件的多项式,故由归纳假设可知,存在实系数多项式 g_1,g_2 和 h_1,h_2,使得:$f_1=g_1^2+h_1^2,f_2=g_2^2+h_2^2$.因此

$$f=f_1f_2=(g_1g_2)^2+(g_2h_1)^2+(g_1h_2)^2+(h_1h_2)^2=(g_1g_2+h_1h_2)^2+(g_1h_2-g_2h_1)^2.$$

故存在实系数多项式 g 和 h,使 $f=g^2+h^2$.其中 $g=g_1g_2+h_1h_2,h=g_1h_2-g_2h_1$.

2. **利用根的个数定理**

理论依据:数域 P 上任意一个 n 次多项式在数域 P 上至多有 n 个根.

例 1.45 设 $f(x),g(x)\in P[x],\partial(f)\leqslant n,\partial(g)\leqslant n$,如果存在数域 P 上 $n+1$ 个两两不等的数 $a_1,a_2,\cdots,a_{n+1}$,满足 $f(a_i)=g(a_i),i=1,2,\cdots,n+1$,则 $f(x)=g(x)$.

证明 令 $F(x)=f(x)-g(x)$,若 $F(x)\neq 0$,则 $\partial(F)\leqslant\max\{\partial(f),\partial(g)\}\leqslant n$,因此 $F(x)$ 至多有 n 个根;而 $F(a_i)=f(a_i)-g(a_i)=0,i=1,2,\cdots,n+1$,所以 $F(x)$ 至少有 $n+1$ 个根,矛盾,故:$F(x)=f(x)-g(x)=0$,即 $f(x)=g(x)$.

例 1.46 设 $f(x)\in P[x]$,若对于任意的 $a,b\in P$,都有 $f(a+b)=f(a)+f(b)$,则

$$f(x)=cx,c\in P.$$

证明 令 $F(x)=f(x)-f(1)x$,我们利用数学归纳法证明:$\forall n\in N^*,F(n)=0$.$n=1$ 时,

$F(1)=f(1)-f(1)=0$,结论成立;现设 $n\geqslant 1$ 时,$F(n)=f(n)-f(1)n=0$;则

$$F(n+1)=f(n+1)-(n+1)f(1)=f(n)+f(1)-(n+1)f(1)=0$$

故对 $\forall n\in N^*,F(n)=0$,因此:$F(x)=f(x)-f(1)x=0$,即

$$f(x)=cx,c=f(1)\in P.$$

3. **利用拉格朗日插值公式**

理论依据:如果 $a_1,a_2,\cdots,a_{n+1}$ 是数域 P 上 $n+1$ 个两两不等的数,则对数域 P 上任意 $n+1$ 个不全为零的数 $b_1,b_2,\cdots,b_{n+1}$,多项式

$$f(x)=\sum_{i=1}^{n+1}b_i\prod_{1\leqslant j\neq i\leqslant n+1}\frac{x-a_j}{a_i-a_j}\tag{1.4}$$

是数域 P 上满足 $f(a_i)=b,i=1,2,\cdots,n+1$ 的次数小于或等于 n 的唯一的多项式.

例 1.47 求一个次数尽可能低的多项式 $f(x)$, 使得

$$f(0)=1,f(1)=2,f(2)=5,f(3)=10.$$

解 由 Lagrange 插值公式得

$$f(x)=\frac{(x-1)(x-2)(x-3)}{(0-1)(0-2)(0-3)}+2\frac{x(x-2)(x-3)}{(1-2)(1-3)}+5\frac{x(x-1)(x-3)}{2(2-1)(2-3)}+10\frac{x(x-1)(x-2)}{3(3-1)(3-2)}=x^2+1.$$

说明:对 Lagrange 插值公式使用不熟悉的同学,最好在草稿纸上写出

$$a_1=0,a_2=1,a_3=2,a_4=3\text{ 与 }b_1=1,b_2=2,b_3=5,b_4=10,$$

并将它们带入公式(1.4),写出解答式中上述式子后再仔细计算得出答案,平时应该仔细检查所得的答案是否满足所有条件,参加考试时,若时间足够应该尽可能检查所得结论是否满足题设条件.

例 1.48 设 $a_1,a_2,\cdots,a_{n+1}$ 是数域 F 中互不相同的数,$b_1,b_2,\cdots,b_{n+1}$ 是数域 F 中任意的数.证明:存在唯一的 F 上的次数不超过 n 的多项式 $f(x)$ 使得

$$f(a_i)=b_i,i=1,2,\cdots,n+1.$$

证明 由拉格朗日插值公式给出的多项式

$$f(x)=\sum_{i=1}^{n+1} b_i \prod_{1\leqslant j\neq i\leqslant n+1} \frac{x-a_j}{a_i-a_j}$$

是数域 P 上满足 $f(a_i)=b,i=1,2,\cdots,n+1$ 的一个次数小于或等于 n 的多项式.

若 $g(x)\in P[x],\partial(g)\leqslant n$ 也满足 $g(a_i)=b_i,i=1,2,\cdots,n+1$,则令

$F(x)=f(x)-g(x)$,若 $F(x)\neq 0$,则 $\partial(F)\leqslant \max\{\partial(f),\partial(g)\}\leqslant n$,

因此 $F(x)$ 至多有 n 个根;而 $F(a_i)=f(a_i)-g(a_i)=0,i=1,2,\cdots,n+1$,所以 $F(x)$ 至少有 $n+1$ 个根,矛盾,故:$F(x)=f(x)-g(x)=0$,即 $f(x)=g(x)$.

4. 利用根与系数的关系

理论依据:设 $\alpha_1,\alpha_2,\cdots,\alpha_n\in C$ 是 $f(x)=a_nx^n+a_{n-1}x^{n-1}+\cdots+a_1x+a_0\in P[x]$ 的根,

则 $\sum\limits_{1\leqslant i_1<i_2<\cdots<i_k\leqslant n}\alpha_{i_1}\alpha_{i_2}\cdots\alpha_{i_k}=(-1)^k\dfrac{a_{n-k}}{a_n},k=1,2,\cdots,n.$

例 1.49 已知多项式 $f(x)=x^3+2x^2-2,g(x)=x^2+x-1,\alpha,\beta,\gamma$ 为 $f(x)$ 的根,求一个整系数多项式 $h(x)$,使其以 $g(\alpha),g(\beta),g(\gamma)$ 为根.

解 因为 $f(x)=(x+1)g(x)-1$,所以:

$$g(\alpha)=\frac{1}{\alpha+1},g(\beta)=\frac{1}{\beta+1},g(\gamma)=\frac{1}{\gamma+1}$$

又由根与系数的关系可得:$\alpha+\beta+\gamma=-2,\alpha\beta+\alpha\gamma+\beta\gamma=0,\alpha\beta\gamma=2$,故

$$g(\alpha)+g(\beta)+g(\gamma)=\frac{1}{\alpha+1}+\frac{1}{\beta+1}+\frac{1}{\gamma+1}=\frac{2(\alpha+\beta+\lambda)+3}{(\alpha+1)(\beta+1)(\gamma+1)}=-1,$$

$$g(\alpha)g(\beta)+g(\alpha)g(\gamma)+g(\beta)g(\gamma)=\frac{\alpha+\beta+\lambda+3}{(\alpha+1)(\beta+1)(\gamma+1)}=1,$$

$$g(\alpha)g(\beta)g(\gamma)=\frac{1}{(\alpha+1)(\beta+1)(\gamma+1)}=1,$$

故:$h(x)=(x-g(\alpha))(x-g(\beta))(x-g(\gamma))=x^3+x^2+x-1.$

例 1.50 设 x_1,x_2,x_3 是多项式 $f(x)=x^3+ax+1$ 的根,求一个多项式 $g(x)$,使得它的全部根为 x_1^2,x_2^2,x_3^2.

解 由根与系数关系得

$$x_1+x_2+x_3=0,x_1x_2+x_1x_3+x_2x_3=a,x_1x_2x_3=-1.$$

因此

$$x_1^2+x_2^2++x_3^2=(x_1+x_2+x_3)^2-2(x_1x_2+x_1x_3+x_2x_3)=-2a$$

$$x_1^2x_2^2+x_1^2x_3^2+x_2^2x_3^2=(x_1x_2+x_1x_3+x_2x_3)^2-2x_1x_2x_3(x_1+x_2+x_3)=a^2$$

故 $g(x)=(x-x_1^2)(x-x_2^2)(x-x_3^2)=x^3+2ax^2+a^2x-1.$

§1.1.9 多项式的因式分解

1. 利用定义

例 1.51 设 $f(x)=x^{n+1}+2x^n-3(n\geqslant 1)$,把 $f(x)$ 在有理数域上进行因式分解.

解 取素数 $p=3$,则多项式 $g(x)=x^n+3x^{n-1}+\cdots+3x+3$ 除首项系数外均是3的倍数,且 3^2 不整除常数项,故由艾森斯坦判别法可知:$g(x)$ 在有理数域上不可约,因此

$$f(x)=(x-1)(x^n+3x^{n-1}+\cdots+3x+3).$$

2. 利用求根公式

$x^n-1=0$ 的全部根为

$$\omega_k=e^{\frac{2k\pi i}{n}}=\cos\frac{2k\pi}{n}+i\sin\frac{2k\pi}{n},k=0,1,2\cdots,n-1.$$

n 为奇数时,方程只有一个实根 $\omega_0=1,\omega_k$ 与 $\omega_{n-k}=\bar{\omega}_k,k=1,2\cdots,\frac{n-1}{2}$ 是共轭复根.n 为偶数时,方程恰有两个实根 $\omega_0=1$ 与 $\omega_{n/2}=-1,\omega_k$ 与 $\omega_{n-k}=\bar{\omega}_k,k=1,2\cdots,\frac{n}{2}-1$ 是共轭复根.

$x^n+1=0$ 的全部根为

$$\eta_k=e^{\frac{(2k+1)\pi i}{n}}=\cos\frac{2k+1}{n}\pi+i\sin\frac{2k+1}{n}\pi,k=0,1,2\cdots,n-1.$$

n 为奇数时,方程只有一个实根 $\eta_{(n-1)/2}=-1,\eta_k$ 与 $\eta_{n-k-1}=\bar{\eta}_k,k=0,1,\cdots,\frac{n-3}{2}$ 是共轭复根.当 n 为偶数时,方程没有实根,ω_k 与 $\eta_{n-k-1}=\bar{\eta}_k,k=0,1,\cdots,\frac{n}{2}-1$ 是共轭复根.

如果 a 为正实数,n 为奇数,则在实数域上 x^n+a 与 x^n-a 分解为

$$x^n+a=(x+\sqrt[n]{a})\prod_{k=0}^{(n-3)/2}(x^2-(2\sqrt[n]{a}\cos\frac{2k+1}{n}\pi)x+a^{\frac{2}{n}});$$

$$x^n-a=(x-\sqrt[n]{a})\prod_{k=1}^{(n-1)/2}(x^2-(2\sqrt[n]{a}\cos\frac{2k\pi}{n})x+a^{\frac{2}{n}}).$$

在复数域上 x^n+a 与 x^n-a 分解为

$$x^n+a=\prod_{k=0}^{n-1}(x-\sqrt[n]{a}\eta_k);x^n-a=\prod_{k=0}^{n-1}(x-\sqrt[n]{a}\omega_k).$$

例 1.52 试在有理数域,实数域以及复数域上将 $f(x)=x^9+x^8+x^7+\cdots+x+1$ 分解为不可约因式的乘积(结果用根式表示),并简述理由.

解 令 $g(x)=x^4-x^3+x^2-x+1,h(x)=x^4+x^3+x^2+x+1$,则

$$g(x-1)=\frac{(x-1)^5+1}{x}=x^4-5x^3+10x^2-10x+5,$$

$$h(x+1)=\frac{(x+1)^5-1}{x}=x^4+5x^3+10x^2+10x+5,$$

取素数 $p=5$,那么 $g(x-1)$ 与 $h(x+1)$ 都满足艾森斯坦判别法的条件,所以它们均在有理数域上不可约,因而 $g(x)$ 与 $h(x)$ 均在有理数域上不可约.故在有理数域上,$f(x)$ 分解为

$$f(x)=(x+1)(x^4-x^3+x^2-x+1)(x^4+x^3+x^2+x+1);$$

在实数域上设 $\cos\frac{\pi}{5}=a,\cos\frac{3\pi}{5}=b,\cos\frac{2\pi}{5}=c,\cos\frac{4\pi}{5}=d$,则由

$$x^4-x^3+x^2-x+1=(x^2-2x\cos\frac{\pi}{5}x+1)(x^2-2x\cos\frac{3\pi}{5}+1)$$

$$x^4+x^3+x^2+x+1=(x^2-2x\cos\frac{2\pi}{5}x+1)(x^2-2x\cos\frac{4\pi}{5}+1)$$

得 $a+b=\frac{1}{2},ab=-\frac{1}{4},c+d=-\frac{1}{2},cd=-\frac{1}{4}$,解之得

$$a=\frac{1+\sqrt{5}}{5},b=\frac{1-\sqrt{5}}{5},c=\frac{\sqrt{5}-1}{5},d=-\frac{\sqrt{5}+1}{5}.$$

因此在实数域上,$f(x)$ 分解为

$$f=(x+1)(x^2-\frac{\sqrt{5}+1}{2}x+1)(x^2+\frac{\sqrt{5}-1}{2}x+1)(x^2-\frac{\sqrt{5}-1}{2}x+1)(x^2+\frac{\sqrt{5}+1}{2}x+1)$$

在复数域上,f 进一步分解为

$$\begin{aligned}f=(x+1)&\left(x-\frac{\sqrt{5}+1+i\sqrt{10-2\sqrt{5}}}{4}\right)\left(x-\frac{\sqrt{5}+1-i\sqrt{10-2\sqrt{5}}}{4}\right)\\&\left(x+\frac{\sqrt{5}-1+i\sqrt{10+2\sqrt{5}}}{4}\right)\left(x+\frac{\sqrt{5}-1-i\sqrt{10+2\sqrt{5}}}{4}\right)\\&\left(x-\frac{\sqrt{5}-1+i\sqrt{10+2\sqrt{5}}}{4}\right)\left(x-\frac{\sqrt{5}-1-i\sqrt{10+2\sqrt{5}}}{4}\right)\\&\left(x+\frac{\sqrt{5}+1+i\sqrt{10-2\sqrt{5}}}{4}\right)\left(x+\frac{1+\sqrt{5}-i\sqrt{10-2\sqrt{5}}}{4}\right)\end{aligned}$$

§1.2 例题选讲

§1.2.1 整除性的判定及其证明的例题

例 1.53 如果 $f'(x)\mid f(x)$,那么 $f(x)$ 有 n 重根,其中 $n=\partial f(x)$.

这是例 1.24 的变形,现提供另一证明.

证明 因为 $f'(x)\mid f(x),\partial(f')=\partial(f)-1=n-1$,所以$\frac{f}{f'}=cx+d$,令

$$f=(cx+d)^k g,(cx+d,g)=1,k\geqslant 1,$$

则 $f'=(cx+d)^{k-1}(kcg+(cx+d)g')$,因此

$$(cx+d)^k g=f=(cx+d)f'=(cx+d)^k(kcg+(cx+d)g'),$$

所以 $g\mid(cx+d)g'\Rightarrow g\mid g'\Rightarrow\partial(g)=0,k=n$,故 $\alpha=-\frac{d}{c}$ 为 $f(x)$ 的 n 重根.

例 1.54 设 m,n,p 是任意非负整数,证明:

$$(x^2+x+1)\mid(x^{3m}+x^{3n+1}+x^{3p+2}).$$

证明 因为 $x^2+x+1\mid x^3-1,x^3-1\mid x^{3k}-1,\forall k\in N$,

$$x^{3m}+x^{3n+1}+x^{3p+2}=(x^{3m}-1)+x(x^{3n}-1)+x^2(x^{3p}-1)+(x^2+x+1),$$

所以$(x^2+x+1)\mid(x^{3m}+x^{3n+1}+x^{3p+2})$.

例 1.55 要使$(x^2-x+1)\mid(x^{3m}+x^{3n+1}+x^{3p+2})$,其中$m,n,p$要满足什么条件?

证明 令$\omega,\bar{\omega}$为$x^2-x+1=0$的两个根,因为

$$x^2-x+1\mid x^3+1,$$

所以$\omega^3=\bar{\omega}^3=-1$. 如果$(x^2-x+1)\mid(x^{3m}+x^{3n+1}+x^{3p+2})$,则

$$0=\omega^{3m}+\omega^{3n+1}+\omega^{3p+2}=(-1)^m+(-1)^n\omega+(-1)^p\omega^2,$$

$$0=\bar{\omega}^{3m}+\bar{\omega}^{3n+1}+\bar{\omega}^{3p+2}=(-1)^m+(-1)^n\bar{\omega}+(-1)^p\bar{\omega}^2.$$

因此$\omega,\bar{\omega}$均为多项式$(-1)^m+(-1)^nx+(-1)^px^2$的根,所以

$x-\omega\mid(-1)^m+(-1)^nx+(-1)^px^2, x-\bar{\omega}\mid(-1)^m+(-1)^nx+(-1)^px^2$,

由于$(x-\omega,x-\bar{\omega})=1$,所以

$$x^2-x+1=(x-\omega(x-\bar{\omega})\mid(-1)^m+(-1)^nx+(-1)^px^2.$$

因而$(-1)^m+(-1)^nx+(-1)^px^2=a(x^2-x+1),a\in Z,a\neq0$,故$m,p$为奇数且$n$为偶数,或$m,p$为偶数且$n$为奇数.不难验证$m,p$为奇数且$n$为偶数,或$m,p$为偶数且$n$为奇数时,$(x^2-x+1)\mid(x^{3m}+x^{3n+1}+x^{3p+2})$.

例 1.56 设f,g是$P[x]$中的非零多项式且$g=s^mg_1$,这里$m\geqslant1,(s,g_1)=1,s\mid f$,证明:不存在$f_1,r\in P[x]$且$r\neq0,\partial(r)<\partial(s)$,使得$\dfrac{f}{g}=\dfrac{r}{s^m}+\dfrac{f_1}{s^{m-1}g_1}$.

证明 若存在$f_1,r\in P[x]$且$r\neq0,\partial(r)<\partial(s)$,使得:$\dfrac{f}{g}=\dfrac{r}{s^m}+\dfrac{f_1}{s^{m-1}g_1}$.则$f=rg_1+f_1s$,因为$s\mid f$,所以$s\mid rg_1$,又因为$(s,g_1)=1$,所以$s\mid r$,与$r\neq0,\partial(r)<\partial(s)$矛盾.

例 1.57 正整数$m,n(n\geqslant3)$取何值时,$x^n+x^2-1\mid x^m+x-1$.

证明 我们首先证明$m<2n$. 由于$x^n+x^2-1\mid x^m+x-1$,所以$n<m$.因为

$$(x^n+x^2-1)'=nx^{n-1}+2x>0,(x^m+x-1)'=mx^{m-1}+1>0,x>0,$$

所以$f(x)=x^n+x^2-1,g(x)=x^m+x-1$均在$[0,+\infty)$上为增函数.由于

$$f(0.62)=0.62^n+0.62^2-1<0,f(1)=1>0,$$

因此$f(x),g(x)$在$[0,+\infty)$有唯一的零点$\alpha\in(0.62,1)$. 如果$m\geqslant2n$,则

$$1-\alpha=\alpha^m\leqslant(\alpha^n)^2=(1-\alpha)^2(1+\alpha)^2.$$

于是$1\leqslant(1-\alpha)(1+\alpha)^2=1-\alpha(\alpha^2+\alpha-1),\alpha^2+\alpha-1=h(\alpha)\leqslant0=h(\beta)$,这里$\beta=\dfrac{\sqrt{5}-1}{2}$是$h(x)=x^2+x-1$在$[0,+\infty)$的唯一零点,因为$h(x)$在$[0,+\infty)$上也是增函数,所以$\alpha\leqslant\beta$,与$\alpha>0.62>\beta$矛盾.由此可知$m<2n$.现设$m=n+k,0<k<n$,则由$f(x)\mid g(x)$得

$$f(2)=2^n+3\mid g(2)=2^{n+k}+1=2^k(2^n+3)-(3\times2^k-1),$$

所以$2^n+3\mid3\times2^k-1$,所以$2^n+3\leqslant3\times2^k-1$,因此$2^k(3-2^{n-k})\geqslant4$,从而$k=n-1,m=2n-1$. 再由

$$x^{2n-1}+x-1=(x^{n-1}-x)(x^n+x^2-1)+(x^3+x^{n-1}-1)$$

得$x^n+x^2-1\mid x^3+x^{n-1}-1$,所以$n=3,m=5$,而$n=3,m=5$时,

$$x^5+x-1=(x^2-x+1)(x^3+x^2-1),$$

故$n=3,m=5$为所求.

说明:本例表面看是两个具体多项式整除性的判定,应该利用判定定理(方法 2),但n,m的大小关系不确定,无法知道带余除法进行到何时,才能得到余式,因此我们需要首

先确定 n,m 的关系,即证明 $m=2n-1$.

例 1.58 多项式 $g(x)=1+x^2+x^4+\cdots+x^{2n}$ 能整除 $f(x)=1+x^4+x^8+\cdots+x^{4n}$ 的充分必要条件是 n 是偶数.

证明 因为

$$f(x)(x^4-1)=x^{4(n+1)}-1, g(x)(x^2-1)=x^{2(n+1)}-1,$$

所以 $f(x)(x^2+1)=(x^{2(n+1)}+1)g(x)$,故 $g(x)$ 能整除 $f(x)$ 的充分必要条件是 $x^2+1\mid x^{2(n+1)}+1\Leftrightarrow(-1)^{n+1}+1=0\Leftrightarrow n$ 是偶数.

§1.2.2 最大公因式的计算、判定及其证明的例题

例 1.59 证明:只要 $\frac{f}{(f,g)},\frac{g}{(f,g)}$ 的次数都大于零,就可以适当选择适合等式 $uf+vg=(f,g)$ 的 u,v,使 $\partial(u)<\partial\left(\frac{g}{(f,g)}\right),\partial(v)<\partial\left(\frac{f}{(f,g)}\right)$.

证明 存在 u_1,v_1,使得 $u_1f+v_1g=(f,g)$,令

$$u_1=\frac{g}{(f,g)}q+r, r=0 \text{ 或 } \partial(r)<\partial(\frac{g}{(f,g)}).$$

若 $r=0$,则 $\frac{g}{(f,g)}\mid u_1$,所以由 $u_1\frac{f}{(f,g)}+v_1\frac{g}{(f,g)}=1$ 得 $\frac{g}{(f,g)}\mid 1$,与 $\partial(\frac{g}{(f,g)})>0$ 矛盾,所以 $\partial(r)<\partial(\frac{g}{(f,g)})$,取 $u=r,v=q\frac{f}{(f,g)}+v_1$,则

$$u\frac{f}{(f,g)}+v\frac{g}{(f,g)}=1.$$

于是 $\partial(u\frac{f}{(f,g)})=\partial(v\frac{g}{(f,g)})$,由此得

$$\partial(u)+\partial(\frac{f}{(f,g)})=\partial(v)+\partial(\frac{g}{(f,g)}),$$

因为 $\partial(u)<\partial(\frac{g}{(f,g)})$,所以 $\partial(v)<\partial\left(\frac{f}{(f,g)}\right)$,且 $uf+vg=(f,g)$.

例 1.60 证明:$(f_1,g_1)(f_2,g_2)=(f_1f_2,f_1g_2,g_1f_2,g_1g_2)$,此处 f_1,f_2,g_1,g_2 都是 $P[x]$ 中的多项式.

证明 $(f_1f_2,f_1g_2,g_1f_2,g_1g_2)$
$=((f_1f_2,f_1g_2),(g_1f_2,g_1g_2))=(f_1(f_2,g_2),g_1(f_2,g_2))=(f_1,g_1)(f_2,g_2)$.

说明:此处证明用到了结论 $(hf_1,hf_2)=h(f_1,f_2)$.

例 1.61 设 $f_1(x),f_2(x),g_1(x),g_2(x)\in P$ 使得 $f_1(a)=0,g_2(a)\neq 0$,且 $f_1(x)g_1(x)+f_2(x)g_2(x)=x-a$. 证明:$(f_1(x),f_2(x))=x-a$.

证明 因为 $f_1(a)=0$,所以 $x-a\mid f_1(x)$,又因为 $f_1(x)g_1(x)+f_2(x)g_2(x)=x-a$,所以 $x-a\mid f_2(x)g_2(x)$. 由于 $g_2(a)\neq 0$,因此 $(x-a,g_2(x))=1$,从而 $x-a\mid f_2(x)$,故 $(f_1(x),f_2(x))=x-a$.

例 1.62 设整系数多项式 $f=x^4+ax^2+bx-3$,记 (f,g) 为 f 和 g 的首项系数为1的最大公因式,$f'(x)$ 为 $f(x)$ 的导数. 若 $\frac{f(x)}{(f(x),f'(x))}$ 为二次多项式,求 a^2+b^2 的值.

解 因为$\dfrac{f(x)}{(f(x),f'(x))}$是二次多项式,所以:$(f(x),f'(x))$是二次首1多项式.又由

$$f'(x)=4x^3+2ax+b,f=\frac{1}{4}xf'+(\frac{a}{2}x^2+\frac{3b}{4}x-3),$$

$$f'(x)=(\frac{a}{2}x^2+\frac{3b}{4}x-3)(\frac{8}{a}x-\frac{12b}{a^2})+(\frac{2a^2+24}{a}+\frac{9b^2}{a^2}x)+\frac{a^2b-36b}{a^2}$$

可得:$\dfrac{2a^2+24}{a}=-\dfrac{9b^2}{a^2}$,$a^2=36$. 解之得:$a^2=36,b^2=64$, 故:$a^2+b^2=100$.

§1.2.3 互素的判定及其证明的例题

例1.63 证明:如果$(f,g)=1$,那么对于任意正整数m,

$$(f(x^m),g(x^m))=1.$$

证明 因为$(f(x),g(x))=1$,所以存在$u(x),v(x)\in P[x]$,使得:

$$f(x)u(x)+g(x)v(x)=1,$$

因此$f(x^m)u(x^m)+g(x^m)v(x^m)=1$,故:$(f(x^m),g(x^m))=1$.

例1.64 证明:如果$(f,g)=1$,那么$(fg,f+g)=1$.

证明 因为$(f,g)=1$,所以存在$u,v\in P[x]$,使得:$fu+gv=1$,因此

$$f(u-v)+(f+g)v=1,g(v-u)+(f+g)u=1,$$

所以$(f,f+g)=1$,且$(g,f+g)=1$.故:$(fg,f+g)=1$.

例1.65 以下陈述是否正确? 正确的予以证明,不正确的请举反例(反例的正确性要求论证).

(1) 有理系数多项式$f(x)$,如果在有理数域上不可约,则在任何数域上不可约.

(2) 两个有理系数多项式$f(x)$与$g(x)$,如果在有理数域上互素,则在任何数域上互素.

定义:数域F上的多项式$f(x)$称为在F上不可约,如果$f(x)$的次数大于零,而且只要F上的多项式$g(x)$是$f(x)$的因式,那么$g(x)$要么与$f(x)$相伴,要么与1相伴.

定义:数域F上的多项式$f(x)$与$g(x)$称为在F上互素,如果它们在F上的最大公因式与1相伴.

解 (1) 不正确.令$f(x)=x^2-2$,则由艾森斯坦判别法可知$f(x)$在有理数域上不可约,但在实数域上可约,因为$f(x)=(x+\sqrt{2})(x-\sqrt{2})$.

(2) 正确.因为有理系数多项式$f(x)$与$g(x)$在有理数域上互素,所以存在$u,v\in Q[x]$,使得:$fu+gv=1$,设P是任何一个数域,则由$u,v\in Q[x]\subset P[x]$可知$f(x)$与$g(x)$在数域P上互素.

§1.2.4 整系数多项式有理根的计算与判定的例题

例1.66 求下列多项式的有理根:

①$x^3-6x^2+15x-14$;

②$4x^4-7x^2-5x-1$;

③$x^5+x^4-6x^3-14x^2-11x-3$.

解 ①$f(x)=x^3-6x^2+15x-14$可能的有理根是 ±1, ±2, ±7, ±14;

$$f(1)=-4, f(-1)=-36, \frac{f(1)}{1-(-2)}=-\frac{4}{3}, \frac{f(1)}{1-7}=\frac{2}{3}, \frac{f(1)}{1-(-7)}=-\frac{1}{2},$$

$$\frac{f(1)}{1-14}=\frac{4}{13}, \frac{f(1)}{1-(-14)}=-\frac{4}{15}, \frac{f(1)}{1-(-7)}=-\frac{1}{2},$$

所以 ±1, −2, ±7, ±14 均不是$f(x)$ 的有理根,又因为

$$\begin{array}{r|rrrrl}
2 & 1 & -6 & 15 & -14 & \\
+ & & 2 & -8 & 14 & \\
\hline
2 & 1 & -4 & 7 & & f(2)=0 \\
+ & & 2 & -4 & & \\
\hline
 & 1 & -2 & 3 & &
\end{array}$$

故$f(x)$ 的有理根有且仅有一个单根 2.

②$f(x)=4x^4-7x^2-5x-1$ 可能的有理根是 ±1, ±1/2, ±1/4;

$$f(1)=-9, f(-1)=1, \frac{f(1)}{1-(-1/4)}=-\frac{36}{5}, \frac{f(-1)}{1+1/2}=\frac{2}{3}, \frac{f(1)}{1+1/4}=\frac{4}{5},$$

所以 ±1,1/2, ±1/4 均不是$f(x)$ 的有理根,又因为

$$\begin{array}{r|rrrrrl}
-1/2 & 4 & 0 & -7 & -5 & -1 & \\
+ & & -2 & 1 & 3 & 1 & \\
\hline
-1/2 & 4 & -2 & -6 & -2 & & f(1/2)=0 \\
+ & & -2 & 2 & 2 & & \\
\hline
-1/2 & 4 & -4 & -4 & 0 & & \\
+ & & -2 & 3 & & & \\
\hline
 & 4 & -6 & -1 & & &
\end{array}$$

故$f(x)$ 的有理根有且仅有一个二重根 −1/2.

③$f(x)=x^5+x^4-6x^3-14x^2-11x-3$ 可能的有理根是 ±1, ±3;

$f(1)=-32, f(-1)=0$,又因为

$$\begin{array}{r|rrrrrrl}
-1 & 1 & 1 & -6 & -14 & -11 & -3 & \\
+ & & -1 & 0 & 6 & 8 & 3 & \\
\hline
-1 & 1 & 0 & -6 & -8 & -3 & & f(-1)=0 \\
+ & & -1 & 1 & 5 & 3 & & \\
\hline
-1 & 1 & -1 & -5 & -3 & 0 & & \\
+ & & -1 & 2 & 3 & & & \\
\hline
-1 & 1 & -2 & -3 & 0 & & & \\
+ & & -1 & 3 & & & & \\
\hline
 & 1 & -3 & 0 & & & &
\end{array}$$

故$f(x)$ 的有理根有一个单根 3,有一个四重根 −1.

例 1.67 设$f(x)$ 是整系数多项式,证明:若存在偶数 a 以及奇数 b,使得$f(a)$ 以及$f(b)$ 都是奇数,则$f(x)$ 没有整数根.

证明 令$f(x)=\sum_{i=0}^{n}a_ix^i$，则由$f(a)=a_0+\sum_{i=1}^{n}a_ia^i$是奇数，$a$是偶数得：$a_0=f(0)$是奇数. 又由$f(b)-f(1)=\sum_{i=1}^{n}a_i(b^i-1)$，$b$与$f(b)$都是奇数得$f(1)$是奇数. 如果$f(x)$有整数根$m$，则由$m\mid f(0)$得$m$为奇数，且$\frac{f(1)}{1-m}\in Z$，由此导致$f(1)$是偶数，矛盾. 故$f(x)$没有整数根.

§1.2.5 可约与不可约多项式的判定及其证明的例题

例 1.68 令c是一个复数，并且是$Q[x]$中一个非零多项式的根. 令

$$J=\{f(x)\in Q[x]\mid f(c)=0\},$$

证明：

(1) 在J中存在唯一的首项系数是1的多项式$p(x)$，使得J中每一多项式$f(x)$都可以写成$p(x)q(x)$的形式，这里$q(x)\in Q[x]$；

(2) $p(x)$在$Q[x]$中不可约. 若$c=\sqrt{2}+\sqrt{3}$，求上述的$p(x)$.

证明 (1) 因为复数c是$Q[x]$中一个非零多项式的根，所以J中存在次数大于零的多项式，由最小数原理可设$p(x)$是J中次数最小的首项系数是1的多项式，则对J中每一多项式$f(x)$，可令

$$f(x)=p(x)q(x)+r(x),q,r\in Q[x],r=0\text{ 或 }\partial(r)<\partial(p).$$

因为$0=f(c)=p(c)q(c)+r(c)=r(c)$，所以$r(x)\in J$，于是由$p(x)$的次数最小性的假设知$r(x)=0$，故$f(x)=p(x)q(x)$.

(2) 若$p(x)$在$Q[x]$中可约，则存在$f(x),g(x)\in Q[x]$，$0<\partial(f),\partial(g)<\partial(p)$，使得$p(x)=f(x)g(x)$. 因此由$f(c)g(c)=p(c)=0$，可得$f(c)=0$或$g(c)=0$，所以$f(x)\in J$或$g(x)\in J$，均与$p(x)$的次数最小性的假设矛盾，故$p(x)$在$Q[x]$中不可约.

对$c=\sqrt{2}+\sqrt{3}$，因为

$$\begin{aligned}&(x-\sqrt{2}-\sqrt{3})(x-\sqrt{2}+\sqrt{3})(x+\sqrt{2}-\sqrt{3})(x+\sqrt{2}+\sqrt{3})\\&=[(x-1)^2-2\sqrt{2}x][(x-1)^2+2\sqrt{2}x]=x^4-10x^2+1,\end{aligned}$$

所以$c=\sqrt{2}+\sqrt{3}$是x^4-10x^2+1的根，若x^4-10x^2+1在$Q[x]$中可约，则它能分解为两个首项系数为1的整系数2次不可约多项式的乘积，即

$$x^4-10x^2+1=(x^2+ax+b)(x^2+cx+d),a,b,c,d\in Z,$$

则$a+c=0,b+d+ac=-10,ad+bc=0,bd=1$，因此$b=d=1$或$-1$，若$b=d=1$，则$a^2=12$，此不可能；若$b=d=-1$，则$a^2=8$，也不可能.

因此x^4-10x^2+1在$Q[x]$中不可约，故所求$p(x)=x^4-10x^2+1$.

例 1.69 设$f(x)=x^3+ax^2+bx+c$是整系数多项式，证明：若$ac+bc$是奇数，则$f(x)$在有理数域上不可约.

证明 如果f在有理数域上可约，则f有整数根$m\mid c$，因为$ac+bc$是奇数，因此c是奇数，$a+b$是奇数，所以m是奇数，$f(1)=1+a+b+c$是奇数. 于是由$\frac{f(1)}{1-m}\in Z$，得$f(1)$是偶数，矛盾. 故：$f(x)$没有整数根，因此$f(x)$是有理数域上的不可约多项式.

例 1.70 设$f(x)=a_nx^n+a_{n-1}x^{n-1}+\cdots+a_0$是整系数多项式,$n\geqslant k$,证明:若有素数$p$使得$p\nmid a_n,p\mid a_{k-1},p\mid a_{k-2},\cdots p\mid a_0,p^2\nmid a_0$,则$f(x)$有一个次数不小于$k$的整系数不可约因式.

证明 对多项式$f(x)$的次数$\partial(f(x))=n$进行归纳.若$n=k$,则由题设条件利用艾森斯坦判别法知$f(x)$在有理数域上不可约,结论自然成立.现设$\partial(f(x))=n>k$,且结论对次数小于或等于$n-1$的满足条件的多项式成立.如果$f(x)$在有理数域上不可约,则$f(x)$自身就是它的一个次数不小于k的整系数不可约因式,结论成立.现设$f(x)$在有理数域上可约,则存在次数都小于n的整系数多项式

$$g(x)=b_mx^m+b_{m-1}x^{m-1}+\cdots+b_0,h(x)=c_lx^l+c_{l-1}x^{l-1}+\cdots+c_0$$

使得$f(x)=g(x)h(x)$.于是有$a_n=b_mc_l,a_0=b_0c_0$,因为

$$p\nmid a_n,p\mid a_0,p^2\nmid a_0,$$

所以$p\nmid b_m,p\nmid c_l,p\mid b_0,p\nmid c_0,p^2\nmid b_0$或$p\nmid b_0,p\mid c_0,p^2\nmid c_0$,不妨设$p\mid b_0,p\nmid c_0,p^2\nmid b_0$,那么有$A=\{i\mid 1\leqslant i\leqslant m,p\nmid b_i\}$不是空集,由最小数原理可设$i$是集合$A$中的最小数,则

$$p\mid b_0,p\mid b_1,\cdots,p\mid b_{i-1},p\nmid b_i.$$

此时判断$i\geqslant k$,否则$i\leqslant k-1$,因为$p\mid a_i=b_0c_i+\cdots b_{i-1}c_1+b_ic_0$,所以$p\mid b_ic_0$,与$p\nmid b_i,p\nmid c_0$矛盾,故由归纳假设知$g(x)$有一个次数$\geqslant i\geqslant k$的整系数不可约因式,从而$f(x)$也有一个次数不小于$k$的整系数不可约因式.

例 1.71 设$f(x)=(x-a_1)(x-a_2)\cdots(x-a_n)-1$,其中$a_1,a_2,\cdots,a_n$是互不相同的整数,$n\geqslant 2$.证明$f(x)$不能分解为两个次数都大于0的整系数多项式之积.

证明 令$f(x)=ag(x)h(x),a\in Z,a\neq 0,g,h$均为次数大于0的本原多项式,则$1\leqslant\partial(g),\partial(h)<n$.比较两边的首项系数,不失一般性可假设:$a=1,g,h$都是首1多项式,于是:$g(a_j)h(a_j)=f(a_j)=-1$,所以:

$$g(a_j)=1,h(a_j)=-1\text{ 或 }g(a_j)=-1,h(a_j)=1,j=1,2,\cdots,n.$$

因此$g(a_j)+h(a_j)=0,j=1,2,\cdots,n$,由此可得$g(x)+h(x)$至少有$n$个根,如果$g(x)+h(x)\neq 0$,则$n\leqslant\partial(g(x)+h(x))\leqslant\max\{\partial(g),\partial(h)\}<n$,矛盾.所以根据$g(x)+h(x)=0$,即$g(x)=-h(x)$,得到$f(x)=g(x)h(x)=-g^2(x)$,比较两边的首项系数可知不可能成立,故$f(x)$不能分解为两个次数都大于0的整系数多项式之积.

例 1.72 设$f(x)=\sum\limits_{t=0}^{n}a_tx^t,g(x)=\sum\limits_{t=0}^{n}a_{n-t}x^t\in P[x]$,求证:$f(x)$不可约当且仅当$g(x)$不可约.利用此结论说明$2x^n+2x^{n-1}+\cdots+2x+1$在有理数域上不可约.

证明 $f(x)$在数域P上可约的充分必要条件是存在$P[x]$中两个次数大于零的多项式

$$f_1(x)=\sum_{i=0}^{l}b_ix^i,f_2(x)=\sum_{j=0}^{m}c_jx^j,0<l,m<n,l+m=n,$$

使得$f(x)=f_1(x)f_2(x)\Leftrightarrow g(x)=g_1(x)g_2(x)\Leftrightarrow g(x)$在数域$P$上可约,其中

$$g_1(x)=\sum_{i=0}^{l}b_{l-i}x^i,g_2(x)=\sum_{j=0}^{m}c_{m-j}x^j.$$

故$f(x)$不可约当且仅当$g(x)$不可约. 令$f(x)=2x^n+2x^{n-1}+\cdots+2x+1$,则$g(x)=x^n+2x^{n-1}+\cdots+2x+2$,利用艾森斯坦判别法取素数$p=2$可证$g(x)$在有理数域上不可约,故$2x^n+2x^{n-1}+\cdots+2x+1$在有理数域上不可约.

例 1.73 试确定所有整数 m,使得 $f(x)=x^5+mx-1$ 在有理数域上不可约.

解 如果 $f(x)$ 在有理数域上可约,则 $f(x)$ 可以表示为两个次数小于5的首1整系数多项式 $g(x)$ 与 $h(x)$ 的积,其中有一个多项式为1次多项式的充分必要条件是 $f(x)$ 有有理根,这等价于

$$f(1)=m=0,\text{或} f(-1)=-m-2=0,\text{即} m=-2.$$

若 $1<\partial(g),\partial(h)<5$,则必有 $\partial(g)=2,\partial(h)=3$ 或 $\partial(g)=3,\partial(h)=2$,不妨设 $\partial(g)=2,\partial(h)=3$ 且令:$g=x^2+ax+b,h=x^3+cx^2+dx+e$,于是由 $f=gh$ 可得:

$$a+c=0,ac+b+d=0,ad+bc+e=0,ae+bd=m,be=-1.$$

解之得:$a=-1,b=1,c=1,d=0,e=-1,m=1$.故当:$m\neq 0,m\neq -2$ 且 $m\neq 1$ 时,$f(x)=x^5+mx-1$ 在有理数域上不可约.

§1.2.6 重因式(重根)及其重数的计算与判定的例题

例 1.74 设 $f(x)$ 是 n 次实系数多项式,$n>1$,设 $f'(x)$ 是 $f(x)$ 的导数多项式.证明:

(1) 如果 r 是 $f(x)$ 的 m 重根,$m>0$,则 r 是 $f'(x)$ 的 $m-1$ 重根(若 r 是 $f'(x)$ 的零重根,则表示 r 不是 $f'(x)$ 的根);

(2) 如果 $f(x)$ 的根都是实数,则 $f'(x)$ 的根也都是实数.

证明 (1) 因为 r 是 $f(x)$ 的 m 重根,所以可设 $f(x)=(x-r)^m g(x),g(r)\neq 0$,则令 $h(x)=mg(x)+(x-r)g'(x)$,那么 $f'(x)=(x-r)^{m-1}h(x),h(r)=mg(r)\neq 0$,故:$r$ 是 $f'(x)$ 的 $m-1$ 重根.

(2) 如果 $f(x)$ 只有一个 n 重根 α,则有 $f(x)=a(x-\alpha)^n,f'(x)=na(x-\alpha)^{n-1}$,结论成立;现设 $\alpha_1,\alpha_2,\cdots,\alpha_s\in R$ 分别是 $f(x)$ 的 m_1 重根,m_2 重根,$\cdots$,m_s 重根,不失一般性可设 $\alpha_1<\alpha_2<\cdots<\alpha_s,s>1,m_1+m_2+\cdots+m_s=n$,则有

$$f(x)=a(x-\alpha_1)^{m_1}(x-\alpha_2)^{m_2}\cdots(x-\alpha_s)^{m_s},$$

$$f'(x)=a(x-\alpha_1)^{m_1-1}(x-\alpha_2)^{m_2-1}\cdots(x-\alpha_s)^{m_s-1}\sum_{i=1}^{s}m_i\prod_{1\leqslant j\neq i\leqslant s}(x-\alpha_j).$$

令 $g(x)=\sum_{i=1}^{s}m_i\prod_{1\leqslant j\neq i\leqslant s}(x-\alpha_j)$,则

$$g(\alpha_i)g(\alpha_{i+1})=m_i m_{i+1}\prod_{1\leqslant j\neq i\leqslant s}(\alpha_i-\alpha_j)\prod_{1\leqslant j\neq i+1\leqslant s}(\alpha_{i+1}-\alpha_j)<0,i=1,2,\cdots,s-1,$$

因此 $g(x)$ 在区间 (α_i,α_{i+1}) 内有一个实根 $\beta_i,i=1,2,\cdots,s-1$,从而

$$g(x)=b(x-\beta_1)(x-\beta_2)\cdots(x-\beta_{s-1}),$$

$$f'(x)=ab(x-\alpha_1)^{m_1-1}(x-\alpha_2)^{m_1-1}\cdots(x-\alpha_s)^{m_s-1}\prod_{h=1}^{s-1}(x-\beta_j).$$

故 $f'(x)$ 的根也都是实数.

例 1.75 证明:$x^n+ax^{n-m}+b$ 不能有不为零的重数大于2的根.

证明 设 $\alpha\neq 0$ 是 $f=x^n+ax^{n-m}+b$ 的任意一个重数大于2的根,则 α 是 $f'=nx^{n-1}+a(n-m)x^{n-m-1}=x^{n-m-1}(nx^m+a(n-m))$ 的一个重数大于1的根,因而是 $g(x)=nx^m+a(n-m)$ 的一个重数大于1的根,所以是 $g'(x)=nmx^{m-1}$ 的根,与 $g'(\alpha)=nm\alpha^{m-1}\neq 0$,矛盾,故 $x^n+ax^{n-m}+b$ 不能有不为零的重数大于2的根.

例 1.76 证明:如果 $f(x)\mid f(x^n)$,那么 $f(x)$ 的根只能是零或单位根.

证明 设 $\omega\neq 0$ 是 f 的任意一个根,因为 $f\mid f(x^n)$,所以 $\omega,\omega^n,\omega^{n^2},\cdots$ 均为 f 的根,由于

多项式根的个数不大于多项式的次数,因此其中至多有限个不等,必存在两个正整数 $1 \leqslant i < j$,使得 $\omega^{n^i} = \omega^{n^j}$,令 $m = n^j - n^i > 0$,则 $\omega^m = 1$,所以 ω 为单位根.

例 1.77 设 α 是 $f(x)$ 的 $k(>1)$ 重根,证明:α 也是 $g(x) = f(x) + (\alpha - x)f'(x)$ 的 k 重根.

证明 因为 α 是 $f(x)$ 的 $k(>1)$ 重根,所以可设 $f(x) = (x-\alpha)^k h(x)$,$h(\alpha) \neq 0$,于是 $f'(x) = (x-\alpha)^{k-1}[kh(x) + (x-\alpha)h'(x)]$,因此

$$g(x) = (x-\alpha)^k[(1-k)h(x) - (x-\alpha)h'(x)]$$

其中 $(1-k)h(x) - (x-\alpha)h'(x) = s(x)$,$s(\alpha) = (1-k)h(\alpha) \neq 0$,故 α 也是 $g(x) = f(x) + (\alpha - x)f'(x)$ 的 k 重根.

例 1.78 设 $f(x) = x^5 + ax^3 + b$,问 a,b 满足什么条件时,$f(x)$ 有重根,并求出它的重根及其重数.

分析:本题显然是对 a,b 为零或不为零进行分类讨论,由乘法原理可知共有 4 种情形.

解 若 $a = b = 0$,$f = x^5$,$f(x)$ 有五重根 $\alpha = 0$;若 $a \neq 0, b = 0$,则 $f'(x) = 5x^4 + 3ax^2 = x^2(5x^2 + 3a)$,因为 $5(x^2 + a) - (5x^2 + 3a) = 2a$,所以

$$(x^2 + a, 5x^2 + 3a) = 1, (x, 5x^2 + 3a) = (x, 3a) = 1,$$

所以 $(f'(x), f(x)) = x^2(x(x^2 + a), 5x^2 + 3a) = x^2$,$\alpha = 0$ 是 $f(x)$ 的三重根;若 $a = 0, b \neq 0$,则 $(f'(x), f(x)) = (x^5 + b, 5x^4) = 1$,所以 $f(x)$ 无重根;若 $a \neq 0, b \neq 0$,则 $f(0) = b \neq 0$,所以若 α 是 $f(x)$ 的 $k(k>1)$ 重根,那么 $\alpha \neq 0$ 且是 $g(x) = 5x^2 + 3a$ 的 $k-1$ 重根,但 $g'(\alpha) = 10\alpha \neq 0$,所以 $k = 2$. 又因为

$$f(x) = \left(\frac{1}{5}x^3 + \frac{2a}{25}x\right)(5x^2 + 3a) + \left(-\frac{6a^2}{25}x + b\right),$$

$$5x^2 + 3a = \left(\frac{6a^2}{25}x - b\right)\left(\frac{125}{6a^2}x + \frac{3\,125b}{36a^4}\right) + \left(3a + \frac{3\,125b^2}{36a^4}\right),$$

当 $3a + \frac{3\,125b^2}{36a^4} \neq 0$ 时,$(f(x), 5x^2 + 3a) = 1$,$f(x)$ 无重根;当 $3a + \frac{3\,125b^2}{36a^4} = 0$ 时,$(f, 5x^2 + 3a) = x - \frac{25b}{6a^2}$,$f(x)$ 有二重根 $\alpha = \frac{25b}{6a^2}$.

例 1.79 设多项式 $f(x)$ 与 $g(x)$ 互素,并设 $f^2(x) + g^2(x)$ 有重根. 令 $f'(x), g'(x)$ 分别表示 $f(x)$ 与 $g(x)$ 的导数多项式. 证明:$f^2(x) + g^2(x)$ 的重根是 $f'^2(x) + g'^2(x)$ 的根.

证明 设 α 是 $f^2(x) + g^2(x)$ 的任一重根,则有

$$f^2(\alpha) + g^2(\alpha) = 0, f(\alpha)f'(\alpha) + g(\alpha)g'(\alpha) = 0,$$

于是 $f(\alpha)[f(\alpha)g'(\alpha) - f'(\alpha)g(\alpha)] = 0$,若 $f(\alpha) = 0$,则 $g^2(\alpha) = 0$,因此 $g(\alpha) = 0$,所以 $x - \alpha \mid (f(x), g(x))$,与题设条件 $f(x)$ 与 $g(x)$ 互素矛盾,所以 $f(\alpha) \neq 0$,从而 $f(\alpha)g'(\alpha) - f'(\alpha)g(\alpha) = 0$,那么

$$\begin{aligned} 0 &= f'(\alpha)[f(\alpha)f'(\alpha) + g(\alpha)g'(\alpha)] + g'(\alpha)[f(\alpha)g'(\alpha) - f'(\alpha)g(\alpha)] \\ &= f(\alpha)[f'^2(\alpha) + g'^2(\alpha)]. \end{aligned}$$

注意到 $f(\alpha) \neq 0$,得 $f'^2(\alpha) + g'^2(\alpha) = 0$,即 α 是 $f'^2(x) + g'^2(x)$ 的根.

§1.2.7　多项式相等(多项式函数相等)的例题

例 1.80　设$f(x),g(x),h(x)$都是实数域上的多项式,证明:

若$f^2(x)=xg^2(x)+xh^2(x)$,则$f(x)=g(x)=h(x)=0$;此结论对于复数域上的多项式$f(x),g(x),h(x)$是否还成立?

证明　若$g(x)\neq 0$或$h(x)\neq 0$,则由$f(x),g(x),h(x)$都是实数域上的多项式可知$g^2(x)+h^2(x)\neq 0$且$f^2(x)=x[g^2(x)+h^2(x)]\neq 0$,比较两边多项式的次数可知左边多项式的次数是偶数而右边多项式的次数是奇数,矛盾.故$g(x)=h(x)=0$,从而$f(x)=0$.

在复数域上,此结论不成立,例如令$f(x)=0,g(x)=ix,h(x)=x$,则

$$g(x)\neq 0,h(x)\neq 0,\text{但是}f^2(x)=xg^2(x)+xh^2(x).$$

例 1.81　数域P上的多项式$f(x)$如果对于任何$c\in P$都有$f(x)=f(x-c)$,则$f(x)$是一个常数.

证明　我们要证明$F(x)=f(x)-f(0)$是零多项式,为此我们利用数学归纳法证明

$$F(n)=0,\ \forall n\in N.$$

$n=0$时,$F(0)=f(0)-f(0)=0$,结论成立.

现设$n\geqslant 0$时,$F(n)=0$,则由$f(x)=f(x-1)$得$f(n+1)=f(n)$,所以$F(n+1)=f(n+1)-f(0)=f(n)-f(0)=F(n)=0$,因此$F(x)$有无穷多个根,所以它必为零多项式,故$f(x)\equiv f(0)$.

例 1.82　应用余数定理计算行列式:

$$f(x)=\begin{vmatrix} x & a_1 & a_2 & \cdots & a_{n-1} & a_n \\ a_1 & x & a_2 & \cdots & a_{n-1} & a_n \\ a_1 & a_2 & x & \cdots & a_{n-1} & a_n \\ \vdots & \vdots & \vdots & \vdots & \vdots & \vdots \\ a_1 & a_2 & a_3 & \cdots & x & a_n \\ a_1 & a_2 & a_3 & \cdots & a_n & x \end{vmatrix}.$$

解　由行列式的性质可知$a_1,a_2,\cdots,a_n,-(a_1+a_2+\cdots+a_n)$为$n+1$次多项式$f(x)$的全部根,故:

$$f(x)=(x-a_1)(x-a_2)\cdots(x-a_n)(x+a_1+a_2+\cdots+a_n).$$

例 1.83　设$f(x)=\sum\limits_{i=0}^{n}a_ix^i$是数域$F$上的$n$次多项式,$n>0$.

(1) 设$c\in F$,证明:存在唯一的$b_i\in F$使得$f(x)=\sum\limits_{i=1}^{n}b_i(x-c)^i$并写出$b_i$的表达式;

(2) 设$f(x)$在F上不可约,α是$f(x)$的一个复根,证明:集合

$$K=\{g(\alpha)\mid g(x)\in F[x]\}$$

是数域且$f(x)$在K上可约;

(3) 设$\alpha_1,\alpha_2,\cdots,\alpha_n$是$f(x)$的全部复根,证明:存在$F$上的$n$次多项式$h(x)$,其全部复根为$\sum\limits_{j=1}^{n}\alpha_j^k,k=1,2\cdots,n$.

证明　(1) 由余数定理存在唯一的$f_1(x),r=f(c)\in F[x]$,使得

$f(x)=f_1(x)(x-c)+f(c)$;

同理由余数定理知存在唯一 $f_{i+1}(x), r_i = f_i(c) \in F[x], i = 1,2\cdots, n-1$,使得

$$f_i(x) = f_{i+1}(x)(x-c) + f_i(c) \in F[x], i = 1,2\cdots, n-1,$$

故存在唯一的 $b_0 = f(c), b_i = f_i(c) \in F, i = 1,2,\cdots, n-1, b_n = a_n$,使得

$$f(x) = \sum_{i=0}^{n} b_i (x-c)^i.$$

(2) 取 $g(x) \in F[x], (g(x), f(x)) = 1$,则由题设条件可知 $g(\alpha) \neq 0$,因此 K 中至少含有两个元素,且对任何 $g_1(\alpha), g_2(\alpha) \in K, g_1(\alpha) \pm g_2(\alpha), g_1(\alpha) g_2(\alpha) \in K$;若 $g_1(\alpha) \neq 0$,则 $(g_1(x), f(x)) = 1$,所以存在 $g(x), h(x) \in F[x]$,使得

$$g_1(x) g(x) + f(x) h(x) = 1,$$

因此 $g_1(\alpha) g(\alpha) = 1$,于是 $\frac{g_2(\alpha)}{g_1(\alpha)} = g_2(\alpha) g(\alpha) \in K$,故 K 是数域,因为 $f(\alpha) = 0$,所以 $x - \alpha \mid f(x)$,又因为 $x-\alpha, f(x) \in K[x]$,因此存在 $q(x) \in K[x]$,使得 $f(x) = q(x)(x-\alpha)$,故 $f(x)$ 在 K 上可约.

(3) 令 $a_k = \sum_{j=1}^{n} \alpha_j^k, k = 1,2,\cdots, n$,因为 $\alpha_1, \alpha_2, \cdots, \alpha_n$ 是 $f(x)$ 的全部复根,所以 $\sigma_1, \sigma_2, \cdots, \sigma_n \in F$,这里 $\sigma_1, \sigma_2, \cdots, \sigma_n$ 是 $\alpha_1, \alpha_2, \cdots, \alpha_n$ 的初等对称多项式,又由对称多项式基本定理知 $a_1, a_2, \cdots, a_n$ 可以表示成 $\sigma_1, \sigma_2, \cdots, \sigma_n$ 的多项式,因此 $a_1, a_2, \cdots, a_n \in F$,故 $h(x) = (x-a_1)(x-a_2)\cdots(x-a_n) \in F[x]$,其全部复根为 $\sum_{j=1}^{n} \alpha_j^k, k = 1,2,\cdots, n$.

例 1.84 证明:一个非零复数 α 是某一有理系数非零多项式的根 $\Leftrightarrow$ 存在一个有理系数多项式 $f(x)$ 使得 $\frac{1}{\alpha} = f(\alpha)$.

证明 必要性的证明:

设非零复数 α 是有理系数非零多项式 g 的根,若 $x \mid g$,则可令 $g = x^k p, (x,p) = 1$,那么 $0 = g(\alpha) = \alpha^k p(\alpha)$,所以 $p(\alpha) = 0$,不失一般性可设 $(x, g) = 1$,于是存在 $q(x), f(x) \in Q[x]$,使得 $q(x) g(x) + x f(x) = 1$,因此 $\alpha f(\alpha) = q(\alpha) g(\alpha) + \alpha f(\alpha) = 1$,故 $\frac{1}{\alpha} = f(\alpha)$.

充分性的证明:

因为 $\frac{1}{\alpha} = f(\alpha)$,所以 $\alpha f(\alpha) = 1$,因此 $x f(x) \neq 0$,于是 $g(x) = x f(x) - 1 \in Q[x]$, $\partial(g) = 1 + \partial(f) > 0$,不难验证 $g(\alpha) = 0$,即 α 是有理系数非零多项式 $g(x)$ 的根.

§1.2.8 多项式的因式分解的例题

例 1.85 在有理数域上求多项式 $g(x) = x^4 + 2x^3 - 11x^2 - 12x + 36$ 的标准分解式.

解 $g(x) = (x-2)^2 (x+3)^2$.

例 1.86 设 F 是数域, $f(x), g(x) \in F[x]$ 且 $\deg f(x) = m > 1, \deg g(x) = n > 1$.利用多项式 $f(x), g(x)$ 构造一个次数为 $mn-1$ 的可约多项式.

解 因为 $\deg(f'(g(x))) = (m-1)n > 1, \deg(g'(x)) = n - 1 > 0$,所以 $f'(g(x)) g'(x)$ 是一个次数为 $mn-1$ 的可约多项式.

例 1.87 给出实系数四次多项式在实数域上所有不同类型的典型分解式.

解 因为实数域上的不可约多项式只有一次因式和具有共轭复根的二次因式,所以

实系数四次多项式在实数域上所有不同类型的典型分解式为

$$a(x-b)^4, a(x-b)^3(x-c), a(x-b)^2(x-c)^2, a(x-b)^2(x-c)(x-d),$$
$$a(x-b)(x-c)(x-d)(x-e), a,b,c,d,e \in R, a \neq 0,$$
$$a(x-b)^2(x^2+cx+d), a,b,c,d \in R, a \neq 0, c^2-4d<0,$$
$$a(x-b)(x-c)(x^2+dx+e), a,b,c,d,e \in R, a \neq 0, d^2-4e<0,$$
$$a(x^2+bx+c)^2, a,b,c \in R, a \neq 0, b^2-4c<0,$$
$$a(x^2+bx+c)(x^2+dx+e), a,b,c,d,e \in R, a \neq 0, b^2-4c<0, d^2-4e<0.$$

§1.3　练习题

§1.3.1　北大与北师大版教材习题

1. 如果$f(x)$,$g(x)$不全为零,证明$\left(\dfrac{f(x)}{(f(x),g(x))},\dfrac{g(x)}{(f(x),g(x))}\right)=1$.

2. 求下列多项式的公共根:

$$f(x)=x^3+2x^2+2x+1; g(x)=x^4+x^3+2x^2+x+1.$$

3. m,p,q满足什么条件时,$x^2+mx+1 \mid x^4+px^2+q$.

4. 判别下列多项式有无重因式:

(1)$f(x)=x^5-5x^4+7x^3-2x^2+4x-8$;

(2)$f(x)=x^4+4x^2-4x-3$.

5. 求t值使$f(x)=x^3-3x^2+tx-1$有重根.

6. 求多项式$f(x)=x^3+px+q$有重根的条件.

7. 如果$(x-1)^2 \mid Ax^4+Bx^2+1$,求A,B.

8. 如果a是$f'''(x)$的一个k重根,证明a是

$$g(x)=\frac{x-a}{2}[f'(x)+f'(a)]-f(x)+f(a)$$

的一个$k+3$重根.

9. 证明:x_0是$f(x)$的k重根的充分必要条件是

$$f(x_0)=f'(x_0)=\cdots=f^{(k-1)}(x_0), f^{(k)}(x_0)\neq 0.$$

10. 举例说明断语“如果α是$f'(x)$的k重根,那么α是$f(x)$的$k+1$重根”不对.

11. 证明:如果$(x-1)\mid f(x^n)$,那么$(x^n-1)\mid f(x^n)$

12. 判断$f(x)=x^5-3x^4+5x^3-7x^2+6x-2$有无重因式,若有,请求出$f(x)$的所有重因式并指出重数.

13. 下列多项式在有理数域上是否可约?

(1)x^2+1;　　(2)$x^4-8x^3+12x^2+2$;　　(3)x^6+x^3+1;

(4)x^p+px+1,p为奇素数;　　(5)$x^4+4kx+1$,k为整数.

14. 证明:如果$f(x)$与$g(x)$互素,那么$f(x^m)$与$g(x^m)$也互素

15. 多项式$m(x)$称为多项式$f(x)$,$g(x)$的一个最小公倍式,如果

1)$f(x)\mid m(x)$,$g(x)\mid m(x)$;2)$f(x)$,$g(x)$的任何一个公倍式都是$m(x)$的倍式.

我们以$[f(x),g(x)]$表示首项系数是1的那个最小公倍式.如果$f(x)$,$g(x)$的首项系

数都是1,那么$[f(x),g(x)]=\dfrac{f(x)g(x)}{(f(x),g(x))}$.

16. 证明:次数大于零且首项系数为1的多项式$f(x)$是一个不可约多项式的方幂的充分必要条件是:对于任何多项式$g(x)$必有$(f(x),g(x))=1$,或者对某一正整数m,$f(x)\mid g^m(x)$.

17. 证明:次数大于零且首项系数为1的多项式$f(x)$是一个不可约多项式的方幂的充分必要条件是:对于任何多项式$g(x)$,$h(x)$,由$f(x)\mid g(x)h(x)$可以推出$f(x)\mid g(x)$,或者对某一正整数m,$f(x)\mid h^m(x)$.

18. 求一个次数<4的多项式$f(x)$,它适合

$$f(2)=3,f(3)=-1,f(4)=0,f(5)=2.$$

19. 求一个二次多项式$f(x)$,它在$x=0,\dfrac{\pi}{2},\pi$处与函数$\sin x$有相同的值.

20. 求一个次数尽可能低的多项式$f(x)$,使

$$f(0)=1,f(1)=2,f(2)=5,f(3)=10.$$

21. 证明:$1-x+\dfrac{x(x-1)}{2!}-\cdots+(-1)^n\dfrac{x(x-1)\cdots(x-n+1)}{n!}=(-1)^n\dfrac{(x-1)\cdots(x-n)}{n!}$.

22. 考虑有理数域上的多项式

$$f(x)=(x+1)^{k+n}+(2x)(x+1)^{k+n-1}+\cdots+(2x)^k(x+1)^n,$$

这里k和n都是非负整数,证明:$x^{k+1}\mid(x-1)f(x)+(x+1)^{k+n+1}$.

23. a,b应该满足什么条件,下列的有理系数多项式才能有重因式:

(1)$x^3+3ax+b$;(2)$x^4+4ax+b$.

24. 设$f(x)=2x^5-3x^4-5x^3+1$,求$f(3)$,$f(-2)$.

25. 设n次多项式$f(x)=a_0x^n+a_1x^{n-1}+a_{n-1}x+a_n$的根是$\alpha_1,\alpha_2,\cdots,\alpha_n$,求

(1) 以$c\alpha_1,c\alpha_2,\cdots,c\alpha_n$为根的多项式,这里$c$是一个数;

(2) 以$\dfrac{1}{\alpha_1},\dfrac{1}{\alpha_2},\cdots,\dfrac{1}{\alpha_n}$(假定$\alpha_1,\alpha_2,\cdots,\alpha_n$都不等于零)为根的多项式.

26. 设$f(x)$是一个多项式,用$\bar{f}(x)$表示把$f(x)$的系数分别换成它们的共轭复数后所得多项式,证明:

(1) 若$g(x)\mid f(x)$,那么$\bar{g}(x)\mid\bar{f}(x)$;

(2) 若是$d(x)$是$f(x)$和$\bar{f}(x)$的一个最大公因式,并且$d(x)$的最高次项系数是1,那么$d(x)$是一个实系数多项式.

27. 在复数和实数域上,分解x^n-2为不可约多项式的乘积.

28. 证明数域P上任意一个不可约多项式在复数域内没有重根.

参考答案

§1.3.2 各高校研究生入学考试原题

1. 设 $g(x)=p^k(x)g_1(x)\neq 0(k\geqslant 1)$，$(p(x),g_1(x))=1$，那么对于任意多项式 $f(x)$，有

$$f(x)=r(x)g_1(x)+f_1(x)p(x),\text{其中 } r(x)=0 \text{ 或 } \partial(r(x))<\partial(p(x)).$$

2. 证明：多项式 $f(x)=a_0x^n+a_1x^{n-1}+\cdots+a_n$ 能被 $(x-1)^{k+1}$ 整除的充分必要条件是下列等式同时成立：

$$a_0+a_1+\cdots+a_n=0,$$
$$a_1+2a_2+\cdots+na_n=0,$$
$$a_1+4a_2+\cdots+n^2a_n=0,$$
$$\cdots$$
$$a_1+2^ka_2+\cdots+n^ka_n=0.$$

3. 在 $Z[x]$ 中，若 $f=x^2+ax+b$ 与 $g=x^2+cx+d$ 有公因式 $x+m$，则

$$b-d=m(a-c).$$

4. 已知 $f(x)=x^4-x^3+4x+1$，$g(x)=x^2-x-1$，求 $u(x)$，$v(x)$ 使

$$u(x)f(x)+v(x)g(x)=(f(x),g(x).$$

5. 求多项式 $f(x)=x^3+1$ 与 $g(x)=x^4+3x+2$ 的最大公因式 $d(x)$，并求多项式 $u(x)$ 与多项式 $v(x)$ 使得 $f(x)u(x)+g(x)v(x)=d(x)$.

6. 设 $f(x)$，$g(x)$ 是实系数多项式，且 $(x^2+2)f(x)-(x^3+1)g(x)=1$.

(1) 求 $f(x)$，$g(x)$ 的最大公因式 $(f(x),g(x))$；

(2) 证明：$f(x)$，$g(x)$ 都是非零的；而且对任意系数多项式 $h(x)$ 都存在实系数多项式 $p(x)$，$q(x)$ 使得 $h(x)=p(x)f(x)+q(x)g(x)$；

(3) 若 $f(x)$ 是首项系数为 1 的 3 次多项式，求 $g(x)$.

7. 求一个 3 次多项式 $f(x)$. 使得 $f(x)$ 除以 x^2+1 的余式是 $3x+4$. 除以 x^2+x+1 的余式是 $3x+5$.

8. 求一个三次多项式 $f(x)$，使得 $f(x+1)$ 能被 $(x-1)^2$ 整除，而 $f(x)-1$ 能被 $(x+1)^2$ 整除.

9. 设 $f(x)$，$g(x)$ 是整系数多项式，且 $g(x)$ 是本原的，如果：$f(x)=g(x)h(x)$，其中 $h(x)$ 是有理系数多项式，证明：$h(x)$ 一定是整系数的.

10. 若 $f(x)=x^3-3x^2+tx-1$ 有一个两重根，则 $t=$______.

11. 证明：多项式 $f(x)=a_1x^{p_1}+a_2x^{p_2}+\cdots+a_kx^{p_k}$ 不可能有不等于零而重数大于 $k-1$ 的根，其中 $p_1,p_2,\cdots,p_k$ 各不相同，且 $a_1a_2\cdots a_k\neq 0$.

12. 若整系数多项式 $f(x)$ 有根 p/q，这里 p,q 是互素的整数，则

$$(q-p)\mid f(1),(q+p)\mid f(-1),$$

且对任意整数 m，$(mq-p)\mid f(m)m$.

13. 设 $f(x)=a_nx^n+a_{n-1}x^{n-1}+\cdots+a_1x+a_0$ 是一个整系数多项式. 证明：如果 $a_n+a_{n-1}+\cdots+a_1+a_0$ 是奇数，则 $f(x)$ 既不能被 $x-1$ 整除，又不能被 $x+1$ 整除.

14. 设 $f(x)$ 是整系数多项式，证明：若存在偶数 a 以及奇数 b，使得 $f(a)$ 以及 $f(b)$ 都是奇数，则 $f(x)$ 没有整数根.

15. 设$f(x)=x^3+ax^2+bx+c$是一个整系数多项式,若a,c是奇数,b是偶数,证明:$f(x)$是有理数域上的不可约多项式.

16. 设$f(x)=a_0+a_1x+\cdots+a_{2n+1}x^{2n+1}$是整系数多项式,若有素数$p$使得

$$p\mid a_k(k=n+1,\cdots,2n),p\nmid a_{2n+1},p^2\mid a_r(r=0,1,\cdots,n),p^3\nmid a_0,$$

证明:$f(x)$在$Q[x]$中不可约.

17. 设$f(x)=(x-a_1)^2(x-a_2)^2\cdots(x-a_n)^2+1$,其中$a_1,a_2,\cdots,a_n$是各不相同的整数,证明:$f(x)$在$Q[x]$中不可约.

18. 设$f(x)$是有理系数多项式.

(1) 如果$f(x)$是二次多项式,求证:$f(x)$不可约的充分必要条件是没有有理根.

(2) 试举例说明当$f(x)$的次数大于3的时候,$f(x)$没有有理根只是$f(x)$不可约的必要条件.

(3) 试举例说明艾森斯坦判别法只是判别$f(x)$不可约的充分条件,而不是必要条件.

19. 多项式$f(x)=2x^3+4x^2+6x+1$在有理数域上是______的(注:填可约或不可约).

20. 判断多项式$x^5+6x^4-4x^3+8x^2+12x+12$在有理数域上是否可约并给出理由.

21. 设多项式$f(x)=(x-1)(x-2)\cdots[x-(2n+1)]+1$,其中$n$为非负整数,证明:$f(x)$在有理数域上一定不可约.

22. 设n是大于1的整数,问:$\sqrt[n]{2\,008}$是否为无理数?说明理由.

23. 证明$f(x)=x^3-5x+1$在有理数域上不可约.

24. 设$p(x)=x^3+2x+2,f(x)=x^4+x^3+1$.

(1) 证明$p(x)$在$Q[x]$中不可约;(2) 证明对于$p(x)$的任何一个复数根$\alpha,f(\alpha)\neq 0$;(3) 证明对于$p(x)$的任何一个复数根α,存在次数不大于2的多项式$g(x)\in Q[x]$,使得:$g(\alpha)f(\alpha)=1$.

25. 证明多项式$x^4+32x+1$在有理数域上不可约.

26. 给定有理数域Q上的多项式$f(x)=x^3+3x^2+3$.

(1) 证明:$f(x)$在$Q[x]$中不可约.

(2) 设α是$f(x)$在复数域C内的一个根,定义

$$Q[\alpha]=\{a_0+a_1\alpha+a_2\alpha^2\mid a_0,a_1,a_2\in Q\}$$

证明:对任意的$g(x)\in Q[x]$,有$g(\alpha)\in Q[\alpha]$.

(3) 证明:若$\beta\in Q[\alpha]$且$\beta\neq 0$,则存在$\gamma\in Q[\alpha]$,使得$\beta\gamma=1$.

27. 求所有整数m,使得x^4-mx^2+1在有理数域上可约.

28. $f(x)=(x-a_1)(x-a_2)(x-a_3)(x-a_4)+1$,$a_i$为整数,且$a_1<a_2<a_3<a_4$,则$f(x)$在有理数域上可约$\Leftrightarrow a_{i+1}-a_i=1$.

29. 假设(1)$f(x)$和$h(x)$是两个有理系数多项式;(2)$f(x)$和$h(x)$有公共根;(3)$h(x)$在有理数域上不可约. 证明:$h(x)\mid f(x)$.

30. 设$f(x)$是非零复系数多项式,设$f'(x)$是$f(x)$的微分(导数多项式):设$d(x)$是$f(x)$与$f'(x)$的最大公因式;设整数$m>1$;证明:复数c是$f(x)$的m重根的充分必要条件是c为$d(x)$的$m-1$重根.请说明这里为什么需要假设$m>1$.

31. 设$p(x)$是数域P上的不可约多项式,α是$p(x)$的复根

(1) 证明$p(x)$的常数项不等于零;

(2) 证明对任意正整数 m,$(p(x),x^m)=1$;

(3) 设 $p(x)=x^3-2x+2$,求$\frac{1}{\alpha^5}$.

32. 设复系数非零多项式$f(x)$ 没有重因式,证明:$(f(x),f'(x))=1$.

33. 设$f(x)=x^3+6x^2+3px+8$,试确定 p 的值使$f(x)$ 有重根并求其根.

34. x^2+px+q 与 x^2+qx+p 有公根,$p\neq q$,则 $p+q=$ ____________.

35. 求方程 $x^4-x^3+2x-3=0$ 的有理根.

36. 证明:$f(x)=x^4+x^3+x^2+x+1$ 没有实根.

37. 设是大于零的实数,求方程 $\varphi(x)=0$,使得它的根恰是$f(x)$ 的根减去 b.

38. 设 a_i,$1\leqslant i\leqslant n$ 是 n 个非负整数,试求多项式$\sum\limits_{i=1}^{n}x^{a_i}$ 被 x^2+x+1 整除的条件.

39. 确定$(x^4+x^2+1)\mid(x^{3m}+x^{3n+1}+x^{3p+2})$ 的条件.

40. 设$f(x)=x^3+x^2+x+1$,$g(x)=x^{8n}+x^{8m+2}+x^{4k+1}+x^{12l+3}$$(m,n,k,l\in N^*)$,求证:$f(x)\mid g(x)$.

41. 设$f(x)=a_0x^n+a_1x^{n-1}+\cdots+a_n$ 是一个 n 次多项式,且

$$a_0+a_1+\cdots+a_n=0.$$

求证:$f(x^{k+1})$ 能被 $x^k+x^{k-1}+\cdots+x+1$ 整除,这里 n,k 是正整数.

42. 如果 $x^2+x+1\mid f_1(x^{3m})+xf_2(x^{3n})$,其中 m,n 为任意正整数,证明:

$$(x-1)^2\mid f_1(x)f_2(x).$$

43. 设 $f(x)=x^{3a}-x^{3b+1}+x^{3c+2}$,$g(x)=x^2-x+1$,其中 a,b,c 为非负整数,则 $g(x)\mid f(x)$ 的充分必要条件是 a,b,c 有相同的奇偶性.

44. 设多项式f,g,h 满足$f(x^5)+xg(x^5)+x^2h(x^5)=(x^4+x^3+x^2+x+1)k(x)$.证明:$x-1$ 是f,g,h 的一个公因式.

45. 设$f(x)$ 是有理数域上次数为 2 008 的多项式,证明:$\sqrt[2\,009]{2}$ 不可能是$f(x)$ 的根.

46. 求出所有 $f(x)$,使得$(x+1)f(x+1)-(x+2)f(x)\equiv 0$.

47. 求以三次方程 $x^3+x+1=0$ 的三个根的平方为根的三次方程.

48. 设$f(x)$ 是整系数多项式,且存在两两不等的整数 a,b,c,d,使得

$$f(a)=f(b)=f(c)=f(d)=1.$$

则$f(x)+1$ 没有整数根.

49. 设$f(x)$ 是一个整系数多项式,a,b,c 是三个互异的整数.证明:不可能有$f(a)=b$,$f(b)=c$,$f(c)=a$.

50. 设 x_1,x_2,x_3 是多项式$f(x)=x^3+ax+1$ 的全部复根.

(1) 求行列式$\begin{vmatrix} x_1 & x_2 & x_3 \\ x_2 & x_3 & x_1 \\ x_3 & x_1 & x_2 \end{vmatrix}$的值.

(2) 求$f(x)$ 的判别式 $D(f)=(x_1-x_2)^2(x_1-x_3)^2(x_2-x_3)^2$ 的值.

(3) 设 $S_k=x_1^k+x_2^k+x_3^k$,求行列式$\begin{vmatrix} S_0 & S_1 & S_2 \\ S_1 & S_2 & S_3 \\ S_2 & S_3 & S_4 \end{vmatrix}$的值.

51. 试证:设$f(x)$是整系数多项式,且$f(1)=f(2)=f(3)=p$(p是素数)则不存在整数m,使$f(m)=2p$成立.

52. 设$p(x)$是有理数域上的一个不可约多项式,$x_1,x_2,\cdots,x_s$是$p(x)$在复数域上的根,$f(x)$是任一个有理系数多项式,使$f(x)$不能被$p(x)$整除.证明:存在有理系数多项式$h(x)$,使$\dfrac{1}{f(x_i)}=h(x_i),i=1,2,\cdots,s.$

53. 设$f(x)\in Z[x]$,Z表示整数集合,若有整数a,使得:$f(a)=f(a+1)=f(a+2)=1.$ 证明:对任意整数c,$f(c)\neq -1.$

54. 如果$f_1(x),f_2(x),f_3(x)$是数域F上线性空间$F[x]$中三个互素的多项式,但其中任意两个都不互素,证明:$f_1(x),f_2(x),f_3(x)$线性无关.

55. 设$f(x)=x^3+1$.证明:多项式函数$f(x),f(x+1),f(x+2),f(x+3)$在$Q$上线性无关.

56. 给定不全为零的多项式$f_1(x),f_2(x),f_3(x)$,证明:存在六个多项式

$$g_1(x),g_2(x),g_3(x),h_1(x),h_2(x),h_3(x)$$

使$\begin{vmatrix} f_1(x) & f_2(x) & f_3(x) \\ g_1(x) & g_2(x) & g_3(x) \\ h_1(x) & h_2(x) & h_3(x) \end{vmatrix}=(f_1,f_2,f_3)$,这里$(f_1,f_2,f_3)$表示$f_1,f_2,f_3$的首项系数为1的最大公因式.

57. 设$f(x)=x^n+a_{n-1}x^{n-1}+\cdots+a_1x+a_0$是数域$F$上的不可约多项式,$\alpha$是$f(x)$的一复数根.证明$F[\alpha]=\{g(\alpha)\mid g(x)\in F[x]\}$是$F$上$n$维线性空间,且$1,\alpha,\cdots,\alpha^{n-1}$是一个基.

58. 求所有满足条件:$f(0)=-4,f(1)=-2,f(-1)=-10,f(2)=2$的实系数多项式$f(x)$.

59. 叙述实系数多项式的因式分解定理,并将多项式$x^{10}-1$在实数域上分解为不可约多项式的乘积.

60. 应用余数定理计算行列式:$g(x)=\begin{vmatrix} 1 & 1 & 1 & \cdots & 1 \\ 1 & 1-x & 1 & \cdots & 1 \\ 1 & 1 & 2-x & \cdots & 1 \\ \vdots & \vdots & \vdots & \cdots & \vdots \\ 1 & 1 & 1 & \cdots & (n-1)-x \end{vmatrix}$.

参考答案

第二章 行列式

§2.1 求行列式的常用解题方法

§2.1.1 利用行列式的定义

$$\begin{vmatrix} a_{11} & a_{12} & \cdots & a_{1n} \\ a_{21} & a_{22} & \cdots & a_{2n} \\ \cdots & \cdots & \cdots & \cdots \\ a_{n1} & a_{n2} & \cdots & a_{nn} \end{vmatrix} = \sum_{j_1 j_2 \cdots j_n} (-1)^{\pi(j_1 j_2 \cdots j_n)} a_{1j_1} a_{2j_2} \cdots a_{nj_n} \tag{2.1}$$

上式右边是对 $1,2,\cdots,n$ 这 n 个数的所有排列 $j_1 \cdots j_n$ 求和,$\pi(j_1 \cdots j_n)$ 是 $j_1 j_2 \cdots j_n$ 的逆序数.

说明:① 在实际问题中,利用行列式的定义来计算行列式的情况很少,但它却是讨论行列式的性质和其他计算行列式的方法的理论基础,因此考生应了解这个方法.

② 利用方法 1 不难得到

$$\begin{vmatrix} a_{11} & a_{12} & \cdots & a_{1n} \\ & a_{22} & \cdots & a_{2n} \\ & & \ddots & \vdots \\ & & & a_{nn} \end{vmatrix} = \begin{vmatrix} a_{11} & & & \\ a_{21} & a_{22} & & \\ \vdots & \vdots & \ddots & \\ a_{n1} & a_{n2} & \cdots & a_{nn} \end{vmatrix} = a_{11} a_{22} \cdots a_{nn} \tag{2.2}$$

$$\begin{vmatrix} a_{11} & a_{12} & \cdots & a_{1n} \\ \vdots & \vdots & ⋰ & \\ a_{n-11} & a_{n-12} & & \\ a_{n1} & & & \end{vmatrix} = \begin{vmatrix} & & & a_{1n} \\ & & a_{2n-1} & a_{2n} \\ & ⋰ & \vdots & \vdots \\ a_{n1} & \cdots & a_{nn-1} & a_{aa} \end{vmatrix} = (-1)^{\frac{n(n-1)}{2}} a_{1n} a_{2n-1} \cdots a_{n1} \tag{2.3}$$

其中(2.2) 中前、后两个行列式分别称为上、下三角形行列式;(2.3) 中前、后两个行列式分别称为次上、次下三角形行列式.

§2.1.2 利用降阶法

所谓降阶法是利用行列式的性质把行列式的某一行(或某一列) 变成只有一个非零

元素,再把行列式按这一行(或这一列)展开,化高阶行列式为低阶行列式并最终化为二阶行列式以便求出行列式的方法.

说明:阶数小于或等于5的具体行列式(行列式的元素都是或多数是具体的数)一般要利用方法2.1.2计算.

例2.1 问λ,μ取何值时,齐次线性方程组$\begin{cases}\lambda x_1+x_2+x_3=0\\x_1+\mu x_2+x_3=0\\x_1+2\mu x_2+x_3=0\end{cases}$有非零解.

解 因为系数行列式$\begin{vmatrix}\lambda & 1 & 1\\1 & \mu & 1\\1 & 2\mu & 1\end{vmatrix}\overset{c_1-c_3}{=}\begin{vmatrix}\lambda-1 & 1 & 1\\0 & \mu & 1\\0 & 2\mu & 1\end{vmatrix}=-\mu(\lambda-1)$

故$\lambda=1$或$\mu=0$时,齐次线性方程组有非零解.

§2.1.3 利用三角形法

利用行列式的性质将行列式化为上(下)三角形行列式或次上(次下)三角形行列式并利用公式(2.2)或(2.3)计算行列式的方法,称为三角形法.

说明:n阶行列式常常需要利用方法2.1.3计算.

例2.2 求爪形行列式$\begin{vmatrix}a_1 & b_2 & b_3 & \cdots & b_{n-1} & b_n\\e_2 & a_2 & 0 & \cdots & 0 & 0\\e_3 & 0 & a_3 & \cdots & 0 & 0\\\vdots & \vdots & \vdots & & \vdots & \vdots\\e_{n-1} & 0 & 0 & \cdots & a_{n-1} & 0\\e_n & 0 & 0 & \cdots & 0 & a_n\end{vmatrix}$,其中$a_1,a_2,\cdots,a_n$都不为零.

解 原式$\xlongequal[j=2,3,\cdots,n]{c_1-\frac{e_j}{a_j}c_j}\begin{vmatrix}a_1-\sum\limits_{j=2}^{n}\frac{b_je_j}{a_j} & b_2 & b_3 & \cdots & b_{n-1} & b_n\\0 & a_2 & 0 & \cdots & 0 & 0\\0 & 0 & a_3 & \cdots & 0 & 0\\\vdots & \vdots & \vdots & \vdots & \vdots & \vdots\\0 & 0 & 0 & \cdots & a_{n-1} & 0\\0 & 0 & 0 & \cdots & 0 & a_n\end{vmatrix}$

$$=(a_1-\sum_{j=2}^{n}\frac{b_je_j}{a_j})a_1a_2\cdots a_n$$

说明:① 除第1行,第1列与主对角线上的元素外,其余位置上的元素全部为零且i行i列的元素($i=2,3,\cdots,n$)都不为零的行列式,称为爪形行列式.

② 作行变换$r_1-\frac{b_j}{a_j}r_j(j=2,3,\cdots,n)$,可以把爪形行列式变为下三角形行列式,也能得到相同的结论.

③形如 $\begin{vmatrix} a_1 & 0 & 0 & \cdots & 0 & e_1 \\ 0 & a_2 & 0 & \cdots & 0 & e_2 \\ 0 & 0 & a_3 & \cdots & 0 & e_3 \\ \vdots & \vdots & \vdots & \vdots & \vdots & \vdots \\ 0 & 0 & 0 & \cdots & a_{n-1} & e_{n-1} \\ b_1 & b_2 & b_3 & \cdots & b_{n-1} & a_n \end{vmatrix}$，$a_i \neq 0(i=1,2,\cdots,n-1)$ 的行列式也称为爪形行列式，用类似的方法计算可得该行列式为：$a_1a_2\cdots a_{n-1}(a_n - \sum\limits_{j=1,}^{n-1} \frac{b_je_j}{a_j})$.

例 2.3 计算下列 n 阶行列式

(1) $\begin{vmatrix} 1 & n & \cdots & n & n \\ n & 2 & \cdots & n & n \\ \vdots & \vdots & & \vdots & \vdots \\ n & n & \cdots & n-1 & n \\ n & n & \cdots & n & n \end{vmatrix}$　　(2) $\begin{vmatrix} 1 & 1 & 1 & \cdots & 1 \\ 1 & 2-x & 1 & \cdots & 1 \\ 1 & 1 & 3-x & \cdots & 1 \\ \vdots & \vdots & \vdots & & \vdots \\ 1 & 1 & 1 & \cdots & n-x \end{vmatrix}$

分析：这两个行列式的共同特点是除主对角线上的元素外，其余位置上的元素相同，且第一行（或第一列或第 n 行或第 n 列）的元素相同，它们皆可化为上三角形行列式，也可以化为下三角形行列式

解　原式 $\xlongequal[j=1,2,\cdots,n-1]{c_j-c_n} \begin{vmatrix} 1-n & 0 & \cdots & 0 & n \\ 0 & 2-n & \cdots & 0 & n \\ \vdots & \vdots & & \vdots & \vdots \\ 0 & 0 & \cdots & -1 & n \\ 0 & 0 & \cdots & 0 & n \end{vmatrix} = (-1)^{n-1}n!$

(1) 原式 $\xlongequal[j=2,3,\cdots,n]{r_j-r_1} \begin{vmatrix} 1 & 1 & 1 & \cdots & 1 \\ 0 & 1-x & 0 & \cdots & 0 \\ 0 & 0 & 2-x & \cdots & 0 \\ \vdots & \vdots & \vdots & & \vdots \\ 0 & 0 & 0 & \cdots & (n-1)-x \end{vmatrix} = \prod\limits_{j=1}^{n-1}(j-x)$

说明：① 作行变换 $r_j - r_n(j=1,2,\cdots,n-1)$ 可以把(1) 中的行列式化为下三角形行列式.

② 作列变换 $c_j - c_1(j=2,\cdots,n)$ 可以把(2) 中的行列式化为下三角形行列式.

例 2.4 计算行列式

(1) $\begin{vmatrix} e_1 & e_2 & e_3 & \cdots & e_n \\ a_2 & b_2 & a_2 & \cdots & a_2 \\ a_3 & a_3 & b_3 & \cdots & a_3 \\ \vdots & \vdots & \vdots & & \vdots \\ a_n & a_n & a_n & \cdots & b_n \end{vmatrix}$　　(2) $\begin{vmatrix} e_1 & a_2 & a_3 & \cdots & a_n \\ e_2 & b_2 & a_3 & \cdots & a_n \\ e_3 & a_2 & b_3 & \cdots & a_n \\ \vdots & \vdots & \vdots & & \vdots \\ e_n & a_2 & a_3 & \cdots & b_n \end{vmatrix}$

分析：这两个行列式的共同特点是除第1行（或第1列）与主对角线上的元素外，其余位于相同的行（或相同的列）的元素都相同，即它们都可以化为爪形行列式，进而化为上（或下）三角形行列式.（$b_j \neq a_j, j=2,\cdots,n$）

解 (1) 原式$\xlongequal[j=2,\cdots,n]{c_j-c_1}\begin{vmatrix} e_1 & e_2-e_1 & e_3-e_1 & \cdots & e_n-e_1 \\ a_2 & b_2-a_2 & 0 & \cdots & 0 \\ a_3 & 0 & b_3-a_3 & \cdots & 0 \\ \vdots & \vdots & \vdots & & \vdots \\ a_n & 0 & 0 & \cdots & b_n-a_n \end{vmatrix}$

$$\xlongequal[j=2,\cdots,n]{c_1-\frac{a_j}{b_j-a_j}c_j}\begin{vmatrix} e_1-\sum\limits_{j=2}^{n}\dfrac{(e_j-e_1)a_j}{b_j-a_j} & e_2-e_1 & e_3-e_1 & \cdots & e_n-e_1 \\ 0 & b_2-a_2 & 0 & \cdots & 0 \\ 0 & 0 & b_3-a_3 & \cdots & 0 \\ \vdots & \vdots & \vdots & & \vdots \\ 0 & 0 & 0 & \cdots & b_n-a_n \end{vmatrix}$$

$$=\left[e_1-\sum_{j=2}^{n}\frac{(e_j-e_1)a_j}{b_j-a_j}\right]\cdot(b_2-a_2)(b_3-a_3)\cdots(b_n-a_n)$$

(2) 计算方法与(1) 类似,略.

说明:令 $e_1=b_2=\cdots=b_n=a, e_2=\cdots=e_n=a_2=\cdots=a_n=b$,可得

$$\begin{vmatrix} a & b & \cdots & b \\ b & a & \cdots & b \\ \vdots & \vdots & & \vdots \\ b & b & \cdots & a \end{vmatrix}=[a+(n-1)b](a-b)^{n-1} \tag{2.4}$$

例 2.5 计算行列式 $\begin{vmatrix} e_n & e_{n-1} & \cdots & e_2 & a_1 \\ 0 & 0 & \cdots & a_2 & b_2 \\ \vdots & \vdots & & \vdots & \vdots \\ 0 & a_{n-1} & \cdots & 0 & b_{n-1} \\ a_n & 0 & \cdots & 0 & b_n \end{vmatrix}$ $(a_j\neq 0, j=2,\cdots,n)$

分析:这个行列式除第 1 行,第 n 列与次对角线上的元素外,其余位置上的元素都为零且次对角线上的元素除 1 行 n 列外都不为零,它与爪形行列式的特点比较类似,我们把它称为次爪形行列式,它可以化为次上(或次下) 三角形行列式.

解 原式$\xlongequal[j=2,\cdots,n]{c_n-\frac{b_j}{a_j}c_{n-j+1}}\begin{vmatrix} e_n & e_{n-1} & \cdots & e_2 & a_1-\sum\limits_{j=2}^{n}\dfrac{b_je_j}{a_j} \\ 0 & 0 & \cdots & a_2 & 0 \\ \vdots & \vdots & & \vdots & \vdots \\ 0 & a_{n-1} & \cdots & 0 & 0 \\ a_n & 0 & 0 & \cdots & 0 \end{vmatrix}$

$$=(-1)^{\frac{n(n-1)}{2}}\left[a_1-\sum_{j=2}^{n}\frac{b_je_j}{a_j}\right]\cdot a_2a_3\cdots a_n$$

说明:① 作行变换 $r_1-\dfrac{e_j}{a_j}r_j(j=2,\cdots,n)$ 可把次爪形行列式化为次下三角形行列式,得到完全相同的结果.

② 形如 $\begin{vmatrix} b_n & 0 & \cdots & & a_n \\ b_{n-1} & 0 & \cdots & a_{n-1} & 0 \\ \vdots & \vdots & & \vdots & \vdots \\ b_2 & a_2 & \cdots & 0 & 0 \\ a_1 & e_2 & \cdots & e_{n-1} & e_n \end{vmatrix}$ $(a_j \neq 0, j=2,\cdots,n)$ 的行列式也称为次爪形行列式,类似计算可得该行列式为:$(-1)^{\frac{n(n-1)}{2}}\left[a_1 - \sum_{j=2}^{n}\frac{b_j e_j}{a_j}\right]\cdot a_2 a_3 \cdots a_n$.

③ 如下形式的行列式

$$\begin{vmatrix} b_n & b_n & \cdots & b_n & a_n \\ b_{n-1} & b_{n-1} & \cdots & a_{n-1} & b_{n-1} \\ \vdots & \vdots & & \vdots & \vdots \\ b_2 & a_2 & \cdots & b_2 & b_2 \\ a_1 & e_2 & \cdots & e_{n-1} & e_n \end{vmatrix} \text{与} \begin{vmatrix} b_n & b_{n-1} & \cdots & b_2 & a_1 \\ b_n & b_{n-1} & \cdots & a_2 & e_2 \\ \vdots & \vdots & & \vdots & \vdots \\ b_n & a_{n-1} & \cdots & b_2 & e_{n-1} \\ a_n & b_{n-1} & \cdots & b_2 & e_n \end{vmatrix} (b_j \neq a_j, j=2,\cdots,n)$$

这两个行列式的共同特点是除第 n 行(或第 n 列) 与主对角线上的元素外,其余位于相同的行(或相同的列) 的元素都相同,它们都可以化为次爪形行列式,进而计算出它们的值如下:

$$(-1)^{\frac{n(n-1)}{2}}\left[a_1 - \sum_{j=2}^{n}\frac{b_j(e_j - a_1)}{a_j - b_j}\right]\cdot (a_2 - b_2)(a_3 - b_3)\cdots(a_n - b_n).$$

令 $a_1 = a_2 = \cdots = a_n = a, e_2 = \cdots = e_n = b_2 = \cdots = b_n = b$,可得

$$\begin{vmatrix} b & \cdots & b & a \\ b & \cdots & a & b \\ \vdots & & \vdots & \vdots \\ a & b & \cdots & b \end{vmatrix} = (-1)^{\frac{n(n-1)}{2}}[a + (n-1)b]\ (a-b)^{n-1} \tag{2.5}$$

例 2.6 计算行列式 $\begin{vmatrix} n & n & n & \cdots & n \\ n-1 & n & n & \cdots & n \\ n-2 & n-1 & n & \cdots & n \\ \vdots & \vdots & \vdots & & \vdots \\ 1 & 2 & 3 & \cdots & n \end{vmatrix}$

分析:这个行列式的特点是主对角线与主对角线上方的元素为同一个数,它可以化为下三角形行列式.

解 原式 $\xlongequal[j=n,\cdots,2]{c_j - c_{j-1}} \begin{vmatrix} n & 0 & 0 & \cdots & 0 \\ n-1 & 1 & 0 & \cdots & 0 \\ n-2 & 1 & 1 & \cdots & 0 \\ \vdots & \vdots & \vdots & & \vdots \\ 1 & 2 & 3 & \cdots & 1 \end{vmatrix} = n$

说明:① 作行变换 $r_j - r_{j+1}(j = 1,2,\cdots,n-1)$ 也能把行列式化为下三角形行列式.

② 主对角线与主对角线下方的元素为同一个数的行列式可以化为上三角形行列式.

③ 次对角线与次对角线上(下) 方的元素为同一个数的行列式可以化为次下(上) 三角形行列式.

我们有时需要利用行列式的性质并结合行列式的按行按列展开定理才能化行列式为所熟知的行列式.

例 2.7 计算 n 阶行列式 $\begin{vmatrix} 1 & 2 & 3 & \cdots & n-1 & n \\ 2 & 3 & 4 & \cdots & n & 1 \\ 3 & 4 & 5 & \cdots & 1 & 2 \\ \vdots & \vdots & \vdots & & \vdots & \vdots \\ n-1 & n & 1 & \cdots & n-3 & n-2 \\ n & 1 & 2 & \cdots & n-2 & n-1 \end{vmatrix}$

分析:这个行列式称为循环行列式,其各行与各列的元素之和相同,这类行列式通常是把各行各列元素加到第 1 行(或把各列元素加到第 1 列)提出公因式后,再利用行列式的性质把第 1 行(或第 1 列)变为只有一个非零元素再按该行(或该列)展开.

解 原式

$$\xlongequal[j=2,3,\cdots n]{r_1+r_j} \frac{n(n+1)}{2}\begin{vmatrix} 1 & 1 & 1 & \cdots & 1 \\ 2 & 3 & 4 & \cdots & 1 \\ 3 & 4 & 5 & \cdots & 2 \\ \vdots & \vdots & \vdots & \cdots & \vdots \\ n & 1 & 2 & \cdots & n-1 \end{vmatrix}$$

$$\xlongequal[j=n,n-1,\cdots,2]{C_j-C_{j-1}} \frac{n(n+1)}{2}\begin{vmatrix} 1 & 0 & 0 & \cdots & 0 \\ 2 & 1 & 1 & \cdots & 1-n \\ 3 & 1 & 1 & \cdots & 1 \\ \vdots & \vdots & \vdots & \cdots & \vdots \\ n & 1-n & 1 & \cdots & 1 \end{vmatrix}$$

$$=(-1)^{\frac{n(n-1)}{2}}\frac{n^{n-1}(n+1)}{2}.$$

说明:① 最后一个等式利用了公式(2.5)的结论;

② 若作列变换 $C_j - C_1(j=2,3,\cdots,n)$,虽然也能把第 1 行变为只有一个非零元素,但按第 1 行展开后的行列式就不易计算了.

§2.1.4 利用递推关系法

利用行列式的性质并结合行列式按行按列展开定理,把 n 阶行列式 D_n 用同样形式的 $n-1$ 阶或更低阶的行列式表示出来(即找出递推关系式),然后根据递推关系式求出 D_n,这种计算方法称为递推关系法.

我们首先给出两个已知递推关系式,n 阶行列式的计算公式.

性质 2.1 如果

$$D_n = pD_{n-1} + qD_{n-2} \quad (n>2)$$

p,q 是与 n 无关的常数,$p^2+4q\neq 0$,D_n,D_{n-1},D_{n-2} 是同类型的 n 阶、$n-1$ 阶、$n-2$ 阶行列式,则

$$D_n = C_1\alpha^n + C_2\beta^n \tag{2.6}$$

其中 $C_1=\dfrac{D_2-\beta D_1}{\alpha(\alpha-\beta)}$,$C_2=\dfrac{D_2-\alpha D_1}{\beta(\beta-\alpha)}$,$\alpha,\beta$ 是一元二次方程 $x^2-px-q=0$ 的两个根.

证明 由根与系数的关系:$p=\alpha+\beta,q=-\alpha\beta$,则

$$D_n=(\alpha+\beta)D_{n-1}-\alpha\beta D_{n-2}\qquad(n>2)$$

从而 $D_n-\alpha D_{n-1}=\beta(D_{n-1}-\alpha D_{n-2}),D_n-\beta D_{n-1}=\alpha(D_{n-1}-\beta D_{n-2})$

于是

$$D_n-\alpha D_{n-1}=\beta^{n-2}(D_2-\alpha D_1)\tag{2.7}$$

$$D_n-\beta D_{n-1}=\alpha^{n-2}(D_2-\beta D_1)\tag{2.8}$$

(2.7) $\times\beta$ - (2.8) $\times\alpha$ 得 $(\beta-\alpha)D_n=\beta^{n-1}(D_2-\alpha D_1)-\alpha^{n-1}(D_2-\beta D_1)$，故 $D_n=C_1\alpha^n+C_2\beta^n$.

性质 2.2 如果

$$D_n=pD_{n-1}+qD_{n-2}\qquad(n>2)$$

p,q 是与 n 无关的常数，$p^2+4q=0,D_n,D_{n-1},D_{n-2}$ 是同类型的 n 阶、$n-1$ 阶、$n-2$ 阶行列式，则

$$D_n=\alpha^n[(n-1)C_1+C_2]\tag{2.9}$$

其中 $C_1=\dfrac{D_2-\alpha D_1}{\alpha^2},C_2=\dfrac{D_1}{\alpha}$，$\alpha$ 是一元二次方程 $x^2-px-q=0$ 的根.

证明 由根与系数的关系：$p=2\alpha,q=-\alpha^2$，则 $D_n=2\alpha D_{n-1}-\alpha^2D_{n-2}\quad(n>2)$

从而 $D_n-\alpha D_{n-1}=\alpha(D_{n-1}-\alpha D_{n-2})=\alpha^{n-2}(D_2-\alpha D_1)$

于是(1) $D_n-\alpha D_{n-1}=\alpha^{n-2}(D_2-\alpha D_1)$

(2) $D_{n-1}-\alpha D_{n-2}=\alpha^{n-3}(D_2-\alpha D_1)$

$\vdots$

$(n-2)$ $D_3-\alpha D_2=\alpha(D_2-\alpha D_1)$

(1) $+\alpha\times$ (2) $+\cdots+\alpha^{n-3}\times(n-2)$ 得：$D_n-\alpha^{n-2}D_2=(n-2)\alpha^{n-2}(D_2-\alpha D_1)$

故 $D_n=\alpha^n\left[\dfrac{D_2}{\alpha^2}+\dfrac{(n-2)(D_2-\alpha D_1)}{\alpha^2}\right]=\alpha^n[(n-1)C_1+C_2]$.

例 2.8 计算 n 阶行列式 $D_n=\begin{vmatrix}7&5&0&\cdots&0\\2&7&5&\cdots&0\\0&2&7&\cdots&0\\\vdots&\vdots&\vdots&&\vdots\\0&0&0&\cdots&7\end{vmatrix}$

解 将 D_n 按第1行展开得 $D_n=7D_{n-1}-10D_{n-2}$，由于 $x^2-7x+10=0$ 的两根为 $\alpha=2$，$\beta=5$，所以 $C_1=\dfrac{D_2-\beta D_1}{\alpha(\alpha-\beta)}=\dfrac{39-5\times7}{2(2-5)}=-\dfrac{2}{3},C_2=\dfrac{D_2-\alpha D_1}{\beta(\beta-\alpha)}=\dfrac{39-2\times7}{5(5-2)}=\dfrac{5}{3}$，故

$$D_n=C_1\alpha^n+C_2\beta^n=-\frac{2}{3}\times2^n+\frac{5}{3}\times5^n=\frac{5^{n+1}-2^{n+1}}{3}$$

例 2.9 计算 n 阶行列式 $D_n=\begin{vmatrix}2&1&0&\cdots&0\\1&2&1&\cdots&0\\0&1&2&\cdots&0\\\vdots&\vdots&\vdots&&\vdots\\0&0&0&\cdots&2\end{vmatrix}$

解 将 D_n 按第1行展开得：$D_n=2D_{n-1}-D_{n-2}$，由于 $x^2-2x+1=0$ 的根为 $\alpha=1$，所以：

$C_1=\dfrac{D_2-\alpha D_1}{\alpha^2}=\dfrac{3-1\times 2}{1^2}=1, C_2=\dfrac{D_1}{\alpha}=2$,故:$D_n=\alpha^n[(n-1)C_1+C_2]=n+1$.

§2.1.5 利用行列式的性质

例 2.10 计算 n 阶行列式 $\begin{vmatrix} \lambda & a & \cdots & a & a \\ \mathrm{b} & \alpha & \cdots & \beta & \beta \\ \vdots & \vdots & \cdots & \vdots & \vdots \\ \mathrm{b} & \beta & \cdots & \alpha & \beta \\ \mathrm{b} & \beta & \cdots & \beta & \alpha \end{vmatrix}(\alpha\neq\beta)$.

解 原式 $=(\lambda-b)\begin{vmatrix} 1 & a & \cdots & a & a \\ 0 & \alpha & \cdots & \beta & \beta \\ \vdots & \vdots & \cdots & \vdots & \vdots \\ 0 & \beta & \cdots & \alpha & \beta \\ 0 & \beta & \cdots & \beta & \alpha \end{vmatrix}+b\begin{vmatrix} 1 & a & \cdots & a & a \\ 1 & \alpha & \cdots & \beta & \beta \\ \vdots & \vdots & \cdots & \vdots & \vdots \\ 1 & \beta & \cdots & \alpha & \beta \\ 1 & \beta & \cdots & \beta & \alpha \end{vmatrix}$;因为

$$\begin{vmatrix} 1 & a & \cdots & a & a \\ 0 & \alpha & \cdots & \beta & \beta \\ \vdots & \vdots & \cdots & \vdots & \vdots \\ 0 & \beta & \cdots & \alpha & \beta \\ 0 & \beta & \cdots & \beta & \alpha \end{vmatrix}=\begin{vmatrix} \alpha & \beta & \cdots & \beta \\ \beta & \alpha & \cdots & \beta \\ \vdots & \vdots & \cdots & \vdots \\ \beta & \beta & \cdots & \alpha \end{vmatrix}=[\alpha+(n-2)\beta](\alpha-\beta)^{n-2};$$

$$\begin{vmatrix} 1 & a & \cdots & a & a \\ 1 & \alpha & \cdots & \beta & \beta \\ \vdots & \vdots & \cdots & \vdots & \vdots \\ 1 & \beta & \cdots & \alpha & \beta \\ 1 & \beta & \cdots & \beta & \alpha \end{vmatrix}=\begin{vmatrix} 1 & a-\beta & \cdots & a-\beta & a-\beta \\ 1 & \alpha-\beta & \cdots & 0 & 0 \\ \vdots & \vdots & \cdots & \vdots & \vdots \\ 1 & 0 & \cdots & \alpha-\beta & 0 \\ 1 & 0 & \cdots & 0 & \alpha-\beta \end{vmatrix}$$

$$=\left[1+\frac{(n-1)(\beta-a)}{\alpha-\beta}\right](\alpha-\beta)^{n-1}.$$

所以:原式 $=[\lambda\alpha+(n-2)\lambda\beta-ab(n-1)](\alpha-\beta)^{n-2}$.

例 2.11 $\begin{vmatrix} x & y & y & \cdots & y & y \\ z & x & y & \cdots & y & y \\ z & z & x & \cdots & y & y \\ \vdots & \vdots & \vdots & \cdots & \vdots & \vdots \\ z & z & z & \cdots & x & y \\ z & z & z & \cdots & z & x \end{vmatrix}$.

解 如果 $y=z$,则原式 $=[x+(n-1)y](x-y)^{n-1}$.如果 $y\neq z$,则记

$$D_n=\begin{vmatrix} x & y & y & \cdots & y & y \\ z & x & y & \cdots & y & y \\ z & z & x & \cdots & y & y \\ \vdots & \vdots & \vdots & \cdots & \vdots & \vdots \\ z & z & z & \cdots & x & y \\ z & z & z & \cdots & z & x \end{vmatrix},$$

将行列式 D_n 的第 1 行与第 1 列分别视为两组元素的和并利用行列式的性质可得：

$$D_n=(x-y)D_{n-1}+y\begin{vmatrix}1&1&1&\cdots&1&1\\z&x&y&\cdots&y&y\\z&z&x&\cdots&y&y\\\vdots&\vdots&\vdots&\cdots&\vdots&\vdots\\z&z&z&\cdots&x&y\\z&z&z&\cdots&z&x\end{vmatrix},$$

$$D_n=(x-z)D_{n-1}+z\begin{vmatrix}1&y&y&\cdots&y&y\\1&x&y&\cdots&y&y\\1&z&x&\cdots&y&y\\\vdots&\vdots&\vdots&\cdots&\vdots&\vdots\\1&z&z&\cdots&x&y\\1&z&z&\cdots&z&x\end{vmatrix},$$

因为

$$\begin{vmatrix}1&1&1&\cdots&1&1\\z&x&y&\cdots&y&y\\z&z&x&\cdots&y&y\\\vdots&\vdots&\vdots&\cdots&\vdots&\vdots\\z&z&z&\cdots&x&y\\z&z&z&\cdots&z&x\end{vmatrix}=\begin{vmatrix}1&1&1&\cdots&1&1\\0&x-z&y-z&\cdots&y-z&y-z\\0&0&x-z&\cdots&y-z&y-z\\\vdots&\vdots&\vdots&\cdots&\vdots&\vdots\\0&0&0&\cdots&x-z&y-z\\0&0&0&\cdots&0&x-z\end{vmatrix}=(x-z)^{n-1}$$

$$\begin{vmatrix}1&y&y&\cdots&y&y\\1&x&y&\cdots&y&y\\1&z&x&\cdots&y&y\\\vdots&\vdots&\vdots&\cdots&\vdots&\vdots\\1&z&z&\cdots&x&y\\1&z&z&\cdots&z&x\end{vmatrix}=\begin{vmatrix}1&0&0&\cdots&0&0\\1&x-y&0&\cdots&0&0\\1&z-y&x-y&\cdots&0&0\\\vdots&\vdots&\vdots&\cdots&\vdots&\vdots\\1&z-y&z-y&\cdots&x-y&0\\1&z-y&z-y&\cdots&z-y&x-y\end{vmatrix}=(x-y)^{n-1}$$

所以

$$D_n=(x-y)D_{n-1}+y(x-z)^{n-1} \tag{2.10}$$

$$D_n=(x-z)D_{n-1}+z(x-y)^{n-1} \tag{2.11}$$

(2.10) $\times(x-z)-$ (2.11) $\times(x-y)$ 得 $D_n=\dfrac{y(x-z)^n-z(x-y)^n}{y-z}$.

说明：① 例2.11的解法是利用行列式的性质建立关于 D_n 与 D_{n-1} 的二元一次方程组，再解出 D_n.

② 如果知道或者能够猜出 D_n 的最后表达式，那么利用归纳法也能证明且书写会简单一点.

③ 我们将例2.10与例2.11的行列式分别记为 $D_n(\lambda,a,b,\alpha,\beta)$ 与 $D_n(x,y,z)$，要注意当把参数换为具体的数或其他符号时，也能给出解答，例如

$$D_3(\lambda,a,b,\alpha,\beta)=(\lambda\alpha+\lambda\beta-2ab)(\alpha-\beta).$$

例 2.12 $\begin{vmatrix} x & a & a & \cdots & a & a \\ -a & x & a & \cdots & a & a \\ -a & -a & x & \cdots & a & a \\ \vdots & \vdots & \vdots & \cdots & \vdots & \vdots \\ -a & -a & -a & \cdots & -a & x \end{vmatrix} (a \neq 0)$.

分析：在例 2.11 中，将 y 替换为 a，z 替换为 $-a$ 即可，因此 $D_n = \dfrac{(x+a)^n + (x-a)^n}{2}$，我们利用归纳法解答.

解 记 $D_n = \begin{vmatrix} x & a & a & \cdots & a & a \\ -a & x & a & \cdots & a & a \\ -a & -a & x & \cdots & a & a \\ \vdots & \vdots & \vdots & \cdots & \vdots & \vdots \\ -a & -a & -a & \cdots & -a & x \end{vmatrix}$，我们用归纳法证明

$$D_n = \frac{(x+a)^n + (x-a)^n}{2}.$$

$n=1$ 时，结论成立；现设 $n>1$ 且 $D_{n-1} = \dfrac{(x+a)^{n-1} + (x-a)^{n-1}}{2}$，则将行列式 D_n 的第 1 行视为两组元素的和并利用行列式的性质可得：

$$D_n = (x-a)D_{n-1} + a\begin{vmatrix} 1 & 1 & 1 & \cdots & 1 & 1 \\ -a & x & a & \cdots & a & a \\ -a & -a & x & \cdots & a & a \\ \vdots & \vdots & \vdots & \cdots & \vdots & \vdots \\ -a & -a & -a & \cdots & -a & x \end{vmatrix},$$

因为

$$\begin{vmatrix} 1 & 1 & 1 & \cdots & 1 & 1 \\ -a & x & a & \cdots & a & a \\ -a & -a & x & \cdots & a & a \\ \vdots & \vdots & \vdots & \cdots & \vdots & \vdots \\ -a & -a & -a & \cdots & -a & x \end{vmatrix} \xlongequal[j=2,3,\cdots,n]{r_j + ar_1} \begin{vmatrix} 1 & 1 & 1 & \cdots & 1 & 1 \\ 0 & x+a & 2a & \cdots & 2a & 2a \\ 0 & 0 & x+a & \cdots & 2a & 2a \\ \vdots & \vdots & \vdots & \cdots & \vdots & \vdots \\ 0 & 0 & 0 & \cdots & 0 & x+a \end{vmatrix}$$

$$= (x+a)^{n-1},$$

所以 $D_n = (x-a)\dfrac{(x+a)^{n-1} + (x-a)^{n-1}}{2} + a(x+a)^{n-1} = \dfrac{(x+a)^n + (x-a)^n}{2}$.

§2.1.6 利用方阵行列式的性质

性质 2.3 (1) $|AB| = |A||B|$；(2) $|aA| = a^n|A|$；(3) $|A^*| = |A|^{n-1}$；(4) $|A^{-1}| = |A|^{-1}$；(A 为可逆矩阵) 其中 A，B 为 n 阶方阵，a 为常数，A^* 表示 A 的伴随矩阵，A^{-1} 表示 A 的逆矩阵.

例 2.13 设 A 为 n 阶方阵，且 A 的行列式 $|A| = a \neq 0$，A^* 是 A 的伴随矩阵，则 $|aA^*|$ 等于

(A) a^2 (B) a^n (C) a^{2n-1} (D) a^{2n}

解 $|A^*|=|A|^{n-1}=a^{n-1}$, $|aA^*|=a^n|A^*|=a^{2n-1}$,故应该选择(C).

例 2.14 设矩阵 $A=\begin{bmatrix}2 & 1\\ -1 & 2\end{bmatrix}$,$E$ 为二阶单位矩阵,矩阵 B 满足 $BA=B+2E$,则 $|B|=$______.

解 由 $BA=B+2E$,得:$B(A-E)=2E$,而 $|A-E|=\begin{vmatrix}1 & 1\\ -1 & 1\end{vmatrix}=2$, $|2E|=4$,故由:$|B||A-E|=|2E|$ 得:$|B|=2$.

§2.1.7 利用特征值

理论依据:(1) 设 n 阶方阵 A 的 n 个特征值为 $\lambda_1,\lambda_2,\cdots,\lambda_n(A=(a_{ij}))$,则 $|A|=\lambda_1\lambda_2\cdots\lambda_n$;

(2) 设 $\lambda_1,\lambda_2,\cdots,\lambda_n$ 是 n 阶矩阵 A 的全部特征值,$f(x)$ 是任意一个次数大于零的多项式,则 $f(\lambda_1),f(\lambda_2),\cdots,f(\lambda_n)$ 是 n 阶矩阵 $f(A)$ 的全部特征根;

(3) 设 $\lambda_1,\lambda_2,\cdots,\lambda_n$ 是 n 阶可逆矩阵 A 的全部特征根,则 $\lambda_1^{-1},\lambda_2^{-1},\cdots,\lambda_n^{-1}$ 是 n 阶可逆矩阵 A^{-1} 的全部特征值.

例 2.15 已知 4 阶矩阵 A 相似于 B,A 的特征值为 2,3,4,5.E 为 4 阶单位矩阵,则 $|B-E|=$________.

解 由题设知 B 的特征值为 2,3,4,5,所以 $B-E$ 的特征值为 1,2,3,4,故 $|B-E|=1\times2\times3\times4=24$.

例 2.16 设三阶矩阵 A 的特征值为 1,2,-3,求 $|A^3-3A+E|$.

解 因为 A 的特征值为 1,2,-3,所以 $A^3-3A+E=f(A)$,$f(x)=x^3-3x+1$ 的特征值为 $f(1)=-1$,$f(2)=3$,$f(-3)=-17$,故 $|A^3-3A+E|=(-1)\times3\times(-17)=51$.

§2.2 例题选讲

例 2.17 排列 $j_1j_2\cdots j_n$ 与排列 $j_nj_{n-1}\cdots j_1$ 具有相同的奇偶性的充分必要条件是 $n=$______(mod4).

解 因为 $\tau(j_1j_2\cdots j_n)+\tau(j_nj_{n-1}\cdots j_1)=C_n^2=\dfrac{n(n-1)}{2}$,所以排列 $j_1j_2\cdots j_{n-1}j_n$ 与排列 $j_nj_{n-1}\cdots j_2j_1$ 具有相同的奇偶性的充分必要条件是 $n\equiv0(\text{mod}4)$ 或 $n\equiv1(\text{mod}4)$.

例 2.18 计算 n 阶行列式 $D=\begin{vmatrix}1 & 1 & \cdots & 1\\ x_1 & x_2 & \cdots & x_n\\ x_1^2 & x_2^2 & \cdots & x_n^2\\ \vdots & \vdots & \cdots & \vdots\\ x_1^{n-2} & x_2^{n-2} & \cdots & x_n^{n-2}\\ x_1^n & x_2^n & \cdots & x_n^n\end{vmatrix}$.

分析:易见 D 的最后一行的元素由 $x_1^n,x_2^n,\cdots,x_n^n$ 变为 $x_1^{n-1},x_2^{n-1},\cdots,x_n^{n-1}$,这就是由 $x_1,x_2,\cdots,x_n$ 构成的 n 阶范德蒙行列式,为了利用范德蒙行列式的结论计算,我们在 D 的倒数

第二行与最后一行之间增加由 $x_1^{n-1},x_2^{n-1},\cdots,x_n^{n-1}$ 构成的行,并增加由 $1,x,\cdots,x^{n-1},x^n$ 构成的最后一列,得到由 $x_1,x_2,\cdots,x_n,x$ 构成的 $n+1$ 阶范德蒙行列式,于是

$$\begin{vmatrix} 1 & 1 & \cdots & 1 & 1 \\ x_1 & x_1 & \cdots & x_1 & x \\ \vdots & \vdots & \cdots & \vdots & \vdots \\ x_1^{n-2} & x_2^{n-2} & \cdots & x_n^{n-2} & x^{n-2} \\ x_1^{n-1} & x_2^{n-1} & \cdots & x_n^{n-1} & x^{n-1} \\ x_1^n & x_2^n & \cdots & x_n^n & x^n \end{vmatrix} = \Big(\prod_{1\leqslant i<j\leqslant n}(x_j - x_i)\Big)(x-x_1)(x-x_2)\cdots(x-x_n)$$

是一个 n 次多项式,从左边看,根据行列式的按行按列展开定理可知这个多项式的 n - 1 次项的系数为 $(-1)^{2n+1}D=-D$;从右边看,利用多项式根与系数的关系可知这个多项式的 n - 1 次项的系数为 $-\Big(\prod\limits_{1\leqslant i<j\leqslant n}(x_j-x_i)\Big)(x_1+x_2+\cdots+x_n)$,由此比较两边的系数得 $D=\Big(\prod\limits_{1\leqslant i<j\leqslant n}(x_j-x_i)\Big)(x_1+x_2+\cdots+x_n)$.

解 因为

$$\begin{vmatrix} 1 & 1 & \cdots & 1 & 1 \\ x_1 & x_1 & \cdots & x_1 & x \\ \vdots & \vdots & \cdots & \vdots & \vdots \\ x_1^{n-2} & x_2^{n-2} & \cdots & x_n^{n-2} & x^{n-2} \\ x_1^{n-1} & x_2^{n-1} & \cdots & x_n^{n-1} & x^{n-1} \\ x_1^n & x_2^n & \cdots & x_n^n & x^n \end{vmatrix} = \Big(\prod_{1\leqslant i<j\leqslant n}(x_j - x_i)\Big)(x-x_1)(x-x_2)\cdots(x-x_n),$$

比较两边的系数就得 $D=\Big(\prod\limits_{1\leqslant i<j\leqslant n}(x_j-x_i)\Big)(x_1+x_2+\cdots+x_n)$.

例 2.19 计算 $f(x+1)-f(x)$,其中

$$f(x)=\begin{vmatrix} 1 & 0 & 0 & 0 & \cdots & 0 & x \\ 1 & 2 & 0 & 0 & \cdots & 0 & x^2 \\ 1 & 3 & 3 & 0 & \cdots & 0 & x^3 \\ \vdots & \vdots & \vdots & \vdots & \cdots & \vdots & \vdots \\ 1 & n & C_n^2 & C_n^3 & \cdots & C_n^{n-1} & x^n \\ 1 & n+1 & C_{n+1}^2 & C_{n+1}^3 & \cdots & C_{n+1}^{n-1} & x^{n+1} \end{vmatrix}.$$

分析:$f(x+1)$ 的最后一列元素分别为

$$x+1=1+0x+0x^2+0x^3+\cdots+0x^n+x;$$
$$(x+1)^2=1+2x+0x^2+0x^3+\cdots+0x^n+x^2;$$
$$(x+1)^3=1+3x+3x^2+0x^3+\cdots+0x^n+x^3;$$
$$\vdots$$
$$(x+1)^n=1+nx+C_n^2x^2+C_n^3x^3+\cdots+C_n^{n-1}x^{n-1}+0x^n+x^n;$$
$$(x+1)^{n+1}=1+(n+1)x+C_{n+1}^2x^2+C_{n+1}^3x^3+\cdots+C_{n+1}^{n-1}x^{n-1}+(n+1)x^n+x^{n+1}.$$

由此可得 $f(x+1)$ 等于 $n+2$ 个行列式的和,前面 n 个行列式将最后一列的公因式 x^k,$0\leqslant k\leqslant n-1$ 提出后,该行列式有两列元素对应相等,因此其值为零,所以

$$f(x+1)=\begin{vmatrix}1&0&0&0&\cdots&0&0\\1&2&0&0&\cdots&0&0\\1&3&3&0&\cdots&0&0\\\vdots&\vdots&\vdots&\vdots&\cdots&\vdots&\vdots\\1&n&C_n^2&C_n^3&\cdots&C_n^{n-1}&0\\1&n+1&C_{n+1}^2&C_{n+1}^3&\cdots&C_{n+1}^{n-1}&(n+1)x^n\end{vmatrix}+f(x)=(n+1)!\ x^n+f(x)$$

故$f(x+1)-f(x)=(n+1)!\ x^n$.

解 $$f(x+1)=\begin{vmatrix}1&0&0&0&\cdots&0&1+x\\1&2&0&0&\cdots&0&(1+x)^2\\1&3&3&0&\cdots&0&(1+x)^3\\\vdots&\vdots&\vdots&\vdots&\cdots&\vdots&\vdots\\1&n&C_n^2&C_n^3&\cdots&C_n^{n-1}&(1+x)^n\\1&n+1&C_{n+1}^2&C_{n+1}^3&\cdots&C_{n+1}^{n-1}&(1+x)^{n+1}\end{vmatrix}$$

$$=f(x)+\begin{vmatrix}1&0&0&0&\cdots&0&0\\1&2&0&0&\cdots&0&0\\1&3&3&0&\cdots&0&0\\\vdots&\vdots&\vdots&\vdots&\cdots&\vdots&\vdots\\1&n&C_n^2&C_n^3&\cdots&C_n^{n-1}&0\\1&n+1&C_{n+1}^2&C_{n+1}^3&\cdots&C_{n+1}^{n-1}&(n+1)x^n\end{vmatrix}=f(x)+(n+1)!\ x^n,$$

故$f(x+1)-f(x)=(n+1)!\ x^n$.

例2.20 三阶行列式有2个元素为4,其余为 ±1,则此行列式可能的最大值为______.

解 根据行列式的定义得三阶行列式的值等于

$$a_{11}a_{22}a_{33}+a_{12}a_{23}a_{31}+a_{13}a_{21}a_{32}-a_{13}a_{22}a_{31}-a_{11}a_{23}a_{32}-a_{12}a_{21}a_{33}.$$

如果两个4出现在同一行或同一列,则上述每一项的值均小于或等于4,所以必有其值小于或等于24;如果两个4不出现在同一行或同一列,则上述六项中有一项小于或等于16,有两项小于或等于4,其余三项的绝对值等于1,因此其最大值必满足三项含有4的均为正数.因为

$$a_{11}a_{22}a_{33}\cdot a_{12}a_{23}a_{31}\cdot a_{13}a_{21}a_{32}\cdot(-a_{13}a_{22}a_{31})\cdot(-a_{11}a_{23}a_{32})\cdot(-a_{12}a_{21}a_{33})$$
$$=-(a_{11}a_{22}a_{33}a_{12}a_{23}a_{31}a_{13}a_{21}a_{32})^2\leqslant 0$$

所以上述六项中必有一项为负数或零,所以其值必小于或等于25(因为有一项为零,则必有两项为零,如果没有为零的项,则至少有一项为小于或等于 -1 的项),取

$$a_{11}=a_{22}=4,a_{12}=a_{21}=a_{23}=a_{31}=a_{33}=1,a_{13}=a_{32}=-1$$

则 $a_{11}a_{22}a_{33}+a_{12}a_{23}a_{31}+a_{13}a_{21}a_{32}-a_{13}a_{22}a_{31}-a_{11}a_{23}a_{32}-a_{12}a_{21}a_{33}=25$,故最大值为25.

例2.21 元素全为1或 -1 的四阶行列式的最大值为______

解 我们首先考虑元素全为1或 -1 的三阶行列式的最大值,由定义可得其值为

$$a_{11}a_{22}a_{33}+a_{12}a_{23}a_{31}+a_{13}a_{21}a_{32}-a_{13}a_{22}a_{31}-a_{11}a_{23}a_{32}-a_{12}a_{21}a_{33},$$

因为

$$a_{11}a_{22}a_{33}\cdot a_{12}a_{23}a_{31}\cdot a_{13}a_{21}a_{32}\cdot(-a_{13}a_{22}a_{31})\cdot(-a_{11}a_{23}a_{32})\cdot(-a_{12}a_{21}a_{33})$$
$$=-(a_{11}a_{22}a_{33}a_{12}a_{23}a_{31}a_{13}a_{21}a_{32})^2=-1,$$

所以六项中至少有一项等于 -1,因此其值小于或等于4,注意到

$$\begin{vmatrix}1&1&1\\-1&1&1\\-1&-1&1\end{vmatrix}=4$$

因此元素全为1或 -1 的三阶行列式的最大值等于4,又由按行按列展开定理得:元素全为1或 -1 的四阶行列式等于 $a_{11}M_{11}-a_{12}M_{12}+a_{13}M_{13}-a_{14}M_{14}\leqslant 16$,且

$$\begin{vmatrix}1&-1&1&-1\\1&1&1&1\\-1&-1&1&1\\1&-1&-1&1\end{vmatrix}=16,$$

故最大值为16.

例2.22 设 A 为3阶方阵,X 为3维列向量,满足 $A^3X+A^2X+2AX-3X=0$,若向量组 X,AX,A^2X 线性无关,则 $|A|=$ ____________.

解 因为向量组 X,AX,A^2X 线性无关,所以 $P=(X,AX,A^2X)$ 为可逆矩阵,由于 $A^3X+A^2X+2AX-3X=0$,所以 $AP=(AX,A^2X,A^3X)=P\begin{pmatrix}0&0&3\\1&0&-2\\0&1&-1\end{pmatrix}$,从而 $|A||P|=|P|\begin{vmatrix}0&0&3\\1&0&-2\\0&1&-1\end{vmatrix}=3|P|$,故 $|A|=3$.

例2.23 设 $n\geqslant 3$,在由 $1,2,\cdots,n$ 构成的 $n!$ 个 n 级排列中,反序数等于2的排列数共有______个.

解 设 n 级排列 $j_1j_2\cdots j_{n-1}j_n$ 中排在 i 前面且大于 i 的数目为 $k_i,i=1,2,\cdots,n$,则

$$\tau(j_1j_2\cdots j_{n-1}j_n)=k_1+k_2+\cdots+k_{n-1}+k_n=2$$

的充分必要条件是 $k_1,k_2,\cdots,k_{n-1}$ 中恰有两个数为1,其余的数均为0,因为 $k_n=0$ 或 $k_1,k_2,\cdots,k_{n-2}$ 中恰有一个数为2,其余的数均为0,因为 $k_{n-1}\leqslant 1$,故反序数等于2的排列数共有

$$C_{n-1}^2+C_{n-2}^1=\frac{(n-1)(n-2)}{2}+n-2=\frac{(n-2)(n+1)}{2}.$$

例2.24 若三阶方阵 A 有特征值1,2,2,则行列式 $|A^{-1}+4A^*|=$ ________.

解 因为3阶方阵 A 的三个特征值为1,2,2,所以 $|A|=4$,因此

$$|A^{-1}+4A^*|=|A^{-1}+16A^{-1}|=17^3|A|^{-1}=\frac{17^3}{4}.$$

例2.25 设三阶矩阵 A 满足 $A^T=A^*$,$|2A+E|+|3A+E|=0$,求 $|A^2-E|$.

分析:由题设条件可知应该利用方法2.1.6与2.1.7解答,这需要求出 A 的三个特征值就可以了,而方程 $|2A+E|+|3A+E|=0$ 告诉我们只要求出 A 的两个特征值就可以了.因为 $A^T=A^*$,所以 $AA^T=AA^*=|A|E$,由此得 $|A|^2=|A|^3$,所以 $|A|=1$ 或 $|A|=0$,于是对这两种情形分类讨论就可以了.

解 因为 $A^T=A^*$,所以 $AA^T=AA^*=|A|E$,由此得 $|A|^2=|A|^3$,所以 $|A|=1$ 或 $|A|=$

0. 若 $|A|=1$，则 $|A-E|=|A(E-A^T)|=|(E-A)^T|=-|A-E|$，因此 $|A-E|=0$，所以 $|A^2-E|=|A-E|\ |A+E|=0$；若 $|A|=0$，则 $AA^T=0$，因此 $2R(A)=R(A)+R(A^T)\leqslant 3$，所以 $R(A)=0$ 或 $R(A)=1$. 若 $R(A)=0$，则 $A=0$，于是有 $2=2|E|=|2A+E|+|3A+E|=0$，矛盾，所以 $R(A)=1$，因此 A 至多有一个特征值不为零，设其为 λ，则 $2A+E$ 与 $3A+E$ 的特征值分别为 $1,1,2\lambda+1$ 与 $1,1,3\lambda+1$，所以 $|2A+E|+|3A+E|=5\lambda+2=0$，因此 $\lambda=-\dfrac{2}{5}$，所以 A^2-E 的特征值为 $-1,-1,(-2/5)^2-1=-\dfrac{21}{25}$，故 $|A^2-E|=-\dfrac{21}{25}$.

例 2.26　证明：如果 n 阶行列式 D_n 中所有元素都为 1 或 -1，则当 $n\geqslant 3$ 时，$|D_n|\leqslant (n-1)(n-1)!$.

证明　我们首先考虑元素全为 1 或 -1 的三阶行列式的最大值，由定义可得其值为

$a_{11}a_{22}a_{33}+a_{12}a_{23}a_{31}+a_{13}a_{21}a_{32}-a_{13}a_{22}a_{31}-a_{11}a_{23}a_{32}-a_{12}a_{21}a_{33}$，

因为 $a_{11}a_{22}a_{33}\cdot a_{12}a_{23}a_{31}\cdot a_{13}a_{21}a_{32}\cdot(-a_{13}a_{22}a_{31})\cdot(-a_{11}a_{23}a_{32})\cdot(-a_{12}a_{21}a_{33})=-1$，

所以六项中至少有一项等于 -1，因此其值小于或等于 4，注意到 $\begin{vmatrix}1&1&1\\-1&1&1\\-1&-1&1\end{vmatrix}=4$，因此元素全为 1 或 -1 的三阶行列式的最大值等于 4，所以 $|D_3|\leqslant 4=2\cdot 2!$，结论成立；现设 $n\geqslant 3$ 且 $|D_n|\leqslant (n-1)(n-1)!$，则由行列式的按行按列展开定理知 $|D_{n+1}|$ 小于或等于 $n+1$ 个所有元素都为 1 或 -1 的 n 阶行列式的绝对值之和，由归纳假设得

$$|D_{n+1}|\leqslant (n+1)\cdot(n-1)(n-1)!\ =(n-1)\cdot n!\ +(n-1)\cdot(n-1)!\ \ <n\cdot n!.$$

故由数学归纳法得 $n\geqslant 3$ 时，$|D_n|\leqslant (n-1)(n-1)!$.

例 2.27　计算行列式 $D_n=\begin{vmatrix}1&1&\cdots&1\\x_1&x_2&\cdots&x_n\\x_1^2&x_2^2&\cdots&x_n^2\\\vdots&\vdots&\ddots&\\x_1^{n-3}&x_2^{n-3}&\cdots&x_n^{n-3}\\x_1^{n-1}&x_2^{n-1}&\cdots&x_n^{n-1}\\x_1^n&x_2^n&\cdots&x_n^n\end{vmatrix}$

分析：易见 D 的最后一行的元素由 $x_1^n,x_2^n,\cdots,x_n^n$ 变为 $x_1^{n-1},x_2^{n-1},\cdots,x_n^{n-1}$，这就是由 x_1，$x_2,\cdots,x_n$ 构成的 n 阶范德蒙行列式，为了利用范德蒙行列式的结论计算，我们在 D 的倒数第二行与最后一行之间增加由 $x_1^{n-1},x_2^{n-1},\cdots,x_n^{n-1}$ 构成的行，并增加由 $1,x,\cdots,x^{n-1},x^n$ 构成的最后一列，得到由 $x_1,x_2,\cdots,x_n,x$ 构成的 $n+1$ 阶范德蒙行列式，于是

$$\begin{vmatrix}1&1&\cdots&1&1\\x_1&x_1&\cdots&x_1&x\\\vdots&\vdots&\cdots&\vdots&\vdots\\x_1^{n-2}&x_2^{n-2}&\cdots&x_n^{n-2}&x^{n-2}\\x_1^{n-1}&x_2^{n-1}&\cdots&x_n^{n-1}&x^{n-1}\\x_1^n&x_2^n&\cdots&x_n^n&x^n\end{vmatrix}=\Big(\prod_{1\leqslant i<j\leqslant n}(x_j-x_i)\Big)(x-x_1)(x-x_2)\cdots(x-x_n)$$

是一个 n 次多项式，从左边看，根据行列式的按行按列展开定理可知这个多项式的 n - 1

次项的系数为$(-1)^{2n+1}D=-D$;从右边看,利用多项式根与系数的关系可知这个多项式的 n-1 次项的系数为$-\left(\prod_{1\leqslant i<j\leqslant n}(x_j-x_i)\right)(x_1+x_2+\cdots+x_n)$,由此比较两边的系数就得$D=\left(\prod_{1\leqslant i<j\leqslant n}(x_j-x_i)\right)(x_1+x_2+\cdots+x_n)$.

解 因为$\begin{vmatrix}1&1&\cdots&1&1\\x_1&x_1&\cdots&x_1&x\\\vdots&\vdots&\cdots&\vdots&\vdots\\x_1^{n-2}&x_2^{n-2}&\cdots&x_n^{n-2}&x^{n-2}\\x_1^{n-1}&x_2^{n-1}&\cdots&x_n^{n-1}&x^{n-1}\\x_1^n&x_2^n&\cdots&x_n^n&x^n\end{vmatrix}=\left(\prod_{1\leqslant i<j\leqslant n}(x_j-x_i)\right)(x-x_1)(x-x_2)\cdots(x-x_n)$,

比较两边x^{n-2}的系数得$D_n=\left(\prod_{1\leqslant i<j\leqslant n}(x_j-x_i)\right)\sum_{1\leqslant i<j\leqslant n}x_ix_j$.

例 2.28 当a,b是不全为零的有理数时,等式$\dfrac{1}{a+b\sqrt{2}}=\dfrac{\begin{vmatrix}1&b\\\sqrt{2}&a\end{vmatrix}}{\begin{vmatrix}a&b\\2b&a\end{vmatrix}}$成立.

(1) 证明:当a,b,c为不全为零的有理数时,有$\dfrac{1}{a+b\sqrt[3]{2}+c\sqrt[3]{4}}=\dfrac{\begin{vmatrix}1&b&c\\\sqrt[3]{2}&a&b\\\sqrt[3]{4}&2c&a\end{vmatrix}}{\begin{vmatrix}a&b&c\\2c&a&b\\2b&2c&a\end{vmatrix}}$.

(2) 应用上述公式,将根式$\dfrac{1}{1-3\sqrt[3]{2}-2\sqrt[3]{4}}$分母有理化.

(3) 请将(1) 中的公式推广到一般的情形.

证明 (1) 因为$\sqrt[3]{2}$是有理数域上不可约多项式x^3-2的根,所以$a+b\sqrt[3]{2}+c\sqrt[3]{4}\neq0$,否则$\sqrt[3]{2}$是$a+bx+cx^2\in Q[x]$的根,因此$x^3-2\mid a+bx+cx^2$,所以$a=b=c=0$,与$a,b,c$不全为零矛盾.又因为

$\begin{vmatrix}1&b&c\\\sqrt[3]{2}&a&b\\\sqrt[3]{4}&2c&a\end{vmatrix}(a+b\sqrt[3]{2}+c\sqrt[3]{4})=a^3+2b^3+4c^3-6abc=\begin{vmatrix}a&b&c\\2c&a&b\\2b&2c&a\end{vmatrix}$,所以

$$\frac{1}{a+b\sqrt[3]{2}+c\sqrt[3]{4}}=\frac{\begin{vmatrix}1&b&c\\\sqrt[3]{2}&a&b\\\sqrt[3]{4}&2c&a\end{vmatrix}}{\begin{vmatrix}a&b&c\\2c&a&b\\2b&2c&a\end{vmatrix}}.$$

(2) 因为$\begin{vmatrix} 1 & -3 & -2 \\ \sqrt[3]{2} & 1 & -3 \\ \sqrt[3]{4} & -4 & 1 \end{vmatrix} = -11 + 11\sqrt[3]{2} + 11\sqrt[3]{4}$，$\begin{vmatrix} 1 & -3 & -2 \\ -4 & 1 & -3 \\ -6 & -4 & 1 \end{vmatrix} = 11^2$，所以

$$\frac{1}{1 - 3\sqrt[3]{2} - 2\sqrt[3]{4}} = \frac{-1 + \sqrt[3]{2} + \sqrt[3]{4}}{11}.$$

(3) 设

$$D = \begin{vmatrix} 1 & a_2 & a_3 & \cdots & a_{n-1} & a_n \\ \sqrt[n]{2} & a_1 & a_2 & \cdots & a_{n-2} & a_{n-1} \\ \sqrt[n]{2^2} & 2a_n & a_1 & \cdots & a_{n-3} & a_{n-2} \\ \vdots & \vdots & \vdots & \cdots & \vdots & \vdots \\ \sqrt[n]{2^{n-2}} & 2a_4 & 2a_5 & \cdots & a_1 & a_2 \\ \sqrt[n]{2^{n-1}} & 2a_3 & 2a_4 & \cdots & 2a_n & a_1 \end{vmatrix} = A_{11} + \sqrt[n]{2}A_{21} + \cdots + \sqrt[n]{2^{n-1}}A_{n1},$$

其中A_{i1}表示D的i行1列元素的代数余子式.令D_i是将D的第1列元素换成D的第i列，其余各列元素不变的n阶行列式，则由行列式的性质可得$D_i = 0, 2 \leqslant i \leqslant n$.

因为

$$\left(a_1 + a_2\sqrt[n]{2} + \cdots + a_n\sqrt[n]{2^{n-1}}\right)D = \left(a_1 + a_2\sqrt[n]{2} + \cdots + a_n\sqrt[n]{2^{n-1}}\right)\left(A_{11} + \sqrt[n]{2}A_{21} + \cdots + \sqrt[n]{2^{n-1}}A_{n1}\right)$$

$$= a_1A_{11} + 2a_nA_{21} + \cdots + 2a_2A_{n1} + \sum_{i=2}^{n}\sqrt[n]{2^{i-1}}D_i$$

$$= \begin{vmatrix} a_1 & a_2 & a_3 & \cdots & a_{n-1} & a_n \\ 2a_n & a_1 & a_2 & \cdots & a_{n-2} & a_{n-1} \\ 2a_{n-1} & 2a_n & a_1 & \cdots & a_{n-3} & a_{n-2} \\ \vdots & \vdots & \vdots & \cdots & \vdots & \vdots \\ 2a_3 & 2a_4 & 2a_5 & \cdots & a_1 & a_2 \\ 2a_2 & 2a_3 & 2a_4 & \cdots & 2a_n & a_1 \end{vmatrix}$$

故(1)中的公式推广到一般的情形为：

设$a_1, a_2, \cdots, a_n$是不全为零的有理数，则

$$\frac{1}{a_1 + a_2\sqrt[n]{2} + \cdots + a_n\sqrt[n]{2^{n-1}}} = \frac{\begin{vmatrix} 1 & a_2 & a_3 & \cdots & a_{n-1} & a_n \\ \sqrt[n]{2} & a_1 & a_2 & \cdots & a_{n-2} & a_{n-1} \\ \sqrt[n]{2^2} & 2a_n & a_1 & \cdots & a_{n-3} & a_{n-2} \\ \vdots & \vdots & \vdots & \cdots & \vdots & \vdots \\ \sqrt[n]{2^{n-2}} & 2a_4 & 2a_5 & \cdots & a_1 & a_2 \\ \sqrt[n]{2^{n-1}} & 2a_3 & 2a_4 & \cdots & 2a_n & a_1 \end{vmatrix}}{\begin{vmatrix} a_1 & a_2 & a_3 & \cdots & a_{n-1} & a_n \\ 2a_n & a_1 & a_2 & \cdots & a_{n-2} & a_{n-1} \\ 2a_{n-1} & 2a_n & a_1 & \cdots & a_{n-3} & a_{n-2} \\ \vdots & \vdots & \vdots & \cdots & \vdots & \vdots \\ 2a_3 & 2a_4 & 2a_5 & \cdots & a_1 & a_2 \\ 2a_2 & 2a_3 & 2a_4 & \cdots & 2a_n & a_1 \end{vmatrix}}.$$

例 2.29 计算 $n(n\geqslant 3)$ 阶行列式

$$\begin{vmatrix} \sin 2\alpha_1 & \sin(\alpha_1+\alpha_2) & \sin(\alpha_1+\alpha_3) & \cdots & \sin(\alpha_1+\alpha_n) \\ \sin(\alpha_2+\alpha_1) & \sin 2\alpha_2 & \sin(\alpha_2+\alpha_3) & \cdots & \sin(\alpha_2+\alpha_n) \\ \sin(\alpha_3+\alpha_1) & \sin(\alpha_3+\alpha_2) & \sin 2\alpha_3 & \cdots & \sin(\alpha_3+\alpha_n) \\ \vdots & \vdots & \vdots & \cdots & \vdots \\ \sin(\alpha_n+\alpha_1) & \sin(\alpha_n+\alpha_2) & \sin(\alpha_n+\alpha_3) & \cdots & \sin 2\alpha_n \end{vmatrix}.$$

解 原式$=\sin\alpha_1\begin{vmatrix} \cos\alpha_1 & \sin(\alpha_1+\alpha_2) & \sin(\alpha_1+\alpha_3) & \cdots & \sin(\alpha_1+\alpha_n) \\ \cos\alpha_2 & \sin 2\alpha_2 & \sin(\alpha_2+\alpha_3) & \cdots & \sin(\alpha_2+\alpha_n) \\ \cos\alpha_3 & \sin(\alpha_3+\alpha_2) & \sin 2\alpha_3 & \cdots & \sin(\alpha_3+\alpha_n) \\ \vdots & \vdots & \vdots & \cdots & \vdots \\ \cos\alpha_n & \sin(\alpha_n+\alpha_2) & \sin(\alpha_n+\alpha_3) & \cdots & \sin 2\alpha_n \end{vmatrix}$

$$+\cos\alpha_1\begin{vmatrix} \sin\alpha_1 & \sin(\alpha_1+\alpha_2) & \sin(\alpha_1+\alpha_3) & \cdots & \sin(\alpha_1+\alpha_n) \\ \sin\alpha_2 & \sin 2\alpha_2 & \sin(\alpha_2+\alpha_3) & \cdots & \sin(\alpha_2+\alpha_n) \\ \sin\alpha_3 & \sin(\alpha_3+\alpha_2) & \sin 2\alpha_3 & \cdots & \sin(\alpha_3+\alpha_n) \\ \vdots & \vdots & \vdots & \cdots & \vdots \\ \sin\alpha_n & \sin(\alpha_n+\alpha_2) & \sin(\alpha_n+\alpha_3) & \cdots & \sin 2\alpha_n \end{vmatrix}$$

其中,

$$\begin{vmatrix} \cos\alpha_1 & \sin(\alpha_1+\alpha_2) & \sin(\alpha_1+\alpha_3) & \cdots & \sin(\alpha_1+\alpha_n) \\ \cos\alpha_2 & \sin 2\alpha_2 & \sin(\alpha_2+\alpha_3) & \cdots & \sin(\alpha_2+\alpha_n) \\ \cos\alpha_3 & \sin(\alpha_3+\alpha_2) & \sin 2\alpha_3 & \cdots & \sin(\alpha_3+\alpha_n) \\ \vdots & \vdots & \vdots & \cdots & \vdots \\ \cos\alpha_n & \sin(\alpha_n+\alpha_2) & \sin(\alpha_n+\alpha_3) & \cdots & \sin 2\alpha_n \end{vmatrix} \xlongequal[j=2,3,\cdots,n]{C_j-\sin\alpha_j C_1}$$

$$=\begin{vmatrix} \cos\alpha_1 & \sin\alpha_1\cos\alpha_2 & \sin\alpha_1\cos\alpha_3 & \cdots & \sin\alpha_1\cos\alpha_n \\ \cos\alpha_2 & \sin\alpha_2\cos\alpha_2 & \sin\alpha_2\cos\alpha_3 & \cdots & \sin\alpha_2\cos\alpha_n \\ \cos\alpha_3 & \sin\alpha_3\cos\alpha_2 & \sin\alpha_3\cos\alpha_3 & \cdots & \sin\alpha_3\cos\alpha_n \\ \vdots & \vdots & \vdots & \cdots & \vdots \\ \cos\alpha_n & \sin\alpha_n\cos\alpha_2 & \sin\alpha_n\cos\alpha_3 & \cdots & \sin\alpha_n\cos\alpha_n \end{vmatrix}=0$$

$$\begin{vmatrix} \sin\alpha_1 & \sin(\alpha_1+\alpha_2) & \sin(\alpha_1+\alpha_3) & \cdots & \sin(\alpha_1+\alpha_n) \\ \sin\alpha_2 & \sin 2\alpha_2 & \sin(\alpha_2+\alpha_3) & \cdots & \sin(\alpha_2+\alpha_n) \\ \sin\alpha_3 & \sin(\alpha_3+\alpha_2) & \sin 2\alpha_3 & \cdots & \sin(\alpha_3+\alpha_n) \\ \vdots & \vdots & \vdots & \cdots & \vdots \\ \sin\alpha_n & \sin(\alpha_n+\alpha_2) & \sin(\alpha_n+\alpha_3) & \cdots & \sin 2\alpha_n \end{vmatrix} \xlongequal[j=2,3,\cdots,n]{C_j-\cos\alpha_j C_1}$$

$$=\begin{vmatrix} \sin\alpha_1 & \cos\alpha_1\sin\alpha_2 & \cos\alpha_1\sin\alpha_3 & \cdots & \cos\alpha_1\sin\alpha_n \\ \sin\alpha_2 & \cos\alpha_2\sin\alpha_2 & \cos\alpha_2\sin\alpha_3 & \cdots & \cos\alpha_2\sin\alpha_n \\ \sin\alpha_3 & \cos\alpha_3\sin\alpha_2 & \cos\alpha_3\sin\alpha_3 & \cdots & \cos\alpha_3\sin\alpha_n \\ \vdots & \vdots & \vdots & \cdots & \vdots \\ \sin\alpha_n & \cos\alpha_n\sin\alpha_2 & \cos\alpha_n\sin\alpha_3 & \cdots & \cos\alpha_n\sin\alpha_n \end{vmatrix}=0.$$

故:原式 = 0.

例 2.30 设 $f(x)=c_0+c_1x+\cdots+c_nx^n$.用线性方程组的理论证明,若是 $f(x)$ 有 $n+1$ 个不同的根,那么 $f(x)$ 是零多项式.

证明 设 $k_1,k_2,\cdots,k_{n+1}$ 是 $f(x)$ 的 $n+1$ 个不同的根,那么

$$\begin{cases} c_0+c_1k_1+\cdots+c_nk_1^n=0 \\ c_0+c_1k_2+\cdots+c_nk_2^n=0 \\ \vdots \quad \vdots \quad \vdots \\ c_0+c_1k_{n+1}+\cdots+c_nk_{n+1}^n=0 \end{cases}$$

因此 $c_0,c_1,\cdots,c_n$ 是齐次线性方程组 $\begin{cases} x_1+k_1x_2+\cdots+k_1^nx_{n+1}=0 \\ x_1+k_2x_2+\cdots+k_2^nx_{n+1}=0 \\ \vdots \quad \vdots \quad \vdots \\ x_1+k_{n+1}x_2+\cdots+k_{n+1}^nx_{n+1}=0 \end{cases}$ 的解,由于这个齐次线性方程组的系数行列式 $\begin{vmatrix} 1 & k_1 & \cdots & k_1^n \\ 1 & k_2 & \cdots & k_2^n \\ \vdots & \vdots & \cdots & \vdots \\ 1 & k_{n+1} & \cdots & k_{n+1}^n \end{vmatrix}=\prod\limits_{1\leqslant i<j\leqslant n+1}(k_j-k_i)\neq 0$,所以 $c_0=c_1=\cdots=c_n=0$,故 $f(x)$ 是零多项式.

§2.3 练习题

§2.3.1 北大与北师大版教材习题

1. 如果排列 $x_1x_2\cdots x_n$ 的反序数等于 k,那么排列 $x_nx_{n-1}\cdots x_1$ 的反序数等于多少?

2. 在 6 阶行列式中,$a_{23}a_{31}a_{42}a_{56}a_{14}a_{65}$,$a_{32}a_{43}a_{14}a_{51}a_{66}a_{25}$ 这两项应带有什么符号?

3. 写出 4 阶行列式中所有带有负号并且含有因子 a_{23} 的项.

4. 由 $\begin{vmatrix} 1 & 1 & \cdots & 1 \\ 1 & 1 & \cdots & 1 \\ \vdots & \vdots & \cdots & \vdots \\ 1 & 1 & \cdots & 1 \end{vmatrix}=0$,证明:奇偶排列各半.

5. 设 $P(x)=\begin{vmatrix} 1 & x & x^2 & \cdots & x^{n-1} \\ 1 & a_1 & a_1^2 & \cdots & a_1^{n-1} \\ 1 & a_2 & a_2^2 & \cdots & a_2^{n-1} \\ \vdots & \vdots & \vdots & \cdots & \vdots \\ 1 & a_{n-1} & a_{n-1}^2 & \cdots & a_{n-1}^{n-1} \end{vmatrix}$,其中 $a_1,a_2,\cdots,a_{n-1}$ 是互不相同的数.

(1) 利用定义说明:$P(x)$ 是一个次多项式;

(2) 由行列式性质,求 $P(x)$ 的根.

6. 计算下列 n 阶行列式

(1) $\begin{vmatrix} x & y & 0 & \cdots & 0 & 0 \\ 0 & x & y & \cdots & 0 & 0 \\ \vdots & \vdots & \vdots & \cdots & \vdots & \vdots \\ 0 & 0 & 0 & \cdots & x & y \\ y & 0 & 0 & \cdots & 0 & x \end{vmatrix}$；(2) $\begin{vmatrix} a_1-b_1 & a_1-b_2 & \cdots & a_1-b_n \\ a_2-b_1 & a_2-b_2 & \cdots & a_2-b_n \\ \vdots & \vdots & \cdots & \vdots \\ a_n-b_1 & a_n-b_2 & \cdots & a_n-b_n \end{vmatrix}$；

(3) $\begin{vmatrix} x_1-m & x_2 & \cdots & x_n \\ x_1 & x_2-m & \cdots & x_n \\ \vdots & \vdots & \cdots & \vdots \\ x_1 & x_2 & \cdots & x_n-m \end{vmatrix}$；(4) $\begin{vmatrix} 1 & 2 & 2 & \cdots & 2 \\ 2 & 2 & 2 & \cdots & 2 \\ 2 & 2 & 3 & \cdots & 2 \\ \vdots & \vdots & \vdots & \cdots & \vdots \\ 2 & 2 & 2 & \cdots & n \end{vmatrix}$；

(5) $\begin{vmatrix} 1 & 2 & 3 & \cdots & n-1 & n \\ 1 & -1 & 0 & \cdots & 0 & 0 \\ 0 & 2 & -2 & \cdots & 0 & 0 \\ \vdots & \vdots & \vdots & \cdots & \vdots & \vdots \\ 0 & 0 & 0 & \cdots & n-1 & 1-n \end{vmatrix}$.

7. 证明：

(1) $\begin{vmatrix} a_0 & 1 & 1 & \cdots & 1 \\ 1 & a_1 & 0 & \cdots & 0 \\ 1 & 0 & a_2 & \cdots & 0 \\ \vdots & \vdots & \vdots & \cdots & \vdots \\ 1 & 0 & 0 & \cdots & a_n \end{vmatrix} = a_1a_2\cdots a_n(a_0 - \sum_{i=1}^{n}\frac{1}{a_i})$；

(2) $\begin{vmatrix} x & 0 & 0 & \cdots & 0 & a_0 \\ -1 & x & 0 & \cdots & 0 & a_1 \\ 0 & -1 & x & \cdots & 0 & a_2 \\ \vdots & \vdots & \vdots & \cdots & \vdots & \vdots \\ 0 & 0 & 0 & \cdots & x & a_{n-2} \\ 0 & 0 & 0 & \cdots & -1 & x+a_{n-1} \end{vmatrix} = x^n + a_{n-1}x^{n-1} + \cdots + a_1x + a_0$；

(3) $\begin{vmatrix} \alpha+\beta & \alpha\beta & 0 & \cdots & 0 & 0 \\ 1 & \alpha+\beta & \alpha\beta & \cdots & 0 & 0 \\ \vdots & \vdots & \vdots & \cdots & \vdots & \vdots \\ 0 & 0 & 0 & \cdots & \alpha+\beta & \alpha\beta \\ 0 & 0 & 0 & \cdots & 1 & \alpha+\beta \end{vmatrix} = \frac{\alpha^{n+1}-\beta^{n+1}}{\alpha-\beta}$；

(4) $\begin{vmatrix} \cos\alpha & 1 & 0 & \cdots & 0 & 0 \\ 1 & 2\cos\alpha & 1 & \cdots & 0 & 0 \\ 0 & 1 & 2\cos\alpha & \cdots & 0 & 0 \\ \vdots & \vdots & \vdots & \cdots & \vdots & \vdots \\ 0 & 0 & 0 & \cdots & 1 & 2\cos\alpha \end{vmatrix} = \cos n\alpha$；

$$(5)\begin{vmatrix} 1+a_1 & 1 & 1 & \cdots & 1 & 1 \\ 1 & 1+a_2 & 1 & \cdots & 1 & 1 \\ 1 & 1 & 1+a_3 & \cdots & 1 & 1 \\ \vdots & \vdots & \vdots & \cdots & \vdots & \vdots \\ 1 & 1 & 1 & \cdots & 1 & 1+a_n \end{vmatrix} = a_1a_2\cdots a_n(1+\sum_{i=1}^{n}\frac{1}{a_i}).$$

8. 设 $a_1,a_2,\cdots,a_n$ 是数域 P 中互不相同的数，$b_1,b_2,\cdots,b_n$ 是数域 P 中任意给定的数，用克莱姆法则证明：存在数域 P 上唯一的多项式 $f(x)=c_0x^{n-1}+c_1x^{n-2}+\cdots+c_{n-1}$ 使 $f(a_i)=b_i,i=1,2,\cdots,n$.

9. 求 $\sum\limits_{j_1j_2\cdots j_n}\begin{vmatrix} a_{1j_1} & a_{1j_2} & \cdots & a_{1j_n} \\ a_{2j_1} & a_{2j_2} & \cdots & a_{2j_n} \\ \vdots & \vdots & \cdots & \vdots \\ a_{nj_1} & a_{nj_2} & \cdots & a_{nj_n} \end{vmatrix}$，这里 $\sum\limits_{j_1j_2\cdots j_n}$ 是对所有 n 阶排列求和.

10. 证明：

$$\frac{d}{dt}\begin{vmatrix} a_{11}(t) & a_{12}(t) & \cdots & a_{1n}(t) \\ a_{21}(t) & a_{22}(t) & \cdots & a_{2n}(t) \\ \vdots & \vdots & \cdots & \vdots \\ a_{n1}(t) & a_{n2}(t) & \cdots & a_{nn}(t) \end{vmatrix} = \sum_{j=1}^{n}\begin{vmatrix} a_{11}(t) & \cdots & \frac{da_{1j}(t)}{dt} & \cdots & a_{1n}(t) \\ a_{21}(t) & \cdots & \frac{da_{2j}(t)}{dt} & \cdots & a_{nj}(t) \\ \vdots & \cdots & \vdots & \cdots & \vdots \\ a_{n1}(t) & \cdots & \frac{da_{nj}(t)}{dt} & \cdots & a_{nn}(t) \end{vmatrix}.$$

11. 证明：

(1) $\begin{vmatrix} a_{11}+x & a_{12}+x & \cdots & a_{1n}+x \\ a_{21}+x & a_{22}+x & \cdots & a_{2n}+x \\ \vdots & \vdots & \cdots & \vdots \\ a_{n1}+x & a_{n2}+x & \cdots & a_{nn}+x \end{vmatrix} = \begin{vmatrix} a_{11} & a_{12} & \cdots & a_{1n} \\ a_{21} & a_{22} & \cdots & a_{2n} \\ \vdots & \vdots & \cdots & \vdots \\ a_{n1} & a_{n2} & \cdots & a_{nn} \end{vmatrix} + x\sum\limits_{i=1}^{n}\sum\limits_{j=1}^{n}A_{ij}$，其中 A_{ij} 是 a_{ij} 的代数余子式；

(2) $\sum\limits_{i=1}^{n}\sum\limits_{j=1}^{n}A_{ij} = \begin{vmatrix} a_{11}-a_{12} & a_{12}-a_{13} & \cdots & a_{1,n-1}-a_{1n} & 1 \\ a_{21}-a_{22} & a_{22}-a_{23} & \cdots & a_{2,n-1}-a_{2n} & 1 \\ \vdots & \vdots & \cdots & \vdots & \vdots \\ a_{n1}-a_{n2} & a_{n2}-a_{n3} & \cdots & a_{n,n-1}-a_{nn} & 1 \end{vmatrix}$.

12. 设在 n 级行列式中 $D=\begin{vmatrix} a_{11} & a_{12} & \cdots & a_{1n} \\ a_{21} & a_{22} & \cdots & a_{2n} \\ \vdots & \vdots & \vdots & \vdots \\ a_{n1} & a_{n2} & \cdots & a_{nn} \end{vmatrix}$ 中，$a_{ij}=-a_{ji},i,j=1,2,\cdots,n$.

证明：当 n 是奇数时，$D=0$.

13. 证明：$|A^*|=|A|^{n-1}$，其中 A 是 $n\times n$ 矩阵（$n\geqslant 2$）.

14. 设 $s_k = x_1^k + x_2^k + \cdots + x_n^k, k = 0,1,2,\cdots; a_{ij} = s_{i+j-2}, i,j = 1,2,\cdots,n$. 证明：$|a_{ij}| = \prod_{1 \leqslant i < j \leqslant n} (x_i - x_j)^2$.

参考答案

§2.3.2 各高校研究生入学考试原题

一、填空题

1. 设 4×4 矩阵 $A = (\alpha, \gamma_2, \gamma_3, \gamma_4)$，$B = (\beta, \gamma_2, \gamma_3, \gamma_4)$，其中 $\alpha, \beta, \gamma_2, \gamma_3, \gamma_4$ 均为4维列向量，且已知行列式 $|A| = 4$，$|B| = 1$，则行列式 $|A + B| =$ ________.

2. $\begin{vmatrix} 1-a & a & 0 & 0 & 0 \\ -1 & 1-a & a & 0 & 0 \\ 0 & -1 & 1-a & a & 0 \\ 0 & 0 & -1 & 1-a & a \\ 0 & 0 & 0 & -1 & 1-a \end{vmatrix} =$ ________.

3. 设 A, B 均为 n 阶矩阵，$|A| = 2$，$|B| = -3$，则 $|2A^* B^{-1}| =$ ______.

4. 设 $\alpha = (1, 0, -1)^T$，矩阵 $A = \alpha\alpha^T$，n 为正整数，则 $|aE - A^n| =$ ______.

5. 设 $\alpha_1, \alpha_2, \alpha_3$ 为三维列向量，记三阶矩阵

$$A = (\alpha_1, \alpha_2, \alpha_3), B = (\alpha_1 + \alpha_2 + \alpha_3, \alpha_1 + 2\alpha_2 + 4\alpha_3, \alpha_1 + 3\alpha_2 + 9\alpha_3).$$

如果 $|A| = 1$，则 $|B| =$ ______.

6. 设行列式 $D = \begin{vmatrix} 3 & 0 & 4 & 0 \\ 2 & 2 & 2 & 2 \\ 0 & -7 & 0 & 0 \\ 5 & 3 & -2 & 2 \end{vmatrix}$，则 D 的第4行元素的余子式之和的值为 ______.

7. 设矩阵 $A = \begin{bmatrix} 2 & 1 & 0 \\ 1 & 2 & 0 \\ 0 & 0 & 1 \end{bmatrix}$，矩阵 B 满足 $ABA^* = 2BA^* + E$，其中 A^* 是 A 的伴随矩阵，E 为单位矩阵，则 $|B| =$ ______.

8. 已知 α_1, α_2 为二维列向量，矩阵 $A = (2\alpha_1 + \alpha_2, \alpha_1 - \alpha_2)$，$B = (\alpha_1, \alpha_2)$，如果 $|A| = 6$，则 $|B| =$ ______.

9. 设矩阵 $A = \begin{bmatrix} 2 & 1 \\ -1 & 2 \end{bmatrix}$，$E$ 为2阶单位矩阵，矩阵 B 满足 $BA = B + 2E$，则 $|B| =$ ______.

10. 设 n 阶矩阵 A 满足 $A^T A = E$，其中 E 为单位矩阵，$|A| < 0$，则 $|A + E| =$ ______.

11. 设 A, B 均为 n 阶方阵，$|A| = 2$，$|B| = -3$，A^* 为 A 的伴随矩阵，则 $|2A^* B^{-1}| =$ ________.

12. 行列式 $D=\begin{vmatrix}1&2&3&4\\2&3&4&1\\3&4&1&2\\4&1&2&3\end{vmatrix}$，$A_{ij}$ 表示 a_{ij} 的代数余子式，则 $A_{12}+2A_{22}+3A_{32}+4A_{42}=$ ________.

13. 设 $D=\begin{vmatrix}1&2&3&4\\3&2&4&1\\0&2&3&1\\0&2&4&3\end{vmatrix}$，$A_{ij}$，表示元素 a_{ij} 的代数余子式，则 $2A_{14}+A_{24}+A_{34}+A_{44}=$ ________.

14. 设 A 与 B 均为 n 级方阵，A^* 与 B^* 分别为它们的伴随矩阵 $|A|=2$，$|B|=-3$，则 $|A^{-1}B^*-A^*B^{-1}|=$ ______.

15. 设 A 为 n 阶矩阵，且 $|A|=2$，则 $|-A|=$ ____________.

16. 设 A 是 n 级复矩阵，k 是复数.若 $|kA|=|A|$，则 $k=$ _______.

17. 设数域 $A\in P^{n\times n}$ 并且 $A\neq 0$，则 $|-A|=|A|$的充分必要条件是 ___________.

18. 设 A,B 都是 3 级方阵，其中 $B=\begin{pmatrix}0&0&0\\1&0&3\\0&1&-2\end{pmatrix}$，若有三级可逆方阵 P，使得 $AP=PB$，则行列式 $|A+E|=$ ____________ .

19. 设 A 是4级方阵，B 是5级方阵，且 $|A|=2$，$|B|=-2$，则 $|-|A|B|=$ __________ .

20. 设 A 是 3 级可逆矩阵，其逆矩阵的特征值为 $\frac{1}{2},\frac{1}{3},\frac{1}{4}$，则 $|A-E|=$ __________.

21. 每一行和每一列只有一个元素为 1 其余元素全为零的 $n(n\geqslant 0)$ 阶行列式共有________个，所有这些行列式的和等于______.

22. 设 A,B 为 n 阶方阵.若 $|A|=2$，$|B|=3$，$|A^{-1}+B|=6$，则 $|A+B^{-1}|=$ ______.

23. 行列式 $\begin{vmatrix}3&1&2&3\\7&-1&0&1\\-1&0&2&3\\2&1&-1&-2\end{vmatrix}$ 的第一列元的代数余子式的和是 ______.

24. 设 n 阶方阵 A 的特征值为 $2,4,\cdots,2n$，则行列式 $|3E-A|=$ ______，其中 E 为 n 阶单位矩阵.

25. 如果排列 $j_1j_2j_3j_4j_5$ 的逆序数为 4，则排列 $j_5j_4j_3j_2j_1$ 的逆序数等于________.

26. 设 3 阶方阵 A 的特征值为 $2,3,5$，则 $|2A-E|=$ ____________.

27. 已知 A 为 n 阶方阵且 $|A|=3$，则 $|A^{-1}+2A^*|=$ __________.

二、选择题

1. 设 A 是 n 阶方阵，且 A 的行列式 $|A|=a\neq 0$，而 A^* 是 A 的伴随矩阵，则 $|A^*|$等于

(A) a　　(B) $\frac{1}{a}$

(C) a^{n-1}　　(D) a^n

2. 设 A 是 n 阶可逆矩阵，A^* 是 A 的伴随矩阵，则

(A) $|A^*| = |A|^{n-1}$ (B) $|A^*| = |A|$

(C) $|A^*| = |A|^n$ (D) $|A^*| = |A^{-1}|$

3. 设 A,B 为 n 阶方阵，满足 $AB = 0$，则必有

(A) $A = 0$ 或 $B = 0$ (B) $A + B = 0$

(C) $|A| = 0$ 或 $|B| = 0$ (D) $|A| + |B| = 0$

4. 设 $\alpha_1,\alpha_2,\alpha_3,\beta_1,\beta_2$ 都是四维列向量，且四阶行列式 $|\alpha_1 \quad \alpha_2 \quad \alpha_3 \quad \beta_1| = m$，$|\alpha_1 \quad \alpha_2 \quad \beta_2 \quad \alpha_3| = n$，则四阶行列式 $|\alpha_3 \quad \alpha_2 \quad \alpha_1 \quad (\beta_1 + \beta_2)|$ 等于

(A) $m + n$ (B) $-(m + n)$

(C) $n - m$ (D) $m - n$

5. 4 阶行列式 $\begin{vmatrix} a_1 & 0 & 0 & b_1 \\ 0 & a_2 & b_2 & 0 \\ 0 & b_3 & a_3 & 0 \\ b_4 & 0 & 0 & a_4 \end{vmatrix}$ 的值等于

(A) $a_1a_2a_3a_4 - b_1b_2b_3b_4$ (B) $a_1a_2a_3a_4 + b_1b_2b_3b_4$

(C) $(a_1a_2 - b_1b_2)(a_3a_4 - b_3b_4)$ (D) $(a_2a_3 - b_2b_3)(a_1a_4 - b_1b_4)$

三、解答题

1. 设 A 为 10×10 矩阵

$$A = \begin{bmatrix} 0 & 1 & 0 & \cdots & 0 & 0 \\ 0 & 0 & 1 & \cdots & 0 & 0 \\ \vdots & \vdots & \vdots & & \vdots & \vdots \\ 0 & 0 & 0 & \cdots & 1 & 0 \\ 0 & 0 & 0 & \cdots & 0 & 1 \\ 10^{10} & 0 & 0 & \cdots & 0 & 0 \end{bmatrix}$$

计算行列式 $|A - \lambda E|$，其中 E 为 10 阶单位矩阵，λ 为常数.

2. 已知实矩阵 $A = (a_{ij})_{3\times3}$ 满足条件：(1) $a_{ij} = A_{ij}(i,j = 1,2,\cdots n)$，其中 A_{ij} 是 a_{ij} 的代数余子式；(2) $a_{11} \neq 0$.计算行列式 $|A|$.

3. 设 A 为 n 阶矩阵，满足 $AA^T = I$，I 为 n 阶单位矩阵，A^T 是 A 的转置矩阵，$|A| < 0$，求 $|A + I|$.

4. (1) 设 $x_1,x_2,\cdots,x_n$ 是 n 个实数，计算下述 n 阶行列式 D 的值

$$D = \begin{vmatrix} 1 & 1 & \cdots & 1 \\ x_1 & x_2 & \cdots & x_n \\ \vdots & \vdots & \vdots & \vdots \\ x_1^{n-2} & x_2^{n-2} & \cdots & x_n^{n-2} \\ x_1^n & x_2^n & \cdots & x_n^n \end{vmatrix}$$

当 $1 \leqslant i \leqslant n - 1$ 时，D 的第 i 行的元素为 $x_1^{i-1},x_2^{i-1},\cdots,x_n^{i-1}$.

(2) 设向量组 A：$\alpha_1,\alpha_2,\cdots,\alpha_n$ 是 n 个 n 维向量，其中

$$\alpha_i = (1,x_i,x_i^2,\cdots,x_i^{n-2},x_i^n),$$

讨论向量组 A 的线性相关性.

5. 计算行列式：$\begin{vmatrix} x_1^2+1 & x_1x_2 & \cdots & x_1x_n \\ x_2x_1 & x_2^2+1 & \cdots & x_2x_n \\ \vdots & \vdots & \vdots & \vdots \\ x_nx_1 & x_nx_2 & \cdots & x_n^2+1 \end{vmatrix}$.

6. 计算行列式：$\begin{vmatrix} x_1 & a & \cdots & a \\ b & x_2 & \cdots & a \\ \vdots & \vdots & \vdots & \vdots \\ b & b & \cdots & x_n \end{vmatrix}$.

7. 计算下列 l 级行列式的值：$D_l = \begin{vmatrix} 2 & -1 & 0 & \cdots & 0 & -m \\ -1 & 2 & -1 & \cdots & 0 & 0 \\ 0 & -1 & 2 & \cdots & 0 & 0 \\ \vdots & \vdots & \vdots & \cdots & \vdots & \vdots \\ 0 & 0 & 0 & \cdots & 2 & -1 \\ -n & 0 & 0 & \cdots & -1 & 2 \end{vmatrix}$.

8. 已知行列式$\begin{vmatrix} 1 & 2 & 3 \\ 3 & 2 & 1 \\ x & y & z \end{vmatrix}=1$，试求下列行列式：

(1)$\begin{vmatrix} 1 & 2 & 3 \\ 1 & 0 & -1 \\ 1-x & 2-y & 3-z \end{vmatrix}$；　(2)$\begin{vmatrix} x & 3 & 1 \\ y & 2 & 2 \\ z & 1 & 3 \end{vmatrix}$；　(3)$\begin{vmatrix} 1 & 1 & 1 \\ 3+x & 2+y & 1+z \\ 3x & 3y & 3z \end{vmatrix}$.

9. 计算行列式的值：$D_n = \begin{vmatrix} 1+x_1 & 1+x_1^2 & \cdots & 1+x_1^n \\ 1+x_2 & 1+x_2^2 & \cdots & 1+x_2^n \\ \vdots & \vdots & \cdots & \vdots \\ 1+x_n & 1+x_n^2 & \cdots & 1+x_n^n \end{vmatrix}$.

10. 计算行列式：$\begin{vmatrix} a_0 & a_1 & \cdots & a_n \\ -x & x & \cdots & 0 \\ \vdots & \vdots & \cdots & \vdots \\ 0 & 0 & \cdots & x \end{vmatrix}$.

11. 计算行列式 $D_{n+1} = \begin{vmatrix} 0 & 1 & \cdots & 1 & 1 \\ 1 & 0 & \cdots & x & x \\ 1 & x & \cdots & x & x \\ \vdots & \vdots & \cdots & \vdots & \vdots \\ 1 & x & \cdots & x & 0 \end{vmatrix}$.

12. 计算行列式：$\begin{vmatrix} x & a_2 & a_3 & \cdots & a_{n-1} & 1 \\ a_1 & x & a_3 & \cdots & a_{n-1} & 1 \\ a_1 & a_2 & x & \cdots & a_{n-1} & 1 \\ \vdots & \vdots & \vdots & \cdots & \vdots & \vdots \\ a_1 & a_2 & a_3 & \cdots & x & 1 \\ a_1 & a_2 & a_3 & \cdots & a_{n-1} & x \end{vmatrix}$.

13. 计算行列式：$\begin{vmatrix} 2^n-2 & 2^{n-1}-2 & \cdots & 2^3-2 & 2 \\ 3^n-3 & 3^{n-1}-3 & \cdots & 3^3-3 & 6 \\ \vdots & \vdots & & \vdots & \vdots \\ n^n-n & n^{n-1}-n & \cdots & n^3-n & n^2-n \end{vmatrix}$.

14. 计算行列式：$\begin{vmatrix} n-1 & n-2 & \cdots & 3 & 2 & 1 & 0 \\ n-2 & n-3 & \cdots & 2 & 1 & 0 & n-1 \\ n-3 & n-4 & \cdots & 1 & 0 & n-1 & n-2 \\ \vdots & \vdots & \cdots & \vdots & \vdots & \vdots & \vdots \\ 1 & 0 & \cdots & 5 & 4 & 3 & 2 \\ 0 & n-1 & \cdots & 4 & 3 & 2 & 1 \end{vmatrix}$.

15. 计算行列式：$\begin{vmatrix} 0 & a_2 & a_3 & \cdots & a_{n-1} & a_n \\ b_1 & 0 & a_3 & \cdots & a_{n-1} & a_n \\ b_1 & b_2 & 0 & \cdots & a_{n-1} & a_n \\ \vdots & \vdots & \vdots & \cdots & \vdots & \vdots \\ b_1 & b_2 & b_3 & \cdots & 0 & a_n \\ b_1 & b_2 & b_3 & \cdots & b_{n-1} & 0 \end{vmatrix}$.

16. 计算行列式：$\begin{vmatrix} x & 4 & 4 & 4 & \cdots & 4 \\ 1 & x & 2 & 2 & \cdots & 2 \\ 1 & 2 & x & 2 & \cdots & 2 \\ 1 & 2 & 2 & x & \cdots & 2 \\ \vdots & \vdots & \vdots & \vdots & \vdots & \vdots \\ 1 & 2 & 2 & 2 & \cdots & x \end{vmatrix}$.

17. 设 A,B,C,D 是 n 阶矩阵，$G=\begin{pmatrix} A & B \\ C & D \end{pmatrix}$. 如果 $AC=CA$, $|A|\neq 0$.

(1) 证明：$|G|=|AD-CB|$.

(2) 当 $|AD-CB|=0$ 时，证明：$n \leqslant rank(G) < 2n$.

18. 计算 n 阶行列式 $D_n=\begin{vmatrix} 1 & 2 & 3 & \cdots & n \\ x & 1 & 2 & \cdots & n-1 \\ x & x & 1 & \cdots & n-2 \\ \vdots & \vdots & \vdots & \cdots & \vdots \\ x & x & x & \cdots & 1 \end{vmatrix}$.

19. 设 $P_i(x)=x^i+x^{i-1}+\cdots+x+1$, $(i=0,1,2,\cdots,n-1)$，求如下行列式：

$$D_n=\begin{vmatrix} P_0(1) & P_0(2) & \cdots & P_0(n) \\ P_1(1) & P_1(2) & \cdots & P_1(n) \\ \vdots & \vdots & \cdots & \vdots \\ P_{n-1}(1) & P_{n-1}(2) & \cdots & P_{n-1}(n) \end{vmatrix}.$$

20. 证明 $\begin{vmatrix} a_{11} & \cdots & a_{1k} & 0 & \cdots & 0 \\ \vdots & & \vdots & \vdots & & \vdots \\ a_{k1} & \cdots & a_{kk} & 0 & \cdots & 0 \\ c_{11} & & c_{1k} & b_{11} & & b_{1r} \\ & & & & & \\ c_{r1} & & c_{rk} & b_{r1} & & b_{rr} \end{vmatrix} = \begin{vmatrix} a_{11} & \cdots & a_{1k} \\ \vdots & & \vdots \\ a_{k1} & \cdots & a_{kk} \end{vmatrix} \begin{vmatrix} b_{11} & \cdots & b_{1r} \\ \vdots & & \vdots \\ b_{r1} & \cdots & b_{rr} \end{vmatrix}$.

21. 若 $n \geqslant 3$,证明:$D_n = \begin{vmatrix} 1 + x_1y_1 & 1 + x_1y_2 & \cdots & 1 + x_1y_n \\ 1 + x_2y_1 & 1 + x_2y_2 & \cdots & 1 + x_2y_n \\ \vdots & \vdots & \cdots & \vdots \\ 1 + x_ny_1 & 1 + x_ny_2 & \cdots & 1 + x_ny_n \end{vmatrix} = 0$.

22. 计算下面的行列式:

$$D = \begin{vmatrix} 1 & 1 & 1 & 1 \\ 1 + \sin\alpha_1 & 1 + \sin\alpha_2 & 1 + \sin\alpha_3 & 1 + \sin\alpha_4 \\ \sin\alpha_1 + \sin^2\alpha_1 & \sin\alpha_2 + \sin^2\alpha_2 & \sin\alpha_3 + \sin^2\alpha_3 & \sin\alpha_4 + \sin^2\alpha_4 \\ \sin^2\alpha_1 + \sin^3\alpha_1 & \sin^2\alpha_2 + \sin^3\alpha_2 & \sin^2\alpha_3 + \sin^3\alpha_3 & \sin^2\alpha_4 + \sin^3\alpha_4 \end{vmatrix}.$$

23. 计算行列式:$\begin{vmatrix} 1 + c_1b_1 & c_1b_2 & \cdots & c_1b_n \\ c_2b_1 & 1 + c_2b_2 & \cdots & c_2b_n \\ \vdots & \vdots & \cdots & \vdots \\ c_nb_1 & c_nb_2 & \cdots & 1 + c_nb_n \end{vmatrix}$.

24. 计算行列式 $D_n = \begin{vmatrix} 1 + a_1 & 2 & \cdots & n-1 & n \\ 1 & 2 + a_2 & \cdots & n-1 & n \\ \vdots & \vdots & \cdots & \vdots & \vdots \\ 1 & 2 & \cdots & n-1+a_{n-1} & n \\ 1 & 2 & \cdots & n-1 & n + a_n \end{vmatrix}$,其中每个 $a_i \neq 0$.

若有某 $a_i = 0$,请讨论结论.

25. 设 A 为 n 阶实方阵,它的每行各数的和等于 2.证明:$\det(A - 2E) = 0$.

26. 求行列式 $D_n = \begin{vmatrix} 1 - a_1 & a_2 & \cdots & 0 & 0 \\ -1 & 1 - a_2 & \cdots & 0 & 0 \\ \vdots & \vdots & \cdots & \vdots & \vdots \\ 0 & 0 & \cdots & 1 - a_{n-1} & a_n \\ 0 & 0 & \cdots & -1 & 1 - a_n \end{vmatrix}$.

27. 计算下列问题.

(1) $\begin{vmatrix} 1 & 2 & 3 & 4 \\ 2 & 3 & 4 & 1 \\ 3 & 4 & 1 & 2 \\ 4 & 1 & 2 & 3 \end{vmatrix}$;

(2) 设 $D = |a_{ij}| = \begin{vmatrix} 2 & 2 & \cdots & 2 & 2 \\ 0 & 1 & \cdots & 1 & 1 \\ \vdots & \vdots & \cdots & \vdots & \vdots \\ 0 & 0 & \cdots & 1 & 1 \\ 0 & 0 & \cdots & 0 & 1 \end{vmatrix}$,$A_{ij}$ 为元素 a_{ij} 的代数余子式,计算 $\sum_{i,j=1}^{n} A_{ij}$.

28. 若 B 为正定矩阵,A 为半正定矩阵,求证:$|A+B| \geqslant |B|$,且等号成立的充分必要条件是 $A=0$.

29. 设 A,B 都是 n 阶正交矩阵,证明:

(1)AB 是正交矩阵;(2) 当 $|A| + |B| = 0$ 时,$|A+B| = 0$;

(3)n 为奇数时,$|(A-B)(A+B)| = 0$.

30. 已知 $D = \begin{vmatrix} 1 & 1 & \cdots & 1 \\ & 1 & \cdots & 1 \\ & & \ddots & \vdots \\ & & & 1 \end{vmatrix}$,求 D 的所有代数余子式之和.

参考答案(或提示)

第三章 线性方程组

§3.1 基本题型及其常用解题方法

§3.1.1 求齐次线性方程组的基础解系与通解

计算步骤:

(1) 求出系数矩阵 A.

(2) 利用行初等变换将 A 化为简化的阶梯形矩阵

$$\begin{bmatrix} 1 & 0 & \cdots & 0 & c_{1r+1} & c_{1r+2} & \cdots & c_{1n} \\ 0 & 1 & \cdots & 0 & c_{2r+1} & c_{2r+2} & \cdots & c_{2n} \\ \vdots & \vdots & & \vdots & \vdots & \vdots & & \vdots \\ 0 & 0 & \cdots & 1 & c_{rr+1} & c_{rr+2} & \cdots & c_{rn} \\ 0 & 0 & \cdots & 0 & 0 & 0 & \cdots & 0 \\ \vdots & \vdots & & \vdots & \vdots & \vdots & & \vdots \\ 0 & 0 & \cdots & 0 & 0 & 0 & \cdots & 0 \end{bmatrix} \tag{3.1}$$

(3) 下结论:$\eta_1=(-c_{1r+1},\cdots,-c_{rr+1},1,0,\cdots,0),\cdots,\eta_{n-r}=(-c_{1n},\cdots,-c_{rn},0,\cdots 0,1)$ 为 $Ax=0$ 的基础解系,其通解为

$X=k_1\eta_1+k_2\eta_2+\cdots+k_{n-r}\eta_{n-r}$ ($k_1,\cdots,k_{n-r}$ 为任意常数).

说明:有时需要交换两列的位置才能将 A 化为(3.1) 的形式,此时要留意变元的排序,以便正确选择自由变元,但我们不将 A 化为(3.1) 也能求出基础解系(参见例 3.1).

例 3.1 设有齐次线性方程组
$$\begin{cases} (1+a)x_1+x_2+\cdots+x_n=0 \\ 2x_1+(2+a)x_2+\cdots+2x_n=0 \\ \qquad\vdots \\ nx_1+nx_2+\cdots+(n+a)x_n=0 \end{cases} \quad (n\geqslant 2)$$

试问 a 取何值时,该方程组有非零解,并求出其通解.

解 $D=|A|=\begin{vmatrix}1+a & 1 & \cdots & 1\\ 2 & 2+a & \cdots & 2\\ \vdots & \vdots & & \vdots\\ n & n & \cdots & n+a\end{vmatrix}=a^{n-1}\left[a+\frac{n(n+1)}{2}\right]$，故 $a=0$ 或 $a=-\frac{n(n+1)}{2}$ 时，齐次线性方程组有非零解.

当 $a=0$ 时，原齐次线性方程组的系数矩阵

$$A=\begin{bmatrix}1 & 1 & \cdots & 1\\ 2 & 2 & \cdots & 2\\ \vdots & \vdots & & \vdots\\ n & n & \cdots & n\end{bmatrix}\xrightarrow{\text{经过行初等变换}}\begin{bmatrix}1 & 1 & \cdots & 1\\ 0 & 0 & \cdots & 0\\ \vdots & \vdots & & \vdots\\ 0 & 0 & \cdots & 0\end{bmatrix}$$

因此：$(-1,1,0,\cdots,0,0)^T,(-1,0,1,\cdots,0,0)^T,\cdots,(-1,0,0,\cdots,0,1)^T$ 为题设方程的基础解系，故

$$X=(-(k_1+k_2+\cdots+k_{n-1}),k_1,k_2,\cdots,k_{n-1})^T(k_1,k_2,\cdots,k_{n-1}\text{ 为任意常数})$$

为所求通解.

当 $a=-\frac{n(n+1)}{2}$ 时，原齐次线性方程组的系数矩阵

$$A=\begin{bmatrix}1+a & 1 & 1 & \cdots & 1\\ 2 & 2+a & 2 & \cdots & 2\\ 3 & 3 & 3+a & \cdots & 3\\ \vdots & \vdots & \vdots & & \vdots\\ n & n & n & \cdots & n+a\end{bmatrix}\xrightarrow{\text{经过行初等变换}}\begin{bmatrix}-2 & 1 & 0 & \cdots & 0\\ -3 & 0 & 1 & \cdots & 0\\ \vdots & \vdots & \vdots & & \vdots\\ -n & 0 & 0 & \cdots & 1\\ 0 & 0 & 0 & \cdots & 0\end{bmatrix}$$

（第 j 行减去第 1 行的 j 倍后除 a，$j=2,3,\cdots,n$，把各行的 -1 倍都加到第 1 行，最后将第 1 行依次和后面各行交换），因此：$(1,2,3,\cdots,n)^T$ 是原齐次线性方程组的基础解系，故

$$X=(k,2k,3k,\cdots,nk)^T(k\text{ 为任意常数})$$

为所求通解.

说明：依次将第 1 列与第 2 列，第 2 列与第 3 列，…，第 $n-1$ 列与第 n 列交换便能将 A 化为(3.1) 的形式，只不过要记住变量的顺序将为 $x_2,x_3,\cdots,x_n,x_1$，以 x_1 为自由变量便可求出基础解系，但不做这样的变换我们仍可以 x_1 为自由变量求出基础解系.

§3.1.2 求非齐次线性方程组的通解

计算依据：如果线性方程 $Ax=b$ 有解，η 是它的一个特解，$\eta_1,\eta_2,\cdots,\eta_{n-r}$ 是它的导出组 $Ax=0$ 的一个基础解系，则 $\eta+k_1\eta_1+k_2\eta_2,\cdots,k_{n-r}\eta_{n-r}$ （$k_1,k_2,\cdots,k_{n-r}$ 为任意常数）是 $Ax=b$ 的全部解(所有解或通解).

计算步骤：(1) 求出增广矩阵 $\bar{A}=(A\quad b)$，其中 A 为系数矩阵.

(2) 利用行初等变换将 $\bar{A}$ 化为如下形式的阶梯型矩阵.

$$
\begin{bmatrix}
1 & 0 & \cdots & 0 & c_{1r+1} & \cdots & c_{1n} & d_1 \\
0 & 1 & \cdots & 0 & c_{2r+1} & \cdots & c_{2n} & d_2 \\
\vdots & \vdots & & \vdots & \vdots & & \vdots & \vdots \\
0 & 0 & \cdots & 1 & c_{rr+1} & \cdots & c_{rn} & d_r \\
0 & 0 & \cdots & 0 & 0 & \cdots & 0 & d_{r+1} \\
\vdots & \vdots & & \vdots & \vdots & & \vdots & \vdots \\
0 & 0 & \cdots & 0 & 0 & \cdots & 0 & 0
\end{bmatrix} \tag{3.2}
$$

(3) 下结论:① 如果 $d_{r+1} \neq 0$,则原方程组无解;② 如果 $d_{r+1}=0$,则当 $r=n$ 时,原方程有唯一解 $(d_1,d_2,\cdots,d_n)^T$;当 $r<n$ 时,利用(3.2)的前 n 列(系数矩阵 A 经过行初等变换所得)按本节的方法求出导出组的基础解系 $\eta_1,\eta_2,\cdots,\eta_{n-r}$,令 $x_{r+1}=\cdots=x_n=0$ 便得一个特解 $(d_1,d_2,\cdots,d_r,0,\cdots,0)^T$,故

$(d_1,d_2,\cdots,d_r,0,\cdots,0)^T+k_1\eta_1+k_2\eta_2+\cdots+k_{n-r}\eta_{n-r}$($k_1,\cdots,k_{n-r}$ 为任意常数)

为所求方程组的通解.

说明:有时需要进行交换两列的变换(只能对前 n 列进行交换,最后一列即第 $n+1$ 列不容许交换)才能将增广矩阵 $\bar{A}$ 化为(3.2)的形式,此时我们要留意变元的排序.

例 3.2 已知线性方程组 $\begin{cases} x_1+x_2+x_3+x_4+x_5=a \\ 3x_1+2x_2+x_3+x_4-3x_5=0 \\ x_2+2x_3+2x_4+6x_5=b \\ 5x_1+4x_2+3x_3+3x_4-x_5=2 \end{cases}$

(1) a,b 为何值时,方程组有解?

(2) 方程组有解时,求出方程组的导出组的一个基础解系;

(3) 方程组有解时,求出方程组的全部解.

解

增广矩阵 $\bar{A}=(A\quad b)=\begin{bmatrix} 1 & 1 & 1 & 1 & 1 & a \\ 3 & 2 & 1 & 1 & -3 & 0 \\ 0 & 1 & 2 & 2 & 6 & b \\ 5 & 4 & 3 & 3 & -1 & 2 \end{bmatrix} \to \begin{bmatrix} 1 & 0 & -1 & -1 & -5 & -2a \\ 0 & 1 & 2 & 2 & 6 & 3a \\ 0 & 0 & 0 & 0 & 0 & b-3a \\ 0 & 0 & 0 & 0 & 0 & 2-2a \end{bmatrix}$

(1) 当 $a=1,b=3$ 时,$r(A)=r(\bar{A})=2$,线性方程组有解.

(2) 当 $a=1,b=3$ 时,最后的行阶梯型矩阵为 $\begin{bmatrix} 1 & 0 & -1 & -1 & -5 & -2 \\ 0 & 1 & 2 & 2 & 6 & 3 \\ 0 & 0 & 0 & 0 & 0 & 0 \\ 0 & 0 & 0 & 0 & 0 & 0 \end{bmatrix}$,由前 5 列可知,方程组的导出组的基础解系为

$$(1,-2,1,0,0)^T,(1,-2,0,1,0)^T,(5,-6,0,0,1)^T.$$

(3) 取 $x_3=x_4=x_5=0$ 可得 $x_1=-2,x_2=3$,因此 $(-2,3,0,0,0)^T$ 为方程组的一个特解,故所求方程组的通解为:$(-2,3,0,0,0)^T+k_1(1,-2,1,0,0)^T+k_2(1,-2,0,1,0)^T+k_3(5,-6,0,0,1)^T$,其中 k_1,k_2,k_3 为任意常数.

§3.1.3 线性方程组有解与无解的判定

1. 利用线性方程组有解的充分必要条件

理论依据：线性方程组 $Ax=b$ 有解 $\Leftrightarrow R(A)=R(\bar{A})$，$\bar{A}=(Ab)$.

如果两个矩阵 A_{mn}，B_{ns} 满足 $AB=0$，则我们有如下一些结论：

(1) B 的每一个列向量都是以 A 为系数矩阵的齐次线性方程组的解向量.若 $B\neq 0$，则 A 的列向量组线性相关；

(2) A 的每一个行向量都是以 B^T 为系数矩阵的齐次线性方程组的解向量(由 $AB=0$ 得 $B^TA^T=0$).若 $A\neq 0$，则：B^T 的列向量组也是 B 的行向量组线性相关；

(3) 因为 $Ax=0$ 的基础解系恰有 $n-r(A)$ 个线性无关的解向量，所以 $r(B)\leqslant n-r(A)$，即 $r(A)+r(B)\leqslant n$.

讨论非齐次线性方程组有解与无解的步骤：

(1) 求出增广矩阵 $\bar{A}=(A\quad b)$，A 为系数矩阵；

(2) 对 $\bar{A}$ 进行行初等变换化为行阶梯型矩阵；

(3) 利用行阶梯型矩阵求出 $\bar{A}$ 与 A 的秩，下结论.

讨论齐次线性方程组是否存在非零解的步骤：

(1) 求出的系数矩阵 A；

(2) 对 A 进行行初等变换化为行阶梯型矩阵；

(3) 利用行阶梯型矩阵求出 A 的秩，下结论.

例 3.3 若线性方程组 $\begin{cases} x_1+x_2=-a_1 \\ x_2+x_3=a_2 \\ x_3+x_4=-a_3 \\ x_4+x_1=a_4 \end{cases}$ 有解，则常数 a_1,a_2,a_3,a_4 应满足条件 ________.

本题应填 $a_1+a_2+a_3+a_4=0$.

解 方程组的增广矩阵

$$\bar{A}=(A\quad b)=\begin{bmatrix} 1 & 1 & 0 & 0 & -a_1 \\ 0 & 1 & 1 & 0 & a_2 \\ 0 & 0 & 1 & 1 & -a_3 \\ 1 & 0 & 0 & 1 & a_4 \end{bmatrix} \xrightarrow{\text{经过行初等变换}} \begin{bmatrix} 1 & 1 & 0 & 0 & -a_1 \\ 0 & 1 & 1 & 0 & a_2 \\ 0 & 0 & 1 & 1 & -a_3 \\ 0 & 0 & 0 & 0 & a_1+a_2+a_3+a_4 \end{bmatrix}$$

当 $a_1+a_2+a_3+a_4\neq 0$ 时，$r(A)=3<r(\bar{A})=4$，线性方程组无解；

当 $a_1+a_2+a_3+a_4=0$ 时，$r(A)=r(\bar{A})=3$，线性方程组有无穷多组解.

2. 利用克拉默法则

理论依据：若变元个数等于方程个数的线性方程组的系数行列式 $D\neq 0$，那么该线性方程组有唯一解 $x_i=\dfrac{D_i}{D}$，$i=1,2,\cdots,n$.

注意：齐次线性方程组有非零解时，也意味着有无穷多组解，反之亦然.利用该方法讨论线性方程组的解的情况时，通常题目中含有参数，此时解题步骤是：

(1) 求出系数行列式 D；

(2) 由 $D \neq 0$ 求出的参数便是线性方程组有唯一解的参数;

(3) 令 $D = 0$,解出参数的值再代入原方程组中利用方法 1 的解题步骤讨论.

例 3.4 设有线性方程组 $\begin{cases}(k+3)x_1 + x_2 + 2x_3 = k \\ kx_1 + (k-1)x_2 + x_3 = k \\ 3(k+1)x_1 + kx_2 + (k+3)x_3 = 3\end{cases}$ 试讨论其中 k 的取值范围与其解之间的关系.

解 $D = \begin{vmatrix} k+3 & 1 & 2 \\ k & k-1 & 1 \\ 3(k+1) & k & k+3 \end{vmatrix} = k^2(k-1)$,当 $k \neq 0$ 且 $k \neq 1$ 时,$D \neq 0$,此时线性方程组有唯一解.当 $k = 0$ 时,方程组的增广矩阵

$$\bar{A} = \begin{bmatrix} 3 & 1 & 2 & 0 \\ 0 & -1 & 1 & 0 \\ 3 & 0 & 3 & 3 \end{bmatrix} \xrightarrow{\text{经过行初等变换}} \begin{bmatrix} 1 & 0 & 1 & 1 \\ 0 & 1 & -1 & 0 \\ 0 & 0 & 0 & 0 \end{bmatrix}$$

$r(A) = 2 < r(\bar{A}) = 3$,线性方程组无解;当 $k = 1$ 时,方程组的增广矩阵

$$\bar{A} = \begin{bmatrix} 4 & 1 & 2 & 1 \\ 1 & 0 & 1 & 1 \\ 6 & 1 & 4 & 3 \end{bmatrix} \xrightarrow{\text{经过行初等变换}} \begin{bmatrix} 1 & 0 & 1 & 1 \\ 0 & 1 & -2 & -3 \\ 0 & 0 & 0 & 0 \end{bmatrix},$$

$r(A) = r(\bar{A}) = 2$,线性方程组有无穷多组解.

例 3.5 已知齐次线性方程组

$$(\text{I})\begin{cases} x_1 + 2x_2 + 3x_3 = 0 \\ 2x_1 + 3x_2 + 5x_3 = 0 \\ x_1 + x_2 + ax_3 = 0 \end{cases} \qquad (\text{II})\begin{cases} x_1 + bx_2 + cx_3 = 0 \\ 2x_1 + b^2x_2 + (c+1)x_3 = 0 \end{cases}$$

同解,求 a,b,c 的值.

分析:(I) 的系数矩阵为 $A = \begin{bmatrix} 1 & 2 & 3 \\ 2 & 3 & 5 \\ 1 & 1 & a \end{bmatrix}$,(II) 的系数矩阵为 $B = \begin{bmatrix} 1 & b & c \\ 1 & b^2 & c+1 \end{bmatrix}$,利用(I) 与(II) 同解可得:$r(A) = r(B)$,由此不难求出 a,进而求出(I) 的基础解系,利用性质 3.6 将求出的基础解系中的解向量代入(II) 便得到关于 b,c 的方程,结合 $r(A) = r(B)$ 的条件解之便可求出 b,c.

解 因为(I) 的系数矩阵 $A = \begin{bmatrix} 1 & 2 & 3 \\ 2 & 3 & 5 \\ 1 & 1 & a \end{bmatrix} \xrightarrow{\text{经过行初等变换}} \begin{bmatrix} 1 & 0 & 1 \\ 0 & 1 & 1 \\ 0 & 0 & a-2 \end{bmatrix}$,所以 $r(A) \geqslant 2$,但(II) 的系数矩阵 $B = \begin{bmatrix} 1 & b & c \\ 2 & b^2 & c+1 \end{bmatrix}$,$r(B) \leqslant 2$,由题设(I) 与(II) 同解可得:$r(A) = r(B) = 2$,因此:$a = 2$,且 $(-1,-1,1)^T$ 是(I) 的一个基础解系,代入(II) 得

$\begin{cases} -1 - b + c = 0 \\ -2 - b^2 + c + 1 = 0 \end{cases}$,于是 $c = b + 1$,$b(b-1) = 0$,所以 $b = 0$ 或 $b = 1$;当 $b = 0$ 时,$c = 1$,此时 $B = \begin{bmatrix} 1 & 0 & 1 \\ 2 & 0 & 2 \end{bmatrix}$,$r(B) = 1$ 与 $r(B) = 2$ 矛盾;当 $b = 1$ 时,$c = 2$,此时 $B = \begin{bmatrix} 1 & 1 & 1 \\ 2 & 1 & 3 \end{bmatrix}$,

$r(B)=2$;

故:$a=2,b=1,c=2$.

我们称两个线性方程组 $Ax=b_1$ 与 $Bx=b_2$(此时两个方程的变元个数必须相同)同解(或等价),如果它们的解集相等,即都无解,或都有解且它们具有完全相同的解.

性质:(1) 如果 $Ax=b_1$ 与 $Bx=b_2$ 同解且它们都有解,则 $r(A)=r(B)$;特别的,若 $Ax=0$ 与 $Bx=0$ 同解,则 $r(A)=r(B)$.

(2) 齐次线性方程组 $A_{m\times n}x=0$ 与 $B_{t\times n}x=0$ 同解的充分必要条件是:$r(A)=r(B)=n$(此时它们均仅有零解) 或 $r(A)=r(B)<n$ 且 $A_{m\times n}x=0$ 的一个基础解系中的解向量一定是 $B_{t\times n}x=0$ 的解向量,因而也是 $B_{t\times n}x=0$ 的一个基础解系.

3. 利用线性方程组解的性质与解的结构定理

理论依据:

(1) 齐次线性方程组 $Ax=0$ 的任意多个解的线性组合还是它的解.

(2) 非齐次线性方程组 $Ax=b$ 的任意两个解的差是它的导出组 $Ax=0$ 的解.

(3)$Ax=b$ 的一个解与它的导出组 $Ax=0$ 的一个解的和是 $Ax=b$ 的一个解.

(4) 如果齐次线性方程组 $Ax=0$ 有非零解,那么它的基础解系存在,且基础解系中含有 $n-r$ 个解向量,这里 $r=R(A)$,设 $\eta_1,\eta_2,\cdots,\eta_{n-r}$ 是它的一个基础解系,则:

$$k_1\eta_1+k_2\eta_2,\cdots,k_{n-r}\eta_{n-r}\quad(k_1,k_2,\cdots,k_{n-r}\text{ 为任意常数})$$

是 $Ax=0$ 的全部解(所有解或通解).

(5) 如果线性方程 $Ax=b$ 有解,η 是它的一个特解,$\eta_1,\eta_2,\cdots,\eta_{n-r}$ 是它的导出组 $Ax=0$ 的一个基础解系,则 $\eta+k_1\eta_1+k_2\eta_2,\cdots,k_{n-r}\eta_{n-r}$ ($k_1,k_2,\cdots,k_{n-r}$ 为任意常数) 是 $Ax=b$ 的全部解(所有解或通解).

例 3.6 设 $\alpha_1,\alpha_2,\alpha_3$ 是4元非齐次线性方程组 $AX=b$ 的三个解向量,且 $r(A)=3$,$\alpha_1=(1,2,3,4)^T$,$\alpha_2+\alpha_3=(0,1,2,3)^T$,$c$ 为任意常数,则线性方程组 $AX=b$ 的通解 $X=$

(A) $\begin{bmatrix}1\\2\\3\\4\end{bmatrix}+c\begin{bmatrix}1\\1\\1\\1\end{bmatrix}$ (B) $\begin{bmatrix}1\\2\\3\\4\end{bmatrix}+c\begin{bmatrix}0\\1\\2\\3\end{bmatrix}$ (C) $\begin{bmatrix}1\\2\\3\\4\end{bmatrix}+c\begin{bmatrix}2\\3\\4\\5\end{bmatrix}$ (D) $\begin{bmatrix}1\\2\\3\\4\end{bmatrix}+c\begin{bmatrix}3\\4\\5\\6\end{bmatrix}$

本题应该选择(C).

分析:由题设知 $2\alpha_1$ 与 $\alpha_2+\alpha_3$ 均为非齐次线性方程组 $Ax=2b$ 的解向量,从而 $2\alpha_1-(\alpha_2+\alpha_3)=(2,3,4,5)^T$ 是齐次线性方程组 $Ax=0$ 的一个非零解向量,而秩(A)=3,所以 $(2,3,4,5)^T$ 构成 $Ax=0$ 的一个基础解系,故 $(1,2,3,4)^T+c(2,3,4,5)^T$ 是 $Ax=b$ 的通解,选择(C) 正确.

例 3.7 已知非齐次线性方程组 $\begin{cases}x_1+x_2+x_3+x_4=-1\\4x_1+3x_2+5x_3-x_4=-1\\ax_1+x_2+3x_3+bx_4=1\end{cases}$ 有三个线性无关的解.

(1) 证明方程组系数矩阵 A 的秩 $r(A)=2$;(2) 求 a,b 的值及方程组的通解.

证明 (1) 因为 A 有一个二阶子式 $\begin{vmatrix}1&1\\4&3\end{vmatrix}=-1\neq0$,所以 $r(A)\geqslant2$,

又设 $\alpha_1,\alpha_2,\alpha_3$ 是题设方程的三个线性无关的解,则 $\alpha_1-\alpha_2,\alpha_1-\alpha_3$ 是齐次线性方程

组 $Ax=0$ 的两个解.我们断言 $\alpha_1-\alpha_2,\alpha_1-\alpha_3$ 线性无关,否则设有两个不全为零的数 k_1,k_2,使得:$k_1(\alpha_1-\alpha_2)+k_2(\alpha_1-\alpha_3)=0$,即$(k_1+k_2)\alpha_1-k_1\alpha_2-k_2\alpha_3=0$ 与 $\alpha_1,\alpha_2,\alpha_3$ 线性无关矛盾.所以 $\alpha_1-\alpha_2,\alpha_1-\alpha_3$ 线性无关,于是 $4-r(A)\geqslant 2$,即得 $r(A)\leqslant 2$,故 $r(A)=2$.

$$(2)\bar{A}=(A\quad b)=\begin{bmatrix}1&1&1&1&-1\\4&3&5&-1&-1\\a&1&3&b&1\end{bmatrix}\longrightarrow\begin{bmatrix}1&0&2&-4&2\\0&1&-1&5&-3\\0&0&4-2a&b+4a-5&4-2a\end{bmatrix}$$

因此 $a=2,b=-3$,此时 $r(A)=r(\bar{A})=2$.

$\eta_1=(-2,1,10)^T,\eta_2=(4,-5,0,1)^T$ 是 $Ax=0$ 的基础解系,$\beta=(2,-3,0,0)^T$ 是 $Ax=b$ 的一个特解,故 $X=(2,-3,0,0)^T+k_1(-2,1,1,0)+k_2(4,-5,0,1)^T$($k_1,k_2$ 为任意常数)为所求通解.

§3.1.4 向量组的线性相关与线性无关的判定

1. 利用定义

理论依据:数域 P 中 s 个向量 $\alpha_1,\alpha_2,\cdots,\alpha_s$ 称为在 P 中线性无关,如果不存在不全为零的数 $k_1,k_2,\cdots,k_s\in P$,使得 $k_1\alpha_1+k_2\alpha_2+\cdots+k_s\alpha_s=0$,否则称 $\alpha_1,\alpha_2,\cdots,\alpha_s$ 在 P 中线性相关.

例 3.8 已知向量组 $\alpha_1,\alpha_2,\cdots,\alpha_s$ 线性无关,$\alpha_1,\alpha_2,\cdots,\alpha_s,\beta$ 线性相关,则 β 可由 $\alpha_1,\alpha_2,\cdots,\alpha_s$ 唯一线性表示.

证明 因为 $\alpha_1,\alpha_2,\cdots,\alpha_s,\beta$ 线性相关,所以存在不全为零的数 $k_1,\cdots,k_s,k$ 使得:

$k_1\alpha_1+\cdots+k_s\alpha_s+k\beta=0$,若 $k=0$,则 $k_1,\cdots,k_s$ 不全为零且 $k_1\alpha_1+\cdots+k_s\alpha_s=0$,与 $\alpha_1,\alpha_2,\cdots,\alpha_s$ 线性无关矛盾,所以 $k\neq 0$,于是 $\beta=(-\dfrac{k_1}{k})\alpha_1+\cdots+(-\dfrac{k_s}{k})\alpha_s$,即 β 可以由 $\alpha_1,\alpha_2,\cdots,\alpha_s$ 线性表示,若 $\beta=a_1\alpha_1+\cdots+a_s\alpha_s$ 且 $\beta=b_1\alpha_1+\cdots+b_s\alpha_s$,则有

$$(a_1-b_1)\alpha_1+\cdots+(a_s-b_s)\alpha_s=0$$

而 $\alpha_1,\alpha_2,\cdots,\alpha_s$ 线性无关,故:$a_1=b_1,\cdots,a_s=b_s$.

例 3.9 设 r 维向量 $\alpha_i=(a_{i1},\cdots,a_{ir})$ 与 t 维向量 $\beta_i=(a_{i1},\cdots,a_{it})$,$i=1,\cdots,m$,$t>r$.如果 $\alpha_1,\alpha_2,\cdots,\alpha_m$ 线性无关,则 $\beta_1,\beta_2,\cdots,\beta_m$ 线性无关.

证明 如果 $\beta_1,\beta_2,\cdots,\beta_m$ 线性相关,则存在不全为零的数 $k_1,\cdots,k_m$ 使得

$k_1\beta_1+k_2\beta_2+\cdots+k_m\beta_m=0$,从而 $k_1\alpha_1+k_2\alpha_2+\cdots+k_m\alpha_m=0$,故:$\alpha_1,\alpha_2,\cdots,\alpha_m$ 线性相关,与 $\alpha_1,\alpha_2,\cdots,\alpha_m$ 线性无关矛盾.所以 $\beta_1,\beta_2,\cdots,\beta_m$ 线性无关.

说明:本题的等价说法是,如果 $\beta_1,\beta_2,\cdots,\beta_m$ 线性相关,则 $\alpha_1,\alpha_2,\cdots,\alpha_m$ 线性相关.

2. 利用判定定理

理论依据:向量组 $\alpha_1,\alpha_2,\cdots,\alpha_r(r>1)$ 线性相关,当且仅当其中至少有一个向量可以由其余向量线性表示.

例 3.10 n 维向量组 $\alpha_1,\alpha_2,\cdots,\alpha_s(3\leqslant s\leqslant n)$ 线性无关的充分必要条件是

(A) 存在一组不全为零的数 $k_1,k_2,\cdots,k_s$,使 $k_1\alpha_1+k_2\alpha_2+\cdots+k_s\alpha_s\neq 0$

(B) $\alpha_1,\alpha_2,\cdots,\alpha_s$ 中任意两个向量都线性无关

(C) $\alpha_1,\alpha_2,\cdots,\alpha_s$ 中存在一个向量,它不能由其余向量线性表出

(D) $\alpha_1,\alpha_2,\cdots,\alpha_s$ 中任意一个向量都不能由其余向量线性表出

应该选择(D).(这是判定定理的逆否命题)

3. **利用线性相关与无关的性质**

理论依据：

(1) 如果一个向量组线性无关，则它的任何部分组线性无关；或等价地说，如果一个向量组的某个部分组线性相关，则这个向量组线性相关.

(2) 如果一个向量组 $\alpha_1,\alpha_2,\cdots,\alpha_r$ 线性无关，添加一个向量 β 后，$\alpha_1,\alpha_2,\cdots,\alpha_r,\beta$ 线性相关，则 β 可由 $\alpha_1,\alpha_2,\cdots,\alpha_r$ 唯一地线性表示.

(3) 单独一个向量 α 线性相关 $\Leftrightarrow \alpha = 0$；或者等价地说：$\alpha$ 线性无关 $\Leftrightarrow \alpha \neq 0$.

(4) 两个同维向量线性相关的充分必要条件是，它们的分量对应成比例.

(5) 如果一个 m 维向量组线性无关，那么增添 t 个分量所得到的 $m+t$ 维向量组也线性无关(例 3.9 的结论).

(6) 向量个数多于向量维数的向量组一定线性相关.

例 3.11 设向量组 $\alpha_1,\alpha_2,\alpha_3$ 线性相关，向量组 $\alpha_2,\alpha_3,\alpha_4$ 线性无关，问：

(1) α_1 能否由 α_2,α_3 线性表出？证明你的结论；

(2) α_4 能否由 $\alpha_1,\alpha_2,\alpha_3$ 线性表出？证明你的结论.

证明 (1) 因为 $\alpha_2,\alpha_3,\alpha_4$ 线性无关，所以 α_2,α_3 线性无关；又 $\alpha_1,\alpha_2,\alpha_3$ 线性相关，故：α_1 能由 α_2,α_3 线性表出.

(2) 由(1)知 $\alpha_1,\alpha_2,\alpha_3$ 能由 α_2,α_3 线性表出，若 α_4 能由 $\alpha_1,\alpha_2,\alpha_3$ 线性表出，则 α_4 能由 α_2,α_3 线性表出，从而 $\alpha_2,\alpha_3,\alpha_4$ 线性相关，与题设矛盾，故 α_4 不能由 $\alpha_1,\alpha_2,\alpha_3$ 线性表出.

4. **利用线性方程组的理论**

理论依据：$\alpha_1,\alpha_2,\cdots,\alpha_s \in P^n$ 线性相关(线性无关)的充分必要条件是齐次线性方程组 $x_1\alpha_1 + x_2\alpha_2 + \cdots + x_s\alpha_s = 0$ 有非零解(只有零解).

例 3.12 设向量组

$\alpha_1 = (1,1,1,3)^T, \alpha_2 = (-1,-3,5,1)^T, \alpha_3 = (3,2,-1,p+2)^T, \alpha_4 = (-2,-6,10,p)^T$.

(1) p 为何值时，该向量组线性无关？并在此时将向量 $\alpha = (4,1,6,10)^T$ 用该向量组线性表出.

(2) p 为何值时，该向量组线性相关？并在此时求出它的秩和一个极大线性无关组.

解

$$(\alpha_1,\alpha_2,\alpha_3,\alpha_4,\alpha) = \begin{pmatrix} 1 & -1 & 3 & -2 & 4 \\ 1 & -3 & 2 & -6 & 1 \\ 1 & 5 & -1 & 10 & 6 \\ 3 & 1 & p+2 & p & 10 \end{pmatrix} \longrightarrow \begin{pmatrix} 1 & 0 & 0 & 0 & 2 \\ 0 & 1 & 0 & 2 & 1 \\ 0 & 0 & 1 & 0 & 1 \\ 0 & 0 & 0 & p-2 & 1-p \end{pmatrix}$$

(1) $p \neq 2$ 时，秩$(\alpha_1,\alpha_2,\alpha_3,\alpha_4) = 4$，因此 $\alpha_1,\alpha_2,\alpha_3,\alpha_4$ 线性无关，且

$$\alpha = 2\alpha_1 + \frac{3p-4}{p-2}\alpha_2 + \alpha_3 + \frac{1-p}{p-2}\alpha_4.$$

(2) $p=2$ 时，秩$(\alpha_1,\alpha_2,\alpha_3,\alpha_4)=3$，因此 $\alpha_1,\alpha_2,\alpha_3,\alpha_4$ 线性相关，且 $\alpha_1,\alpha_2,\alpha_3$ 是该向量组的一个极大无关组.

利用方法 3 讨论向量组的线性相关与线性无关性通常还伴随有将某些向量表为这个向量组的线性组合(此时该向量组线性无关)；或求该向量组的秩与一个极大线性无关组并将其余向量表为这个极大线性无关组的线性组合(此时该向量组线性相关).

5. 利用行列式

理论依据：n 维列向量组 $\alpha_1,\alpha_2,\cdots,\alpha_n$ 线性相关 $\Leftrightarrow |(\alpha_1,\alpha_2,\cdots,\alpha_n)|=0$；或者等价地说，$\alpha_1,\alpha_2,\cdots,\alpha_n$ 线性无关 $\Leftrightarrow |(\alpha_1,\alpha_2,\cdots,\alpha_n)|\neq 0$（若为行向量组，则以它们为行构成行列式）.

例 3.13 设向量组 $\alpha_1=(a,0,c)$，$\alpha_2=(b,c,o)$，$\alpha_3=(o,a,b)$ 线性相关，则 abc 必满足关系式__________.

本题应填 $abc=0$.

解 $\begin{vmatrix}\alpha_1\\ \alpha_2\\ \alpha_3\end{vmatrix}=\begin{vmatrix}a&0&c\\ b&c&0\\ 0&0&b\end{vmatrix}=2abc$，故由题设知：$abc=0$.

6. 利用替换定理

理论依据：设向量组（I）$\alpha_1,\alpha_2,\cdots,\alpha_r$ 可以由向量组（II）$\beta_1,\beta_2,\cdots,\beta_s$ 线性表示，如果（I）线性无关，那么：$r\leqslant s$，并且适当调整（II）中向量的顺序，用（I）中向量替换（II）中的前面 r 个向量所得的向量组（III）$\alpha_1,\cdots,\alpha_r,\beta_{r+1},\cdots,\beta_s$ 与向量组（II）等价.或者等价地，设向量组（I）$\alpha_1,\alpha_2,\cdots,\alpha_r$ 可以由向量组（II）$\beta_1,\beta_2,\cdots,\beta_s$ 线性表示，如果 $r>s$，那么：（I）线性相关.

例 3.14 设向量组（I）：$\alpha_1,\alpha_2,\cdots,\alpha_r$ 可由（II）$\beta_1,\beta_2,\cdots,\beta_s$ 线性表示，则

（A）当 $r<s$ 时，向量组（II）必线性相关

（B）当 $r>s$ 时，向量组（II）必线性相关

（C）当 $r<s$ 时，向量组（I）必线性相关

（D）当 $r>s$ 时，向量组（I）必线性相关

应该选择（D）.

§3.1.5 矩阵与向量组的秩及其极大无关组的计算与判定

1. 利用矩阵的初等变换

利用矩阵的初等变换求向量组的秩及其极大无关组的步骤（该问题通常伴随把其余的向量用求出的极大无关组线性表示）如下：

（1）以 $\alpha_1,\alpha_2,\cdots,\alpha_m$ 为列向量组构造矩阵 A，即 $A=(\alpha_1,\alpha_2,\cdots,\alpha_m)$.

（2）利用行初等变换将 A 化为如下形式的行阶梯型矩阵

$$\begin{bmatrix}1&0&\cdots&0&c_{1,r+1}&\cdots&c_{1m}\\ 0&1&\cdots&0&c_{2,r+1}&\cdots&c_{2m}\\ \vdots&\vdots&&\vdots&\vdots&&\vdots\\ 0&0&\cdots&1&c_{r,r+1}&\cdots&c_{rm}\\ 0&0&\cdots&0&0&\cdots&0\\ \vdots&\vdots&&\vdots&\vdots&&\vdots\\ 0&0&&0&0&\cdots&0\end{bmatrix}. \tag{3.9}$$

（3）下结论：向量组的秩为 r，$\alpha_1,\alpha_2,\cdots,\alpha_r$ 为该向量组的一个极大无关组，且

$\alpha_{r+1}=c_{1,r+1}\alpha+\cdots+c_{r,r+1}\alpha_r,\alpha_{r+2}=c_{1,r+2}\alpha_1+\cdots+c_{r,r+2}\alpha_r,\alpha_m=c_{1m}\alpha_1+\cdots+c_{rm}\alpha_r$

说明：（1）有时需要交换两列的位置，才能将 A 化为（3.9）的形式，此时与（3.9）对应

的列向量组 $\alpha'_1,\alpha'_2,\cdots,\alpha'_r,\alpha'^{r+1},\cdots,\alpha'_m$ 已是 $\alpha_1,\alpha_2,\cdots,\alpha_m$ 的一个重排，应留意以免误下结论（参见例 3.17）.

（2）当 $\alpha_1,\alpha_2,\cdots,\alpha_m$ 为行向量组，应构造矩阵 $A=(\alpha_1^T,\alpha_2^T,\cdots,\alpha_m^T)$.

（3）当 $\alpha_1,\alpha_2,\cdots,\alpha_m$ 中含有参数时，此时问题通常为确定参数的值，使向量组线性无关、线性相关，并在相关时求向量组的秩及其极大无关组，把其余的向量用求出的极大无关组线性表示（当 $m=n$ 且 $\alpha_1,\alpha_2,\cdots,\alpha_n$ 线性无关时，还有可能将另一向量 α 用 $\alpha_1,\alpha_2,\cdots,\alpha_n$ 线性表示，参见例 3.17）.

仅求一个矩阵 A 的秩时，可利用矩阵的初等变换，即

$$A\xrightarrow{\text{经过初等变换}}\text{阶梯型矩阵}$$

则 A 的秩等于阶梯型矩阵中非零行的行数.

说明：（1）矩阵的行秩（即行向量组的秩）等于列秩（即列向量组的秩）等于矩阵的秩.

（2）求一个向量组的秩，可以以这个向量组为行向量（当为行向量时），也可以以这个向量组为列向量（当为列向量时）构造相应的矩阵求出矩阵的秩便是向量组的秩.

例 3.15 设矩阵 $A=\begin{bmatrix}0&1&0&0\\0&0&1&0\\0&0&0&1\\0&0&0&0\end{bmatrix}$，则 A^3 的秩为 ______.

本题应填 1；

解 $A^2=\begin{bmatrix}0&1&0&0\\0&0&1&0\\0&0&0&1\\0&0&0&0\end{bmatrix}\begin{bmatrix}0&1&0&0\\0&0&1&0\\0&0&0&1\\0&0&0&0\end{bmatrix}=\begin{bmatrix}0&0&1&0\\0&0&0&1\\0&0&0&0\\0&0&0&0\end{bmatrix}$，

$A^3=AA^2=\begin{bmatrix}0&1&0&0\\0&0&1&0\\0&0&0&1\\0&0&0&0\end{bmatrix}\begin{bmatrix}0&0&1&0\\0&0&0&1\\0&0&0&0\\0&0&0&0\end{bmatrix}=\begin{bmatrix}0&0&0&1\\0&0&0&0\\0&0&0&0\\0&0&0&0\end{bmatrix}$，所以 A^3 的秩为 1.

例 3.16 已知向量组 $\alpha_1=(1,2,3,4),\alpha_2=(2,3,4,5),\alpha_3=(3,4,5,6),\alpha_4=(4,5,6,7)$，则该向量组的秩为 ______.

解 $(\alpha_1,\alpha_2,\alpha_3,\alpha_4)=\begin{bmatrix}1&2&3&4\\2&3&4&5\\3&4&5&6\\4&5&6&7\end{bmatrix}\xrightarrow{\text{经过初等变换}}\begin{bmatrix}1&2&3&4\\0&1&2&3\\0&0&0&0\\0&0&0&0\end{bmatrix}$，故向量组的秩为 2.

例 3.17 设 $\alpha_1=(1,2,1),\alpha_2=(2,4a,2),\alpha_3=(1,3,a),\alpha_4=(-2,-2,-1)$，

（1）问 a 为何值时，$\alpha_1,\alpha_2,\alpha_3$ 线性无关？并在此时将 α_4 表为 $\alpha_1,\alpha_2,\alpha_3$ 的线性组合.

（2）问 a 为何值时，$\alpha_1,\alpha_2,\alpha_3$ 线性相关？并在此时求 $\alpha_1,\alpha_2,\alpha_3$ 的秩和一个极大无关组并将其余向量用求出的极大无关组线性表示.

解 $A=(\alpha_1^T,\alpha_2^T,\alpha_3^T,\alpha_4^T)=\begin{bmatrix}1&2&1&-2\\2&4a&3&-2\\1&2&a&-1\end{bmatrix}\xrightarrow{\text{经过行初等变换}}\begin{bmatrix}1&2&1&-2\\0&4(a-1)&1&2\\0&0&a-1&1\end{bmatrix}$

第三章 线性方程组

(1) 当 $a \neq 1$ 时，$\alpha_1,\alpha_2,\alpha_3$ 线性无关，此时

$$\begin{bmatrix}1 & 2 & 1 & -2\\0 & 4(a-1) & 1 & 2\\0 & 0 & a-1 & 1\end{bmatrix}\longrightarrow\begin{bmatrix}1 & 0 & 0 & -2-\dfrac{2}{a-1}+\dfrac{1}{2(a-1)^2}\\0 & 1 & 0 & \dfrac{1}{2(a-1)}-\dfrac{1}{4(a-1)^2}\\0 & 0 & 1 & \dfrac{1}{a-1}\end{bmatrix}$$

故：$\alpha_4=\left[-2-\dfrac{2}{a-1}+\dfrac{1}{2(a-1)^2}\right]\alpha_1+\left[\dfrac{1}{2(a-1)}-\dfrac{1}{4(a-1)^2}\right]\alpha_2+\dfrac{1}{a-1}\alpha_3$

(2) 当 $a=1$ 时，$\alpha_1,\alpha_2,\alpha_3$ 线性相关，此时

$$\begin{bmatrix}1 & 2 & 1\\0 & 0 & 1\\0 & 0 & 0\end{bmatrix}\xrightarrow{(C_2,C_3)}\begin{bmatrix}1 & 1 & 2\\0 & 1 & 0\\0 & 0 & 0\end{bmatrix}\rightarrow\begin{bmatrix}1 & 0 & 2\\0 & 1 & 0\\0 & 0 & 0\end{bmatrix}$$

故：$\alpha_1,\alpha_2,\alpha_3$ 的秩为 2，α_1,α_3 为它的一个极大无关组，$\alpha_2=2\alpha_1$.

说明：本题 $a=1$ 时，不交换 2 列与 3 列的位置，也可以由 $\begin{bmatrix}1 & 2 & 1\\0 & 0 & 1\\0 & 0 & 0\end{bmatrix}\xrightarrow{r_1-r_2}$ $\begin{bmatrix}1 & 2 & 0\\0 & & 1\\0 & 0 & 0\end{bmatrix}$ 知 α_1,α_3 为它的一个极大无关组，$\alpha_2=2\alpha_1$.

2. **利用秩的性质**

理论依据：(1) $R(AB)\leqslant\min(R(A),R(B))$.

(2) $R(PAQ)=R(A)$（P,Q 均为可逆矩阵）.

(3) $R(A+B)\leqslant R(A)+R(B)$.

证明　令 $\alpha_1,\alpha_2,\cdots,\alpha_n$ 与 $\beta_1,\beta_2,\cdots,\beta_n$ 分别为 A 与 B 的列向量组，则 $A+B$ 的列向量组为 $\alpha_1+\beta_1,\alpha_2+\beta_2,\cdots,\alpha_n+\beta_n$，因为

$$L(\alpha_1+\beta_1,\alpha_2+\beta_2,\cdots,\alpha_n+\beta_n)\subset L(\alpha_1,\alpha_2,\cdots,\alpha_n)+L(\beta_1,\beta_2,\cdots,\beta_n)$$

所以

$R(A+B)=\dim L(\alpha_1+\beta_1,\alpha_2+\beta_2,\cdots,\alpha_n+\beta_n)\leqslant\dim L(\alpha_1,\alpha_2,\cdots,\alpha_n)+\dim L(\beta_1,\beta_2,\cdots,\beta_n)=R(A)+R(B)$.

(4) 设向量组 $\alpha_1,\alpha_2,\cdots,\alpha_s$；$\beta_1,\beta_2,\cdots,\beta_t$；$\alpha_1,\alpha_2,\cdots,\alpha_s,\beta_1,\beta_2,\cdots,\beta_t$ 的秩分别为 r_1,r_2,r_3. 则 $\max(r_1,r_2)\leqslant r_3\leqslant r_1+r_2$.

证明　因为 $L(\alpha_1,\alpha_2,\cdots,\alpha_s)\subset L(\alpha_1,\alpha_2,\cdots,\alpha_s,\beta_1,\beta_2,\cdots,\beta_t)$,

$L(\beta_1,\beta_2,\cdots,\beta_t)\subset L(\alpha_1,\alpha_2,\cdots,\alpha_s,\beta_1,\beta_2,\cdots,\beta_t)$,

所以 $r_1=\dim L(\alpha_1,\alpha_2,\cdots,\alpha_s)\leqslant\dim L(\alpha_1,\alpha_2,\cdots,\alpha_s,\beta_1,\beta_2,\cdots,\beta_t)=r_3$,

$r_2=\dim L(\beta_1,\beta_2,\cdots,\beta_t)\leqslant\dim L(\alpha_1,\alpha_2,\cdots,\alpha_s,\beta_1,\beta_2,\cdots,\beta_t)=r_3$,

因此 $\max(r_1,r_2)\leqslant r_3$；

对任意 $\alpha\in L(\alpha_1,\alpha_2,\cdots,\alpha_s,\beta_1,\beta_2,\cdots,\beta_t)$，有

$$\alpha=\sum_{i=1}^{s}k_i\alpha_i+\sum_{j=1}^{t}l_j\beta_j\in L(\alpha_1,\cdots,\alpha_s)+L(\beta_1,\cdots,\beta_t),$$

所以$L(\alpha_1,\alpha_2,\cdots,\alpha_s,\beta_1,\beta_2,\cdots,\beta_t) \subset L(\alpha_1,\alpha_2,\cdots,\alpha_s) + L(\beta_1,\beta_2,\cdots,\beta_t)$,因此$r_3 \leqslant r_1 + r_2$,故$\max(r_1,r_2) \leqslant r_3 \leqslant r_1 + r_2$.

(5) 若$A_{m\times n}B_{n\times l} = 0$,则$R(A) + R(B) \leqslant n$.

证明 因为$AB = 0$,所以B的每一个列向量均为齐次线性方程组$Ax = 0$的解向量,因此$n - R(A) \geqslant R(B)$,故$R(A) + R(B) \leqslant n$.

(6) 设秩$A = R(A) = r$,则$A \xrightarrow{\text{经过初等变换}} \begin{bmatrix} E_r & 0 \\ 0 & 0 \end{bmatrix}$.

(7) 设向量组$\alpha_1,\alpha_2,\cdots,\alpha_s$的秩为$r$,在其中任取$m$个向量$\alpha_{i_1},\alpha_{i_2},\cdots,\alpha_{i_m}$,则此向量组的秩$\geqslant r + m - s$.

证明 设$rank(\alpha_{i_1},\alpha_{i_2},\cdots,\alpha_{i_m}) = t$,则$\alpha_{i_1},\alpha_{i_2},\cdots,\alpha_{i_m}$的任何一个极大线性无关组可以从余下的$s-m$个向量中添加$r-t$个向量成为向量组$\alpha_1,\alpha_2,\cdots,\alpha_s$的一个极大线性无关组,所以$r - t \leqslant s - m$,故$t \geqslant r + m - s$.

例3.18 秩为1的n阶矩阵,一定可以表为一个n行一列矩阵和一个一行n列矩阵的乘积.

证明 设A是秩为1的n阶矩阵,因为$A \xrightarrow{\text{经过初等变换}} \begin{bmatrix} 1 & 0 & \cdots & 0 \\ 0 & 0 & \cdots & 0 \\ \vdots & \vdots & \vdots & \vdots \\ 0 & 0 & \cdots & 0 \end{bmatrix}$,所以存在$n$阶可逆矩阵$P,Q$,使得:$A = P\begin{bmatrix} 1 & 0 & \cdots & 0 \\ 0 & 0 & \cdots & 0 \\ \vdots & \vdots & & \vdots \\ 0 & 0 & \cdots & 0 \end{bmatrix}Q = P\begin{bmatrix} 1 \\ 0 \\ \vdots \\ 0 \end{bmatrix}\begin{bmatrix} 1 & 0 & \cdots & 0 \end{bmatrix}Q$,令:$B = P\begin{bmatrix} 1 \\ 0 \\ \vdots \\ 0 \end{bmatrix}$,

$C = \begin{bmatrix} 1 & 0 & \cdots & 0 \end{bmatrix}Q$,则$B,C$分别为$n$行一列矩阵和一行$n$列矩阵,且:$A = BC$.

例3.19 设A是4×3矩阵,且A的秩$r(A) = 2$,而$B = \begin{bmatrix} 1 & 0 & 2 \\ 0 & 2 & 0 \\ -1 & 0 & 3 \end{bmatrix}$,则$r(AB) = \underline{\quad 2 \quad}$.

解 因为$|B| = 10$,所以B为可逆矩阵,故$r(AB) = r(A) = 2$.

例3.20 设$A = (a_{ij})_{sn}$,$B = (b_{ij})_{nm}$,则

$$秩(AB) \geqslant 秩(A) + 秩(B) - n.$$

证明 设秩$(A) = r$,则存在s阶可逆矩阵P,n阶可逆矩阵Q,使得:$A = P\begin{bmatrix} E_r & 0 \\ 0 & 0 \end{bmatrix}Q$,于是$P^{-1}AB = \begin{bmatrix} E_r & 0 \\ 0 & 0 \end{bmatrix}QB = \begin{bmatrix} E_r & 0 \\ 0 & 0 \end{bmatrix}\begin{bmatrix} B_{11} & B_{12} \\ B_{21} & B_{22} \end{bmatrix} = \begin{bmatrix} B_{11} & B_{12} \\ 0 & 0 \end{bmatrix}$,其中$B_{11}$是由$QB$的前$r$行和前$r$列构成的分块矩阵,故

$$秩(AB) = 秩(P^{-1}AB) = 秩(B_{11} \quad B_{12}) \geqslant 秩(QB) + r - n = 秩(A) + 秩(B) - n.$$

§3.1.6 讨论一个向量是否能由一个给定的向量组线性表示

理论依据:设 $\alpha_1,\alpha_2,\cdots,\alpha_m,\beta$ 均为 n 维列向量,$A=(\alpha_1,\alpha_2,\cdots,\alpha_m)$,则

(1)β 不能由 $\alpha_1,\alpha_2,\cdots,\alpha_m,\beta$ 线性表示 $\Leftrightarrow R(\alpha_1,\alpha_2,\cdots,\alpha_m)<R(\alpha_1,\alpha_2,\cdots,\alpha_m,\beta)$ $\Leftrightarrow$ 线性方程组 $Ax=\beta$ 无解.

(2)β 能由 $\alpha_1,\alpha_2,\cdots,\alpha_m,\beta$ 线性表示且表示唯一 $\Leftrightarrow R(\alpha_1,\alpha_2,\cdots,\alpha_m)=R(\alpha_1,\alpha_2,\cdots,\alpha_m,\beta)=m\Leftrightarrow$ 线性方程组 $Ax=\beta$ 有唯一解.

(3)β 能由 $\alpha_1,\alpha_2,\cdots,\alpha_m,\beta$ 线性表示且表示不唯一 $\Leftrightarrow R(\alpha_1,\alpha_2,\cdots,\alpha_m)=R(\alpha_1,\alpha_2,\cdots,\alpha_m,\beta)=r<m\Leftrightarrow$ 线性方程组 $Ax=\beta$ 有无穷多解.

例 3.21 已知 $\alpha_1=(1,4,0,2)^T,\alpha_2=(2,7,1,3)^T,\alpha_3=(0,1,-1,a)^T$,$\beta=(3,10,b,4)^T$,

(1) 问 a,b 为何值时,β 不能由 $\alpha_1,\alpha_2,\alpha_3$ 线性表示?

(2) 问 a,b 为何值时,β 能由 $\alpha_1,\alpha_2,\alpha_3$ 线性表示?并写出此表达式.

解 考虑线性方程组 $Ax=\beta$,此处 $A=(\alpha_1,\alpha_2,\alpha_3)$,增广矩阵

$$\bar{A}=(A,\beta)=\begin{bmatrix}1&2&0&3\\4&7&1&10\\0&1&-1&b\\2&3&a&4\end{bmatrix}\xrightarrow{\text{经过行初等变换}}\begin{bmatrix}1&0&2&-1\\0&1&-1&2\\0&0&a-1&0\\0&0&0&b-2\end{bmatrix}$$

(1)$b\neq2$ 时,$R(A)<R(\bar{A})$,线性方程组 $Ax=\beta$ 无解,β 不能由 $\alpha_1,\alpha_2,\alpha_3$ 线性表示.

(2)$b=2$ 且 $a\neq1$ 时,$R(A)=R(\bar{A})=3$,线性方程组 $Ax=\beta$ 有唯一解,β 能由 $\alpha_1,\alpha_2,\alpha_3$ 唯一线性表示,且 $\beta=-\alpha_1+2\alpha_2$.

$b=2$ 且 $a=1$ 时,$R(A)=R(\bar{A})=2$,线性方程组 $Ax=\beta$ 有无穷多解,其一般解为 $(-1,2,0)^T+k(-2,1,1)^T=(-1-2k,2+k,k)^T$,$\beta$ 能由 $\alpha_1,\alpha_2,\alpha_3$ 线性表示,且 $\beta=-(1+2k)\alpha_1+(2+k)\alpha_2+k\alpha_3$($k$ 为任意常数).

§3.1.7 矩阵与向量组的等价

理论依据:(1) 两个 n 维向量组(I)$\alpha_1,\alpha_2,\cdots,\alpha_m$,(II)$\beta_1,\beta_2,\cdots,\beta_s$ 等价的充分必要条件是:$R(A)=R(B)=R(A,B)$.

(2)n 维向量组(I)$\alpha_1,\alpha_2,\cdots,\alpha_m$ 能由(II)$\beta_1,\beta_2,\cdots,\beta_s$ 线性表示的充分必要条件是:$R(B)=R(A,B)$.

(3)n 维向量组(I)$\beta_1,\beta_2,\cdots,\beta_s$ 能由(II)$\alpha_1,\alpha_2,\cdots,\alpha_m$ 线性表示的充分必要条件是:$R(A)=R(A,B)$.这里

$A=(\alpha_1,\alpha_2,\cdots,\alpha_m)$,$B=(\beta_1,\beta_2,\cdots,\beta_s)$,$(A,B)=(\alpha_1,\alpha_2,\cdots,\alpha_m,\beta_1,\beta_2,\cdots,\beta_s)$,
向量均视为列向量,若为行向量,就取它们的转置.

我们仅对(2) 给出证明,(1),(3) 不难仿此证明.

证明 "必要性的证明":因为向量组(I) $\alpha_1,\alpha_2,\cdots,\alpha_m$ 能由(II)$\beta_1,\beta_2,\cdots,\beta_s$ 线性表示,因此:向量组 (III) $\alpha_1,\alpha_2,\cdots,\alpha_m,\beta_1,\beta_2,\cdots,\beta_s$ 中的所有向量都能由(II)$\beta_1,\beta_2,\cdots,\beta_s$ 线性表示,而(II) 中的所有向量显然能由(III) $\alpha_1,\alpha_2,\cdots,\alpha_m,\beta_1,\beta_2,\cdots,\beta_s$ 线性表示,所以这两个向量组等价,故:$R(B)=R(A,B)$;

"充分性的证明":因为$R(B)=R(A,B)$,而(II)的极大无关组显然是(III)的线性无关向量组,因此也是它的一个极大无关组,所以(III)中的向量均能由这个极大无关组线性表示,特别(I)中的向量$\alpha_1,\alpha_2,\cdots,\alpha_m$也能由它线性表示,因而能由(II)$\beta_1,\beta_2,\cdots,\beta_s$线性表示.

解 解题步骤:

(1) 构造矩阵$C=(A,B)=(\alpha_1,\alpha_2,\cdots,\alpha_m,\beta_1,\beta_2,\cdots,\beta_s)$.

(2) 利用行初等变换将C化为行阶梯型矩阵$C\xrightarrow{\text{经过行初等变换}}C_1=(A_1,B_1)$,此时$A_1$一定是行阶梯型矩阵,$B_1$不一定是行阶梯型矩阵.

(3) 若B_1不是行阶梯型矩阵,则对B_1继续进行行初等变换化为行阶梯型矩阵B_2.

(4) 讨论并下结论:若$R(A)=R(B)=R(A,B)$,则两个向量组等价,否则不等价.

例 3.22 设有向量组(I):$\alpha_1=(1,0,2)^T,\alpha_2=(1,1,3)^T,\alpha_3=(1,-1,a+2)^T$.

(II):$\beta_1=(1,2,a+3)^T,\beta_2=(2,1,a+6)^T,\beta_3=(2,1,a+4)^T$.试问:当$a$为何值时,向量组(I)与向量组(II)等价?当$a$为何值时,向量组(I)与向量组(II)不等价?

解 令$A=(\alpha_1,\alpha_2,\alpha_3),B=(\beta_1,\beta_2,\beta_3)$

$$(A,B)=\begin{bmatrix}1&1&1&1&2&2\\0&1&-1&2&1&1\\2&3&a+2&a+3&a+6&a+4\end{bmatrix}\xrightarrow{\text{经过行初等变换}}\begin{bmatrix}1&1&1&1&2&2\\0&1&-1&2&1&1\\0&0&a+1&a-1&a+1&a-1\end{bmatrix}$$

$$\begin{bmatrix}1&2&2\\2&1&1\\a-1&a+1&a-1\end{bmatrix}\xrightarrow{\text{经过行初等变换}}\begin{bmatrix}1&2&2\\0&1&1\\0&0&1\end{bmatrix}$$

(1) 当$a\neq-1$时,$R(A)=R(B)=R(A,B)=3$,故:向量组(I)与向量组(II)等价;

(2) 当$a=-1$时,$R(A)=2,R(B)=3$,故:向量组(I)与向量组(II)不等价.

§ 3.2 例题选讲

§ 3.2.1 求齐次线性方程组的基础解系及其通解的例题

例 3.23 线性方程组$\begin{cases}a_{11}x_1+a_{12}x_2+\cdots+a_{1n}x_n=0\\a_{21}x_1+a_{22}x_2+\cdots+a_{2n}x_n=0\\\qquad\cdots\\a_{n-1,1}x_1+a_{n-1,2}x_2+\cdots+a_{n-1,n}x_n=0\end{cases}$的系数矩阵

为$\begin{pmatrix}a_{11}&a_{12}&\cdots&a_{1n}\\a_{21}&a_{22}&\cdots&a_{2n}\\\vdots&\vdots&\cdots&\vdots\\a_{n-1,1}&a_{n-1,2}&\cdots&a_{n-1,n}\end{pmatrix}$

设M_i是矩阵A中划去第i列剩下的$(n-1)\times(n-1)$矩阵的行列式.

(1) 证明:$(M_1,-M_2,\cdots,(-)^{n-1}M_n)$是方程组的一个解;

(2) 如果 A 的秩为 $n-1$,那么方程组的解全是$(M_1,-M_2,\cdots,(-)^{n-1}M_n)$ 的倍数.

证明 (1) 令 $B=\begin{pmatrix} a_{11} & a_{12} & \cdots & a_{1n} \\ a_{21} & a_{22} & \cdots & a_{2n} \\ \vdots & \vdots & \cdots & \vdots \\ a_{n1} & a_{n2} & \cdots & a_{nn} \end{pmatrix}$,则 $M_1,-M_2,\cdots,(-1)^{n-1}M_n$ 是 B 的第 n 行元素的代数余子式,故由行列式按行展开定理知$(M_1,-M_2,\cdots,(-1)^{n-1}M_n)$ 是题设方程组的一个解;

(2) **解** 因为 A 的秩为 $n-1$,所以 $M_1,-M_2,\cdots,(-1)^{n-1}M_n$ 中至少有一个不为零,因此$(M_1,-M_2,\cdots,(-1)^{n-1}M_n)$ 是题设方程组的一个基础解系,故方程组的解全是$(M_1,-M_2,\cdots,(-1)^{n-1}M_n)$ 的倍数.

例 3.24 已知线性方程组

$$\begin{cases} a_{11}x_1+a_{12}x_2+\cdots+a_{1n}x_n=0 \\ a_{21}x_1+a_{22}x_2+\cdots+a_{2n}x_n=0 \\ \qquad\qquad\vdots \\ a_{m1}x_1+a_{m2}x_2+\cdots+a_{mn}x_n=0 \end{cases} \tag{3.10}$$

的一个基础解系为

$(b_{11},b_{12},\cdots,b_{1n})^T,(b_{21},b_{22},\cdots,b_{2n})^T,\cdots,(b_{p1},b_{p2},\cdots,b_{pn})^T$.

试写出线性方程组

$$\begin{cases} b_{11}y_1+b_{12}y_2+\cdots+b_{1n}y_n=0 \\ a_{21}y_1+a_{22}y_2+\cdots+a_{2n}y_n=0 \\ \qquad\qquad\vdots \\ b_{p1}y_1+b_{p2}y_2+\cdots+b_{pn}y_n=0 \end{cases} \tag{3.11}$$

的通解,并说明理由.

解 因为$(b_{11},b_{12},\cdots,b_{1n})^T,(b_{21},b_{22},\cdots,b_{2n})^T,\cdots,(b_{p1},b_{p2},\cdots,b_{pn})^T$ 是线性方程组 $Ax=0$ 的一个基础解系,其中 $A=\begin{pmatrix} a_{11} & a_{12} & \cdots & a_{1n} \\ a_{21} & a_{22} & \cdots & a_{2n} \\ \vdots & \vdots & \cdots & \vdots \\ a_{m1} & a_{m2} & \cdots & a_{mn} \end{pmatrix}$,所以 $R(A)+p=n$,因此线性方程组(3.11) 的基础解系中含有 $n-p=R(A)=r$ 个向量,所以矩阵 A 的行向量组的一个极大无关组构成它的一个基础解系,因此 A 的行向量组生成的子空间就是它的解空间,故其通解为

$\sum\limits_{i=1}^{m}k_i\alpha_i,\alpha_i=(a_{i1},a_{i2},\cdots,a_{in}),k_i,i=1,2,\cdots,m$ 为任意常数.

例 3.25 求下列 100 个变元的方程组$\begin{cases} x_1-x_2+x_3=0 \\ x_2-x_3+x_4=0 \\ x_3-x_4+x_5=0 \\ \qquad\vdots \\ x_{98}-x_{99}+x_{100}=0 \\ x_{99}-x_{100}+1=0 \end{cases}$ 的通解.

解　方程组的系数矩阵的秩等于增广矩阵的秩等于99，令自由变元 $x_{100}=0$，得方程组的一个特解为 $(0,-1,-1,0,1,1,0,-1,-1,0,\cdots,1,1,0,-1,-1,0)$，令自由变元 $x_{100}=1$，得导出组的基础解系为 $(-1,0,1,1,0,-1,-1,0,1,1,\cdots,0,-1,-1,0,1,1)$，故方程组的通解为

$(0,-1,-1,0,1,1,0,-1,-1,0,\cdots,1,1,0,-1,-1,0)+k(-1,0,1,1,0,-1,-1,0,11,\cdots,0,-1,-1,0,1,1)$，$k$ 为任意常数.

例 3.26　设 n 维列向量 $\alpha_1,\alpha_2,\cdots,\alpha_t$ 是 n 元齐次线性方程组 $Ax=0$ 的一个基础解系. 证明：向量组 $2\alpha_1+\alpha_2,2\alpha_2+\alpha_3,\cdots,2\alpha_{t-1}+\alpha_t,2\alpha_t+\alpha_1$ 也是 $Ax=0$ 的一个基础解系.

证明　令 $\beta_1=2\alpha_1+\alpha_2,\beta_2=2\alpha_2+\alpha_3,\cdots,\beta_{t-1}=2\alpha_{t-1}+\alpha_t,\beta_t=2\alpha_t+\alpha_1$，则

$$(\beta_1,\beta_2,\cdots,\beta_{t-1},\beta_t)=(\alpha_1,\alpha_2,\cdots,\alpha_t)\begin{pmatrix}2&0&\cdots&0&1\\1&2&\cdots&0&0\\0&1&\cdots&0&0\\\vdots&\vdots&\cdots&\vdots&\vdots\\0&0&\cdots&2&0\\0&0&\cdots&1&2\end{pmatrix}.$$

因为 $\begin{vmatrix}2&0&\cdots&0&1\\1&2&\cdots&0&0\\0&1&\cdots&0&0\\\vdots&\vdots&\cdots&\vdots&\vdots\\0&0&\cdots&2&0\\0&0&\cdots&1&2\end{vmatrix}=2^t+(-1)^{t+1}\neq0$，所以向量组 $\alpha_1,\alpha_2,\cdots,\alpha_t$ 与向量组 $\beta_1,\beta_2,\cdots,\beta_t$ 等价，因为 $\alpha_1,\alpha_2,\cdots,\alpha_t$ 是 $Ax=0$ 的一个基础解系，故 $\beta_1,\beta_2,\cdots,\beta_t$ 也是 $Ax=0$ 的一个基础解系.

说明：这里我们用到了与齐次线性方程组的基础解系等价的向量组也是其基础解系(参见例 3.51).

例 3.27　设 n 级行列式 $D_n=|a_{ij}|\neq0$，A_{ij} 为 D_n 中元素 a_{ij} 的代数余子式，证明：当 $r<n$ 时，线性方程组 $\begin{cases}a_{11}x_1+a_{12}x_2+\cdots+a_{1n}x_n=0\\a_{21}x_1+a_{22}x_2+\cdots+a_{2n}x_n=0\\\qquad\vdots\\a_{r1}x_1+a_{r2}x_2+\cdots+a_{rn}x_n=0\end{cases}$ 有一个基础解系为：

$$(A_{j1},A_{j2},\cdots,A_{jn}),j=r+1,r+2,\cdots,n.$$

证明　令 $\alpha_i=(a_{i1}\quad a_{i2}\quad\cdots\quad a_{in})$，$i=1,2,\cdots,n$，$A=\begin{pmatrix}\alpha_1\\\alpha_2\\\vdots\\\alpha_r\end{pmatrix}$，则由题设条件 $D_n=|a_{ij}|\neq0$ 知 $\alpha_1,\alpha_2,\cdots,\alpha_n$ 线性无关且 $\beta_1,\beta_2,\cdots,\beta_n$ 也线性无关，其中

$$\beta_j=(A_{j1},A_{j2},\cdots,A_{jn}),j=1,2,\cdots,n,$$

因此 $\alpha_1,\alpha_2,\cdots,\alpha_r$ 与 $\beta_{r+1},\beta_{r+2},\cdots,\beta_n$ 也线性无关，所以题设线性方程组的系数矩阵 A 的秩等于 r，从而其基础解系中含有 $n-r$ 个解向量. 又由行列式的按行按列展开定理得

$$a_{i1}A_{j1}+a_{i2}A_{j2}+\cdots a_{in}A_{jn}=0,1\leqslant i\leqslant r,r+1\leqslant j\leqslant n,$$

因此$\beta_{r+1},\beta_{r+2},\cdots,\beta_n$是方程组$\begin{cases}a_{11}x_1+a_{12}x_2+\cdots+a_{1n}x_n=0\\a_{21}x_1+a_{22}x_2+\cdots+a_{2n}x_n=0\\\qquad\vdots\\a_{r1}x_1+a_{r2}x_2+\cdots+a_{rn}x_n=0\end{cases}$的$n-r$个线性无关的解向量,故构成它的一个基础解系.

说明:这里用到了与基础解系含有相同个数的线性无关的解向量组是基础解系(参见例3.52).

例3.28 设F是数域.已知矩阵$A\in F^{T\times T}$的列向量是一齐次线性方程组的基础解系,证明矩阵$C\in F^{m\times T}$的列向量也是该齐次线性方程组的基础解系的充分必要条件为:存在可逆矩阵$B\in F^{m\times T}$,使$C=AB$.

证明 "必要性的证明":因为A的列向量组$\alpha_1,\alpha_2,\cdots,\alpha_T$为一齐次线性方程组的基础解系,若$C$的列向量组$\beta_1,\beta_2,\cdots,\beta_T$也是该齐次线性方程组的基础解系,则$\beta_1,\beta_2,\cdots,\beta_T$可由$\alpha_1,\alpha_2,\cdots,\alpha_T$线性表示,令

$$\beta_j=b_{1j}\alpha_1+b_{2j}\alpha_2+\cdots+b_{Tj}\alpha_T,j=1,2,\cdots,T,$$

则$(\beta_1,\beta_2,\cdots,\beta_T)=(\alpha_1,\alpha_2,\cdots,\alpha_T)\begin{pmatrix}b_{11}&b_{12}&\cdots&b_{1T}\\b_{21}&b_{22}&\cdots&b_{2T}\\\vdots&\vdots&\cdots&\vdots\\b_{T1}&b_{T2}&\cdots&b_{TT}\end{pmatrix}$,同理$\alpha_1,\alpha_2,\cdots,\alpha_T$可由$\beta_1,\beta_2,\cdots,\beta_T$线性表示,因此

$$(\alpha_1,\alpha_2,\cdots,\alpha_T)=(\beta_1,\beta_2,\cdots,\beta_T)\begin{pmatrix}c_{11}&c_{12}&\cdots&c_{1T}\\c_{21}&c_{22}&\cdots&c_{2T}\\\vdots&\vdots&\cdots&\vdots\\c_{T1}&c_{T2}&\cdots&c_{TT}\end{pmatrix}.$$

记$B=\begin{pmatrix}b_{11}&b_{12}&\cdots&b_{1T}\\b_{21}&b_{22}&\cdots&b_{2T}\\\vdots&\vdots&\cdots&\vdots\\b_{T1}&b_{T2}&\cdots&b_{TT}\end{pmatrix},D=\begin{pmatrix}c_{11}&c_{12}&\cdots&c_{1T}\\c_{21}&c_{22}&\cdots&c_{2T}\\\vdots&\vdots&\cdots&\vdots\\c_{T1}&c_{T2}&\cdots&c_{TT}\end{pmatrix}$,则

$$(\alpha_1,\alpha_2,\cdots,\alpha_T)=(\beta_1,\beta_2,\cdots,\beta_T)D=(\alpha_1,\alpha_2,\cdots,\alpha_T)(BD),$$

所以$BD=E_T$,故$B\in F^{T\times T}$是可逆矩阵.

"充分性的证明":若存在可逆矩阵$B\in F^{T\times T}$,使$C=AB$,则$\beta_1,\beta_2,\cdots,\beta_T$可由$\alpha_1,\alpha_2,\cdots,\alpha_T$线性表示,另一方面由$A=CB^{-1}$得$\alpha_1,\alpha_2,\cdots,\alpha_T$可由$\beta_1,\beta_2,\cdots,\beta_T$线性表示,因此这两个向量组等价,由于$\alpha_1,\alpha_2,\cdots,\alpha_T$为一齐次线性方程组的基础解系,所以$\beta_1,\beta_2,\cdots,\beta_T$也是该齐次线性方程组的基础解系.

§3.2.2 求非齐次线性方程组通解的例题

例 3.29 设方程组$\begin{cases}a_{11}x_1+a_{12}x_2+\cdots+a_{1n}x_n=b_1\\a_{21}x_1+a_{22}x_2+\cdots+a_{2n}x_n=b_2\\\qquad\vdots\\a_{n1}x_1+a_{n2}x_2+\cdots+a_{nn}x_n=b_n\end{cases}$是非齐次的(即 $b_1,\cdots,b_n$ 不全为零)且$Rank(A)=Rank(\bar{A})=r$,其中$Rank(A)$表示矩阵A的秩.证明:该方程组存在$n-r+1$个线性无关的解向量$\gamma_0,\gamma_1,\cdots,\gamma_{n-r}$使方程组的全体解向量是下面的集合

$$\{k_0\gamma_0+k_1\gamma_1+\cdots+k_{n-r}\gamma_{n-r}\mid k_0,k_1,\cdots,k_{n-r}\in K\}$$

其中 $k_0+k_1+\cdots+k_{n-r}=1$.

证明 因为$Rank(A)=Rank(\bar{A})=r$,所以题设方程组有解,令$\alpha_1,\cdots,\alpha_{n-r}$是导出组$Ax=0$的一个基础解系,$\beta$为题设方程组的一个特解,则方程组的通解为

$$\beta+k_1\alpha_1+k_2\alpha_2+\cdots+k_{n-r}\alpha_{n-r},k_i \text{ 为任意常数.}$$

易见$\gamma_0=\beta,\gamma_1=\alpha_1+\beta,\cdots,\gamma_{n-r}=\alpha_{n-r}+\beta$是题设方程组的$n-r+1$个解向量,令$k_0\gamma_0+k_1\gamma_1+\cdots+k_{n-r}\gamma_{n-r}=0$,则

$$(k_0+k_1+\cdots+k_{n-r})\beta=-k_1\alpha_1-k_2\alpha_2-\cdots-k_{n-r}\alpha_{n-r},$$

因此$(\sum_{i=0}^{n-r}k_i)b=(\sum_{i=0}^{n-r}k_i)(A\beta)=-\sum_{i=0}^{n-r}k_iA\alpha_i=0$.由于$b=(b_1,b_2,\cdots,b_n)^T\neq 0$,所以$k_0+k_1+\cdots+k_{n-r}=0$,从而$-k_1\alpha_1-k_2\alpha_2-\cdots-k_{n-r}\alpha_{n-r}=0$,所以$k_0=k_1=\cdots=k_{n-r}=0$,由此知$\gamma_0,\gamma_1,\cdots,\gamma_{n-r}$线性无关,题设方程的任何解向量可以表示为$\beta+k_1\alpha_1+\cdots+k_{n-r}\alpha_{n-r}=k_0\gamma_0+k_1\gamma_1+\cdots+k_{n-r}\gamma_{n-r}$,其中

$k_0=1-(k_1+\cdots+k_{n-r})$,故该方程组存在$n-r+1$个线性无关的解向量

$$\gamma_0,\gamma_1,\cdots,\gamma_{n-r}$$

使方程组的全体解向量是下面的集合

$$\{k_0\gamma_0+k_1\gamma_1+\cdots+k_{n-r}\gamma_{n-r}\mid k_0,k_1,\cdots,k_{n-r}\in K\}$$

其中 $k_0+k_1+\cdots+k_{n-r}=1$.

例 3.30 已知下列非齐次线性方程组(I)(II)

$$(\text{I})\begin{cases}x_1+x_2-2x_4=-6\\4x_1-x_2-x_3-x_4=1\\3x_1-x_2-x_3=3\end{cases}\qquad(\text{II})\begin{cases}x_1+mx_2-x_3-2x_4=-9\\nx_1-x_3-2x_4=-3\\x_3-2x_4=-t+1\end{cases}$$

(1) 求方程组(I),用其导出组的基础解系表示通解.

(2) 当方程组(II)中的参数 m,n,t 为何值时,方程组(I)与(II)同解.

解 (1)(I)的通解是$(-2,-4,-5,0)^T+k(1,1,2,1)^T$,$k$为任意常数.

(2)$m=3,n=4,t=6$时,方程组(I)与(II)同解.

例 3.31 已知三级矩阵 B 的每一个列向量都是以下三元线性方程组的解

$$\begin{cases}x_1+2x_2-x_3=1\\2x_1+4x_2+\lambda x_3=2\\3x_1+x_2-x_3=-1\end{cases}\text{且 } r(B)=2.$$

(1) 求 λ 的值;(2) 设 A 为此线性方程组的系数矩阵,求$(AB)^n$.

解 (1) 因为 B 的每一个列向量都是题设方程组的解且 $r(B)=2$,所以

$$|A|=\begin{vmatrix}1&2&-1\\2&4&\lambda\\3&1&-1\end{vmatrix}=2(\lambda+2)=0,$$

故 $\lambda=-2$.

(2) 由(1) 得 $AB=\begin{pmatrix}1&1&1\\2&2&2\\-1&-1&-1\end{pmatrix}=C$,我们利用数学归纳法证明

$$(AB)^n=2^{n-1}C=\begin{pmatrix}2^{n-1}&2^{n-1}&2^{n-1}\\2^n&2^n&2^n\\-2^{n-1}&-2^{n-1}&-2^{n-1}\end{pmatrix}.$$

当 $n=1$ 时,结论成立;

现设 $n>1$ 且 $(AB)^{n-1}=2^{n-2}C$,则 $(AB)^n=2^{n-2}C^2=2^{n-1}C$,故结论成立.

说明:(1) 由于 $r(B)=2$,所以方程组的解不唯一,因此 $|A|=0$(否则有唯一解);

(2) 原试题中第二个方程 x_2 的系数为 -1,会导致方程组要么有唯一解($\lambda\neq0$) 或没有解($\lambda=0$).

§3.2.3 线性方程组有解与无解的判定的例题

例 3.32 设 $A\in M_{s\times m}(R)$,$\beta\in M_{s\times1}(R)$,证明:

(1)$rank(A)=rank(A^TA)=rank(AA^T)$;(2) 线性方程组 $A^TAX=A^T\beta$ 总有解.

证明 (1) 设 $rank(A)=r$, 则存在 s 阶可逆矩阵 P,m 阶可逆矩阵 Q, 使得 $A=P\begin{pmatrix}E_r&0\\0&0\end{pmatrix}Q$.

于是

$$A^TA=Q^T\begin{pmatrix}E_r&0\\0&0\end{pmatrix}P^TP\begin{pmatrix}E_r&0\\0&0\end{pmatrix}Q=Q^T\begin{pmatrix}P_{11}&0\\0&0\end{pmatrix}Q,$$

$$AA^T=P\begin{pmatrix}E_r&0\\0&0\end{pmatrix}QQ^T\begin{pmatrix}E_r&0\\0&0\end{pmatrix}P^T=P\begin{pmatrix}Q_{11}&0\\0&0\end{pmatrix}P^T,$$

其中 P_{11} 与 Q_{11} 分别为正定矩阵 P^TP 与 QQ^T 的 r 阶顺序主子式,因此

$$rank(A^TA)=rank(P_{11})=r=rank(Q_{11})=rank(AA^T)=rank(A).$$

(2) 因为 $rank(A^TA)\leqslant rank(A^TA,A^T\beta)=rank(A^T(A,\beta))\leqslant rank(A)=rank(A^TA)$,所以 $rank(A^TA,A^T\beta)=rank(A^TA)$,故线性方程组 $A^TAX=A^T\beta$ 总有解.

例 3.33 设四元齐次线性方程组(I) 为 $\begin{cases}2x_1+3x_2-x_3=0\\x_1+2x_2+x_3-x_4=0\end{cases}$,且已知另一四元齐次线性方程组(II) 的一个基础解系为 $\alpha_1=(2,-1,a+2,1)^T$,$\alpha_2=(-1,2,4,a+8)$.

(1) 求方程组(I) 的一个基础解系.

(2) 当 a 为何值时,方程组(I) 与(II) 有非零公共解? 在有非零公共解时,求出全部非零公共解.

解 (1)(I) 的系数矩阵$\begin{bmatrix} 2 & 3 & -1 & 0 \\ 1 & 2 & 1 & -1 \end{bmatrix} \xrightarrow{\text{经过行初等变换}} \begin{bmatrix} 1 & 0 & -5 & 3 \\ 0 & 1 & 3 & -2 \end{bmatrix}$,

因此$\beta_1 = (5, -3, 1, 0)^T$,$\beta_2 = (-3, 2, 0, 1)^T$是(I) 的基础解系.

(2) 考虑齐次线性方程组$(\beta_1, \beta_2, \alpha_1, \alpha_2)x = 0$,系数矩阵

$$A = (\beta_1, \beta_2, \alpha_1, \alpha_2) = \begin{bmatrix} 5 & -3 & 2 & -1 \\ -3 & 2 & -1 & 2 \\ 1 & 0 & a+2 & 4 \\ 0 & 1 & 1 & a+8 \end{bmatrix} \xrightarrow{\text{经过行初等变换}} \begin{bmatrix} 1 & 0 & a+2 & 4 \\ 0 & 1 & 1 & a+8 \\ 0 & 0 & -5(a+1) & 3(a+1) \\ 0 & 0 & 0 & a+1 \end{bmatrix}$$

若$a \neq -1$,$r(A) = 4$,$Ax = 0$没有非零解,此时(I) 与(II) 没有非零公共解;若$a = -1$,$r(A) = 2$,α_1, α_2与β_1, β_2均是$\beta_1, \beta_2, \alpha_1, \alpha_2$的极大无关组,所以$\alpha_1, \alpha_2$与$\beta_1, \beta_2$等价,此时(I) 与(II) 同解,故(I) 与(II) 的所有非零公共解为

$x = k_1(5, -3, 1, 0)^T + k_2(-3, 2, 0, 1)^T = (5k_1 - 3k_2, 2k_2 - 3k_1, k_1, k_2)^T$($k_1, k_2$不全为零).

说明:(1) 由于已证(I) 与(II) 的基础解系等价,所以(I) 与(II) 同解,从而(I) 的基础解系就是$(\beta_1, \beta_2, \alpha_1, \alpha_2)x = 0$的一个基础解系,由此不难求出(I) 与(II) 的所有非零公共解.

(2) 一般变元个数相同的两个非齐次线性方程组的基础解系等价,则它们必同解.

例 3.34 已知矩阵$A = [\alpha_1, \alpha_2, \alpha_3, \alpha_4]$,$\alpha_1, \alpha_2, \alpha_3, \alpha_4$均为4维列向量,其中$\alpha_2, \alpha_3, \alpha_4$线性无关,$\alpha_1 = 2\alpha_2 - \alpha_3$.如果$\beta = \alpha_1 + \alpha_2 + \alpha_3 + \alpha_4$,求线性方程组$Ax = \beta$的通解.

解 因为$\alpha_2, \alpha_3, \alpha_4$线性无关,所以矩阵$A$的秩$r(A) \geqslant 3$,又由$\alpha_1 = 2\alpha_2 - \alpha_3$知$\alpha_1, \alpha_2, \alpha_3, \alpha_4$线性相关且$A(1, -2, 1, 0)^T = \alpha_1 - 2\alpha_2 + \alpha_3 = 0$,因此$r(A) \leqslant 3$,从而$r(A) = 3$,$(1, -2, 1, 0)^T$为$Ax = 0$的一个基础解系,又:$\beta = \alpha_1 + \alpha_2 + \alpha_3 + \alpha_4$,所以$A(1, 1, 1, 1)^T = \beta$,即$(1, 1, 1, 1)^T$是$Ax = \beta$的一个特解,故$Ax = \beta$的通解是

$$x = (1, 1, 1, 1)^T + k(1, -2, 1, 0)^T \quad (k\text{为任意常数})$$

例 3.35 已知平面上三条不同直线的方程分别为

$$l_1: ax + 2by + 3c = 0, l_2: bx + 2cy + 3a = 0, l_3: cx + 2ay + 3b = 0$$

试证这三条直线交于一点的充分必要条件为$a + b + c = 0$.

分析:问题等价于讨论线性方程组$\begin{cases} ax + 2by = -3c \\ bx + 2cy = -3a \\ cx + 2ay = -3b \end{cases}$有唯一解的充分必要条件.

证明 "首先证明充分性":如果$a + b + c = 0$,考虑线性方程组

$$\begin{cases} ax + 2by = -3c \\ bx + 2cy = -3a \\ cx + 2ay = -3b \end{cases} \tag{3.12}$$

的增广矩阵$\bar{A} = (A \quad \beta) = \begin{bmatrix} a & 2b & -3c \\ b & 2c & -3a \\ c & 2a & -3b \end{bmatrix}$,因为$|\bar{A}| = \begin{vmatrix} a & 2b & -3c \\ b & 2c & -3a \\ c & 2a & -3b \end{vmatrix} = 0$(将第2行与第3行加到第1行结合条件$a + b + c = 0$便得),所以$r(A) \leqslant r(\bar{A}) \leqslant 2$,又$A$中至少有一个2阶子式不为零,否则$a^2 = bc, b^2 = ac, c^2 = ab$,再由$a + b + c = 0$得:

$$(a + b + c)^2 = a^2 + b^2 + c^2 + 2ab + 2ac + 2bc = 3(a^2 + b^2 + c^2) = 0$$

于是$a = b = c = 0$,与题设l_1, l_2, l_3为三条不同的直线矛盾,因此$r(A) = r(\bar{A}) = 2$,故:线

性方程组(3.12)有唯一解,l_1,l_2,l_3 相交于一点;

"现在证明必要性":因为 l_1,l_2,l_3 相交于一点,因此线性方程组(3.12)有唯一解,所以 $r(A)=r(\bar{A})=2$,那么 $|\bar{A}|=\begin{vmatrix} a & 2b & -3c \\ b & 2c & -3a \\ c & 2a & -3b \end{vmatrix}=0$,但:

$$|\bar{A}|=\begin{vmatrix} a & 2b & -3c \\ b & 2c & -3a \\ c & 2a & -3b \end{vmatrix}=3(a+b+c)[(a-b)^2+(a-c)^2+(b-c)^2]$$

$(a-b)^2+(a-c)^2+(b-c)^2\neq 0$,否则 $a=b=c$ 导致 l_1,l_2,l_3 为同一条直线,与题设矛盾,故:$a+b+c=0$.

例 3.36 已知 $(1,-1,1,-1)^T$ 是线性方程组 $\begin{cases} x_1+\lambda x_2+\mu x_3+x_4=0 \\ 2x_1+x_2+x_3+2x_4=0 \\ 3x_1+(2+\lambda)x_2+(4+\mu)x_3+4x_4=1 \end{cases}$ 的一个解,试求

(1) 该方程组的全部解,并用对应的齐次线性方程组的基础解系表示全部解;

(2) 该方程组满足 $x_2=x_3$ 的全部解.

解 将 $(1,-1,1,-1)^T$ 代入线性方程组可得:$\lambda=\mu$.考虑线性方程组的增广矩阵

$$\bar{A}=(A\quad b)=\begin{bmatrix} 1 & \lambda & \lambda & 1 & 0 \\ 2 & 1 & 1 & 2 & 0 \\ 3 & 2+\lambda & 4+\lambda & 4 & 1 \end{bmatrix}\xrightarrow{\text{经过行初等变换}}\begin{bmatrix} 1 & \lambda & \lambda & 1 & 0 \\ 0 & 1 & 3 & 1 & 1 \\ 0 & 0 & 4\lambda-2 & 2\lambda-1 & 2\lambda-1 \end{bmatrix}=\bar{B}$$

(1) 当 $\lambda\neq\dfrac{1}{2}$ 时,$r(A)=r(\bar{A})=3$,线性方程组有无穷多组解,此时

$$\bar{B}=\begin{bmatrix} 1 & \lambda & \lambda & 1 & 0 \\ 0 & 1 & 3 & 1 & 1 \\ 0 & 0 & 4\lambda-2 & 2\lambda-1 & 2\lambda-1 \end{bmatrix}\longrightarrow\begin{bmatrix} 1 & 0 & 0 & 1 & 0 \\ 0 & 1 & 0 & -\dfrac{1}{2} & -\dfrac{1}{2} \\ 0 & 0 & 1 & \dfrac{1}{2} & \dfrac{1}{2} \end{bmatrix}$$

易见 $(-2,1,-1,2)^T$ 是其导出组的基础解系,故:

$$x=(1,-1,1,-1)^T+k(-2,1,-1,2)^T\quad(k\text{ 为任意常数})$$

是方程组的通解;当 $\lambda=\dfrac{1}{2}$ 时,$r(A)=r(\bar{A})=2$,线性方程组有无穷多组解,此时

$$\bar{B}=\begin{bmatrix} 1 & \dfrac{1}{2} & \dfrac{1}{2} & 1 & 0 \\ 0 & 1 & 3 & 1 & 1 \\ 0 & 0 & 0 & 0 & 0 \end{bmatrix}\longrightarrow\begin{bmatrix} 1 & 0 & -1 & \dfrac{1}{2} & -\dfrac{1}{2} \\ 0 & 1 & 3 & 1 & 1 \\ 0 & 0 & 0 & 0 & 0 \end{bmatrix}$$

易见 $(1,-3,1,0)^T,(-1,-2,0,2)^T$ 是其导出组的基础解系,故:

$x=(1,-1,1,-1)^T+k_1(1,-3,1,0)^T+k_2(-1,-2,0,2)^T$ (k_1,k_2 为任意常数)

是方程组的通解;

(2) 当 $\lambda=\dfrac{1}{2}$ 时,由 $x_2=x_3$ 得:$k_1=-3k_1-2k_2+1$,因此 $k_2=-2k_1+\dfrac{1}{2}$,故方程组满足

$x_2=x_3$ 的全部解为 $x=(-1,0,0,1)^T+k_1(3,1,1,-4)^T$ （k_1 为任意常数）；当 $\lambda\neq\frac{1}{2}$ 时，由 $x_2=x_3$ 得：$-1+k=1-k$，因此 $k=1$，故方程组满足 $x_2=x_3$ 的解为

$$x=(1,-1,1,-1)^T+(-2,1,-1,2)^T=(-1,0,0,1)^T$$

例 3.37 已知 3 阶矩阵 A 的第一行是 (a,b,c)，a,b,c 不全为零，矩阵 $B=\begin{bmatrix}1&2&3\\2&4&6\\3&6&k\end{bmatrix}$（$k$ 为常数），且 $AB=0$，求线性方程组 $Ax=0$ 的通解.

解 若 $k\neq9$，则由 $AB=0$ 知 $(1,-2,3)^T$，$(3,6,k)^T$ 是线性方程组 $Ax=0$ 的两个线性无关的解向量，因此 $Ax=0$ 的基础解系所含向量的个数 $\geqslant2$，即 $3-r(A)\geqslant2$ 可得：$r(A)\leqslant1$.但 $A\neq0$，因此 $r(A)\geqslant1$，所以 $r(A)=1$，从而 $(1,-2,3)^T$，$(3,6,k)^T$ 构成线性方程组的基础解系，故：$x=c_1(1,2,3)^T+c_2(3,6,k)^T$ （c_1,c_2 为任意常数）是方程组的通解；

若 $k=9$，则由 $AB=0$ 知 $(1,-2,3)^T$ 是线性方程组 $Ax=0$ 的解向量，因此 $Ax=0$ 的基础解系所含向量的个数 $\geqslant1$，即 $3-r(A)\geqslant1$ 可得：$r(A)\leqslant2$.如果 $r(A)=2$，$(1,-2,3)^T$ 构成线性方程组 $Ax=0$ 的基础解系，故：$x=c(1,2,3)^T$ （c 为任意常数）是方程组 $Ax=0$ 的通解；如果 $r(A)<2$，但 $A\neq0$，因此 $r(A)\geqslant1$，所以 $r(A)=1$，于是 $Ax=0$ 与线性方程组 $ax_1+bx_2+cx_3=0$ 同解，不妨设 $a\neq0$，则 $(-b,a,0)^T$，$(-c,0,a)^T$ 构成线性方程组的基础解系，故：$x=c_1(-b,a,0)^T+c_2(-c,0,a)^T$ （c_1,c_2 为任意常数）是方程组 $Ax=0$ 的通解.

例 3.38 设线性方程组 $\begin{cases}x_1+x_2+x_3=0\\x_1+2x_2+ax_3=0\\x_1+4x_2+a^2x_3=0\end{cases}$ 与方程 $x_1+2x_2+x_3=a-1$ 有公共解，求 a 的值及所有公共解.

分析：问题等价于讨论非齐次线性方程组 $\begin{cases}x_1+x_2+x_3=0\\x_1+2x_2+ax_3=0\\x_1+4x_2+a^2x_3=0\\x_1+2x_2+x_3=a-1\end{cases}$ 有解的条件，并在有解的条件下求出所有解.

解 我们考虑非齐次线性方程组 $\begin{cases}x_1+x_2+x_3=0\\x_1+2x_2+ax_3=0\\x_1+4x_2+a^2x_3=0\\x_1+2x_2+x_3=a-1\end{cases}$，它的增广矩阵

$$\bar{A}=(A\quad b)=\begin{bmatrix}1&1&1&0\\1&2&a&0\\1&4&a^2&0\\1&2&1&a-1\end{bmatrix}\xrightarrow{\text{经过行初等变换}}\begin{bmatrix}1&1&1&0\\0&1&a-1&0\\0&0&(a-1)(a-2)&0\\0&0&1-a&a-1\end{bmatrix}=\bar{B}$$

（1）当 $a\neq2$ 且 $a\neq1$ 时，$r(A)=3$，$r(\bar{A})=4$，线性方程组无解.

（2）当 $a=2$ 时，$r(A)=r(\bar{A})=3$，线性方程组有唯一解，此时

$$\bar{B}=\begin{bmatrix}1&1&1&0\\0&1&1&0\\0&0&0&0\\0&0&-1&1\end{bmatrix}\longrightarrow\begin{bmatrix}1&0&0&0\\0&1&0&1\\0&0&1&-1\\0&0&0&0\end{bmatrix}$$

故唯一的公共解为:$x=(0,1,-1)^T$;

(3) 当 $a=1$ 时,$r(A)=r(\bar{A})=2$,线性方程组有无穷多组解,此时

$$\bar{B}=\begin{bmatrix}1&1&1&0\\0&1&0&0\\0&0&0&0\\0&0&0&0\end{bmatrix}\longrightarrow\begin{bmatrix}1&0&1&0\\0&1&0&0\\0&0&0&0\\0&0&0&0\end{bmatrix}$$

易见$(-1,0,1)^T$是它的基础解系,故所有的公共解为:$x=c(-1,0,1)^T$(c 为任意常数).

§3.2.4 向量的线性相关与线性无关的判定的例题

例 3.39 设 $\alpha_1,\alpha_2,\cdots,\alpha_r$ 是一组线性无关的向量,$\beta_i=\sum\limits_{j=1}^{r}a_{ji}\alpha_j,i=1,2,\cdots,r$.证明:$\beta_1,\beta_2,\cdots,\beta_r$ 线性无关的充分必要条件是$\begin{vmatrix}a_{11}&a_{12}&\cdots&a_{1r}\\a_{21}&a_{22}&\cdots&a_{2r}\\\vdots&\vdots&\cdots&\vdots\\a_{r1}&a_{r2}&\cdots&a_{rr}\end{vmatrix}\neq 0$.

证明 “必要性的证明”:因为$\beta_i=\sum\limits_{j=1}^{r}a_{ji}\alpha_j,i=1,2,\cdots,r$,所以$\beta_i\in L(\alpha_1,\alpha_2,\cdots,\alpha_r)$.又因为$\beta_1,\beta_2,\cdots,\beta_r$ 线性无关,所以 $\beta_1,\beta_2,\cdots,\beta_r$ 也是向量空间 $L(\alpha_1,\alpha_2,\cdots,\alpha_r)$ 的一组基,因此 $\alpha_i=\sum\limits_{j=1}^{r}b_{ji}\beta_j,i=1,2\cdots,r$,即有

$$(\beta_1,\beta_2,\cdots,\beta_r)=(\alpha_1,\alpha_2,\cdots,\alpha_r)A,A=\begin{bmatrix}a_{11}&a_{12}&\cdots&a_{1r}\\a_{21}&a_{22}&\cdots&a_{2r}\\\vdots&\vdots&\cdots&\vdots\\a_{r1}&a_{r2}&\cdots&a_{rr}\end{bmatrix},$$

$$(\alpha_1,\alpha_2,\cdots,\alpha_r)=(\beta_1,\beta_2,\cdots,\beta_r)B,B=\begin{bmatrix}b_{11}&b_{12}&\cdots&b_{1r}\\b_{21}&b_{22}&\cdots&b_{2r}\\\vdots&\vdots&\cdots&\vdots\\b_{r1}&b_{r2}&\cdots&b_{rr}\end{bmatrix},$$

所以$(\alpha_1,\alpha_2,\cdots,\alpha_r)=(\beta_1,\beta_2,\cdots,\beta_r)B=(\alpha_1,\alpha_2,\cdots,\alpha_r)(AB)$,因此$AB=E$,故$A$是可逆矩阵,因此$\begin{vmatrix}a_{11}&a_{12}&\cdots&a_{1r}\\a_{21}&a_{22}&\cdots&a_{2r}\\\vdots&\vdots&\cdots&\vdots\\a_{r1}&a_{r2}&\cdots&a_{rr}\end{vmatrix}=|A|\neq 0$.

"充分性的证明":因为$\begin{vmatrix} a_{11} & a_{12} & \cdots & a_{1r} \\ a_{21} & a_{22} & \cdots & a_{2r} \\ \vdots & \vdots & \cdots & \vdots \\ a_{r1} & a_{r2} & \cdots & a_{rr} \end{vmatrix} \neq 0$,所以$A = \begin{bmatrix} a_{11} & a_{12} & \cdots & a_{1r} \\ a_{21} & a_{22} & \cdots & a_{2r} \\ \vdots & \vdots & \cdots & \vdots \\ a_{r1} & a_{r2} & \cdots & a_{rr} \end{bmatrix}$是可逆矩阵,由$(\beta_1,\beta_2,\cdots,\beta_r) = (\alpha_1,\alpha_2,\cdots,\alpha_r)A$可得$(\alpha_1,\alpha_2,\cdots,\alpha_r) = (\beta_1,\beta_2,\cdots,\beta_r)A^{-1}$,因此向量组$\alpha_1,\alpha_2,\cdots,\alpha_r$与$\beta_1,\beta_2,\cdots,\beta_r$等价,因为$\alpha_1,\alpha_2,\cdots,\alpha_r$线性无关,故$\beta_1,\beta_2,\cdots,\beta_r$也线性无关.

例 3.40 设在向量组$\alpha_1,\alpha_2,\cdots,\alpha_r$中,$\alpha_1 \neq 0$且每一个$\alpha_i$都不能表示成它的前$i-1$个向量$\alpha_1,\alpha_2,\cdots,\alpha_{i-1}$的线性组合.证明$\alpha_1,\alpha_2,\cdots,\alpha_r$线性无关.

证明 设$k_1\alpha_1 + k_2\alpha_2 + \cdots + k_r\alpha_r = 0$,若$k_1,k_2,\cdots,k_r$不全为零,则令$k_i$是所有不为零的数中下标最大的,若$i > 1$,则$\alpha_i = -(\frac{k_1}{k_i}\alpha_1 + \frac{k_2}{k_i}\alpha_2 + \cdots + \frac{k_{i-1}}{k_i}\alpha_{i-1})$,与$\alpha_i$不能表示成它的前$i-1$个向量$\alpha_1,\alpha_2,\cdots,\alpha_{i-1}$的线性组合的假设矛盾;若$i = 1$,则$k_1\alpha_1 = 0$,从而$\alpha_1 = 0$,与$\alpha_1 \neq 0$矛盾,所$k_1,k_2,\cdots,k_r$全为零,故$\alpha_1,\alpha_2,\cdots,\alpha_r$线性无关.

例 3.41 设向量$\alpha_1,\alpha_2,\cdots,\alpha_r$线性无关,而$\alpha_1,\alpha_2,\cdots,\alpha_r,\beta,\gamma$线性相关.证明,或者$\beta$与$\gamma$中至少有一个可以由$\alpha_1,\alpha_2,\cdots,\alpha_r$线性表示,或者$\alpha_1,\alpha_2,\cdots,\alpha_r,\beta$与$\alpha_1,\alpha_2,\cdots,\alpha_r,\gamma$等价.

证明 因为$\alpha_1,\alpha_2,\cdots,\alpha_r,\beta,\gamma$线性相关,所以存在不全为零的数$k_1,k_2,\cdots,k_r,a,b$,使得$k_1\alpha_1 + k_2\alpha_2 + \cdots + k_r\alpha_r + a\beta + b\gamma = 0$,如果$a = b = 0$,则$k_1,k_2,\cdots,k_r$不全为零且$k_1\alpha_1 + k_2\alpha_2 + \cdots + k_r\alpha_r = 0$,与$\alpha_1,\alpha_2,\cdots,\alpha_r$线性无关矛盾,所以$a,b$不全为零.若$a \neq 0, b = 0$,则$\beta = -(\frac{k_1}{a}\alpha_1 + \frac{k_2}{a}\alpha_2 + \cdots + \frac{k_r}{a}\alpha_r)$,即$\beta$可以由$\alpha_1,\alpha_2,\cdots,\alpha_r$线性表示;若$a = 0, b \neq 0$,则$\gamma = -(\frac{k_1}{b}\alpha_1 + \frac{k_2}{b}\alpha_2 + \cdots + \frac{k_r}{b}\alpha_r)$,即$\gamma$可以由$\alpha_1,\alpha_2,\cdots,\alpha_r$线性表示;若$a \neq 0, b \neq 0$,则$\beta = -(\frac{k_1}{a}\alpha_1 + \frac{k_2}{a}\alpha_2 + \cdots + \frac{k_r}{a}\alpha_r + \frac{b}{a}\gamma)$,即$\beta$可以由$\alpha_1,\alpha_2,\cdots,\alpha_r,\gamma$线性表示,且$\gamma = -(\frac{k_1}{b}\alpha_1 + \frac{k_2}{b}\alpha_2 + \cdots + \frac{k_r}{b}\alpha_r + \frac{a}{b}\beta)$,即$\gamma$可以由$\alpha_1,\alpha_2,\cdots,\alpha_r,\beta$线性表示,故$\alpha_1,\alpha_2,\cdots,\alpha_r,\beta$与$\alpha_1,\alpha_2,\cdots,\alpha_r,\gamma$等价.

例 3.42 设A是n阶矩阵,若存在正整数k,使线性方程组$A^kx = 0$有解向量α,且$A^{k-1}\alpha \neq 0$,证明:向量组$\alpha,A\alpha,\cdots A^{k-1}\alpha$是线性无关的.

证明 设$a_1\alpha + a_2A\alpha + \cdots + a_kA^{k-1}\alpha = 0$,若$a_1,a_2,\cdots,a_r$不全为零,则令$k_i$是所有不为零的数中下标最小的,则$a_iA^{i-1}\alpha + a_{i+1}A^i\alpha + \cdots + a_kA^{k-1}\alpha = 0$,于是用$A^{k-i}$左乘等式的两边得$a_iA^{k-1}\alpha = 0$,因为$A^{k-1}\alpha \neq 0$,所以$a_i = 0$,矛盾,因此$a_1,a_2,\cdots,a_r$全为零,故向量组$\alpha$,$A\alpha,\cdots A^{k-1}\alpha$线性无关.

§3.2.5 矩阵与向量组的秩及其极大无关组的计算与判定的例题

例 3.43 求向量组

$\alpha_1 = (1,3,0,5), \alpha_2 = (1,2,1,4), \alpha_3 = (1,1,2,3), \alpha_4 = (1,0,2,3), \alpha_5 = (1,-3,6,-1)$,

$\alpha_6=(0,5,-3,3)$ 的秩和一个极大无关组，并将余下的向量用求出的极大无关组线性表出.

解 $[\alpha_1{}^T,\alpha_2{}^T,\alpha_3{}^T,\alpha_4{}^T,\alpha_5{}^T,\alpha_6{}^T]=\begin{bmatrix}1&1&1&1&1&0\\3&2&1&0&-3&5\\0&1&2&2&6&-3\\5&4&3&3&-1&3\end{bmatrix}\to$

$$\begin{bmatrix}1&0&-1&0&-5&1\\0&1&2&0&6&1\\0&0&0&1&0&-2\\0&0&0&0&0&0\end{bmatrix}$$

所以 $R(\alpha_1,\alpha_2,\alpha_3,\alpha_4,\alpha_5,\alpha_6)=3,\alpha_1,\alpha_2,\alpha_4$ 为它的一个极大无关组，

$$\alpha_3=-\alpha_1+2\alpha_2,\alpha_5=-5\alpha_1+6\alpha_2,\alpha_6=\alpha_1+\alpha_2-2\alpha_4.$$

例 3.44 证明：对任意实矩阵 A，$R(A^TA)=R(A)$.

证明 设 A 是 $m\times n$ 矩阵，且 $R(A)=r$，则存在 m 阶可逆矩阵 P，n 阶可逆矩阵 Q，使得 $A=P\begin{pmatrix}E_r&0\\0&0\end{pmatrix}Q$，从而 $A^TA=Q^T\begin{pmatrix}E_r&0\\0&0\end{pmatrix}P^TP\begin{pmatrix}E_r&0\\0&0\end{pmatrix}Q=Q^T\begin{pmatrix}P_1&0\\0&0\end{pmatrix}Q$，其中 P_1 是正定矩阵 P^TP 的 r 阶顺序主子式，所以 $R(A^TA)=R\left(Q^T\begin{pmatrix}P_1&0\\0&0\end{pmatrix}Q\right)=R(P_1)=r=R(A)$.

例 3.45 证明：$R(ABC)\geqslant R(AB)+R(BC)-R(B)$.

证明 设 A 是 $m\times n$ 矩阵，B 是 $n\times s$ 矩阵，C 是 $s\times t$ 矩阵，且 $R(B)=r$，则存在 n 阶可逆矩阵 P，使得 $B=P\begin{pmatrix}B_1\\0\end{pmatrix}=P_1B_1$，其中 P_1 是 P 的前 r 列构成的 $n\times r$ 矩阵，B_1 是 $r\times s$ 矩阵，由于 AP_1 的列数和 B_1C 的行数都等于 r，所以

$$R(ABC)=R(AP_1B_1C)\geqslant R(AP_1)+R(B_1C)-r$$

又 $R(AB)=R(AP_1B_1)\leqslant R(AP_1)$，$R(BC)=R(P_1B_1C)\leqslant R(B_1C)$，所以

$$R(ABC)\geqslant R(AB)+R(BC)-R(B).$$

例 3.46 对任意 n 阶矩阵 A，证明：$R(A^n)=R(A^{n+1})=R(A^{n+2})=\cdots$

证明 如果 A 为可逆矩阵，结论显然成立；现设 A 不是可逆矩阵，则

$$n>R(A)\geqslant R(A^2)\geqslant\cdots\geqslant R(A^n)\geqslant R(A^{n+1})\geqslant R(A^{n+2})\geqslant\cdots\geqslant 0.$$

因为小于 n 的非负整数只有 n 个，因此上式中必有两个相等，不妨设

$$R(A^i)=R(A^{k+i}),0<k,.i\leqslant n$$

那么 $R(A^i)=R(A^{i+1})=\cdots=R(A^{k+i})$，下面我们利用数学归纳法证明：

$$R(A^{k+i+m})=R(A^i),m=1,2,\cdots$$

$m=1$ 时，$R(A^i)\geqslant R(A^{k+i+1})=R(A^kA^iA)\geqslant R(A^kA^i)+R(A^iA)-R(A^i)=R(A^i)$，结论成立；现设 $R(A^{k+i+m})=R(A^i)$，则

$R(A^i)=R(A^{k+i+m})\geqslant R(A^{k+i+m+1})=R(A^{k+m}A^iA)\geqslant R(A^{k+m}A^i)+R(A^iA)-R(A^i)=R(A^i)$，结论成立；因为 $i\leqslant n$，故有 $R(A^n)=R(A^{n+1})=R(A^{n+2})=\cdots$

例 3.47 设 A 为 $n\times n$ 矩阵，证明：如果 $A^2=E$，那么 $R(A+E)+R(A-E)=n$.

证明 因为 $A^2=E$，所以 $(A+E)(A-E)=0$，因此 $R(A+E)+R(A-E)\leqslant n$，又

$R(A+E)+R(A-E)=R(A+E)+R(E-A)\geqslant R(2E)=n$,故

$$R(A+E)+R(A-E)=n.$$

例 3.48 设 A 为 $n\times n$ 矩阵,证明:如果 $A^2=A$,那么 $R(A)+R(A-E)=n$.

证明 因为 $A^2=A$,所以 $A(A-E)=0$,因此 $R(A)+R(A-E)\leqslant n$,又 $R(A)+R(A-E)=R(A)+R(E-A)\geqslant R(E)=n$,故 $R(A)+R(A-E)=n$.

说明:由例 3.47 与例 3.48 可得一典型题型,设 $n\times n$ 矩阵 A 满足 $(A-aE)(A-bE)=0$,若 $a\neq b$,则 $R(A-aE)+R(A-bE)=n$,其证明与上述两例类似.

§3.2.6 讨论一个向量是否能由一个给定的向量组线性表出的例题

例 3.49 设有 3 维列向量

$\alpha_1=(1+\lambda,1,1)^T,\alpha_2=(1,1+\lambda,1)^T,\alpha_3=(1,1,1+\lambda)^T,\beta=(0,\lambda,\lambda^2)^T$

问 λ 取何值时

(1)β 可由 $\alpha_1,\alpha_2,\alpha_3$ 线性表示,且表达式唯一?

(2)β 可由 $\alpha_1,\alpha_2,\alpha_3$ 线性表示,且表达式不唯一?

(3)β 不能由 $\alpha_1,\alpha_2,\alpha_3$ 线性表示?

解 考虑线性方程组 $Ax=\beta$,$A=(\alpha_1,\alpha_2,\alpha_3)$,增广矩阵

$$\bar{A}=(A\quad b)=\begin{bmatrix}1+\lambda & 1 & 1 & 0\\ 1 & 1+\lambda & 1 & \lambda\\ 1 & 1 & 1+\lambda & \lambda^2\end{bmatrix}\xrightarrow{\text{经过行初等变换}}$$

$$\begin{bmatrix}1 & 1+\lambda & 1 & \lambda\\ 0 & \lambda & -\lambda & \lambda(1-\lambda)\\ 0 & 0 & -\lambda(\lambda+3) & -\lambda^3-2\lambda^2+\lambda\end{bmatrix}$$

(1) 当 $\lambda\neq0$ 且 $\lambda\neq-3$ 时,$r(A)=r(\bar{A})=3$,线性方程组 $Ax=\beta$ 有唯一解,故此时 β 可由 $\alpha_1,\alpha_2,\alpha_3$ 线性表示,且表达式唯一.

(2) 当 $\lambda=0$ 时,$r(A)=r(\bar{A})=1<3$,线性方程组 $Ax=\beta$ 有无穷多组解. 故此时 β 可由 $\alpha_1,\alpha_2,\alpha_3$ 线性表示,且表达式不唯一.

(3)(2) 当 $\lambda=-3$ 时,$r(A)=2<r(\bar{A})=3$,线性方程组 $Ax=\beta$ 无解. 故此时 β 不能由 $\alpha_1,\alpha_2,\alpha_3$ 线性表示.

例 3.50 已知

$\alpha_1=(1,0,2,3),\alpha_2=(1,1,3,5),\alpha_3=(1,-1,a+2,1),\alpha_4=(1,2,4,a+8)$ 及 $\beta=(1,1,b+3,5)$.

(1)a,b 为何值时,β 不能表示成 $\alpha_1,\alpha_2,\alpha_3,\alpha_4$ 的线性组合?

(2)a,b 为何值时,β 有 $\alpha_1,\alpha_2,\alpha_3,\alpha_4$ 的唯一的线性表示式? 并写出该表示式.

解 考虑线性方程组 $Ax=\beta^T$,$A=({\alpha_1}^T,{\alpha_2}^T,{\alpha_3}^T,{\alpha_4}^T)$,增广矩阵

$$\bar{A}=(A\quad\beta^T)=\begin{bmatrix}1 & 1 & 1 & 1 & 1\\ 0 & 1 & -1 & 2 & 1\\ 2 & 3 & a+2 & 4 & b+3\\ 3 & 5 & 1 & a+8 & 5\end{bmatrix}\xrightarrow{\text{经过行初等变换}}\begin{bmatrix}1 & 0 & 2 & -1 & 0\\ 0 & 1 & -1 & 2 & 1\\ 0 & 0 & a+1 & 0 & b\\ 0 & 0 & 0 & a+1 & 0\end{bmatrix}$$

(1) 当 $a=-1,b\neq0$ 时,$r(A)=2<r(\bar{A})=3$,β 不能表示成 $\alpha_1,\alpha_2,\alpha_3,\alpha_4$ 的线性组合;

(2) 当 $a\neq-1$，b 为任意值时，$r(A)=r(\bar{A})=4$，$Ax=\beta^T$ 有唯一解 $\left(-\frac{2b}{a+1},\frac{a+b+1}{a+1},\frac{b}{a+1},0\right)$，故此时 β 由 $\alpha_1,\alpha_2,\alpha_3,\alpha_4$ 唯一的线性表示且 $\beta=-\frac{2b}{a+1}\alpha_1+\frac{a+b+1}{a+1}\alpha_2+\frac{b}{a+1}\alpha_3$.

§3.2.7 矩阵与向量组的等价的例题

例 3.51 证明：与基础解系等价的线性无关向量组也是基础解系.

证明 设 $\alpha_1,\alpha_2,\cdots,\alpha_{n-r}$ 是线性方程组 $Ax=0$ 的一个基础解系，$\beta_1,\beta_2,\cdots,\beta_t$ 是与 $\alpha_1,\alpha_2,\cdots,\alpha_{n-r}$ 等价的任何一个线性无关的向量组，则 $\beta_1,\beta_2,\cdots,\beta_t$ 中的每一个向量都可以表为 $\alpha_1,\alpha_2,\cdots,\alpha_{n-r}$ 的线性组合，因此它们均是 $Ax=0$ 的解向量，又因为 $Ax=0$ 的任何一个解向量可由 $\alpha_1,\alpha_2,\cdots,\alpha_{n-r}$ 线性表示，因而也可由与之等价的向量组 $\beta_1,\beta_2,\cdots,\beta_t$ 线性表示，故 $\beta_1,\beta_2,\cdots,\beta_t$ 也是 $Ax=0$ 的一个基础解系.

例 3.52 证明：设齐次线性方程组
$$\begin{cases}a_{11}x_1+a_{12}x_2+\cdots+a_{1n}x_n=0\\a_{21}x_1+a_{22}x_2+\cdots+a_{2n}x_n=0\\\cdots\\a_{s1}x_1+a_{s2}x_2+\cdots+a_{sn}x_n=0\end{cases}$$
的系数矩阵的秩为 r，证明：方程组的任意 $n-r$ 个线性无关的解都是它的一个基础解系.

证明 设 $\alpha_1,\alpha_2,\cdots,\alpha_{n-r}$ 是齐次线性方程组
$$\begin{cases}a_{11}x_1+a_{12}x_2+\cdots+a_{1n}x_n=0\\a_{21}x_1+a_{22}x_2+\cdots+a_{2n}x_n=0\\\cdots\\a_{s1}x_1+a_{s2}x_2+\cdots+a_{sn}x_n=0\end{cases}$$
的任意 $n-r$ 个线性无关的解，因为系数矩阵的秩为 r，所以该齐次线性方程组的基础解系中含有 $n-r$ 个解向量，令 $\beta_1,\beta_2,\cdots,\beta_{n-r}$ 是它的任何一个基础解系，则 $\alpha_1,\alpha_2,\cdots,\alpha_{n-r}$ 可由 $\beta_1,\beta_2,\cdots,\beta_{n-r}$ 线性表示，又 $\alpha_1,\alpha_2,\cdots,\alpha_{n-r},\beta_j$ 是方程组的 $n-r+1$ 个解向量，所以它们线性相关，因此 β_j 可由 $\alpha_1,\alpha_2,\cdots,\alpha_{n-r}$ 线性表示，$j=1,2\cdots,n-r$，所以 $\alpha_1,\alpha_2,\cdots,\alpha_{n-r}$ 与 $\beta_1,\beta_2,\cdots,\beta_{n-r}$ 等价，故 $\alpha_1,\alpha_2,\cdots,\alpha_{n-r}$ 也是方程组的一个基础解系.

例 3.53 已知两向量组有相同的秩，且其中之一可被另一个线性表出，证明：这两个向量组等价.

证明 设 $\alpha_1,\alpha_2,\cdots,\alpha_n$ 与 $\beta_1,\beta_2,\cdots,\beta_m$ 是两个秩均为 r 的向量组，且 $\beta_1,\beta_2,\cdots,\beta_m$ 可由 $\alpha_1,\alpha_2,\cdots,\alpha_n$ 线性表示，令 $\beta_{i_1},\beta_{i_2},\cdots,\beta_{i_r}$ 是 $\beta_1,\beta_2,\cdots,\beta_m$ 的一个极大无关组，则 $\beta_{i_1},\beta_{i_2},\cdots,\beta_{i_r}$ 可由 $\alpha_1,\alpha_2,\cdots,\alpha_n$ 线性表示，故由替换定理，适当重排 $\alpha_1,\alpha_2,\cdots,\alpha_n$ 的顺序，可用 $\beta_{i_1},\beta_{i_2},\cdots,\beta_{i_r}$ 替换 $\alpha_1,\alpha_2,\cdots,\alpha_n$ 中的前 r 个向量，所得向量组 $\beta_{i_1},\beta_{i_2},\cdots,\beta_{i_r},\alpha_{r+1},\cdots,\alpha_n$ 与 $\alpha_1,\alpha_2,\cdots,\alpha_n$ 等价，因为 $\alpha_1,\alpha_2,\cdots,\alpha_n$ 的秩为 r，所以 $\beta_{i_1},\beta_{i_2},\cdots,\beta_{i_r},\alpha_{r+1},\cdots,\alpha_n$ 的秩也为 r，从而 $\beta_{i_1},\beta_{i_2},\cdots,\beta_{i_r}$ 是它的一个极大无关组，所以 $\beta_{i_1},\beta_{i_2},\cdots,\beta_{i_r},\alpha_{r+1},\cdots,\alpha_n$ 与 $\beta_{i_1},\beta_{i_2},\cdots,\beta_{i_r}$ 等价，因此 $\alpha_1,\alpha_2,\cdots,\alpha_n$ 与 $\beta_{i_1},\beta_{i_2},\cdots,\beta_{i_r}$ 等价，故它与 $\beta_1,\beta_2,\cdots,\beta_m$ 等价.

§3.3 练习题

§3.3.1 北大与北师大版教材习题

1. 把向量β表示成向量$\alpha_1,\alpha_2,\alpha_3,\alpha_4$的线性组合.

(1)$\beta=(1,2,1,1),\alpha_1=(1,1,1,1),\alpha_2=(1,1,-1,-1),\alpha_3=(1,-1,1,-1),\alpha_4=(1,-1,-1,1)$

(2)$\beta=(0,0,0,1),\alpha_1=(1,1,0,1),\alpha_2=(2,1,3,1),\alpha_3=(1,1,0,0),\alpha_4=(0,1,-1,-1)$

2. 证明:如果向量组$\alpha_1,\alpha_2,\cdots,\alpha_r$线性无关,而$\alpha_1,\alpha_2,\cdots,\alpha_r,\beta$线性相关,则向量$\beta$可以由$\alpha_1,\alpha_2,\cdots,\alpha_r$线性表出.

3. $\alpha_i=(a_{i1},a_{i2},\cdots,a_{in}),i=1,2,\cdots,n$.证明:如果$|a_{ij}|\neq 0$,那么$\alpha_1,\alpha_2,\cdots,\alpha_n$线性无关.

4. 设$t_1,t_2,\cdots,t_r$是互不相同的数,$r\leqslant n$.证明:$\alpha_i=(1,t_i,\cdots,t_i^{n-1}),i=1,2,\cdots,r$是线性无关的.

5. 设$\alpha_1,\alpha_2,\alpha_3$线性无关,证明:$\alpha_1+\alpha_2,\alpha_2+\alpha_3,\alpha_3+\alpha_1$也线性无关.

6. 已知$\alpha_1,\alpha_2,\cdots,\alpha_s$的秩为$r$,证明:$\alpha_1,\alpha_2,\cdots,\alpha_s$中任意$r$个线性无关的向量都构成它的一个极大线性无关组.

7. 设$\alpha_1,\alpha_2,\cdots,\alpha_s$的秩为$r$,$\alpha_{i_1},\alpha_{i_2},\cdots,\alpha_{i_r}$是$\alpha_1,\alpha_2,\cdots,\alpha_s$中的$r$个向量,使得$\alpha_1,\alpha_2,\cdots,\alpha_s$中每个向量都可被它们线性表出,证明:$\alpha_{i_1},\alpha_{i_2},\cdots,\alpha_{i_r}$是$\alpha_1,\alpha_2,\cdots,\alpha_s$的一个极大线性无关组.

8. 证明:一个向量组的任何一个线性无关组都可以扩充成一极大线性无关组.

9. 设$\alpha_1=(1,-1,2,4),\alpha_2=(0,3,1,2),\alpha_3=(3,0,7,14),\alpha_4=(1,-1,2,0),\alpha_5=(2,1,5,6)$.

(1) 证明:α_1,α_2线性无关; (2) 把α_1,α_2扩充成一极大线性无关组.

10. 证明:如果向量组(I)可以由向量组(II)线性表出,那么(I)的秩不超过(II)的秩.

11. 设$\alpha_1,\alpha_2,\cdots,\alpha_n$是一组$n$维向量,已知单位向量$\varepsilon_1,\varepsilon_2,\cdots,\varepsilon_n$可被它们线性表出,证明:$\alpha_1,\alpha_2,\cdots,\alpha_n$线性无关.

12. 设$\alpha_1,\alpha_2,\cdots,\alpha_n$是一组$n$维向量,证明:$\alpha_1,\alpha_2,\cdots,\alpha_n$线性无关的充分必要条件是任一$n$维向量可被它们线性表出.

13. 证明方程组$\begin{cases}a_{11}x_1+a_{12}x_2+\cdots+a_{1n}x_n=b_1\\ a_{21}x_1+a_{22}x_2+\cdots+a_{2n}x_n=b_2\\ \cdots\\ a_{n1}x_1+a_{n2}x_2+\cdots+a_{nn}x_n=b_n\end{cases}$对任何$b_1,b_2,\cdots,b_n$都有解的充分必要条件是系数行列式$|a_{ij}|\neq 0$.

14. 已知$\alpha_1,\alpha_2,\cdots,\alpha_r$与$\alpha_1,\alpha_2,\cdots,\alpha_r,\alpha_{r+1},\cdots,\alpha_s$有相同的秩,证明:$\alpha_1,\alpha_2,\cdots,\alpha_r$与

$\alpha_1,\alpha_2,\cdots,\alpha_r,\alpha_{r+1},\cdots,\alpha_s$ 等价.

15. 设$\beta_1=\alpha_2+\alpha_3+\cdots+\alpha_r,\beta_2=\alpha_1+\alpha_3+\cdots+\alpha_r,\cdots,\beta_r=\alpha_1+\alpha_2+\cdots+\alpha_{r-1}$.

证明:$\beta_1,\beta_2,\cdots,\beta_r$ 与 $\alpha_1,\alpha_2,\cdots,\alpha_r$ 有相同的秩.

16. 假设向量β可以经由向量组 $\alpha_1,\alpha_2,\cdots,\alpha_r$ 线性表出,证明:表示法是唯一的充分必要条件是 $\alpha_1,\alpha_2,\cdots,\alpha_r$ 线性无关.

17. 证明:$\alpha_1,\alpha_2,\cdots,\alpha_s$(其中 $\alpha_1\neq 0$) 线性相关的充分必要条件是至少有一 $\alpha_i(1<i\leqslant s)$ 可被 $\alpha_1,\alpha_2,\cdots,\alpha_{i-1}$ 线性表出.

18. 设 η_0 是线性方程组的一个解,$\eta_1,\eta_2,\cdots,\eta_t$ 是它的导出方程组的一个基础解系,令

$$\gamma_1=\eta_0,\gamma_2=\eta_1+\eta_0,\cdots,\gamma_{t+1}=\eta_t+\eta_0$$

证明:线性方程组的任一个解 γ,都可表示成

$$\gamma=u_1\gamma_1+u_2\gamma_2+\cdots+u_{t+1}\gamma_{t+1}.$$

其中 $u_1+u_2+\cdots+u_{t+1}=1$.

19. 设 $\alpha_i=(a_{i1},a_{i2},\cdots,a_{in}),i=1,2,\cdots,s,\beta=(b_1,b_2,\cdots,b_n)$,如果线性方程组

$$\begin{cases}a_{11}x_1+a_{12}x_2+\cdots+a_{1n}x_n=0\\a_{21}x_1+a_{22}x_2+\cdots+a_{2n}x_n=0\\\qquad\cdots\\a_{s1}x_1+a_{s2}x_2+\cdots+a_{sn}x_n=0\end{cases}$$

的解全是方程 $b_1x_1+b_2x_2+\cdots+b_nx_n=0$ 的解,那么β可由 $\alpha_1,\alpha_2,\cdots,\alpha_s$ 线性表出.

20. 设 $A=\begin{bmatrix}a_{11}&a_{12}&\cdots&a_{1n}\\a_{21}&a_{22}&\cdots&a_{2n}\\\vdots&\vdots&\cdots&\vdots\\a_{n1}&a_{n2}&\cdots&a_{nn}\end{bmatrix}$ 为一实数域上的矩阵,证明:

(1) 如果 $|a_{ii}|>\sum\limits_{j\neq i}|a_{ij}|,i=1,2,\cdots,n$,那么 $|A|\neq 0$;

(2) 如果 $a_{ii}>\sum\limits_{j\neq i}|a_{ij}|,i=1,2,\cdots,n$,那么 $|A|>0$.

21. 设齐次线性方程组 $\begin{cases}a_{11}x_1+a_{12}x_2+\cdots+a_{1n}x_n=0\\a_{21}x_1+a_{22}x_2+\cdots+a_{2n}x_n=0\\\qquad\cdots\\a_{n1}x_1+a_{n2}x_2+\cdots+a_{nn}x_n=0\end{cases}$ 的系数行列式 $D=0$,而 D 中某一元素 a_{ij} 的代数余子式 $A_{ij}\neq 0$.证明这个方程组的解都可以写成

$$kA_{i1},kA_{i2},\cdots,kA_{in}$$

的形式,此处 k 为任意常数.

22. 证明,一个秩为 r 的矩阵总可以表为 r 个秩为 1 的矩阵之和.

23. 下列哪些论断是对的,哪些是错的,如果是对的,证明;如果是错的,举出反例.

(1) 如果当 $a_1=a_2=\cdots=a_r=0$ 时,$a_1\alpha_1+a_2\alpha_2+\cdots+a_r\alpha_r=0$,那么 $\alpha_1,\alpha_2,\cdots,\alpha_r$ 线性无关;

(2) 如果 $\alpha_1,\alpha_2,\cdots,\alpha_r$ 线性无关,而 α_{r+1} 不能由 $\alpha_1,\alpha_2,\cdots,\alpha_r$ 线性表示,那么 $\alpha_1,\alpha_2,\cdots,\alpha_r,\alpha_{r+1}$ 线性无关;

(3) 如果 $\alpha_1,\alpha_2,\cdots,\alpha_r$ 线性无关,那么其中每一向量都不是其余向量的线性组合;

(4) 如果 $\alpha_1,\alpha_2,\cdots,\alpha_r$ 线性相关,那么其中每一向量都是其余向量的线性组合.

24. 设向量 β 可以由 $\alpha_1,\alpha_2,\cdots,\alpha_r$ 线性表示,但不能由 $\alpha_1,\alpha_2,\cdots,\alpha_{r-1}$ 线性表示.证明,向量组 $\alpha_1,\alpha_2,\cdots,\alpha_{r-1},\alpha_r$ 与向量组 $\alpha_1,\alpha_2,\cdots,\alpha_{r-1},\beta$ 等价.

25. 证明:如果 A 是 $n\times n$ 矩阵($n\geqslant 2$),那么 $R(A^*)=\begin{cases}n,R(A)=n\\1,R(A)=n-1\\0,R(A)<n-1\end{cases}$.

参考答案

§3.3.2 各高校研究生入学考试原题

一、填空题

1. 设 n 阶矩阵 A 的各行元素之和均为零,且 A 的秩为 $n-1$,则线性方程组 $AX=0$ 的通解是______.

2. 已知方程组 $\begin{bmatrix}1&2&1\\2&3&a+2\\1&a&-2\end{bmatrix}\begin{bmatrix}x_1\\x_2\\x_3\end{bmatrix}=\begin{bmatrix}1\\3\\0\end{bmatrix}$ 无解,则 $a=$______.

3. 设向量组 $(2,1,1,1),(2,1,a,a),(3,2,1,a),(4,3,2,1)$ 线性相关,且 $a\neq 1$,则 $a=$______.

4. 设 $A=\begin{bmatrix}a_1b_1&a_1b_2&\cdots&a_1b_n\\a_2b_1&a_2b_2&\cdots&a_2b_n\\\vdots&\vdots&&\vdots\\a_nb_1&a_nb_2&\cdots&a_nb_n\end{bmatrix}$,其中 $a_i\neq 0,b_i\neq 0(i=1,2,\cdots,n)$,则矩阵 A 的秩 $r(A)=$______.

5. 设 4 阶方阵 A 的秩为 2,则其伴随矩阵 A^* 的秩为______.

6. 设矩阵 $A=\begin{bmatrix}k&1&1&1\\1&k&1&1\\1&1&k&1\\1&1&1&k\end{bmatrix}$,且秩 $R(A)=3$,则 $k=$______.

7. 设 $A=\begin{bmatrix}1&-2&3k\\-1&2k&-3\\k&-2&3\end{bmatrix}$,若齐次线性方程组 $AX=0$ 有非零解,则 $k=$______.

8. 若方程$\begin{pmatrix}1 & 2 & 1\\ 2 & 3 & t+2\\ 1 & t & -2\end{pmatrix}\begin{pmatrix}x_1\\ x_2\\ x_3\end{pmatrix}=\begin{pmatrix}1\\ 3\\ 0\end{pmatrix}$无解，则 $t=$ ______；若此方程组有唯一解，则 $t=$ ______.

9. 设 A 为 $m\times n$ 矩阵，非齐次线性方程组 $Ax=\beta$ 有唯一解的充分必要条件是______.

10. 设 α_1,α_2 线性方程组 $Ax=\beta$ 的两个不同的解，A 是 $m\times n$ 矩阵且秩为 $n-1$，则 $Ax=\beta$ 的通解是______.

11. 设 A 是 $m\times n$ 矩阵，B 是 $n\times p$ 矩阵且秩为 n，$C=AB$.若 A 的秩为 r_1，C 的秩为 r_2，则 r_1 ______ r_2.（注：填大于，等于或小于）.

12. 设 A 是 n 阶矩阵，则存在非零 $n\times m$ 矩阵 B，使 $AB=0$ 的充分必要条件为 A 的秩______.

二、选择题

1. 设 $\alpha_1=\begin{bmatrix}a_1\\ a_2\\ a_3\end{bmatrix}$，$\alpha_2=\begin{bmatrix}b_1\\ b_2\\ b_3\end{bmatrix}$，$\alpha_3=\begin{bmatrix}c_1\\ c_2\\ c_3\end{bmatrix}$，则 3 条直线

$$a_1x+b_1y+c_1=0,a_2x+b_2y+c_2=0,a_3x+b_3y+c_3=0$$

（其中 $a_i^2+b_i^2\neq 0,i=1,2,3$）交于一点的充分必要条件是

(A) $\alpha_1,\alpha_2,\alpha_3$ 线性相关.　　(B) $\alpha_1,\alpha_2,\alpha_3$ 线性无关.

(C) 秩 $r(\alpha_1,\alpha_2,\alpha_3)=$ 秩 $r(\alpha_1,\alpha_2)$.　　(D) $\alpha_1,\alpha_2,\alpha_3$ 线性相关，α_1,α_2 线性无关.

2. 设有三张不同平面的方程 $a_{i1}x+a_{i2}y+a_{i3}z=b_i,i=1,2,3$，它们所组成的线性方程组的系数矩阵与增广矩阵的秩都为 2，则这三张平面可能的位置关系为

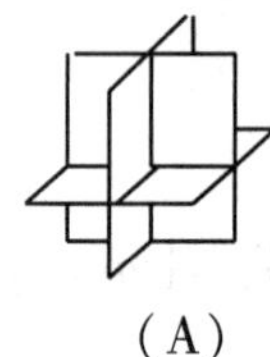

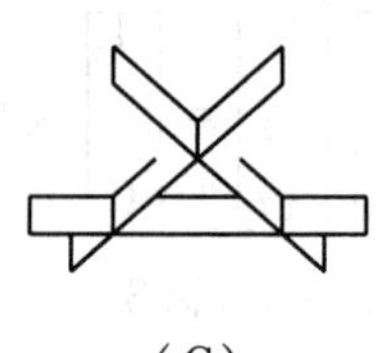

(A)　　(B)　　(C)　　(D)

3. 设有齐次线性方程组 $Ax=0$ 和 $Bx=0$，其中 A,B 均为 $m\times n$ 矩阵，现有 4 个命题：

① 若 $Ax=0$ 的解均是 $Bx=0$ 的解，则秩$(A)\geqslant$秩(B)；

② 若秩$(A)\geqslant$秩(B)，则 $Ax=0$ 的解均是 $Bx=0$ 的解；

③ 若 $Ax=0$ 与 $Bx=0$ 同解，则秩$(A)=$秩(B)；

④ 若秩$(A)=$秩(B)，则 $Ax=0$ 与 $Bx=0$ 同解.

以上命题正确的是

(A)①②　　(B)①③　　(C)②④　　(D)③④

4. 设 n 元齐次线性方程组 $Ax=0$ 的系数矩阵 A 的秩为 r，则 $Ax=0$ 有非零解的充分必要条件是

(A) $r=n$　　(B) $r\geqslant n$　　(C) $r<n$　　(D) $r>n$

5. 已知 β_1,β_2 是非齐次线性方程组 $Ax=b$ 的两个不同的解，α_1,α_2 是对应齐次线性方程组 $Ax=0$ 的基础解系，k_1,k_2 为任意常数，则方程组 $Ax=b$ 的通解（一般解）是

(A) $k_1\alpha_1+k_2(\alpha_1+\alpha_2)+\dfrac{\beta_1-\beta_2}{2}$　　(B) $k_1\alpha_1+k_2(\alpha_1-\alpha_2)+\dfrac{\beta_1+\beta_2}{2}$

(C) $k_1\alpha_1 + k_2(\beta_1 + \beta_2) + \frac{\beta_1 - \beta_2}{2}$　　(D) $k_1\alpha_1 + k_2(\beta_1 - \beta_2) + \frac{\beta_1 - \beta_2}{2}$

6. 设 A 是 $m \times n$ 矩阵, $Ax = 0$ 是非齐次线性方程组 $Ax = b$ 所对应的齐次线性方程组 $Ax = 0$, 则下列结论正确的是

(A) 若 $Ax = 0$ 仅有零解, 则 $Ax = b$ 有唯一解

(B) 若 $Ax = 0$ 有非零解, 则 $Ax = b$ 有无穷多个解

(C) 若 $Ax = b$ 有无穷多个解, 则 $Ax = 0$ 仅有零解

(D) 若 $Ax = b$ 有无穷多个解, 则 $Ax = 0$ 有非零解

7. 要使 $\xi_1 = \begin{bmatrix} 1 \\ 0 \\ 2 \end{bmatrix}, \xi_2 = \begin{bmatrix} 0 \\ 1 \\ -1 \end{bmatrix}$ 都是线性方程组 $Ax = 0$ 的解, 只要系数矩阵 A 为

(A) $\begin{bmatrix} -2 & 1 & 1 \end{bmatrix}$　　(B) $\begin{bmatrix} 2 & 0 & -1 \\ 0 & 1 & 1 \end{bmatrix}$

(C) $\begin{bmatrix} -1 & 0 & 2 \\ 0 & 1 & -1 \end{bmatrix}$　　(D) $\begin{bmatrix} 0 & 1 & -1 \\ 4 & -2 & -2 \\ 0 & 1 & 1 \end{bmatrix}$

8. 非齐次线性方程组 $Ax = b$ 中未知量个数为 n, 方程个数为 m, 系数矩阵 A 的秩为 r, 则

(A) $r = m$ 时, 方程组 $Ax = b$ 有解　　(B) $r = n$ 时, 方程组 $Ax = b$ 有唯一解

(C) $m = n$ 时, 方程组 $Ax = b$ 有唯一解　　(D) $r < n$ 时, 方程组 $Ax = b$ 有无穷多解

9. 设 A 为 n 阶方阵且 A 的行列式 $|A| = 0$, 则 A 中

(A) 必有一列元素全为零.

(B) 必有两列元素对应成比例.

(C) 必有一列向量是其余列向量的线性组合.

(D) 任一列向量是其余列向量的线性组合.

10. 向量组 $\alpha_1, \alpha_2, \cdots, \alpha_s$ 线性无关的充分条件是

(A) $\alpha_1, \alpha_2, \cdots, \alpha_s$ 均不为零向量.

(B) $\alpha_1, \alpha_2, \cdots, \alpha_s$ 任意两个向量的分量不成比例.

(C) $\alpha_1, \alpha_2, \cdots, \alpha_s$ 中任意一个向量均不能由其余 $s - 1$ 个向量线性表示.

(D) $\alpha_1, \alpha_2, \cdots, \alpha_s$ 中有一部分向量线性无关.

11. 设 $\alpha_1, \alpha_2, \cdots, \alpha_m$ 均为 n 维向量, 那么下列结论正确的是

(A) 若 $k_1\alpha_1 + k_2\alpha_2 + \cdots + k_m\alpha_m = 0$, 则 $\alpha_1, \alpha_2, \cdots, \alpha_m$ 线性相关.

(B) 若对任意一组不全为零的数 $k_1, k_2, \cdots, k_m$, 都有

$k_1\alpha_1 + k_2\alpha_2 + \cdots + k_m\alpha_m \neq 0$, 则 $\alpha_1, \alpha_2, \cdots, \alpha_m$ 线性无关.

(C) 若 $\alpha_1, \alpha_2, \cdots, \alpha_m$ 线性相关, 则对任意一组不全为零的数 $k_1, k_2, \cdots, k_m$, 都有

$k_1\alpha_1 + k_2\alpha_2 + \cdots + k_m\alpha_m = 0$

(D) $0\alpha_1 + 0\alpha_2 + \cdots + 0\alpha_m = 0$, 则 $\alpha_1, \alpha_2, \cdots, \alpha_m$ 线性无关.

12. 已知向量组 $\alpha_1, \alpha_2, \alpha_3, \alpha_4$ 线性无关, 则向量组

(A) $\alpha_1 + \alpha_2, \alpha_2 + \alpha_3, \alpha_3 + \alpha_4, \alpha_4 + \alpha_1$ 线性无关.

(B) $\alpha_1 - \alpha_2, \alpha_2 - \alpha_3, \alpha_3 - \alpha_4, \alpha_4 - \alpha_1$ 线性无关.

(C) $\alpha_1+\alpha_2,\alpha_2+\alpha_3,\alpha_3+\alpha_4,\alpha_4-\alpha_1$ 线性无关.

(D) $\alpha_1+\alpha_2,\alpha_2+\alpha_3,\alpha_3-\alpha_4,\alpha_4-\alpha_1$ 线性无关.

13. 设有任意两个 n 维向量组 $\alpha_1,\alpha_2,\cdots,\alpha_m$ 和 $\beta_1,\beta_2,\cdots,\beta_m$，若存在两组不全为零的数 $\lambda_1,\lambda_2,\cdots,\lambda_m$ 和 $k_1,k_2,\cdots,k_m$，使 $(\lambda_1+k_1)\alpha_1+(\lambda_2+k_2)\alpha_2+\cdots(\lambda_m+k_m)\alpha_m+(\lambda_1-k_1)\beta_1+(\lambda_2-k_2)\beta_2+\cdots(\lambda_m-k_m)\beta_m=0$ 则

(A) $\alpha_1,\alpha_2,\cdots,\alpha_m$ 和 $\beta_1,\beta_2,\cdots,\beta_m$ 都线性相关.

(B) $\alpha_1,\alpha_2,\cdots,\alpha_m$ 和 $\beta_1,\beta_2,\cdots,\beta_m$ 都线性无关.

(C) $\alpha_1+\beta_1,\alpha_2+\beta_2,\cdots,\alpha_m+\beta_m,\alpha_1-\beta_1,\alpha_2-\beta_2,\cdots,\alpha_m-\beta_m$ 线性无关

(D) $\alpha_1+\beta_1,\alpha_2+\beta_2,\cdots,\alpha_m+\beta_m,\alpha_1-\beta_1,\alpha_2-\beta_2,\cdots,\alpha_m-\beta_m$ 线性相关

14. 已知向量组 $\alpha_1,\alpha_2,\alpha_3$ 线性无关，则下列向量组线性无关的是

(A) $\alpha_1+\alpha_2,\alpha_2+\alpha_3,\alpha_3-\alpha_1$

(B) $\alpha_1+\alpha_2,\alpha_2+\alpha_3,\alpha_1+2\alpha_2+\alpha_3$

(C) $\alpha_1+2\alpha_2,2\alpha_2+3\alpha_3,\alpha_1+2\alpha_2+\alpha_3$

(D) $\alpha_1+\alpha_2+\alpha_3,2\alpha_1-3\alpha_2+22\alpha_3,3\alpha_1+5\alpha_2-5\alpha_3$

15. 若向量组 α,β,γ 线性无关，α,β,δ 线性相关，则

(A) α 必可由 β,γ,δ 线性表示　　(B) β 必不可由 α,γ,δ 线性表示

(C) δ 必可由 α,β,γ 线性表示　　(D) δ 必不可由 α,β,γ 线性表示

16. 设 A,B 为满足 $AB=0$ 的任意两个非零矩阵，则必有

(A) A 的列向量组线性相关，B 的行向量组线性相关.

(B) A 的列向量组线性相关，B 的列向量组线性相关.

(C) A 的行向量组线性相关，B 的行向量组线性相关.

(D) A 的行向量组线性相关，B 的列向量组线性相关.

17. 设 $\alpha_1,\alpha_2\cdots,\alpha_s$ 均为 n 维列向量，A 是 $m\times n$ 矩阵，下列选项正确的是

(A) 若 $\alpha_1,\alpha_2\cdots,\alpha_s$ 线性相关，则 $A\alpha_1,A\alpha_2\cdots,A\alpha_s$ 线性相关.

(B) 若 $\alpha_1,\alpha_2\cdots,\alpha_s$ 线性相关，则 $A\alpha_1,A\alpha_2\cdots,A\alpha_s$ 线性无关.

(C) 若 $\alpha_1,\alpha_2\cdots,\alpha_s$ 线性无关，则 $A\alpha_1,A\alpha_2\cdots,A\alpha_s$ 线性相关.

(D) 若 $\alpha_1,\alpha_2\cdots,\alpha_s$ 线性无关，则 $A\alpha_1,A\alpha_2\cdots,A\alpha_s$ 线性无关.

18. 设向量组 $\alpha_1,\alpha_2,\alpha_3$ 线性无关，则下列向量组线性相关的是

(A) $\alpha_1-\alpha_2,\alpha_2-\alpha_3,\alpha_3-\alpha_1$　　(B) $\alpha_1+\alpha_2,\alpha_2+\alpha_3,\alpha_3+\alpha_1$

(C) $\alpha_1-2\alpha_2,\alpha_2-2\alpha_3,\alpha_3-2\alpha_1$　　(D) $\alpha_1+2\alpha_2,\alpha_2+2\alpha_3,\alpha_3+2\alpha_1$

19. 已知 $Q=\begin{bmatrix}1&2&3\\2&4&t\\3&6&9\end{bmatrix}$，$P$ 为 3 阶非零矩阵，且满足 $PQ=0$，则

(A) $t=6$ 时 P 的秩必为 1.　　(B) $t=6$ 时 P 的秩必为 2.

(C) $t\neq 6$ 时 P 的秩必为 1.　　(D) $t\neq 6$ 时 P 的秩必为 2.

20. 设有向量组

$\alpha_1=(1,-1,2,4),\alpha_2=(0,3,1,2),\alpha_3=(3,0,7,4),\alpha_4=(1,-2,2,0),\alpha_5=(2,1,5,10)$

则该向量组的极大线性无关组是

(A) $\alpha_1,\alpha_2,\alpha_3$　　(B) $\alpha_1,\alpha_2,\alpha_4$　　(C) $\alpha_1,\alpha_2,\alpha_5$　　(D) $\alpha_1,\alpha_2,\alpha_3,\alpha_4$

21. 设 n 维向量 $\alpha=(\frac{1}{2},0,\cdots,0,\frac{1}{2})$，矩阵 $A=I-\alpha^T\alpha, B=I+2\alpha^T\alpha$，其中 I 是 n 阶单位矩阵，则 AB 等于

(A) 0　　(B) $-I$　　(C) I　　(D) $I+\alpha^T\alpha$

22. 设矩阵 $A_{m\times n}$ 的秩 $R(A)=m<n$，I_m 是 m 阶单位矩阵，下列结论中正确的是

(A) A 的任意 m 个列向量必线性无关

(B) A 的任意一个 m 阶子式不等于零

(C) A 通过初等行变换，必可化为 $(I_m,0)$ 的形式

(D) 非齐次线性方程组 $AX=b$ 一定有无穷多组解

23. 设矩阵 $A=\begin{bmatrix} a_1 & b_1 & c_1 \\ a_2 & b_2 & c_2 \\ a_3 & b_3 & c_3 \end{bmatrix}$ 是满秩的，则直线 $L_1:\frac{x-a_3}{a_1-a_2}=\frac{y-b_3}{b_1-b_2}=\frac{z-c_3}{c_1-c_2}$ 与直线 $L_2:\frac{x-a_1}{a_2-a_3}=\frac{y-b_1}{b_2-b_3}=\frac{z-c_1}{c_2-c_3}$

(A) 相交于一点　　(B) 重合　　(C) 平行但不重合　　(D) 异面

24. 设 A 是 $m\times n$ 矩阵，B 是 $n\times m$ 矩阵，则

(A) 当 $m>n$ 时，必有行列式 $|AB|\neq 0$.　　(B) 当 $m>n$ 时，必有行列式 $|AB|=0$.

(C) 当 $n>m$ 时，必有行列式 $|AB|\neq 0$.　　(D) 当 $n>m$ 时，必有行列式 $|AB|=0$.

25. 设 n 维列向量 β 能由 n 维列向量组 $\alpha_1,\alpha_2,\cdots,\alpha_m$ 线性表示，但不能由向量组(I)：$\alpha_1,\alpha_2,\cdots,\alpha_{m-1}$ 线性表示，记向量组(II)：$\alpha_1,\alpha_2,\cdots,\alpha_{m-1},\beta$，则

(A) α_m 不能由(I)线性表示，也不能由(II)线性表示.

(B) α_m 不能由(I)线性表示，但可由(II)线性表示

(C) α_m 可由(I)线性表示，也可由(II)线性表示

(D) α_m 可由(I)线性表示，但不可由(II)线性表示

26. 设 n 维列向量组 $\alpha_1,\alpha_2,\cdots,\alpha_m(m<n)$ 线性无关，则 n 维列向量组 $\beta_1,\beta_2,\cdots,\beta_m$ 线性无关的充分必要条件是

(A) 向量组 $\alpha_1,\alpha_2,\cdots,\alpha_m$ 可由向量组 $\beta_1,\beta_2,\cdots,\beta_m$ 线性表示.

(B) 向量组 $\beta_1,\beta_2,\cdots,\beta_m$ 可由向量组 $\alpha_1,\alpha_2,\cdots,\alpha_m$ 线性表示.

(C) 向量组 $\alpha_1,\alpha_2,\cdots,\alpha_m$ 与向量组 $\beta_1,\beta_2,\cdots,\beta_m$ 等价.

(D) 矩阵 $A=[\alpha_1,\alpha_2,\cdots,\alpha_m]$ 与矩阵 $B=[\beta_1,\beta_2,\cdots,\beta_m]$ 等价.

27. 设8元非齐次线性方程组的系数矩阵 A 的秩等于3，$\alpha_1,\alpha_2,\cdots,\alpha_s$ 是该方程组线性无关的解向量组，则 s 的最大值

(A) 小于5；　　(B) 等于5；　　(C) 等于6；　　(D) 大于6.

28. 若5个方程7个未知量的其次线性方程组的系数矩阵的秩为3，则其线性无关解向量的最大个数等于

(A) 5；　　(B) 4；　　(C) 3；　　(D) 2.

29. 设 $\alpha_1,\alpha_2,\alpha_3$ 是非齐次线性方程组 $AX=B$ 的三个解，则下列向量中，(　　) 仍是 $AX=B$ 的解.

(A) $\alpha_1-\alpha_2$　　(B) $\alpha_1-2\alpha_2+\alpha_3$

(C) $\frac{3}{2}\alpha_1+\alpha_2-\frac{1}{2}\alpha_3$　　(D) $\alpha_1-\alpha_2+\alpha_3$

30. 设 A 是 $m\times n(m\leqslant n)$ 的矩阵，B 是 m 维列向量，则下列命题正确的是

(A) 当 $AX=0$ 有非零解时，则 $AX=B$ 也有解；

(B) 当 $AX=B$ 有解时，则 $AX=0$ 必有无穷多解；

(C) 当 $AX=0$ 有唯一解时，则 $AX=B$ 也有唯一解；

(D) 当 $AX=B$ 无解时，则 $AX=0$ 仅有零解.

三、解答题

1. 问 a,b 为何值时，线性方程组 $\begin{cases}x_1+x_2+x_3+x_4=0\\x_2+2x_3+2x_4=1\\-x_2+(a-3)x_3-2x_4=b\\3x_1+2x_2+x_3+ax_4=-1\end{cases}$ 有唯一解、无解、有无穷多解？并求出有无穷多解时的通解.

2. 问 λ 为何值时，线性方程组 $\begin{cases}x_1+x_3=\lambda\\4x_1+x_2+2x_3=\lambda+2\\6x_1+x_2+4x_3=2\lambda+3\end{cases}$ 有解，并求出解的一般形式.

3. 设线性方程组 $\begin{cases}x_1+2x_2-2x_3=0\\2x_1-x_2+\lambda x_3=0\\3x_1+x_2-x_3=0\end{cases}$ 的系数矩阵为 A，3 阶矩阵 $B\neq 0$，且 $AB=0$，试求 λ 的值.

4. 设 $\alpha_1,\alpha_2,\alpha_3$ 是齐次线性方程组 $AX=0$ 的一个基础解系，证明：$\alpha_1+\alpha_2,\alpha_2+\alpha_3,\alpha_3+\alpha_1$ 也是该方程的一个基础解系.

5. 设向量组 $\alpha_1=(a,2,10)^T,\alpha_2=(-2,1,5)^T,\alpha_3=(-1,1,4)^T,\beta=(0,b,c)^T$，试问：当满足什么条件时

(1) β 可由 $\alpha_1,\alpha_2,\alpha_3$ 线性表示，且表示唯一？

(2) β 不能由 $\alpha_1,\alpha_2,\alpha_3$ 线性表示？

(3) β 可由 $\alpha_1,\alpha_2,\alpha_3$ 线性表示，但表示不唯一？求出一般表达式.

6. 设 $\alpha_1,\alpha_2,\cdots,\alpha_s$ 是齐次线性方程组 $Ax=0$ 的一个基础解系，若 $\beta_1=t_1\alpha_1+t_2\alpha_2,\beta_2=t_1\alpha_2+t_2\alpha_3,\cdots,\beta_s=t_1\alpha_s+t_2\alpha_1$，其中 t_1,t_2 为实常数，试问 t_1,t_2 满足什么关系时，$\beta_1,\beta_2,\cdots,\beta_s$ 也是 $Ax=0$ 的一个基础解系.

7. 已知向量组 $\alpha_1,\alpha_2,\cdots,\alpha_s(s\geqslant 2)$ 线性无关.设 $\beta_1=\alpha_1+\alpha_2,\beta_2=\alpha_2+\alpha_3,\cdots,\beta_{s-1}=\alpha_{s-1}+\alpha_s,\beta_s=\alpha_s+\alpha_1$，讨论向量组 $\beta_1,\beta_2,\cdots,\beta_s$ 的线性相关性.

8. 讨论向量组 $\alpha_1=(1,1,0),\alpha_2=(1,3,-1),\alpha_3=(5,3,t)$ 的线性相关性.

9. 设 A 是 $m\times n$ 矩阵，B 是 $n\times m$ 矩阵，I 是 n 阶单位矩阵（$m>n$），若 $BA=I$，试判断 A 的列向量组是否线性相关？为什么？

10. 设 A 是 n 阶矩阵，若存在正整数 k，使线性方程组 $A^kx=0$ 有解向量 α，且 $A^{k-1}\alpha\neq 0$，证明：向量组 $\alpha,A\alpha,\cdots,A^{k-1}\alpha$ 是线性无关的.

11. 设 $\alpha_i=(a_{i1},a_{i2},\cdots,a_{in})(i=1,2,\cdots,r,r<n)$ 是 n 维实向量，且 $\alpha_1,\alpha_2,\cdots,\alpha_r$ 线性无关，已知 $\beta=(b_1,b_2,\cdots,b_n)^T$ 是线性方程组

$$\begin{cases} a_{11}x_1 + a_{12}x_2 + \cdots a_{1n}x_n = 0 \\ a_{21}x_1 + a_{22}x_2 + \cdots a_{2n}x_n = 0 \\ \qquad\qquad \vdots \\ a_{r1}x_1 + a_{r2}x_2 + \cdots a_{rn}x_n = 0 \end{cases}$$

的非零解向量,试判断向量组 $\alpha_1,\alpha_2,\cdots,\alpha_r,\beta^T$ 的线性相关性.

12. 设四维向量组

$\alpha_1=(1+a,1,1,1)^T,\alpha_2=(2,2+a,2,2)^T,\alpha_3=(3,3,3+a,3)^T,\alpha_4=(4,4,4,4+a)^T$

问 a 为何值时,$\alpha_1,\alpha_2,\alpha_3,\alpha_4$ 线性相关? 当 $\alpha_1,\alpha_2,\alpha_3,\alpha_4$ 线性相关时,求其一个极大线性无关组,并将其余向量用该极大线性无关组线性表出.

13. 设 A,B,C 为 n 阶方阵,满足条件 $BC=0,r(A)<r(C)$.证明:存在非零的 n 维列向量 X,使 $AX=BX$.其中 $r(A)$ 表示矩阵 A 的秩.

14. 设 A,B,C 为数域 P 上 n 阶方阵,证明:如果 $AB=0,AC=0,r(A)=n-1,B\neq 0$,那么 C 的列向量均可被 B 的列向量线性表示,其中 $r(A)$ 表示矩阵 A 的秩.

15. λ 取何值时,非齐次方程组 $\begin{cases}\lambda x_1 + x_2 + x_3 = 1 \\ x_1 + \lambda x_2 + x_3 = \lambda \\ x_1 + x_2 + \lambda x_3 = \lambda^2\end{cases}$

有唯一解;无解;有无穷多解,并在有无穷多解时求其通解.

16. 当 λ,μ 为何值时,方程组 $\begin{cases}\lambda x_1 + x_2 + x_3 = 4 \\ x_1 + \mu x_2 + x_3 = 3 \\ x_1 + 2\mu x_2 + x_3 = 4\end{cases}$ 有唯一解;无解;无穷多解并求其通解.

17. a,b 为何值时,方程组 $\begin{cases}x_1 + x_2 - x_3 = 2 \\ 2x_1 + (2+a)x_2 + (b+2)x_3 = 3 \\ -3ax_1 + (a+2b)x_3 = -3\end{cases}$ 有唯一解;无解;无穷多解.

18. 设 A,B 为 n 阶方阵,证明:线性方程组 $ABx=0$ 与 $Bx=0$ 同解的充分必要条件是 $R(AB)=R(B)$.

19. 已知平面上三条不同直线的方程分别为

$l_1:ax+2by+3c=0,l_2:bx+2cy+3a=0,l_3:cx+2ay+3b=0$

证明:这三条直线交于一点的充分必要条件是 $a+b+c=0$.

20. 设 V_1,V_2 分别表示以下两个关于未知数 x,y,z 的方程组的解空间:

$\begin{cases}ax+y+z=0 \\ x+ay-z=0 \\ -y+z=0\end{cases}$, $\begin{cases}bx+y+z=0 \\ x+by+z=0 \\ x+y+bz=0\end{cases}$

试确定 a,b 的值使得 V_1+V_2 为 V_1 与 V_2 的直和.

21. 设 A 是 $m\times n$ 矩阵,B 是 $n\times p$ 矩阵,且 $AB=C$,证明:

(1) 若 $R(A)=n$,则 $R(C)=R(B)$;

(2) 若 $R(B)=n$,则 $R(C)=R(A)$.

22. 设$A=(\alpha_1,\alpha_2,\alpha_3)$，其中$\alpha_i,i=1,2,3$为4维列向量且$Ax=\beta$的通解为$X=k\xi+\xi_0$，其中$\xi=(1,2,-1)^T,\xi_0=(2,1,-2)^T$.令$B=(\alpha_1,\alpha_2,\alpha_3,\beta+\alpha_3)$.试求：$BY=\alpha_1-\alpha_2$的通解表达式.

23. 当参数λ,μ取何值时，线性方程组$\begin{cases}x_1+x_2+2x_3=1\\-x_2+(\lambda+1)x_3=1\\3x_1+\lambda x_2+x_3=\mu+2\end{cases}$

(1) 无解；(2) 有唯一解；(3) 有无穷多解并求其通解.

24. 当参数a,b取何值时，线性方程组$\begin{cases}x_1+ax_2+x_3=3\\x_1+x_2+bx_3=2\\x_1+x_2+2bx_3=3\end{cases}$

(1) 有唯一解并求解；(2) 无解；(3) 有无穷多解并求其通解.

25. 设线性方程组$Ax=\beta$有解，其中$A=(a_{ij})_{m\times n}$是数域F上的矩阵，

$$X=(x_1,x_2,\cdots,x_n)^T,\beta=(b_1,b_2,\cdots,b_n)^T,$$

对于某个$k,1\leqslant k\leqslant n$，证明：该方程组的任意解的第$k$个分量都为零的充分必要条件是，划去增广矩阵$(A,\beta)$的第$k$列后秩要减少1.

26. 叙述并证明线性方程组有解的判别定理；当线性方程组有解时，给出它的通解并证明之.

27. 设F,K都是数域且$F\subset K$，设$Ax=\beta$是数域F上的线性方程组.证明：$Ax=\beta$在F上有解当且仅当$Ax=\beta$在K上有解.

28. 设$Ax=\beta$是数域F上的一个n元线性方程组，其系数矩阵A的秩$r(A)=r$.设S为它的解集.

(1) 给出"S是F^n的子空间"的充分必要条件，并证明你的结论.

(2) 假设S不是空集且不是F^n的子空间.求S的秩，并给出它的一个极大无关组.

29. 设A是数域F上的$m\times n$型矩阵.

(1) 问A应该满足什么条件，使得对任意$\beta\in F^m$，线性方程组$Ax=\beta$都有解？说明理由.

(2) 设$F=R$是实数域，证明：对任意m维实向量β，线性方程组$A^TAx=A^T\beta$都有解，其中，A^T表示A的转置.

(3) 设B也是数域F上$m\times n$型矩阵，$M_{m\times n}(F),M_{n\times m}(F)$分别是$F$上的所有$m\times n$型矩阵，$n\times m$型矩阵组成的线性空间.证明：当$m\neq n$时，由$f(X)=AXB$给出的$M_{n\times m}(F)$从到$M_{m\times n}(F)$的线性映射$f$是不可逆的.

30. 设A是$n\times n$阶矩阵，如果对任意n维向量$\alpha=(c_1,c_2,\cdots,c_n)^T$，都有$A\alpha=0$，那么$A=0$.

31. 设$\alpha_1,\alpha_2,\cdots,\alpha_s$是齐次线性方程组$Ax=0$的基础解系.证明：

$$\beta_1=\alpha_2+\alpha_3+\cdots+\alpha_s,\beta_2=\alpha_1+\alpha_3+\cdots+\alpha_s,\cdots,\beta_s=\alpha_1+\alpha_2+\cdots+\alpha_{s-1}$$

也是$Ax=0$的基础解系.

32. 设A是秩为$n-1$的$m\times n$矩阵，β是非齐次线性方程组$Ax=b$的一个特解，α是对应的齐次线性方程组$Ax=0$的一个非零解.

(1)β与$Ax=b$是$Ax=b$线性无关的解向量；

(2) $Ax = b$ 的解都可以表示为 $x = k_1\beta + k_2(\alpha + \beta), k_1 + k_2 = 1$.

33. 求齐次线性方程组的基础解系及通解 $\begin{cases} 3x_1 + 2x_2 + 5x_3 + 2x_4 + 7x_5 = 0 \\ 6x_1 + 4x_2 + 7x_3 + 4x_4 + 5x_5 = 0 \\ 3x_1 + 2x_2 - x_3 + 2x_4 - 11x_5 = 0 \\ 6x_1 + 4x_2 + x_3 + 4x_4 - 13x_5 = 0 \end{cases}$.

34. 讨论 a, b 满足什么条件时，数域 P 上的线性方程组有唯一解；有无穷多解；无解？并在有解时求出方程组的全部解. $\begin{cases} ax_1 + 3x_2 + 3x_3 = 3 \\ x_1 + 4x_2 + x_3 = 1 \\ 2x_1 + 2x_2 + bx_3 = 2 \end{cases}$

35. a 取何值时，方程组 $\begin{cases} ax_1 + x_2 + x_3 = a - 2 \\ x_1 + ax_2 + x_3 = -1 \\ x_1 + x_2 + ax_3 = -1 \end{cases}$ 有唯一解，无解，无穷多组解.

36. 设 $f(x), g(x)$ 是数域 F 上的多项式，且 $(f(x), g(x)) = 1$，M_n 是数域 F 上的 n 阶矩阵，设 $A = f(M_n), B = g(M_n)$，证明方程组 $ABX = 0$ 的任何解可表示成 $AX = 0$ 的解与 $BX = 0$ 的解的和的形式.

37. 讨论线性方程组 $\begin{cases} ax_1 + x_2 + x_3 = -2 \\ x_1 + ax_2 + x_3 = a \\ x_1 + x_2 + ax_3 = a^2 \end{cases}$ 的解，参数 a 取何值时，线性方程组有唯一解；无解；有无穷多解？并求出有无穷多解时的通解(用导出组的基础解系表示).

38. 已知3阶实矩阵 $A = (a_{ij})$ 满足条件 $a_{ij} = A_{ij}, i, j = 1, 2, 3$，其中 A_{ij} 是 a_{ij} 的代数余子式，且 $a_{33} = -1$.求：

(1) $|A|$；(2) 方程组 $A\begin{pmatrix} x_1 \\ x_2 \\ x_3 \end{pmatrix} = \begin{pmatrix} 0 \\ 0 \\ 1 \end{pmatrix}$ 的解.

39. 证明：方程组 $\begin{cases} a_{11}x_1 + a_{12}x_2 + \cdots + a_{1n}x_n = 0 \\ a_{21}x_1 + a_{22}x_2 + \cdots + a_{2n}x_n = 0 \\ \qquad\qquad \vdots \\ a_{s1}x_1 + a_{s2}x_2 + \cdots + a_{sn}x_n = 0 \end{cases}$ (1) 的解全是方程 $b_1x_1 + b_2x_2 + \cdots + b_nx_n = 0$ (2) 的解的充分必要条件是：$\beta = (b_1, b_2, \cdots, b_n)$ 可由向量组 $\alpha_1, \alpha_2, \cdots, \alpha_s$ 线性表示，其中 $\alpha_i = (a_{i1}, a_{i2}, \cdots, a_{in}), i = 1, 2, \cdots, s$.

40. 讨论 $b_1, b_2, \cdots, b_n (n \geq 2)$ 满足什么条件时下列方程有解，有多少解？

$$\begin{cases} x_1 + x_2 = b_1 \\ x_2 + x_3 = b_2 \\ \vdots \\ x_{n-1} + x_n = b_{n-1} \\ x_n + x_1 = b_n \end{cases}$$

41. a 取何值时,下列方程组有解,并求解$\begin{cases} x_1 + 2x_2 + ax_3 = 1 \\ x_1 + 3x_2 + (2a-1)x_3 = 1 \\ x_1 + (a+3)x_2 + ax_3 = 2a-1 \end{cases}$

42. 解方程:$\begin{cases} 4x_1 + 3x_2 + 2x_3 + x_4 = 17 \\ 3x_1 + 2x_2 + x_3 + 4x_4 = 17 \\ 2x_1 + x_2 + 4x_3 + 3x_4 = 17 \\ x_1 + 4x_2 + 3x_3 + 2x_4 = 17 \end{cases}$

43. 讨论方程 $AX = b$ 的解.

44. 设复数 ω 满足 $\omega^n = 1$,但对 $0 < k < n, \omega^k \neq 1$.令

$$A = \begin{pmatrix} 1 & \omega^t & \omega^{2t} & \cdots & \omega^{(n-1)t} \\ 1 & \omega^{t+1} & \omega^{2(t+1)} & \cdots & \omega^{(n-1)(t+1)} \\ \vdots & \vdots & \vdots & \cdots & \vdots \\ 1 & \omega^{t+s-1} & \omega^{2(t+s-1)} & \cdots & \omega^{(n-1)(t+s-1)} \end{pmatrix}$$

这里 s,t 都是正整数,且 $s < n$,任取 $s \times 1$ 复矩阵 b 和 $n \times 1$ 复矩阵 c,分别讨论线性方程组 $AX = b$ 和 $A^TY = c$ 的解的情况.

45. 设 W_1 与 W_2 分别为 n 元齐次线性方程组 $AX = 0$ 和 $BX = 0$ 的解空间,试构造两个 n 元齐次线性方程组,使它们的解空间分别为 $W_1 \cap W_2$ 和 $W_1 + W_2$.

46. 设 $Ax = b$ 为四元非齐次线性方程组,矩阵 A 的秩为 3,已知 x_1, x_2, x_3 是它的三个解向量,且 $x_1 = (4,1,0,2)^T, x_2 + x_3 = (1,0,1,2)^T$.试求该线性方程组的解.

47. λ 取何值时,线性方程组$\begin{cases} 2x_1 - 4x_2 + 5x_3 + 3x_4 = 1 \\ 3x_1 - 6x_2 + 4x_3 + 2x_4 = 2 \\ 4x_1 - 8x_2 + 3x_3 + x_4 = \lambda \end{cases}$有解? 当方程组有解时,试求其通解.

48. 证明 n 元齐次线性方程组 $A_{m\times n}x = 0$ 有非零解的充分必要条件是系数矩阵的秩 $R(A) < n$.

49. 求一个齐次线性方程组,使它的基础解系为 $\xi_1 = (0,1,2,3)^T, \xi_2 = (3,2,1,0)^T$.

50. 设 A 是 $m \times 3$ 矩阵,且 $R(A) = 1$.如果非齐次线性方程组 $Ax = b$ 的三个解向量 η_1, η_2, η_3 满足 $\eta_1 + \eta_2 = (1,2,3)^T, \eta_2 + \eta_3 = (0,-1,1)^T, \eta_3 + \eta_1 = (1,0,-1)^T$,求 $Ax = b$ 的通解.

51. λ 取何值时,下列线性方程组有解? 当有解时,求它的通解.

$$\begin{cases} 2x_1 + 3x_2 - x_3 - 2x_4 = 2 \\ x_1 - 4x_2 + 2x_3 - x_4 = -1 \\ 3x_1 - x_2 + x_3 - 3x_4 = \lambda \\ x_1 + 7x_2 - 3x_3 - x_4 = 3 \end{cases}$$

52. 非齐次线性方程组的增广矩阵为$(A, \quad b) = \begin{pmatrix} 4 & -2 & 13 & 0 & 3 \\ 2 & 4 & p & 10 & 1 \\ 3 & -1 & 8 & 1 & 2 \\ 5 & 3 & -3 & 11 & 1 \end{pmatrix}$.问:$p$ 取何值

高等代数选讲

时,方程组有解?并求解.

53. 证明:若 n 阶方阵 A 的秩为 r,则必有秩为 $n-r$ 的 n 阶方阵 B,使 $BA=0$.

54. a,b 取什么值时,线性方程组 $\begin{cases}x_1+x_2+x_3+x_4+x_5=1\\3x_1+2x_2+x_3+x_4-3x_5=a\\x_2+2x_3+2x_4+6x_5=3\\5x_1+4x_2+3x_3+3x_4-x_5=b\end{cases}$ 有解?在有解的情形,求一般解.

55. 设 $m\times n$ 阶矩阵 A 的秩为 m, $n\times(n-m)$ 阶矩阵 B 的秩为 $n-m$, $AB=0$, α 是满足 $A\alpha=0$ 的一个 n 维列向量,证明:存在唯一的一个 $n-m$ 维列向量 β,使 $\alpha=B\beta$.

56. 设线性方程组 $Ax=d$ 有解,其中 $A=(a_{ij})_{m\times n}$,秩$(A)=r_1$,线性方程组 $Bx=c$ 无解,其中 $B=(b_{ij})_{m\times s}$,秩$(B)=r_2$.记矩阵 $G=(A,B,d,c)$.证明:秩 $G\leqslant r_1+r_2+1$.

57. 设平面上有 n 条直线 $a_ix+b_iy+c_i=0, i=1,2,\cdots,n$,试给出它们有唯一公共交点的充分必要条件,并证明之.

58. 令 N 表示齐次线性方程组 $\begin{cases}a_{11}x_1+a_{12}x_2+\cdots+a_{1n}x_n=0\\a_{21}x_1+a_{22}x_2+\cdots+a_{2n}x_n=0\\\qquad\vdots\\a_{m1}x_1+a_{m2}x_2+\cdots+a_{mn}x_n=0\end{cases}$ 的解空间,令

M_i 表示齐次线性方程组 $a_{i1}x_1+a_{i2}x_2+\cdots+a_{in}x_n=0, i=1,2,\cdots,n$ 的解空间,证明:$N=M_1\cap M_2\cap\cdots\cap M_m$.

59. 设 A 为 n 阶方阵,证明:$R(A^3)+R(A)\geqslant 2R(A^2)$.

60. 是否存在实数 $x_1,x_2,\cdots,x_n$,使得 $\sum_{k=1}^{n}k^ix_k=(n+1)^i, i=0,1,\cdots,n$.给出并证明你的结论.

61. 已知方程组 $\begin{cases}x_1+x_2-x_3=1\\2x_1+(a+2)x_2-(b+2)x_3=3\\-3ax_2+(a+2b)x_3=-3\end{cases}$.问:当 a,b 取什么值时,方程组无解?有唯一解?有无穷解?并在有无穷多解时,给出这个方程组的通解.

62. 研究 k 取何值时,线性方程组 $\begin{cases}kx_1+x_2+x_3=5\\3x_1+2x_2+kx_3=18-5k\\x_2+2x_3=2\end{cases}$ 有唯一解;有无穷多解;无解.

63. (1) 设 A 是 n 阶方阵, $X=(x_1,x_2,\cdots,x_n)^T$,试求证线性方程组 $AX=0$ 与 $A^2X=0$ 同解的充分必要条件是 $rank(A)=rank(A^2)$.

(2) 设 $A^2=E$,试求证 A 相似于对角矩阵.

64. 设线性方程组 $\begin{cases}a_{11}x_1+a_{12}x_2+\cdots+a_{1n}x_n=b_1\\a_{21}x_1+a_{22}x_2+\cdots+a_{2n}x_n=b_2\\\qquad\vdots\\a_{n1}x_1+a_{n2}x_2+\cdots+a_{nn}x_n=b_n\end{cases}$ 的系数矩阵 A 的秩等于矩阵

$$B=\begin{pmatrix} a_{11} & \cdots & a_{1n} & b_1 \\ \vdots & \cdots & \vdots & \vdots \\ a_{n1} & \cdots & a_{nn} & b_n \\ b_1 & \cdots & b_n & 0 \end{pmatrix}$$的秩,证明该线性方程组有解.

65. 叙述不相容线性方程组最小二乘法的定义与求法,简要介绍线性方程组的最小二乘法的理论框架和研究思路.

66. 设A为数域F上的n阶矩阵,$f(x),g(x)\in F[x]$,证明:如果$d(x)$是$f(x)$与$g(x)$的一个最大公因式,那么齐次线性方程组$d(A)X=0$的解空间等于$f(A)X=0$的解空间与$g(A)X=0$的解空间的交集.

67. 设A为$m\times n$复矩阵,证明线性方程组$AX=0$与$A^HAX=0$同解,其中$A^H=\overline{A}^T$.

68. 解线性方程组$\begin{cases} x_1+ax_2+a^2x_3=a^3 \\ x_1+bx_2+b^2x_3=b^3 \\ x_1+cx_2+c^2x_3=c^3 \end{cases}$,其中$a,b,c$为互不相同的数.

69. 设A为$m\times n$矩阵,b为m维列向量,证明:$AX=b$有解的充分必要条件是对满足$A^Tz=0$的m维列向量z也一定满足$b^Tz=0$.

70. 设$A=\begin{pmatrix} a_{11} & a_{12} & a_{13} \\ a_{21} & a_{22} & a_{23} \end{pmatrix}$矩阵,向量$\alpha=(c_1,c_2,c_3)^T$,其中

$$c_1=\det\begin{pmatrix} a_{12} & a_{13} \\ a_{22} & a_{23} \end{pmatrix},c_2=\det\begin{pmatrix} a_{13} & a_{11} \\ a_{23} & a_{21} \end{pmatrix},c_3=\det\begin{pmatrix} a_{11} & a_{12} \\ a_{21} & a_{22} \end{pmatrix}.$$

证明:如下结论:

(1)$rank(A)=2$的充分必要条件是向量$\alpha\neq 0$;

(2)如果$rank(A)=2$,那么α是齐次线性方程组$AX=0$的基础解系.

71. 求齐次线性方程组$\begin{cases} x_1-x_2+x_3+x_4-x_5=0 \\ x_1+x_2+x_4+x_5=0 \\ x_1-3x_2+2x_3+x_4-3x_5=0 \\ 3x_1+x_2+x_3+3x_4+x_5=0 \end{cases}$的一组基础解系.

72. 设齐次线性方程组$\begin{cases} x_1-x_2=0 \\ x_2+x_4=0 \end{cases}$①与$\begin{cases} x_1+x_2+x_3=0 \\ x_2+x_3+x_4=0 \end{cases}$②

(1)分别给出方程组①与②的一个基础解系

(2)给出①和②的全部公共解.

73. 设向量组(I):$\alpha_1,\cdots,\alpha_s,\alpha_{s+1}$线性相关,则(I)中任意$s$个向量都线性无关的充分必要条件是什么?为什么?

74. (1)设A,B是n级方阵,证明:$R(AB)=R(B)$的充分必要条件是$ABx=0$的解均为$Bx=0$的解.

(2)设A,B为n阶方阵,$R(AB)=R(B)$,证明:对于任意可以相乘的矩阵C均有$R(ABC)=R(BC)$.

(3)若有正整数k使得$R(A^k)=R(A^{k+1})$,则$R(A^k)=R(A^{k+j}),j=1,2,\cdots$

75. 设$A=\begin{bmatrix} a & 1 & 1 \\ 1 & b & 1 \\ 1 & 3b & 1 \end{bmatrix}$,$B$是三阶非零方阵,且$AB=0$,求$a,b$以及$B$的秩.

76. 已知 A 为 n 阶方阵,证明:$R(A^n)=R(A^{n+1})$.

77. 给定数域 P 上的分块矩阵 $M=\begin{pmatrix}A & C\\ 0 & B\end{pmatrix}$,其中 A 为 $m\times n$ 的矩阵,B 为 $k\times l$ 的矩阵,证明 $rank(A)+rank(B)\leqslant rank(M)$. 注: $rank(A)$ 表示矩阵 A 的秩.

78. 用两种方法证明如下结论:设 $A=(a_{ij})_{n\times m}$ 和 $B=(b_{ij})_{m\times p}$ 是数域 F 上的矩阵,则 $rank(A)+rank(B)\leqslant rank(AB)+m$.

79. 设 A,B 是 n 阶方阵,证明:$R(A)+R(B)-n\leqslant R(AB)\leqslant \min(R(A),R(B))$.

80. 如果 A,B 均为 n 阶方阵,证明:$rank(AB-E_n)\leqslant rank(A-E_n)+rank(B-E_n)$.

81. 设 A 是 n 级矩阵,且 $A^2+A=2E$,其中 E 是 n 级单位阵,证明:$rank(A+2E)+rank(A-E)=n$.

82. $A=\begin{pmatrix}A_{11} & A_{12} & \cdots & A_{1s}\\ A_{21} & A_{22} & \cdots & A_{2s}\\ A_{31} & A_{32} & \cdots & A_{3s}\\ \vdots & \vdots & \ddots & \vdots\\ A_{t1} & A_{t2} & \cdots & A_{ts}\end{pmatrix}$,证明:$r(A)\leqslant \sum\limits_{i=1}^{t}\sum\limits_{j=1}^{s}r(A_{ij})$.

83. 设 n 阶非零实方阵 $A=(a_{ij})$,且行列式 $|A|$ 的每一个元素 a_{ij} 都等于它的代数余子式 A_{ij},求 $R(A)$.

84. 设 A,B 都是 n 阶矩阵,且 $ABA=B^{-1}$.证明: $R(E-AB)+R(E+AB)=n$.

85. 设 A 为 $n\times n$ 方阵,E 为 $n\times n$ 单位矩阵.证明:

$$A^2=E\Leftrightarrow r(A-E)+r(A+E)=n.$$

其中 $r(A-E)$,$r(A+E)$ 分别表示矩阵 $A-E$,$A+E$ 的秩.

86. 设 A 为 n 阶矩阵(不一定是实矩阵),证明:$R(AA^T)\geqslant 2R(A)-n$,并给出等号成立的一个充分必要条件(不必证明这个条件).

87. (1) 若 A,B 都是 n 阶方阵,证明:$rank(A)+rank(B)\leqslant n+rank(AB)$.

(2) 若 $A_1,A_2,\cdots,A_s$ 都是 n 阶方阵,证明:

$$\sum_{i=1}^{s}rank(A_i)\leqslant n(s-1)+rank(A_1A_2\cdots A_s).$$

88. 设 A,B 都是 n 阶幂等方阵(即 $A^2=A,B^2=B$),且 $E-A-B$ 可逆,证明:$r(A)=r(B)$.

89. 设 $R(A-I)=p,R(B-I)=q$,证明 $R(AB-I)\leqslant p+q$.

90. 设 $A_1,A_2,\cdots,A_m$ 都是 n 阶方阵,且 $A_1A_2\cdots A_m=0$,证明:

$$r(A_1)+r(A_2)+\cdots+r(A_m)\leqslant (m-1)n.$$

参考答案

第四章 矩阵

§4.1 基本题型及其常用解题方法

§4.1.1 矩阵可逆的判定与证明和逆矩阵的计算

1. 利用定义

理论依据:一个 n 阶方阵 A 称为可逆矩阵,如果存在 n 阶方阵 B,使得 $AB=BA=E$,E 为 n 阶单位矩阵,B 称为 A 的逆矩阵,记为 $A^{-1}=B$.

例 4.1 设 n 阶方阵 A 满足 $A^k=0$,其中 k 为正整数,证明:$E-A$ 为可逆矩阵,并求 $(E-A)^{-1}$,这里 E 为 n 阶单位矩阵.

分析:由 $1-x^k=(1-x)(1+x+\cdots+x^{k-1})=(1+x+\cdots+x^{k-1})(1-x)$,用 A 替换 x 并利用条件 $A^k=0$,便不难得到结论(将一个多项式等式中的未知量 x,用一个方阵 A 替换便得一个矩阵等式.但要注意:多项式中的常数项 C 应替换为 CE).

证明 因为 $(E-A)(E+A+\cdots+A^{k-1})=(E+A+\cdots+A^{k-1})(E-A)=E-A^k=E$,故:$E-A$ 可逆且 $(E-A)^{-1}=E+A+\cdots+A^{k-1}$.

2. 利用矩阵的行列式及其伴随矩阵

理论依据:n 阶方阵 A 可逆 $\Leftrightarrow |A|\neq 0$,且可逆时,$A^{-1}=\dfrac{1}{|A|}A^*$,其中 A^* 是 A 的伴随矩阵.

说明:(1) $(A^*)^{-1}=\dfrac{1}{|A|}A$,$A^*=|A|A^{-1}$;(2) $(A^*)^*=|A^*|(A^*)^{-1}=|A|^{n-2}A$.

例 4.2 设 A,B 为两个 n 阶方阵,如果 $AB=E$ 或 $BA=E$,其中 E 为 n 阶单位矩阵,证明 A 可逆且 $A^{-1}=B$.

证明 仅证 $AB=E$ 的情形(类似证明 $BA=E$ 的情形).因为 $AB=E$,所以 $|A||B|=1$,从而 $|A|\neq 0$,故 A 可逆且 $A^{-1}=A^{-1}E=A^{-1}(AB)=(A^{-1}A)B=EB=B$.

例 4.3 设 A 为 n 阶非奇异矩阵,α 为 n 维列向量,b 为常数.计分块矩阵

$P=\begin{bmatrix} I & 0 \\ -\alpha^TA^* & |A| \end{bmatrix}$，$Q=\begin{bmatrix} A & \alpha \\ \alpha^T & b \end{bmatrix}$，其中 A^* 是 A 的伴随矩阵，I 是 n 阶单位矩阵.

(1) 计算并化简 PQ. (2) 证明：矩阵 Q 可逆的充分必要条件是 $\alpha^TA^{-1}\alpha\neq b$.

解 (1)$PQ=\begin{bmatrix} I & 0 \\ -\alpha^TA^* & |A| \end{bmatrix}\begin{bmatrix} A & \alpha \\ \alpha^T & b \end{bmatrix}=\begin{bmatrix} A & \alpha \\ -\alpha^TA^*A+|A|\alpha^T & -\alpha^TA^*\alpha+b|A| \end{bmatrix}$

而 $A^*A=|A|I, A^*=|A|A^{-1}$，因此 $-\alpha^TA^*A+|A|\alpha^T=-|A|\alpha^T+|A|\alpha^T=0$，

$-\alpha^TA^*\alpha+b|A|=|A|(b-\alpha^TA^{-1}\alpha)$，故：$PQ=\begin{bmatrix} A & \alpha \\ 0 & |A|(b-\alpha^TA^{-1}\alpha) \end{bmatrix}$.

(2) 由 (1) 得 $|P||Q|=|A|^2(b-\alpha^TA^{-1}\alpha)$，而 $|P|=|A|$，因此 $|Q|=|A|(b-\alpha^TA^{-1}\alpha)$，故：$Q$ 可逆的充分必要条件是 $|Q|=|A|(b-\alpha^TA^{-1}\alpha)\neq0$，即 $\alpha^TA^{-1}\alpha\neq b$.

3. 利用因式分解

理论依据：(1) 设 A,B 为两个 n 阶方阵，如果 $AB=E$，则 A 可逆且 $A^{-1}=B$.

(2) 设 A,B 为两个 n 阶方阵，如果 $BA=E$，则 A 可逆且 $A^{-1}=B$.

例 4.4 设矩阵 A 满足 $A^2+A-4E=0$，其中 E 为 n 阶单位矩阵，证明 $A-E$ 可逆，并求 $(A-E)^{-1}$.

分析：由 $x^2+x-2=(x-1)(x+2)$ 结合 $A^2+A-4E=0$ 便得

$$(A-E)(A+2E)=2E, (A-E)\left[\frac{1}{2}(A+2E)\right]=E.$$

证明 因为 $A^2+A-4E=0$，所以 $(A-E)(A+2E)=2E$，从而 $(A-E)(\frac{1}{2}A+E)=E$，故：$A-E$ 可逆，且 $(A-E)^{-1}=\frac{1}{2}A+E$.

说明：(1) 若本题改为证明 $A-3E$ 可逆，并求 $(A-3E)^{-1}$，考生可在草稿纸上从等式 $(A-3E)(A+aE)=bE(b\neq0)$ 出发得 $A^2+(a-3)A-(3a+b)E=0$，与条件 $A^2+A-4E=0$ 比较得 $a-3=1, 3a+b=4$，从而 $a=4, b=-8$，即知 $(A-3E)(-\frac{1}{8}A-\frac{1}{2}E)=E$.故 $A-3E$ 可逆且 $(A-3E)^{-1}=-\frac{1}{8}A-\frac{1}{2}E$.

(2) 解矩阵方程常常需要利用此方法.

例 4.5 设矩阵 A,B 满足 $A^*BA=2BA-8E$，其中 $A=\begin{bmatrix} 1 & 0 & 0 \\ 0 & -2 & 0 \\ 0 & 0 & 1 \end{bmatrix}$，$E$ 为 3 阶单位矩阵，A^* 是 A 的伴随矩阵，则 $B=$ ________.

解 因为 $A^*BA=2BA-8E$，所以 $(2E-A^*)BA=8E$，故：

$$B=8(2E-A^*)^{-1}A^{-1}=8(A(2E-A^*))^{-1}=8(2A-|A|E)^{-1}.$$

又 $2A-|A|E=\begin{pmatrix} 2 & 0 & 0 \\ 0 & -4 & 0 \\ 0 & 0 & 2 \end{pmatrix}-\begin{pmatrix} -2 & 0 & 0 \\ 0 & -2 & 0 \\ 0 & 0 & -2 \end{pmatrix}=\begin{pmatrix} 4 & 0 & 0 \\ 0 & -2 & 0 \\ 0 & 0 & 4 \end{pmatrix}$，故：

$$B=8\begin{pmatrix} 4 & 0 & 0 \\ 0 & -2 & 0 \\ 0 & 0 & 4 \end{pmatrix}^{-1}=\begin{pmatrix} 2 & 0 & 0 \\ 0 & -4 & 0 \\ 0 & 0 & 2 \end{pmatrix}.$$

4. **利用矩阵的初等变换**

理论依据：(1) n 阶方阵 A 可逆 $\Leftrightarrow A$ 可以通过行初等变换化成单位矩阵 E；即存在初等矩阵 $P_1, P_2, \cdots, P_t$，使得 $P_1P_2\cdots P_tA = E$，因此

$$A^{-1} = P_1P_2\cdots P_t = P_1P_2\cdots P_tE, (AE) \rightarrow (EA^{-1}).$$

(2) n 阶方阵 A 可逆 $\Leftrightarrow A$ 可以通过列初等变换化成单位矩阵 E；即存在初等矩阵 $P_1, P_2, \cdots, P_t$，使得 $AP_1P_2\cdots P_t = E$，因此

$$A^{-1} = P_1P_2\cdots P_t = EP_1P_2\cdots P_t, \begin{pmatrix} A \\ E \end{pmatrix} \rightarrow \begin{pmatrix} E \\ A^{-1} \end{pmatrix}.$$

例 4.6 已知矩阵 $A = \begin{bmatrix} 1 & 0 & 0 \\ 1 & 1 & 0 \\ 1 & 1 & 1 \end{bmatrix}, B = \begin{bmatrix} 0 & 1 & 1 \\ 1 & 0 & 1 \\ 1 & 1 & 0 \end{bmatrix}$，且矩阵 X 满足：$AXA + BXB = AXB + BXA + E$，其中 E 是 3 阶单位矩阵，求 X.

分析：由 $AXA + BXB = AXB + BXA + E$，利用因式分解不难得：$(A-B)X(A-B) = E$，从而 $X = (A-B)^{-1}(A-B)^{-1}$，问题转化为逆矩阵 $(A-B)^{-1}$ 的计算.

解 $(A-B \quad E) = \begin{pmatrix} 1 & -1 & -1 & 1 & 0 & 0 \\ 0 & 1 & -1 & 0 & 1 & 0 \\ 0 & 0 & 1 & 0 & 0 & 1 \end{pmatrix} \xrightarrow{r_1+r_2} \begin{pmatrix} 1 & 0 & -2 & 1 & 1 & 0 \\ 0 & 1 & -1 & 0 & 1 & 0 \\ 0 & 0 & 1 & 0 & 0 & 1 \end{pmatrix} \xrightarrow[r_2+r_3]{r_1+2r_3}$

$\begin{pmatrix} 1 & 0 & 0 & 1 & 1 & 2 \\ 0 & 1 & 0 & 0 & 1 & 1 \\ 0 & 0 & 1 & 0 & 0 & 1 \end{pmatrix}$

故：$(A-B)^{-1} = \begin{pmatrix} 1 & 1 & 2 \\ 0 & 1 & 1 \\ 0 & 0 & 1 \end{pmatrix}$，又由 $AXA + BXB = AXB + BXA + E$，可得

$$(A-B)X(A-B) = E,$$

故：

$$X = (A-B)^{-1}(A-B)^{-1} = \begin{pmatrix} 1 & 1 & 2 \\ 0 & 1 & 1 \\ 0 & 0 & 1 \end{pmatrix}\begin{pmatrix} 1 & 1 & 2 \\ 0 & 1 & 1 \\ 0 & 0 & 1 \end{pmatrix} = \begin{pmatrix} 1 & 2 & 5 \\ 0 & 1 & 2 \\ 0 & 0 & 1 \end{pmatrix}.$$

5. **利用可逆矩阵和初等矩阵的性质**

理论依据：可逆矩阵的性质

(1) 可逆矩阵一定是非奇异矩阵.

(2) 可逆矩阵的逆矩阵是唯一确定的.

(3) 可逆矩阵的逆矩阵是可逆矩阵，且 $(A^{-1})^{-1} = A$.

(4) 可逆矩阵的乘积是可逆矩阵，且乘积的逆矩阵等于逆矩阵的乘积颠倒顺序，即若 $A_i(i = 1, 2, \cdots, m)$ 均是 n 阶可逆矩阵，则 $A_1A_2\cdots A_m$ 是可逆矩阵，且：

$$(A_1A_2\cdots A_m)^{-1} = A_m^{-1}A_{m-1}^{-1}\cdots A_1^{-1}.$$

(5) 可逆矩阵 A 的转置 A^T 是可逆矩阵，且 $(A^T)^{-1} = (A^{-1})^T$.

初等矩阵的性质

(1) 初等矩阵都是可逆矩阵，且：

$$P(i,j)^{-1} = P(i,j), P(i(k))^{-1} = P(i(1/k)), P(i,j(k))^{-1} = P(i,j(-k)).$$

(2) 初等矩阵的转置是初等矩阵,且

$$P(i,j)^T = P(i,j),P(i(k))^T = P(i(k)),P(i,j(k))^T = P(j,i(k)).$$

例 4.7 设

$$A = \begin{bmatrix} a_{11} & a_{12} & a_{13} & a_{14} \\ a_{21} & a_{22} & a_{23} & a_{24} \\ a_{31} & a_{32} & a_{33} & a_{34} \\ a_{41} & a_{42} & a_{43} & a_{44} \end{bmatrix}, B = \begin{bmatrix} a_{14} & a_{13} & a_{12} & a_{11} \\ a_{24} & a_{23} & a_{22} & a_{21} \\ a_{34} & a_{33} & a_{32} & a_{31} \\ a_{44} & a_{43} & a_{42} & a_{41} \end{bmatrix},$$

$$P_1 = \begin{bmatrix} 0 & 0 & 0 & 1 \\ 0 & 1 & 0 & 0 \\ 0 & 0 & 1 & 0 \\ 1 & 0 & 0 & 0 \end{bmatrix}, P_2 = \begin{bmatrix} 1 & 0 & 0 & 0 \\ 0 & 0 & 1 & 0 \\ 0 & 1 & 0 & 0 \\ 0 & 0 & 0 & 1 \end{bmatrix}$$

其中 A 可逆,则 B^{-1} 等于

(A) $A^{-1}P_1P_2$　　(B) $P_1A^{-1}P_2$　　(C) $P_1P_2A^{-1}$　　(D) $P_2A^{-1}P_1$

本题应该选择(C).

解　因为 B 是由 A 交换 1,4 列与 2,3 列所得的矩阵,由初等矩阵与初等列变换的关系知:$B = AP_2P_1$,故:$B^{-1} = P_1^{-1}P_2^{-1}A^{-1} = P_1P_2A^{-1}$.

说明: (1) $P_1 = P(1,4)$,$P_2 = P(2,3)$.

(2) 第一类初等矩阵 $P(i,j)$ 之间的乘法满足交换律,即 $P_1P_2 = P_2P_1$.

6. 利用分块矩阵的性质

理论依据:

(1) 分块对角矩阵 $A = \begin{bmatrix} A_1 & & & \\ & A_2 & & \\ & & \ddots & \\ & & & A_m \end{bmatrix}$ 可逆的 $\Leftrightarrow A_i (i = 1,2,\cdots,m)$ 都是可逆矩阵,且

$$A^{-1} = \begin{bmatrix} A_1^{-1} & & & \\ & A_2^{-1} & & \\ & & \ddots & \\ & & & A_m^{-1} \end{bmatrix}.$$

(2) 分块矩阵的初等变换具有和一般矩阵的初等变换的性质定理类似的性质.

(3) 设 A,B 分别是 m,n 阶方阵,C,D 分别是 $m\times n$,$n\times m$ 矩阵,则分块矩阵

$$\begin{bmatrix} A & C \\ 0 & B \end{bmatrix}, \begin{bmatrix} A & 0 \\ D & B \end{bmatrix}$$ 是可逆矩阵 $\Leftrightarrow A,B$ 是可逆矩阵,且:

$$\begin{bmatrix} A & C \\ 0 & B \end{bmatrix}^{-1} = \begin{bmatrix} A^{-1} & -A^{-1}CB^{-1} \\ 0 & B^{-1} \end{bmatrix}, \begin{bmatrix} A & 0 \\ D & B \end{bmatrix}^{-1} = \begin{bmatrix} A^{-1} & 0 \\ -B^{-1}DA^{-1} & B^{-1} \end{bmatrix}.$$

(4) 设 A,B 分别是 m,n 阶方阵,则分块矩阵 $\begin{pmatrix} 0 & A \\ B & 0 \end{pmatrix}$ 可逆 $\Leftrightarrow A,B$ 均可逆且

$$\begin{pmatrix} 0 & A \\ B & 0 \end{pmatrix}^{-1} = \begin{pmatrix} 0 & B^{-1} \\ A^{-1} & 0 \end{pmatrix}.$$

例 4.8 设矩阵 $A=\begin{bmatrix}3&0&0\\1&4&0\\0&0&3\end{bmatrix}$, $I=\begin{bmatrix}1&0&0\\0&1&0\\0&0&1\end{bmatrix}$, 则逆矩阵 $(A-2I)^{-1}=$ ______.

本题应填 $\begin{pmatrix}1&0&0\\-\frac{1}{2}&\frac{1}{2}&0\\0&0&1\end{pmatrix}$.

分 析: $A-2I=\begin{pmatrix}1&0&0\\1&2&0\\0&0&1\end{pmatrix}$, 知 $(A-2I)^{-1}=\begin{pmatrix}\begin{pmatrix}1&0\\1&2\end{pmatrix}^{-1}&0\\0&1^{-1}\end{pmatrix}$, $\begin{pmatrix}1&0\\1&2\end{pmatrix}^{-1}$ $=\begin{pmatrix}1&0\\-\frac{1}{2}&\frac{1}{2}\end{pmatrix}$.

7. 利用特征值

理论依据: n 阶矩阵 A 可逆 $\Leftrightarrow A$ 的特征值均不为零. 若 λ 不是 n 阶矩阵 A 的特征值, 则 $|\lambda E-A|\neq 0$, 因此 $\lambda E-A$ 为可逆矩阵.

例 4.9 设 A 为 n 阶反对称实矩阵, E 是 n 阶单位矩阵. 证明: $A+E$ 可逆.

证明 设 λ 是 A 的任意一个特征值, 则存在非零复向量 $\alpha\in C^n$, 使得 $A\alpha=\lambda\alpha$, 于是

$$\lambda(\bar{\alpha}^T\alpha)=\bar{\alpha}^T(A\alpha)=(A\alpha)^T\bar{\alpha}=-\alpha^T(A\bar{\alpha})=-\bar{\lambda}(\alpha^T\bar{\alpha}),$$

所以 $(\lambda+\bar{\lambda})(\bar{\alpha}^T\alpha)=0$, 因为 $\bar{\alpha}^T\alpha\neq 0$, 所以 $\lambda+\bar{\lambda}=0$, 因此 A 的特征根等于零或纯虚数, 所以 $|A+E|\neq 0$, 故 $A+E$ 可逆.

说明: (1) 若 $\alpha,\beta\in P^n$ 是任意两个 n 维列向量, 则 $\alpha^T\beta=\beta^T\alpha$ 是数域 P 中的数.

(2) $A\alpha=\lambda\alpha, A\in M_n(R)\Rightarrow A\bar{\alpha}=\bar{\lambda}\bar{\alpha}$.

§4.1.2 矩阵的幂的计算

1. 利用定义

此方法一般只用来计算阶数不大于 4 的具体方阵且幂的次数一般不大于 5. 阶数较大, 尤其是抽象的阶数时要利用归纳法计算 A^n, 难点在于猜出其表达式, 我们可以通过计算 $A^2, A^3, \cdots$ 来猜测, 直到得到正确的表达式.

例 4.10 计算 (1) $\begin{bmatrix}2&1&1\\3&1&0\\0&1&2\end{bmatrix}^2$; (2) $\begin{bmatrix}3&2\\-4&-2\end{bmatrix}^5$

解 (1) $\begin{bmatrix}2&1&1\\3&1&0\\0&1&2\end{bmatrix}^2=\begin{bmatrix}7&4&4\\9&4&3\\3&3&4\end{bmatrix}$;

(2) $\begin{bmatrix}3&2\\-4&-2\end{bmatrix}^2=\begin{bmatrix}1&2\\-4&-4\end{bmatrix}$;

$$\begin{bmatrix}3&2\\-4&-2\end{bmatrix}^4=\begin{bmatrix}1&2\\-4&-4\end{bmatrix}\begin{bmatrix}1&2\\-4&-4\end{bmatrix}=\begin{bmatrix}-7&-6\\12&8\end{bmatrix}$$

$$\begin{bmatrix}3&2\\-4&-2\end{bmatrix}^5=\begin{bmatrix}-7&-6\\12&8\end{bmatrix}\begin{bmatrix}3&2\\-4&-2\end{bmatrix}=\begin{bmatrix}3&-2\\4&8\end{bmatrix}$$

例 4.11 已知 $\alpha=[1,2,3]$，$\beta=[1,1/2,1/3]$，设 $A=\alpha^T\beta$，其中 α^T 是 α 的转置，则 $A^n=$______.

分析：$A^2=(\alpha^T\beta)(\alpha^T\beta)=\alpha^T(\beta\alpha^T)\beta=(\beta\alpha^T)\alpha^T\beta=3A$，因此不难猜出 $A^n=3^{n-1}A$.

解 $A=\begin{bmatrix}1\\2\\3\end{bmatrix}[1\quad 1/2\quad 1/3]=\begin{bmatrix}1&1/2&1/3\\2&1&2/3\\3&3/2&1\end{bmatrix}$，$A^2=(\alpha^T\beta)(\alpha^T\beta)=(\beta\alpha^T)A=3A$，

现设

$A^n=3^{n-1}A$，则 $A^{n+1}=A^nA=3^{n-1}A^2=3^nA$，所以对一切正整数 n，有

$$A^n=3^{n-1}A=\begin{bmatrix}3^{n-1}&3^{n-1}/2&3^{n-1}/3\\2\cdot 3^{n-1}&3^{n-1}&2\cdot 3^{n-1}/3\\3^n&3^n/2&3^{n-1}\end{bmatrix}.$$

说明：本题结论可以推广为如下：

设 $\alpha=[a_1,a_2,\cdots,a_n]$，$\beta=[b_1,b_2,\cdots,b_n]$，$\alpha\beta^T=a_1b_1+a_2b_2+\cdots+a_nb_n=k$，$A=\alpha^T\beta$，其中 α^T 是 α 的转置，则 $A^n=k^{n-1}A(n\geqslant 1)$.

例 4.12 计算 $\begin{bmatrix}1&-1&-1&-1\\-1&1&-1&-1\\-1&-1&1&-1\\-1&-1&-1&1\end{bmatrix}^n$.

分析：$A^2=\begin{bmatrix}4&0&0&0\\0&4&0&0\\0&0&4&0\\0&0&0&4\end{bmatrix}=4E$，由此不难猜出 $n=2m$，$A^{2m}=4^mE$，当 $n=2m+1$ 有 $A^{2m+1}=4^mA$.

解 令 $A=\begin{bmatrix}1&-1&-1&-1\\-1&1&-1&-1\\-1&-1&1&-1\\-1&-1&-1&1\end{bmatrix}$，则 $A^2=\begin{bmatrix}4&0&0&0\\0&4&0&0\\0&0&4&0\\0&0&0&4\end{bmatrix}=4E$，当 $n=2m$，有

$$A^{2m}=(A^2)^m=4^mE，当 n=2m+1 有 A^{2m+1}=A^{2m}A=4^mA.$$

说明：本题解答并未利用归纳法的语言书写，只需利用幂的运算性质就可以了.

例 4.13 计算 $\begin{bmatrix}\lambda&1&0\\0&\lambda&1\\0&0&\lambda\end{bmatrix}^n$

分析：$A^2=\begin{bmatrix}\lambda^2 & 2\lambda & 1\\ 0 & \lambda^2 & 2\lambda\\ 0 & 0 & \lambda^2\end{bmatrix}$，$A^3=\begin{bmatrix}\lambda^3 & 3\lambda & 3\lambda\\ 0 & \lambda^3 & 3\lambda\\ 0 & 0 & \lambda^3\end{bmatrix}$，结合 A 的表达式可以猜测 $A^n=$ $\begin{bmatrix}\lambda^n & n\lambda^{n-1} & n(n-1)/2\lambda^{n-2}\\ 0 & \lambda^n & n\lambda^{n-1}\\ 0 & 0 & \lambda^n\end{bmatrix}$，算一算 A^{n+1} 可知归纳递推没问题，猜测成立.

解　令 $A=\begin{bmatrix}\lambda & 1 & 0\\ 0 & \lambda & 1\\ 0 & 0 & \lambda\end{bmatrix}$，我们用归纳法证明 $A^n=\begin{bmatrix}\lambda^n & n\lambda^{n-1} & n(n-1)/2\lambda^{n-2}\\ 0 & \lambda^n & n\lambda^{n-1}\\ 0 & 0 & \lambda^n\end{bmatrix}$.

$n=1$ 时，结论显然成立，现设 $n\geqslant 1$ 时，结论成立，则

$$A^{n+1}=\begin{bmatrix}\lambda^n & n\lambda^{n-1} & n(n-1)/2\lambda^{n-2}\\ 0 & \lambda^n & n\lambda^{n-1}\\ 0 & 0 & \lambda^n\end{bmatrix}\begin{bmatrix}\lambda & 1 & 0\\ 0 & \lambda & 1\\ 0 & 0 & \lambda\end{bmatrix}=\begin{bmatrix}\lambda^{n+1} & (n+1)\lambda^n & n(n+1)/2\lambda^{n-1}\\ 0 & \lambda^{n+1} & (n+1)\lambda^{n-1}\\ 0 & 0 & \lambda^{n+1}\end{bmatrix}.$$

2. 利用矩阵的相似

理论依据：若 $B=P^{-1}AP$，则 $B^k=P^{-1}A^kP$，$\forall k\in N^*$.

例 4.14　设 $A=\begin{bmatrix}0 & -1 & 0\\ 1 & 0 & 0\\ 0 & 0 & -1\end{bmatrix}$，$B=P^{-1}AP$，其中 P 为 3 阶可逆矩阵，则 $B^{2\,004}-2A^2=$ ______.

本题应填$\begin{bmatrix}3 & & \\ & 3 & \\ & & -1\end{bmatrix}$.

分析：$A=P(1,2)\begin{bmatrix}1 & & \\ & -1 & \\ & & -1\end{bmatrix}$，

$$A^2=AP(1,2)\begin{bmatrix}1 & & \\ & -1 & \\ & & -1\end{bmatrix}=\begin{bmatrix}-1 & & \\ & 1 & \\ & & -1\end{bmatrix}\begin{bmatrix}1 & & \\ & -1 & \\ & & -1\end{bmatrix}=\begin{bmatrix}-1 & & \\ & -1 & \\ & & 1\end{bmatrix},$$

$$A^4=E,B^{2004}-2A^2=P^{-1}A^{2004}P-2A^2=E-2A^2=\begin{bmatrix}3 & & \\ & 3 & \\ & & -1\end{bmatrix}.$$

3. 利用矩阵的合同

理论依据：若 $B=P^TAP$，P 为正交矩阵，则 $B^k=P^TA^kP$，$\forall k\in N^*$. 此方法主要用于计算实对称矩阵的幂.

例 4.15　设三阶方阵 $A=\begin{pmatrix}1 & 1 & 1\\ 1 & 1 & 1\\ 1 & 1 & 1\end{pmatrix}$，试计算 A^n.

解　解齐次线性方程组 $Ax=0$ 得 A 的属于特征根 0 的线性无关的特征向量 $(-1,1,0)^T$, $(-1,0,1)^T$, 并将其施行施密特正交化得标准正交组 $\left(\frac{-1}{\sqrt{2}},\frac{1}{\sqrt{2}},0\right)^T$, $\left(-\frac{\sqrt{6}}{6},-\frac{\sqrt{6}}{6},\frac{\sqrt{6}}{3}\right)^T$, 而 $(1,1,1)^T$ 是 A 的属于特征根 3 的特征向量, 令 $Q=\begin{pmatrix}\frac{-1}{\sqrt{2}} & \frac{-\sqrt{6}}{6} & \frac{1}{\sqrt{3}}\\ \frac{1}{\sqrt{2}} & \frac{-\sqrt{6}}{6} & \frac{1}{\sqrt{3}}\\ 0 & \frac{\sqrt{6}}{3} & \frac{1}{\sqrt{3}}\end{pmatrix}$, 则 $A=Q\begin{pmatrix}0 & & \\ & 0 & \\ & & 3\end{pmatrix}Q^T$, 故 $A^n=Q\begin{pmatrix}0 & & \\ & 0 & \\ & & 3\end{pmatrix}^n Q^T=3^{n-1}A$.

注意:本题也可以利用数学归纳法直接证明 $A^n=3^{n-1}A$.

§4.1.3　求矩阵

1. 利用定义

利用定义求矩阵,就是做两件事:一是确定矩阵的行数与列数,二是确定矩阵每个位置上的元素.

例 4.16　设 $A=\begin{bmatrix}a_1 & & & \\ & a_2 & & \\ & & \ddots & \\ & & & a_n\end{bmatrix}$,其中 $a_i\neq a_j$ 当 $i\neq j(i,j=1,2,\cdots,n)$.证明:与 A 可交换的矩阵只能是对角矩阵.

分析:因为 A 是 n 阶方阵,所以与 A 可换的矩阵 B 必须与 A 有相同的行数与列数,因而是 n 阶方阵,设 $B=(b_{ij})$,则由对角矩阵的定义知,要证结论成立,只需利用条件 $AB=BA$,证明 $b_{ij}=0,1\leqslant i\neq j\leqslant n$.

证明　令 $B=(b_{ij})$ 是满足 $AB=BA$ 的任何一个矩阵,则有 $a_ib_{ij}=a_jb_{ij}$,因为 $a_i\neq a_j$,故 $b_{ij}=0,1\leqslant i\neq j\leqslant n$,即 $B=(b_{ij})$ 是对角形矩阵.

2. 利用矩阵运算及其性质

例 4.17　设 $A=\begin{pmatrix}2 & 1 & 0\\ 0 & 2 & 1\\ 0 & 0 & 2\end{pmatrix}$, $f(x)=1+x+x^2+x^3+x^4+x^5+x^6+x^7$,求 $f(A)$.

解　$|xE-A|=(x-2)^3$, $f(x)=(x-2)^3g(x)+1\,023(x-2)^2+769(x-2)+255$,所以

$f(A)=1\,023(A-2E)^2+769(A-2E)+255E$,因为 $A=\begin{pmatrix}2 & 1 & 0\\ 0 & 2 & 1\\ 0 & 0 & 2\end{pmatrix}$,所以

$$A-2E=\begin{bmatrix}0 & 1 & 0\\ 0 & 0 & 1\\ 0 & 0 & 0\end{bmatrix},(A-2E)^2=\begin{bmatrix}0 & 0 & 1\\ 0 & 0 & 0\\ 0 & 0 & 0\end{bmatrix}.$$

故$f(A)=\begin{bmatrix}0&0&1\,023\\0&0&0\\0&0&0\end{bmatrix}+\begin{bmatrix}0&769&0\\0&0&769\\0&0&0\end{bmatrix}+\begin{bmatrix}255&0&0\\0&255&0\\0&0&255\end{bmatrix}=\begin{bmatrix}255&769&1\,023\\0&255&769\\0&0&255\end{bmatrix}$.

3. 利用初等变换和初等矩阵之间的关系

理论依据:对一个矩阵施行一次行(列)初等变换相当于用一个相应的初等矩阵左(右)乘这个矩阵.

例4.18　设A为3阶矩阵,将A的第2行加到第1行得B,再将B的第1列的-1倍加到第2列得C,记:$P=\begin{bmatrix}1&1&0\\0&1&0\\0&0&1\end{bmatrix}$,则

(A)$C=P^{-1}AP$　　(B)$C=PAP^{-1}$　　(C)$C=P^{T}AP$　　(D)$C=PAP^{T}$

本题应该选择(B).

分析:$P=E_{12}(1)$,$P^{-1}=E_{12}(-1)$,因此$C=BP^{-1}$,$B=PA$,所以:$C=PAP^{-1}$.

解　$B=PA$,$C=BP^{-1}=PAP^{-1}$.选择(B)正确.

4. 利用正交变换

理论依据:实对称矩阵一定可以正交对角化.

例4.19　设3阶实对称矩阵A的特征值为$\lambda_1=-1$,$\lambda_2=\lambda_3=1$,对应于λ_1的特征向量为$\xi_1=(0,1,1)^T$,求A.

解　设A的属于特征值$\lambda_2=\lambda_3=1$的特征向量为$(x_1,x_2,x_3)^T$,则因为实对称矩阵属于不同特征值的特征向量必正交,所以:

$$x_2+x_3=0 \tag{4.1}$$

因此$\xi_2=(1,0,0)^T$,$\xi_3=(0,-1,1)^T$为A的属于特征值$\lambda_2=\lambda_3=1$的线性无关的特征向量,将其正交规范化得:$e_2=(1,0,0)^T$,$e_3=\left(0,-\frac{1}{\sqrt{2}},\frac{1}{\sqrt{2}}\right)^T$,又取$e_1=\frac{1}{||\xi_1||}\xi_1=\left(0,\frac{1}{\sqrt{2}},\frac{1}{\sqrt{2}}\right)^T$,令

$$Q=(e_1,e_2,e_3),$$

则:$Q^TAQ=diag(-1,1,1)$,故:

$$A=Qdiag(-1,1,1)Q^T=\begin{bmatrix}0&1&0\\\frac{1}{\sqrt{2}}&0&-\frac{1}{\sqrt{2}}\\\frac{1}{\sqrt{2}}&0&\frac{1}{\sqrt{2}}\end{bmatrix}\begin{bmatrix}-1&&\\&1&\\&&1\end{bmatrix}\begin{bmatrix}0&\frac{1}{\sqrt{2}}&\frac{1}{\sqrt{2}}\\1&0&0\\0&-\frac{1}{\sqrt{2}}&\frac{1}{\sqrt{2}}\end{bmatrix}=\begin{bmatrix}1&0&0\\0&0&-1\\0&-1&0\end{bmatrix}$$

说明:(1)求齐次线性方程组(4.1)的基础解系时,由于其系数矩阵的秩为1,因此它有$3-1=2$个自由变元,1个约束变元,又x_2,x_3一起满足(4.1),所以它们不能同时作为自由变元,只能1个为自由变元,1个为约束变元,按照习惯,取x_3为自由变元,x_2为约束变元,而x_1不受(4.1)的限制,它应该是自由变元,于是分别令$x_1=1,x_3=0$和$x_1=0,x_3=1$就可以求出(4.1)的基础解系$(1,0,0)^T$,$(0,-1,1)^T$.

(2)由本题可得一类典型的求矩阵的命题模型:设n阶实对称矩阵A恰有2个不同的特征值λ_1,λ_2,λ_1的重数为$s(1\leqslant s<n)$,又已知$\xi_1,\xi_2,\cdots,\xi_s$是A的属于特征值λ_1的线性

无关的特征向量,求矩阵 A.

此类题目的解题步骤是:

(1) 设 $(x_1,x_2,\cdots,x_n)^T$ 为 A 的属于特征值 λ_2 的特征向量,则因为实对称矩阵属于不同特征值的特征向量必正交,所以 $(x_1,x_2,\cdots,x_n)^T$ 应是

$$(\xi_1,\xi_2,\cdots,\xi_s)x=0 \tag{4.2}$$

的解向量,由于 $r(\xi_1,\xi_2,\cdots,\xi_s)=s$,所以(4.2)的基础解系中恰有 $n-s$ 个解向量,解之求出一个基础解系 $\xi_{s+1},\xi_{s+2},\cdots,\xi_n$,则它们正好是 A 的属于特征值 λ_2 的 $n-s$ 个线性无关的特征向量.

(2) 利用 Schmidt 正交化方法,将 $\xi_1,\xi_2,\cdots,\xi_s$ 化为规范正交组 $e_1,e_2,\cdots,e_s,\xi_{s+1},\xi_{s+2},\cdots,\xi_n$ 化为规范正交组 $e_{s+1},e_{s+2},\cdots,e_n$.

(3) 令 $Q=(e_1,e_2,\cdots,e_s,e_{s+1},e_{s+2},\cdots,e_n)$,则 $Q^TAQ=diag(\lambda_1,\cdots,\lambda_1,\lambda_2,\cdots,\lambda_2)$,从而 $A=Qdiag(\lambda_1,\cdots,\lambda_1,\lambda_2,\cdots,\lambda_2)Q^T$,利用矩阵的乘法运算便可求出 A.

说明:当 $s=1,n\geqslant 5$ 时,求 A 的运算量会比较大,但改为求 A 的属于特征值 λ_2 的所有特征向量,则计算量不大,此时设 $\xi_1=(a_1,a_2,\cdots,a_n)^T$(不妨设 $a_1\neq 0$)是 A 的属于特征值 λ_1 的特征向量,则 A 的属于特征值 λ_2 的特征向量均为齐次线性方程组

$$a_1x_1+a_2x_2+\cdots a_na_n=0$$

的解,易见 $\xi_2=(-a_2,a_1,0,\cdots,0)^T,\xi_3=(-a_3,0,a_1,\cdots,0)^T,\xi_n=(-a_n,0,0,\cdots,a_1)^T$ 是 A 的属于特征值 λ_2 的 $n-1$ 个线性无关的特征向量,故:

$$k_2\xi_2+k_3\xi_3+\cdots+k_n\xi_n(k_1,k_2,\cdots,k_n\text{ 是不全为零的常数})$$

是 A 的属于特征值 λ_2 的所有特征向量.

5. 利用相似变换

理论依据:若 n 阶矩阵 A 可以对角化,存在可逆矩阵 P,使得 $P^{-1}AP=diag(\lambda_1,\lambda_2,\cdots,\lambda_n)$,则 $A=Pdiag(\lambda_1,\lambda_2,\cdots,\lambda_n)P^{-1}$.

例 4.20 题目与例 4.19 同.

分析:在例 4.19 中,令:$P=(e_1,\xi_2,\xi_3)$,则:$P^{-1}AP=diag(-1,1,1)$,故:

$$A=Pdiag(-1,1,1)P^{-1}=\begin{bmatrix}0&1&0\\1&0&-1\\1&0&1\end{bmatrix}\begin{bmatrix}-1&&\\&1&\\&&1\end{bmatrix}\begin{bmatrix}0&1&0\\1&0&-1\\1&0&1\end{bmatrix}^{-1}=\begin{bmatrix}1&0&0\\0&0&-1\\0&-1&0\end{bmatrix}.$$

说明:由于本题逆矩阵的计算比标准正交组的计算容易,因此例 4.19 及其后面介绍的典型题型究竟用前一方法,还是后一方法,应视计算难度定.

§4.1.4 解矩阵方程

解矩阵方程的步骤:

(1) 将矩阵方程变形为 $AX=B$ 或 $XA=B$ 或 $AXB=C$.

(2) 下结论 $X=A^{-1}B$ 或 $X=BA^{-1}$(需要求 A 为可逆矩阵)或 $X=A^{-1}CB^{-1}$(需要求 A,B 均为可逆矩阵),若 A,B 不可逆,则需利用矩阵分块和线性方程组的理论.

例 4.21 设矩阵 A 的伴随矩阵 $A^*=\begin{bmatrix}1&0&0&0\\0&1&0&0\\1&0&1&0\\0&-3&0&8\end{bmatrix}$,且 $ABA^{-1}=BA^{-1}+3E$,其中 E 是 4 阶单位矩阵,求矩阵 B.

解 因为 $ABA^{-1}=BA^{-1}+3E$，所以 $(A-E)B=3A$，因此 $B=3(A-E)^{-1}A$，又由 $|A|^3=|A^*|=8$ 得 $|A|=2$，因此 $A=|A|(A^*)^{-1}=\begin{bmatrix}2&0&0&0\\0&2&0&0\\-2&0&2&0\\0&3/4&0&1/4\end{bmatrix}$，而

$$(A-E)^{-1}=\begin{bmatrix}1&0&0&0\\0&1&0&0\\-2&0&1&0\\0&3/4&0&-3/4\end{bmatrix}^{-1}=\begin{bmatrix}1&0&0&0\\0&1&0&0\\2&0&1&0\\0&1&0&-4/3\end{bmatrix},$$

$$故\ B=3\begin{bmatrix}1&0&0&0\\0&1&0&0\\2&0&1&0\\0&1&0&-4/3\end{bmatrix}\begin{bmatrix}2&0&0&0\\0&2&0&0\\-2&0&2&0\\0&3/4&0&1/4\end{bmatrix}=\begin{bmatrix}6&0&0&0\\0&6&0&0\\6&0&6&0\\0&3&0&-1\end{bmatrix}.$$

§4.2　例题选讲

§4.2.1　矩阵可逆的判定与证明和逆矩阵的计算的例题

例 4.22　设 A 是 n 阶可逆方阵，将 A 的第 i 行和第 j 行对换后得到的矩阵记为 B.

(1) 证明 B 可逆；(2) 求 AB^{-1}.

证明　(1) 由题设条件得 $B=P(i,j)A$，$P(i,j)$ 是交换 n 阶单位矩阵的第 i 行与第 j 行所得初等矩阵，因为 A 是 n 阶可逆方阵，所以 $|A|\neq 0$，因此 $|B|=|P(i,j)|\,|A|\neq 0$，故 B 是可逆矩阵；

(2) 因为 $B=P(i,j)A$，所以 $B^{-1}=A^{-1}P(i,j)^{-1}=A^{-1}P(i,j)$，故 $AB^{-1}=P(i,j)$.

例 4.23　设 $X=\begin{bmatrix}0&a_1&0&\cdots&0\\0&0&a_2&\cdots&0\\\vdots&\vdots&\vdots&\cdots&\vdots\\0&0&0&\cdots&a_{n-1}\\a_n&0&0&\cdots&0\end{bmatrix}$，其中 $a_i\neq 0(i=1,2,\cdots,n)$，求 X^{-1}.

解　$X^{-1}=\begin{bmatrix}0&0&\cdots&0&a_n^{-1}\\a_1^{-1}&0&\cdots&0&0\\0&a_2^{-1}&\cdots&0&0\\\vdots&\vdots&\vdots&\vdots&\vdots\\0&0&\cdots&a_{n-1}^{-1}&0\end{bmatrix}$.

例 4.24　若 A、B 为 n 阶矩阵，证明：若 $I-AB$ 可逆，则 $I-BA$ 也可逆，其中 I 为 n 阶单位矩阵.

证明　因为 $\begin{bmatrix}I&-A\\0&I\end{bmatrix}\begin{bmatrix}I&A\\B&I\end{bmatrix}=\begin{bmatrix}I-AB&0\\B&I\end{bmatrix}$，$\begin{bmatrix}I&A\\B&I\end{bmatrix}\begin{bmatrix}I&-A\\0&I\end{bmatrix}=\begin{bmatrix}I&0\\B&I-BA\end{bmatrix}$，且

$I-AB$ 可逆,所以 $\det(I-BA)=\det\begin{bmatrix} I & A \\ B & I \end{bmatrix}=\det(I-AB)\neq 0$,故 $I-BA$ 也可逆.

例 4.25 设 A 为 n 阶实对称矩阵,B 为 n 阶实矩阵,且 $BA+AB^T$ 的特征值全大于零,其中 B^T 为 B 的转置,证明:A 可逆.

证明 因为 $BA+AB^T$ 的特征值全大于零,所以存在 n 阶实可逆矩阵 P,使得

$$P^T(BA+AB^T)P=E.$$

如果 A 不可逆,则实对称矩阵 P^TAP 的特征值 $\lambda_1,\lambda_2,\cdots,\lambda_n$ 中至少有一个数为零,不失一般性可设 $\lambda_1=0$,则存在正交矩阵 Q,使得 $Q^T(P^TAP)Q=\begin{bmatrix} 0 & & & \\ & \lambda_2 & & \\ & & \ddots & \\ & & & \lambda_n \end{bmatrix}$.于是

$$E=Q^TQ=C^T\begin{bmatrix} 0 & & & \\ & \lambda_2 & & \\ & & \ddots & \\ & & & \lambda_n \end{bmatrix}+\begin{bmatrix} 0 & & & \\ & \lambda_2 & & \\ & & \ddots & \\ & & & \lambda_n \end{bmatrix}C$$

其中 $C=Q^TP^{-1}B^TPQ$,而 $C^T\begin{bmatrix} 0 & & & \\ & \lambda_2 & & \\ & & \ddots & \\ & & & \lambda_n \end{bmatrix}+\begin{bmatrix} 0 & & & \\ & \lambda_2 & & \\ & & \ddots & \\ & & & \lambda_n \end{bmatrix}C$ 的一行一列的元素等于零,矛盾,故 Q 可逆.

§4.2.2 矩阵的幂的计算的例题

例 4.26 令 $A=\begin{bmatrix} 0 & 1 & 0 & 0 & \cdots & 0 \\ 0 & 0 & 1 & 0 & \cdots & 0 \\ \vdots & \vdots & \vdots & \vdots & \cdots & \vdots \\ 0 & 0 & 0 & 0 & \cdots & 1 \\ 1 & 0 & 0 & 0 & \cdots & 0 \end{bmatrix}$ 是一个 n 阶矩阵.

(1) 计算 $A^2,A^3,\cdots,A^{n-1}$;(2) 求 A 的全部特征值.

解 (1) 我们利用数学归纳法证明:$A^k=\begin{bmatrix} 0 & E_{n-k} \\ E_k & 0 \end{bmatrix}$,$2\leqslant k\leqslant n-1$.$k=2$ 时,

$$A^2=\begin{bmatrix} 0 & 1 & 0 & 0 & \cdots & 0 \\ 0 & 0 & 1 & 0 & \cdots & 0 \\ \vdots & \vdots & \vdots & \vdots & \cdots & \vdots \\ 0 & 0 & 0 & 0 & \cdots & 1 \\ 1 & 0 & 0 & 0 & \cdots & 0 \end{bmatrix}\begin{bmatrix} 0 & 1 & 0 & 0 & \cdots & 0 \\ 0 & 0 & 1 & 0 & \cdots & 0 \\ \vdots & \vdots & \vdots & \vdots & \cdots & \vdots \\ 0 & 0 & 0 & 0 & \cdots & 1 \\ 1 & 0 & 0 & 0 & \cdots & 0 \end{bmatrix}$$

$$=\begin{bmatrix} 0 & 0 & 1 & 0 & \cdots & 0 \\ 0 & 0 & 0 & 1 & \cdots & 0 \\ \vdots & \vdots & \vdots & \vdots & \cdots & \vdots \\ 0 & 0 & 0 & 0 & \cdots & 1 \\ 1 & 0 & 0 & 0 & \cdots & 0 \\ 0 & 1 & 0 & 0 & \cdots & 0 \end{bmatrix}=\begin{bmatrix} 0 & E_{n-2} \\ E_2 & 0 \end{bmatrix},$$

结论成立;现设 $A^k=\begin{bmatrix}0 & E_{n-k}\\E_k & 0\end{bmatrix}$,$2\leqslant k<n-1$,则将 A 分成 2 行 3 列的分块矩阵 $A=\begin{bmatrix}A_{11} & A_{12} & A_{13}\\A_{21} & A_{22} & A_{23}\end{bmatrix}$,其中:

$$A_{11}=0_{k\times 1},A_{12}=E_k,A_{13}=0_{k\times(n-k-1)},A_{21}=\begin{bmatrix}0_{(n-k-1)\times 1}\\1\end{bmatrix},A_{22}=0_{(n-k)\times k},A_{23}=\begin{bmatrix}E_{n-k-1}\\0\end{bmatrix}$$ 那么有:

$$A^{k+1}=\begin{bmatrix}0 & E_{n-k}\\E_k & 0\end{bmatrix}\begin{bmatrix}A_{11} & A_{12} & A_{13}\\A_{21} & A_{22} & A_{23}\end{bmatrix}=\begin{bmatrix}A_{21} & A_{22} & A_{23}\\A_{11} & A_{12} & A_{13}\end{bmatrix}=\begin{bmatrix}0 & E_{n-k-1}\\E_{k+1} & 0\end{bmatrix}$$

故命题成立.

(2) 因为 $|xE-A|=x^n-1$,所以 A 的全部特征根为全部 n 次单位根 $\omega_1,\omega_2,\cdots,\omega_n$.

例 4.27 设 $A=\begin{pmatrix}3 & -2\\-2 & 3\end{pmatrix}$,求 $\varphi(A)=A^{10}-5A^9$.

解 $|xE-A|=(x-1)(x-5)$,1,5 是 A 的特征根,分别解方程组

$$(E-A)x=\begin{pmatrix}-2 & 2\\2 & -2\end{pmatrix}x=0,(5E-A)x=\begin{pmatrix}2 & 2\\2 & 2\end{pmatrix}x=0$$

得到对应的特征向量$(1,1)^T$,$(-1,1)^T$,令 $Q=\begin{bmatrix}1/\sqrt{2} & -1/\sqrt{2}\\1/\sqrt{2} & 1/\sqrt{2}\end{bmatrix}$,则 $Q^TAQ=\begin{pmatrix}1 & 0\\0 & 5\end{pmatrix}$,故

$$\varphi(A)=A^{10}-5A^9=Q\left(\begin{bmatrix}1 & 0\\0 & 5\end{bmatrix}^{10}-5\begin{bmatrix}1 & 0\\0 & 5\end{bmatrix}^{9}\right)Q^T=\begin{bmatrix}-2 & -2\\-2 & -2\end{bmatrix}.$$

§4.2.3 求矩阵的例题

例 4.28 设 4 阶实对称矩阵 A 的特征值是 $-3,1,1,1$.已知属于特征值 1 的特征向量是

$$\xi_1=\begin{pmatrix}1\\1\\0\\0\end{pmatrix},\xi_2=\begin{pmatrix}1\\0\\1\\0\end{pmatrix},\xi_3=\begin{pmatrix}-1\\0\\0\\1\end{pmatrix}.$$

(1) 求属于特征值 -3 的特征向量 ξ. (2) 求矩阵 A.

分析:这是例4.19后面介绍的典型题型,按解题步骤进行即可,利用方法5计算简单.

解 (1) 设 $\xi=(x_1,x_2,x_3,x_4)^t$,则$\begin{cases}x_1+x_2=0\\x_1+x_3=0\\-x_1+x_4=0\end{cases}$,解之得 $\xi=\begin{pmatrix}k\\-k\\-k\\k\end{pmatrix}$,$k\neq 0$.

(2) 令 $P=\begin{pmatrix}1 & 1 & -1 & 1\\1 & 0 & 0 & -1\\0 & 1 & 0 & -1\\0 & 0 & 1 & 1\end{pmatrix}$,则

$$A=P\begin{pmatrix}1&&&\\&1&&\\&&1&\\&&&-3\end{pmatrix}P^{-1}=\begin{pmatrix}0&1&1&-1\\1&0&-1&1\\1&-1&0&1\\-1&1&1&0\end{pmatrix}.$$

例 4.29 设三阶实对称矩阵 A 的各行元素之和均为 3,向量

$$\alpha_1=(-1,2,-1)^T,\alpha_2=(0,-1,1)^T$$

是线性方程组 $Ax=0$ 的两个解.

(1) 求 A 的特征值和特征向量;

(2) 求正交矩阵 Q 和对角矩阵 Λ,使得 $Q^TAQ=\Lambda$;

(3) 求 A 及 $\left(A-\frac{3}{2}E\right)^6$,其中 E 为 3 阶单位矩阵.

分析:由于 A 的各行元素之和为 3,因此 3 是 A 的特征值且 $(1,1,1)^T$ 是 A 的属于特征值 3 的特征向量,α_1,α_2 是 $Ax=0$ 的两个解,易见 α_1,α_2 线性无关,所以 α_1,α_2 是 A 的属于特征根零的两个线性无关的特征向量,将 α_1,α_2 化为规范正交组 e_1,e_2,则 $e_1,e_2,e_3=\frac{1}{|\alpha_3|}\alpha_3$ 为列向量便得 Q,由此知零是 A 的二重特征根,所以 0,0,3 便是 A 的所有特征值,至于特征向量也就不难求出,这是例 4.19 后面介绍的典型题目类型.

解 (1) 由于 A 的各行元素之和为 3,所以 $A\begin{bmatrix}1\\1\\1\end{bmatrix}=3\begin{bmatrix}1\\1\\1\end{bmatrix}$,即知 3 为 A 的一个特征值,而 $(1,1,1)^T$ 是 A 的属于特征值 $\lambda_3=3$ 的一个特征向量,又 $\alpha_1=(-1,2,-1)^T,\alpha_2=(0,-1,1)^T$ 是 $Ax=0$ 的两个解,由于 α_1,α_2 的分量不成比例,所以 α_1,α_2 线性无关,因此 0 至少是 A 的二重特征值,但 A 为 3 阶对称矩阵,3 已为 A 的一个特征值,所以 $\lambda_1=\lambda_2=0,\lambda_3=3$ 便是 A 的所有特征值,从而 α_1,α_2 构成 $\lambda_1=\lambda_2=0$ 的所有特征向量的一个极大无关组,$\alpha_3=(1,1,1)^T$ 是 $\lambda_3=3$ 的全体特征向量的一个极大无关组. 故:A 的属于特征值 $\lambda_1=\lambda_2=0$ 的全体特征向量为

$$c_1(-1,2,-1)^T+c_2(0,-1,1)^T(c_1,c_2\text{ 是不全为零的任意常数})$$

A 的属于特征值 $\lambda_3=3$ 的全体特征向量为 $c(1,1,1)^T(c\neq0$ 为任意常数).

(2) 令 $e_1=\left(-\frac{1}{\sqrt6},\frac{2}{\sqrt6},-\frac{1}{\sqrt6}\right)^T$,$\beta_2=\alpha_2-(\alpha_2{}^Te_1)e_1=\left(-\frac12,0,\frac12\right)^T$,

$e_2=\left(-\frac{1}{\sqrt2},0,\frac{1}{\sqrt2}\right)^T$,$e_3=\frac{1}{|\alpha_3|}\alpha_3=\left(\frac{1}{\sqrt3},\frac{1}{\sqrt3},\frac{1}{\sqrt3}\right)^T$,

则 $Q=(e_1,e_2,e_3)=\begin{bmatrix}-\frac{1}{\sqrt6}&-\frac{1}{\sqrt2}&\frac{1}{\sqrt3}\\\frac{2}{\sqrt6}&0&\frac{1}{\sqrt3}\\-\frac{1}{\sqrt6}&\frac{1}{\sqrt2}&\frac{1}{\sqrt3}\end{bmatrix}$ 为所求正交矩阵,$\Lambda=diag(0,0,3)$,$Q^TAQ=\Lambda$.

$$(3)A = Q\Lambda Q^T = \begin{bmatrix} -\frac{1}{\sqrt{6}} & -\frac{1}{\sqrt{2}} & \frac{1}{\sqrt{3}} \\ \frac{2}{\sqrt{6}} & 0 & \frac{1}{\sqrt{3}} \\ -\frac{1}{\sqrt{6}} & \frac{1}{\sqrt{2}} & \frac{1}{\sqrt{3}} \end{bmatrix} \begin{bmatrix} 0 & & \\ & 0 & \\ & & 3 \end{bmatrix} \begin{bmatrix} -\frac{1}{\sqrt{6}} & \frac{2}{\sqrt{6}} & -\frac{1}{\sqrt{6}} \\ -\frac{1}{\sqrt{2}} & 0 & \frac{1}{\sqrt{2}} \\ \frac{1}{\sqrt{3}} & \frac{1}{\sqrt{3}} & \frac{1}{\sqrt{3}} \end{bmatrix} = \begin{bmatrix} 1 & 1 & 1 \\ 1 & 1 & 1 \\ 1 & 1 & 1 \end{bmatrix}$$

$$(A - \frac{3}{2}E)^6 = (Q\Lambda Q^T - \frac{3}{2}QQ^T)^6 = [Q(\Lambda - \frac{3}{2}E)Q^T]^6 = Q(\Lambda - \frac{3}{2}E)^6 Q^T$$

$$= Q\begin{bmatrix} -3/2 & & \\ & -3/2 & \\ & & 3/2 \end{bmatrix}^6 Q^T = \left(\frac{3}{2}\right)^6 E.$$

例 4.30 设三阶实对称矩阵 A 的秩为 2，$\lambda_1 = \lambda_2 = 6$ 是 A 的二重特征值，若

$$\alpha_1 = (1,1,0)^T, \alpha_2 = (2,1,1)^T, \alpha_3 = (-1,2,-3)^T$$

都是 A 的属于特征值 6 的特征向量.

(1) 求 A 的另一特征值和对应的特征向量； (2) 求矩阵 A.

分析：这也是例 4.25 后面介绍的典型题目类型.题目中告诉了 2 重特征值 $\lambda_1 = \lambda_2 = 6$ 的三个特征向量 $\alpha_1, \alpha_2, \alpha_3$，但我们仅需两个线性无关的特征向量就可以了(可取 α_1, α_2)，若另一特征值求出，问题得解，而由秩 $r(A) = 2$ 知 $|A| = 0$，因此 $\lambda_3 = 0$ 便是 A 的另一特征值，问题得解.

解 (1) 因为秩 $r(A) = 2$，所以 $|A| = 0$，因此 $\lambda_3 = 0$ 便是 A 的另一特征值，设 $(x_1, x_2, x_3)^T$ 是 A 的对应于特征值 $\lambda_3 = 0$ 的特征向量，由于实对称矩阵的属于不同特征值的特征向量必正交，因此 $\alpha_1^T(x_1, x_2, x_3)^T = \alpha_2^T(x_1, x_2, x_3)^T = 0$，即：$\begin{cases} x_1 + x_2 = 0 \\ 2x_1 + x_2 + x_3 = 0 \end{cases}$，解该齐次线性方程组得基础解系：$\beta = (-1,1,1)^T$，故：$k(-1,1,1)^T$($k \neq 0$ 为任意常数) 便是 A 的对应于特征值 $\lambda_3 = 0$ 的所有特征向量.

(2) 令 $P = (\alpha_1, \alpha_2, \beta) = \begin{bmatrix} 1 & 2 & -1 \\ 1 & 1 & 1 \\ 0 & 1 & 1 \end{bmatrix}$，则 $P^{-1}AP = diag(6,6,0)$，

$$A = Pdiag(6,6,0)P^{-1}$$

$$= \begin{bmatrix} 1 & 2 & -1 \\ 1 & 1 & 1 \\ 0 & 1 & 1 \end{bmatrix} \begin{bmatrix} 6 & & \\ & 6 & \\ & & 0 \end{bmatrix} \begin{bmatrix} 0 & 1 & -1 \\ 1/3 & -1/3 & 2/3 \\ -1/3 & 1/3 & 1/3 \end{bmatrix} = \begin{bmatrix} 4 & 2 & 2 \\ 2 & 4 & -2 \\ 2 & -2 & 4 \end{bmatrix}.$$

例 4.31 设 $A = \begin{bmatrix} a_1E_1 & & & 0 \\ & a_2E_2 & & \\ & & \ddots & \\ 0 & & & a_rE_r \end{bmatrix}$，其中 $a_i \neq a_j$ 当 $i \neq j (i,j = 1,2,\cdots,r)$，$E_i$ 是 n_i 阶单位矩阵，$\sum_{i=1}^{r} n_i = n$.证明：与 A 可交换的矩阵只能是准对角矩阵 $\begin{bmatrix} A_1 & & & 0 \\ & A_2 & & \\ & & \ddots & \\ 0 & & & A_r \end{bmatrix}$，

其中 A_i 是 n_i 阶矩阵($i=1,2,\cdots,r$).

证明 令 $B=(A_{ij})$ 是与 $A=\begin{bmatrix} a_1E_1 & & & 0 \\ & a_2E_2 & & \\ & & \ddots & \\ 0 & & & a_rE_r \end{bmatrix}$ 可换的任意矩阵,则由 $AB=BA$ 得 $a_jA_{ij}=a_iA_{ij}$,因为 $a_i\neq a_j$,若 $i\neq j(i,j=1,2,\cdots,r)$,因此 $A_{ij}=0,i\neq j$,故与 A 可交换的矩阵只能是准对角矩阵 $\begin{bmatrix} A_1 & & & 0 \\ & A_2 & & \\ & & \ddots & \\ 0 & & & A_r \end{bmatrix}$.

例 4.32 用 E_{ij} 表示 i 行 i 列的元素为 1,而其余元素全为零的 $n\times n$ 矩阵,而 $A=(a_{ij})_{n\times n}$ 证明:

(1) 如果 $AE_{12}=E_{12}A$,那么当 $k\neq 1$ 时 $a_{k1}=0$,当 $k\neq 2$ 时 $a_{2k}=0$;

(2) 如果 $AE_{ij}=E_{ij}A$,那么当 $k\neq i$ 时 $a_{ki}=0$,当 $k\neq j$ 时 $a_{jk}=0$;

(3) 如果 A 与所有的 n 阶矩阵可交换,那么一定是数量矩阵,即 $A=kE$.

证明 (1)AE_{12} 的第 2 列元素为 $a_{11},a_{21},\cdots,a_{n1}$,其余各列元素均为零,$E_{12}A$ 的第 1 行元素为 $a_{21},a_{22},\cdots,a_{2n}$,其余各行元素均为零,因为 $AE_{12}=E_{12}A$,所以 $k\neq 1$ 时 $a_{k1}=0$,当 $k\neq 2$ 时 $a_{2k}=0$.

(2)AE_{ij} 的第 j 列元素为 $a_{1i},a_{2i},\cdots,a_{ni}$,其余各列元素均为零,$E_{ij}A$ 的第 i 行元素为 $a_{j1},a_{j2},\cdots,a_{jn}$,其余各行元素均为零,因为 $AE_{ij}=E_{ij}A$,所以 $k\neq i$ 时 $a_{ki}=0$,当 $k\neq j$ 时 $a_{jk}=0$;且有 $a_{ii}=a_{jj}$.

(3) 因为 A 与所有的 n 阶矩阵可交换,特别 A 与所有矩阵 $E_{ij},1\leqslant i,j\leqslant n$ 可换,于是由(2) 的结论知 $a_{ij}=0,1\leqslant i\neq j\leqslant n,a_{11}=a_{22}=\cdots=a_{nn}=k$,故 $A=kE$ 为数量矩阵.

例 4.33

(1) 把矩阵 $\begin{bmatrix} a & 0 \\ 0 & a^{-1} \end{bmatrix}$ 表示成形式为

$$\begin{bmatrix} 1 & x \\ 0 & 1 \end{bmatrix} 与 \begin{bmatrix} 1 & 0 \\ x & 1 \end{bmatrix} \tag{4.2}$$

的矩阵的乘积.

(2) 设 $A=\begin{bmatrix} a & b \\ c & d \end{bmatrix}$ 为一复数矩阵,$|A|=1$,证明 A 可以表示成形式为(4.2) 的矩阵的乘积.

分析:只需说明 $\begin{bmatrix} a & 0 \\ 0 & a^{-1} \end{bmatrix}$ 可以通过第三种初等变换化为单位矩阵,再利用初等变换与初等矩阵的关系便得结论.

解 (1) 因为 $\begin{bmatrix}1 & 1-a^{-1}\\0 & 1\end{bmatrix}\begin{bmatrix}1 & 0\\-1 & 1\end{bmatrix}\begin{bmatrix}1 & 1-a\\0 & 1\end{bmatrix}\begin{bmatrix}1 & 0\\a^{-1} & 1\end{bmatrix}\begin{bmatrix}a & 0\\0 & a^{-1}\end{bmatrix}=\begin{bmatrix}1 & 0\\0 & 1\end{bmatrix}$,所以

$$\begin{bmatrix}a & 0\\0 & a^{-1}\end{bmatrix}=\begin{bmatrix}1 & 0\\-a^{-1} & 1\end{bmatrix}\begin{bmatrix}1 & a-1\\0 & 1\end{bmatrix}\begin{bmatrix}1 & 0\\1 & 1\end{bmatrix}\begin{bmatrix}1 & a^{-1}-1\\0 & 1\end{bmatrix}.$$

(2) 若 $a\neq 0$,则 $\begin{bmatrix}1 & -ab\\0 & 1\end{bmatrix}\begin{bmatrix}1 & 0\\-\dfrac{c}{a} & 1\end{bmatrix}A=\begin{bmatrix}a & 0\\0 & a^{-1}\end{bmatrix}$,因此

$$A=\begin{bmatrix}1 & 0\\\dfrac{c}{a} & 1\end{bmatrix}\begin{bmatrix}1 & ab\\0 & 1\end{bmatrix}\begin{bmatrix}a & 0\\0 & a^{-1}\end{bmatrix},$$

结合(1) 的结论知 A 可以表示成形式为(1) 的矩阵的乘积. 若 $a=0$,则 $c\neq 0$ 且 $\begin{bmatrix}1 & -c(b+d)\\0 & 1\end{bmatrix}\begin{bmatrix}1 & 0\\-1 & 1\end{bmatrix}\begin{bmatrix}1 & 1\\0 & 1\end{bmatrix}A=\begin{bmatrix}c & 0\\0 & c^{-1}\end{bmatrix}$,因此

$$A=\begin{bmatrix}1 & -1\\0 & 1\end{bmatrix}\begin{bmatrix}1 & 0\\1 & 1\end{bmatrix}\begin{bmatrix}1 & c(b+d)\\0 & 1\end{bmatrix}\begin{bmatrix}c & 0\\0 & c^{-1}\end{bmatrix},$$

结合(1) 的结论知 A 可以表示成形式为(4.2) 的矩阵的乘积.

例 4.34 设 A 是 3 阶方阵,将 A 的第 1 列与第 2 列交换得 B,再将 B 的第 2 列加到第 3 列得 C,则满足 $AQ=C$ 的可逆矩阵 Q 为

(A) $\begin{bmatrix}0 & 1 & 0\\1 & 0 & 0\\1 & 0 & 1\end{bmatrix}$ (B) $\begin{bmatrix}0 & 1 & 0\\1 & 0 & 1\\0 & 0 & 1\end{bmatrix}$ (C) $\begin{bmatrix}0 & 1 & 0\\1 & 0 & 0\\0 & 1 & 1\end{bmatrix}$ (D) $\begin{bmatrix}0 & 1 & 1\\1 & 0 & 0\\0 & 0 & 1\end{bmatrix}$

解 $A\begin{bmatrix}0 & 1 & 0\\1 & 0 & 0\\0 & 0 & 1\end{bmatrix}=B$, $B\begin{bmatrix}1 & 0 & 0\\0 & 1 & 1\\0 & 0 & 1\end{bmatrix}=C$,由此得

$$Q=A^{-1}C=\begin{bmatrix}0 & 1 & 0\\1 & 0 & 0\\0 & 0 & 1\end{bmatrix}\begin{bmatrix}1 & 0 & 0\\0 & 1 & 1\\0 & 0 & 1\end{bmatrix}=\begin{bmatrix}0 & 1 & 1\\1 & 0 & 0\\0 & 0 & 1\end{bmatrix},$$

故应选(D).

例 4.35 设 A 是 $n(n\geqslant 2)$ 阶可逆矩阵,交换 A 的第 1 行与第二行得矩阵 B, A^*, B^* 分别是 A,B 的伴随矩阵,则

(A) 交换 A^* 的第 1 列与第 2 列得矩阵 B^*.

(B) 交换 A^* 的第 1 行与第 2 行得矩阵 B^*.

(C) 交换 A^* 的第 1 列与第 2 列得矩阵 $-B^*$.

(D) 交换 A^* 的第 1 行与第 2 行得矩阵 $-B^*$.

解 $P(1,2)A=B$,由此得 $B^*=\dfrac{1}{|B|}B^{-1}=-\dfrac{1}{|A|}A^{-1}P(1,2)=-A^*P(1,2)$,故交换 A^* 的第 1 列与第 2 列得矩阵 $-B^*$,应选(C).

§4.2.4 解矩阵方程的例题

例 4.36 设有方程 $A^TP+PA-PBR^{-1}B^TP+Q=0$,其中 $A=\begin{bmatrix}0&1\\0&0\end{bmatrix}$,$B=\begin{bmatrix}0\\1\end{bmatrix}$,$R=(1)$,$Q=\begin{bmatrix}1&0\\0&a\end{bmatrix}(a>0)$,求 $P=\begin{bmatrix}b_{11}&b_{12}\\b_{21}&b_{22}\end{bmatrix}$,使得 $b_{11}>0,|P|>0$.

解 因为 $A^TP+PA-PBR^{-1}B^TP+Q=0$,所以 $b_{12}b_{21}=1,b_{12}b_{22}=b_{11}=b_{21}b_{22}$ 且 $b_{22}^2-a=b_{12}+b_{21}$.又因为 $a>0,b_{11}>0,b_{11}b_{22}-b_{12}b_{21}=|P|>0$,所以 $b_{12}=b_{21}>0,b_{22}>0$,因此 $b_{12}=1,b_{11}=b_{22}=\sqrt{a+2}$,故

$$P=\begin{bmatrix}\sqrt{a+2}&1\\1&\sqrt{a+2}\end{bmatrix}.$$

§4.3 练习题

§4.3.1 北大与北师大版教材习题

1. 设 $A=\begin{bmatrix}3&1&1\\2&1&2\\1&2&3\end{bmatrix}$,$B=\begin{bmatrix}1&1&-1\\2&-1&0\\1&0&1\end{bmatrix}$;计算 $AB,AB-BA$.

2. 计算

(1) $\begin{bmatrix}1&1\\0&1\end{bmatrix}^n$;(2) $\begin{bmatrix}\cos\varphi&-\sin\varphi\\\sin\varphi&\cos\varphi\end{bmatrix}^n$;(3) $(2,3,-1)\begin{pmatrix}1\\-1\\-1\end{pmatrix}$,$\begin{pmatrix}1\\-1\\-1\end{pmatrix}(2,3,-1)$;

(4) $(x,y,1)\begin{pmatrix}a_{11}&a_{12}&b_1\\a_{12}&a_{22}&b_2\\b_1&b_2&c\end{pmatrix}\begin{pmatrix}x\\y\\1\end{pmatrix}$;

3. 设 $f(\lambda)=a_0\lambda^m+a_1\lambda^{m-1}+\cdots+a_m$,$A$ 是一个 $n\times n$ 矩阵,定义

$$f(A)=a_0A^m+a_1A^{m-1}+\cdots+a_mE.$$

(1) $f(\lambda)=\lambda^2-\lambda-1$,$A=\begin{bmatrix}2&1&1\\3&1&2\\1&-1&0\end{bmatrix}$;

(2) $f(\lambda)=\lambda^2-5\lambda+3$,$A=\begin{bmatrix}2&-1\\-3&3\end{bmatrix}$;

试求 $f(A)$.

4. 如果 $AB=BA$,矩阵 B 就称为与 A 可交换.设

(1) $A=\begin{bmatrix}1&1\\0&1\end{bmatrix}$;(2) $A=\begin{bmatrix}1&0&0\\0&1&2\\3&1&2\end{bmatrix}$;(3) $A=\begin{bmatrix}0&1&0\\0&0&1\\0&0&0\end{bmatrix}$.

求所有与 A 可交换的矩阵.

5. 如果 $AB=BA, AC=CA$,证明:$A(B+C)=(B+C)A$.

6. 矩阵 A 称为对称的,如果 $A^T=A$.证明:如果 A 是实对称矩阵且 $A^2=0$,那么 $A=0$.

7. 设 A,B 都是对称矩阵.证明:AB 也对称当且仅当 A,B 可交换.

8. 矩阵 A 称为反对称的,如果 $A^T=-A$.证明:任一 $n\times n$ 矩阵都可以表为一对称矩阵与一反对称矩阵之和.

9. 设 A 是 $n\times n$ 矩阵,证明:存在一个 $n\times n$ 非零矩阵 B 使 $AB=0$ 的充分必要条件是 $|A|=0$.

10. 设 A 是 $n\times n$ 矩阵,如果对任一 n 维向量 $X=\begin{pmatrix}x_1\\x_2\\\vdots\\x_n\end{pmatrix}$ 都有 $AX=0$,那么 $A=0$.

11. 设 B 是 $r\times r$ 矩阵, C 为一 $r\times n$ 矩阵,且 $R(C)=r$.证明:

(1) 如果 $BC=0$,那么 $B=0$;　(2) 如果 $BC=C$,那么 $B=E$.

12. 求 A^{-1},设

(1)$A=\begin{pmatrix}a & b\\c & d\end{pmatrix}$,$ad-bc=1$;

(2)$A=\begin{bmatrix}1 & 1 & -1\\2 & 1 & 0\\1 & -1 & 0\end{bmatrix}$;

(3)$A=\begin{bmatrix}2 & 2 & 3\\1 & -1 & 0\\-1 & 2 & 1\end{bmatrix}$;

(4)$A=\begin{bmatrix}1 & 2 & 3 & 4\\2 & 3 & 1 & 2\\1 & 1 & 1 & -1\\1 & 0 & -2 & -6\end{bmatrix}$;

(5)$A=\begin{bmatrix}1 & 1 & 1 & 1\\1 & 1 & -1 & -1\\1 & -1 & 1 & -1\\1 & -1 & -1 & 1\end{bmatrix}$;

(6)$A=\begin{bmatrix}3 & 3 & -4 & -3\\0 & 6 & 1 & 1\\5 & 4 & 2 & 1\\2 & 3 & 3 & 2\end{bmatrix}$;

(7)$A=\begin{bmatrix}1 & 3 & -5 & 7\\0 & 1 & 2 & -3\\0 & 0 & 1 & 2\\0 & 0 & 0 & 1\end{bmatrix}$;

(8)$A=\begin{bmatrix}2 & 1 & 0 & 0\\3 & 2 & 0 & 0\\5 & 7 & 1 & 8\\-1 & -3 & -1 & -6\end{bmatrix}$;

(8)$A=\begin{bmatrix}0 & 0 & 1 & -1\\0 & 3 & 1 & 4\\2 & 7 & 6 & -1\\1 & 2 & 2 & -1\end{bmatrix}$;

(10)$A=\begin{bmatrix}2 & 1 & 0 & 0 & 0\\0 & 2 & 0 & 0 & 0\\0 & 0 & 2 & 1 & 0\\0 & 0 & 0 & 2 & 1\\0 & 0 & 0 & 0 & 2\end{bmatrix}$.

13. 设 $X=\begin{bmatrix}0 & A\\C & 0\end{bmatrix}$,已知 A^{-1},C^{-1} 存在,求 X^{-1}.

14. 求矩阵 X.设

(1) $\begin{bmatrix}2 & 5\\1 & 3\end{bmatrix}X=\begin{bmatrix}4 & -6\\2 & 1\end{bmatrix}$;

(2) $\begin{bmatrix}1 & 1 & -1\\0 & 2 & 2\\1 & -1 & 0\end{bmatrix}X=\begin{bmatrix}1 & -1 & 1\\1 & 1 & 0\\2 & 1 & 1\end{bmatrix}$；

(3) $\begin{bmatrix}1 & 1 & 1 & \cdots & 1 & 1\\0 & 1 & 1 & \cdots & 1 & 1\\0 & 0 & 1 & \cdots & 1 & 1\\\vdots & \vdots & \vdots & \cdots & \vdots & \vdots\\0 & 0 & 0 & \cdots & 0 & 1\end{bmatrix}X=\begin{bmatrix}2 & 1 & 0 & \cdots & 0 & 0\\1 & 2 & 1 & \cdots & 0 & 0\\0 & 1 & 2 & \cdots & 0 & 0\\\vdots & \vdots & \vdots & \cdots & \vdots & \vdots\\0 & 0 & 0 & \cdots & 1 & 2\end{bmatrix}$；

(4) $X\begin{bmatrix}1 & 1 & -1\\0 & 2 & 2\\1 & -1 & 0\end{bmatrix}=\begin{bmatrix}1 & -1 & 1\\1 & 1 & 0\\2 & 1 & 1\end{bmatrix}$.

15. 证明：

(1) 如果 A 可逆对称(反对称)，那么 A^{-1} 也对称(反对称)；

(2) 不存在奇数阶的可逆反对称矩阵.

16. 矩阵 $A=(a_{ij})$ 称为上(下) 三角形矩阵，如果 $i>j(i<j)$ 时有 $a_{ij}=0$. 证明：

(1) 两个上(下) 三角形矩阵的乘积仍是上(下) 三角形矩阵；

(2) 可逆的上(下) 三角形矩阵的逆仍是上(下) 三角形矩阵.

17. A,B 分别是 $n\times m$ 和 $m\times n$ 矩阵. 证明 $\begin{vmatrix}E_m & B\\A & E_n\end{vmatrix}=|E_n-AB|=|E_m-BA|$.

18. A,B 如上题，$\lambda\neq 0$. 证明 $|\lambda E_n-AB|=\lambda^{n-m}|\lambda E_m-BA|$.

19. 设 A 是一个 $n\times n$ 矩阵，$R(A)=1$. 证明：

(1) $A=\begin{pmatrix}a_1\\a_2\\\vdots\\a_n\end{pmatrix}(b_1,b_2,\cdots,b_n)$；　　(2) $A^2=kA$.

20. 用两种方法求 $A=\begin{bmatrix}1 & 1 & 1 & 1\\1 & -1 & 1 & -1\\1 & 1 & -1 & -1\\1 & -1 & -1 & 1\end{bmatrix}$ 的逆矩阵：(1) 用初等变换；(2) 利用分块乘法的初等变换.

21. 设 A 为 2×2 矩阵，证明：如果 $A^l=0, l\geqslant 2$，那么 $A^2=0$.

22. 证明：$(A^*)^*=|A|^{n-2}A$，其中 A 是 $n\times n$ 矩阵$(n>2)$.

23. 设 A,B,C,D 都是 $n\times n$ 矩阵，且 $|A|\neq 0, AC=CA$. 证明：$\begin{vmatrix}A & B\\C & D\end{vmatrix}=|AD-CB|$.

24. 设 A 是一个 $n\times n$ 矩阵，且 $R(A)=r$. 证明：存在一 $n\times n$ 可逆矩阵 P 使 PAP^{-1} 的后 $n-r$ 行全为零.

25. 设 A 是一个 $n\times n$ 矩阵，$|A|=1$. 证明：A 可以表示成 $P(i,j(k))$ 这一类初等矩阵的乘积.

26. 矩阵的列(行) 向量组如果是线性无关的，就称该矩阵为列(行) 满秩的. 设 A 是

$m\times r$ 矩阵,则 A 是列满秩的充分必要条件是存在 $m\times m$ 可逆矩阵 P 使 $A=P\begin{pmatrix}E_r\\0\end{pmatrix}$.同样地,$A$ 是行满秩的充分必要条件是存在 $r\times r$ 可逆矩阵 Q 使 $A=(E_m 0)Q$.

27. $m\times n$ 矩阵 A 的秩为 r,则有 $m\times r$ 的列满秩矩阵 P 和 $r\times n$ 的行满秩矩阵 Q,使 $A=PQ$.

参考答案

§4.3.2 各高校研究生入学考试原题

一、填空题

1. 设矩阵 $A=\begin{bmatrix}0&0&0&1\\0&0&1&0\\0&1&0&0\\1&0&0&0\end{bmatrix}$,则逆矩阵 $A^{-1}=$ ________.

2. 设 4 阶方阵 $A=\begin{bmatrix}5&2&0&0\\2&1&0&0\\0&0&1&-2\\0&0&1&1\end{bmatrix}$,则 A 的逆矩阵 $A^{-1}=$ ________.

3. 设 $A=\begin{bmatrix}0&a_1&0&\cdots&0\\0&0&a_2&\cdots&0\\\vdots&\vdots&\vdots&&\vdots\\0&0&0&\cdots&a_{n-1}\\a_n&0&0&\cdots&0\end{bmatrix}$,其中 $a_i\neq 0(i=1,2,\cdots,n)$,则 $A^{-1}=$ ________.

4. 设 $A=\begin{bmatrix}1&0&0\\2&2&0\\3&4&5\end{bmatrix}$,$A^*$ 是 A 的伴随矩阵,则 $(A^*)^{-1}=$ ________.

5. 设 3 阶方阵 A、B 满足关系式 $A^{-1}BA=6A+BA$,其中 $A=\begin{bmatrix}\frac{1}{3}&0&0\\0&\frac{1}{4}&0\\0&0&\frac{1}{7}\end{bmatrix}$,则 $B=$ ________.

6. 已知 $AB-B=A$,其中 $B=\begin{bmatrix}1&-2&0\\2&1&0\\0&0&2\end{bmatrix}$,则 $A=$ ________.

7. 设矩阵 A 满足 $A^2+A-4E=0$,其中 E 是单位矩阵,则 $(A-E)^{-1}=$ ________.

8. 设矩阵 $A=\begin{bmatrix}1 & -1\\ 2 & 3\end{bmatrix}$,$B=A^2-3A+2E$,则 $B^{-1}=$ ________.

9. 设 A,B 均为三阶矩阵,E 是三阶单位矩阵,已知 $AB=2A+B$,
$B=\begin{bmatrix}2 & 0 & 2\\ 0 & 4 & 0\\ 2 & 0 & 2\end{bmatrix}$,则 $(A-E)^{-1}=$ ________.

10. 设 n 维向量 $\alpha=(a,0,\cdots,0,a)^T$,$a<0$,$E$ 是 n 阶单位矩阵.$A=E-\alpha\alpha^T$,
$B=E+\dfrac{1}{a}\alpha\alpha^T$,其中 A 的逆矩阵为 B,则 $a=$ ________.

11. 设矩阵 $A=\begin{bmatrix}2 & 1\\ -1 & 2\end{bmatrix}$,E 是二阶单位矩阵, 矩阵 B 满足 $BA=B+2E$, 则 B
$=$ ________.

12. 设 $f(t)=4t^2+2t-3$,$A=\begin{pmatrix}c & 1 & 0\\ 0 & c & 1\\ 0 & 0 & c\end{pmatrix}$,则 $f(A)=$ ______.

13. $\begin{bmatrix}\lambda & 1 & 0\\ 0 & \lambda & 1\\ 0 & 0 & \lambda\end{bmatrix}^n=$ ____________.

14. 设 $A=\begin{bmatrix}1 & -a & 0 & 0\\ 0 & 1 & -a & 0\\ 0 & 0 & 1 & -a\\ 0 & 0 & 0 & 1\end{bmatrix}$,则 $A^n=$ ___________.

15. 设 A 为三阶方阵,$P=(\alpha_1,\alpha_2,\alpha_3)$ 为三阶可逆阵,并且 $P^{-1}AP=\begin{bmatrix}2 & 0 & 0\\ 0 & 2 & 0\\ 0 & 0 & -2\end{bmatrix}$,若
$Q=(\alpha_2,\alpha_3,\alpha_1+\alpha_3)$,则 $Q^{-1}AQ=$ ______________.

16. $\begin{bmatrix}1 & 2 & 3\\ 2 & 2 & 1\\ 3 & 4 & 3\end{bmatrix}^{-1}=$ ____________.

17. $\begin{bmatrix}5 & 0 & 0\\ 0 & 4 & 11\\ 0 & 1 & 3\end{bmatrix}^{-1}=$ ____________.

18. 设 $A=\begin{bmatrix}0 & 0 & 1 & 2\\ 0 & 0 & 1 & 3\\ 2 & 1 & 0 & 0\\ 5 & 3 & 0 & 0\end{bmatrix}$,则 $A^{-1}=$ ________.

19. 设矩阵 $A=\begin{pmatrix}1 & 1 & 1 & 1\\ 1 & -1 & 1 & -1\\ 1 & 1 & -1 & -1\\ 1 & -1 & -1 & 1\end{pmatrix}$,则 $A^{-1}=$ ________.

20. 若 $A=\begin{pmatrix}0&1&2\\0&0&1\\0&0&0\end{pmatrix}$，则 $(E+A+A^2)^{-1}=$ ________.

21. 设 $A=\begin{bmatrix}1&2&-2\\4&a&3\\3&-1&1\end{bmatrix}$，$B$ 为 3 阶非零方阵，且 $AB=0$，则 $a=$ ________.

22. 设 $A=\begin{pmatrix}1&1&-1\\0&-1&1\\0&0&1\end{pmatrix}$，$A^2-AB=E$，则 $B=$ ______.

23. 将矩阵 $\begin{pmatrix}2&1\\4&3\end{pmatrix}$ 写成初等矩阵之积 ____________________.

24. 设 A 是 4 级矩阵，且矩阵 A 的秩$(A)=3$，则秩$(A^*)=$ ____________ .

25. 对角阵 $A=\begin{pmatrix}a_1&0&\cdots&0\\0&a_2&\cdots&0\\\vdots&\vdots&\cdots&\vdots\\0&0&\cdots&a_n\end{pmatrix}$ 可逆的充分必要条件是__________ ，若 A 可逆，则 $A^{-1}=$ __________________.

26. 设 $A_i(i=1,2,3,4)$ 都是 n 级矩阵，其中 $|A_1|\neq 0$，对矩阵 $\begin{pmatrix}A_1&A_2\\A_2&A_4\end{pmatrix}$ 左乘以矩阵 __________ 可以化为 $\begin{pmatrix}A_1&A_2\\0&*\end{pmatrix}$ 型的矩阵.

27. 设 n 级方阵 $A=(a_{ij})_n=\begin{pmatrix}\alpha_1\\\alpha_2\\\vdots\\\alpha_n\end{pmatrix}=(\beta_1,\beta_2,\cdots,\beta_n)$，$E_n=(\varepsilon_1,\varepsilon_2,\cdots,\varepsilon_n)$ 为 n 级单位矩阵. 则 $A\varepsilon_j=$ ________ ，$\varepsilon_i^TA\varepsilon_j=$ __________________.

28. 设 A 是 $m\times n$ 阵，B 是 $m\times s$ 矩阵，则方程 $AX=B$ 有解的充分必要条件是 ______.

29. 设 A 是数域 P 上的 n 级反对称阵，$\alpha\in P^{n\times 1}$，则 $\alpha^TA\alpha=$ ______________.

30. 设 $A=B+C$，其中 B 为对称矩阵，C 为反对称矩阵，那么 $B=$ __________.

31. 已知 $A^{-1}=\begin{pmatrix}2&-1&0\\-1&2&-1\\0&-2&2\end{pmatrix}$，则 $(A^T)^{-1}=$ ____________.

32. 已知 $A^{-1}=\begin{pmatrix}2&-1&0\\-1&2&-1\\0&-1&2\end{pmatrix}$，则 $(2A)^{-1}=$ ________________________.

33. $A=\begin{pmatrix}1&2&-1&-2\\1&1&-1&-1\\0&0&1&2\\0&0&1&1\end{pmatrix}$ 的逆矩阵 $A^{-1}=$ __________________.

34. 设 $A=\begin{pmatrix}6 & -10\\ 2 & -3\end{pmatrix}$,则 $Tr(A^5)=$________.

35. 已知 A 的逆矩阵等于 $\begin{pmatrix}2 & -1 & 2\\ 1 & 3 & 2\\ 1 & -1 & 4\end{pmatrix}$.则 A^2 的逆矩阵为________.

36. 矩阵 $A=\begin{pmatrix}2 & 1 & 1\\ 1 & 2 & 1\\ 1 & 1 & 2\end{pmatrix}$ 的逆矩阵是________.

37. 设 3 阶矩阵 $A=(a_{ij})$ 的特征值为 $1,-1,2$,A_{ij} 为 a_{ij} 的代数余子式,则 $A_{11}+A_{22}+A_{33}=$________.

38. 已知矩阵 A 的特征多项式 $f(x)=x^3+x^2-2$,则 $A+2E$ 的逆矩阵是________.

二、选择题

1. 设 n 阶方阵 A、B、C 满足关系式 $ABC=E$,其中 E 是 n 阶单位矩阵,则必有

(A) $ACB=E$　　(B) $CBA=E$　　(C) $BAC=E$　　(D) $BCA=E$

2. 设 $A,B,A+B,A^{-1}+B^{-1}$ 均为 n 阶可逆矩阵,则 $(A^{-1}+B^{-1})^{-1}$ 等于

(A) $A^{-1}+B^{-1}$　　(B) $A+B$　　(C) $A(A+B)^{-1}B$　　(D) $(A+B)^{-1}$

3. 设 n 阶矩阵 A 非奇异 $(n\geqslant 2)$,A^* 是 A 的伴随矩阵,则

(A) $(A^*)^*=|A|^{n-1}A$　　(B) $(A^*)^*=|A|^{n+1}A$

(C) $(A^*)^*=|A|^{n-2}A$　　(D) $(A^*)^*=|A|^{n+2}A$

4. 设 A,B,C 均为 n 阶矩阵,E 是 n 阶单位矩阵,若 $B=E+AB$,$C=A+CA$,则 $B-C$ 为

(A) E　　(B) $-E$　　(C) A　　(D) $-A$

5. 设 n 维向量 $\alpha=(\frac{1}{2},0,\cdots,0,\frac{1}{2})$,矩阵 $A=I-\alpha^T\alpha$,$B=I+2\alpha^T\alpha$,其中 I 是 n 阶单位矩阵,则 AB 等于

(A) 0　　(B) $-I$　　(C) I　　(D) $I+\alpha^T\alpha$

6. 设

$$A=\begin{bmatrix}a_{11} & a_{12} & a_{13}\\ a_{21} & a_{22} & a_{23}\\ a_{31} & a_{32} & a_{33}\end{bmatrix},B=\begin{bmatrix}a_{21} & a_{22} & a_{23}\\ a_{11} & a_{12} & a_{13}\\ a_{31}+a_{11} & a_{32}+a_{12} & a_{33}+a_{13}\end{bmatrix},$$

$$P_1=\begin{bmatrix}0 & 1 & 0\\ 1 & 0 & 0\\ 0 & 0 & 1\end{bmatrix},P_2=\begin{bmatrix}1 & 0 & 0\\ 0 & 1 & 0\\ 1 & 0 & 1\end{bmatrix},$$

则必有

(A) $AP_1P_2=B$　　(B) $AP_2P_1=B$

(C) $P_1P_2A=B$　　(D) $P_2P_1A=B$

7. 设 A,B 为 n 阶可逆矩阵,A^*,B^* 分别为 A,B 对应的伴随矩阵,分块矩阵 $C=\begin{bmatrix}A & 0\\ 0 & B\end{bmatrix}$,则 C 的伴随矩阵 C^* 为

(A) $\begin{bmatrix}|A|A^* & 0\\ 0 & |B|B^*\end{bmatrix}$　　(B) $\begin{bmatrix}|B|B^* & 0\\ 0 & |A|A^*\end{bmatrix}$

(C) $\begin{bmatrix} |A|B^* & 0 \\ 0 & |B|A^* \end{bmatrix}$　　(D) $\begin{bmatrix} |B|A^* & 0 \\ 0 & |A|B^* \end{bmatrix}$

8. 设 n 级矩阵 A 满足 $A^2-2A=0$, E 为 n 级单位矩阵,则矩阵(　　)是退化的.

(A) $A+E$　　(B) $A-E$　　(C) $A-2E$　　(D) $A-3E$

9. 设 A,B 都是数域 P 上的矩阵,则仅由(　　)不能断言 A 和 B 等价.

(A) A 与 B 有相同的秩　　(B) A 可经过有限次的初等变换变成 B

(C) 有可逆矩阵 P 和 Q,使得 $A=PBQ$　　(D) A 与 B 都是 n 级可逆矩阵

10. 实反对称矩阵的非零特征值必为:

(A) 正实数　　(B) 负实数　　(C) 1 或 0　　(D) 纯虚数

11. 设 A 是一个 n 阶方阵,满足 $A^2=A$,则 $rankA+rank(A-E)$(　　).

(A) 大于 n　　(B) 等于 n　　(C) 小于 n　　(D) 无法确定

12. 已知 A,B,C 都是 n 阶方阵,如果 $ABC=E$,则下列等式 $BCA=E$, $CBA=E$, $CAB=E$, $BAC=E$, $ACB=E$ 中一定成立的有(　　)个.

(A) 1　　(B) 2　　(C) 3　　(D) 4

13. 设 A 是 $m\times n$ 阶矩阵,下列命题正确的是(　　).

(A) 若 $rankA=n$,则 $AX=B$ 有唯一解　　(B) 若 $rankA<n$,则 $AX=B$ 有无穷多解

(C) 若 $rank(A\mid B)=m$,则 $AX=B$ 有解　　(D) 若 $rankA=m$,则 $AX=B$ 有解

三、解答题

1. 已知 n 阶方阵 A 满足方程 $A^2-3A-2E=0$,其中 A 给定,而 E 是单位矩阵,证明 A 可逆,并求出 A^{-1}.

2. 设矩阵 A 和 B 满足关系式 $AB=A+2B$,其中 $A=\begin{bmatrix} 4 & 2 & 3 \\ 1 & 1 & 0 \\ -1 & 2 & 3 \end{bmatrix}$,求矩阵 B.

3. 已知 $AP=PB$,其中 $B=\begin{bmatrix} 1 & 0 & 0 \\ 0 & 0 & 0 \\ 0 & 0 & -1 \end{bmatrix}$, $P=\begin{bmatrix} 1 & 0 & 0 \\ 2 & -1 & 0 \\ 2 & 1 & 1 \end{bmatrix}$,求 A 及 A^5.

4. 已知 $X=AX+B$,其中 $A=\begin{bmatrix} 0 & 1 & 0 \\ -1 & 1 & 1 \\ -1 & 0 & -1 \end{bmatrix}$, $B=\begin{bmatrix} 1 & -1 \\ 2 & 0 \\ 5 & -3 \end{bmatrix}$,求矩阵 X.

5. 设 4 阶矩阵 $B=\begin{bmatrix} 1 & -1 & 0 & 0 \\ 0 & 1 & -1 & 0 \\ 0 & 0 & 1 & -1 \\ 0 & 0 & 0 & 1 \end{bmatrix}$, $C=\begin{bmatrix} 2 & 1 & 3 & 4 \\ 0 & 2 & 1 & 3 \\ 0 & 0 & 2 & 1 \\ 0 & 0 & 0 & 2 \end{bmatrix}$,且矩阵 A 满足关系式 $A(E-C^{-1}B)^TC^T=E$,其中 E 是 4 阶单位矩阵, C^{-1} 表示 C 的逆矩阵, C^T 表示 C 的转置,将上述关系式化简并求矩阵 A.

6. 设 n 阶矩阵 A,B 满足条件 $A+B=AB$.

(1) 证明: $A-E$ 为可逆矩阵,其中 E 是 n 阶单位矩阵.

(2) 已知 $B=\begin{bmatrix} 1 & -3 & 0 \\ 2 & 1 & 0 \\ 0 & 0 & 2 \end{bmatrix}$,求矩阵 A.

7. 设矩阵$A=\begin{bmatrix}1&0&1\\0&2&0\\1&0&1\end{bmatrix}$,矩阵$X$满足$AX+I=A^2+X$,其中$I$是3阶单位矩阵,试求出矩阵$X$.

8. 已知三阶矩阵A的逆矩阵为$A^{-1}=\begin{bmatrix}1&1&1\\1&2&1\\1&1&3\end{bmatrix}$,试求伴随矩阵$A^*$的逆矩阵.

9. 设三阶矩阵A满足$A\alpha_i=i\alpha_i(i=1,2,3)$,其中列向量

$$\alpha_1=(1,2,2)^T,\alpha_2=(2,-2,1)^T,\alpha_3=(-2,-1,2)^T$$

试求矩阵A.

10. 设$A=I-\xi\xi^T$,其中I是n阶单位矩阵,ξ是n维非零列向量,ξ^T是ξ的转置,证明:

(1)$A^2=A$的充分必要条件是$\xi^T\xi=1$;

(2) 当$\xi^T\xi=1$时,A是不可逆矩阵.

11. 设A为n阶非零实方阵,A^*是A的伴随矩阵,A^T是A的转置矩阵,当$A^*=A^T$时,证明$|A|\neq 0$.

12. 已知3阶矩阵A与3维列向量x,使得向量组x,Ax,A^2x线性无关,且满足$A^3x=3Ax-2A^2x$.

(1) 记$P=(x,Ax,A^2x)$,求3阶矩阵B,使$A=PBP^{-1}$.

(2) 计算行列式$|A+E|$.

13. 设$A=\begin{bmatrix}1&0&2\\0&-1&1\\0&1&0\end{bmatrix}$,$f(x)=2x^{11}+2x^8-8x^7+3x^5+x^4+17x^3-4$,求$(f(A))^{-1}$.

14. 设A为n阶实方阵,它的每个元素都是a,且a为非零实数,试证:

(1)n阶矩阵$A+naE$可逆.

(2) 存在一个$n-1$次实系数多项式$f(x)$,使$f(A)=(A+naE)^{-1}$,其中E为n阶单位矩阵.

15. 设X,B_0为n阶实矩阵,按归纳法定义矩阵序列$B_i=B_{i-1}X-XB_{i-1},i=1,2,3,\cdots$证明:如果$B_{n^2}=X$,那么$X=0$.

16. 设$C=\begin{bmatrix}-1/3&0&2/3\\0&1/3&2/3\\2/3&2/3&0\end{bmatrix}$,求$C^{101}$.

17. 设A为正交阵,且$|A|=-1$,证明:$A+E$不可逆.

18. 已知矩阵X满足$AXA+BXB=AXB+BXA+E$,其中E为单位矩阵,而$A=\begin{bmatrix}1&0&0\\1&1&0\\1&1&1\end{bmatrix}$,$B=\begin{bmatrix}0&1&1\\1&0&1\\1&1&0\end{bmatrix}$,求$X$.

19. 设A是n阶方阵,证明存在n阶方阵B,使得$ABA=A$.

20. 已知A为n阶方阵，且存在正整数m使$A^m=0$.又B为n阶可逆矩阵. 证明：矩阵方程$AX=XB$没有非零解.

21. 考虑矩阵$A=\begin{pmatrix}2&2&3\\x&-1&0\\-1&2&y\end{pmatrix}$

（1）当x和y满足什么条件时A可逆？

（2）取$x=y=1$，试用两种方法求出A的逆A^{-1}.

22. 设$A=\begin{bmatrix}1&2&3\\2&1&3\\3&2&1\end{bmatrix}$.

（1）证明A是可逆的.

（2）把A^{-1}表示为A的实系数多项式.

23. 设$M_n(F)$是数域F上的n阶方阵全体.对任意非退化矩阵$A\in M_n(F)$，定义集合$X\mapsto AX$.证明：$S_A=M_n(F)$.

24. 问：$A=\begin{bmatrix}1&2&0\\0&1&1\\0&0&1\end{bmatrix}$能否分解为初等矩阵的乘积？说明理由，如果能分解，把它分解为初等矩阵的乘积.

25. 设f对于任意正整数n，求$(E+uv^T)^n$，其中E为三阶单位矩阵，v^T表示v的转置.

26. 证明：数域F上的A阶方阵A是一个数量矩阵当且仅当与所有n阶初等矩阵可交换(数量矩阵是形如λE的矩阵，其中$\lambda\in F$，E是单位矩阵).

27. 数域F上的一个方阵X称为幂零的，如果存在正整数k使得$X^k=0$.

（1）设A,B为可交换的n阶幂零方阵，证明：$A+B$也是幂零的，举例说明，存在n阶幂零矩阵A,B使得$A+B$不是幂零的.

（2）设A,B为n阶方阵且AB是幂零的，证明：BA也是幂零的，举例说明，存在n阶幂零矩阵AB使得AB不是幂零的.

（3）设数域F上的n阶方阵A满足$A^{n-1}\neq 0$，但$A^n=0$，证明：不存在数域F上的n阶方阵B，使得$B^2=A$.

（4）设A为实对称矩阵.证明：A是幂零的当且仅当$A=0$.

28. 给定任意的可逆矩阵$\beta_1,\beta_2,\cdots,\beta_m$，请说出4种求$A^{-1}$的方法(使用计算机程序的方法除外)，并简要说明理由.

29. 求实矩阵X使得$X^4=\begin{bmatrix}3&0&0\\0&3&1\\0&0&0\end{bmatrix}$.

30. 设A,B是n阶实矩阵，且存在n阶复矩阵C使得$C^{-1}AC=B$.问：是否一定存在n阶实矩阵D使得$D^{-1}AD=B$？如果不一定存在，请说明理由：如果一定存在，请利用A,B,C求出这样的D.

31. 设 A 是 2 阶整数矩阵且存在正整数 m 使得 A^m 是单位阵.证明:A^{12} 是单位阵.

32. 设$A=(a_{ij})$是n阶复矩阵,令$\mathrm{Re}(A)=(b_{ij})$是n阶实矩阵,其中b_{ij}是a_{ij}的实部,令$\mathrm{Im}(A)=(c_{ij})$,其中c_{ij}是a_{ij}的虚部,$1\leqslant i,j\leqslant n$,令$B=\begin{pmatrix}\mathrm{Re}(A) & -\mathrm{Im}(A)\\ \mathrm{Im}(A) & \mathrm{Re}(A)\end{pmatrix}$. 证明:$\det(B)=|\det(A)|^2$.

33. 设M_n是复数域C上的所有n阶方阵组成的集合.用$r(B)$表示任意矩阵B的秩.设$A\in M_n$.

(1)α_i 是A的第i个列向量;A_i是划去A的第i列而得到的矩阵($1\leqslant i\leqslant n$).证明:A不可逆当且仅当存在j使得方程组$A_jX=\alpha_j$有解.

(2) 设 $r(A)=r(A^2)=r$. 设 $U=\{Y\mid$存在$X\in M_n$使得$AX=Y\}$,$V=\{Z\in M_n\mid AZ=0\}$.分别求线性空间U,V的维数$\dim U$和$\dim V$.问:$M_n=U\oplus V$是否成立?说明理由.

34. 设 $A=\begin{pmatrix}12 & 30\\ -5 & -13\end{pmatrix}$,求 A^n.

35. 设A,B是两个n阶矩阵,且满足$A^2=A,B^2=B,(A+B)^2=A+B$,证明$AB=0$.

36. 证明:

(1) 若 A 为实反对称矩阵,则 $Q=(E-A)(E+A)^{-1}$ 是正交矩阵;

(2) 若Q为正交矩阵且$E+Q$可逆,则存在实反对称矩阵A使$Q=(E-A)(E+A)^{-1}$.

37. 已知矩阵 $A=\begin{bmatrix}4 & -15 & -9\\ 0 & 1 & 0\\ 1 & -5 & -2\end{bmatrix}$,求 A^n.

38. 设矩阵 $A=\begin{bmatrix}0 & 1 & 2\\ 1 & 1 & 4\\ 2 & -1 & 0\end{bmatrix}$,求 A 的逆矩阵 A^{-1}.

39. 矩阵的列向量是线性无关的,就称该矩阵是列满秩的.

(1) 设A为$m\times n$矩阵,则A是列满秩的充分必要条件是存在$m\times m$可逆矩阵Q使得$A=Q\begin{bmatrix}E_n\\ 0\end{bmatrix}$.

(2) 已知 $A=\begin{bmatrix}1 & 1 & -1\\ 2 & 1 & 0\\ 1 & -1 & 0\\ 4 & 1 & -1\\ 5 & 3 & -1\end{bmatrix}$,求满足(1) 中条件的可逆矩阵 Q.

40. 判断下列矩阵是否可逆,若可逆,求其逆矩阵.

$$\begin{pmatrix}1 & 0 & 1 & 1 & -1\\ 0 & 1 & 2 & 1 & 0\\ 0 & 1 & 1 & -1 & 0\\ 2 & 1 & 0 & 0 & 0\\ 0 & 2 & 0 & 0 & 0\end{pmatrix}.$$

41. 设 A 是 $n \times n$ 矩阵,$R(A)=1$.证明:

$$(1)A=\begin{pmatrix}a_1\\a_2\\\vdots\\a_n\end{pmatrix}(b_1\quad b_2\quad\cdots\quad b_n).\qquad(2)A^2=kA.$$

42. 设 A,B 是 n 级矩阵,证明:$(AB)^*=B^*A^*$.

43. 设 A 是 n 级可逆矩阵,E 是同级单位矩阵.证明:如果可用只涉及前 n 行的初等行变换,或者数乘前 n 行中某一行加到号码大于 n 的某一行的初等行变换,将分块矩阵 $\begin{pmatrix}A & E\\-E & 0\end{pmatrix}$ 化为形式 $\begin{pmatrix}A_1 & B_1\\0 & X\end{pmatrix}$,则 $X=A^{-1}$,并用这种方法求矩阵 $A=\begin{pmatrix}1&3&5\\1&2&7\\3&4&4\end{pmatrix}$ 的逆.

44. 设 A 为 n 阶实方阵,满足 $A^3=A$.证明:存在 n 阶可逆矩阵 T,使得 $T^{-1}AT=\begin{pmatrix}E_s & & \\ & -E_{r-s} & \\ & & 0\end{pmatrix}$,其中.$r=R(A)$,$s=R(A^2+A)$.

45. 已知 $A=\begin{pmatrix}a & c\\b & d\end{pmatrix}$ 且 $ad-bc=1$,求 A^{-1}.

46. 仅施行矩阵初等行变换能把 n 级可逆矩阵 A 化为 n 级单位矩阵吗?为什么?

47. 设 $A=\begin{pmatrix}1&1&1\\1&2&3\\1&2&4\end{pmatrix}$,求一个下三角阵 L 和一个上三角阵 H 使得 $A=LH$.

48. 设 A,B 都是 $s\times n$ 的实矩阵,则 $AX=0$ 与 $BX=0$ 同解的充分必要条件是有可逆矩阵 P 使得 $B=PA$.

49. 设 $A=\begin{bmatrix}1&0&0\\1&0&1\\0&1&0\end{bmatrix}$.

(1) 证明:$A^n=A^{n-2}+A^2-E$;　(2) 计算 A^{2009}.

50. 已知 A 是 n 级矩阵,B 是 $n\times m$ 矩阵,且 $rank(B)=n$.如果 $AB=B$,证明 A 为 n 级单位阵.

51. 已知矩阵 A,B,C,D 是数域 P 上的 m 阶矩阵,

(1) 如果 A 可逆,则 $\begin{vmatrix}A & B\\C & D\end{vmatrix}=\det(A)\det(D-CA^{-1}B)$.

(2) 如果 $rank\begin{pmatrix}A & B\\C & D\end{pmatrix}=m$,问 $\begin{pmatrix}\det A & \det B\\\det C & \det D\end{pmatrix}$ 是否可逆?

52.设 A 是 n 阶反对称阵.证明:

(1) 当 n 为奇数时 $|A|=0$.当 n 为偶数时 $|A|$ 是一实数的完全平方.

(2)A 的秩为偶数.

53. 设 A 是非奇异实对称矩阵，B 是反对称实方阵. 且 $AB = BA$. 证明：$A + B$ 必是非奇异的.

54. 证明：任意方阵可表为两个对称方阵之积，其中一个是非奇异的.

55. 设 n 阶方阵 A，B 满足条件 $A + B = AB$.

（1）证明：$A - E$ 为可逆矩阵，E 为 n 阶单位矩阵；（2）证明 $AB = BA$.

（3）已知：$B = \begin{pmatrix} 1 & -3 & 0 \\ 2 & 1 & 0 \\ 0 & 0 & 2 \end{pmatrix}$，求 A.

56. 设 A，B 都是 n 阶方阵，$rankA = n - 1$. 证明：如果 $AB = BA = 0$，则存在多项式 $g(x)$，使 $B = g(A)$.

57. 设 $f(x)$，$g(x)$ 为数域 K 上互素的多项式，C 为 K 上的 n 阶方阵，$A = f(C)$，$B = g(C)$. 证明：方程 $ABX = 0$ 的每一解 X 均可唯一地表为 $X = Y + Z$ 的形式，其中 Y，Z 分别为方程 $BY = 0$ 与 $AZ = 0$ 的解.

58. 如果矩阵 A 与 B 相似，则 $2A$ 与 $3B$ 等价.

59. 任意一个方阵可以分解成一个对称矩阵和一个反对称矩阵的和.

60. 若 n 阶矩阵 A 满足：$A^2 + 2A + 3E = 0$.

（1）证明：对任意实数 a，$A + aE$ 可逆.（2）求 $A + 4E$ 的逆矩阵.

61. 设 A，B，C 均是 $n \times n$ 矩阵，若 $AC = CB$，$R(C) = r$，证明：A，B 至少有 r 个相同的特征值.

62. 设 $A = \begin{pmatrix} 1 & 1 & 1 \\ 1 & 1 & 1 \\ 1 & 1 & 1 \end{pmatrix}$ 试求矩阵 B，使 $B^* = A$.

63. 设 A 为 n 阶方阵.

（1）证明：如果 A 为实矩阵，则非齐次线性方程组 $A^TAX = A^TB$ 有解.

（2）对任意的复矩阵 A，非齐次线性方程组 $A^TAX = A^TB$ 是否一定有解？（请说明理由）

64. 假设 A，B 都是 2×2 的实矩阵，并且 $A^2 = B^2 = E$，$AB + BA = 0$，证明：存在可逆矩阵 P，使得 $P^{-1}AP = \begin{pmatrix} 1 & 0 \\ 0 & -1 \end{pmatrix}$，$P^{-1}BP = \begin{pmatrix} 0 & 1 \\ 1 & 0 \end{pmatrix}$.

65. 设 $A = \begin{pmatrix} 2 & 4 & 2 \\ 1 & 3 & 0 \\ 1 & 2 & 1 \end{pmatrix}$，请把 A 分解为一个可逆矩阵 B 和一个幂等矩阵 C（即 $C^2 = C$）的乘积.

66. 求 $A = \begin{bmatrix} \cos\alpha & -\sin\alpha \\ \sin\alpha & \cos\alpha \end{bmatrix}$ 的逆矩阵.

67. 试用初等行变换解矩阵方程 $\begin{bmatrix} 1 & 3 & 2 \\ 2 & 2 & -1 \\ -3 & -4 & 0 \end{bmatrix} X = \begin{bmatrix} 1 & 10 & 10 \\ -3 & 2 & 7 \\ 0 & 7 & 8 \end{bmatrix}$.

68. 设 $A = \begin{bmatrix} 1 & 0 & 0 \\ 1 & 0 & 1 \\ 0 & 1 & 0 \end{bmatrix}$.

（1）证明：$A^n = A^{n-2} + A^2 - I$.（2）求 A^{100}.

69. 求矩阵 X,使 $AX=B$,其中 $A=\begin{bmatrix}1&2&3\\2&2&1\\3&4&3\end{bmatrix}$,$B=\begin{bmatrix}2&5\\3&1\\4&3\end{bmatrix}$.

70. 已知 A,B,C,D 均为 n 阶矩阵,且 $AC=CA$,已知分块矩阵 $\begin{pmatrix}A&B\\C&D\end{pmatrix}$,若 A 可逆,证明 $\begin{pmatrix}A&B\\C&D\end{pmatrix}$ 可逆的充分必要条件是 $\det(AD-CB)\neq 0$.

71. 设 A,B 都是 n 阶可逆矩阵,证明 $D=\begin{pmatrix}A&0\\C&B\end{pmatrix}$ 必为可逆矩阵,并求 D 的可逆矩阵.

72. 将矩阵 $A=\begin{bmatrix}1&0&0\\2&0&-1\\0&-1&0\end{bmatrix}$ 表示成有限个初等方阵的乘积.

73. 设 $A=\begin{bmatrix}1&0&0\\2&2&0\\3&4&5\end{bmatrix}$,求 $(A^*)^{-1}$.

74. 解方程 $\begin{pmatrix}1&2&-3\\1&1&-1\end{pmatrix}X=\begin{pmatrix}3&-1\\2&0\end{pmatrix}$.

75. 设方阵 A 满足 $A^2=2A$.

(1) 证明 $A-I$ 与 $A+2I$ 均可逆,并求其逆.

(2) $A-2I$ 是否可逆?

(3) 列举两个这样的三阶矩阵 A.

76. 求矩阵 X.使 $\begin{bmatrix}1&1&-1\\0&2&2\\1&-1&0\end{bmatrix}X=\begin{bmatrix}1&-1&1\\1&1&0\\2&1&1\end{bmatrix}$.

77. 设矩阵 $A,B,A+B$ 可逆,证明:$A^{-1}+B^{-1}$ 可逆.

78. 设 A 是 n 阶矩阵,$r(A)=r$,证明:存在可逆阵 P 使 $P^{-1}AP=(B,0)$,B,是 $n\times r$ 列满秩矩阵.

79. 设 $A_1,A_2,\cdots,A_m$ 为 n 阶实对称矩阵且 $\sum\limits_{i=1}^{m}A_i^2=0$,证明:对

$$1\leqslant i\leqslant m,A_i=0.$$

80. 设 A 是数域 F 上秩为 r 的 n 阶矩阵,且 $A^2=A$.

(1) 证明:$A+E$ 为可逆矩阵,这里 E 为单位矩阵.

(2) 求行列式 $|A+2E|$.

81. 设 C 与 D 为 n 阶实矩阵,$A=C^TC$,$B=D^TD$,λ,μ 为正实数.证明:

(1) 存在方阵 P,使 $\lambda A+\mu B=P^TP$.

(2) 若 C 与 D 之一为可逆矩阵,则上述矩阵 P 可逆.

82. 设 X 为实数域 R 上的一个 3 阶方阵.从矩阵 X 开始,连续对矩阵作如下初等变换:

(1) 第一行乘 5 加到第三行.

(2) 第三列乘 -2 加到第二列.

(3) 交换第一行与第二行,结果得到了三阶单位矩阵,求矩阵 X.

83. 设 X 为实数域 R 上的一个 3 阶方阵.从矩阵 X 开始,连续对矩阵作如下初等变换:

(1) 第一行乘 2 加到第三行.

(2) 第三列乘 -2 加到第二列.

(3) 交换第一列与第二列.

(4) 第二行乘 2,结果得到了三阶单位矩阵,求矩阵 X.

84. 设 λ 为复数,计算矩阵 $\begin{pmatrix} \lambda & 1 & 0 & 0 \\ 0 & \lambda & 1 & 0 \\ 0 & 0 & \lambda & 1 \\ 0 & 0 & 0 & \lambda \end{pmatrix}^{17}$.

85. 设 $A = \begin{pmatrix} 1 & -1 & 2 & 1 & 0 \\ 0 & 2 & -2 & -2 & 1 \\ 0 & -1 & -1 & 1 & 1 \\ 1 & 1 & 0 & 1 & -1 \end{pmatrix}$.

(1) 问 A 的秩是多少?

(2) 说明你对(1) 的答案的理由.

(3) 找出 A 的列向量组的一个极大无关组.

86. 设 T 是 n 级实方阵,E 是 n 级单位矩阵,$T^2 = E$.证明:任给 n 维实列向量 α 都存在唯一的 n 维实列向量 β,γ 使得 $\alpha = \beta + \gamma$ 且 $T\beta = \beta, T\gamma = -\gamma$.

87. 证明可逆对称方阵的逆矩阵也是对称的.

88. 设 A,B 都是 $n \times n$ 矩阵,E 是 $n \times n$ 单位矩阵.证明:$AB - BA \neq E$.

89. 设 A 是 n 级实方阵,$f(x)$ 为实系数多项式.证明:$f(A)$ 为可逆阵当且仅当

$\gcd(f(x), \chi_A(x)) = 1$($\chi_A(x)$ 为 A 的特征多项式).

90. 设 A 是 $m \times n$ 矩阵,B 是 $n \times m$ 矩阵,且 $m \leqslant n$.证明:

$\det(\lambda E - BA) = \lambda^{n-m}\det(\lambda E - AB)$.

91. 已知 $P = \begin{pmatrix} A & I \\ I & I \end{pmatrix}$,证明 P 可逆的充分必要条件是 $I - A$ 可逆.并在已知 $(I - A)^{-1}$ 的情况下求 P^{-1}.

92. 设矩阵 $A = \begin{pmatrix} 1 & 1 & -1 \\ 2 & 1 & 0 \\ 1 & -1 & 1 \end{pmatrix}$, $B = \begin{pmatrix} 2 & 1 & -2 \\ 1 & -1 & -1 \end{pmatrix}$.

(1) 计算矩阵 AB^T 以及行列式 $|AB^TBA^T|$. (2) 求矩阵 C,使得 $CA = B$.

93. 设 A 为 n 阶方阵,证明:$rank(A) = 1$ 的充分必要条件是存在 n 维非零列向量 α,β,使得 $A = \alpha\beta^T$.

94. 设 $A=\begin{pmatrix}13 & 14 & 4\\ 14 & 24 & 18\\ 4 & 18 & 29\end{pmatrix}$，试求满足 $X^2=A$ 的矩阵 X.

95. 设 A 是 n 阶方阵，$A+E$ 可逆，且 $f(A)=(E-A)(E+A)^{-1}$，E，E 为 n 阶方阵. 证明：(1) $[E+f(A)][E+A]=2E$；(2) $f(f(A))=A$.

96. 如果已知一个 $m\times n$ 矩阵 A 的秩为 r，$A=BC$ 为其满秩分解表达式，证明：$AX=0$ 与 $CX=0$ 是同解的线性方程组.

97. 已知 $A=\begin{pmatrix}1 & -1 & 0 & -1\\ 1 & 1 & 2 & -1\\ 1 & 0 & 1 & -1\\ 1 & 3 & 4 & -1\end{pmatrix}$ 矩阵，求一个秩为 2 的 4 阶矩阵 B 使得 $AB=0$.

98. 设 A,B,C 为同阶方阵，定义 $[A,B]=AB-BA$，求

$$[[A,B],C]+[[B,C],A]+[[C,A],B].$$

99. 设 A 是 n 阶方阵，证明 A 可逆当且仅当存在常数项不为 0 的多项式 $g(x)$，使得 $g(A)=0$.

100. 设 A 是一个 3 阶方阵，且 $A^2=E$，$A\neq\pm E$，证明 $A+E$ 与 $A-E$ 中有一个秩为 1，另一个的秩为 2，其中 E 为 3 阶单位阵.

101. 证明：任一 n 阶方阵可以表示成一个数量矩阵（具有 kE 形式的矩阵）与一个迹为 0 的矩阵之和.

102. 设 Ω 是一些 n 阶方阵组成的集合，且对 $\forall A,B\in\Omega$，都有 $AB=B^3A^3\in\Omega$，证明：

(1) 交换律在 Ω 中成立.

(2) 当 $E\in\Omega$ 时，Ω 中矩阵的行列式的值只可能为 0，±1.

103. 设 n 阶方阵 A 的 n 个特征根互异，B 与 A 有完全相同的特征根，证明存在矩阵 Q 及可逆矩阵 P，使 $A=PQ$，$B=QP$.

104. 设 A 为 n 阶方阵，若存在唯一的 n 阶方阵 B，$r(B)=r(A)$，使得 $ABA=A$，证明 $BAB=B$. 注：原题中没有条件 $r(B)=r(A)$，则题目有误，因为可以找到可逆矩阵 B，使得 $ABA=A$，而当 A 不可逆时，$BAB=B$ 不可能成立，详见题目解答后的说明.

105. 设 A 为二阶方阵，若有方阵 B，使得 $AB-BA=A$，证明 $A^2=0$.

106. 设 A,B,C 为 n 阶方阵，$C=AB-BA$，且 C 与 A,B 都可交换，证明存在不大于 n 的正整数 m，使得 $C^m=0$.

107. 若矩阵 A 的伴随矩阵 $A^*=\begin{pmatrix}1 & 1 & 1\\ 0 & 1 & 1\\ 0 & 0 & 1\end{pmatrix}$，求 A^* 的逆.

108. 设 A 为三阶实对称矩阵，其特征值为 $\lambda_1=1$，$\lambda_2=-1$，$\lambda_3=0$，$\eta_1=\begin{bmatrix}1\\2\\3\end{bmatrix}$ 与 $\eta_2=\begin{bmatrix}2\\1\\-2\end{bmatrix}$ 分别是 A 的属于特征值 λ_1 与 λ_2 的特征向量. 求矩阵 A.

109. 已知 $X_1=(1,-2,1)^T$, $X_2=(-1,x,1)^T$ 分别是3阶不可逆实对称矩阵 A 的属于特征值 $\lambda_1=1$, $\lambda_2=-1$ 的特征向量,

(1) 求矩阵 A. (2) 求 $A^{2014}\alpha$,其中 $\alpha=(1,1,1)^T$.

110. 已知 A 为3阶实对称矩阵,A 的秩 $r(A)=2$, $\alpha_1=(0,1,0)^T$, $\alpha_2=(-1,0,1)^T$ 是 A 对应特征值 $\lambda_1=\lambda_2=3$ 的特征向量,试求:

(1) A 的另一个特征值 λ_3 及其对应的特征向量 α_3. (2) 矩阵 A,矩阵 A^n.

111. 设 $A=\begin{bmatrix}1 & 4 & 2\\ 0 & -3 & 4\\ 0 & 4 & 3\end{bmatrix}$,求 A^k.

参考答案

第四章 矩阵

第五章 二次型

§5.1 基本题型及其常用解题方法

§5.1.1 求二次型对应的矩阵与秩

计算依据:对称矩阵 $A=(a_{ij})_n$ 称为 n 元二次型 $f(x_1,\cdots,x_n)$ 的矩阵,如果

$$f(x_1,\cdots,x_n)=X^TAX=\sum_{i=1}^{n}\sum_{j=1}^{n}a_{ij}x_ix_j,X=(x_1,\cdots,x_n)^T,$$

二次型的矩阵 A 的秩也称为该二次型的秩.

例 5.1 二次型 $f(x_1,x_2,x_3)=(x_1+x_2)^2+(x_2-x_3)^2+(x_3+x_1)^2$ 的秩为 ______.

本题应填 2.

解 令 $\begin{cases}y_1=x_1+x_2\\y_2=x_2-x_3\\y_3=x_3\end{cases}$,即 $\begin{cases}x_1=y_1-y_2-y_3\\x_2=y_2+y_3\\x_3=y_3\end{cases}$,则 $f(x_1,x_2,x_3)=2y_1^2-2y_1y_2+2y_2^2$,对应的矩阵 $\begin{bmatrix}2&-1&0\\-1&2&0\\0&0&0\end{bmatrix}$ 的秩为 2,故二次型的秩是 2.

说明:(1) 若令 $\begin{cases}y_1=x_1+x_2\\y_2=x_2-x_3\\y_3=x_3+x_1\end{cases}$,由此得:$f(x_1,x_2,x_3)=y_1^2+y_2^2+y_3^2$,因此认为二次型的秩是 3 是错误的. 因为此时 $\begin{bmatrix}y_1\\y_2\\y_3\end{bmatrix}=\begin{bmatrix}1&1&0\\0&1&-1\\1&0&1\end{bmatrix}\begin{bmatrix}x_1\\x_2\\x_3\end{bmatrix}$, 而 $\begin{vmatrix}1&1&0\\0&1&-1\\1&0&1\end{vmatrix}=0$, 因此 $\begin{bmatrix}1&1&0\\0&1&-1\\1&0&1\end{bmatrix}$ 不是可逆矩阵,所以上述变换不符合二次型的变换矩阵为可逆矩阵的要求,

因此也不能把二次型化为 $y_1^2+y_2^2+y_3^2$ 的形式.

(2) 将原二次型展开得:$f(x_1,x_2,x_3)=2x_1^2+2x_2^2+2x_3^2+2x_1x_2+2x_1x_3-2x_2x_3$,因而得对应的矩阵为 $A=\begin{bmatrix}2&1&1\\1&2&-1\\1&-1&2\end{bmatrix}$,求出 A 的秩 $r(A)=2$,也可以得结论.

§5.1.2　二次型的标准形与规范形的计算

1. 利用配方法

理论依据: 非退化的线性替换将二次型变成与之等价的二次型,即两个二次型对应的矩阵是合同矩阵. 利用该方法化二次型为标准型一定要注意所用线性替换是非退化的.

例 5.2　用非退化的线性替换将二次型化为标准型:

$$x_1{}^2+x_2{}^2+x_3{}^2+x_4{}^2+2x_1x_2+2x_2x_3+2x_3x_4$$

解　$f(x_1,x_2,x_3,x_4)=x_1{}^2+x_2{}^2+x_3{}^2+x_4{}^2+2x_1x_2+2x_2x_3+2x_3x_4$

$$=(x_1+x_2)^2+(x_3+x_4)^2+2x_2x_3,$$

令 $x_1+x_2=y_1,x_2=y_2,x_3=y_3,x_3+x_4=y_4$, $\begin{bmatrix}x_1\\x_2\\x_3\\x_4\end{bmatrix}=\begin{bmatrix}1&-1&0&0\\0&1&0&0\\0&0&1&0\\0&0&-1&1\end{bmatrix}\begin{bmatrix}y_1\\y_2\\y_3\\y_4\end{bmatrix}$,则 $f(x_1,x_2,x_3,x_4)=y_1^2+2y_2y_3+y_4^2$,再令

$$y_1=z_1,y_2=z_2+z_3,y_3=z_2-z_3,y_4=z_4,$$

则 $f(x_1,x_2,x_3,x_4)=z_1^2+2z_2^2-2z_3^2+z_4^2$,所以用非线性替换为

$$\begin{bmatrix}x_1\\x_2\\x_3\\x_4\end{bmatrix}=\begin{bmatrix}1&-1&-1&0\\0&1&1&0\\0&1&-1&0\\0&-1&-1&1\end{bmatrix}\begin{bmatrix}z_1\\z_2\\z_3\\z_4\end{bmatrix}.$$

2. 利用正交变换法

理论依据: 实对称矩阵一定可以正交对角化.

例 5.3　求一个正交变换,化二次型

$$f=x_1{}^2+4x_2^2+4x_3^2-4x_1x_2+4x_1x_3-8x_2x_3$$

成标准形.

解　二次型 f 的矩阵为

$$A=\begin{bmatrix}1&-2&2\\-2&4&-4\\2&-4&4\end{bmatrix}$$

$|\lambda E-A|=\begin{vmatrix}\lambda-1&2&-2\\2&\lambda-4&4\\-2&4&\lambda-4\end{vmatrix}=\lambda^2(\lambda-9)$,所以 $\lambda_1=9,\lambda_2=\lambda_3=0$ 为 A 的所有特征值.

对于特征值 $\lambda_1=9$,解齐次线性方程组 $(9E-A)x=0$ 得对应的特征向量为:

$$\alpha_1=(1,-2,2)^T.$$

对于特征值 $\lambda_2=\lambda_2=0$,解齐次线性方程组 $Ax=0$ 得其基础解系,也是对应的线性无关的特征向量为:$\alpha_2=(2,1,0)^T,\alpha_3=(-2,0,1)^T$.

令 $\beta_1=\alpha_1,\beta_2=\alpha_2,\beta_3=\alpha_3-\dfrac{\alpha_3^T\beta_2}{\beta_2^T\beta_2}\beta_2=(-2,0,1)^T-\dfrac{-4}{5}(2,1,0)^T=\left(-\dfrac{2}{5},\dfrac{4}{5},1\right)^T$,

取:$e_1=\dfrac{1}{||\beta_1||}\beta_1=\left(\dfrac{1}{3},-\dfrac{2}{3},\dfrac{2}{3}\right)^T,e_2=\dfrac{1}{||\beta_2||}\beta_2=\left(\dfrac{2}{\sqrt{5}},\dfrac{1}{\sqrt{5}},0\right)^T,e_3=\dfrac{1}{||\beta_3||}\beta_3$

$=\left(-\dfrac{2}{3\sqrt{5}},-\dfrac{4}{3\sqrt{5}},\dfrac{5}{3\sqrt{5}}\right)^T$

故令 $P=\begin{bmatrix}\dfrac{1}{3}&\dfrac{2}{\sqrt{5}}&-\dfrac{2}{3\sqrt{5}}\\-\dfrac{2}{3}&\dfrac{1}{\sqrt{5}}&\dfrac{4}{3\sqrt{5}}\\\dfrac{2}{3}&0&\dfrac{5}{3\sqrt{5}}\end{bmatrix}$,作正交变换 $x=Py$,便有 $f(x_1,x_2,x_3)=9y_1^2$,P 为所用的正交变换矩阵.

例 5.4 已知二次型 $f(x_1,x_2,x_3)=4x_2^2-3x_3^2+4x_1x_2-4x_1x_3+8x_2x_3$.

(1) 写出二次型 f 的矩阵表达式;

(2) 用正交变换把二次型 f 化为标准型,并写出相应的正交矩阵.

解 (1)$f(x_1,x_2,x_3)=(x_1,x_2,x_3)A\begin{bmatrix}x_1\\x_2\\x_3\end{bmatrix},A=\begin{bmatrix}0&2&-2\\2&4&4\\-2&4&-3\end{bmatrix}$.

(2)$\det\left(\lambda E-\begin{bmatrix}0&2&-2\\2&4&4\\-2&4&-3\end{bmatrix}\right)=(\lambda-1)(\lambda+6)(\lambda-6)$,1,6,$-6$ 是 A 的特征根,分别解方程组 $(E-A)x=0,(6E-A)x=0,(6E+A)x=0$ 求得对应特征向量 $(-2,0,1)^T$,$(-9,-5,2)^T,(1,-1,2)^T$,令 $\begin{bmatrix}x_1\\x_2\\x_3\end{bmatrix}=Q\begin{bmatrix}y_1\\y_2\\y_3\end{bmatrix},Q=\begin{bmatrix}-\dfrac{2}{\sqrt{5}}&-\dfrac{9}{\sqrt{110}}&\dfrac{1}{\sqrt{6}}\\0&-\dfrac{5}{\sqrt{110}}&-\dfrac{1}{\sqrt{6}}\\\dfrac{1}{\sqrt{5}}&\dfrac{2}{\sqrt{110}}&\dfrac{2}{\sqrt{6}}\end{bmatrix}$,则

$$f(x_1,x_2,x_3)=y_1^2+6y_2^2-6y_3^2.$$

3. 利用矩阵的合同变换法

理论依据:若 A 是数域 P 上的对称矩阵,则存在 P 上的可逆矩阵 Q,使得 Q^TAQ 为对角矩阵. 利用此方法求标准型,就是求可逆矩阵 Q.

计算步骤:(1) 写出二次型的矩阵 A;(2) 对 A 施行合同变换化为三角形矩阵,设列初

等变化对应的初等矩阵为 $P_1,P_2,\cdots,P_t$(这一步骤在草稿纸上做);(3) 下结论,令 $Q=P_1P_2\cdots P_t,X=QY$,则 Q^TAQ 为对角形矩阵,其对角线上的元素就是标准型的平方项的系数.

例 5.5 化二次型 $f=x_1^2+2x_2^2+5x_3^2+2x_1x_2+2x_1x_3+6x_2x_3$ 为标准形.

分析:二次型的矩阵为 $A=\begin{bmatrix}1&1&1\\1&2&3\\1&3&5\end{bmatrix}$,2、3 列减去第 1 列得 $B=\begin{bmatrix}1&0&0\\1&1&2\\1&2&4\end{bmatrix}$,$B$ 的第 3 列减去第 2 列的 2 倍得 $B=\begin{bmatrix}1&0&0\\1&1&0\\1&2&0\end{bmatrix}$,对应初等矩阵为 $\begin{bmatrix}1&-1&0\\0&1&0\\0&0&1\end{bmatrix}$,$\begin{bmatrix}1&0&-1\\0&1&0\\0&0&1\end{bmatrix}$,$\begin{bmatrix}1&0&0\\0&1&-2\\0&0&1\end{bmatrix}$,$Q=\begin{bmatrix}1&-1&0\\0&1&0\\0&0&1\end{bmatrix}\begin{bmatrix}1&0&-1\\0&1&0\\0&0&1\end{bmatrix}\begin{bmatrix}1&0&0\\0&1&-2\\0&0&1\end{bmatrix}=\begin{bmatrix}1&-1&1\\0&1&-2\\0&0&1\end{bmatrix}$ 为所求非退化线性替换的变换矩阵.

解 令 $\begin{bmatrix}x_1\\x_2\\x_3\end{bmatrix}=\begin{bmatrix}1&-1&1\\0&1&-2\\0&0&1\end{bmatrix}\begin{bmatrix}y_1\\y_2\\y_3\end{bmatrix}$,则 $f=y_1^2+y_2^2$.

此方法对二次型的矩阵为分块矩阵也实用,只是初等变换是对分块矩阵进行,对应的初等矩阵也是分块初等矩阵.

例 5.6 设 A 是实可逆矩阵.求二次型

$$f(x_1,x_2,\cdots,x_{2n})=X^T\begin{pmatrix}0&A\\A^T&0\end{pmatrix}X,X^T=(x_1,x_2,\cdots,x_{2n})$$

的规范形,进而求出其正惯性指数和符号差.

解 令 $P=\begin{bmatrix}E&0\\0&A^{-1}\end{bmatrix}\begin{bmatrix}E&0\\E&E\end{bmatrix}\begin{bmatrix}E&-\frac{1}{2}E\\0&E\end{bmatrix}\begin{bmatrix}\frac{1}{\sqrt{2}}E&0\\0&\sqrt{2}E\end{bmatrix}=\begin{bmatrix}\frac{1}{\sqrt{2}}E&-\frac{1}{\sqrt{2}}E\\\frac{1}{\sqrt{2}}A^{-1}&\frac{1}{\sqrt{2}}A^{-1}\end{bmatrix}$,则

$$P^T\begin{pmatrix}0&A\\A^T&0\end{pmatrix}P=\begin{bmatrix}E&0\\0&-E\end{bmatrix}$$

所以 $\begin{pmatrix}0&A\\A^T&0\end{pmatrix}$ 合同于 $\begin{bmatrix}E&0\\0&-E\end{bmatrix}$,因此所求二次型的规范形为

$$y_1^2+\cdots+y_n^2-y_{n+1}^2-\cdots-y_{2n}^2$$

其正惯性指数和符号差分别为 n 和 0.

§5.1.3 求实二次型的正、负惯性指数,符号差

计算依据:一个实二次型的标准形中,正(负)平方项的个数称为该二次型的正(负)惯性指数,正惯性指数与负惯性指数的差称为它的符号差.

例 5.7 求实二次型

$$f(x_1,x_2,\cdots,x_n)=2\sum_{i=1}^{n}x_i^2-2(x_1x_2+x_2x_3+\cdots+x_{n-1}x_n+x_nx_1)$$

的正惯性指数,负惯性指数,符号差以及秩.

解 因为$f=\sum_{i=1}^{n}(x_i-x_{i+1})^2, x_{n+1}=x_1$,所以$f$的正惯性指数等于该二次型的秩,负惯性指数等于零,符号差也等于正惯性指数,又因为二次型的矩阵

$$A=\begin{bmatrix} 2 & -1 & 0 & \cdots & 0 & -1 \\ -1 & 2 & -1 & \cdots & 0 & 0 \\ 0 & -1 & 2 & \cdots & 0 & 0 \\ \vdots & \vdots & \vdots & \cdots & \vdots & \vdots \\ 0 & 0 & 0 & \cdots & 2 & -1 \\ -1 & 0 & 0 & \cdots & -1 & 2 \end{bmatrix}$$

有一个$n-1$阶子式$\begin{vmatrix} 2 & -1 & \cdots & 0 & 0 \\ -1 & 2 & \cdots & 0 & 0 \\ \vdots & \vdots & \cdots & \vdots & \vdots \\ 0 & 0 & \cdots & 2 & -1 \\ 0 & 0 & \cdots & -1 & 2 \end{vmatrix}=n$且$|A|=0$,所以二次型的正惯性指数、符号差与秩均等于$n-1$.

说明:该行列式是标准的三线行列式,利用第二章的知识不难计算出其值.

§5.1.4 正定二次型(矩阵)的判定与证明

1. 利用定义

理论依据:实二次型$f(x_1,x_2,\cdots,x_n)=(x_1,x_2,\cdots,x_n)A\begin{pmatrix} x_1 \\ x_2 \\ \vdots \\ x_n \end{pmatrix}$称为正定二次型,如果对任意非零向量$X=\begin{pmatrix} x_1 \\ x_2 \\ \vdots \\ x_n \end{pmatrix}\in R^n$,均有$f(x_1,x_2,\cdots,x_n)>0$,此时矩阵$A$也称为正定矩阵.

例5.8 设A是实对称矩阵.证明:当实数t充分大之后,$tE+A$是正定矩阵.

证明 设$A=(a_{ij}), \lambda=\max\limits_{1\leqslant i,j\leqslant n}|a_{ij}|$,则当$t>\lambda n^2$时,对任意$(x_1,x_2,\cdots,x_n)\neq 0$, $x=\max\{|x_1|,|x_2|,\cdots,|x_n|\}>0$,有二次型

$$f(x_1,\cdots,x_n)=X(tE+A)X^T=t\sum_{i=1}^{n}x_i^2+\sum_{i=1}^{n}\sum_{j=1}^{n}a_{ij}x_ix_j\geqslant(t-\lambda n^2)x^2>0,$$

所以二次型$f(x_1,\cdots,x_n)=X(tE+A)X^T$是正定二次型,因此$tE+A$是正定矩阵.

2. 利用特征值

理论依据:n元实二次型是正定二次型$\Leftrightarrow$该二次型的矩阵的特征值均大于0.

例5.9 设A是任意一个实对称矩阵.证明:必有正实数α,β,使$E+\alpha A$与$\beta E+A$是正定矩阵.

证明 设$\lambda_1,\lambda_2,\cdots,\lambda_n$是$A$的所有特征值,那么$1+\alpha\lambda_1, 1+\alpha\lambda_2,\cdots,1+\alpha\lambda_n$与$\beta+$

$\lambda_1,\beta+\lambda_2,\cdots,\beta+\lambda_n$ 分别是 $E+\alpha A$ 与 $\beta E+A$ 的所有特征值,令

$\lambda=\max\{|\lambda_1|,|\lambda_2|,\cdots|\lambda_n|\}$,则取:$0<\alpha<\dfrac{1}{\lambda+1}$,$\beta>\lambda$, 有

$$1+\alpha\lambda_i\geqslant 1-\alpha\lambda>0,\beta+\lambda_i\geqslant\beta-\lambda>0,i=1,2,\cdots,n$$

所以 $E+\alpha A$ 与 $\beta E+A$ 是正定矩阵.

3. **利用合同变换**

理论依据:n 阶实对称矩阵是正定矩阵 $\Leftrightarrow$ 该矩阵合同于单位矩阵.

例 5.10 设 A 是 n 阶实对称矩阵,证明二次型 $f=X^TAX$ 是正定二次型,即 A 是正定矩阵的充分必要条件是:存在 n 阶实可逆矩阵 P,使得:$A=P^TP$.

证明 "必要性的证明"因为二次型 $f=X^TAX$ 是正定二次型,即 A 是正定矩阵,所以存在 n 阶实可逆矩阵 P_1,使得:$P_1{}^TAP_1=E$,这里 E 为 n 阶单位矩阵,于是令 $P=P_1^{-1}$,则 $A=P^TP$.

"充分性的证明"因为 $A=P^TP$,所以:$(P^{-1})^TAP^{-1}=E$,因此 A 为正定矩阵,故:二次型 $f=X^TAX$ 是正定二次型.

说明:本例的结论也可以作为定理使用,除非为原题.

4. **利用顺序主子式**

理论依据:n 元实二次型是正定二次型 $\Leftrightarrow$ 该二次型的所有顺序主子式都大于0.

例 5.11 问 λ 取何值时,二次型 $f=x_1^2+4x_2^2+4x_3^2+2\lambda x_1x_2-2x_1x_3+4x_2x_3$ 是正定二次型?

解 二次型的矩阵 $A=\begin{bmatrix}1&\lambda&-1\\\lambda&4&2\\-1&2&4\end{bmatrix}$,当且仅当

$$\begin{vmatrix}1&\lambda\\\lambda&4\end{vmatrix}=4-\lambda^2>0,|A|=-4(\lambda-1)(\lambda+2)>0$$

时,A 为正定矩阵,故:$-2<\lambda<1$ 时,二次型 f 是正定的.

5. **利用例 5.10 的结论**

例 5.12 如果 A 是正定矩阵,那么 A^2 也是正定矩阵.

证明 因为 A 是正定矩阵,所以存在可逆矩阵 P,使得 $A=P^TP$,因此:

$A^2=(P^TP)^T(P^TP)$,因为 P^TP 是可逆矩阵,故 A^2 也是正定矩阵.

§5.1.5 半正定、负定与半负定二次型(矩阵)的判定与证明

1. **利用定义**

理论依据:实二次型 $f(X)=X^TAX$ 称为负定二次型,如果对任意非零向量 $X\in R^n$,均有 $f(X)<0$,此时矩阵 A 也称为负定矩阵. 实二次型 $f(X)=X^TAX$ 称为半正定(半负定)二次型,如果对任意非零向量 $X\in R^n$,均有 $f(X)\geqslant 0(\leqslant 0)$,此时矩阵 A 也称为半正定(半负定)矩阵.

例 5.13 设 A 是实对称矩阵.证明:当实数 t 充分小之后,$tE+A$ 是负定矩阵.

证明 设 $A=(a_{ij})$,$\lambda=\max\limits_{1\leqslant i,j\leqslant n}|a_{ij}|$,则当 $t<-\lambda n$ 时,对任意$(x_1,x_2,\cdots,x_n)\neq 0$, $x=\max\{|x_1|,|x_2|,\cdots,|x_n|\}>0$, 有二次型

$$f(x_1,\cdots,x_n)=X(tE+A)X^T=t\sum_{i=1}^{n}x_i^2+\sum_{i=1}^{n}\sum_{j=1}^{n}a_{ij}x_ix_j\leqslant(nt+\lambda n^2)x^2<0$$

所以二次型$f(x_1,\cdots,x_n)=X(tE+A)X^T$是负定二次型，因此$tE+A$是负定矩阵.

例 5.14 证明：实对称矩阵A是半正定的充分必要条件是A的一切主子式全大于或等于零(所谓k阶主子式是指形为

$$\begin{vmatrix} a_{i_1i_1} & a_{i_1i_2} & \cdots & a_{i_1i_k} \\ a_{i_2i_1} & a_{i_2i_2} & \cdots & a_{i_2i_k} \\ \vdots & \vdots & \cdots & \vdots \\ a_{i_ki_1} & a_{i_ki_2} & \cdots & a_{i_ki_k} \end{vmatrix}$$

的k阶子式，其中$1\leqslant i_1<i_2<\cdots<i_k\leqslant n$).

证明 如果A的一切主子式全大于或等于零，我们对A的阶数进行归纳，证明A是半正定矩阵.$n=1$时，$A=(a_{11})$，$a_{11}\geqslant 0$，结论显然成立；现设$n>1$且结论对满足题设条件的$n-1$阶矩阵成立；则对满足题设条件的n阶矩阵$A=(a_{ij})$，如果它的第一行元素全部为零，则$A=\begin{bmatrix}0&0\\0&B\end{bmatrix}$，$B$是满足题设条件的$n-1$阶矩阵，故由归纳假设$B$是半正定矩阵，因此对任何向量$X=(x_1,x_2,\cdots,x_n)^T\in R^n$，有

$$X^TAX=(x_2,\cdots,x_n)B\,(x_2,\cdots,x_n)^T\geqslant 0,$$

所以A是半正定矩阵. 如果第一行元素不全为零，我们断言$a_{11}\neq 0$(否则A有一个二阶主子式$\begin{vmatrix}a_{11}&a_{1i}\\a_{i1}&a_{ii}\end{vmatrix}=-a_{1i}^2<0$，与题设条件矛盾)，则由条件得$a_{11}>0$，将第1行的$-\dfrac{a_{i1}}{a_{11}}$倍加到第$i$行，再将第1列的$-\dfrac{a_{i1}}{a_{11}}$倍加到第$i$列($2\leqslant i\leqslant n$)，则$A$经过第三种行列初等变换，也是合同变换化为$\begin{bmatrix}a_{11}&0\\0&B\end{bmatrix}$，$B$的每一个$k$阶主子式与$a_{11}$的乘积都是$A$的对应$k+1$阶主子式经过第三种行列初等变换所得，因此其必大于或等于零，由归纳假设B为半正定矩阵，因此对任何向量$X=(x_1,x_2,\cdots,x_n)^T\in R^n$，有

$$X^T\begin{bmatrix}a_{11}&0\\0&B\end{bmatrix}X=a_{11}x_1^2+(x_2,\cdots,x_n)B\,(x_2,\cdots,x_n)^T\geqslant 0,$$

所以$\begin{bmatrix}a_{11}&0\\0&B\end{bmatrix}$是半正定矩阵，从而$A$也是半正定矩阵.

反之A是半正定矩阵，我们对A的阶数n进行归纳证明结论成立. $n=1$时，结论显然成立，现设$n>1$且结论对$n-1$阶半正定矩阵成立，则对n阶半正定矩阵$A\neq 0$，A的主对角线上至少有一个元素不为零，否则$a_{ij}\neq 0$，$i\neq j$. 取$x_k=0$，$k\neq i,j$，则$X=(x_1,x_2,\cdots,x_n)^T\in R^n$，有$f(X)=2a_{ij}x_ix_j$，因此存在非零向量$X\in R^n$，使得$f(X)<0$，与$A$为半正定矩阵矛盾. 不失一般性，不妨设$a_{11}\neq 0$($a_{ii}\neq 0$可类似讨论)，若$a_{11}<0$，则$f(1,0,\cdots,0)=a_{11}<0$. 矛盾，因此$a_{11}>0$. 仿必要性可证$A$可以通过第三种行列初等变换，也是合同变换化为$\begin{bmatrix}a_{11}&0\\0&B\end{bmatrix}$. 对任意的非零向量$(x_2,\cdots,x_n)^T\in R^{n-1}$，我们有$X=(0,x_2,\cdots,x_n)^T\in R^n$且

$$(x_2,\cdots,x_n)B(x_2,\cdots,x_n)^T = X^TAX = f(X) \geqslant 0,$$

因此 B 是 $n-1$ 阶半正定矩阵,由归纳假设 B 的主子式大于或等于零,因为 A 的不含 a_{11} 的 k 阶主子式经过第三种行列初等变换成为 B 的一个 k 阶主子式,A 的含有 a_{11} 的 k 阶主子式经过第三种行列初等变换成为 B 的一个 $k-1$ 阶主子式与 a_{11} 的乘积,因此这个主子式大于或等于零,故由归纳法知结论成立.

例 5.15 证明:实对称矩阵 A 是半负定的充分必要条件是 A 的一切奇数阶主子式全小于或等于零,偶数阶主子式全大于或等于零.

证明 如果 A 的一切奇数阶主子式全小于或等于零,偶数阶主子式全大于或等于零,我们对 A 的阶数进行归纳,证明 A 是半负定矩阵.$n=1$ 时,$A=(a_{11})$,$a_{11}\leqslant 0$,结论显然成立;现设 $n>1$ 且结论对满足题设条件的 $n-1$ 阶矩阵成立;则对满足题设条件的 n 阶矩阵 $A=(a_{ij})$,如果它的第一行元素全部为零,则 $A=\begin{bmatrix}0 & 0\\ 0 & B\end{bmatrix}$,$B$ 是满足题设条件的 $n-1$ 阶矩阵,故由归纳假设 B 是半负定矩阵,因此对任何向量 $X=(x_1,x_2,\cdots,x_n)^T\in R^n$,有

$$X^TAX=(x_2,\cdots,x_n)B(x_2,\cdots,x_n)^T\leqslant 0,$$

所以 A 是半负定矩阵. 如果第一行元素不全为零,我们断言 $a_{11}\neq 0$(否则 A 有一个二阶主子式 $\begin{vmatrix}a_{11} & a_{1i}\\ a_{i1} & a_{ii}\end{vmatrix}=-a_{1i}^2<0$,与题设条件矛盾),则由条件得 $a_{11}<0$,将第 1 行的 $-\dfrac{a_{i1}}{a_{11}}$ 倍加到第 i 行,再将第 1 列的 $-\dfrac{a_{i1}}{a_{11}}$ 倍加到第 i 列($2\leqslant i\leqslant n$),则 A 经过第三种行列初等变换,也是合同变换化为 $\begin{bmatrix}a_{11} & 0\\ 0 & B\end{bmatrix}$,$B$ 的每一个 k 阶主子式与 a_{11} 的乘积都是 A 的对应 $k+1$ 阶主子式经过第三种行列初等变换所得,因此必有奇数阶主子式小于或等于零,偶数阶主子式大于或等于零,由归纳假设 B 为半负定矩阵,因此对任何向量 $X=(x_1,x_2,\cdots,x_n)^T\in R^n$,有

$$X^T\begin{bmatrix}a_{11} & 0\\ 0 & B\end{bmatrix}X=a_{11}x_1^2+(x_2,\cdots,x_n)B(x_2,\cdots,x_n)^T\leqslant 0,$$

所以 $\begin{bmatrix}a_{11} & 0\\ 0 & B\end{bmatrix}$ 是半负定矩阵,从而 A 也是半负定矩阵.

反之 A 是半负定矩阵,我们对 A 的阶数 n 进行归纳证明结论成立. $n=1$ 时,结论显然成立,现设 $n>1$ 且结论对 $n-1$ 阶半负定矩阵成立,则对 n 阶半负定矩阵 $A\neq 0$,我们证明 A 的主对角线上至少有一个元素不为零,否则 $a_{ij}\neq 0, i\neq j$. 取 $x_k=0, k\neq i,j$,则 $X=(x_1,x_2,\cdots,x_n)^T\in R^n$,有 $f(X)=2a_{ij}x_ix_j$,因此存在非零向量 $X\in R^n$,使得 $f(X)>0$,与 A 为半负定矩阵矛盾. 不失一般性,不妨设 $a_{11}\neq 0$($a_{ii}\neq 0$ 可类似讨论),若 $a_{11}>0$,则 $f(1,0,\cdots,0)=a_{11}>0$. 矛盾,因此 $a_{11}<0$. 仿必要性可证 A 可以通过第三种行列初等变换,也是合同变换化为 $\begin{bmatrix}a_{11} & 0\\ 0 & B\end{bmatrix}$. 对任意的非零向量 $(x_2,\cdots,x_n)^T\in R^{n-1}$,我们有 $X=(0,x_2,\cdots,x_n)^T\in R^n$ 且

$$(x_2,\cdots,x_n)B(x_2,\cdots,x_n)^T = X^TAX = f(X) \leqslant 0,$$

因此 B 是 $n-1$ 阶半负定矩阵,由归纳假设 B 的奇数阶主子式小于或等于零,偶数阶主子

式大于或等于零,因为A的不含a_{11}的k阶主子式经过第三种行列初等变换成为B的一个k阶主子式,A的含有a_{11}的k阶主子式经过第三种行列初等变换成为B的一个$k-1$阶主子式与a_{11}的乘积,因此k为奇数时,这个主子式小于或等于零,k为偶数时,这个主子式大于或等于零,故由归纳法知结论成立.

2. 利用特征值

理论依据:n元实二次型是负定二次型$\Leftrightarrow$该二次型的矩阵的特征值均小于0. n元实二次型是半正定(半负定)二次型$\Leftrightarrow$该二次型的矩阵的特征值均大于或等于(小于或等于)0.

例5.16 设A是正定矩阵.证明:必有负实数α,β,使$E+\alpha A$与$\beta E+A$是负定矩阵.

证明 设$\lambda_1,\lambda_2,\cdots,\lambda_n$是$A$的所有特征值,那么$1+\alpha\lambda_1,1+\alpha\lambda_2,\cdots,1+\alpha\lambda_n$与$\beta+\lambda_1,\beta+\lambda_2,\cdots,\beta+\lambda_n$分别是$E+\alpha A$与$\beta E+A$的所有特征值,因为$A$是正定矩阵.,所以$\lambda_1,\lambda_2,\cdots,\lambda_n$都是正数,令

$\lambda=\max\{\lambda_1,\lambda_2,\cdots\lambda_n\},\mu=\min\{\lambda_1,\lambda_2,\cdots\lambda_n\}$,则取:$\alpha<-\dfrac{1}{\mu},\beta<-\lambda$,有

$$1+\alpha\lambda_i\leqslant 1+\alpha\mu<0,\beta+\lambda_i\leqslant\beta+\lambda<0,i=1,2,\cdots,n$$

所以$E+\alpha A$与$\beta E+A$都是负定矩阵.

3. 利用合同变换

理论依据:n阶实对称矩阵是负定矩阵$\Leftrightarrow$该矩阵合同于n阶单位矩阵的负矩阵;n阶实对称矩阵是半正定矩阵$\Leftrightarrow$该矩阵合同于主对角线上的元素全为1或0的n阶对角形矩阵;n阶实对称矩阵是半负定矩阵$\Leftrightarrow$该矩阵合同于主对角线上的元素全为-1或0的n阶对角形矩阵.

例5.17 设A是n阶实对称矩阵,证明二次型$f=X^TAX$是半正定二次型,即A是半正定矩阵的充分必要条件是:存在n阶实矩阵P,使得:$A=P^TP$.

证明 "必要性的证明":因为二次型$f=X^TAX$是半正定二次型,即A是半正定矩阵,所以存在n阶实可逆矩阵P_1,使得:$P_1{}^TAP_1=\begin{pmatrix}1&&&&&\\&\ddots&&&&\\&&1&&&\\&&&0&&\\&&&&\ddots&\\&&&&&0\end{pmatrix}=B$,于是令$P=BP_1^{-1}$,则$A=P^TP$.

"充分性的证明":因为$A=P^TP$,所以对任意n维实向量$X=(x_1,x_2,\cdots,x_n)^T\neq 0$,令$PX=(y_1,y_2,\cdots,y_n)^T$,我们有:$X^TAX=\sum\limits_{i=1}^{n}y_i{}^2\geqslant 0$,故:二次型$f=X^TAX$是半正定二次型.

说明:(1)类似可以证明A是负定矩阵的充分必要条件是:存在n阶可逆实矩阵P,使得:$A=-P^TP$;A是半负定矩阵的充分必要条件是:存在n阶实矩阵P,使得:$A=-P^TP$.

(2)本例的结论也可以作为定理使用,除非为原题.

4. 利用主子式

理论依据:n元实二次型是负定二次型$\Leftrightarrow$该二次型的所有奇数阶主子式都小于0,所有偶数阶主子式都大于0;n元实二次型是半正定二次型$\Leftrightarrow$该二次型的所有主子式都大

于或等于 0；n 元实二次型是半负定二次型 $\Leftrightarrow$ 该二次型的所有奇数阶主子式都小于或等于 0，所有偶数阶主子式都大于或等于 0（参看例 5.14，5.15）.

例 5.18 问 λ 取何值时，二次型 $f=-x_1^2-4x_2^2-4x_3^2+2\lambda x_1x_2-2x_1x_3+4x_2x_3$ 是负定二次型？

解 二次型的矩阵

$$A=\begin{bmatrix}-1 & \lambda & -1\\ \lambda & -4 & 2\\ -1 & 2 & -4\end{bmatrix}$$

当且仅当 $\begin{vmatrix}1 & \lambda\\ \lambda & 4\end{vmatrix}=4-\lambda^2>0$，$|A|=4(\lambda+3)(\lambda-2)<0$ 时，A 为负定矩阵，故：$-2<\lambda<2$ 时，二次型 f 是负定的.

§5.2 例题选讲

§5.2.1 求二次型对应的矩阵与秩的例题

例 5.19 证明：一个实二次型可以分解成两个实系数的一次齐次多项式的乘积的充分必要条件是，它的秩等于 2 和符号差等于 0，或者秩等于 1.

证明 “必要性的证明”：设实二次型

$$f(x_1,x_2,\cdots,x_n)=(a_1x_1+a_2x_2+\cdots+a_nx_n)(b_1x_1+b_2x_2+\cdots+b_nx_n).$$

若 $(a_1,a_2,\cdots,a_n)$，$(b_1,b_2,\cdots,b_n)$ 线性相关，则存在非零实数 k，使得

$$(b_1,b_2,\cdots,b_n)=k(a_1,a_2,\cdots,a_n),$$

不失一般性可设 $a_1\neq 0$，作非退化线性替换

$$\begin{cases}a_1x_1+a_2x_2+\cdots+a_nx_n=y_1\\ x_2=y_2\\ \vdots\\ x_n=y_n\end{cases},$$

得 $f(x_1,x_2,\cdots,x_n)=ky_1^2$，因此二次型的秩等于 1；

若 $(a_1,a_2,\cdots,a_n)$，$(b_1,b_2,\cdots,b_n)$ 线性无关，则 $\begin{bmatrix}a_1 & a_2 & \cdots & a_n\\ b_1 & b_2 & \cdots & b_n\end{bmatrix}$ 有一个二阶子式不为零，不妨设 $\begin{vmatrix}a_1 & a_2\\ b_1 & b_2\end{vmatrix}\neq 0$，则作非退化线性替换 $\begin{cases}a_1x_1+a_2x_2+\cdots+a_nx_n=y_1\\ b_1x_1+b_2x_2+\cdots+b_nx_n=y_2\\ x_3=y_3\\ \vdots\\ x_n=y_n\end{cases}$,

得 $f(x_1,x_2,\cdots,x_n)=y_1y_2$，再作非退化线性替换 $\begin{cases}y_1=z_1-z_2\\ y_1=z_1-z_2\\ y_3=z_3\\ \vdots\\ y_n=z_n\end{cases}$，

则 $f(x_1,x_2,\cdots,x_n)=z_1^2-z_2^2$，因此二次型的秩等于 2 且符号差等于 2；

"充分性的证明"：若实二次型 $f(x_1,x_2,\cdots,x_n)$ 的秩等于 2 和符号差等于 0，则存在非退化线性替换 $\begin{bmatrix}x_1\\x_2\\\vdots\\x_n\end{bmatrix}=P\begin{bmatrix}y_1\\y_2\\\vdots\\y_n\end{bmatrix}$ 使得 $f(x_1,x_2,\cdots,x_n)=y_1^2-y_2^2$，于是由 $\begin{bmatrix}y_1\\y_2\\\vdots\\y_n\end{bmatrix}=P^{-1}\begin{bmatrix}x_1\\x_2\\\vdots\\x_n\end{bmatrix}$ 可得 $\begin{cases}y_1=p_{11}x_1+p_{12}x_2+\cdots+p_{1n}x_n\\ y_2=p_{21}x_1+p_{22}x_2+\cdots+p_{2n}x_n\end{cases}$，因此

$$f(x_1,x_2,\cdots,x_n)=(a_1x_1+a_2x_2+\cdots+a_nx_n)(b_1x_1+b_2x_2+\cdots+b_nx_n),$$

其中 $a_i=p_{1i}+p_{2i},b_i=p_{1i}-p_{2i},i=1,2,\cdots,n.$

若实二次型 $f(x_1,x_2,\cdots,x_n)$ 的秩等于 1，则存在非退化线性替换 $\begin{bmatrix}x_1\\x_2\\\vdots\\x_n\end{bmatrix}=P\begin{bmatrix}y_1\\y_2\\\vdots\\y_n\end{bmatrix}$ 使得 $f(x_1,x_2,\cdots,x_n)=ky_1^2$，于是由 $\begin{bmatrix}y_1\\y_2\\\vdots\\y_n\end{bmatrix}=P^{-1}\begin{bmatrix}x_1\\x_2\\\vdots\\x_n\end{bmatrix}$ 可得 $y_1=p_{11}x_1+p_{12}x_2+\cdots+p_{1n}x_n$，因此

$$f(x_1,x_2,\cdots,x_n)=(a_1x_1+a_2x_2+\cdots+a_nx_n)(b_1x_1+b_2x_2+\cdots+b_nx_n),$$

其中 $a_i=p_{1i},b_i=kp_{1i},i=1,2,\cdots,n.$

§5.2.2 二次型的标准形与规范形的计算的例题

例 5.20 设 A,B 为两个实对称矩阵，且 B 是正定矩阵，证明存在一个实可逆矩阵 P 使得 P^TAP 与 P^TBP 同时为对角矩阵.

证明 因为 B 是正定矩阵，所以存在实可逆矩阵 C，使得 $C^TBC=E$，由于 A 为实对称矩阵，所以 C^TAC 可以正交对角化，即存在正交矩阵 Q，使得 Q^TC^TACQ 为对角矩阵，故令 $P=CQ$ 为实可逆矩阵，且 P^TAP 与 $P^TBP=E$ 均为对角矩阵.

例 5.21 主对角线上全是 1 的上三角形矩阵称为特殊上三角形矩阵.

(1) 设 A 是一对称矩阵，T 为特殊的上三角形矩阵，而 $B=T^TAT$，证明：A 与 B 的对应顺序主子式有相同的值.

(2) 证明：如果对称矩阵 A 的顺序主子式全不为零，那么一定有一特殊上三角形矩阵 T 使 T^TAT 成对角形.

证明 (1) 令 $A=\begin{bmatrix}A_{11}&A_{12}\\A_{21}&A_{22}\end{bmatrix}$，$T=\begin{bmatrix}T_{11}&T_{12}\\0&T_{22}\end{bmatrix}$，其中 A_{11},T_{11} 分别是 A,T 的 k 阶顺序主

子式对应的矩阵,则由

$$B=\begin{bmatrix}T_{11}^T & 0\\ T_{12}^T & T_{22}^T\end{bmatrix}\begin{bmatrix}A_{11} & A_{12}\\ A_{21} & A_{22}\end{bmatrix}\begin{bmatrix}T_{11} & T_{12}\\ 0 & T_{22}\end{bmatrix}=\begin{bmatrix}T_{11}^TA_{11}T_{11} & *\\ * & *\end{bmatrix}$$

得 B 的 k 阶顺序主子式等于 $|T_{11}^TA_{11}T_{11}|=|A_{11}|$,故 A,B 的对应顺序主子式相等.

(2)$n=1$ 时,结论显然成立;现设 $n>1$ 且结论对满足条件的 $n-1$ 阶对称矩阵成立,则对满足条件的 n 阶对称矩阵 A,由于 $a_{11}\neq 0$,所以令 $T_1=\begin{bmatrix}1 & -\frac{a_{12}}{a_{11}} & \cdots & -\frac{a_{1n}}{a_{11}}\\ 0 & 1 & \cdots & 0\\ \vdots & \vdots & \vdots & \vdots\\ 0 & 0 & \cdots & 1\end{bmatrix}$,则 $T_1^TAT_1=\begin{bmatrix}a_{11} & 0\\ 0 & A_1\end{bmatrix}$,由 1)的结论知 A_1 是满足条件的 $n-1$ 阶对称矩阵,由归纳假设存在 $n-1$ 阶特殊上三角形矩阵 T_2,使得 $T_2^TAT_2$ 为对角形矩阵,因为 $\begin{bmatrix}1 & 0\\ 0 & T_2^T\end{bmatrix}\begin{bmatrix}a_{11} & 0\\ 0 & A_1\end{bmatrix}\begin{bmatrix}1 & 0\\ 0 & T_2\end{bmatrix}=\begin{bmatrix}a_{11} & 0\\ 0 & T_2^TA_1T_2\end{bmatrix}$,所以令 $T=T_1\begin{bmatrix}1 & 0\\ 0 & T_2\end{bmatrix}$ 为特殊上三角形矩阵,且 T^TAT 为对角形矩阵.

例 5.22 设二次型 $f(x_1,x_2,x_3)=X^TAX=ax_1^2+2x_2^2-2x_3^2+2bx_1x_3(b>0)$,其中二次型的矩阵 A 的特征值之和为 1,特征值之积为 -12.

(1) 求 a,b 的值;

(2) 利用正交变换将二次型 f 化为标准型,并写出所用的正交变换和对应的正交矩阵.

解 (1)$A=\begin{bmatrix}a & 0 & -b\\ 0 & 2 & 0\\ -b & 0 & -2\end{bmatrix}$,由题设条件得 $tr(A)=a=1$,$|A|=-2(2a+b^2)=-12$,因此 $a=1,b=2$.

(2) $|\lambda E-A|=(\lambda-2)^2(\lambda+3)$,$A$ 的特征值为 $2,2,-3$,解方程组 $(2E-A)x=0$ 得基础解系 $(0,1,0)^T,(-2,0,1)^T$,解方程组 $(3E+A)x=0$ 得基础解系为 $(1,0,2)$,令

$$\begin{bmatrix}x_1\\ x_2\\ x_3\end{bmatrix}=Q\begin{bmatrix}y_1\\ y_2\\ y_3\end{bmatrix},Q=\begin{bmatrix}0 & -2/\sqrt{5} & 1/\sqrt{5}\\ 1 & 0 & 0\\ 0 & 1/\sqrt{5} & 2/\sqrt{5}\end{bmatrix},$$

则 $f(x_1,x_2,x_3)=2y_1^2+2y_2^2-3y_3^2$.

例 5.23 用非退化线性替换化下列二次型为标准型.

(1)$x_1x_{2n}+x_2x_{2n-1}+\cdots+x_nx_{n+1}$;.

(2)$x_1x_2+x_2x_3+\cdots+x_{n-1}x_n$.

(3) $\sum_{i=1}^{n}x_i^{\ 2}+\sum_{1\leqslant i<j\leqslant n}x_ix_j$.

(4) $\sum_{i=1}^{n}(x_i-\bar{x})^2$,其中 $\bar{x}=\dfrac{x_1+x_2+\cdots+x_n}{n}$.

解 (1) 令$\begin{cases} y_k - y_{2n+1-k} = x_k \\ y_k + y_{2n+1-k} = x_{2n+1-k} \end{cases}$ $k = 1,2,\cdots,n$,则原二次型化为

$$y_1^2 + y_2^2 + \cdots + y_n^2 - y_{n+1}^2 - y_{n+2}^2 - \cdots - y_{2n}^2.$$

(2) 当 $n = 2m$ 时,令$\begin{cases} x_{2k-1} + x_{2k+1} = y_{2k-1} \\ x_{2k} = y_{2k} \end{cases}$,$k = 1,2,\cdots,m,x_{2m+1} = 0$,

则原二次型化为

$$y_1y_2 + y_3y_4 + \cdots + y_{2m-1}y_{2m}.$$

再令$\begin{cases} z_{2k-1} - z_{2k} = y_{2k-1} \\ z_{2k-1} + z_{2k} = y_{2k} \end{cases}$,$k = 1,2,\cdots,m$,则原二次型化为

$$z_1^2 + z_3^2 + \cdots + z_{2m-1}^2 - z_2^2 - z_4^2 - \cdots - z_{2m}^2.$$

当 $n = 2m - 1$ 时,令$\begin{cases} x_{2k-1} + x_{2k+1} = y_{2k-1} \\ x_{2k} = y_{2k} \end{cases}$,$k = 1,2,\cdots,m,x_{2m+1} = 0$,

则原二次型化为

$$y_1y_2 + y_3y_4 + \cdots + y_{2m-3}y_{2m-2}.$$

再令$\begin{cases} z_{2k-1} - z_{2k} = y_{2k-1} \\ z_{2k-1} + z_{2k} = y_{2k} \end{cases}$,$k = 1,2,\cdots,m-1$,则原二次型化为

$$z_1^2 + z_3^2 + \cdots + z_{2m-3}^2 - z_2^2 - z_4^2 - \cdots - z_{2m-2}^2.$$

(3) 记$f(n,k) = \sum_{i=1}^{n} x_i^2 + \frac{2}{k}\sum_{1\leqslant i<j\leqslant n} x_ix_j$,不难证明:

$$f(n,k) = (x_1 + \frac{1}{k}\sum_{i=2}^{n} x_i)^2 + (1 - \frac{1}{k^2})f(n-1,k+1).$$

由此得:

$$\begin{aligned} f(n,2) &= y_1^2 + \frac{3}{4}y_2^2 + \frac{4}{6}y_3^2 + \cdots + \frac{3}{4}\,\frac{4}{6}\cdots\frac{(n-2)n}{(n-1)^2}\,\frac{(n-1)(n+1)}{n^2}y_n^2 \\ &= y_1^2 + \frac{3}{4}y_2^2 + \frac{4}{6}y_3^2 + \cdots + \frac{n+1}{2n}y_n^2. \end{aligned}$$

(4) 令 $x_i - \bar{x} = y_i, i = 1,2,\cdots,n-1, x_n = y_n$,

则 $x_n - \bar{x} = -(y_1 + y_2 + \cdots + y_{n-1})$,于是原二次型化为

$$2(\sum_{i=1}^{n-1} y_i^{\ 2} + \sum_{1\leqslant i<j\leqslant n-1} y_iy_j).$$再利用(3) 可得结论.

例 5.24 设 A 是 n 阶实对称矩阵,其特征值中最大者记为 λ_1、最小者记为 λ_n,由 A 定义的二次型为$f(x_1,x_2,\cdots,x_n) = (x_1,x_2,\cdots,x_n)A\begin{pmatrix} x_1 \\ x_2 \\ \vdots \\ x_n \end{pmatrix}$,证明:$n$ 元函数$f(x_1,x_2,\cdots,x_n)$ 在 n 维单位球面 $S = \{(x_1,x_2,\cdots,x_n) \in R^n \mid \sum_{i=1}^{n} x_i^{\ 2} = 1\}$ 上的最大值是 λ_1、最小值是 λ_n.

证明 设 A 的所有特征值为 $\lambda_1,\lambda_2,\cdots,\lambda_n$,则存在 n 阶正交矩阵 U,使得:

$$A = U^T\begin{pmatrix}\lambda_1 & & & \\ & \lambda_2 & & \\ & & \ddots & \\ & & & \lambda_n\end{pmatrix}U,令\begin{pmatrix}x_1\\x_2\\\vdots\\x_n\end{pmatrix} = U\begin{pmatrix}y_1\\y_2\\\vdots\\y_n\end{pmatrix},则$$

$$f(x_1,x_2,\cdots,x_n) = (x_1,x_2,\cdots,x_n)A\begin{pmatrix}x_1\\x_2\\\vdots\\x_n\end{pmatrix} = \lambda_1{y_1}^2 + \lambda_2{y_2}^2 + \cdots + \lambda_n{y_n}^2,$$

于是对任意$(x_1,x_2,\cdots,x_n) \in S$, $\sum_{i=1}^{n}{y_i}^2 = \sum_{i=1}^{n}{x_i}^2 = 1$,所以

$$\lambda_n \leqslant f(x_1,x_2,\cdots,x_n) = \lambda_1{y_1}^2 + \lambda_2{y_2}^2 + \cdots + \lambda_n{y_n}^2 \leqslant \lambda_1$$

且当$\begin{pmatrix}x_1\\x_2\\\vdots\\x_n\end{pmatrix} = U\begin{pmatrix}1\\0\\\vdots\\0\end{pmatrix}$时,$f(x_1,x_2,\cdots,x_n) = \lambda_1$,

当$\begin{pmatrix}x_1\\x_2\\\vdots\\x_n\end{pmatrix} = U\begin{pmatrix}0\\0\\\vdots\\1\end{pmatrix}$时,$f(x_1,x_2,\cdots,x_n) = \lambda_n$,

故n元函数$f(x_1,x_2,\cdots,x_n)$在n维单位球面$S = \{(x_1,x_2,\cdots,x_n) \in R^n \mid \sum_{i=1}^{n}{x_i}^2 = 1\}$上的最大值是$\lambda_1$、最小值是$\lambda_n$.

例 5.25 设二次型$f(x_1,x_2,x_3) = X^TAX = x_1^2 + x_2^2 + {x_3}^2 + 2ax_1x_2 + 2x_1x_3 + 4bx_2x_3$通过正交变换化为标准型$f = {y_2}^2 + 2{y_3}^2$,求参数$a,b$及所用的正交变换.

解 二次型的矩阵为$A = \begin{bmatrix}1 & a & 1\\a & 1 & 2b\\1 & 2b & 1\end{bmatrix}$.由题设条件得$A$的特征值为0,1,2,所以$|A| = -(a-2b)^2 = 0$,因此$a = 2b$,再由$|E-A| = -8b^2 = 0$得$a = b = 0$.分别解方程组$(E-A)x = 0$, $(2E-A)x = 0$, $Ax = 0$得对应的特征向量$(0,1,0)^T$, $(1,0,1)^T$与$(-1,0,1)^T$,故所求正交变换为$X = \begin{bmatrix}0 & 1/\sqrt{2} & -1/\sqrt{2}\\1 & 0 & 0\\0 & 1/\sqrt{2} & 1/\sqrt{2}\end{bmatrix}Y$.

例 5.26 设$f(x_1,x_2,\cdots,x_n) = X^TAX$为$n$元实二次型.若矩阵$A$的顺序主子式$\Delta_k(k = 1,2,\cdots,n)$都不为零,证明$f(x_1,x_2,\cdots,x_n)$可以经过非退化的线性替换化为下述标准型

$$\lambda_1{y_1}^2 + \lambda_2{y_2}^2 + \cdots + \lambda_n{y_n}^2$$

这里$\lambda_i = \dfrac{\Delta_i}{\Delta_{i-1}}(i = 1,2,\cdots,n)$,且$\Delta_0 = 1$.

证明 我们对矩阵A的阶数进行归纳证明A可以通过合同变换化为对角形矩阵

$$\begin{bmatrix}\lambda_1 & & & \\ & \lambda_2 & & \\ & & \ddots & \\ & & & \lambda_n\end{bmatrix}.$$

$n=1$ 时，结论成立；现设 $n>1$ 且结论对满足题设条件的 $n-1$ 阶矩阵成立；则对满足条件的 n 阶矩阵 A，因为 $\lambda_1=\Delta_1\neq 0$，所以将 A 的第一行的适当倍数依序加到第二行、第三行、…、第 n 行，再对列施行与行相同的初等变换，则 A 经过合同变换化为

$$\begin{bmatrix}\lambda_1 & 0 & 0 & \cdots & 0\\ 0 & b_{22} & b_{23} & \cdots & b_{2n}\\ 0 & b_{32} & b_{33} & \cdots & b_{3n}\\ \vdots & \vdots & \vdots & \cdots & \vdots\\ 0 & b_{n2} & b_{n3} & \cdots & b_{nn}\end{bmatrix}.$$

由于第三种初等变换不改变行列式的值，因此 $B=\begin{bmatrix}b_{22} & b_{23} & \cdots & b_{2n}\\ b_{32} & b_{33} & \cdots & b_{3n}\\ \vdots & \vdots & \cdots & \vdots\\ b_{n2} & b_{n3} & \cdots & b_{nn}\end{bmatrix}$ 的 i 阶顺序主子式 Δ'_i 满足 $\Delta_1\Delta'_i=\Delta_{i+1}$，$i=1,2,\cdots,n-1$，所以 $\Delta'_i=\dfrac{\Delta_{i+1}}{\Delta_1}$，$i=1,2,\cdots,n-1$，由归纳假设 B 合同于 $\begin{bmatrix}\lambda_2 & & & \\ & \lambda_3 & & \\ & & \ddots & \\ & & & \lambda_n\end{bmatrix}$，其中 $\lambda_i=\dfrac{\Delta'_{i-1}}{\Delta'_{i-2}}=\dfrac{\Delta_i}{\Delta_{i-1}}$，$i=2,3,\cdots,n$，故由数学归纳法知 $f(x_1,x_2,\cdots,x_n)$ 可以经过非退化的线性替换化为下述标准型

$$\lambda_1 {y_1}^2+\lambda_2 {y_2}^2+\cdots+\lambda_n {y_n}^2$$

这里 $\lambda_i=\dfrac{\Delta_i}{\Delta_{i-1}}(i=1,2,\cdots,n)$，且 $\Delta_0=1$.

§5.2.3 求实二次型的正、负惯性指数，符号差的例题

例5.27 设 $f(x_1,x_2,\cdots,x_n)=l_1^2+l_2^2+\cdots+l_p^2-l_{p+1}^2-\cdots-l_{p+q}^2$，其中 $l_i(i=1,\cdots,p+q)$ 是 $x_1,x_2,\cdots,x_n$ 的一次齐次式. 证明：$f(x_1,x_2,\cdots,x_n)$ 的正惯性指数 $\leqslant p$，负惯性指数 $\leqslant q$.

证明 存在非退化线性替换 $\begin{cases}p_{11}x_1+p_{12}x_2+\cdots+p_{1n}x_n=y_1\\ p_{21}x_1+p_{22}x_2+\cdots+p_{2n}x_n=y_2\\ \vdots\\ p_{n1}x_1+p_{n2}x_2+\cdots+p_{nn}x_n=y_n\end{cases}$，使得

$$f(x_1,x_2,\cdots,x_n)=y_1^2+y_2^2+\cdots+y_s^2-y_{s+1}^2-\cdots-y_{s+t}^2,$$

其中 s,t 分别是二次型的正、负惯性指数. 如果 $s>p$，则由 $p+n-s<n$，可知齐次线性方程组

$$\begin{cases}l_1=0\\ \vdots\\ l_p=0\\ y_{s+1}=p_{s+1,1}x_1+p_{s+1,2}x_2+\cdots+p_{s+1,n}x_n=0\\ \vdots\\ y_n=p_{n1}x_1+p_{n2}x_2+\cdots+p_{nn}x_n=0\end{cases}$$

有非零解$(x_1,x_2,\cdots,x_n)=(k_1,\cdots,k_n)$,于是

$$f(x_1,x_2,\cdots,x_n)=-l_{p+1}^2-\cdots-l_{p+q}^2\leqslant 0,$$

另外,$\begin{bmatrix}p_{11}&p_{12}&\cdots&p_{1n}\\p_{21}&p_{22}&\cdots&p_{2n}\\\vdots&\vdots&\cdots&\vdots\\p_{n1}&p_{n2}&\cdots&p_{nn}\end{bmatrix}\begin{bmatrix}k_1\\k_2\\\vdots\\k_n\end{bmatrix}=\begin{bmatrix}y_1\\y_2\\\vdots\\y_n\end{bmatrix}\neq 0$,所以$y_1,\cdots,y_s$不全为零,因此

$$f(k_1,\cdots,k_n)=y_1^2+y_2^2+\cdots+y_s^2>0,$$

矛盾,所以$s\leqslant p$.

如果$t>q$,则由$q+n-t<n$,可知齐次线性方程组

$$\begin{cases}l_{p+1}=0\\ \vdots\\ l_{p+q}=0\\ y_1=p_{11}x_1+p_{12}x_2+\cdots+p_{1n}x_n=0\\ \vdots\\ y_s=p_{s1}x_1+p_{s2}x_2+\cdots+p_{sn}x_n=0\\ y_{s+t+1}=p_{s+t+1,1}x_1+p_{s+t+1,2}x_2+\cdots+p_{s+t+1,n}x_n=0\\ \vdots\\ y_n=p_{n1}x_1+p_{n2}x_2+\cdots+p_{nn}x_n=0\end{cases}$$

有非零解$(x_1,x_2,\cdots,x_n)=(k_1,\cdots,k_n)$,于是

$$f(x_1,x_2,\cdots,x_n)=l_1^2+\cdots+l_p^2\geqslant 0,$$

另外,$\begin{bmatrix}p_{11}&p_{12}&\cdots&p_{1n}\\p_{21}&p_{22}&\cdots&p_{2n}\\\vdots&\vdots&\cdots&\vdots\\p_{n1}&p_{n2}&\cdots&p_{nn}\end{bmatrix}\begin{bmatrix}k_1\\k_2\\\vdots\\k_n\end{bmatrix}=\begin{bmatrix}y_1\\y_2\\\vdots\\y_n\end{bmatrix}\neq 0$,所以$y_{s+1},\cdots,y_{s+t}$不全为零,因此$f(k_1,\cdots,k_n)=-y_{s+1}^2-\cdots-y_{s+t}^2<0$,矛盾,所以$t\leqslant q$.

例 5.28 已知二次型$f(x_1,x_2,x_3)=x_1^2+2x_2^2+2x_3^2+2x_1x_2+2x_1x_3+6x_2x_3$.

(1) 写出这个二次型的矩阵A.

(2) 求出矩阵A的特征值的和与积.

(3) 用配方法把这个二次型化为标准形,并写出标准形所用的变换矩阵.

(4) 写出这个二次型的秩、正负惯性指数及符号差.

(5) 写出这个二次型在实数域和复数域上的规范型.

解 (1)$A=\begin{bmatrix}1&1&1\\1&2&3\\1&3&2\end{bmatrix}$.

(2)A 的特征值之和为 $tr(A)=5$;特征值之积为 $|A|=-3$.

(3)$f=y_1^2+y_2^2-3y_3^2, X=PY, P=\begin{bmatrix}1&-1&1\\0&1&-2\\0&0&1\end{bmatrix}$.

(4) 二次型的秩、正负惯性指数及符号差分别为3,2,1,1.

(5) 实数域上二次型的规范型为 $y_1^2+y_2^2-y_3^2$, 复数域上二次型的规范型为 $y_1^2+y_2^2+y_3^2$.

§5.2.4 正定二次型的判定与证明的例题

例5.29 如果 A,B 都是 n 阶正定矩阵,证明:$A+B$ 也是正定矩阵.

证明 因为 A,B 都是 n 阶正定矩阵,所以对任意 $x\in(R^n)^*$,有 $x^TAx>0, x^TBx>0$,于是 $x^T(A+B)x=x^TAx+x^TBx>0$,故 $A+B$ 也是正定矩阵.

例5.30 设有 n 元实二次型

$$f(x_1,x_2,\cdots,x_n)=(x_1+a_1x_2)^2+(x_2+a_2x_3)^2+\cdots+(x_{n-1}+a_{n-1}x_n)^2+(x_n+a_nx_1)^2$$

其中 $a_i(i=1,2,\cdots,n)$ 为实数.试问:当 $a_1,a_2,\cdots,a_n$ 满足何种条件时,二次型 $f(x_1,x_2,\cdots,x_n)$ 是正定二次型.

解 若 $\begin{vmatrix}1&a_1&0&\cdots&0\\0&1&a_2&\cdots&0\\\vdots&\vdots&\vdots&\cdots&\vdots\\0&0&0&\cdots&a_{n-1}\\a_n&0&0&\cdots&1\end{vmatrix}=1+(-1)^{n+1}a_1a_2\cdots a_{n-1}a_n\neq0$,则齐次线性方程组

$$\begin{aligned}&x_1+a_1x_2=0\\&x_2+a_2x_3=0\\&\cdots\\&x_{n-1}+a_{n-1}x_n=0\\&x_n+a_nx_1=0\end{aligned}\qquad(1)$$

只有零解,因此若 $(x_1,x_2,\cdots,x_n)\neq0$,则 $(y_1,y_2,\cdots,y_{n-1},y_n)\neq0$,其中

$x_1+a_1x_2=y_1, x_2+a_2x_3=y_2,\cdots,x_{n-1}+a_{n-1}x_n=y_{n-1}, x_n+a_nx_1=y_n$,由此得:

$f(x_1,x_2,\cdots,x_n)=y_1{}^2+y_2{}^2+\cdots+y_{n-1}{}^2+y_n{}^2>0$,所以二次型 $f(x_1,x_2,\cdots,x_n)$ 是正定二次型.若 $1+(-1)^{n+1}a_1a_2\cdots a_{n-1}a_n=0$,则(1)有非零解 $(c_1,c_2,\cdots,c_n)$,由此得 $f(c_1,c_2,\cdots,c_n)=0$,所以二次型 $f(x_1,x_2,\cdots,x_n)$ 不是正定二次型.

故当且仅当 $1+(-1)^{n+1}a_1a_2\cdots a_{n-1}a_n\neq0$ 时,二次型 $f(x_1,x_2,\cdots,x_n)$ 是正定二次型.

例5.31 设 A 是 n 阶正定矩阵,E 是 n 阶单位矩阵,证明 $A+E$ 的行列式大于1.

证明 因为 A 是 n 阶正定矩阵,所以 A 的 n 个特征值 $\lambda_1,\lambda_2,\cdots,\lambda_n$ 均为正数,而 $\lambda_1+1,\lambda_2+1,\cdots,\lambda_n+1$ 是 $A+E$ 的所有特征值,故:$|A|=(\lambda_1+1)(\lambda_2+1)\cdots(\lambda_n+1)>1$.

例 5.32 设实对称矩阵 A 的特征值全大于 a，与 A 同阶的实对称矩阵 B 的特征值全大于 b.证明：

(1) $A-aE$ 和 $B-bE$ 都是正定矩阵；(2) $A+B$ 的特征值全大于 $a+b$.

证明 设 $\lambda_1,\lambda_2,\cdots,\lambda_n$ 与 $\mu_1,\mu_2,\cdots,\mu_n$ 分别是 A 与 B 的特征值，由题设条件 $\lambda_i>a$ 且 $\mu_i>b$.

(1) $A-aE=f(A)$，$f(x)=x-a$ 的特征根为

$$f(\lambda_1)=\lambda_1-a>0,f(\lambda_2)=\lambda_2-a>0,\cdots,f(\lambda_n)=\lambda_n-a>0,$$

所以 $A-aE$ 是正定矩阵；

同理，$B-bE=g(B)$，$g(x)=x-b$ 的特征根为

$$g(\mu_1)=\mu_1-b>0,f(\mu_2)=\mu_2-b>0,\cdots,g(\mu_n)=\mu_n-b>0,$$

知 $B-bE$ 是正定矩阵；

(2) 由(1) 知对任意 $x\in(R^n)^*$，有

$$x^T(A+B-(a+b)E)x=x^T(A-aE)x+x^T(B-bE)x>0,$$

所以 $A+B-(a+b)E$ 是正定矩阵，设 $\eta_1,\eta_2,\cdots,\eta_n$ 是 $A+B$ 的所有特征根，则 $A+B-(a+b)E=h(A+B)$，$h(x)=x-(a+b)$ 的特征根为

$$h(\eta_1)=\eta_1-(a+b)>0,\cdots,h(\eta_n)=\eta_n-(a+b)>0,$$

故 $\eta_1>(a+b),\cdots,\eta_n>(a+b)$.

例 5.33 如果 A 是负定矩阵，那么 A^2 是正定矩阵.

证明 因为 A 是负定矩阵，所以存在可逆矩阵 P，使得：$A=-P^TP$，因此：

$A^2=(P^TP)^T(P^TP)$，因为 P^TP 是可逆矩阵，故 A^2 是正定矩阵.

例 5.34 设 G,H 都是 n 阶正定矩阵，x 是 n 维非零列向量，令 $y=Hx$，证明：

$$A=G+\frac{xx^T}{x^Tx}-\frac{Gyy^TG}{y^TGy}$$

是正定矩阵.

证明 因为 G,H 都是 n 阶正定矩阵，所以对任意 $\alpha,\beta\in R^n$，

$$(\alpha,\beta)=\alpha^TG\beta,\ <\alpha,\beta>=\alpha^TH\beta$$

均为 R^n 上的内积，因此对 $z\in R^n,z\neq 0$，有：

$$z^TGz-z^T\frac{Gyy^TG}{y^TGy}z=\frac{(z,z)(y,y)-(z,y)^2}{(y,y)}\geqslant 0$$

且等号仅当 z,y 线性相关，即：$z=ky,k\in R,k\neq 0$ 时成立，而此时有

$$z^T\frac{xx^T}{x^Tx}z=k^2\frac{x^THxx^THx}{x^Tx}=k^2\frac{<x,x>^2}{x^Tx}>0,$$

同时：$z^T\dfrac{xx^T}{x^Tx}z=\dfrac{(x^Tz)^T(x^Tz)}{x^Tx}\geqslant 0$，故对 $\forall z\in R^n,z\neq 0$，

$$z^TAz=z^TGz+z^T\frac{xx^T}{x^Tx}z-z^T\frac{Gyy^TG}{y^TGy}z>0,$$

所以 $A=G+\dfrac{xx^T}{x^Tx}-\dfrac{Gyy^TG}{y^TGy}$ 是正定矩阵.

例 5.35 设 x 为 n 维非零实列向量，证明：

(1) $I+xx^T$ 是正定矩阵，其中 I 是 n 级单位矩阵，并求 $(I+xx^T)^{-1}$.

(2) $0 < x^T(I + xx^T)^{-1}x < 1$.

(3) 如果 Q 是 n 级正定矩阵,是否有 $0 < x^T(Q + xx^T)^{-1}x < 1$? 请说明.

证明 (1) 因为 x 为 n 维非零实列向量,所以 $|x| > 0$. 由于 $tr(xx^T) = |x|^2 > 0$,所以 $\lambda_1 = |x|^2, \lambda_2 = \cdots = \lambda_n = 0$ 是秩等于 1 的实对称矩阵 xx^T 的所有特征根,因此存在正交矩阵 Q,使得 $Q^T xx^T Q = diag(|x|^2, 0, \cdots, 0)$,于是

$$Q^T(I + xx^T)Q = diag(1 + |x|^2, 1, \cdots, 1),$$

所以 $I + xx^T$ 是正定矩阵且

$$(I + xx^T)^{-1} = I - \frac{1}{1 + |x|^2}xx^T.$$

(2) 由(1)可得 $0 < x^T(I + xx^T)^{-1}x = \dfrac{|x|^2}{1 + |x|^2} < 1$.

(3) 因为 Q 为正定矩阵,所以存在可逆矩阵 P,使得

$$P^TQP = I, P^Txx^TP = \begin{bmatrix} \lambda & 0 \\ 0 & 0 \end{bmatrix}.$$

于是

$$P^T(Q + xx^T)P = I + \begin{bmatrix} \lambda & 0 \\ 0 & 0 \end{bmatrix} = \begin{bmatrix} 1 + \lambda & 0 \\ 0 & I_{n-1} \end{bmatrix}, P^Tx = \begin{bmatrix} \sqrt{\lambda} \\ 0 \\ \vdots \\ 0 \end{bmatrix},$$

所以

$$(Q + xx^T)^{-1} = PP^T - \frac{1}{1 + \lambda}P\begin{bmatrix} \lambda & 0 \\ 0 & 0 \end{bmatrix}P^T.$$

从而

$$0 < x^T(Q + xx^T)^{-1}x = \lambda - \frac{\lambda^2}{1 + \lambda} = \frac{\lambda}{1 + \lambda} < 1.$$

例 5.36 设 A 为正定矩阵,证明:存在唯一的正定矩阵 B,使 $B^2 = A$.

证明 首先证明存在性. 因为 A 是正定矩阵,所以可设正实数 $\lambda_1, \lambda_2, \cdots, \lambda_s$ 是 A 的所有不同的特征值,则存在正交矩阵 Q,使得 $A = Q\begin{bmatrix} \lambda_1 E_1 & & & \\ & \lambda_2 E_2 & & \\ & & \ddots & \\ & & & \lambda_s E_s \end{bmatrix}Q^T$,故令

$B = Q\begin{bmatrix} \sqrt{\lambda_1} E_1 & & & \\ & \sqrt{\lambda_2} E_2 & & \\ & & \ddots & \\ & & & \sqrt{\lambda_s} E_s \end{bmatrix}Q^T$,则 $A = B^2$ 且 B 为正定矩阵.

现证唯一性. 若存在正定矩阵 B_1, B_2,使得 $A = B_1^2 = B_2^2$,则 B_1 与 B_2 的所有不同特征根均为 $\sqrt{\lambda_1}, \sqrt{\lambda_2}, \cdots, \sqrt{\lambda_s}$,于是存在正交矩阵 Q_1, Q_2,使得

$$B_1=Q_1\begin{bmatrix}\sqrt{\lambda_1}E_1&&&\\&\sqrt{\lambda_2}E_2&&\\&&\ddots&\\&&&\sqrt{\lambda_s}E_s\end{bmatrix}Q_1^T,B_2=Q_2\begin{bmatrix}\sqrt{\lambda_1}E_1&&&\\&\sqrt{\lambda_2}E_2&&\\&&\ddots&\\&&&\sqrt{\lambda_s}E_s\end{bmatrix}Q_2^T$$

因此$\begin{bmatrix}\lambda_1E_1&&&\\&\lambda_2E_2&&\\&&\ddots&\\&&&\lambda_sE_s\end{bmatrix}Q_1^TQ_2=Q_1^TQ_2\begin{bmatrix}\lambda_1E_1&&&\\&\lambda_2E_2&&\\&&\ddots&\\&&&\lambda_sE_s\end{bmatrix}$,所以

$$Q_1^TQ_2=\begin{bmatrix}Q_{11}&&&\\&Q_{22}&&\\&&\ddots&\\&&&Q_{ss}\end{bmatrix},$$

其中 Q_{ii} 是与 E_i 同阶的方阵，所以

$$\begin{bmatrix}\sqrt{\lambda_1}E_1&&&\\&\sqrt{\lambda_2}E_2&&\\&&\ddots&\\&&&\sqrt{\lambda_s}E_s\end{bmatrix}Q_1^TQ_2=\begin{bmatrix}\sqrt{\lambda_1}Q_{11}&&&\\&\sqrt{\lambda_2}Q_{22}&&\\&&\ddots&\\&&&\sqrt{\lambda_s}Q_{ss}\end{bmatrix},$$

$$Q_1^TQ_2\begin{bmatrix}\sqrt{\lambda_1}E_1&&&\\&\sqrt{\lambda_2}E_2&&\\&&\ddots&\\&&&\sqrt{\lambda_s}E_s\end{bmatrix}_2=\begin{bmatrix}\sqrt{\lambda_1}Q_{11}&&&\\&\sqrt{\lambda_2}Q_{22}&&\\&&\ddots&\\&&&\sqrt{\lambda_s}Q_{ss}\end{bmatrix},$$

因此

$$\begin{bmatrix}\sqrt{\lambda_1}E_1&&&\\&\sqrt{\lambda_2}E_2&&\\&&\ddots&\\&&&\sqrt{\lambda_s}E_s\end{bmatrix}Q_1^TQ_2=Q_1^TQ_2\begin{bmatrix}\sqrt{\lambda_1}Q_{11}&&&\\&\sqrt{\lambda_2}Q_{22}&&\\&&\ddots&\\&&&\sqrt{\lambda_s}Q_{ss}\end{bmatrix},$$

即

$$Q_1\begin{bmatrix}\sqrt{\lambda_1}E_1&&&\\&\sqrt{\lambda_2}E_2&&\\&&\ddots&\\&&&\sqrt{\lambda_s}E_s\end{bmatrix}Q_1^T=Q_2\begin{bmatrix}\sqrt{\lambda_1}E_1&&&\\&\sqrt{\lambda_2}E_2&&\\&&\ddots&\\&&&\sqrt{\lambda_s}E_s\end{bmatrix}Q_2^T$$

故 $B_1=B_2$.

例 5.37 设 A 是 n 阶正定矩阵,构造方阵序列

$$X_0=I,X_{k+1}=\frac{1}{2}(X_k+AX_k^{-1}),k=0,1,2\cdots$$

试证：$\lim\limits_{k\to\infty}X_k$ 存在（$\lim\limits_{k\to\infty}X_k$ 存在定义为：设 $X_k=(x_{ij}^{(k)})_{n\times n}$，则对任意$(1\leqslant i,j\leqslant n)$，均有 $\lim\limits_{k\to\infty}x_{ij}^{(k)}$ 存在）.

证明　因为 A 是正定矩阵，所以存在正交矩阵 Q，使得

$$A=QBQ^T,B=\begin{bmatrix}\lambda_1&&&\\&\lambda_2&&\\&&\ddots&\\&&&\lambda_n\end{bmatrix},\lambda_i>0.$$

则 $X_k=QY_kQ^T,k=0,1,2,\cdots$，其中

$$Y_0=I,Y_{k+1}=\frac{1}{2}(Y_k+BY_k^{-1}),k=0,1,2,\cdots$$

因此$\lim\limits_{k\to\infty}X_k$存在的充分必要条件是$\lim\limits_{k\to\infty}Y_k$存在，设$Y_k=(y_{ij}^{(k)})_{n\times n}$，则$i\neq j$时，我们有$y_{ij}^{(k)}=0,k=0,1,2,\cdots$，因此$\lim\limits_{k\to\infty}y_{ij}^{(k)}=0,k=0,1,2,\cdots,1\leqslant i\neq j\leqslant n$，且当 $k>0$ 时，$y_{ii}^{(k)}=\frac{1}{2}(y_{ii}^{(k-1)}+\frac{\lambda_i}{y_{ii}^{(k-1)}})\geqslant\sqrt{\lambda_i}$，因此

$$y_{ii}^{(k+1)}=\frac{1}{2}(y_{ii}^{(k)}+\frac{\lambda_i}{y_{ii}^{(k)}})\leqslant y_{ii}^{(k)},$$

所以 $k>0$ 时，$\{y_{ii}^{(k)}\}$ 单调递减有下界，所以$\lim\limits_{k\to\infty}y_{ii}^{(k)}$ 存在，故$\lim\limits_{k\to\infty}Y_k$ 存在，因此$\lim\limits_{k\to\infty}X_k$ 存在.

例 5.38　证明正定矩阵的最大元素位于对角线上

证明　令 $A=(a_{ij})$ 是任意一个 n 阶正定矩阵，则二次型

$$f(x_1,x_2,\cdots,x_n)=\sum_{i=1}^n\sum_{j=1}^n a_{ij}x_ix_j$$

为正定二次型.设 $\lambda=\max\{a_{11},a_{22},\cdots,a_{nn}\}$，则取

$$x_i=1,x_j=-1,j\neq i,x_k=0,k\neq i,k\neq j,$$

$0<a_{ii}+a_{jj}-2a_{ij}\leqslant 2(\lambda-a_{ij})$，所以 $\lambda>a_{ij},1\leqslant i\neq j\leqslant n$，因此 λ 为 $A=(a_{ij})$ 的最大元素，故正定矩阵的最大元素位于对角线上.

§5.2.5　半正定、负定与半负定二次型(矩阵)的判定与证明的例题

例 5.39　设 $A=(a_{ij}),B=(b_{ij})$ 都是 n 级矩阵，$C=(c_{ij})$，其中 $c_{ij}=a_{ij}b_{ij}$，证明：若 A,B 都正定，则 C 正定；若 A,B 都半正定，则 C 半正定.

证明　若B为正定矩阵，则存在可逆矩阵$P=(p_{ij})$，使得$B=P^TP$，则$B=(b_{ij})$的元素为

$$b_{ij}=\sum_{k=1}^n p_{ki}p_{kj},i,j=1,2,\cdots,n.$$

于是 $X^TCX=\sum\limits_{i=1}^n\sum\limits_{j=1}^n a_{ij}b_{ij}x_ix_j=\sum\limits_{k=1}^n\Big(\sum\limits_{i=1}^n\sum\limits_{j=1}^n a_{ij}(p_{ki}x_i)(p_{kj}x_j)\Big)=\sum\limits_{k=1}^n Y_k^TAY_k$，

其中 $Y_k=\begin{pmatrix}p_{k1}x_1\\p_{k2}x_2\\\vdots\\p_{kn}x_n\end{pmatrix}$，$k=1,2,\cdots,n$.因为$P$非奇异，所以若$X=\begin{pmatrix}x_1\\x_2\\\vdots\\x_n\end{pmatrix}\neq 0$，则 $Y_1,Y_2,\cdots,Y_n$ 中至少有一个为非零向量，又因为 A 是正定矩阵，所以 $X^TCX=\sum\limits_{k=1}^n Y_k^TAY_k>0$，故 C 正定.

例 5.40 设 $AB=BA$，证明：若 A,B 都半正定，则 AB 半正定.

证明 因为 A 半正定，所以存在正交矩阵 Q，使得 $A=Q\begin{bmatrix}\lambda_1E_1 & & & \\ & \lambda_2E_2 & & \\ & & \ddots & \\ & & & \lambda_sE_s\end{bmatrix}Q^T$，其中非负实数 $\lambda_1,\lambda_2,\cdots,\lambda_s$ 是 A 的所有不同的特征根，由于 $AB=BA$，所以

$$\begin{bmatrix}\lambda_1E_1 & & & \\ & \lambda_2E_2 & & \\ & & \ddots & \\ & & & \lambda_sE_s\end{bmatrix}Q^TBQ=Q^TBQ\begin{bmatrix}\lambda_1E_1 & & & \\ & \lambda_2E_2 & & \\ & & \ddots & \\ & & & \lambda_sE_s\end{bmatrix},$$

因此 $Q^TBQ=\begin{bmatrix}B_1 & & & \\ & B_2 & & \\ & & \ddots & \\ & & & B_s\end{bmatrix}$，又因为 B 半正定，所以 $B_1,B_2,\cdots,B_s$ 都半正定，注意到 $\lambda_1,\lambda_2,\cdots,\lambda_s$ 均为非负实数，所以 $\begin{bmatrix}\lambda_1B_1 & & & \\ & \lambda_2B_2 & & \\ & & \ddots & \\ & & & \lambda_sB_s\end{bmatrix}$ 是半正定矩阵，于是

$$AB=Q\begin{bmatrix}\lambda_1B_1 & & & \\ & \lambda_2B_2 & & \\ & & \ddots & \\ & & & \lambda_sB_s\end{bmatrix}Q^T \text{ 是半正定矩阵.}$$

例 5.41 n 阶实对称矩阵 A 是半正定矩阵的充分必要条件是：对任何实数 $\varepsilon>0$，$\varepsilon E+A$ 是正定矩阵.

证明 “必要性的证明”：因为 A 是半正定矩阵，所以 A 的所有特征根 $\lambda_1,\lambda_2,\cdots,\lambda_n$ 均是非负实数，于是对任何实数 $\varepsilon>0$，矩阵 $\varepsilon E+A=f(A)$，$f(x)=x+\varepsilon$ 的特征根为 $f(\lambda_1)=\lambda_1+\varepsilon>0$，$f(\lambda_2)=\lambda_2+\varepsilon>0,\cdots,f(\lambda_n)=\lambda_1+\varepsilon>0$，故 $\varepsilon E+A$ 是正定矩阵.

“充分性的证明”：若 A 的所有特征根 $\lambda_1,\lambda_2,\cdots,\lambda_n$ 中至少有一个数是负数，不妨设 $\lambda_1<0$，取 $0<\varepsilon<-\lambda_1$，则 $\varepsilon E+A$ 有一个特征根为 $\varepsilon+\lambda_1<0$，与 $\varepsilon E+A$ 是正定矩阵矛盾，故 $\lambda_1,\lambda_2,\cdots,\lambda_n$ 均为非负实数，即 A 是半正定矩阵.

例 5.42 证明：

(1) 如果 $\sum\limits_{i=1}^{n}\sum\limits_{j=1}^{n}a_{ij}x_ix_j(a_{ij}=a_{ji})$ 是正定二次型，那么

$$f(y_1,y_2,\cdots,y_n)=\begin{vmatrix}a_{11} & a_{12} & \cdots & a_{1n} & y_1\\ a_{21} & a_{22} & \cdots & a_{2n} & y_2\\ \vdots & \vdots & \cdots & \vdots & \vdots\\ a_{n1} & a_{n2} & \cdots & a_{nn} & y_n\\ y_1 & y_2 & \cdots & y_n & 0\end{vmatrix}$$

是负定二次型.

(2) 如果 A 是正定矩阵,那么 $|A| \leqslant a_{nn}P_{n-1}$,这里 P_{n-1} 是 A 的 $n-1$ 阶的顺序主子式.

(3) 如果 A 是正定矩阵,那么 $|A| \leqslant a_{11}a_{22}\cdots a_{nn}$.

(4) 如果 $T=(t_{ij})$ 是 n 阶实可逆矩阵,那么 $|T|^2 \leqslant \prod_{i=1}^{n}(t_{1i}^2+t_{2i}^2+\cdots+t_{ni}^2)$.

证明 (1) 将二次型 $f(y_1,y_2,\cdots,y_n)$ 按最后一行展开得

$$f(y_1,y_2,\cdots,y_n)=\sum_{j=1}^{n}(-1)^{n+1+j}M_{n+1,j}y_j,$$

其中 $M_{n+1,j}$ 是 $\begin{vmatrix} a_{11} & a_{12} & \cdots & a_{1n} & y_1 \\ a_{21} & a_{22} & \cdots & a_{2n} & y_2 \\ \vdots & \vdots & \cdots & \vdots & \vdots \\ a_{n1} & a_{n2} & \cdots & a_{nn} & y_n \\ y_1 & y_2 & \cdots & y_n & 0 \end{vmatrix}$ 的 $n+1$ 行 j 列元素的余子式,再将 $M_{n+1,j}$ 按最后一列展开得 $M_{n+1,j}=\sum_{i=1}^{n}(-1)^{n+i}M_{ij}y_i$,其中 M_{ij} 是矩阵 $A=(a_{ij})$ 的 i 行 j 列元素的余子式,因此

$$f(y_1,y_2,\cdots,y_n)=-\sum_{i=1}^{n}\sum_{j=1}^{n}A_{ij}y_iy_j=-Y^T(A^*)^TY=-Y^T(|A|A^{-1})Y.$$

因为 $A=(a_{ij})$ 为正定矩阵,所以 $|A|A^{-1}$ 是正定矩阵,$f(y_1,y_2,\cdots,y_n)$ 是负定二次型.

(2) 因为 $A=(a_{ij})$ 为正定矩阵,所以 $P_{n-1}=\begin{bmatrix} a_{11} & a_{12} & \cdots & a_{1,n-1} \\ a_{21} & a_{22} & \cdots & a_{2,n-1} \\ \vdots & \vdots & \vdots & \vdots \\ a_{n-1,1} & a_{n-1,2} & \cdots & a_{n-1,n-1} \end{bmatrix}$ 为 $n-1$ 正定矩阵,令 $\alpha=(a_{1n},a_{2n},\cdots,a_{n-1,n})^T$,则由 1) 的结论知 $\begin{bmatrix} P_{n-1} & \alpha \\ \alpha^T & 0 \end{bmatrix}$ 为负定矩阵,所以 $\begin{vmatrix} P_{n-1} & \alpha \\ \alpha^T & 0 \end{vmatrix} \leqslant 0$,于是 $|A|=\begin{vmatrix} P_{n-1} & \alpha \\ \alpha^T & 0 \end{vmatrix}+\begin{vmatrix} P_{n-1} & 0 \\ \alpha^T & a_{nn} \end{vmatrix} \leqslant a_{nn}|P_{n-1}|$.

(3) 利用(2) 的结论结合数学归纳法可证 $|A| \leqslant a_{11}a_{22}\cdots a_{nn}$.

(4) 因为 $T=(t_{ij})$ 是 n 阶实可逆矩阵,所以 T^TT 是正定矩阵,故由 3) 的结论知

$$|T|^2=|T^TT| \leqslant \prod_{i=1}^{n}(t_{1i}^2+t_{2i}^2+\cdots+t_{ni}^2).$$

例 5.43 设 A,B 为 n 阶半正定矩阵,证明:AB 的特征值全是非负实数.

证明 设半正定矩阵 A 的秩为 r 且 $\lambda_1,\lambda_2,\cdots,\lambda_r$ 是 A 的正特征值,则存在正交矩阵 Q,使得 $Q^TAQ=diag(\lambda_1,\lambda_2,\cdots,\lambda_r,0,\cdots,0)$,则

$$Q^TABQ=diag(\lambda_1,\lambda_2,\cdots,\lambda_r,0,\cdots,0)Q^TBQ=\begin{bmatrix} C_1B_1 & C_1B_2 \\ 0 & 0 \end{bmatrix},$$

其中 $C_1=diag(\lambda_1,\lambda_2,\cdots,\lambda_r)$ 是正定矩阵,$Q^TBQ=\begin{bmatrix} B_1 & B_2 \\ B_3 & B_4 \end{bmatrix}$,由于 B 为半正定矩阵,因此 Q^TBQ 为半正定矩阵,其顺序主子式均大于或等于零,从而 B_1 的主子式也都为非负实数,所以为半正定矩阵.设 λ 为 C_1B_1 的任何一个特征值,则 λ 也为 B_1C_1 的一个特征值,因此存

在非零列向量 $\alpha \in R^n$,使得 $B_1C_1\alpha = \lambda\alpha$,如果 $C_1\alpha = 0$,则 $\lambda\alpha = 0$,所以 $\lambda = 0$;如果 $\beta = C_1\alpha \neq 0$,则 $\beta^T B_1\beta = \lambda\alpha^T C_1\alpha \geqslant 0$,因为 $\alpha^T C_1\alpha > 0$,所以 $\lambda \geqslant 0$,即知 C_1B_1 的特征值全是非负实数,因此 Q^TABQ 的所有特征值均为非负实数,故 AB 的所有特征值均为非负实数.

例 5.44 设 A 是 n 阶实对称矩阵,λ_1,λ_n 分别是 A 的最大与最小特征值,则 $A-aE_n$ 当 $a>\lambda_1$ 时是负定的,当 $a<\lambda_n$ 时是正定的.反之,若后面的条件成立,则 A 的特征根在 λ_1 与 λ_n 之间.

证明 由题设条件可设 $\lambda_1 \geqslant \lambda_2 \geqslant \cdots \geqslant \lambda_n$ 是 A 的全部特征值,则 $A-aE$ 的全部特征值为 $\lambda_1-a,\lambda_2-a,\cdots,\lambda_n-a$,因此 $A-aE$ 为负定矩阵的充分必要条件是 $\lambda_1-a<0,\lambda_2-a<0,\cdots,\lambda_n-a<0$,即当 $a>\lambda_1$ 时,$A-aE$ 是负定的;$A-aE$ 为正定矩阵的充分必要条件是 $\lambda_1-a>0,\lambda_2-a>0,\cdots,\lambda_n-a>0$,即当 $a<\lambda_n$ 时,$A-aE$ 是负定的.

若 A 有特征值 $\lambda>\lambda_1$,则取 $a\in(\lambda_1,\lambda)$,那么 $A-aE$ 有特征值 $\lambda-a>0$,与 $A-aE$ 为负定矩阵矛盾;若 A 有特征值 $\lambda<\lambda_n$,则取 $a\in(\lambda,\lambda_n)$,那么 $A-aE$ 有特征值 $\lambda-a<0$,与 $A-aE$ 为正定矩阵矛盾;故当后面的条件成立,则 A 的特征根在 λ_1 与 λ_n 之间.

§5.3 练习题

§5.3.1 北大与北师大版教材习题

1. 证明:秩等于 r 的对称矩阵可以表示成 r 个秩等于 1 的对称矩阵之和.

2. 证明 $\begin{pmatrix} \lambda_1 & & & \\ & \lambda_2 & & \\ & & \ddots & \\ & & & \lambda_n \end{pmatrix}$ 与 $\begin{pmatrix} \lambda_{i_1} & & & \\ & \lambda_{i_2} & & \\ & & \ddots & \\ & & & \lambda_{i_n} \end{pmatrix}$ 合同,其中 $i_1i_2\cdots i_n$ 是 $1,2,\cdots,n$ 的一个排列.

3. 设 A 是一个 n 阶矩阵,证明:

(1) A 是反对称矩阵当且仅当对任何一个 n 维向量 X,有 $X^TAX=0$.

(2) 如果 A 是对称矩阵,且对任何一个 n 维向量 X 有 $X^TAX=0$,那么 $A=0$.

4. t 取何值时,下列二次型是正定的:

(1) $x_1^2+x_2^2+5x_3^2++2tx_1x_2-2x_1x_3+4x_2x_3$.

(2) $x_1^2+4x_2^2+x_3^2++2tx_1x_2+10x_1x_3+6x_2x_3$.

5. 如果把实 n 阶对称矩阵按合同分类,即两个实 n 阶对称矩阵属于同一类当且仅当它们合同,问共有几类?

6. 判别下列实二次型是否正定:

(1) $\sum\limits_{i=1}^{n} x_i^2 + \sum\limits_{1\leqslant i<j\leqslant n} x_ix_j$.

(2) $\sum\limits_{i=1}^{n} x_i^2 + \sum\limits_{i=1}^{n-1} x_ix_{i+1}$.

7. 证明:如果 A 是正定矩阵,那么 A 的主子式全大于零,所谓主子式就是行指标与列指标相同的子式.

8. 设 A 是实对称矩阵,证明实数 t 充分大之后,$tE+A$ 是正定矩阵.

9. 证明:如果 A 是正定矩阵,那么 A^{-1} 也是正定矩阵.

10. 设 A 为一个 n 阶实对称矩阵,且 $|A|<0$,证明:必存在实 n 维向量 $X\neq 0$ 使 $X^TAX<0$.

11. 证明:二次型 $f(x_1,x_2,\cdots,x_n)$ 是半正定的充分必要条件是它的正惯性指数与秩相等.

12. 证明:$n\sum\limits_{i=1}^{n}x_i^2-\left(\sum\limits_{i=1}^{n}x_i\right)^2$ 是半正定的.

13. 设 $f(x_1,x_2,\cdots,x_n)=X^TAX$ 是一实二次型,若有实 n 维向量 X_1,X_2 使

$X_1^TAX_1>0,X_2^TAX<0$

证明:必存在实 n 维向量 $X_0\neq 0$ 使 $X_0^TAX_0=0$.

14. 设 $A=\begin{bmatrix}A_{11}&A_{12}\\A_{21}&A_{22}\end{bmatrix}$ 是一对称矩阵,且 $|A_{11}|\neq 0$,证明:存在 $T=\begin{bmatrix}E&X\\0&E\end{bmatrix}$ 使

$$T^TAT=\begin{bmatrix}A_{11}&0\\0&*\end{bmatrix},$$

其中 $*$ 表示一个阶数与 A_{22} 相同的矩阵.

15. 设实二次型 $f(x_1,x_2,\cdots,x_n)=\sum\limits_{i=1}^{n}(a_{i1}x_1+a_{i2}x_2+\cdots+a_{in}x_n)^2$,证明:$f(x_1,x_2,\cdots,x_n)$ 的秩等于矩阵 $A=\begin{bmatrix}a_{11}&a_{12}&\cdots&a_{1n}\\a_{21}&a_{22}&\cdots&a_{2n}\\\vdots&\vdots&\cdots&\vdots\\a_{n1}&a_{n2}&\cdots&a_{nn}\end{bmatrix}$ 的秩.

16. 设 A 是反对称矩阵,证明:A 合同于矩阵

$$\begin{bmatrix}0&1&&&&&&&&\\-1&0&&&&&&&&\\&&0&1&&&&&&\\&&-1&0&&&&&&\\&&&&\ddots&&&&&\\&&&&&0&1&&&\\&&&&&-1&0&&&\\&&&&&&&0&&\\&&&&&&&&\ddots&\\&&&&&&&&&0\end{bmatrix}.$$

17. 设 A 是 n 阶实对称矩阵,证明:存在一正实数 c 使对任何一个实 n 维向量 X 都有

$$|X^TAX|\leqslant CX^TX.$$

参考答案

§5.3.2 各高校研究生入学考试原题

一、填空题

1. 若二次型$f(x_1,x_2,x_3)=2x_1^2+x_2^2+x_3^2+2x_1x_2+tx_2x_3$是正定的,则$t$的取值范围是________.

2. 已知实若二次型$f(x_1,x_2,x_3)=a({x_1}^2+x_2^2+x_3^2)+4x_1x_2+4x_1x_3+4x_2x_3$经正交变换$x=Py$可化成标准形$f=6{y_1}^2$,则$a=$______.

3. n元实二次型$f(x_1,x_2,\cdots,x_n)=\sum\limits_{1\leqslant i<k\leqslant n}|i-k|x_ix_k$的标准形(平方项的系数为1或$-1$)是___________.

4. 设$A=\begin{bmatrix}1&1&0\\1&k&0\\0&0&k-2\end{bmatrix}$是三阶正定矩阵,则$k$的取值范围是___________.

5. 二元实二次型$f(x_1,x_2)=(x_1,x_2)\begin{bmatrix}1&2\\0&0\end{bmatrix}\begin{pmatrix}x_1\\x_2\end{pmatrix}$的秩$=$____________.

6. 三元实二次型$f(x_1,x_2,x_3)=2x_1x_2+2x_1x_3-6x_2x_3$的正惯性指数为____________.

7. 用正交线性替换把实二次型$f(x_1,x_2,x_3)=2x_1^2-4x_1x_2+x_2^2-4x_2x_3$化为标准型,其标准型为______________.

8. 设$A=\begin{bmatrix}1&0&1\\0&2&0\\1&0&1\end{bmatrix}$,$B=(A-kE)^2$,若$B$正定,则$k$的取值是______.

9. 二次型$f(x_1,x_2,x_3)=x_1^2+x_2^2+5x_3^2+4tx_1x_2-2x_1x_3+4x_2x_3$是正定的,则$t$的取值范围为______.

10. 二次型$f(x_1,x_2,x_3)=x_1^2+2x_2^2+3x_3^2+2tx_2x_3$是正定的,则$t$取值范围为__________.

11. 如果二次型$f(x_1,x_2)=ax_1^2+2bx_1x_2+cx_2^2$为负定的,则二次型

$$g(x_1,x_2)=\begin{vmatrix}a&b&x_1\\b&c&x_2\\x_1&x_2&0\end{vmatrix}$$

是__________.(注:填正定的、负定的、半正定的、半负定的或不定的).

12. 若实对称矩阵 A 与矩阵 $B=\begin{pmatrix}1&0&0\\0&0&2\\0&2&0\end{pmatrix}$ 合同,则二次型 $x'Ax$ 的规范形为______.

13. 实二次型 $f(x_1.x_2,\cdots,x_n)=d_1x_1^2+d_2x_2^2+\cdots+d_nx_n^2$ 正定的充分必要条件是______.

14. 二次型 $x_1x_2-x_3x_4$ 的矩阵是____________________.

15. $A=\begin{pmatrix}3&-2&0\\-2&2&-2\\0&-2&1\end{pmatrix}$,则使 $A+tE$ 正定的实数的取值范围是________________.

16. 实二次型 $f(x_1,x_2,x_3)=2x_1^2-x_2^2+3x_3^2-2x_1x_2+x_1x_3$ 的正、负惯性指数分别是____________________.

二、选择题

1. 设 $A=\begin{bmatrix}1&1&1&1\\1&1&1&1\\1&1&1&1\\1&1&1&1\end{bmatrix}$,$B=\begin{bmatrix}4&&&\\&0&&\\&&0&\\&&&0\end{bmatrix}$

则 A 与 B

(A) 合同且相似　　(B) 合同但不相似

(C) 不合同但相似　　(D) 不合同且不相似

2. 设矩阵 $A=\begin{bmatrix}2&-1&-1\\-1&2&-1\\-1&-1&2\end{bmatrix}$,$B=\begin{bmatrix}1&0&0\\0&1&0\\0&0&0\end{bmatrix}$,则 A 与 B

(A) 合同,且相似　　(B) 合同,但不相似

(C) 不合同,但相似　　(D) 既不合同,也不相似

3. 下列结论错误的是(　　)

(A) 若 A,B 为实对称阵,则 $AB-BA$ 的特征根的实部全为零

(B) 若 A 为实对称阵,且 $|A|<0$,则必存在 n 维实向量 $X\neq 0$,使得 $X^TAX<0$

(C) 实二次型 X^TAX 可以表示成两个成比例的一次齐次多项式的乘积的充分必要条件是 A 的秩为 2 和符号差为 0,或秩等于 1

(D) 若 A,B 均为 n 级正定矩阵,$mA+nB$ 也为正定矩阵(其中 $m>0,n>0$)

三、解答题

1. (92,6) 设 A,B 分别为 m,n 阶正定矩阵,试判定分块矩阵 $C=\begin{bmatrix}A&0\\0&B\end{bmatrix}$ 是否正定矩阵.

2. 设二次型 $f=x_1^2+x_2^2+x_3^2+2ax_1x_2+2\beta x_2x_3+2x_1x_3$ 经正交变换 $X=PY$ 化成 $f=y_2^2+2y_3^2$,其中 $X=(x_1,x_2,x_3)^T$ 和 $Y=(y_1,y_2,y_3)^T$ 是三维列向量,P 是 3 阶正交矩阵,试求常数 α,β.

3. 已知二次型 $f=2x_1^2+3x_2^2+3x_3^2+2ax_2x_3(a>0)$ 通过正交变换化成标准形 $f={y_1}^2+2y_2^2+5y_3^2$,求参数 a 及所用的正交变换矩阵.

4. 已知二次型 $f = 5x_1^2 + 5x_2^2 + cx_3^2 - 2x_1x_2 + 6x_1x_3 - 6x_2x_3$ 的秩为 2.

(1) 求参数 c 及此二次型对应矩阵的特征值.

(2) 指出方程 $f(x_1, x_2, x_3) = 1$ 表示何种二次曲面.

5. 已知二次曲面方程 $x^2 + ay^2 + z^2 + 2bxy + 2xz + 2yz = 4$ 可以经过正交变换 $\begin{bmatrix} x \\ y \\ z \end{bmatrix} = P\begin{bmatrix} \xi \\ \eta \\ \zeta \end{bmatrix}$ 化为椭圆柱面方程 $\eta^2 + 4\xi^2 = 4$，求 a, b 的值和正交矩阵 P.

6. 设 A 为 $m \times n$ 实矩阵，E 为 n 阶单位矩阵，已知矩阵 $B = \lambda E + A^TA$，试证：当 $\lambda > 0$ 时，矩阵 B 为正定矩阵.

7. 设 A 为 m 阶实对称矩阵且正定，B 为 $m \times n$ 阶实矩阵，B^T 为 B 的转置矩阵. 试证：B^TAB 为正定矩阵的充分必要条件是 B 的秩 $r(B) = n$.

8. 设 A 为 n 阶实对称矩阵，秩 $r(A) = n$，A_{ij} 是 $A = (a_{ij})_{n\times n}$ 中元素 a_{ij} 的代数余子式 $(i, j = 1, 2, \cdots, n)$，二次型 $f(x_1, x_2, \cdots, x_n) = \sum\limits_{i=1}^{n}\sum\limits_{j=1}^{n} \dfrac{A_{ij}}{|A|}x_ix_j$.

(1) 记 $X = (x_1, x_2, \cdots, x_n)^T$，把 $f(x_1, x_2, \cdots, x_n)$ 写成矩阵形式，并说明二次型 $f(X)$ 的矩阵为 A^{-1}.

(2) 二次型 $g(X) = X^TAX$ 与 $f(X)$ 的规范型是否相同？说明理由.

9. 设二次型 $f(x_1, x_2, x_3) = X^TAX = ax_1^2 + 2x_2^2 - 2x_3^2 + 2bx_1x_3 (b > 0)$，其中二次型的矩阵 A 的特征值之和为 1，特征值之积为 -12.

(1) 求 a, b 的值；

(2) 利用正交变换将二次型 f 化为标准型，并写出所用的正交变换和对应的正交矩阵.

10. 设 $D = \begin{bmatrix} A & C \\ C^T & B \end{bmatrix}$ 为正定矩阵，其中 A, B 分别为 m 阶，n 阶对称矩阵，C 为 $m \times n$ 矩阵.

(1) 计算 P^TDP，其中 $P = \begin{bmatrix} E_m & -A^{-1}C \\ 0 & E_n \end{bmatrix}$.

(2) 利用(1) 的结果判断矩阵 $B - C^TA^{-1}C$ 是否为正定矩阵，并证明你的结论.

11. 设二次型 $f(x_1, x_2, x_3) = (1-a)x_1^2 + (1-a)x_2^2 + 2x_3^2 + 2(1+a)x_1x_2$ 的秩为 2

(1) 求 a 的值.

(2) 求正交变换 $x = Qy$，把 $f(x_1, x_2, x_3)$ 化成标准形.

(3) 求方程 $f(x_1, x_2, x_3) = 0$ 的解.

12. 设 A 为 n 阶半正定矩阵，证明 $|A + 2I| \geqslant 2^n$.

13. 设实二次型 $f(x) = x^TAx, x \in R^n$，λ 是 A 的特征值，证明存在非零向量 $\alpha = \begin{pmatrix} k_1 \\ k_2 \\ \vdots \\ k_n \end{pmatrix}$ 使

得 $f(\alpha)=\lambda(k_1^2+k_2^2+\cdots+k_n^2)$.

14. 设 A,B 为 n 阶实对称矩阵,A 的特征值均小于 a,B 的特征值均小于 b. 证明:对任意的 $k>a+b$,$A+B-kE$ 是负定矩阵.

15. 对实数 a 的不同取值范围,讨论下面二次型的类型

$$f(x_1,x_2,x_3,x_4)=x_1^2+x_2^2+x_3^2+2a(x_1x_2+x_2x_3+x_1x_3)+9x_4^2,$$

且当 $a=2$ 时,求正交变换 $X=PY$,将 $f(x_1,x_2,x_3,x_4)$ 化为标准形.

16. 设 A 为 n 阶实对称矩阵,证明:A 是半正定矩阵的充分必要条件是对任意的正数 ε,$\varepsilon E+A$ 是正定矩阵,其中 E 是 n 阶单位矩阵.

17. 设 $f(x_1,x_2,x_3,x_4)=2x_1x_2+2x_1x_3-2x_1x_4-2x_2x_3+2x_2x_4+2x_3x_4$.

(1) 写出 $f(X)$ 的矩阵表达式 $f(X)=X'AX$.

(2) 求 A 的特征值,特征向量.

(3) 求正交变换 $X=PY$,将 $f(X)$ 化为标准型.

(4) 写出 $f(X)$ 的标准型.

18. 设 4 元二次型 $f(x_1,x_2,x_3,x_4)=2x_1x_2+2x_3x_4$.

(1) 写出二次型 $f(x_1,x_2,x_3,x_4)$ 的矩阵表达式 $f(x_1,x_2,x_3,x_4)=X'AX$.

(2) 求 A 的特征值和特征向量.

(3) 求正交阵 P,使得 $P^{-1}AP=\Lambda$,其中 Λ 是对角阵.

(4) 写出二次型 $f(x_1,x_2,x_3,x_4)$ 的标准形.

19. 设 A 是半正定矩阵,证明存在唯一的半正定矩阵 B 使得 $A=B^2$.

20. 设 A 为 n 级半正定矩阵,a_{ii} 为 A 的第 i 个对角元,则

$$|A|\leqslant\prod_{i=1}^n a_{ii}$$

且当 A 为正定矩阵时,等号成立的充分必要条件为 A 为对角矩阵.

21. 设二次型 $f(x_1,x_2,x_3)=2{x_1}^2+5{x_2}^2+5{x_3}^2+4x_1x_2-4x_1x_3-8x_2x_3$.

(1) 写出 $f(x_1,x_2,x_3)$ 的矩阵表达式 X^TAX.

(2) 求矩阵 A 的特征值,特征向量.

(3) 求正交变换 $X=PY$ 使得二次型 $f(x_1,x_2,x_3)$ 化为标准型.

(4) 写出 $f(x_1,x_2,x_3)$ 的标准型.

22. 设有二次型 $f(x,x,x)=x_1^2+x_2^2+3x_3^2-2x_1x_3+2ax_2x_3$.

(1)a 满足什么条件时,f 为正定.

(2) 写出 f 所对应的矩阵 A,当 A 正定时,求矩阵 C,使 $A=C^TC$.

23. 设 A,B 是实数域上的 n 阶方阵且 $AB+BA=0$,证明:如果 A 是对称矩阵且半正定,则有 $AB=BA=0$.

24. 设 $A=\begin{bmatrix}4&2&2\\2&4&2\\2&2&4\end{bmatrix}$.

(1) 证明:A 是一个正定矩阵.

(2) 求出所有的实系数多项式 $f(x)$,使得 $f(A)$ 也是正定的.

25. 证明下述 $n+1$ 实矩阵 A 是正定矩阵：

$$A=\begin{bmatrix} 2 & \frac{2^2}{2} & \frac{2^3}{3} & \cdots & \frac{2^{n+1}}{n+1} \\ \frac{2^2}{2} & \frac{2^3}{3} & \frac{2^4}{4} & \cdots & \frac{2^{n+2}}{n+2} \\ \frac{2^3}{3} & \frac{2^4}{4} & \frac{2^5}{5} & \cdots & \frac{2^{n+3}}{n+3} \\ \vdots & \vdots & \vdots & \cdots & \vdots \\ \frac{2^{n+1}}{n+1} & \frac{2^{n+2}}{n+2} & \frac{2^{n+3}}{n+3} & \cdots & \frac{2^{2n+1}}{2n+1} \end{bmatrix}.$$

26. 设 A 是 n 阶实对称矩阵.证明：A 是正定矩阵的充分必要条件是，对任意整数 k，A^k 也是正定的.

27. 解答下列各题.

(1) 设 F 是数域，$\alpha_1,\alpha_2,\cdots,\alpha_m \in F^n$ 是线性无关的列向量，A 是 F 上的 m 阶方阵，令 $(\beta_1,\beta_2,\cdots,\beta_m)=(\alpha_1,\alpha_2,\cdots,\alpha_m)A$，证明：$\beta_1,\beta_2,\cdots,\beta_m$ 生成的 F^n 的子空间 V 的维数 $\dim V$ 等于 A 的秩 $r(A)$.

(2) 设 A 是 $m\times n$ 型实矩阵，证明：存在 n 阶半正定矩阵 B 使得 $A'A=B^2$，这里 A' 表示 A 的转置.

(3) 设 $A=\begin{bmatrix} 1 & 1 & 1 \\ 1 & 1 & 1 \\ 1 & 1 & 1 \end{bmatrix}$，求一个正交矩阵 T 使得 $T^{-1}AT$ 是对角阵.

28. 设 A,B 是 n 阶实方阵，记实数域上的矩阵方程 $AX+XA=B$ 为($*$).

(1) 设 A 可逆 $B=0$ 且($*$)有一个解是可逆矩阵.证明：n 必然是偶数.

(2) 设 $B\neq 0$ 且($*$)有解.证明：存在($*$)的解 $X_1,X_2,\cdots,X_s$，使得对($*$)的任意解 X 都有：$X=\sum_{i=1}^{s}k_iX_i$ 其中 $k_1,k_2,\cdots,k_s$ 是实数且 $\sum_{i=1}^{s}k_i=1$

(3) 设 A,B 是对称矩阵且($*$)有唯一解 C.证明：C 的特征值全是实数.

(4) 设 A,B 是正定矩阵且($*$)有唯一解 C.证明：C 是正定矩阵.

29. 设 A 为正定矩阵，证明 A 可以表示成 n 个半正定矩阵之和.

30. 已知二次型 $f(x_1,x_2,x_3)=-4x_1^2-4x_2^2-4x_3^2-4x_1x_2-4x_1x_3+4tx_2x_3$.

(1) t 为何值时，二次型是负定的.

(2) 当 $t=-1$ 时，试用正交变换化此二次型为标准型(写出所用正交变换的矩阵形式).

31. 已知 n 阶矩阵 A 是正定的，证明：A 的伴随矩阵 A^* 也是正定矩阵.

32. 设 $f(x_1,x_2,\cdots,x_n)=X^TAX$ 是一实数二次型，$\lambda_1,\lambda_2,\cdots,\lambda_n$ 是 n 阶实对称矩阵 A 的特征值，且 $\lambda_1\leqslant\lambda_2\leqslant\cdots\leqslant\lambda_n$，证明：对任意 $X\in R^n$ 有

$$\lambda_1X^TX\leqslant X^TAX\leqslant\lambda_nX^TX.$$

33. 设 A 是 $m\times n$ 实矩阵，B 是 n 阶实方阵，C 是 $n\times m$ 实矩阵，如果 $AB=2A$，$BC=0$，且 $r(A)=n$，证明：$B^TA^TA+CC^T$ 为正定矩阵.

34. 对于实二次型 $f(x_1,x_2,\cdots,x_n)=X^TAX$，其中 A 是 n 阶实对称矩阵，证明：实二次型 f 是正定的充分必要条件是存在非奇异实矩阵 C，使得 $A=C^TC$.

35. 求正交变换化 $xy+yz+zx=1$ 为标准方程,并指出曲面类型.

36. 证明:如果 A 是正定矩阵,则 A^{-1} 也是正定矩阵.

37. 设 A 是 n 阶正定矩阵,B 是 n 阶实对称矩阵,证明:存在 n 阶可逆矩阵 P,使得 $P^TAP=E$,$P^TBP=\begin{bmatrix}\lambda_1 & & & \\ & \lambda_2 & & \\ & & \ddots & \\ & & & \lambda_n\end{bmatrix}$ 其中 $\lambda_1,\lambda_2,\cdots,\lambda_n$ 是 $|\lambda A-B|=0$ 的根.

38. 设 A 是 n 级反对称矩阵,$A^T=-A$,A^T 表示 A 的转置.

(1) 证明:$E+A^4$ 一定是正定矩阵.

(2) $E+A^2$ 也一定是正定矩阵吗?若是给出证明,若不是给出反例.

39. 设 $f(x)$ 是正的多项式,即对任意的 x 有 $f(x)>0$,又设 A 是实对称阵,证明:

(1) $f(A)$ 是正定的. (2) A^2+I 可逆.

40. 设 A,B 都是 n 阶实对称矩阵. 证明 $AB=BA$ 当且仅当存在 n 阶正交矩阵 Q,使得 $Q^{-1}AQ$ 与 $Q^{-1}BQ$ 同时为对角矩阵.

41. 已知 A,B 对实对称矩阵

(1) 若 A,B 正定,$AB=BA$,证明 AB 也正定.

(2) 若 A,B 半正定,证明 $A+B$ 也半正定,若还有 A 正定,证明 $A+B$ 也正定.

42. 设一个二次曲面在直角坐标系 $[O;x,y,z]$ 下的方程为

$23x^2+23y^2+8z^2-2xy+8xz+8yz=24.$

求一个正交直角坐标变换 $X=QY$,使得以上二次曲面在新的直角坐标系下的方程为它的标准型,然后描述此二次曲面.

43. 设 A,C 为 n 阶实对称阵,且 C 正定,A 负定,若矩阵方程 $AX+XA=-C$ 有唯一解 $X=B$,证明:B 为正定矩阵.

44. 求正交线性替换使二次型

$$f(x_1,x_2,x_3)=2x_1^2+2x_2^2-x_3^2-8x_1x_2-4x_1x_3+4x_2x_3$$

为标准形.

45. 设 n 元实二次型 $f(x_1,x_2,\cdots,x_n)=X^TAX$ 的秩为 n,正负惯性指数分别为 p,q 且 $0<q\leqslant p$,

(1) 证明:存在 R^n 的一个 q 维子空间 W,使对任意 $X_0\in W$,使得 $f(X_0)=0$.

(2) 令 $T=\{X\in R^n\,|\,f(X)=0\}$,问 T 与 W 是否相等?为什么?

46. 设 A、B 均是正定矩阵,证明:

(1) 方程 $|\lambda A-B|=0$ 的根均大于 0.

(2) 方程 $|\lambda A-B|=0$ 所有根等于 $1\Leftrightarrow A=B$.

47. 已知 A,B 为对称矩阵,且 A 为正定矩阵,证明存在常数 c,使得为 $cA+B$ 为正定矩阵.

48. 求一个可逆线性替换把二次型 $2x_1^2-2x_1x_2+5x_2^2-4x_1x_3+4x_3^2$ 与二次型 $\frac{3}{2}x_1^2-2x_1x_2+3x_2^2-4x_2x_3+4x_3^2$ 同时分别化成标准形.

49. 设$n>1$阶实方阵$A_n=\begin{pmatrix} x & a & \cdots & a \\ a & x & \cdots & a \\ \vdots & \vdots & \cdots & \vdots \\ a & a & \cdots & x \end{pmatrix}$.(1) 求矩阵$A_n$的秩.(2) 矩阵$A_n$何时是正定的?

50. A为$m\times n$阶实矩阵,且$m<n$,证明:AA^T正定$\Leftrightarrow A$的秩$=m$.(A^T为A的转置矩阵)

51. 设$f=x_1^2+x_2^2+x_3^2+x_4^2-2x_1x_2+6x_1x_3-4x_1x_4-4x_2x_3+6x_2x_4-2x_3x_4$用正交线性变换把$f$化为标准形.

52. 若A是n阶方阵,且对任意的非零向量α,都有$\alpha^TA\alpha>0$.证明:存在正定矩阵B及反对称矩阵C,使得$A=B+C$,并且对任意向量α,都有

$$\alpha^TA\alpha=\alpha^TB\alpha,\alpha^TC\alpha=0.$$

53. 设$f(\lambda)=\lambda^n+a_1\lambda^{n-1}+\cdots+a_{n-1}\lambda+a_n$是实对称矩阵$A$的特征多项式,证明:$A$是负定矩阵的充分必要条件是$a_1,a_2,\cdots,a_{n-1},a_n$均大于0.

54. 用正交线性替换化实n元二次型$q(x_1,\cdots,x_n)=\sum\limits_{i=1}^{n}x_ix_{n-i+1}$为典范形,并求其符号差.

55. 设A是实对称矩阵.证明:对任意正整数m,存在实对称矩阵B,使得$A=B^m$的充分必要条件是A是半正定矩阵.

56. 求正交变换T,使二次型$f(x,y,z)=2xy+2yz+2zx$化为标准形,并指出正负惯性指数及符号差.

57. 设$\begin{bmatrix} A & B \\ B^T & D \end{bmatrix}$为正定矩阵,其中$A$为$m$阶方阵,$D$为$n$阶方阵,$B$为$m\times n$阶矩阵.证明$A$,$D$与$D-B^TA^{-1}B$都是正定矩阵.

58. $f=2\sum\limits_{i=1}^{4}x_i^2-2(x_1x_2+x_2x_3+x_3x_4+x_4x_1)$用正交相似化为对角形,并说明正、负惯性指数.

59. 设矩阵$A=\begin{pmatrix} 2 & 1 & 1 \\ 1 & 2 & 1 \\ 1 & 1 & 2 \end{pmatrix}$.

(1) 证明A为正定矩阵;(2) 试求正定矩阵B,使$B^2=A$.

60. 证明:实对称矩阵A的所有特征值位于区间$[a,b]$上的充分必要条件是:实对称矩阵$A-\lambda_0I$对任意$\lambda_0<a$是正定的,而对任意$\lambda_0>b$是负定的.

61. 设A为半正定对称矩阵.证明:$tr(A)\geqslant 0$,且等号仅当$A=0$时成立.

62. 设A为7×8实矩阵,记A'为A的转置阵.证明:$A'A$是半正定对称阵,但不是正定的.

63. 设A,B都是n阶正定实对称方阵,证明:

(1)AB正定的充分必要条件是$AB=BA$.

(2) 如果$A-B$正定,则$B^{-1}-A^{-1}$亦正定.

64. 设A为$m\times n$实矩阵,E为n阶单位阵,$B=\lambda E+A^TA$,证明:当$\lambda>0$时,B为正定矩阵.

65. 求 t 取什么值时,二次型 $x_1^2+4x_2^2+x_3^2+2tx_1x_2+10x_1x_3+6x_2x_3$ 是正定的.

66. 已知实数域 R 上的 3 阶方阵 $A=\begin{pmatrix}0 & 1 & 1\\ 1 & 0 & -1\\ 1 & -1 & 0\end{pmatrix}$ 求一正交矩阵 T 使得 T^TAT 成为对角矩阵,其中 T^T 表示矩阵 T 的装置矩阵.

67. 设 A 是秩为 r 的 n 级实对称矩阵,证明:A 是半正定矩阵的充分必要条件是存在 r 行 n 列的秩 r 的实矩阵 B,使得 $A=B^TB$.

68. 设 $f(x)=X'AX$ 是半正定二次型,则 $(X^TAY)^2\leqslant(X^TAX)(Y^TAY)$.

69. 设 A 是 n 级实对称矩阵,证明:A 的秩 $r(A)=n$ 当且仅当存在实矩阵 B,使 $AB+B^TA$ 为正定矩阵.

70. 设 A 为 $m\times n$ 实矩阵($m\neq n$),E 是 $n\times n$ 单位矩阵,证明:$E+A^TA$ 是正定对称阵(A^T 为 A 的转置矩阵).

71. 设 A 是正定矩阵,B 是半正定矩阵,证明 AB 的特征根为非负实数.

72. 设 A,B 是 n 级正定矩阵.证明:$A^2-A+E+B^{-1}+B$ 是正定矩阵.

73. 设 A 为 $m\times n$ 实矩阵,$R(A)=n$,证明:

(1)A^TA 是正定矩阵.(2) 方程组 $AX=0$ 只有零解,这里 $X=\begin{pmatrix}x_1\\ x_1\\ \vdots\\ x_n\end{pmatrix}$.

74. 设 A 是 n 阶实对称矩阵,α 是 n 维实向量,已知矩阵 $\begin{pmatrix}A & \alpha\\ \alpha^T & 1\end{pmatrix}$ 是正定矩阵.

(1) 证明矩阵 A 可逆. A 正定吗?说明你的理由.

(2) 证明 $\alpha^TA^{-1}\alpha<1$.

75. 设 A 为 n 阶正定矩阵,B 为 $n\times m$ 实矩阵,且 $R(B)=m$.证明:B^TAB 是正定矩阵.

76. 设 $f(X)=X^TAX$ 和 $g(X)=X^TBX$ 是两个 n 元负定实二次型,其中 A,B 是实对称矩阵,且存在一个非退化的线性替换 $X=QY$ 将 $f(X)$ 和 $g(X)$ 变为标准型,其中 Q 为正交矩阵.证明:A,B 交换且 AB 为正定矩阵.

参考答案

第六章 线性空间

§6.1 基本题型及其常用解题方法

§6.1.1 线性空间的判定与证明

1. 利用定义

理论依据: $< V, +, \cdot >$ 称为数域 P 上的一个线性空间,如果

(1) $< V, + >$ 构成加群,即:V 关于加法满足封闭律、结合律、交换律,零元素的存在性,负元素的存在性.

(2) $\cdot$ 是 $P\times V$ 到 V 的映射($k\cdot\alpha=k\alpha$ 称为纯量乘法或标量乘法或数乘向量运算),且满足纯量乘法对向量加法及数的加法的分配律,数 1 和任何向量的标量积等于那个向量本身,标量乘法与数的乘法满足结合律($k(l\alpha)=(kl)\alpha,k,l\in P,\alpha\in V$).

例 6.1 检验以下集合对于所指的线性运算是否构成实数域上的线性空间:

(1) 全体实数的二元数列,对于下面定义的运算:

$$(a_1,b_1)\oplus(a_2,b_2)=(a_1+a_2,b_1+b_2+a_1a_2)$$

$$k\circ(a_1,b_1)=(ka_1,kb_1+\frac{k(\mathrm{k}-1)}{2}a_1{}^2).$$

(2) 平面上全体向量,对于通常的加法和如下定义的数量乘法:$k\circ\alpha=0$.

(3) 集合与加法同 2),数量乘法定义为:$k\circ\alpha=\alpha$.

(4) 全体正实数 R^+,加法与数量乘法定义为:$a\oplus b=ab,k\circ a=a^k$.

解 (1) 不难证明 $\oplus$ 为 $V=\{(a,b)\mid a,b\in R\}$ 上的加法,$\circ$ 为 V 上的纯量乘法且对任意 $\alpha=(a_1,b_1),\beta=(a_2,b_2),\gamma=(a_3,b_3)\in V,k,l\in R$,有

①$(\alpha\oplus\beta)\oplus\gamma=\alpha\oplus(\beta\oplus\gamma)=(a_1+a_2+a_3,b_1+b_2+b_3+a_1a_2+a_1a_3+a_3b_3)$;

②$\alpha\oplus\beta=\beta\oplus\alpha=(a_1+a_2,b_1+b_2+a_1a_2)$;

③$0=(0,0)\in V$ 且 $0\oplus\alpha=\alpha$;

④ $-\alpha=(-a_1,-b_1-a_1^2)\in V$ 且 $-\alpha\oplus\alpha=0$;

⑤$k(\alpha\oplus\beta)=k\alpha\oplus k\beta=(ka_1+ka_2,kb_1+kb_2+ka_1a_2+\frac{k(k-1)}{2}(a_1+a_2)^2)$;

⑥$(k+l)\alpha=k\alpha\oplus l\alpha=(ka_1+la_1,kb_1+lb_1+\frac{(k+l)(k+l-1)}{2}a_1^2)$;

⑦$k(l\alpha)=(kl)\alpha=(kla_1,klb_1+\frac{kl)(kl-1)}{2}a_1^2)$;

⑧$1\alpha=\alpha$.

故 $< V, \oplus, \circ >$ 构成实数域上的线性空间.

(2) 因为$1\circ\alpha=0\neq\alpha,\forall\alpha\in V^*$,所以平面向量全体$V$关于数量乘法$\circ$不满足⑧,故不能构成线性空间.

(3) 因为$2\circ\alpha=\alpha\neq\alpha+\alpha,\forall\alpha\in V^*$,所以平面向量全体$V$关于数量乘法$\circ$不满足⑥,故不能构成线性空间.

(4) 不难证明 $\oplus$ 为 R^+ 上的加法,$\circ$ 为 R^+ 上的纯量乘法且对任意 $\alpha,\beta,\gamma\in R^+$,有

①$(\alpha\oplus\beta)\oplus\gamma=\alpha\oplus(\beta\oplus\gamma)=\alpha\beta\gamma$;

②$\alpha\oplus\beta=\beta\oplus\alpha=\alpha\beta$;

③$1\in R^+$ 且 $1\oplus\alpha=\alpha$;

④$\frac{1}{\alpha}\in R^+$ 且$\frac{1}{\alpha}\oplus\alpha=1$;

⑤$k(\alpha\oplus\beta)=k\alpha\oplus k\beta=(\alpha\beta)^k$;

⑥$(k+l)\alpha=k\alpha\oplus l\alpha=\alpha^{k+l}$;

⑦$k(l\alpha)=(kl)\alpha=\alpha^{kl}$;

⑧$1\alpha=\alpha$.

故 $< R^+, \oplus, \circ >$ 构成实数域上的线性空间.

2. 利用子空间的判定定理

理论依据:线性空间V的一个非空子集W构成V的一个子空间$\Leftrightarrow\forall\alpha,\beta\in W,k\in P$,$\alpha+\beta,k\alpha\in W\Leftrightarrow\forall k,l\in P,\alpha,\beta\in W,k\alpha+l\beta\in W$.

例 6.2 检验以下集合对于所指的线性运算是否构成实数域上的线性空间:

(1) 次数等于 $n(n\geqslant 1)$ 的实系数多项式的全体,对于多项式的加法和数量乘法.

(2) 设A是一个 $n\times n$ 实矩阵,A 的实系数多项式$f(A)$ 的全体,对于矩阵的加法和数量乘法.

(3) 全体 n 阶实对称矩阵(反对称,上三角) 矩阵,对于矩阵的加法和数量乘法.

(4) 平面上不平行于某一向量的全部向量所成的集合,对于向量的加法和数量乘法.

解 (1) 因为$x^n+1+(-x^n+1)=2$,所以次数等于$n(n\geqslant 1)$ 的实系数多项式的全体关于多项式的加法不封闭,因此不是实数域上的线性空间.

(2) 设V表示实系数多项式 $f(A)$ 的全体,则对任意 $k,l\in R,f(A),h(A)\in V$,有 $kf(A)+lh(A)\in V$,所以 V 是实数域上的线性空间 $M_n(R)$ 的子空间,因此 V 是实数域上的线性空间.

(3) 设V表示全体n阶实对称矩阵(反对称,上三角) 矩阵,则对任意 $k,l\in R,A,B\in V$,我们有 $kA+lB\in V$,所以V是实数域上的线性空间$M_n(R)$ 的子空间,因此V是实数域上的线性空间.

(4) 根据向量加法的三角形法则可知:不平行于某一向量的两个向量的和可以平行于某一向量,因此平面上不平行于某一向量的全部向量所成的集合关于向量加法不封闭,因此不是实数域上的线性空间.

§6.1.2　基、维数的计算、判定与证明

1. 利用定义

理论依据:$\alpha_1,\alpha_2,\cdots,\alpha_n \in V$ 称为线性空间 V 的一组基,如果 $\alpha_1,\alpha_2,\cdots,\alpha_n$ 线性无关,且 V 中每一个向量都可以表示为 $\alpha_1,\alpha_2,\cdots,\alpha_n$ 的线性组合.

例 6.3　求下列线性空间的维数与一组基:

(1) 数域 P 上的空间 $P^{n\times n}$.

(2) $P^{n\times n}$ 中全体对称(反对称,上三角)矩阵构成的数域 P 上的空间.

(3) 例 6.1(4) 中的空间.

(4) 实数域上由矩阵 A 的全体实系数多项式组成的空间,其中

$$A=\begin{bmatrix}1&0&0\\0&\omega&0\\0&0&\omega^2\end{bmatrix},\omega=\frac{-1+\sqrt{3}i}{2}.$$

解　(1) $\forall A=(a_{ij})\in P^{n\times n}$,有

$$A=\sum_{i=1}^{n}\sum_{j=1}^{n}a_{ij}E_{ij},$$

所以 A 可由 $E_{11},\cdots,E_{1n};\cdots;E_{n1},\cdots,E_{nn}$ 线性表示. 若 $\sum\limits_{i=1}^{n}\sum\limits_{j=1}^{n}a_{ij}E_{ij}=(a_{ij})_n=0$,则 $a_{ij}=0,i,j=1,2,\cdots,n$,因此 $E_{11},\cdots,E_{1n};\cdots;E_{n1},\cdots,E_{nn}$ 是 $P^{n\times n}$ 的一个基,$\dim P^{n\times n}=n^2$.

(2) 设 $A=(a_{ij})_n$ 是任何一个对称矩阵,我们有:$A=\sum\limits_{i=1}^{n}a_{ii}E_{ii}+\sum\limits_{1\leqslant i<j\leqslant n}^{n}a_{ij}(E_{ij}+E_{ji})$,

所以 A 可由 $E_{11},\cdots,E_{nn};E_{12}+E_{21},\cdots,E_{1n}+E_{n1};\cdots;E_{n-1,n}+E_{n,n-1}$ 线性表示. 若

$$\sum_{i=1}^{n}a_{ii}E_{ii}+\sum_{1\leqslant i<j\leqslant n}^{n}a_{ij}(E_{ij}+E_{ji})=\begin{bmatrix}a_{11}&a_{12}&\cdots&a_{1,n-1}&a_{1n}\\a_{12}&a_{22}&\cdots&a_{2,n-1}&a_{2n}\\\vdots&\vdots&\cdots&\vdots&\vdots\\a_{1,n-1}&a_{2,n-1}&\cdots&a_{n-1,n-1}&a_{n-1,n}\\a_{1n}&a_{2n}&\cdots&a_{n-1,n}&a_{nn}\end{bmatrix}=0,$$

则 $a_{ii}=0,i=1,2,\cdots,n;a_{ij}=0,1\leqslant i<j\leqslant n$,因此

$$E_{11},\cdots,E_{nn};E_{12}+E_{21},\cdots,E_{1n}+E_{n1};\cdots;E_{n-1,n}+E_{n,n-1}$$

是对称矩阵全体 P_1 的一个基,$\dim P_1=\dfrac{n^2+n}{2}$.

设 $A=(a_{ij})_n$ 是任何一个反对称矩阵,有

$$A=\sum_{1\leqslant i<j\leqslant n}^{n}a_{ij}(E_{ij}-E_{ji}),$$

所以 A 可由 $E_{12}-E_{21},\cdots,E_{1n}-E_{n1};\cdots;E_{n-1,n}-E_{n,n-1}$ 线性表示. 若

$$\sum_{1\leqslant i<j\leqslant n}^{n} a_{ij}(E_{ij}-E_{ji})=\begin{bmatrix} 0 & a_{12} & \cdots & a_{1,n-1} & a_{1n} \\ -a_{12} & 0 & \cdots & a_{2,n-1} & a_{2n} \\ \vdots & \vdots & \cdots & \vdots & \vdots \\ -a_{1,n-1} & -a_{2,n-1} & \cdots & 0 & a_{n-1,n} \\ -a_{1n} & -a_{2n} & \cdots & -a_{n-1,n} & 0 \end{bmatrix}=0,$$

则 $a_{ij}=0, 1\leqslant i<j\leqslant n$,因此 $E_{12}-E_{21},\cdots,E_{1n}-E_{n1};\cdots;E_{n-1,n}-E_{n,n-1}$ 是反对称矩阵全体 P_2 的一个基,$\dim P_2=\dfrac{n^2-n}{2}$.

设 $A=\begin{bmatrix} a_{11} & a_{12} & \cdots & a_{1,n-1} & a_{1n} \\ 0 & a_{22} & \cdots & a_{2,n-1} & a_{2n} \\ \vdots & \vdots & \cdots & \vdots & \vdots \\ 0 & 0 & \cdots & a_{n-1,n-1} & a_{n-1,n} \\ 0 & 0 & \cdots & 0 & a_{nn} \end{bmatrix}$ 是任何一个上三角矩阵,有

$$A=\sum_{1\leqslant i\leqslant j\leqslant n}^{n} a_{ij}E_{ij},$$

所以 A 可由 $E_{11},E_{12},\cdots E_{1n};E_{22},E_{23},\cdots,E_{2n};\cdots;E_{n-1,n-1},E_{n-1,n};E_{n,n}$ 线性表示. 若

$$\sum_{1\leqslant i\leqslant j\leqslant n}^{n} a_{ij}E_{ij}=\begin{bmatrix} a_{11} & a_{12} & \cdots & a_{1,n-1} & a_{1n} \\ 0 & a_{22} & \cdots & a_{2,n-1} & a_{2n} \\ \vdots & \vdots & \cdots & \vdots & \vdots \\ 0 & 0 & \cdots & a_{n-1,n-1} & a_{n-1,n} \\ 0 & 0 & \cdots & 0 & a_{nn} \end{bmatrix}=0,$$

则 $a_{ij}=0, 1\leqslant i\leqslant j\leqslant n$,因此

$E_{11},E_{12},\cdots E_{1n};E_{22},E_{23},\cdots,E_{2n};\cdots;E_{n-1,n-1},E_{n-1,n};E_{n,n}$ 是上三角矩阵全体 P_3 的一个基,$\dim P_3=\dfrac{n^2+n}{2}$.

(3) 设 $\alpha\in R^+, \alpha\neq 1$,则对 $\forall\beta\in R^+$,$\exists k=\log_\alpha\beta$,使得

$$\beta=\alpha^{\log_\alpha\beta}=k\circ\alpha,$$

所以 β 可由 α 线性表示. 若 $k\circ\alpha=\alpha^k=1$,则 $k=0$,因此 α 线性无关,所以 α 构成 R^+ 的一个基,$\dim R^+=1$.

(4) 因为 $\omega^3=1$,所以 $A^3=\begin{bmatrix} 1 & 0 & 0 \\ 0 & \omega^3 & 0 \\ 0 & 0 & \omega^6 \end{bmatrix}=E$,于是对矩阵 A 的任何一个实系数多项式

$f(A)=\sum\limits_{i=0}^{n} a_iA^i$,我们有:$f(A)=(\sum\limits_{i=3k} a_i)E+(\sum\limits_{i=3k+1} a_i)A+(\sum\limits_{i=3k+2} a_i)A^2$,因此 $f(A)$ 可由 E,A,A^2 线性表示.若 $aE+bA+cA^2=0$,则:$\begin{cases} a+b+c=0 \\ a+b\omega+c\omega^2=0 \\ a+b\omega^2+c\omega=0 \end{cases}$,因为 $\begin{vmatrix} 1 & 1 & 1 \\ 1 & \omega & \omega^2 \\ 1 & \omega^2 & \omega^4 \end{vmatrix}=(1-\omega)(1-\omega^2)(\omega-\omega^2)\neq 0$,所以 $a=b=c=0$,因此 E,A,A^2 线性无关,故 E,A,A^2 构成实数域上由矩阵 A 的全体实系数多项式组成的向量空间的一个基,其维数等于 3.

例 6.4 设$A=\begin{bmatrix}1&0&0\\0&1&0\\3&1&2\end{bmatrix}$，求$P^{3\times 3}$中全体与$A$可交换的矩阵所成子空间的维数和一组基.

解 设$P^{3\times 3}$中全体与A可交换的矩阵构成的集合为M. $\forall X=(x_{ij})\in M$，由

$$AX=\begin{bmatrix}x_{11}&x_{12}&x_{13}\\x_{21}&x_{22}&x_{23}\\3x_{11}+x_{21}+2x_{31}&3x_{12}+x_{22}+2x_{32}&3x_{13}+x_{23}+2x_{33}\end{bmatrix}$$

$$XA=\begin{bmatrix}x_{11}+3x_{13}&x_{12}+x_{13}&2x_{13}\\x_{21}+3x_{23}&x_{22}+x_{23}&2x_{23}\\x_{31}+3x_{33}&x_{32}+x_{33}&2x_{33}\end{bmatrix}$$

得

$x_{11}=x_{11}+3x_{13},x_{12}=x_{12}+x_{13},x_{13}=2x_{13}$

$x_{21}=x_{21}+3x_{23},x_{22}=x_{22}+x_{23},x_{23}=2x_{23}$

$x_{31}+3x_{33}=3x_{11}+x_{21}+2x_{31},x_{32}+x_{33}=3x_{12}+x_{22}+2x_{32},2x_{33}=3x_{13}+x_{23}+2x_{33}$

所以：$x_{13}=x_{23}=0,x_{31}=9x_{12}+3x_{22}+3x_{32}-3x_{11}-x_{21},x_{33}=3x_{12}+x_{22}+x_{32}$.

故：$M=\left\{\begin{bmatrix}a&b&0\\c&d&0\\9b+3d+3e-3a-c&e&3b+d+e\end{bmatrix}\middle|\,a,b,c,d,e\in P\right\}$.令

$$X_1=\begin{bmatrix}1&0&0\\0&0&0\\-3&0&0\end{bmatrix},X_2=\begin{bmatrix}0&1&0\\0&0&0\\9&0&3\end{bmatrix},X_3=\begin{bmatrix}0&0&0\\1&0&0\\-1&0&0\end{bmatrix},X_4=\begin{bmatrix}0&0&0\\0&1&0\\3&0&1\end{bmatrix},$$

$$X_5=\begin{bmatrix}0&0&0\\0&0&0\\3&1&1\end{bmatrix}$$

则$X=aX_1+bX_2+cX_3+dX_4+eX_5$，即$M$中任一矩阵$X$可由$M$中矩阵$X_1,X_2,X_3,X_4,X_5$线性表示.现设$aX_1+bX_2+cX_3+dX_4+eX_5=0$，即

$$\begin{bmatrix}a&b&0\\c&d&0\\9b+3d+3e-3a-c&e&3b+d+e\end{bmatrix}=0,$$

所以：$a=b=c=d=e=0$，因此：X_1,X_2,X_3,X_4,X_5线性无关，构成M中的一个基，$\dim M=5$.

2. **利用线性方程组的理论**

理论依据：(1) $\alpha_1,\alpha_2,\cdots,\alpha_n\in P^n$构成线性空间$P^n$的一组基的充分必要条件是，齐次线性方程$x_1\alpha_1+x_2\alpha_2+\cdots+x_n\alpha_n=0$只有零解.

(2) $\dim L(\alpha_1,\alpha_2,\cdots,\alpha_s)=R(\alpha_1,\alpha_2,\cdots,\alpha_s)$，$\alpha_1,\alpha_2,\cdots,\alpha_s$的一个极大无关组就是生成子空间$L(\alpha_1,\alpha_2,\cdots,\alpha_s)$的一个基.

(3) 令$W_1=L(\alpha_1,\alpha_2,\cdots,\alpha_r)$，$W_2=L(\beta_1,\beta_2,\cdots,\beta_s)$，则向量组

$$\alpha_1,\alpha_2,\cdots,\alpha_r,\beta_1,\beta_2,\cdots,\beta_s$$

的极大无关组就是和空间 W_1+W_2 的一组基，$\alpha \in W_1 \cap W_2$ 的充分必要条件是 $\alpha=\sum_{i=1}^{r}x_i\alpha_i=\sum_{i=1}^{s}y_i\beta_i$，因此求它们的交空间的基与维数等价于求齐次线性方程组 $\sum_{i=1}^{r}x_i\alpha_i-\sum_{i=1}^{s}y_i\beta_i=0$ 的基础解系，与基础解系的解向量为坐标可求出交空间的生成元，进而求出基，如果只以两个向量组各自的极大无关组中的向量为新的向量组构造齐次线性方程组，则由其基础解系所得到的对应向量就是交空间的基(参见例 6.5)．

计算方法：按照求向量组的极大无关组和解齐次线性方程组的方法与步骤进行．

例 6.5　设 R^4 中 $\alpha_1=(1,2,1,0)$，$\alpha_2=(-1,1,1,1)$，$\alpha_3=(0,3,2,1)$ 生成的子空间为 V_1，$\beta_1=(2,-1,0,1)$，$\beta_2=(1,-1,3,7)$ 生成的子空间为 V_2．分别求 V_1+V_2，$V_1\cap V_2$ 的一组基．

解　$$(\alpha_1^T,\alpha_2^T,\alpha_3^T,\beta_1^T,\beta_2^T)=\begin{bmatrix}1&-1&0&2&1\\2&1&3&-1&-1\\1&1&2&0&3\\0&1&1&1&7\end{bmatrix}\to\begin{bmatrix}1&0&1&0&-1\\0&1&1&0&4\\0&0&0&1&3\\0&0&0&0&0\end{bmatrix},$$

$\alpha_1,\alpha_2,\beta_1$ 是 V_1+V_2 的一组基，$\alpha_1-4\alpha_2=3\beta_1-\beta_2=(5,-2,-3,-4)$ 是 $V_1\cap V_2$ 的一组基．

说明：因为 $\alpha_1,\alpha_2,\alpha_3$ 与 β_1,β_2 均线性无关，所以 $(\alpha_1^T,\alpha_2^T,\alpha_3^T,\beta_1^T,\beta_2^T)x=0$ 的基础解系 $(0,-5,1,-3,1)^T$ 所得到的对应向量 $-5\alpha_2+\alpha_3=3\beta_1-\beta_2$ 是 $V_1\cap V_2$ 的一组基．

例 6.6　在 P^4 中，求由向量 $\alpha_i(i=1,2,3,4)$ 生成的子空间的基与维数．

$$(1)\begin{cases}\alpha_1=(2,1,3,1)\\\alpha_2=(1,2,0,1)\\\alpha_3=(-1,1,-3,0)\\\alpha_4=(1,1,1,1)\end{cases};\qquad(2)\begin{cases}\alpha_1=(2,1,3,-1)\\\alpha_2=(-1,1,-3,1)\\\alpha_3=(4,5,3,-1)\\\alpha_4=(1,5,-3,1)\end{cases}.$$

解　(1) $$(\alpha_1^T,\alpha_2^T,\alpha_3^T,\alpha_4^T)=\begin{bmatrix}2&1&-1&1\\1&2&1&1\\3&0&-3&1\\1&1&0&1\end{bmatrix}\to\begin{bmatrix}1&0&-1&0\\0&1&1&0\\0&0&0&1\\0&0&0&0\end{bmatrix},$$ $\alpha_1,\alpha_2,\alpha_4$ 是所求生成子空间的一组基，子空间的维数为 3 且 $\alpha_3=-\alpha_1+\alpha_2$．

(2) $$(\alpha_1^T,\alpha_2^T,\alpha_3^T,\alpha_4^T)=\begin{bmatrix}2&-1&4&1\\1&1&5&5\\3&-3&3&-3\\-1&1&-1&1\end{bmatrix}\to\begin{bmatrix}1&0&3&2\\0&1&2&3\\0&0&0&0\\0&0&0&0\end{bmatrix},$$ α_1,α_2 是所求生成子空间的一组基，子空间的维数为 2 且 $\alpha_3=3\alpha_1+2\alpha_2$，$\alpha_4=2\alpha_1+3\alpha_2$．

例 6.7　求由向量 α_i 生成的子空间与由向量 β_i 生成的子空间的交的基与维数．设

$$(1)\begin{cases}\alpha_1=(1,2,1,0)\\\alpha_2=(-1,1,1,1)\end{cases},\begin{cases}\beta_1=(2,-1,0,1),\\\beta_2=(1,-1,3,7);\end{cases}$$

$$(2)\begin{cases}\alpha_1=(1,1,0,0)\\\alpha_2=(1,0,1,1)\end{cases},\begin{cases}\beta_1=(0,0,1,1)\\\beta_2=(0,1,1,0)\end{cases}.$$

(3) $\begin{cases}\alpha_1=(1,2,-1,-2)\\ \alpha_2=(3,1,1,1)\\ \alpha_3=(-1,0,1,-1)\end{cases}$, $\begin{cases}\beta_1=(2,5,-6,-5)\\ \beta_2=(-1,2,-7,3)\end{cases}$.

解 (1) $(\alpha_1^T,\alpha_2^T,\beta_1^T,\beta_2^T)=\begin{bmatrix}1&-1&2&1\\2&1&-1&-1\\1&1&0&3\\0&1&1&7\end{bmatrix}\to\begin{bmatrix}1&0&0&-1\\0&1&0&4\\0&0&1&3\\0&0&0&0\end{bmatrix}$,

$(1,-4,-3,1)^T$ 为方程组 $x_1\alpha_1^T+x_2\alpha_2^T+x_3\beta_1^T+x_4\beta_2^T=0$ 的基础解系,因此 $\alpha_1-4\alpha_2=3\beta_1-\beta_2=(5,-2,-3,-4)$ 为所求交空间的基,维数等于 1.

(2) $(\alpha_1^T,\alpha_2^T,\beta_1^T,\beta_2^T)=\begin{bmatrix}1&1&0&0\\1&0&0&1\\0&1&1&1\\0&1&1&0\end{bmatrix}\to\begin{bmatrix}1&0&0&0\\0&1&0&0\\0&0&1&0\\0&0&0&1\end{bmatrix}$,方程组

$x_1\alpha_1^T+x_2\alpha_2^T+x_3\beta_1^T+x_4\beta_2^T=0$ 只有零解,因此所求交空间为零空间,维数等于 0.

(3) $(\alpha_1^T,\alpha_2^T,\alpha_3^T,\beta_1^T,\beta_2^T)=\begin{bmatrix}1&3&-1&2&-1\\2&1&0&5&2\\-1&1&1&-6&-7\\-2&1&-1&-5&3\end{bmatrix}\to\begin{bmatrix}1&0&0&3&0\\0&1&0&-1&0\\0&0&1&-2&0\\0&0&0&0&1\end{bmatrix}$,

$(-3,1,2,1,0)^T$ 为方程组 $x_1\alpha_1^T+x_2\alpha_2^T+x_3\alpha_3^T+x_4\beta_1^T+x_5\beta_2^T=0$ 的基础解系,因此 $-3\alpha_1+\alpha_2+2\alpha_3=-\beta_1=(-2,-5,6,5)$ 为所求交空间的基,维数等于 1.

例 6.8 设 $V=R^4$, $V_1=L(\alpha_1,\alpha_2,\alpha_3)$, $V_2=L(\beta_1,\beta_2)$,其中 $\alpha_1=(1,2,-1,-3)$, $\alpha_2=(-1,-1,2,1)$, $\alpha_3=(-1,-3,0,5)$), $\beta_1=(-1,0,4,-2)$, $\beta_2=(0,5,9,-14)$,

求:(1) V_1 的维数与一组基; (2) V_2 的维数与一组基;

(3) V_1+V_2 的维数与一组基; (4) $V_1\cap V_2$ 的维数与一组基.

解 $(\alpha_1^T,\alpha_2^T,\alpha_3^T,\beta_1^T,\beta_2^T)=\begin{bmatrix}1&-1&-1&-1&0\\2&-1&-3&0&5\\-1&2&0&4&9\\-3&1&5&-2&-14\end{bmatrix}\to\begin{bmatrix}1&0&-2&0&1\\0&1&-1&0&-3\\0&0&0&1&4\\0&0&0&0&0\end{bmatrix}$,

(1) α_1,α_2 为 V_1 的一组基,维数等于 2 且 $\alpha_3=-2\alpha_1-\alpha_2$;

(2) β_1,β_2 为 V_2 的一组基,维数等于 2;

(3) $\alpha_1,\alpha_2,\beta_1$ 为 V_1+V_2 的一组基,维数等于 3;

(4) $(-1,3,-4,1)^T$ 为方程组 $x_1\alpha_1^T+x_2\alpha_2^T+x_3\beta_1^T+x_4\beta_2^T=0$ 的基础解系,因此 $-\alpha_1+3\alpha_2=4\beta_1-\beta_2=(-4,-5,7,6)$ 为所求交空间 $V_1\cap V_2$ 的基,维数等于 1.

说明:求交空间的基与维数一定要用两个空间的基构成齐次线性方程组,否则求出的向量只是交空间的一组生成元,未必是线性无关的生成元,因而不一定是交空间的基.

3. 利用维数公式

理论依据:设 V_1,V_2 是有限维线性空间 V 的两个的子空间,则

$$\dim V_1\cap V_2=\dim V_1+\dim V_2-\dim(V_1+V_2).$$

例 6.9 设 V_1,V_2 是 $n(n>1)$ 维线性空间 V 的两个不同的子空间且 $\dim V_1+\dim V_2=$

$n-1$,则 $\dim V_1\cap V_2=$ ______.

解 因为 $\dim V_1\cap V_2=\dim V_1+\dim V_2-\dim(V_1+V_2)$,而

$$\frac{n-1}{2}\leqslant \max\{\dim V_1,\dim V_2\}\leqslant \dim(V_1+V_2)\leqslant \dim V_1+\dim V_2=n-1,$$

所以 $\dim V_1\cap V_2=k,0\leqslant k\leqslant \frac{n-1}{2}$.

4. 利用行列式

理论依据:$\alpha_1,\alpha_2,\cdots,\alpha_n\in P^n$ 构成线性空间 P^n 的一组基的充分必要条件是 $\det(\alpha_1,\alpha_2,\cdots,\alpha_n)\neq 0$.

例 6.10 设 $\alpha_1=(1,2,-1),\alpha_2=(0,-1,3),\alpha_3=(1,-1,0)$

$\beta_1=(2,1,5),\beta_2=(-1,3,1),\beta_3=(1,3,2)$,

证明:$\{\alpha_1,\alpha_2,\alpha_3\}$ 与 $\{\beta_1,\beta_2,\beta_3\}$ 都是 R^3 的基.求前者到后者的过渡矩阵.

证明 因为 $\begin{vmatrix}1&0&1\\2&-1&-1\\-1&3&0\end{vmatrix}=8,\begin{vmatrix}2&-1&1\\1&3&3\\5&1&2\end{vmatrix}=-21$,所以 $\{\alpha_1,\alpha_2,\alpha_3\}$ 与 $\{\beta_1,\beta_2,\beta_3\}$ 都是 R^3 的基.

$$\begin{bmatrix}1&0&1&2&-1&1\\2&-1&-1&1&3&3\\-1&3&0&5&1&2\end{bmatrix}\to\begin{bmatrix}1&0&0&7/4&7/8&7/4\\0&1&0&9/4&5/8&5/4\\0&0&1&1/4&-15/8&-3/4\end{bmatrix},$$

前者到后者的过渡矩阵为 $\begin{bmatrix}7/4&7/8&7/4\\9/4&5/8&5/4\\1/4&-15/8&-3/4\end{bmatrix}$.

§6.1.3 求过渡矩阵

1. 利用定义

计算依据:$A=(a_{ij})$ 是由基 $\varepsilon_1,\varepsilon_2,\cdots,\varepsilon_n$ 到 $\eta_1,\eta_2,\cdots,\eta_n$ 的过渡矩阵的充分必要条件是 $(\eta_1,\eta_2,\cdots,\eta_n)=(\varepsilon_1,\varepsilon_2,\cdots,\varepsilon_n)A$.

计算步骤:(1) 构造矩阵 $(\varepsilon_1,\varepsilon_2,\cdots,\varepsilon_n,\eta_1,\eta_2,\cdots,\eta_n)$(列向量形式).

(2) 利用矩阵的行初等变换将 $(\varepsilon_1,\varepsilon_2,\cdots,\varepsilon_n)$ 化为单位矩阵,则 $\eta_1,\eta_2,\cdots,\eta_n$ 化为过渡矩阵 $A=(a_{ij})$.

(3) 标准基 $\varepsilon_1=(1,0,\cdots,0),\varepsilon_2=(0,1,\cdots,0),\cdots,\varepsilon_n=(0,0,\cdots,1)$ 到任何一组基 $\eta_1,\eta_2,\cdots,\eta_n$ 的过渡矩阵就是 $A=(\eta_1,\eta_2,\cdots,\eta_n)$.

例 6.11 在 P^4 中,求由基 $\varepsilon_1,\varepsilon_2,\varepsilon_3,\varepsilon_4$ 到基 $\eta_1,\eta_2,\eta_3,\eta_4$ 的过渡矩阵,并求向量 ξ 在所指基下的坐标.设

(1) $\begin{cases}\varepsilon_1=(1,0,0,0)\\\varepsilon_2=(0,1,0,0)\\\varepsilon_3=(0,0,1,0)\\\varepsilon_4=(0,0,0,1)\end{cases},\begin{cases}\eta_1=(2,1,-1,1)\\\eta_2=(0,3,1,0)\\\eta_3=(5,3,2,1)\\\eta_4=(6,6,1,3)\end{cases}$,$\xi=(x_1,x_2,x_3,x_4)$ 在 $\eta_1,\eta_2,\eta_3,\eta_4$ 下的坐标.

(2) $\begin{cases}\varepsilon_1=(1,2,-1,0)\\ \varepsilon_2=(1,-1,1,1)\\ \varepsilon_3=(-1,2,1,1)\\ \varepsilon_4=(-1,-1,0,1)\end{cases}$, $\begin{cases}\eta_1=(2,1,0,1)\\ \eta_2=(0,1,2,2)\\ \eta_3=(-2,1,1,2)\\ \eta_4=(1,3,1,2)\end{cases}$, $\xi=(1,0,0,0)$ 在 $\varepsilon_1,\varepsilon_2,\varepsilon_3,\varepsilon_4$ 下的坐标.

(3) $\begin{cases}\varepsilon_1=(1,1,1,1)\\ \varepsilon_2=(1,1,-1,-1)\\ \varepsilon_3=(1,-1,1,-1)\\ \varepsilon_4=(1,-1,-1,1)\end{cases}$, $\begin{cases}\eta_1=(1,1,0,1)\\ \eta_2=(2,1,3,1)\\ \eta_3=(1,1,0,0)\\ \eta_4=(0,1,-1,-1)\end{cases}$, $\xi=(1,0,0,-1)$ 在 $\eta_1,\eta_2,\eta_3,\eta_4$ 下的坐标.

解 (1) 所求过渡矩阵 $A=\begin{bmatrix}2&0&5&6\\1&3&3&6\\-1&1&2&1\\1&0&1&3\end{bmatrix}$, $\xi=(x_1,x_2,x_3,x_4)$ 在 $\eta_1,\eta_2,\eta_3,\eta_4$ 下的坐标等于 $A^{-1}\begin{bmatrix}x_1\\x_2\\x_3\\x_4\end{bmatrix}$.

(2) $(\varepsilon_1^T,\varepsilon_2^T,\varepsilon_3^T,\varepsilon_4^T,\eta_1^T,\eta_2^T,\eta_3^T,\eta_4^T,\xi^T)=\begin{bmatrix}1&1&-1&-1&2&0&-2&1&1\\2&-1&2&-1&1&1&1&3&0\\-1&1&1&0&0&2&1&1&0\\0&1&1&1&1&2&2&2&0\end{bmatrix}$

$\rightarrow\begin{bmatrix}1&0&0&0&1&0&0&1&3/13\\0&1&0&0&1&1&0&1&5/13\\0&0&1&0&0&1&1&1&-2/13\\0&0&0&1&0&0&1&0&-3/13\end{bmatrix}$

故所求过渡矩阵为 $\begin{bmatrix}1&0&0&1\\1&1&0&1\\0&1&1&1\\0&0&1&0\end{bmatrix}$, $\xi=(1,0,0,0)$ 在 $\varepsilon_1,\varepsilon_2,\varepsilon_3,\varepsilon_4$ 下的坐标为

$$(3/13,5/13,-2/13,-3/13).$$

(3) $(\varepsilon_1^T,\varepsilon_2^T,\varepsilon_3^T,\varepsilon_4^T,\eta_1^T,\eta_2^T,\eta_3^T,\eta_4^T)=\begin{bmatrix}1&1&1&1&1&2&1&0\\1&1&-1&-1&1&1&1&1\\1&-1&1&-1&0&3&0&-1\\1&-1&-1&1&1&1&0&-1\end{bmatrix}$

$\rightarrow\begin{bmatrix}1&0&0&0&5/6&5/3&1/2&-1/3\\0&1&0&0&1/6&-1/6&1/2&5/6\\0&0&1&0&-1/3&5/6&0&-1/6\\0&0&0&1&1/3&-1/3&0&-1/3\end{bmatrix}$

$$故所求过渡矩阵为\begin{bmatrix} 5/6 & 5/3 & 1/2 & -1/3 \\ 1/6 & -1/6 & 1/2 & 5/6 \\ -1/3 & 5/6 & 0 & -1/6 \\ 1/3 & -1/3 & 0 & -1/3 \end{bmatrix}.$$

$$(\eta_1^T,\eta_2^T,\eta_3^T,\eta_4^T,\xi^T)=\begin{bmatrix} 1 & 2 & 1 & 0 & 1 \\ 1 & 1 & 1 & 1 & 0 \\ 0 & 3 & 0 & -1 & 0 \\ 1 & 1 & 0 & -1 & -1 \end{bmatrix}\to\begin{bmatrix} 1 & 0 & 0 & 0 & -2 \\ 0 & 1 & 0 & 0 & -1/2 \\ 0 & 0 & 1 & 0 & 4 \\ 0 & 0 & 0 & 1 & -3/2 \end{bmatrix}$$

因此 $\xi=(1,0,0,-1)$ 在 $\eta_1,\eta_2,\eta_3,\eta_4$ 下的坐标为 $(-2,-1/2,4,-3/2)$.

2. 利用过渡矩阵的性质

计算依据：若基 $\alpha_1,\alpha_2,\cdots,\alpha_n$ 到基 $\beta_1,\beta_2,\cdots,\beta_n$ 的过渡矩阵是 A，$\beta_1,\beta_2,\cdots,\beta_n$ 到基 $\gamma_1,\gamma_2,\cdots,\gamma_n$ 的过渡矩阵是 B，则 $\alpha_1,\alpha_2,\cdots,\alpha_n$ 到基 $\gamma_1,\gamma_2,\cdots,\gamma_n$ 的过渡矩阵是 AB.

计算步骤：求基 $\alpha_1,\alpha_2,\cdots,\alpha_n$ 到基 $\beta_1,\beta_2,\cdots,\beta_n$ 的过渡矩阵，通常选取标准基 $\varepsilon_1=(1,0,\cdots,0),\varepsilon_2=(0,1,\cdots,0),\cdots,\varepsilon_n=(0,0,\cdots,1)$ 为桥梁.

(1) 设 $A=(\alpha_1,\alpha_2,\cdots,\alpha_n)$，$B=(\beta_1,\beta_2,\cdots,\beta_n)$（列向量形式），则所求过渡矩阵为 $A^{-1}B$.

(2) 构造矩阵 (A,B)，利用矩阵的行初等变换将 A 化为单位矩阵，则 B 化为过渡矩阵 $A^{-1}B$.

例 6.12 设 R^4 是 4 维实向量空间，$\begin{cases}\alpha_1=(1,2,-1,0)\\ \alpha_2=(1,-1,1,1)\\ \alpha_3=(1,-2,1,1)\\ \alpha_4=(1,1,0,1)\end{cases}$，$\begin{cases}\beta_1=(2,1,0,1)\\ \beta_2=(0,1,2,2)\\ \beta_3=(-2,1,1,2)\\ \beta_4=(1,3,1,2)\end{cases}$ 为 R^4 的两组基.

(1) 求由 $\alpha_1,\alpha_2,\alpha_3,\alpha_4$ 到 $\beta_1,\beta_2,\beta_3,\beta_4$ 的过渡矩阵.

(2) 对 R^4 中任一向量，用 $\alpha_1,\alpha_2,\alpha_3,\alpha_4$ 下的坐标把基 $\beta_1,\beta_2,\beta_3,\beta_4$ 下的坐标表示出来.

解 (1) $$(A,B)=\begin{bmatrix} 1 & 1 & 1 & 1 & 2 & 0 & -2 & 1 \\ 2 & -1 & -2 & 1 & 1 & 1 & 1 & 3 \\ -1 & 1 & 1 & 0 & 0 & 2 & 1 & 1 \\ 0 & 1 & 1 & 1 & 1 & 2 & 2 & 2 \end{bmatrix}\to\begin{bmatrix} 1 & 0 & 0 & 0 & 1 & -2 & -4 & -1 \\ 0 & 1 & 0 & 0 & 1 & 3 & -2 & 3 \\ 0 & 0 & 1 & 0 & 0 & -3 & -1 & -3 \\ 0 & 0 & 0 & 1 & 0 & 2 & 5 & 2 \end{bmatrix}$$

$$所求过度矩阵为 P=\begin{bmatrix} 1 & -2 & -4 & -1 \\ 1 & 3 & -2 & 3 \\ 0 & -3 & -1 & -3 \\ 0 & 2 & 5 & 2 \end{bmatrix}.$$

(2) $\forall\alpha=(\alpha_1,\alpha_2,\alpha_3,\alpha_4)\begin{bmatrix} x_1 \\ x_2 \\ x_3 \\ x_4 \end{bmatrix}=(\beta_1,\beta_2,\beta_3,\beta_4)\begin{bmatrix} y_1 \\ y_2 \\ y_3 \\ y_4 \end{bmatrix}\in R^4$，则有：

$$\begin{bmatrix}y_1\\y_2\\y_3\\y_4\end{bmatrix}=P^{-1}\begin{bmatrix}x_1\\x_2\\x_3\\x_4\end{bmatrix}=\begin{bmatrix}0&1&\frac{19}{13}&\frac{9}{13}\\-1&1&\frac{16}{13}&-\frac{2}{13}\\0&0&\frac{2}{13}&\frac{3}{13}\\1&-1&-\frac{21}{13}&\frac{1}{13}\end{bmatrix}\begin{bmatrix}x_1\\x_2\\x_3\\x_4\end{bmatrix},\begin{cases}y_1=x_2+\frac{19}{13}x_3+\frac{9}{13}x_4\\y_2=-x_1+x_2+\frac{16}{13}x_3-\frac{2}{13}x_4\\y_3=\frac{2}{13}x_3+\frac{3}{13}x_4\\y_4=x_1-x_2-\frac{21}{13}x_3+\frac{1}{13}x_4\end{cases}.$$

§6.1.4　求坐标

1. 利用定义

计算依据：$(x_1,x_2,\cdots,x_n)$ 是向量 $\alpha\in V$ 在 V 的基 $\alpha_1,\alpha_2,\cdots,\alpha_n$ 下的坐标的充分必要条件是 $\alpha=x_1\alpha_1+x_2\alpha_2+\cdots+x_n\alpha_n=(\alpha_1,\alpha_2,\cdots,\alpha_n)\begin{bmatrix}x_1\\x_2\\\vdots\\x_n\end{bmatrix}$.

例 6.13　设 $\alpha_1,\alpha_2,\alpha_3$ 是实数域上三维向量空间 V 的一组基，

$$\beta_1=2\alpha_1-\alpha_2-\alpha_3,\beta_2=-\alpha_2,\beta_3=2\alpha_2+\alpha_3$$

证明：β_1,β_2,β_3 也是 V 的一组基，并求 V 中在这两组基下坐标相同的所有向量.

证明　因为 $\begin{vmatrix}2&0&0\\-1&-1&2\\-1&0&1\end{vmatrix}=-2\neq0$，所以 β_1,β_2,β_3 也是 V 的一组基. 设 $\alpha\in V$ 是在两组基下的坐标均为 (x_1,x_2,x_3,x_4) 的任何一个向量，则有 $\begin{bmatrix}2&0&0\\-1&-1&2\\-1&0&1\end{bmatrix}\begin{bmatrix}x_1\\x_2\\x_3\end{bmatrix}=\begin{bmatrix}x_1\\x_2\\x_3\end{bmatrix}$，

即 $\begin{bmatrix}1&0&0\\-1&-2&2\\-1&0&0\end{bmatrix}\begin{bmatrix}x_1\\x_2\\x_3\end{bmatrix}=0$，解之得 $\alpha=k(\alpha_2+\alpha_3)=k(\beta_2+\beta_3)$，$k$ 为任意常数.

2. 利用坐标变换公式

计算依据：设向量 $\alpha\in V$ 在 V 的基 $\alpha_1,\cdots,\alpha_n$ 下的坐标为 $X=(x_1,\cdots,x_n)^T$，在 V 的基 $\beta_1,\cdots,\beta_n$ 下的坐标为 $Y=(y_1,\cdots,y_n)^T$，则有 $X=PY,Y=P^{-1}X$，P 是由基 $\alpha_1,\cdots,\alpha_n$ 到基 $\beta_1,\cdots,\beta_n$ 的过渡矩阵.

例 6.14　在 P^4 中，求向量 ξ 在基 $\varepsilon_1,\varepsilon_2,\varepsilon_3,\varepsilon_4$ 下的坐标. 设

$$(1)\begin{cases}\varepsilon_1=(1,1,1,1)\\\varepsilon_2=(1,1,-1,-1)\\\varepsilon_3=(1,-1,1,-1)\\\varepsilon_4=(1,-1,-1,1)\end{cases},\xi=(1,2,1,1).$$

$$(2)\begin{cases}\varepsilon_1=(1,1,0,1)\\ \varepsilon_2=(2,1,3,1)\\ \varepsilon_3=(1,1,0,0)\\ \varepsilon_4=(0,1,-1,-1)\end{cases},\xi=(0,0,0,1).$$

解 (1)$A=\begin{bmatrix}1&1&1&1\\1&1&-1&-1\\1&-1&1&-1\\1&-1&-1&1\end{bmatrix}$是标准基到基$\varepsilon_1,\varepsilon_2,\varepsilon_3,\varepsilon_4$的过渡矩阵,向量$\xi$在标准基下的坐标为$(1,2,1,1)^T$,因此它在基$\varepsilon_1,\varepsilon_2,\varepsilon_3,\varepsilon_4$下的坐标等于$A^{-1}(1,2,1,1)^T$.

$$\begin{bmatrix}1&1&1&1&1\\1&1&-1&-1&2\\1&-1&1&-1&1\\1&-1&-1&1&1\end{bmatrix}\to\begin{bmatrix}1&0&0&0&5/4\\0&1&0&0&1/4\\0&0&1&0&-1/4\\0&0&0&1&-1/4\end{bmatrix},$$

故基$\varepsilon_1,\varepsilon_2,\varepsilon_3,\varepsilon_4$下的坐标等于$(5/4,1/4,-1/4,-1/4)^T$.

(2)$A=\begin{bmatrix}1&2&1&0\\1&1&1&1\\0&3&0&-1\\1&1&0&-1\end{bmatrix}$是标准基到基$\varepsilon_1,\varepsilon_2,\varepsilon_3,\varepsilon_4$的过渡矩阵,向量$\xi$在标准基下的坐标为$(0,0,0,1)^T$,因此它在基$\varepsilon_1,\varepsilon_2,\varepsilon_3,\varepsilon_4$下的坐标等于$A^{-1}(0,0,0,1)^T$.

$$\begin{bmatrix}1&2&1&0&0\\1&1&1&1&0\\0&3&0&-1&0\\1&1&0&-1&1\end{bmatrix}\to\begin{bmatrix}1&0&0&0&1\\0&1&0&0&0\\0&0&1&0&-1\\0&0&0&1&0\end{bmatrix},$$

故基$\varepsilon_1,\varepsilon_2,\varepsilon_3,\varepsilon_4$下的坐标等于$(1,0,-1,0)^T$.

§6.1.5 直和的判定与证明

1. 利用定义

理论依据:(1)设$V_1,V_2,\cdots,V_r$均为向量空间V的子空间,则$V_1+V_2+\cdots+V_r$是直和,如果$V_1+V_2+\cdots+V_r$中每个向量的表法是唯一的,即:$\forall\alpha\in V_1+V_2+\cdots+V_r$,存在唯一的$\alpha_1\in V_1,\alpha_2\in V_2,\cdots,\alpha_r\in V_r$,使得$\alpha=\alpha_1+\alpha_2+\cdots+\alpha_r$;

(2)设$V_1,V_2,\cdots,V_r$均为向量空间V的子空间,则$V=V_1\oplus V_2\oplus\cdots\oplus V_r$,如果$V$中每个向量都可以唯一表示为$V_i,i=1,2,\cdots r$中各一个向量的和,即:$\forall\alpha\in V$,存在唯一的$\alpha_i\in V_i,i=1,2,\cdots,r$,使得$\alpha=\alpha_1+\alpha_2+\cdots+\alpha_r$.

例6.15 证明:如果$V=V_1\oplus V_2,V_1=V_{11}\oplus V_{12}$,那么

$$V=V_{11}\oplus V_{12}\oplus V_2.$$

证明 因为$V=V_1\oplus V_2$,所以$\forall\alpha\in V$,存在唯一的$\alpha_1\in V_1,\alpha_2\in V_2$,使得$\alpha=\alpha_1+\alpha_2$,又因为$V_1=V_{11}\oplus V_{12}$,所以存在唯一的$\beta_1\in V_{11},\beta_2\in V_{12}$,使得$\alpha_1=\beta_1+\beta_2$,因此$\forall\alpha\in V$,存在唯一的$\beta_1\in V_{11},\beta_2\in V_{12},\alpha_2\in V_2$,使得$\alpha=\beta_1+\beta_2+\alpha_2$,故$V=V_{11}\oplus V_{12}\oplus V_2$.

2. 利用零向量的表法唯一

理论依据:(1)$V_1+V_2+\cdots+V_r$是直和,当且仅当零向量的表法唯一,即

若 $\alpha_1+\alpha_2+\cdots+\alpha_r=0,\alpha_i\in V_i,i=1,2,\cdots,r$，则 $\alpha_1=\alpha_2=\cdots=\alpha_r=0$；

(2) $V=V_1\oplus V_2\oplus\cdots\oplus V_r\Leftrightarrow V=V_1+V_2+\cdots+V_r$ 且 $\sum\limits_{1\leqslant i\leqslant r}\alpha_i=0,\alpha_i\in W_i$，则 $\alpha_i=0$.

例 6.16 设 $M\in P^{n\times n}, f(x),g(x)\in P[x]$ 且 $(f(x),g(x))=1$.令 $A=f(M),B=g(M),W,W_1,W_2$ 分别为线性方程组 $ABX=0,AX=0,BX=0$ 的解空间，证明 $W=W_1\oplus+W_2$.

证明 $\forall X\in W_1+W_2,\exists X_i\in W_i,i=1,2$，使得 $X=X_1+X_2$，所以

$$ABX=B(AX_1)+A(BX_2)=B0+A0=0,$$

因此 $X\in W$，所以 $W_1+W_2\subset W$；又因为 $(f,g)=1$，所以存在 $u(x),v(x)\in P[x]$，使得 $u(x)f(x)+v(x)g(x)=1$，于是 $u(M)A+v(M)B=E$.对 $\forall X\in W$，有

$$X=EX=u(M)AX+v(M)BX=X_1+X_2,X_1=v(M)BX,X_2=u(M)AX.$$

因为 $AX_1=V(M)(ABX)=0,BX_2=u(M)(ABX)=0$，所以 $X_1\in W_1,X_2\in W_2$，所以 $X\in W_1+W_2$，因此 $W\subset W_1+W_2$，所以 $W=W_1+W_2$.

又若 $\alpha_1+\alpha_2=0,\alpha_1\in W_1,\alpha_2\in W_2$，则

$$\alpha_1=E\alpha_1=u(M)(A\alpha_1)-v(M)(B\alpha_2)=0,\alpha_2=-\alpha_1=0,$$

故 $W=W_1\oplus W_2$.

3. **利用交空间**

理论依据：(1) $V_1+V_2+\cdots+V_r$ 是直和，当且仅当 $V_i\cap\sum\limits_{j\neq i}V_j=\{0\},i=1,2,\cdots,r$；

(2) $V=V_1\oplus V_2\oplus\cdots\oplus V_r\Leftrightarrow V=V_1+V_2+\cdots+V_r$ 且

$$V_i\cap\sum_{j\neq i}V_j=\{0\},i=1,2,\cdots,r.$$

例 6.17 设 V_1 与 V_2 分别是齐次方程组 $x_1+x_2+\cdots+x_n=0$ 与 $x_1=x_2=\cdots=x_n$ 的解空间，证明 $P^n=V_1\oplus V_2$.

证明 $\forall\alpha=(a_1,a_2,\cdots,a_n)^T\in P^n$，取

$$\alpha_1=(a_1-a,a_2-a,\cdots,a_n-a)^T\in V_1,\alpha_2=(a,a,\cdots,a)^T\in V_2,a=\frac{\sum\limits_{i=1}^n a_i}{n},$$

有 $\alpha=\alpha_1+\alpha_2$，所以 $P^n=V_1+V_2$.对 $\forall\alpha=(x_1,x_2,\cdots,x_n)^T\in V_1\cap V_2$，我们有

$$x_1+x_2+\cdots+x_n=0,x_1=x_2=\cdots=x_n,$$

因此 $x_1=x_2=\cdots=x_n=0$，所以 $V_1\cap V_2=\{0\}$，故：$P^n=V_1\oplus V_2$.

4. **利用维数公式**

理论依据：设 $V_1,V_2,\cdots,V_r$ 均为有限维向量空间 V 的子空间，则

(1) $V_1+V_2+\cdots+V_r$ 是直和，当且仅当 $\dim\sum\limits_{i=1}^r V_i=\sum\limits_{i=1}^r\dim V_i$.

(2) $V=V_1\oplus V_2\oplus\cdots\oplus V_r\Leftrightarrow\dim V=\dim\sum\limits_{i=1}^r V_i=\sum\limits_{i=1}^r\dim V_i$.

例 6.18 证明：每一个 n 维线性空间都可以表示为 n 个一维子空间的直和

证明 设 $\alpha_1,\alpha_2,\cdots,\alpha_n$ 是 n 维线性空间 V 的任何一组基，令 $V_i=L(\alpha_i),i=1,2,\cdots,n$，则 $\dim V=\dim\sum\limits_{i=1}^n V_i=\sum\limits_{i=1}^n\dim V_i=n$，故 $V=V_1\oplus V_2\oplus\cdots\oplus V_n$.

5. **利用特征子空间**

理论依据:设σ为数域P上的n维向量空间V上的一个线性变换,则σ可以对角化,即V可以分解为σ的特征子空间的直和的充分必要条件是:

(1)σ的特征根$\lambda_1,\lambda_2,\cdots,\lambda_t$均属于$P$;

(2)对每一个特征根λ_i,有$\dim V_{\lambda_i}=s_i$,s_i等于特征根λ_i的重数.此时:

$$V=V_{\lambda_1}\oplus V_{\lambda_2}\oplus\cdots\oplus V_{\lambda_t}.$$

设A为数域P上的n阶矩阵,则A可以对角化,即P^n可以分解为A的特征子空间的直和的充分必要条件是:

(1)A的特征根$\lambda_1,\lambda_2,\cdots,\lambda_t$均属于$P$;

(2)对每一个特征根λ_i,有$n-R(\lambda_iE-A)=\dim V_{\lambda_i}=s_i$,$s_i$等于特征根$\lambda_i$的重数.

此时:$P^n=V_{\lambda_1}\oplus V_{\lambda_2}\oplus\cdots\oplus V_{\lambda_t}$.

注意到:$\dim V_{\lambda_i}\leqslant s_i$,$\sum\limits_{i=1}^{t}s_i=n$,因此条件(2)等价于$\sum\limits_{i=1}^{t}\dim V_{\lambda_i}=n$或$\sum\limits_{i=1}^{t}R(\lambda_iE-A)=(t-1)n$.

例6.19 数域P上n阶矩阵A满足$A^2+2E=5A-4E$,E为n阶单位矩阵,证明:$P^n=V_2\oplus V_3$,这里$V_2=\{\alpha\in P^n\mid(2E-A)\alpha=0\}$是矩阵$A$的属于特征根2的特征子空间,$V_3=\{\alpha\in P^n\mid(3E-A)\alpha=0\}$是矩阵$A$的属于特征根3的特征子空间.

证明 因为$A^2+2E=5A-4E$,所以$(A-2E)(A-3E)=0$,因此

$$R(A-2E)+R(A-3E)\leqslant n;$$

又因为

$$R(A-2E)+R(A-3E)=R(A-2E)+R(3E-A)\geqslant R(E)=n,$$

所以

$$R(A-2E)+R(A-3E)=n.$$

因为$\dim V_2=n-R(A-2E)$,$\dim V_3=n-R(A-3E)$,所以

$$\dim V_2+\dim V_3=n,$$

故$P^n=V_2\oplus V_3$.

§6.1.6 子空间的相关问题

例6.20 设V_1,V_2是线性空间V的子空间,证明:$V_1\cup V_2$是子空间的充分必要条件是$V_1\subset V_2$或$V_2\subset V_1$.

证明 "充分性的证明":因为$V_1\subset V_2$或$V_2\subset V_1$,所以$V_1\cup V_2=V_2$或$V_1\cup V_2=V_1$,结论成立.

"必要性的证明":若$V_1\subset V_2$,结论已成立;现设$V_1\not\subset V_2$,则存在$\alpha\in V_1,\alpha\notin V_2$,对任意$\beta\in V_2\subset V_1\cup V_2$,因为$V_1\cup V_2$是子空间,所以$\alpha+\beta\in V_1\cup V_2$,因此

$$\alpha+\beta\in V_1\text{ 或 }\alpha+\beta\in V_2.$$

若$\alpha+\beta\in V_2$,因为V_2是V的子空间,因此$\alpha=(\alpha+\beta)-\beta\in V_2$,与$\alpha\notin V_2$矛盾;所以$\alpha+\beta\in V_1$,由于$V_1$是$V$的子空间,因此$\beta=(\alpha+\beta)-\alpha\in V_1$,故$V_2\subset V_1$.

例6.21 设V_1与V_2为线性空间V的子空间,证明:$V_1\cup V_2$为子空间的充分必要条件为$V_1\cup V_2=V_1+V_2$.

证明 "必要性的证明":若 $V_1 \subset V_2$,则 $V_1 \cup V_2 = V_1 + V_2 = V_2$,结论成立;

现设 $V_1 \not\subset V_2$,则存在 $\alpha \in V_1, \alpha \in V_2$,对任意 $\beta \in V_2 \subset V_1 \cup V_2$,因为 $V_1 \cup V_2$ 是子空间,所以 $\alpha + \beta \in V_1 \cup V_2$,因此

$$\alpha + \beta \in V_1 \text{ 或 } \alpha + \beta \in V_2.$$

若 $\alpha + \beta \in V_2$,因为 V_2 是 V 的子空间,因此 $\alpha = (\alpha + \beta) - \beta \in V_2$,与 $\alpha \notin V_2$ 矛盾;所以 $\alpha + \beta \in V_1$,由于 V_1 是 V 的子空间,因此 $\beta = (\alpha + \beta) - \alpha \in V_1$,所以 $V_2 \subset V_1$,故 $V_1 \cup V_2 = V_1 + V_2 = V_1$.

"充分性的证明":因为 V_1 与 V_2 为线性空间 V 的子空间,所以 $V_1 \cup V_2 = V_1 + V_2$ 也是子空间.

例 6.22 设 V_1, V_2 是线性空间 V 的两个非平凡的子空间,证明:在 V 中存在 α 使 $\alpha \notin V_1, \alpha \notin V_2$ 同时成立.

证明 因为 V_1, V_2 是线性空间 V 的两个非平凡的子空间,所以存在

$$\alpha, \beta \in V, \alpha \notin V_1, \beta \notin V_2.$$

若 $\alpha \notin V_2$ 或 $\beta \notin V_1$,则结论已成立;若 $\alpha \in V_2, \beta \in V_1$,则 $\alpha + \beta \in V, \alpha + \beta \notin V_1$,否则 $\alpha + \beta \in V_1$,则 $\alpha = \alpha + \beta - \beta \in V_1$,矛盾,同理可证 $\alpha + \beta \notin V_2$.

例 6.23 设 $V_1, V_2, \cdots, V_s$ 是线性空间 V 的 s 个非平凡的子空间,证明:在 V 中至少有一向量不属于 $V_1, V_2, \cdots, V_s$ 中任何一个.

证明 $s = 1$ 时,结论显然成立;现设 $s > 1$,且存在 $\alpha \in V, \alpha \notin V_i, 1 \leqslant i \leqslant s - 1$,若 $\alpha \notin V_s$,则结论已成立;若 $\alpha \in V_s$,则由 V_s 是线性空间 V 的非平凡的子空间知存在

$$\beta \in V, \beta \notin V_s.$$

对任意 $1 \leqslant i \leqslant s - 1$,至多存在一个数 k_i,使得 $\beta + k_i\alpha \in V_i$,否则存在两个不等的数 k_i, l_i,使得 $\beta + k_i\alpha \in V_i, \beta + l_i\alpha \in V_i$,则

$$\alpha = \frac{1}{k_i - l_i}[(\beta + k_i\alpha) - (\beta + l_i\alpha)] \in V_i,$$

与 $\alpha \notin V_i, 1 \leqslant i \leqslant s - 1$ 矛盾;因此除去这可能的 $s - 1$ 个数,必存在一个数 k,使得 $\beta + k\alpha \notin V_i, 1 \leqslant i \leqslant s - 1$,而 $\beta + k\alpha \notin V_s$,否则 $\beta = \beta + k\alpha - k\alpha \in V_s$,矛盾.故 $\beta + k\alpha \in V, \beta + k\alpha \notin V_i, 1 \leqslant i \leqslant s$.

§6.1.7 同构的判定与证明

1. **利用定义**

理论依据:数域 P 上的两个向量空间 U, V 同构,如果存在 U 到 V 的一个同构映射.U 到 V 的一个映射 σ 称为同构映射,如果 σ 是双射,且对任意 $\alpha, \beta \in U, k, l \in P$,都有:

$$\sigma(k\alpha + l\beta) = k\sigma(\alpha) + l\sigma(\beta).$$

例 6.24 证明:实数域作为它自身上的线性空间与全体正实数 R^+ 关于如下定义的加法与数量乘法

$$a \oplus b = ab, k \circ a = a^k$$

构成的线性空间同构.

证明 对任意 $k \in R$,令 $\sigma(k) = 2^k$,则 σ 是 R 到 R^+ 的一个映射.对任意 $k, l \in R$,若 $2^k = 2^l$,则必有 $k = l$,因此 σ 是单射,又对任意 $2^k \in R^+, k \in R, \sigma(k) = 2^k$,所以 σ 是满射,因而是双射.对任意 $k, l \in R, \alpha, \beta \in R^+$,我们有:

$$\sigma(k\alpha + l\beta) = 2^{k\alpha+l\beta} = k\circ 2^{\alpha} \oplus l\circ 2^{\beta} = k\circ\sigma(\alpha) \oplus l\circ\sigma(\beta),$$

所以 σ 是 R 到 R^+ 的一个同构映射,故这两个线性空间同构.

2. 利用有限维向量空间同构的充分必要条件

理论依据:数域 P 上的两个有限维向量空间 U,V 同构的充分必要条件是它们具有相同的维数.

例 6.25 设数域 P 上的矩阵 A 的秩为 r,则齐次线性方程组 $Ax=0$ 的解空间同构于 $P_{n-r-1}[x]$.

证明 因为 A 的秩为 r,所以齐次线性方程组 $Ax=0$ 的解空间的维数等于 $n-r=\dim P_{n-r-1}[x]$,故这两个线性空间同构.

§6.2 例题选讲

§6.2.1 线性空间的判定与证明的例题

例 6.26 用 $M_n(K)$ 表示数域 K 上的所有 n 级矩阵关于矩阵的加法和数量乘法构成的线性空间,数域 K 上的 n 级矩阵 $A=\begin{bmatrix} a_1 & a_2 & \cdots & a_n \\ a_n & a_1 & \cdots & a_{n-1} \\ \vdots & \vdots & \cdots & \vdots \\ a_2 & a_3 & \cdots & a_1 \end{bmatrix}$ 称为循环矩阵,用 U 表示表示数域 K 上的所有 n 级循环矩阵组成的集合.证明:U 是 $M_n(K)$ 的一个子空间,并求它的一个基和维数.

证明 将循环矩阵 $A=\begin{bmatrix} a_1 & a_2 & \cdots & a_n \\ a_n & a_1 & \cdots & a_{n-1} \\ \vdots & \vdots & \cdots & \vdots \\ a_2 & a_3 & \cdots & a_1 \end{bmatrix}$ 记为 $A=[a_1,a_2,\cdots,a_n]$,则对任意 $k,l\in P$,$A=[a_1,a_2,\cdots,a_n]$,$B=[b_1,b_2,\cdots,b_n]\in U$,有:

$$kA+lB=[ka_1+lb_1,ka_2+lb_2,\cdots,ka_n+lb_n]\in U,$$

所以 U 是 $M_n(K)$ 的一个子空间.对任意 $A=[a_1,a_2,\cdots,a_n]\in U$,有

$$A=a_1[1,0,\cdots,0]+a_2[0,1,\cdots,0]+\cdots+a_n[0,\cdots,0,1],$$

因此 $A_1=[1,0,\cdots,0]$,$A_2=[0,1,\cdots,0]$,$\cdots$,$A_n=[0,\cdots,0,1]$ 是 U 的一组生成元,令

$$a_1A_1+a_2A_2+\cdots+a_nA_n=[a_1,a_2,\cdots,a_n]=0,$$

则 $a_1=a_2=\cdots=a_n=0$,所以 $A_1,A_2,\cdots,A_n$ 线性无关,因而是 U 的一组基,$\dim U=n$.

例 6.27 设 A,B 分别为数域 P 上的 $m\times n$ 与 $n\times s$ 矩阵,$W=\{B\alpha \mid AB\alpha=0,\alpha\in P^{s\times 1}\}$,证明:$W$ 是 $P^{n\times 1}$ 的子空间,且 $dim(W)=r(B)-r(AB)$.

证明 设 $R(AB)=r$,则齐次线性方程组 $ABx=0$ 的基础解系中含有 $s-r=t$ 个向量,令 $\alpha_1,\alpha_2,\cdots,\alpha_t\in P^{s\times 1}$ 是它的一个基础解系,则 $B\alpha_1,B\alpha_2,\cdots,B\alpha_t\in W$,又对

$\forall B\alpha\in W$,$AB\alpha=0$,因此可设 $\alpha=k_1\alpha_1+k_2\alpha_2+\cdots+k_t\alpha_t$,我们有:

$$B\alpha=k_1B\alpha_1+k_2B\alpha_2+\cdots+k_tB\alpha_t.$$

由此得 $W = L(B\alpha_1, B\alpha_2, \cdots, B\alpha_t)$. 所以

$$\dim W = R(B\alpha_1, B\alpha_2, \cdots, B\alpha_t) = R(BC), C = (\alpha_1, \alpha_2, \cdots, \alpha_t).$$

$\alpha_1, \alpha_2, \cdots, \alpha_t$ 线性无关,所以存在 s 阶可逆矩阵 P 与 t 阶可逆矩阵 Q,使得:$C = P\begin{pmatrix} E_t \\ 0 \end{pmatrix} Q$,于是

$$R(BC) = R(BCQ^{-1}) = R\left(BP\begin{pmatrix} E_t \\ 0 \end{pmatrix}\right) \geqslant R(B) + t - s = R(B) - r$$

另一方面,由 $ABC = (AB\alpha_1, AB\alpha_2, \cdots, AB\alpha_t) = 0$,可得

$$0 = R(ABC) \geqslant R(AB) + R(BC) - R(B),$$

因此:$R(BC) \leqslant R(B) - R(AB)$,故:$dim(W) = R(B) - R(AB)$.

§6.2.2 基、维数的计算、判定与证明的例题

例 6.28 用 $M_n(K)$ 表示数域 K 上的所有 n 级矩阵关于矩阵的加法和数量乘法构成的线性空间,与 $M_n(K)$ 中所有矩阵可交换的矩阵全体构成 $M_n(K)$ 的一个子空间,称为 $M_n(K)$ 的中心,求它的维数和一个基.

解 与 $M_n(K)$ 中所有矩阵可交换的矩阵,必和所有矩阵 E_{ij}(i 行 j 列元素等于 1,其余元素全为零的矩阵) 可换,因此一定是数量矩阵,即 $M_n(K)$ 的中心就是全体数量矩阵构成的集合,因此它的维数等于 1,单位矩阵就是其一个基.

例 6.29 设 $A = \begin{bmatrix} 0 & 1 & 0 \\ 0 & 0 & 1 \\ 0 & 0 & 0 \end{bmatrix}$,求与矩阵 A 可交换的 3 阶实方阵全体组成的线性空间的一组基和维数.

解 设 $P^{3\times 3}$ 中全体与 A 可交换的矩阵构成的集合为 M. $\forall X = (x_{ij}) \in M$,由

$$AX = \begin{bmatrix} x_{21} & x_{22} & x_{23} \\ x_{31} & x_{32} & x_{33} \\ 0 & 0 & 0 \end{bmatrix}, XA = \begin{bmatrix} 0 & x_{11} & x_{12} \\ 0 & x_{21} & x_{22} \\ 0 & x_{31} & x_{32} \end{bmatrix}$$

得:$x_{21} = x_{31} = x_{32} = 0, x_{11} = x_{22} = x_{33}, x_{12} = x_{23}$.

故:$M = \left\{ \begin{bmatrix} a & b & c \\ 0 & a & b \\ 0 & 0 & a \end{bmatrix} \middle| a, b, c \in P \right\}$. $\forall X = \begin{bmatrix} a & b & c \\ 0 & a & b \\ 0 & 0 & a \end{bmatrix} \in M$,有

$$X = aE + b(E_{12} + E_{23}) + cE_{13},$$

即 M 中任一矩阵 X 可由 M 中矩阵 $E, E_{12} + E_{23}, E_{13}$ 线性表示.现设

$$aE + b(E_{12} + E_{23}) + cE_{13} = 0,$$

即 $\begin{bmatrix} a & b & c \\ 0 & a & b \\ 0 & 0 & a \end{bmatrix} = 0$,所以:$a = b = c = 0$,因此:$E, E_{12} + E_{23}, E_{13}$ 线性无关,构成 M 中的一个基,$\dim M = 3$.

例 6.30 设 $A \in P^{n\times n}$,

(1) 证明:全体与 A 可交换的矩阵组成 $P^{n\times n}$ 的一子空间记作 $C(A)$;

（2）当 $A=E$ 时，求 $C(A)$；

（3）当 $A=\begin{bmatrix}1&0&0&\cdots&0\\0&2&0&\cdots&0\\\vdots&\vdots&\vdots&\cdots&\vdots\\0&0&0&\cdots&n\end{bmatrix}$ 时，求 $C(A)$ 的维数和一组基.

证明 （1）对任意 $k,l\in P,X,Y\in C(A)$，有：

$$A(kX+lY)=k(AX)+L(AY)=kXA+lYA=(kX+lY)A,$$

所以 $kX+lY\in C(A)$，故 $C(A)$ 是 $P^{n\times n}$ 的一个子空间.

（2）对任意 $X\in P^{n\times n}$，$EX=XE$，所以 $C(E)=P^{n\times n}$.

（3）对任意 $X=(x_{ij})\in C(A)$，$AX=XA$，因此 $jx_{ij}=ix_{ij}$，所以 $i\neq j$ 时，$x_{ij}=0$，即 $C(A)$ 一定是对角形矩阵全体的子集，易见对角形矩阵一定与 A 可交换，所以 $C(A)$ 就是对角形矩阵全体，故其维数等于 n，且 $E_{11},E_{22},\cdots,E_{nn}$ 构成它的一组基.

§6.2.3　求过渡矩阵的例题

例 6.31 （1）证明：在 $P_{n-1}[x]$ 中，多项式

$$f_i=(x-a_1)\cdots(x-a_{i-1})(x-a_{i+1})\cdots(x-a_n),i=1,2,\cdots,n,$$

是一组基，其中 $a_1,a_2\cdots,a_n$ 是互不相同的数.

（2）在（1）中，取 $a_1,a_2\cdots,a_n$ 是全体 n 次单位根，求由基 $1,x,\cdots,x^{n-1}$ 到基 $f_1,f_2,\cdots,f_n$ 的过渡矩阵.

证明 （1）若 $\sum_{i=1}^{n}k_if_i=0$，则由 $k_jf_j(a_j)=\sum_{i=1}^{n}k_if_i(a_j)=0$，

$$f_j(a_j)=(a_j-a_1)\cdots(a_j-a_{j-1})(a_j-a_{j+1})\cdots(a_j-a_n)\neq 0,$$

得：$k_j=0,j=1,2,\cdots,n$，所以 $f_1,f_2,\cdots,f_n$ 线性无关，因而构成 $P_{n-1}[x]$ 的一组基.

（2）作综合除法可得：

$$x^n-1=(x-a_i)(x^{n-1}+a_ix^{n-1}+a_i^2x^{n-3}+\cdots+a_i^{n-2}x+a_i^{n-1});$$

所以 $f_i=\dfrac{x^n-1}{x-a_i}=x^{n-1}+a_ix^{n-2}+a_i^2x^{n-3}+\cdots+a_i^{n-2}x+a_i^{n-1},i=1,2,\cdots,n.$ 故由基 $1,x,\cdots,x^{n-1}$ 到基 $f_1,f_2,\cdots,f_n$ 的过渡矩阵为：$\begin{bmatrix}a_1^{n-1}&a_2^{n-1}&\cdots&a_n^{n-1}\\a_1^{n-2}&a_2^{n-2}&\cdots&a_n^{n-2}\\\vdots&\vdots&\cdots&\vdots\\a_1&a_2&\cdots&a_n\\1&1&\cdots&1\end{bmatrix}$.

§6.2.4　求坐标的例题

例 6.32 证明：$\{x^3,x^3+x,x^2+x,x+1\}$ 是 $F_3[x]$（数域 F 上一切次数 $\leqslant 3$ 的多项式及零）的一个基.求下列多项式关于这个基的坐标：

（1）x^2+2x+3.　（2）x^3.　（3）4.　（4）x^2-x.

解 $(x^3, x^3+x, x^2+x, x+1)=(x^3, x^2, x, 1)\begin{bmatrix}1&1&0&0\\0&0&1&0\\0&1&1&1\\0&0&0&1\end{bmatrix}$，因为

$$\begin{vmatrix}1&1&0&0\\0&0&1&0\\0&1&1&1\\0&0&0&1\end{vmatrix}=-1,$$

所以$\{x^3, x^3+x, x^2+x, x+1\}$是$F_3[x]$（数域$F$上一切次数$\leqslant 3$的多项式及零）的一个基.

（1）因为$x^2+2x+3=(x^3, x^2, x, 1)\begin{bmatrix}0\\1\\2\\3\end{bmatrix}$，所以$x^2+2x+3$在给定基下的坐标为

$$\begin{bmatrix}1&1&0&0\\0&0&1&0\\0&1&1&1\\0&0&0&1\end{bmatrix}^{-1}\begin{bmatrix}0\\1\\2\\3\end{bmatrix}=\begin{bmatrix}1&1&-1&1\\0&-1&1&-1\\0&1&0&0\\0&0&0&1\end{bmatrix}\begin{bmatrix}0\\1\\2\\3\end{bmatrix}=\begin{bmatrix}2\\-2\\1\\3\end{bmatrix}.$$

（2）因为$x^3=(x^3, x^2, x, 1)\begin{bmatrix}1\\0\\0\\0\end{bmatrix}$，所以$x^3$在给定基下的坐标为

$$\begin{bmatrix}1&1&0&0\\0&0&1&0\\0&1&1&1\\0&0&0&1\end{bmatrix}^{-1}\begin{bmatrix}1\\0\\0\\0\end{bmatrix}=\begin{bmatrix}1&1&-1&1\\0&-1&1&-1\\0&1&0&0\\0&0&0&1\end{bmatrix}\begin{bmatrix}1\\0\\0\\0\end{bmatrix}=\begin{bmatrix}1\\0\\0\\0\end{bmatrix}.$$

（3）因为$4=(x^3, x^2, x, 1)\begin{bmatrix}0\\0\\0\\4\end{bmatrix}$，所以4在给定基下的坐标为

$$\begin{bmatrix}1&1&0&0\\0&0&1&0\\0&1&1&1\\0&0&0&1\end{bmatrix}^{-1}\begin{bmatrix}0\\0\\0\\4\end{bmatrix}=\begin{bmatrix}1&1&-1&1\\0&-1&1&-1\\0&1&0&0\\0&0&0&1\end{bmatrix}\begin{bmatrix}0\\0\\0\\4\end{bmatrix}=\begin{bmatrix}4\\-4\\0\\4\end{bmatrix}.$$

（4）因为$x^2-x=(x^3, x^2, x, 1)\begin{bmatrix}0\\1\\-1\\0\end{bmatrix}$，所以$x^2-x$在给定基下的坐标为

$$\begin{bmatrix}1&1&0&0\\0&0&1&0\\0&1&1&1\\0&0&0&1\end{bmatrix}^{-1}\begin{bmatrix}0\\1\\-1\\0\end{bmatrix}=\begin{bmatrix}1&1&-1&1\\0&-1&1&-1\\0&1&0&0\\0&0&0&1\end{bmatrix}\begin{bmatrix}0\\1\\-1\\0\end{bmatrix}=\begin{bmatrix}2\\-2\\1\\0\end{bmatrix}.$$

例 6.33 设$\alpha_1,\alpha_2,\cdots,\alpha_n$是$n$维线性空间$V$的一组基，向量$\beta\in V$可以由这组基中的任意$n-1$个线性表示，证明：$\beta=0$.

证明 设$\beta=a_1\alpha_1+a_2\alpha_2+\cdots+a_n\alpha_n$，如果$\beta\neq0$，则$a_1,a_2,\cdots,a_n$中至少有一个数不等于零，不妨设$a_1\neq0$，由题设条件$\beta$可由$\alpha_2,\cdots,\alpha_n$线性表示，因此存在$b_2,\cdots,b_n$，使得$\beta=b_2\alpha_2+\cdots+b_n\alpha_n$，于是：$a_1\alpha_1+(a_2-b_2)\alpha_2+\cdots+(a_n-b_n)\alpha_n=0$，所以$\alpha_1,\alpha_2,\cdots,\alpha_n$线性相关，与它为线性空间的一组基矛盾，故$\beta=0$.

§6.2.5 直和的判定与证明的例题

例 6.34 设W是n维向量空间V的一个子空间，且$0<\dim W<n$.证明：W在V中有不止一个余子空间.

证明 因为$0<\dim W=r<n$，所以可设$\alpha_1,\alpha_2,\cdots,\alpha_r$是$W$的一组基，将其扩充为$V$的一组基$\alpha_1,\alpha_2,\cdots,\alpha_n$，则$W_1=L(\alpha_{r+1},\alpha_{r+2},\cdots,\alpha_n)$是$W$的一个余子空间，又令

$$W_2=L(\alpha_1+\alpha_{r+1},\alpha_1+\alpha_{r+2},\cdots,\alpha_1+\alpha_n).$$

若$k_1\alpha_1+\cdots+k_r\alpha_r+k_{r+1}(\alpha_1+\alpha_{r+1})+\cdots+k_n(\alpha_1+\alpha_n)=0$，则

$$(k_1+k_{r+1}+\cdots+k_n)\alpha_1+\cdots+k_r\alpha_r+k_{r+1}\alpha_{r+1}+\cdots+k_n\alpha_n=0,$$

所以$k_1+k_{r+1}+\cdots+k_n=\cdots=k_r=k_{r+1}\cdots=k_n=0$，因此

$$k_1=\cdots=k_r=k_{r+1}\cdots=k_n=0,$$

所以$\alpha_1,\cdots,\alpha_r,\alpha_1+\alpha_{r+1},\cdots,\alpha_1+\alpha_n$线性无关，也是$V$的一组基，所以$W_2$也是$W$的一个余子空间.

例 6.35 设σ是n维向量空间V上的一个线性变换，且满足$\sigma^2+\sigma=2\varepsilon$($\varepsilon$表示$V$的恒等变换)，证明：$\sigma$的特征根只有1和$-2$，且$V=V_1\oplus V_{-2}$，这里$V_1,V_{-2}$分别是$\sigma$的属于特征根1和$-2$的特征子空间.

证明 设λ是σ的任何一个特征值，则存在非零向量$\alpha\in V$，使得$\sigma\alpha=\lambda\alpha$，因为$\sigma^2+\sigma=2\varepsilon$，所以$(\lambda^2+\lambda-2)\alpha=0$，因此$\lambda^2+\lambda-2=0$，所以$\lambda=1$或$\lambda=-2$.由于$\dim V_1=n-R(E-A)$，$\dim V_{-2}=n-R(2E+A)$，这里$A$是$\sigma$在$V$的任何一组基下的矩阵，$A^2+A-2E=0$，$(E-A)(2E+A)=0$，因此有

$$R(E-A)+R(2E+A)\leqslant n,R(E-A)+R(2E+A)\geqslant R(3E)=n,$$

所以$R(E-A)+R(2E+A)=n$，从而

$$\dim V_1+\dim V_{-2}=2n-(R(E-A)+R(2E+A))=n,$$

故$V=V_1\oplus V_{-2}$.

例 6.36 数域F上n维向量空间V的一个线性变换σ称为对合变换，如果$\sigma^2=\varepsilon$，ε是单位变换.设σ是一个对合变换.证明：(1)σ的特征值只能是±1；(2)$V=V_1\oplus V_{-1}$，这里V_1是σ的属于特征值1的特征子空间，V_2是σ的属于特征值-1的特征子空间.

证明 (1) 设λ是σ的任何一个特征值，则存在非零向量$\alpha\in V$，使得$\sigma\alpha=\lambda\alpha$，因为$\sigma^2=\varepsilon$，所以$(\lambda^2-1)\alpha=0$，因此$\lambda^2=1$，所以$\lambda=1$或$\lambda=-1$.故$\sigma$的特征值只能是$\pm1$.

(2) 由于$\dim V_1=n-R(E-A)$，$\dim V_{-1}=n-R(E+A)$，这里A是σ在V的任何一组基下的矩阵，$E-A^2=0$，$(E-A)(E+A)=0$，因此有

$$R(E-A)+R(E+A)\leqslant n,R(E-A)+R(E+A)\geqslant R(2E)=n,$$

所以$R(E-A)+R(E+A)=n$，从而

$$\dim V_1+\dim V_{-1}=2n-(R(E-A)+R(E+A))=n,$$

故$V=V_1\oplus V_{-1}$.

§6.2.6 子空间的相关问题的例题

例 6.37 设 V 是数域 F 上的 n 维向量空间,$\alpha_1,\alpha_2,\cdots,\alpha_n$ 是 V 的一组基,证明:

(1) 设 A 是数域 F 上的一个 $m\times n$ 矩阵,则以线性方程组 $AX=0$ 的解 $(c_1,c_2,\cdots,c_n)$ 为坐标的向量全体 $c_1\alpha_1+c_2\alpha_2+\cdots+c_n\alpha_n$,构成 V 的一个子空间.

(2) V 的任一子空间都可由(1) 的方法表示出.

(3) 设 A,B 都是数域 F 上的 n 阶矩阵,则由 $AX=0$ 与 $BX=0$ 各自确定 V 的子空间 W_1 与 W_2,求 W_1 与 W_2 之交 $W_1\cap W_2$,并找出 $W_1\cap W_2$ 的维数与 A,B 的秩之间的关系.

证明 (1) 设 $W=\{(\alpha_1,\alpha_2,\cdots,\alpha_n)X\mid X\in F^n,AX=0\}$,则对任意 $k,l\in F$,

$$\alpha=(\alpha_1,\alpha_2,\cdots,\alpha_n)X,\beta=(\alpha_1,\alpha_2,\cdots,\alpha_n)Y\in W,AX=0,AY=0,$$

因为 $A(kX+lY)=0$,所以 $k\alpha+l\beta=(\alpha_1,\alpha_2,\cdots,\alpha_n)(kX+lY)\in W$.

所以 W 是 V 的一个子空间.

(2) 设 W 是 V 的任意一个子空间,$\beta_1,\beta_2,\cdots,\beta_t$ 是 W 的任何一组基且

$$\beta_i=b_{1i}\alpha_1+b_{2i}\alpha_2+\cdots+b_{ni}\alpha_n,1\leqslant i\leqslant t.$$

那么齐次线性方程组 $Bx=0$ 的基础解系中含有 $m=n-t$ 个解向量 $\gamma_1,\gamma_2,\cdots,\gamma_m$,这里 $B=\begin{bmatrix}b_{11}&b_{21}&\cdots&b_{n1}\\b_{12}&b_{22}&\cdots&b_{n2}\\\vdots&\vdots&\cdots&\vdots\\b_{1t}&b_{2t}&\cdots&b_{nt}\end{bmatrix}$,则 $B(\gamma_1,\gamma_2,\cdots,\gamma_m)=0$,于是令 $A^T=(\gamma_1,\gamma_2,\cdots,\gamma_m)$,则 $AB^T=0$,所以 $(b_{1i},b_{2i},\cdots,b_{ni}),1\leqslant i\leqslant t$ 是齐次线性方程组 $Ax=0$ 的基础解系,而 $W=L(\beta_1,\beta_2,\cdots,\beta_t)$.

(3) $\forall\alpha\in W_1\cap W_2,A\alpha=0,B\alpha=0$,因此 $\begin{bmatrix}A\\B\end{bmatrix}\alpha=\begin{bmatrix}A\alpha\\B\alpha\end{bmatrix}=0$,所以 $\alpha\in W$,W 为方程组 $\begin{bmatrix}A\\B\end{bmatrix}X=0$ 的解空间,所以 $W_1\cap W_2\subset W$,又对 $\forall\alpha\in W$,有 $\begin{bmatrix}A\\B\end{bmatrix}\alpha=\begin{bmatrix}A\alpha\\B\alpha\end{bmatrix}=0$,所以 $A\alpha=0$,$B\alpha=0$,因此 $\alpha\in W_1\cap W_2$,所以 $W_1\cap W_2\subset W$,故 $W_1\cap W_2=W$,因为 $R\begin{bmatrix}A\\B\end{bmatrix}\leqslant R(A)+R(B)$,所以

$$\dim W_1\cap W_2=\dim W=n-R\begin{bmatrix}A\\B\end{bmatrix}\geqslant n-(R(A)+R(B)).$$

例 6.38 设 W_1 与 W_2 都是向量空间 V 的子空间,证明 V 中既包含 W_1 又包含 W_2 的所有子空间的交是 W_1+W_2.

证明 设 V 中既包含 W_1 又包含 W_2 的所有子空间构成的集合为 T,因为

$$W_1\subset W_1+W_2,W_2\subset W_1+W_2,$$

所以 $W_1+W_2\in T$,因此 $\bigcap\limits_{W\in T}W\subset W_1+W_2$. 另一方面,对任意 $W\in T,W_1\subset W,W_2\subset W$,因此 $W_1+W_2\subset W$,所以 $W_1+W_2\subset\bigcap\limits_{W\in T}W$,故 $\bigcap\limits_{W\in T}W=W_1+W_2$.

例 6.39 设 $AX=\beta$ 是数域 F 上的一个 n 元线性方程组,其系数矩阵 A 的秩 $r(A)=r$.设 S 为它的解集.

(1) 给出"S 是 F^n 的子空间"的充分必要条件,并证明你的结论.

(2) 假设 S 不是空集且不是 F^n 的子空间.求 S 的秩,并给出它的一个极大无关组.

证明 (1)"S 是 F^n 的子空间"的充分必要条件是 $\beta=0$,充分性是显然的,因为 $\beta=0$,所以 S 是齐次线性方程组 $AX=0$ 的解空间,因此 S 是 F^n 的子空间;反之如果 S 是 F^n 的子空间,则取 $X\in S$,我们有 $2X\in S$,所以 $\beta=A(2X)=2(AX)=2\beta$,因此 $\beta=0$.

(2) 因为 $r(A)=r$,所以导出组 $AX=0$ 的基础解系含有 $n-r=t$ 个向量,令 $\eta_1,\eta_2,\cdots,\eta_t$ 为导出组的一个基础解系,η_0 为 $AX=\beta$ 的一个特解,则有

$$S=\{\eta_0+k_1\eta_1+k_2\eta_2+\cdots+k_t\eta_t\mid k_i\in F,1\leqslant i\leqslant t\}.$$

对任意 $\eta_0+k_1\eta_1+k_2\eta_2+\cdots+k_t\eta_t\in S$,有

$$\gamma=(1-k_1-k_2-\cdots-k_t)\eta_0+k_1(\eta_0+\eta_1)+k_2(\eta_0+\eta_2)+\cdots+k_t(\eta_0+\eta_t),$$

若 $u_0\eta_0+u_1(\eta_0+\eta_1)+u_2(\eta_0+\eta_2)+\cdots+u_t(\eta_0+\eta_t)=0$,则有

$$(u_0+u_1+\cdots+u_t)\eta_0=-(u_1\eta_1+u_2\eta_2+\cdots+u_t\eta_t),$$

所以 $(u_0+u_1+\cdots+u_t)\beta=0$,因为 $\beta\neq0$,所以 $u_0+u_1+\cdots+u_t=0$,因此 $u_1\eta_1+u_2\eta_2+\cdots+u_t\eta_t=0$,所以 $u_0=u_1=\cdots=u_t=0$,所以 $\eta_0,\eta_0+\eta_1,\cdots,\eta_0+\eta_t$ 是 S 的一个极大无关组,S 的秩等于 $t+1=n-R(A)+1$.

§6.3 练习题

§6.3.1 北大与北师大版教材习题

1. 证明:在实函数空间中,$1,\cos^2t,\cos2t$ 是线性相关的.

2. 如果 $f_1(x),f_2(x),f_3(x)$ 是线性空间 $P[x]$ 中三个互素的多项式,但其中任意两个都不互素,那么它们线性无关.

3. 求一非零向量 ξ,使它在基

$$\varepsilon_1=(1,0,0,0)\varepsilon_2=(0,1,0,0),\varepsilon_3=(0,0,1,0),\varepsilon_4=(0,0,0,1)$$

与

$$\eta_1=(2,1,-1,1),\eta_2=(0,3,1,0),\eta_3=(5,3,2,1),\iota_4=(6,6,1,3)$$

下有相同的坐标.

4. 如果 $c_1\alpha+c_2\beta+c_3\gamma=0$,且 $c_1c_3\neq0$,证明:$L(\alpha,\beta)=L(\beta,\gamma)$.

5. 判断 R^n 中下列子集哪些是子空间:

(1) $\{(a_1,0,\cdots,0,a_n)\mid a_1,a_n\in R\}$;

(2) $\left\{(a_1,a_2,\cdots,a_n)\mid \sum\limits_{i=1}^n a_i=0\right\}$;

(3) $\left\{(a_1,a_2,\cdots,a_n)\mid \sum\limits_{i=1}^n a_i=1\right\}$;

(4) $\{(a_1,a_2,\cdots,a_n)\mid a_i\in Z,i=1,2,\cdots,n\}$.

6. 令 $M_n(F)$ 表示数域 F 上一切 n 阶矩阵所组成的向量空间.令

$S=\{A\in M^n(F)\mid A^T=A\},T=\{A\in M_n(F)\mid A^T=-A\}$.

证明:S 和 T 都是 $M_n(F)$ 的子空间,并且 $M_n(F)=S+T,S\cap T=\{0\}$.

7. 设V是一个向量空间,且$V \neq \{0\}$.证明:V不可能表示成它的两个真子空间的并集

8. 设W,W_1,W_2都是向量空间V的子空间,其中$W_1 \subset W_2$且

$$W + W_1 = W + W_2, W \cap W_1 = W \cap W_2.$$

证明:$W_1 = W_2$.

9. 设W_1,W_2是数域F上向量空间V的两个子空间.α,β是V的两个向量,其中$\alpha \in W_2$,但$\alpha \notin W_1$,又$\beta \notin W_2$.证明:

(1) 对于任意$k \in F$,$\beta + k\alpha \notin W_2$;(2) 至多有一个$k \in F$,使得$\beta + k\alpha \in W_1$.

10. 设$W_1,W_2,\cdots,W_r$是数域F上向量空间V的子空间.$W_i \neq V, i = 1,2,\cdots,r$.证明:存在一个向量$\xi \in V$,使得$\xi \notin W_i, i = 1,2,\cdots,r$.

11. 设向量β可由$\alpha_1,\alpha_2,\cdots,\alpha_r$线性表示,但不能由$\alpha_1,\alpha_2,\cdots,\alpha_{r-1}$线性表示.证明:向量组$\alpha_1,\alpha_2,\cdots,\alpha_{r-1},\alpha_r$与向量组$\alpha_1,\alpha_2,\cdots,\alpha_{r-1},\beta$等价.

12. 设在向量组$\alpha_1,\alpha_2,\cdots,\alpha_r$中,$\alpha_1 \neq 0$并且每一$\alpha_i$都不能表示成它的前$i-1$向量$\alpha_1,\alpha_2,\cdots,\alpha_{i-1}$的线性组合.证明:$\alpha_1,\alpha_2,\cdots,\alpha_r$线性无关.

13. 设向量$\alpha_1,\alpha_2,\cdots,\alpha_r$线性无关,而$\alpha_1,\alpha_2,\cdots,\alpha_r,\beta,\gamma$线性相关.证明:或者$\beta$与$\gamma$中至少有一个可以由$\alpha_1,\alpha_2,\cdots,\alpha_r$线性表示,或者向量组$\{\alpha_1,\alpha_2,\cdots,\alpha_r,\beta\}$与向量组$\{\alpha_1,\alpha_2,\cdots,\alpha_r,\gamma\}$等价.

14. 设$\{\alpha_1,\alpha_2,\cdots,\alpha_n\}$是数域$F$上$n$维向量空间$V$的一个基.$A$是$F$上一个$n \times s$矩阵.令$(\beta_1,\beta_2,\cdots,\beta_s) = (\alpha_1,\alpha_2,\cdots,\alpha_n)A$,证明$\dim L(\beta_1,\beta_2,\cdots,\beta_s) = R(A)$.

15. 证明复数域C作为实数域R上向量空间,与V_2同构.

16. 设$f:V \to W$是向量空间V到W的一个同构映射,V_1是V的一个子空间.证明$f(V_1)$是W的一个子空间.

17. 证明向量空间$F[x]$可以与它的一个真子空间同构.

18. 证明F^n的任意一个子空间都是某一含n个未知量的齐次线性方程组的解空间.

19. 证明F^n的任意一个不等于F^n的子空间都是若干$n-1$维子空间的交.

20. 设$f(x_1,x_2,\cdots,x_n)$是一秩为n的实二次型,证明:存在R^n的一个

$$\frac{1}{2}(n - |s|)$$

维子空间V_1(其中s为符号差数),使得对任一$(x_1,x_2,\cdots,x_n) \in V_1$有$f(x_1,x_2,\cdots,x_n) = 0$.

参考答案

§6.3.2 各高校研究生入学考试原题

一、填空题

1. 在线性空间P^4中,向量$\beta = (1,2,1,1)$在基

$\alpha_1 = (1,1,1,1), \alpha_2 = (1,1,-1,-1) \alpha_3 = (1,-1,1,-1), \alpha_4 = (1,-1,-1,1)$下的坐标是____________.

2. R^3 中的向量 $\alpha=(a_1,a_2,a_3)$ 在基 $\alpha_1=(1,1,1),\alpha_2=(0,1,1),\alpha_3=(0,0,1)$ 下的坐标是 ____________.

3. 设 $W=\{(a_1,a_2,a_3)\mid a_1+2a_2+3a_3=0\}$ 是 R^3 的子空间,则 $\dim W=$ ________.

4. 设 n 阶方阵 A 的秩 $r(A)=4$,n 阶矩阵 B 的秩 $r(B)=n$,则 $ABx=0$ 的解空间的维数等于______.

5. 设 Q 是有理数域,$Q[i]=\{a+bi\mid a,b\in Q\}$,则 $Q[i]$ 是 Q 上的线性空间,其维数是 ____________,它的一组基是 ____________.

6. 如果 U 和 W 是线性空间 V 的维数相等的子空间,且子空间 $U+W$ 和 $U\cap W$ 的维数分别为 8 和 2,则 U 的维数等于__________.

7. 实数域上 3 阶复反对称矩阵关于矩阵通常的加法和数乘构成线性空间,则此线性空间的维数等于______.

8. 设 $V=\{A\in M_2(R)\mid Tr(A)=0\}$ 是关于矩阵的加法和数乘构成的实线性空间,则线性空间 V 的维数等于__________.

9. 设 W_1 与 W_2 分别是数域 K 上 8 元齐次线性方程组 $AX=0$ 与 $BX=0$ 的解空间,如果 $rankA=3,rankB=2,W_1+W_2=K^8$,那么 $\dim(W_1\cap W_2)=$ ____________.

10. 向量组 $\begin{pmatrix}1\\2\\3\\4\end{pmatrix},\begin{pmatrix}2\\3\\4\\1\end{pmatrix},\begin{pmatrix}1\\1\\0\\1\end{pmatrix},\begin{pmatrix}0\\1\\3\\3\end{pmatrix}$ 的秩等于______,其一个最大无关组是______.

11. 向量组 $\alpha_1=(11k),\alpha_2=(1k1),\alpha_3=(k11)$ 是线性无关的,则 $k=$ ______.

12. $P^{n\times n}$ 中全体对称矩阵做成的数域 P 上的线性空间的维数是________.

13. 设 W_1 与 W_2 是 V 的线性子空间,则 W_1+W_2 是直和的充分必要条件是________.

14. 向量组 $\alpha_1,\alpha_2,\cdots,\alpha_s$ 能被向量组 $\beta_1,\beta_2,\cdots,\beta_t$ 线性表出($s\neq t$),且 $\alpha_1,\alpha_2,\cdots,\alpha_s$ 线性无关,则实数 $s-t$ 带 ____ 号.

15. 设向量组 $\{\alpha_1,\alpha_2,\cdots,\alpha_r\}$ 线性无关,$\beta_i=\sum_{j=1}^{r}a_{ij}\alpha_j,i=1,2,\cdots,r$,则 $\{\beta_1,\beta_2,\cdots,\beta_r\}$ 亦线性无关的充分必要条件是________________.

16. 设 V 是数域 P 上线性空间,V_1,V_2 是 V 的子空间,如果

$$\dim V=9,\dim V_1=5,\dim V_2=6,$$

那么 $\dim(V_1\cap V_2)$ 的最小值是______.

17. 若向量组 $\alpha_1,\alpha_2,\cdots,\alpha_r$ 可由向量组 $\beta_1,\beta_2,\cdots,\beta_s$ 线形表出并且 $r>s$,则向量组 $\alpha_1,\alpha_2,\cdots,\alpha_r$ ______________.

18. 在实函数空间中,$1,\cos^2t,\sin^2t$ 是线性 __________.

19. 向量组 $\alpha_1=(1,-1,2,3),\alpha_2=(1,0,7,-2),\alpha_3=(2,-2,4,6),\alpha_4=(0,1,5,-5)$ 的极大线性无关组为______________.(若有多组,只需填写一组)

20. 设 $\alpha_1=(2,-1,1),\alpha_2=(1,-1,2),\alpha_3=(1,-4,7),\beta_1=(4,-1,3),\beta_2=(7,a,4),\beta_3=(a,-2,3)$ 如果向量组 $\{\alpha_1,\alpha_2,\alpha_3\}$ 与向量组 $\{\beta_1,\beta_2,\beta_3\}$ 的秩相等,则 $a=$ ______.

21. 设 V 是由数域 F 上全体四次三元对称多项式所生成的 F 上的线性空间，则 $\dim V$ = ________.

22. 设 $\alpha_1=(1,-1,3)$，$\alpha_2=(2,-1,1)$，$\alpha_3=(-1,-1,7)$，$\beta_1=(-1,0,2)$，$\beta_2=(a,1,1)$，$\beta_3=(4,-1,a)$ 如果向量组 $\{\alpha_1,\alpha_2,\alpha_3\}$ 与向量组 $\{\beta_1,\beta_2,\beta_3\}$ 等价，则 $a=$ ______.

二、选择题

1. 设 β,α_1,α_2 线性相关，β,α_2,α_3 线性无关，则______

(A) $\alpha_1,\alpha_2,\alpha_3$ 线性相关　　(B) $\alpha_1,\alpha_2,\alpha_3$ 线性无关

(C) α_1 能由 β,α_2,α_3 线性表出　　(D) β 能由 α_1,α_2 线性表出

2. 如果(　　)，则向量组 $\alpha_1,\alpha_2,\cdots,\alpha_r$ 线性无关.

(A) $0\alpha_1+0\alpha_2+\cdots+0\alpha_r=0$

(B) 向量组 $\beta_1,\beta_2,\cdots,\beta_s(s>r)$ 可由 $\alpha_1,\alpha_2,\cdots,\alpha_r$ 线性表出

(C) $\alpha_1,\alpha_2,\cdots,\alpha_r$ 中有向量不能由向量组的其余向量线性表出

(D) 对任意不全为 0 的数 $k_1,k_2,\cdots,k_r$，$\sum_{i=1}^{r}k_i\alpha_i\neq 0$

3. 设 V_1 与 V_2 都是数域 P 上的线性空间，则下述条件中(　　)不能确定 V_1 与 V_2 同构

(A) V_1 与 V_2 之间可建立一个同构映射

(B) $\dim(V_1)=\dim(V_2)$

(C) V_1 与 V_2 都同构于数域 P 上的另一线性空间

(D) V_1 与 V_2 都是由相同个数的向量生成的空间

4. 以下诸命题中错误的命题是(　　)

(A) 包含零向量的向量组必线性相关

(B) 如果向量组 $\alpha_1,\alpha_2,\cdots,\alpha_r$ 线性无关，而 $\alpha_1,\alpha_2,\cdots,\alpha_r,\beta$ 线性相关，则 β 可表为 $\alpha_1,\alpha_2,\cdots,\alpha_r$ 的线性组合.

(C) 如果向量组 $\alpha_1,\alpha_2,\cdots,\alpha_r,\alpha_{r+1}$ 线性无关，则 $\alpha_1,\alpha_2,\cdots,\alpha_r$ 也线性无关

(D) 如果向量组 $\alpha_1,\alpha_2,\cdots,\alpha_r$ 线性相关，则每个 α_i 均可表为其余向量的线性组合

5. 以下向量组中线性无关的是(　　)

(A) $\alpha_1=(1,2,3,4)$，$\alpha_2=(4,3,2,1)$，$\alpha_3=(1,1,1,1)$

(B) $\alpha_1=(2,-2,0,0)$，$\alpha_2=(0,1,-1,0)$，$\alpha_3=(0,0,3,-3)$

(C) $\alpha_1=(1,2,4)$，$\alpha_2=(1,3,9)$，$\alpha_3=(1,4,16)$，$\alpha_4=(1,5,25)$

(D) $\alpha_1=(1,-1,1,-1)$，$\alpha_2=(0,0,0,0)$，$\alpha_3=(-1,2,-3,4)$

6. 设向量组 $\alpha_1,\alpha_2,\cdots,\alpha_{s-1}(s\geqslant 3)$ 线性无关，向量组 $\alpha_2,\alpha_3,\cdots,\alpha_s$ 线性相关，则(　　)

(A) α_1 可被 $\alpha_2,\alpha_3,\cdots,\alpha_s$ 线性表示，α_s 可被 $\alpha_1,\alpha_2,\cdots,\alpha_{s-1}$ 线性表示

(B) α_1 可被 $\alpha_2,\alpha_3,\cdots,\alpha_s$ 线性表示，α_s 不可被 $\alpha_1,\alpha_2,\cdots,\alpha_{s-1}$ 线性表示

(C) α_1 不可被 $\alpha_2,\alpha_3,\cdots,\alpha_s$ 线性表示，α_s 可被 $\alpha_1,\alpha_2,\cdots,\alpha_{s-1}$ 线性表示

(D) α_1 不可被 $\alpha_2,\alpha_3,\cdots,\alpha_s$ 线性表示，α_s 不可被 $\alpha_1,\alpha_2,\cdots,\alpha_{s-1}$ 线性表示

三、解答题

1. 已知全体实的 2 维向量关于下列运算构成 R 上的线性空间 V：

$$(a_1,b_1)+(a_2,b_2)=(a_1+a_2,b_1+b_2+a_1a_2),$$
$$k\cdot(a,b)=(ka,kb+\frac{k(k-1)}{2}a^2)$$

（1）求 V 的一组基.

（2）定义变换 $A(a,b)=(a,a+b)$，证明 A 是一个线性变换，并且求 A 在 V 的一组基下的矩阵表示.

2. 设 $M_n(F)$ 是数域 $M_n(F)$ 上的全体 $M_n(F)$ 阶方阵组成的集合.对任意可逆矩阵 $A\in M_n(F)$，定义集合 $T_A=\{X\in M_n(F)\mid A^{-1}XA=X\}$.设 $V=\cap_{A\in M_n(F):|A|\neq 0}T_A$，即 V 是所有可能的 T_A 的交集(A 可逆).求 $\dim V$ 和 V 的一个基.

3. 设 $A=\begin{bmatrix}2&-1&0\\-1&2&-1\\0&-1&2\end{bmatrix}$，设 $C(A)$ 是所有与 A 可交换的实矩阵组成的集合.

（1）证明：$C(A)$ 是实数域 R 上的线性空间.

（2）求 $\dim_R C(A)$ 和它的一个基.

4. 在线性空间 R^4 中，求由向量 $\alpha_1,\alpha_2,\alpha_3$ 与 β_1,β_2,β_3 生成的两个子空间的和与交空间的基底和维数.

其中：$\alpha_1=(1,1,0,0)$，$\alpha_2=(0,1,1,0)$，$\alpha_3=(0,0,1,1)$，$\beta_1=(1,0,1,0)$，$\beta_2=(0,2,1,1,)$，$\beta_3=(1,2,1,2)$.

5. 用符号 $M_{2\times2}(P)$ 表示数域 P 上 2 阶方阵的集合.设 a_1,a_2,a_3,a_4 为两两互异的数且它们的和不等于零.试证明：

$$\left\{\begin{pmatrix}1&a_i\\a_i^2&a_i^4\end{pmatrix}\mid a_i\in P,i=1,2,3,4\right\}$$

是数域 P 上线性空间 $M_{2\times2}(P)$ 的一组基.

6. 设 A 是数域 K 上一个 $m\times n$ 矩阵，B 是一个 m 维非零列向量.

令 $W=\{\alpha\in K^n\mid$ 存在 $t\in K$，使 $A\alpha=tB\}$

（1）证明：W 关于 K^n 的运算构成 K^n 的一个子空间.

（2）设线性方程组 $AX=B$ 的增广矩阵的秩为 r，证明 W 的维数 $\dim W=n-r+1$.

（3）对于非齐次线性方程组 $\begin{cases}2x_1-x_2+x_3+3x_4=-1\\x_1+2x_2+3x_3-x_4=2\\4x_1+3x_2+7x_3+x_4=3\end{cases}$，求 W 的一个基.

7. 证明有限维实线性空间的线性变换必有 1 维或 2 维的不变子空间.

8. 设 V 为域 K 上的一个有限维线性空间，V_1,V_2 为 V 的线性子空间，$\dim V$ 表示线性空间 V 的维数.证明以下等式：

$$\dim V_1+\dim V_2=\dim(V_1+V_2)+\dim V_1\cap V_2.$$

9.（1）证明：$V=\{X\in M_n(R)\mid AX=0\}$ 为实数域 R 上的线性空间.

（2）假设 $R(A)=r$，试求 V 的维数.

10. 设 V 为所有 n 阶实对称方阵组成的实线性空间，计算 V 的维数.

11. 设 A 为 $m \times n$ 矩阵,则 A 的秩等于 r 是指什么?

12. 设 V_1, V_2 是 R^n 中两个非平凡子空间,证明:R^n 中存在向量 α,使得 $\alpha \notin V_1, \alpha \notin V_2$,并在 R^3 中举例说明此问题.

13. 设 A 是 n 阶实对称矩阵,记 $S = \{x \in R^n \mid x^T A x = 0\}$,给出 S 为 R^n 的子空间的充分必要条件,并证明你的结论.

14. 已知同维数的两个向量组有相同的秩,且其中之一可用另一个线性表示,证明这两个向量组等价.

15. 设子空间 $V_1 = L(\alpha_1, \alpha_2, \alpha_3)$,$V_2 = L(\beta_1, \beta_2, \beta_3)$,其中

$$\alpha_1 = (1,2,1,-2), \alpha_2 = (2,3,1,0), \alpha_3 = (1,2,2,-3),$$

$$\beta_1 = (1,1,1,1), \beta_2 = (1,0,1,-1), \beta_3 = (1,3,0,-4),$$

分别求和空间 $V_1 + V_2$ 与交空间 $V_1 \cap V_2$ 的维数和一组基.

16. 设向量组 $\alpha_1, \alpha_2, \cdots, \alpha_s$ 线性无关,且 β_1 可以由 $\alpha_1, \alpha_2, \cdots, \alpha_s$ 线性表示,而 β_2 不能由 $\alpha_1, \alpha_2, \cdots, \alpha_s$ 线性表示,证明:对任意实数 l,向量组 $\alpha_1, \alpha_2, \cdots, \alpha_s, l\beta_1 + \beta_2$ 线性无关.

17. 已知 W_1, W_2 均为数域 P 上的线性空间 V 的两个真子空间,且 $\alpha \in W_2, \alpha \notin W_1$,又 $\beta \notin W_2$,证明:

(1) 对任意 $k \in P, \beta + k\alpha \notin W_2$.

(2) 至多有一个 $k \in P$,使 $\beta + k\alpha \in W_1$.

18. 设 V_1, V_2, V_3 是线性空间 V 的 3 个非平凡的子空间,证明:V 中至少有一个向量不属于 V_1, V_2, V_3 中任何一个.

19. 设 A 是数域 P 上 n 级矩阵,E 是 n 级单位矩阵,$A^2 = E$,V_1 和 V_2 分别是线性方程组 $(E - A)X = 0$ 和 $(E + A)X = 0$ 的解空间,则 $P^n = V_1 \oplus V_2$,其中 P^n 是所有 n 维列向量所成的向量空间.

20. α_1 为线性变换 T 的特征向量,$(T - \lambda E)\alpha_1 = 0$,这里 E 为恒等变换,且向量组 $\alpha_1, \alpha_2, \cdots, \alpha_r$ 满足 $(T - \lambda E)\alpha_i = \alpha_{i-1}, i = 2, \cdots, r$,证明:向量 $\alpha_1, \alpha_2, \cdots, \alpha_r$ 线性无关.

21. 设 V 是数域 P 上 n 维线性空间,$\alpha_1, \alpha_2, \cdots, \alpha_n$ 是 V 的一组基,用 V_1 表示 V 的由向量 $\alpha_1 + \alpha_2 + \cdots + \alpha_n$ 生成的子空间.令

$$V_2 = \left\{ \sum_{i=1}^{n} k_i \alpha_i \mid \sum_{i=1}^{n} k_i = 0, k_i \in P \right\}$$

证明:(1) V_2 是 V 的子空间;(2) $V = V_1 \oplus V_2$.

22. 设数域 P 上的 n 级矩阵空间为 $M_n(P)$,集合 $S_1 = \{A \in M_n(P) \mid A^T = A\}$,其中 A^T 为 A 的转置矩阵,

(1) 证明 S_1 是 $M_n(P)$ 的子空间;

(2) 求 $M_n(P)$ 的子空间 S_2 使得 $M_n(P) = S_1 \oplus S_2$.

23. $\alpha_1, \alpha_2, \cdots, \alpha_n$ 为数域 K 上 n 维向量空间 V 的基,$x_i = c_i (c_i \in K, i = 1, \cdots, n)$ 是方程 $\sum_{i=1}^{n} a_i x_i = 0$ 的解($a_1, a_2, \cdots, a_n$ 是 K 中不全为零的数),试证所有 $\sum_{i=1}^{n} c_i \alpha_i$ 组成 V 的一个 $n-1$ 维子空间.

24. 设 A 为 n 阶方阵,$W_1 = \{x \in R^n \mid Ax = 0\}$,$W_2 = \{x \in R^n \mid (A - E)x = 0$,证明 A 为幂等矩阵当且仅当 $R^n = W_1 \oplus W_2$.

25. $\{x_1, x_2, \cdots, x_n\}$ 为复数域 C 上的向量空间 V 中的一组线性无关向量.

(1) 试证明:当 $n=3$ 时,$\{x_1+x_2,x_2+x_3,x_3+x_1\}$ 也是线性无关向量.

(2) 若 $n>3$,相应的结论是否仍然成立? 亦即对于

$$\{x_1+x_2,x_2+x_3,\cdots,x_{n-1}+x_n,x_n+x_1\}$$

是否依然为线性无关向量组? 证明你的结论或举出反例.

26. 求 h 的取值,使得 $y=(h,5,3)'$ 在 $v_1=(1,1,-2)'$ 和 $v_2=(-3,-1,4)'$ 所张成的平面内.

27. 设 F 是数域,$M_n[x]=\{(a_{ij}(x))_{n\times n}:a_{ij}(x)\in F[x]\}$,即:$M_n[x]$ 中的 n 阶方阵的元素是 $F[x]$ 中的多项式,称 $A\in M_n[x]$ 是可逆的,如果存在 $B\in M_n[x]$ 使得 A,其中,E_n 是 n 阶单位矩阵,称 B 是 A 的逆矩阵.

(1) 证明:关于通常的矩阵的加法和数乘运算,$M_n[x]$ 是 F 上的无穷维线性空间.

(2) 证明:$A\in M_n[x]$ 可逆当且仅当行列式 $\det(A)$ 是 F 中的非零数.

(3) 证明:如果 $A\in M_n[x]$ 可逆,那么它的逆矩阵是唯一的.

28. 设 F 是数域,$gl(n,F)$ 是 A 上的 n 阶矩阵的全体,对任意 $A,B\in gl(n,F)$,定义:$[A,B]=AB-BA$.

(1) 证明:对任意 $A_1,A_2,A_3\in gl(n,F)$ 都有:

$[[A_1,A_2],A_3]+[[A_2,A_3],A_1]+[[A_3,A_1],A_2]=0.$

(2) 设 $sl(n,F)=\{A\in gl(n,F)\mid tr(A)=0\}$,其中 $tr(A)$ 表示方阵 $A=(a_{ij})_{n\times n}$ 的迹:$tr(A)=\sum_{i=1}^{n}a_{ii}$.证明:$sl(n,F)$ 是 $gl(n,F)$ 的子空间,并写出它的一个基.

(3) 设 D_n 是 $gl(n,F)$ 中的数量矩阵组成的子空间.证明:

$$gl(n,F)=sl(n,F)\oplus D_n.$$

(4) 证明 $sl(n,F)=\left\{\sum_{\text{有限和}}[A_i,B_i]\mid A_i,B_i\in gl(n,F)\right\}$.

29. 设 $\alpha_1=(1,-1,2,3)$,$\alpha_2=(-1,2,1,-1)$,$\alpha_3=(1,1,8,5)$,$W=L(\alpha_1,\alpha_2,\alpha_3)$.

(1) 计算:$\dim W$. (2) 求出:$W^{\perp}$.

(3) 求出行向量 β_1,β_2,使得方阵$(\alpha_1^T,\alpha_2^T,\beta_1^T,\beta_2^T)$ 可逆,并求其逆矩阵.

30. 设 A 是数域 F 上的 $m\times n$ 型矩阵.

(1) 问 A 应该满足什么条件,使得对任意 $\beta\in F^m$,线性方程组 $AX=\beta$ 都有解? 说明理由.

(2) 设 $F=R$ 是实数域,证明:对任意 m 维实向量 β,线性方程组 $A'AX=A'\beta$ 都有解,其中,A' 表示 A 的转置.

(3) 设 B 也是数域 F 上 $m\times n$ 型矩阵,$M_{m\times n}(F)$,$M_{n\times m}(F)$ 分别是 F 上的所有 $m\times n$ 型矩阵,$n\times m$ 型矩阵组成的线性空间.证明:当 $m\neq n$ 时,由 $f(X)=AXB$ 给出的从 $M_{n\times m}(F)$ 到 $M_{m\times n}(F)$ 的线性映射 f 是不可逆的.

31. 解答下列各题.

(1) 记 $V=\{x\in R^n\mid A'Ax=0\}$,$A$ 的秩为 r,求 V 的维数.

(2) 设 $f:F^n\to F^m$ 是映射 $X\mapsto AX$,证明:f 是单射当且仅当 A 的列向量线性无关;f 是满射当且仅当 A 的行向量线性无关.

(3) 一个矩阵的秩定义为它的行向量组的秩(与它的列向量组的秩相等)证明如下定理:A 的秩为 r 当且仅当 A 至少有一个 r 阶子式不为 0,而所有 $r+1$ 阶子式都为 0.

32. 设向量组 $\alpha_1,\alpha_2,\cdots,\alpha_s$ 线性无关.证明：当且仅当 s 为奇数时，向量组 $\alpha_1+\alpha_2,\alpha_2+\alpha_3,\cdots,\alpha_s+\alpha_1$ 线性无关.

33. 设 $A=\begin{pmatrix}A_1\\A_2\end{pmatrix}$ 是数域 F 上的 $m\times n$ 级矩阵，其中 A_1,A_2 分别为 A 的前 $s(s<n)$ 行和后 $m-s$ 行矩阵. r_1,r_2,r 分别为 A_1,A_2,A 的秩，F^n 是 F 上 n 维列向量组成的线性空间，V_1,V_2,V 分别是线性方程组 $A_1X=0,A_2X=0,AX=0$ 的解空间.证明：

(1) $r\leqslant r_1+r_2$ 并说明 $\dim V$ 与 n,r 的关系.

(2) A 为列满秩（即 $r=n$）的当且仅当存在 m 级可逆矩阵 P 使得 $A=P\begin{bmatrix}E_n\\0\end{bmatrix}$，其中 E_n，0 分别是 n 级单位矩阵和 $(m-n)\times n$ 级零矩阵.

(3) $F^n=V_1+V_2$ 当且仅当 $r=r_1+r_2$.

(4) A 为列满秩的当且仅当 V_1+V_2 为直和.

(5) 当 $m=n=r$ 时，有 $F^n=V_1\oplus V_2$，并对任一个 $\alpha\in F^n$ 求出 $\alpha_1\in V_1,\alpha_2\in V_2$ 使得 $\alpha=\alpha_1+\alpha_2$（用 α,A,A^{-1} 和相关的由单位矩阵、零矩阵等组成的分块矩阵的乘积表示 α_1,α_2）.

34. 设 $\{x_1,x_2,x_3,x_4,x_5\}$ 是线性空间 V 的一组线性无关向量，证明 $\{x_1+x_2,x_2+x_3,x_3+x_4,x_4+x_5,x_5+x_1\}$ 也是一组线性无关的向量.

35. 设 R^4 中 $\alpha_1=(1,2,1,0),\alpha_2=(-1,1,1,1),\alpha_3=(0,3,2,1)$ 生成的子空间为 V_1，$\beta_1=(2,-1,0,1),\beta_2=(1,-1,3,7)$ 生成的子空间为 V_2.分别求 $V_1+V_2,V_1\cap V_2$ 的一组基.

36. 由三个函数 $1,\cos t,\sin t$ 生成的实线性空间记为 V，求线性变换 $T:V\to V$，$f(t)\mapsto f(t+\frac{\pi}{3})$ 的迹、行列式和特征多项式.

37. 设 $\alpha_1,\alpha_2,\cdots,\alpha_r$ 与 $\beta_1,\beta_2,\cdots,\beta_s$ 是线性空间 V 中两组向量，且 $\alpha_1,\alpha_2,\cdots,\alpha_r$ 线性无关，$\beta_i=\sum_{j=1}^{r}a_{ij}\alpha_j(i=1,\cdots,s)$.求证：

(1) 向量组 $\beta_1,\beta_2,\cdots,\beta_s$ 的秩等于矩阵 $A=(a_{ij})$ 的秩；

(2) $s=r$ 时，$\beta_1,\beta_2,\cdots,\beta_s$ 线性无关的充分必要条件为 $|A|\neq 0$.

38. 设 $\alpha_1,\alpha_2,\cdots,\alpha_s$（Ⅰ）和 $\beta_1,\beta_2,\cdots,\beta_s$（Ⅱ）是同一线性空间的两个向量组，则向量组 $\alpha_1-\beta_1,\cdots,\alpha_s-\beta_s$ 的秩不大于秩（Ⅰ）和秩（Ⅱ）之和吗？为什么？

39. 设 $W_0,W_1,W_2,\cdots,W_t$ 是 n 维线性空间 V 的 $t+1$ 个子空间，且有

$W_0\subset W_1\cup W_2\cup\cdots\cup W_t$.试证：存在 $i(1\leqslant i\leqslant t)$，使得 $W_0\subset W_i$.

40. 设 W 是 n 维线形空间 V 的非平凡子空间，则 W 在 V 中的直和补空间唯一吗？为什么？

41. 设 V 是数域 P 上的线性空间. $\alpha_1,\alpha_2,\alpha_3,\alpha_4\in V,W=L(\alpha_1,\alpha_2,\alpha_3,\alpha_4)$ 又有 $\gamma_1,\gamma_2\in W$ 且 γ_1,γ_2 线性无关.求证：可用 $\gamma_1,\gamma_2\in W$ 替换 $\alpha_1,\alpha_2,\alpha_3,\alpha_4$ 中的两个向量 $\alpha_{k_1},\alpha_{k_2}$，使得剩下的向量 $\alpha_{k_3},\alpha_{k_4}$ 与 γ_1,γ_2 仍然生成子空间 W，即 $W=L(\alpha_{k_3},\alpha_{k_4},\gamma_1,\gamma_2)$.

42. 设 $W_1,W_2,\cdots,W_m$ 是线性空间 V 的线性子空间，且 $\dim(W_1+W_2+\cdots+W_m)=\dim W_1+\dim W_2+\cdots+\dim W_m$，则 $W_1+W_2+\cdots+W_m$ 是直和.

43. 设 $\{\alpha_1,\alpha_2,\cdots,\alpha_m\}$ 与 $\{\beta_1,\beta_2,\cdots,\beta_m\}$ 为两个向量组，证明：向量组 $\{\alpha_1,\alpha_2,\cdots,\alpha_m\}$ 与$\{\beta_1,\beta_2,\cdots,\beta_m\}$ 等价的充分必要条件是存在可逆矩阵 P,使

$$(\alpha_1,\alpha_2,\cdots,\alpha_m)P=(\beta_1,\beta_2,\cdots,\beta_m).$$

参考答案

第七章 线性变换

§7.1 基本题型及其常用解题方法

§7.1.1 线性变换(映射)的判定与证明

1. 利用定义

理论依据:设 V,U 均为数域 P 上的线性空间,V 到 U 的一个映射 σ 称为 V 到 U 的一个线性映射,如果对任意 $k\in P,\alpha,\beta\in V$,都有

$$\sigma(\sigma+\beta)=\sigma(\alpha)+\sigma(\beta),\sigma(k\alpha)=k\sigma(\alpha).$$

如果 $V=U$,即一个线性空间 V 自身到自身的一个线性映射称为 V 上的线性变换.

例 7.1 判别下面所定义的变换,哪些是线性的,哪些不是?

(1) 在线性空间 V 中,$\sigma\xi=\xi+\alpha$,其中 $\alpha\in V$ 是一固定的向量;

(2) 在线性空间 V 中,$\sigma\xi=\alpha$,其中 $\alpha\in V$ 是一固定的向量;

(3) 在 P^3 中,$\sigma(x_1,x_2,x_3)=(x_1^2,x_2+x_3,x_3^2)$;

(4) 在 P^3 中,$\sigma(x_1,x_2,x_3)=(2x_1-x_2,x_2+x_3,x_1)$;

(5) 在 $P[x]$ 中,$\sigma(f(x))=f(x+1)$;

(6) 在 $P[x]$ 中,$\sigma(f(x))=f(x_0)$,其中 $x_0\in P$ 是一固定的数;

(7) 把复数域看作复数域上的线性空间,$\sigma\xi=\bar{\xi}$;

(8) 在 $P^{n\times n}$ 中,$\sigma(X)=BXC$,其中 $B,C\in P^{n\times n}$ 是两个固定的矩阵.

解 (1)$\alpha=0$ 时,σ 是恒等映射,显然是线性变换.

$\alpha\neq 0$ 时,$\sigma(2\xi)=2\xi+\alpha\neq 2(\xi+\alpha)=2\sigma\xi$,所以 σ 不是线性变换.

(2)$\alpha=0$ 时,σ 是零映射,显然是线性变换.

$\alpha\neq 0$ 时,$\sigma(2\xi)=\alpha\neq 2\alpha=2\sigma\xi$,所以 σ 不是线性变换.

(3) 因为 $\sigma(2(1,0,0))=\sigma(2,0,0)=(4,0,0)\neq 2(1,0,0)=2\sigma(1,0,0)$,所以 σ 不是线性变换.

(4) 对任意 $\alpha=(x_1,x_2,x_3),\beta=(y_1,y_2,y_3)\in P^3,k\in P$,有

$$\begin{aligned}\sigma(\alpha+\beta)&=\sigma(x_1+y_1,x_2+y_2,x_3+y_3)\\&=(2(x_1+y_1)-(x_2+y_2),(x_2+y_2)+(x_3+y_3),x_1+y_1)\\&=(2x_1-x_2,x_2+x_3,x_1)+(y_1-y_2,y_2+y_3,y_1)=\sigma\alpha+\sigma\beta,\end{aligned}$$

$$\sigma(k\alpha)=\sigma(kx_1,kx_2,kx_3)=(kx_1-kx_2,kx_2+kx_3,kx_1)=k\sigma\alpha,$$

故 σ 是线性变换.

(5) 对任意 $f(x),g(x)\in F[x],k\in P$,有

$$\sigma(f(x)+g(x))=f(x+1)+g(x+1)=\sigma(f(x))+\sigma(g(x))$$

$$\sigma(kf(x))=kf(x+1)=k\sigma(f(x)),$$

故 σ 是线性变换.

(6) 对任意 $f(x),g(x)\in F[x],k\in P$,有

$$\sigma(f(x)+g(x))=f(x_0)+g(x_0)=\sigma(f(x))+\sigma(g(x))$$

$$\sigma(kf(x))=kf(x_0)=k\sigma(f(x)),$$

故 σ 是线性变换.

(7) 因为对非零复数 ξ,$\sigma(i\xi)=-i\bar{\xi}\neq i\bar{\xi}=i\sigma\xi$,所以 σ 不是线性变换.

(8) 对任意 $X,Y\in P^{n\times n},k\in P$,有

$$\sigma(X+Y)=B(X+Y)C=BXC+BYC=\sigma(X)+\sigma(Y)$$

$$\sigma(kX)=B(kX)C=k(BXC)=k\sigma(X),$$

故 σ 是线性变换.

2. 利用线性组合

理论依据:数域 P 上的线性空间 V 到 W 的一个映射 σ 是 V 到 W 的一个线性映射的充分必要条件是:$k,l\in P,\alpha,\beta\in V$,有 $\sigma(k\alpha+l\beta)=k\sigma(\alpha)+l\sigma(\beta)$.

例 7.2 令 $M_n(F)$ 表示数域 F 上一切 n 阶矩阵所成的向量空间.取定 $A\in M_n(F)$.对任意 $X\in M_n(F)$,定义 $\sigma(X)=AX-XA$.

(1) 证明:σ 是 $M_n(F)$ 到自身的线性变换.

(2) 证明:对于任意 $X,Y\in M_n(F)$,

$$\sigma(XY)=\sigma(X)Y+X\sigma(Y).$$

证明 (1) 对任意 $k,l\in F,X,Y\in M_n(F)$,有

$$\begin{aligned}\sigma(kX+lY)&=A(kX+lY)-(kX+lY)A\\&=k(AX-XA)+l(AY-YA)=k\sigma(X)+l\sigma(Y),\end{aligned}$$

故 σ 是线性变换.

(2) $\sigma(XY)=A(XY)-(XY)A=(AX-XA)Y+X(AY-YA)=\sigma(X)Y+X\sigma(Y)$.

§7.1.2 求线性变换的矩阵

1. 利用定义

理论依据:设 σ 为数域 P 上的 n 维线性空间 V 上的线性变换,$\alpha_1,\alpha_2,\cdots,\alpha_n$ 是 V 上的一组基,则 $A=(a_{ij})$ 称为 σ 在基 $\alpha_1,\alpha_2,\cdots,\alpha_n$ 下的矩阵,这里

$$\sigma(\alpha_i)=a_{1i}\alpha_1+a_{2i}\alpha_2+\cdots+a_{ni}\alpha_n,i=1,2,\cdots,n.$$

例 7.3 在空间 $P[x]_n$ 中,设变换 σ 为

$$\sigma(f(x))=f(x+1)-f(x).$$

求 σ 在基 $\varepsilon_0 = 1, \varepsilon_i = \dfrac{x(x-1)\cdots(x-i+1)}{i!}, i = 1,2,\cdots,n$ 下的矩阵.

解 因为 $\sigma(\varepsilon_i) = \begin{cases} 0, i = 0 \\ \varepsilon_{i-1}, 1 \leqslant i \leqslant n \end{cases}$,所以 σ 在基 $\varepsilon_0, \varepsilon_1, \cdots, \varepsilon_n$ 下的矩阵为

$$A = \begin{pmatrix} 0 & 1 & \cdots & 0 & 0 \\ 0 & 0 & \cdots & 0 & 0 \\ \vdots & \vdots & \cdots & \vdots & \vdots \\ 0 & 0 & \cdots & 0 & 1 \\ 0 & 0 & \cdots & 0 & 0 \end{pmatrix}.$$

2. 利用线性变换矩阵的运算性质

理论依据: 设 $\alpha_1, \alpha_2, \cdots, \alpha_n$ 是数域 P 上的 n 维线性空间 V 的一个基,对任意线性变换 $\sigma \in L(V)$,令 σ 和它在给定的这个基下的矩阵对应,那么这个对应是 $L(V)$ 到 $P^{n\times n}$ 的一一对应,且设 $\sigma, \tau \in L(V)$ 在这个基下的矩阵分别是 $A, B, k \in P$,那么

(1)$\sigma + \tau \to A + B$.

(2)$k\sigma \to kA$.

(3)$\sigma\tau \to AB$.

(4)σ 可逆的充分必要条件是:A 为可逆矩阵;且 $\sigma^{-1} \to A^{-1}$.

例 7.4 在 R^3 中,设线性变换 A 在基 $\alpha_1 = (1,0,0), \alpha_2 = (1,1,0), \alpha_3 = (1,1,1)$ 下的像分别为 $A\alpha_1 = 3\alpha_1 + \alpha_2 - 2\alpha_3, A\alpha_2 = 2\alpha_1 - \alpha_2 + \alpha_3, A\alpha_3 = -\alpha_1 + \alpha_3$.线性变换 B 在基 $\beta_1 = (1,0,-1), \beta_2 = (0,1,1), \beta_3 = (-1,1,1)$ 下的矩阵是 $\begin{bmatrix} 1 & 1 & 1 \\ -1 & 0 & 1 \\ 1 & 2 & 0 \end{bmatrix}$.求 $A + B$ 在 $\alpha_1, \alpha_2, \alpha_3$ 下的矩阵.

解 $\begin{bmatrix} 1 & 1 & 1 & 1 & 0 & -1 \\ 0 & 1 & 1 & 0 & 1 & 1 \\ 0 & 0 & 1 & -1 & 1 & 1 \end{bmatrix} \to \begin{bmatrix} 1 & 0 & 0 & 1 & -1 & -2 \\ 0 & 1 & 0 & 1 & 0 & 0 \\ 0 & 0 & 1 & -1 & 1 & 1 \end{bmatrix}$,

$$\begin{bmatrix} 1 & 0 & -1 & 1 & 1 & 1 \\ 0 & 1 & 1 & 0 & 1 & 1 \\ -1 & 1 & 1 & 0 & 0 & 1 \end{bmatrix} \to \begin{bmatrix} 1 & 0 & 0 & 0 & 1 & 0 \\ 0 & 1 & 0 & 1 & 1 & 2 \\ 0 & 0 & 1 & -1 & 0 & -1 \end{bmatrix},$$

所以

$$(\beta_1, \beta_2, \beta_3) = (\alpha_1, \alpha_2, \alpha_3)\begin{bmatrix} 1 & -1 & -2 \\ 1 & 0 & 0 \\ -1 & 1 & 1 \end{bmatrix},$$

$$(\alpha_1, \alpha_2, \alpha_3) = (\beta_1, \beta_2, \beta_3)\begin{bmatrix} 0 & 1 & 0 \\ 1 & 1 & 2 \\ -1 & 0 & -1 \end{bmatrix}.$$

因此

$$B(\alpha_1,\alpha_2,\alpha_3)=B(\beta_1,\beta_2,\beta_3)\begin{bmatrix}0&1&0\\1&1&2\\-1&0&-1\end{bmatrix}=(\beta_1,\beta_2,\beta_3)\begin{bmatrix}1&1&1\\-1&0&1\\1&2&0\end{bmatrix}\begin{bmatrix}0&1&0\\1&1&2\\-1&0&-1\end{bmatrix}$$

$$=(\alpha_1,\alpha_2,\alpha_3)\begin{bmatrix}1&-1&-2\\1&0&0\\-1&1&1\end{bmatrix}\begin{bmatrix}0&2&1\\-1&-1&-1\\2&3&4\end{bmatrix}=(\alpha_1,\alpha_2,\alpha_3)\begin{bmatrix}-3&-3&-6\\0&2&1\\1&0&2\end{bmatrix}$$

所以线性变换 B 在基 $\alpha_1,\alpha_2,\alpha_3$ 下的矩阵为$\begin{bmatrix}-3&-3&-6\\0&2&1\\1&0&2\end{bmatrix}$,又

$$A(\alpha_1,\alpha_2,\alpha_3)=(\alpha_1,\alpha_2,\alpha_3)\begin{bmatrix}3&2&-1\\1&-1&0\\-2&1&1\end{bmatrix},$$

即线性变换 A 在基 $\alpha_1,\alpha_2,\alpha_3$ 下的矩阵为$\begin{bmatrix}3&2&-1\\1&-1&0\\-2&1&1\end{bmatrix}$,故 $A+B$ 在 $\alpha_1,\alpha_2,\alpha_3$ 下的矩阵为$\begin{bmatrix}0&-1&-7\\1&1&1\\-1&1&3\end{bmatrix}$.

§7.1.3 线性变换(矩阵)对角化的判定与证明

1. 利用定义

理论依据: 数域 P 上的 n 阶矩阵 A 称为可以对角化,如果存在 P 上的 n 阶可逆矩阵 T,使得 $T^{-1}AT=\begin{pmatrix}\lambda_1&&&\\&\lambda_2&&\\&&\ddots&\\&&&\lambda_n\end{pmatrix}$.数域 P 上的 n 维线性空间 V 上的线性变换 σ 称为可以对角化,如果 σ 在任何一组基下的矩阵可以对角化.

判断数域 P 上的 n 阶方阵 A 在数域 P 上是否可以对角化,并在可对角化的条件下求可逆矩阵 $T\in M_n(P)$,使 $T^{-1}AT$ 为对角矩阵的步骤:

(1) 解方程 $|\lambda E-A|=0$,如果该方程的根不全属于 P,那么 A 在数域 P 上不能对角化,否则求出 A 的所有属于数域 P 的特征值 $\lambda_1,\lambda_2,\cdots,\lambda_m$,$\lambda_i$ 的重数为 $t_i(1\leqslant i\leqslant m)$.

(2) 对某一个特征值 λ_i,若秩$(\lambda_iE-A)+t_i\neq n$,则 A 不能对角化.

(3) 若对每一个特征值 λ_i,秩$(\lambda_iE-A)+t_i=n$,则 A 可以对角化,解齐次线性方程组 $(\lambda_iE-A)x=0$ 得其基础解系 $p_{i1},p_{i2},\cdots,p_{it_i}(i=1,2,\cdots,m)$.

(4) 令 $T=(p_{11},\cdots,p_{1t_1};p_{21},\cdots,p_{2t_2};\cdots;p_{m1},\cdots,p_{mt_m})$,则

$$T^{-1}AT=diag(\lambda_1,\cdots,\lambda_1;\lambda_2,\cdots,\lambda_2;\lambda_m,\cdots,\lambda_m).$$

例 7.5 已知 $\xi=\begin{bmatrix}1\\1\\-1\end{bmatrix}$是矩阵 $A=\begin{bmatrix}2&-1&2\\5&a&3\\-1&b&-2\end{bmatrix}$的一个特征向量.

(1) 试确定参数 a,b 及特征向量 ξ 所对应的特征值；(2) 问 A 能否相似于对角阵？说明理由.

解 (1) 设 ξ 对应的特征值为 λ，则 $A\xi=\lambda\xi$，即 $\begin{cases}2-1-2=\lambda\\5+a-3=\lambda\\-1+b+2=-\lambda\end{cases}$，所以：$a=-3,b=0,\lambda=-1$.

(2) $|\lambda E-A|=\begin{vmatrix}\lambda-2 & 1 & -2\\-5 & \lambda+3 & -3\\1 & 0 & \lambda+2\end{vmatrix}=(\lambda+1)^3$，即 $\lambda=-1$ 是 A 的 3 重特征根.

而秩$(-E-A)=$秩$\begin{pmatrix}-3 & 1 & -2\\-5 & -2 & -3\\1 & 0 & -1\end{pmatrix}=2$，因此 A 的属于特征根 -1 的线性无关的特征向量只有一个，故 A 不能相似于对角阵.

例 7.6 在 $P[x]_n$ 中 $(n>1)$，求微分变换 σ 的特征多项式，并证明 σ 在任何一组基下的矩阵都不可能是对角矩阵.

证明 取定 $P[x]_n$ 中的基 $1,x,\frac{x^2}{2!}\cdots,\frac{x^n}{n!}$，我们有 σ 在这组基下的矩阵是

$$A=\begin{pmatrix}0 & 1 & \cdots & 0 & 0\\0 & 0 & \cdots & 0 & 0\\\vdots & \vdots & \vdots & \vdots & \vdots\\0 & 0 & \cdots & 0 & 1\\0 & 0 & \cdots & 0 & 0\end{pmatrix}.$$

所以 σ 的特征多项式是 $f(x)=|xE-A|=x^n$，因此 σ 只有 n 重特征值零，因为

$$rank(A)+n=2n-1,$$

所以 A 不能对角化，所以 σ 也不能对角化.

2. 利用正交变换

理论依据：实对称矩阵一定可以正交对角化.

例 7.7 设矩阵 $A=\begin{bmatrix}1 & 1 & a\\1 & a & 1\\a & 1 & 1\end{bmatrix}$，$\beta=\begin{bmatrix}1\\1\\-2\end{bmatrix}$，已知线性方程组 $AX=\beta$ 有解不唯一，试求：(1) a 的值；(2) 正交矩阵 Q，使得 Q^TAQ 为对角矩阵.

解 (1) $\bar{A}=(A\quad\beta)$

$$=\begin{bmatrix}1 & 1 & a & 1\\1 & a & 1 & 1\\a & 1 & 1 & -2\end{bmatrix}\xrightarrow{\text{经过行初等变换}}\begin{bmatrix}1 & 1 & a & 1\\0 & a-1 & 1-a & 0\\0 & 0 & (a+2)(a-1) & (a+2)\end{bmatrix}$$

当 $a\neq1,a\neq-2$ 时，$r(A)=r(\bar{A})=3$，线性方程组 $Ax=\beta$ 有唯一解，与题设矛盾.

当 $a=1$ 时，$r(A)=1<r(\bar{A})=2$，线性方程组 $Ax=\beta$ 无解，也与题设矛盾.

当 $a=-2$ 时，$r(A)=r(\bar{A})=2$，线性方程组 $Ax=\beta$ 有无穷多组解，与题设一致.

故 $a=-2$.

(2) $a=-2$ 时, $|\lambda E-A|=\begin{vmatrix}\lambda-1 & -1 & 2\\ -1 & \lambda+2 & -1\\ 2 & -1 & \lambda-1\end{vmatrix}=\lambda(\lambda+3)(\lambda-3)$,所以

$\lambda_1=0,\lambda_2=-3,\lambda_3=3$ 为 A 的所有特征值.

对应于特征值 $\lambda_1=0$,考虑齐次线性方程组 $Ax=0$ 得对应的特征向量为 $(1,1,1)^T$.

对应于特征值 $\lambda_2=-3$,考虑齐次线性方程组 $(-3E-A)x=0$ 得对应的特征向量为 $(1,-2,1)^T$.

对应于特征值 $\lambda_3=3$,考虑齐次线性方程组 $(3E-A)x=0$ 得对应的特征向量为 $(-1,0,1)^T$;令: $Q=\begin{bmatrix}\frac{1}{\sqrt{3}} & \frac{1}{\sqrt{6}} & -\frac{1}{\sqrt{2}}\\ \frac{1}{\sqrt{3}} & -\frac{2}{\sqrt{6}} & 0\\ \frac{1}{\sqrt{3}} & \frac{1}{\sqrt{6}} & \frac{1}{\sqrt{2}}\end{bmatrix}$,则 $Q^TAQ=\begin{bmatrix}0 & & \\ & -3 & \\ & & 3\end{bmatrix}$.

3. 利用最小多项式

理论依据:数域 P 上 n 阶矩阵 A 相似于对角矩阵的充分必要条件是 A 的最小多项式在 P 上分解为不同的一次因式的乘积.

例 7.8 设 n 维线性空间 V 上的线性变换 σ 满足 $\sigma^2+\sigma=2\varepsilon$(这里 ε 表示恒等映射),证明: σ 可以对角化.

证明 因为 $\sigma^2+\sigma=2\varepsilon$,所以 σ 的最小多项式 $p(x)$ 整除

$$x^2+x-2=(x+2)(x-1),$$

所以 $p(x)$ 在数域 P 上完全分解为不同的一次因式的乘积,故 σ 可以对角化.

4. 利用特征向量的性质

理论依据:(1) 数域 P 上的 n 维线性空间 V 上的一个线性变换 σ 可以对角化的充分必要条件是: σ 有 n 个线性无关的特征向量,即 V 有一个由 σ 的特征向量构成的基.

例 7.9 设 $A=\begin{bmatrix}0 & 0 & 1\\ x & 1 & y\\ 1 & 0 & 0\end{bmatrix}$ 有三个线性无关的特征向量,求 x 和 y 应满足的条件.

分析: A 有三个线性无关的特征向量知 A 可以对角化,因此对 A 的每一个特征值 λ, λ 的重数 + 秩 $(\lambda E-A)=3$,由此便可定出 x,y.

解 $|\lambda E-A|=\begin{vmatrix}\lambda & 0 & -1\\ -x & \lambda-1 & -y\\ -1 & 0 & \lambda\end{vmatrix}=(\lambda-1)^2(\lambda+1)$,所以 A 的特征值为

$$\lambda_1=\lambda_2=1,\lambda_3=-1,$$

由于 A 有三个线性无关的特征向量,所以 A 可以对角化,因此对特征根 $\lambda_1=\lambda_2=1$,我们有秩 $(E-A)=3-2=1$,但由 $(E-A)=\begin{bmatrix}1 & 0 & -1\\ -x & 0 & -y\\ -1 & 0 & 1\end{bmatrix}$ 知 $\begin{vmatrix}1 & -1\\ -x & -y\end{vmatrix}=0$,即 $x+y=0$ 是秩 $(E-A)=1$ 的充分必要条件.故: x 和 y 应满足的条件是 $x+y=0$.

(2) 如果数域 P 上的 n 维线性空间 V 上的一个线性变换 σ 的特征多项式在数域 P 上有 n 个不同的特征值,那么 σ 可以对角化.

例7.10 设 n 阶实矩阵 A 有 n 个不同的实特征值,n 阶实矩阵 B 满足 $AB=BA$,证明存在非零实系数多项式 $f(x)$,使得 $f(A)=B$.

证明 因为 A 有 n 个不同的实特征值 $\lambda_1,\lambda_2,\cdots,\lambda_n$,所以 A 可以对角化且存在 n 阶实可逆矩阵 $P=(\alpha_1,\alpha_2,\cdots,\alpha_n)$,使得 $P^{-1}AP=\begin{bmatrix}\lambda_1 & & & \\ & \lambda_2 & & \\ & & \ddots & \\ & & & \lambda_n\end{bmatrix}$.因为 $AB=BA$,所以

$$P^{-1}BP\begin{bmatrix}\lambda_1 & & & \\ & \lambda_2 & & \\ & & \ddots & \\ & & & \lambda_n\end{bmatrix}=\begin{bmatrix}\lambda_1 & & & \\ & \lambda_2 & & \\ & & \ddots & \\ & & & \lambda_n\end{bmatrix}P^{-1}BP,$$

因此 $P^{-1}BP=\begin{bmatrix}\mu_1 & & & \\ & \mu_2 & & \\ & & \ddots & \\ & & & \mu_n\end{bmatrix}$,因为 $\lambda_1,\lambda_2,\cdots,\lambda_n$ 两两不等,所以存在次数不大于 $n-1$ 的实系数多项式 $f(x)$,使得 $f(\lambda_i)=\mu_i,i=1,2,\cdots,n$,故

$$B=P\begin{bmatrix}\mu_1 & & & \\ & \mu_2 & & \\ & & \ddots & \\ & & & \mu_n\end{bmatrix}P^{-1}=P\begin{bmatrix}f(\lambda_1) & & & \\ & f(\lambda_2) & & \\ & & \ddots & \\ & & & f(\lambda_n)\end{bmatrix}P^{-1}$$

$$=f\left(P\begin{bmatrix}\lambda_1 & & & \\ & \lambda_2 & & \\ & & \ddots & \\ & & & \lambda_n\end{bmatrix}P^{-1}\right)=f(A).$$

§7.1.4 特征值与特征向量的计算、判定与证明

1. 利用定义

理论依据:$\lambda\in P$ 称为数域 P 上的线性空间 V 上的线性变换 σ 的一个特征值,如果存在非零向量 $\xi\in V$,使得 $\sigma(\xi)=\lambda\xi$,这里非零向量 ξ 称为线性变换 σ 的一个属于特征值 λ 的特征向量.

计算步骤:

(1) 求出 σ 在基 $\alpha_1,\alpha_2,\cdots,\alpha_n$ 下的矩阵 A.

(2) 求出 A 的特征多项式 $|\lambda E-A|$.

(3) 特征多项式在数域 P 上的所有根 $\lambda_1,\lambda_2,\cdots,\lambda_s(0\leqslant s\leqslant n)$ 就是 σ 的所有特征值.

(4) 对每一特征值 λ_i(重数为 t_i),解齐次线性方程组

$$(\lambda_iE-A)x=0$$

求出它的基础解系

$$(a_{11}^i,a_{12}^i,\cdots,a_{1n}^i),(a_{21}^i,a_{22}^i,\cdots,a_{2n}^i),\cdots,(a_{t_i1}^i,a_{t_i2}^i,\cdots,a_{t_in}^i),$$

则

$$k_{i1}\xi_{i1}+k_{i2}\xi_{i2}+\cdots k_{it_i}\xi_{it_i}(k_{i1},k_{i2},\cdots,k_{it_i}\text{ 不全为零})$$

是 σ 的属于特征值 λ_i 的所有特征向量,其中

$$\xi_{ij}=a_{ji}^i\alpha_1+a_{j2}^i\alpha_2+\cdots+a_{jn}^i\alpha_n,j=1,2,\cdots,t_i.$$

例 7.11 求复数域上线性空间 V 的线性变换 σ 的特征值与特征向量,已知 σ 在一组基下的矩阵为:

(1) $A=\begin{bmatrix}3&5\\4&2\end{bmatrix}$;

(2) $A=\begin{bmatrix}0&a\\-a&0\end{bmatrix}$;

(3) $A=\begin{bmatrix}1&1&1&1\\1&1&-1&-1\\1&-1&1&-1\\1&-1&-1&1\end{bmatrix}$;

(4) $A=\begin{bmatrix}5&6&-3\\-1&0&1\\1&2&-1\end{bmatrix}$.

解 (1) $f(x)=|xE-A|=\begin{vmatrix}x-3&-5\\-4&x-2\end{vmatrix}=(x-7)(x+2)$,所以 A 的特征值为 $7,-2$.

解方程组 $(7E-A)x=\begin{pmatrix}4&-5\\-4&5\end{pmatrix}x=0$ 得基础解系 $(5,4)^T$,所以 A 的属于特征值 7 的特征向量为 $(5k,4k)^T$,$k\neq0$ 为任意常数;故 σ 的属于特征值 7 的特征向量为 $5k\alpha_1+4k\alpha_2$,$k\neq0$ 为任意常数,这里 α_1,α_2 是给定的基.

解方程组 $(-2E-A)x=\begin{pmatrix}-5&-5\\-4&-4\end{pmatrix}x=0$ 得基础解系 $(-1,1)^T$,所以 A 的属于特征值 7 的特征向量为 $(-k,k)^T$,$k\neq0$ 为任意常数,故 σ 的属于特征值 -2 的特征向量为 $-k\alpha_1+k\alpha_2$,$k\neq0$ 为任意常数.

(2) 若 $a\neq0$,则

$f(x)=|xE-A|=\begin{vmatrix}x&-a\\a&x\end{vmatrix}=(x+ai)(x-ai)$,所以 A 的特征值为 $ai,-ai$.

解方程组 $(aiE-A)x=\begin{pmatrix}ai&-a\\a&ai\end{pmatrix}x=0$ 得基础解系 $(-i,1)^T$,所以 A 的属于特征值 ai 的特征向量为 $(-ki,k)^T$,$k\neq0$ 为任意常数,故 σ 的属于特征值 ai 的特征向量为 $-ki\alpha_1+k\alpha_2$,$k\neq0$ 为任意常数,这里 α_1,α_2 是给定的基;

解方程组 $(-aiE-A)x=\begin{pmatrix}-ai&-a\\a&-ai\end{pmatrix}x=0$ 得基础解系 $(i,1)^T$,所以 A 的属于特征值 $-ai$ 的特征向量为 $(ki,k)^T$,$k\neq0$ 为任意常数;故 σ 的属于特征值 $-ai$ 的特征向量为 $ki\alpha_1+k\alpha_2$,$k\neq0$ 为任意常数.

若 $a=0$，则 $f(x)=|xE-A|=\begin{vmatrix} x & 0 \\ 0 & x \end{vmatrix}=x^2$，所以 A 有且仅有 2 重特征值 0.A 的属于特征值 0 的特征向量为 $(k_1,k_2)^T$，k_1,k_2 不全为零，为任意常数，故 σ 的属于特征值 0 的特征向量为 $k_1\alpha_1+k_2\alpha_2$，k_1,k_2 不全为零，为任意常数，这里 α_1,α_2 是给定的基.

(3) $f(x)=|xE-A|=\begin{vmatrix} x-1 & -1 & -1 & -1 \\ -1 & x-1 & 1 & 1 \\ -1 & 1 & x-1 & 1 \\ -1 & 1 & 1 & x-1 \end{vmatrix}=(x-2)^3(x+2)$，所以 A 的特征值为 2（重数为 3），-2.解方程组 $(2E-A)x=\begin{pmatrix} 1 & -1 & -1 & -1 \\ -1 & 1 & 1 & 1 \\ -1 & 1 & 1 & 1 \\ -1 & 1 & 1 & 1 \end{pmatrix}x=0$ 得基础解系 $(1,1,0,0)^T$，$(1,0,1,0)^T$，$(1,0,0,1)^T$，所以 A 的属于特征值 2 的特征向量为 $(k_1+k_2+k_3,k_1,k_2,k_3)^T$，$k_i$ 不全为零，为任意常数；故 σ 的属于特征值 2 的特征向量为 $(k_1+k_2+k_3)\alpha_1+k_1\alpha_2+k_2\alpha_3+k_3\alpha_4$，$k_i$ 不全为零为任意常数，这里 $\alpha_1,\alpha_2,\alpha_3,\alpha_4$ 是给定的基.

解方程组 $(-2E-A)x=\begin{pmatrix} -3 & -1 & -1 & -1 \\ -1 & -3 & 1 & 1 \\ -1 & 1 & -3 & 1 \\ -1 & 1 & 1 & -3 \end{pmatrix}x=0$ 得基础解系 $(-1,1,1,1)^T$，所以 A 的属于特征值 7 的特征向量为 $(-k,k,k,k)^T$，$k\neq 0$ 为任意常数，故 σ 的属于特征值 -2 的特征向量为 $-k\alpha_1+k\alpha_2+k\alpha_3+k\alpha_4$，$k\neq 0$ 为任意常数.

(4) $f(x)=|xE-A|=\begin{vmatrix} x-5 & -6 & 3 \\ 1 & x & -1 \\ -1 & -2 & x+1 \end{vmatrix}=(x-2)(x^2-2x-2)$，所以 A 的特征值为 $2,1+\sqrt{3},1-\sqrt{3}$.

解方程组 $(2E-A)x=\begin{pmatrix} -3 & -6 & 3 \\ 1 & 2 & -1 \\ -1 & -2 & 3 \end{pmatrix}x=0$ 得基础解系 $(-2,1,0)^T$，所以 A 的属于特征值 2 的特征向量为 $(-2k,k,0)^T$，$k\neq 0$ 为任意常数；故 σ 的属于特征值 2 的特征向量为 $-2k\alpha_1+k\alpha_2$，$k\neq 0$ 为任意常数，这里 $\alpha_1,\alpha_2,\alpha_3$ 是给定的基；解方程组 $((1+\sqrt{3})E-A)x=0$ 得基础解系 $(6+3\sqrt{3},-2-\sqrt{3},1)^T$，所以 A 的属于特征值 $1+\sqrt{3}$ 的特征向量为 $(6k+3k\sqrt{3},-2k-k\sqrt{3},k)^T$，$k\neq 0$ 为任意常数，故 σ 的属于特征值 $1+\sqrt{3}$ 的特征向量为

$(6k+3k\sqrt{3})\alpha_1-(2k+k\sqrt{3})\alpha_2+k\alpha_3$，$k\neq 0$ 为任意常数.

解方程组 $((1-\sqrt{3})E-A)x=0$ 得基础解系 $(6-3\sqrt{3},\sqrt{3}-2,1)^T$，所以 A 的属于特征值 $1-\sqrt{3}$ 的特征向量为 $(6k-3k\sqrt{3},k\sqrt{3}-2k,k)^T$，$k\neq 0$ 为任意常数，故 σ 的属于特征值 $1-\sqrt{3}$ 的特征向量为 $(6k-3k\sqrt{3})\alpha_1+(k\sqrt{3}-2k)\alpha_2+k\alpha_3$，$k\neq 0$ 为任意常数.

例 7.12 已知 λ 为可逆矩阵 A 的特征值,证明:

(1) $\dfrac{1}{\lambda}$ 为 A^{-1} 的特征值; (2) $\dfrac{|A|}{\lambda}$ 为 A 的伴随矩阵 A^* 特征值.

证明 (1) 因为

$$\left|\frac{1}{\lambda}E-A^{-1}\right|=\left|\frac{1}{\lambda}A^{-1}A-A^{-1}\right|=\left|\frac{1}{\lambda}A^{-1}(A-\lambda E)\right|=\left|-\frac{1}{\lambda}A^{-1}\right||\lambda E-A|=0,$$

所以$\dfrac{1}{\lambda}$ 为 A^{-1} 的特征值.

(2) 因为 $\left|\dfrac{|A|}{\lambda}E-A^*\right|=\left|\dfrac{|A|}{\lambda}E-|A|A^{-1}\right|=\left||A|\left(\dfrac{E}{\lambda}-A^{-1}\right)\right|=|A|^n\left|\dfrac{E}{\lambda}-A^{-1}\right|=0,$

所以$\dfrac{|A|}{\lambda}$ 为 A^* 的特征值.

2. **利用特征值与特征向量的性质**

理论依据:(1) 如果 n 阶矩阵 A 的各行元素之和均为 a,则 a 一定是 A 的一个特征值,且 $(1,1,\cdots,1)^T$ 是 A 的属于特征值 a 的一个特征向量.

(2)① 设 $\lambda_1,\lambda_2,\cdots,\lambda_n$ 是 n 阶可逆矩阵 A 的全部特征根,则 ${\lambda_1}^{-1},{\lambda_2}^{-1},\cdots,{\lambda_n}^{-1}$ 是 n 阶可逆矩阵 A^{-1} 的全部特征值;② 设 $\lambda_1,\lambda_2,\cdots,\lambda_n$ 是 n 阶矩阵 A 的全部特征值,$f(x)$ 是任意一个次数大于零的多项式,则 $f(\lambda_1),f(\lambda_2),\cdots,f(\lambda_n)$ 是 n 阶矩阵 $f(A)$ 的全部特征根.

(3) 设 n 阶方阵 A 的 n 个特征值为 $\lambda_1,\lambda_2,\cdots,\lambda_n(A=(a_{ij}))$,则

①$\lambda_1+\lambda_2+\cdots+\lambda_n=a_{11}+a_{22}+\cdots+a_{nn}$;②$\lambda_1\lambda_2\cdots\lambda_n=|A|$.

(4)① 实对称矩阵的特征值一定为实数;② 实对称矩阵属于不同特征值的特征向量必正交.

例 7.13 设 n 阶矩阵 A 的元素全为 1,则 A 的 n 个特征值为______.

分析:利用性质可知 n 是其一个特征值,再利用性质 A 的特征值 λ 的重数 $\geqslant \dim V_\lambda$,这里 V_λ 是 A 的属于特征值 λ 的特征值空间,得零是 A 的 $n-1$ 重特征值(因为 $rank(A)=1$),所以 $\dim V_0=n-rank(A)=n-1$,因此 A 的 n 个特征值为 n 与 $n-1$ 个零.

例 7.14 设 $A=\begin{bmatrix}-1&2&2\\2&-1&-2\\2&-2&-1\end{bmatrix}$.

(1) 求矩阵 A 的特征值; (2) 利用(1),求 $E+A^{-1}$ 的特征值,其中 E 为 3 阶单位矩阵.

解 (1) $|\lambda E-A|=\begin{vmatrix}\lambda+1&-2&-2\\-2&\lambda+1&2\\-2&2&\lambda+1\end{vmatrix}=(\lambda-1)^2(\lambda+5)$,故:$A$ 的特征值为 $\lambda_1=\lambda_2=1,\lambda_3=-5$.

(2) 由(1) 知 A^{-1} 的特征值为 $1,1,-1/5$,故:$E+A^{-1}$ 的特征值为:$2,2,4/5$.

例 7.15 设 A 是 n 阶奇异矩阵,则 A^* 的特征根或者是 n 重根零,或者是 $n-1$ 重根零以及另一个根 $A_{11}+A_{22}+\cdots+A_{nn}$. 这里 A_{ii} 是 A 中元素 a_{ii} 的代数余子式.

证明 因为 A 是 n 阶奇异矩阵,所以 $|A^*|=|A|^{n-1}=0$,因此零是 A^* 的特征值,如果 $r(A)<n-1$,则 $A^*=0$,所以零是 A^* 的 n 重特征值;如果 $r(A)=n-1$,则 $r(A^*)=1$,所以 $t=n-r(A^*)\geqslant n-1$,这里 t 是 A^* 的特征值零的重数.故 $t=n-1$,即零是零是 A^* 的 $n-1$ 重

特征值，且 $A_{11}+A_{22}+\cdots+A_{nn}$ 是 A^* 的另一个重特征值，或零是 A^* 的 $n-1$ 重特征值.

例 7.16 设3阶实对称矩阵A的特征值$\lambda_1=1,\lambda_2=2,\lambda_3=-2$且$\alpha_1=(1,-1,1)^T$是$A$的于特征值$\lambda_1$的一个特征向量.记$B=A^5-4A^3+E$，其中$E$为3阶单位矩阵.

(Ⅰ) 验证α_1是矩阵B的特征向量，并求B的全部特征值与特征向量.

(Ⅱ) 求矩阵B.

分析：由于$\lambda_1=1,\lambda_2=2,\lambda_3=-2$是$A$的全部特征值，因此$\lambda_i^5-4\lambda_i^3+1(i=1,2,3)$为$B=A^5-4A^3+E$的全部特征值，即$-2,1,1$是$B$的全部特征值；而由问题(Ⅰ)会得出$\alpha_1=(1,-1,1)^T$是$B$的属于特征值$-2$的特征向量，于是问题与我们在第四章例4.19后面介绍的典型题型一致，仿照解法解之即可.

解 (Ⅰ) 由于$A\alpha_1=\alpha_1$，所以$B\alpha_1=(A^5-4A^3+E)\alpha_1=-2\alpha_1$，因此$\alpha_1=(1,-1,1)^T$是$B$的属于特征值$-2$的特征向量.

又$\lambda_1=1,\lambda_2=2,\lambda_3=-2$是$A$的全部特征值，因此$\lambda_i^5-4\lambda_i^3+1(i=1,2,3)$为$B=A^5-4A^3+E$的全部特征值，即$-2,1,1$是$B$的全部特征值.

B的属于特征值-2的全部特征向量为

$k_1\alpha_1=(k_1,-k_1,k_1)^T(k_1\neq 0$为任意常数$)$

设$(x_1,x_2,x_3)^T$是B的对应于特征值1的特征向量，由于实对称矩阵的属于不同特征值的特征向量必正交，因此$\alpha_1^T(x_1,x_2,x_3)^T=0$，即

$$x_1-x_2+x_3=0$$

解该齐次线性方程组得基础解系：$(1,1,0)^T,(-1,0,1)^T$，故

$$k_2(1,1,0)^T+k_3(-1,0,1)^T(k_2,k_3\text{为不全为零的任意常数})$$

便是B的对应于特征值1的所有特征向量；

(Ⅱ) 令 $P=\begin{bmatrix}1&1&-1\\-1&1&0\\1&0&1\end{bmatrix}$，则 $P^{-1}BP=\begin{bmatrix}-2&&\\&1&\\&&1\end{bmatrix}$，又 $P^{-1}=\begin{bmatrix}\frac{1}{3}&-\frac{1}{3}&\frac{1}{3}\\\frac{1}{3}&\frac{2}{3}&\frac{1}{3}\\-\frac{1}{3}&\frac{1}{3}&\frac{2}{3}\end{bmatrix}$，故

$$B=P\begin{bmatrix}-2&&\\&1&\\&&1\end{bmatrix}P^{-1}=\begin{bmatrix}0&1&-1\\1&0&1\\-1&1&0\end{bmatrix}.$$

3. 利用线性无关性

理论依据：属于不同特征值的特征向量一定线性无关.

例 7.17 设λ_1,λ_2是n阶方阵A的两个不同的特征值，x_1,x_2分别是属于λ_1,λ_2的特征向量，证明：x_1+x_2不是A的特征向量.

证明 (利用反证法)设x_1+x_2是A的属于特征值的λ特征向量，则

$$A(x_1+x_2)=\lambda(x_1+x_2),$$

但

$$A(x_1+x_2)=Ax_1+Ax_2=\lambda_1x_1+\lambda_2x_2,$$

所以

$$\lambda(x_1+x_2)=\lambda_1x_1+\lambda_2x_2,$$

即$(\lambda-\lambda_1)x_1+(\lambda-\lambda_2)x_2=0$,又$x_1,x_2$线性无关,所以$\lambda_1=\lambda=\lambda_2$,与$\lambda_1\neq\lambda_2$矛盾,故$x_1+x_2$不是$A$的特征向量.

§7.1.5 矩阵的特征值、特征向量与相似的性质及其应用

特征值、特征向量及相似有许多应用,例如可以计算行列式(参见第二章),可以计算矩阵和矩阵的方幂(参见第四章),可以讨论实二次型的正定(负定、半正定与半负定)(参见第五章),可以讨论线性变换(矩阵)的对角化(参见§7.1.3),现在我们介绍其他应用.

1. 求矩阵的迹与范数

理论依据:设n阶方阵A的n个特征值为$\lambda_1,\lambda_2,\cdots,\lambda_n(A=(a_{ij}))$,则

(1)$\lambda_1+\lambda_2+\cdots+\lambda_n=a_{11}+a_{22}+\cdots+a_{nn}$;(2)$\lambda_1\lambda_2\cdots\lambda_n=|A|$.

例7.18 设$\lambda_1,\lambda_2,\cdots,\lambda_n$是$n$阶矩阵$A=(a_{ij})$的特征根.证明:$\sum\limits_{i=1}^{n}\lambda_i^2=\sum\limits_{i,j=1}^{n}a_{ij}a_{ji}$.

证明 因为$\lambda_1,\lambda_2,\cdots,\lambda_n$是$n$阶矩阵$A=(a_{ij})$的特征根,所以$\lambda_1^2,\lambda_2^2,\cdots,\lambda_n^2$是$A^2$的特征根,故$\sum\limits_{i=1}^{n}\lambda_i^2=tr(A^2)=\sum\limits_{i,j=1}^{n}a_{ij}a_{ji}$.

2. 公共特征值的判定

理论依据:n阶矩阵A,B有公共特征值的充分必要条件是

$$|xE-A|=0,\ |xE-B|=0$$

有公共解.

例7.19 设A,B分别是m,n阶方阵,$f(\lambda)$是A的特征多项式.证明:$f(B)$是奇异矩阵的充分必要条件是A与B有公共的特征根.

证明 设$\lambda_1,\lambda_2,\cdots,\lambda_m$是$m$阶矩阵$A$的特征根,则

$$f(\lambda)=|\lambda E-A|=(\lambda-\lambda_1)(\lambda-\lambda_2)\cdots(\lambda-\lambda_m).$$

又设$\mu_1,\mu_2,\cdots,\mu_n$是n阶矩阵B的特征根,则$f(\mu_i)=\prod\limits_{j=1}^{m}(\mu_i-\lambda_j),1\leqslant i\leqslant n$是$f(B)$的特征根.故$f(B)$是奇异矩阵的充分必要条件是$|f(B)|=\prod\limits_{i=1}^{n}\prod\limits_{j=1}^{m}(\mu_i-\lambda_j)=0$,即$A$与$B$有公共的特征根.

例7.20 设A,B分别是m,n阶方阵,若A与B没有公共的特征根,则矩阵方程$AX=XB$只有零解.

证明 因为A与B没有公共的特征根,所以$f(B)$是非奇异矩阵,这里$f(\lambda)$是A的特征多项式.如果$X=C$是$AX=XB$的一个解,则由归纳法不难证明$A^kC=CB^k$,$\forall k\in N$,因此$0=f(A)C=Cf(B)$,所以$C=0f(B)^{-1}=0$,故矩阵方程$AX=XB$只有零解.

3. 求方阵的特征多项式

理论依据:若$\lambda_1,\lambda_2,\cdots,\lambda_n$是$n$阶矩阵$A$的特征根,则$A$的特征多项式为

$$f(\lambda)=|\lambda E-A|=(\lambda-\lambda_1)(\lambda-\lambda_2)\cdots(\lambda-\lambda_n).$$

例7.21 已知矩阵A的特征多项式$f(\lambda)=\lambda^3-7\lambda^2+13\lambda-6$,求矩阵$A^3$的特征多项式$g(\lambda)$.

解 $f(\lambda)=(\lambda-2)(\lambda^2-5\lambda+3)$,设$\lambda_1,\lambda_2$是$\lambda^2-5\lambda+3=0$的两个根,则$2,\lambda_1,\lambda_2$

是 A 的全部特征根,因此 $8,\lambda_1^3,\lambda_2^3$ 是 A^3 的全部特征根,因为 $\lambda_1+\lambda_2=5,\lambda_1\lambda_2=3$,所以

$$\lambda_1^3+\lambda_2^3=(\lambda_1+\lambda_2)^3-3\lambda_1\lambda_2(\lambda_1+\lambda_2)=80,\lambda_1^3\lambda_2^3=27.$$

故 A^3 的特征多项式

$$g(\lambda)=(\lambda-8)(\lambda-\lambda_1^3)(\lambda-\lambda_2^3)=(\lambda-8)(\lambda^2-80\lambda+27)=\lambda^3-88\lambda^2+667\lambda+216.$$

§7.1.6 不变子空间的判定与证明

1. 利用定义

理论依据:数域 P 上的线性空间 V 的一个子空间 W 称为 V 上的线性变换 σ 的一个不变子空间,如果 $\sigma W\subset W$,即对任意 $\xi\in W$,都有 $\sigma\xi\in W$.

例 7.22 设 $\sigma\in L(V)$,则 σ 的象 $\mathrm{Im}(\sigma)$ 与核 $\sigma^{-1}(0)$ 均是 σ 的不变子空间.

证明 对任意 $\alpha\in\mathrm{Im}(\sigma)$,有 $\sigma\alpha\in\mathrm{Im}(\sigma)$,所以 $\mathrm{Im}(\sigma)$ 是 σ 的不变子空间;对任意 $\alpha\in\sigma^{-1}(0)=Ker(\sigma)$,有 $\sigma(\sigma\alpha)=\sigma(0)=0$,所以 $\sigma\alpha\in\sigma^{-1}(0)$,故 $\sigma^{-1}(0)$ 是 σ 的不变子空间.

例 7.23 设 $\sigma,\tau\in L(V)$,若 $\sigma\tau=\tau\sigma$,则 τ 的象 $\mathrm{Im}(\tau)$ 与核 $\tau^{-1}(0)$ 均是 σ 的不变子空间.

证明 因为 $\sigma\tau=\tau\sigma$,所以对任意 $\alpha=\tau\beta\in\mathrm{Im}(\tau)$,有 $\sigma\alpha=\sigma(\tau\beta)=\tau(\sigma\beta)\in\mathrm{Im}(\tau)$,所以 $\mathrm{Im}(\tau)$ 是 σ 的不变子空间;对任意 $\alpha\in\tau^{-1}(0)$,有 $\tau(\sigma\alpha)=\sigma(\tau 0)=\sigma 0=0$,所以 $\sigma\alpha\in\tau^{-1}(0)$,故 $\tau^{-1}(0)$ 是 σ 的不变子空间.

例 7.24 设 V 是复数域上的 n 维向量空间,$\sigma,\tau\in L(V)$ 且 $\sigma\tau=\tau\sigma$.

证明:(1) 如果 λ_0 是 σ 的一特征值,那么 V_{λ_0} 是 τ 的不变子空间.

(2)σ,τ 至少有一个公共的特征向量.

证明 (1) 对任意 $\alpha\in V_{\lambda_0}$,因为 $\sigma\tau=\tau\sigma$,所以 $\sigma(\tau\alpha)=\tau(\sigma\alpha)=\tau(\lambda_0\alpha)=\lambda_0\tau(\alpha)$.

因此 $\tau\alpha\in V_{\lambda_0}$,故 V_{λ_0} 是 τ 的不变子空间;

(2) 由 1),V_{λ_0} 是 τ 的不变子空间,因此 τ 在 V_{λ_0} 上的限制 $\tau|_{V_{\lambda_0}}$ 有意义,令 μ 是 $\tau|_{V_{\lambda_0}}$ 的一个特征值,则存在非零向量 $\xi\in V_{\lambda_0}$,使得 $\tau\xi=\mu\xi$,因此 ξ 是 σ,τ 的一个公共特征向量.

2. 利用线性变换的可换性

理论依据:设 $\sigma,\tau\in L(V)$,若 $\sigma\tau=\tau\sigma$,则 τ 的象 $\mathrm{Im}(\tau)$ 与核 $\tau^{-1}(0)$ 均是 σ 的不变子空间.

例 7.25 设 V 是数域 P 上 n 维线性空间,σ 是 V 上的线性变换.$f(x),g(x)\in P[x]$ 满足 $(f(x),g(x))=1,f(\sigma)g(\sigma)=0$,证明 V 一定可以分解为 σ 的不变子空间的直和.

证明 因为 $f(\sigma)\sigma=\sigma f(\sigma),g(\sigma)\sigma=\sigma g(\sigma)$,所以 $Ker(f(\sigma)),Ker(g(\sigma))$ 均为 σ 的不变子空间,我们证明 $V=Ker(f(\sigma))\oplus Ker(g(\sigma))$.因为 $(f(x),g(x))=1$,所以存在 $u(x),v(x)\in P[x]$,使得

$$u(x)f(x)+v(x)g(x)=1\Rightarrow u(\sigma)f(\sigma)+v(\sigma)g(\sigma)=\varepsilon,$$

所以对任意 $\xi\in V$,有

$$\xi=\varepsilon\xi=v(\sigma)g(\sigma)\xi+u(\sigma)f(\sigma)\xi=\xi_1+\xi_2.$$

又因为 $f(\sigma)g(\sigma)=0$,所以

$$f(\sigma)\xi_1=f(\sigma)g(\sigma)v(\sigma)\xi=0,g(\sigma)\xi_2=f(\sigma)g(\sigma)u(\sigma)\xi=0,$$

因此 $\xi_1\in Ker(f(\sigma)),\xi_2\in Ker(g(\sigma))$,所以 $V=Ker(f(\sigma))+Ker(g(\sigma))$.设

$$\xi_1+\xi_2=0,\xi_1\in Ker(f(\sigma)),\xi_2\in Ker(g(\sigma)),$$

则 $\xi_1=\varepsilon\xi_1=v(\sigma)g(\sigma)(-\xi_2)+u(\sigma)f(\sigma)\xi_1=0,\xi_2=-\xi_1=0$，故

$$V=Ker(f(\sigma))\oplus Ker(g(\sigma)).$$

说明：本题有如下一些变形.

例 7.26 设 V 是实数域上的一个 n 维向量空间，V 的一个线性变换 σ 的特征多项式为 $f(\lambda)$，它可以分解为 $f(\lambda)=g(\lambda)h(\lambda),g,h\in R[\lambda],(g,h)=1$，那么 V 可以分解为 σ 的不变子空间的直和 $V=V_1\oplus V_2$，其中

$$V_1=Ker(g(\sigma))=h(\sigma)V,V_2=Ker(h(\sigma))=g(\sigma)V,$$

且 σ 在 V_1 上的限制的特征多项式为 $g(\lambda)$，σ 在 V_2 上的限制的特征多项式为 $h(\lambda)$.

证明 仿例 7.25 可证 $V_1=Ker(g(\sigma)),V_2=Ker(h(\sigma))$ 为 σ 的不变子空间且

$$V=V_1\oplus V_2$$

现证明 σ 在 V_1 上的限制 $\sigma|_{V_1}=\sigma_1$ 的特征多项式为 $g(\lambda)$，σ 在 V_2 上的限制 $\sigma|_{V_2}=\sigma_2$ 的特征多项式为 $h(\lambda)$. 取定 V_1 的一组基 $\alpha_1,\cdots,\alpha_r$ 与 V_2 的一组基 $\alpha_{r+1},\cdots,\alpha_n$，则它们合并在一起构成 V 的一组基 $\alpha_1,\cdots,\alpha_n$，因为

$$\sigma\alpha_i=\sigma_1\alpha_i,1\leqslant i\leqslant r,\sigma\alpha_j=\sigma_2\alpha_j,r+1\leqslant j\leqslant n,$$

所以

$$(\sigma\alpha_1,\cdots,\sigma\alpha_r,\sigma\alpha_{r+1},\cdots,\sigma\alpha_n)=(\alpha_1,\cdots,\alpha_r,\alpha_{r+1},\cdots,\alpha_n)\begin{bmatrix}A_1&0\\0&A_2\end{bmatrix},$$

这里 $A=\begin{bmatrix}A_1&0\\0&A_2\end{bmatrix}$ 是 σ 在基 $\alpha_1,\cdots,\alpha_n$ 下的矩阵，A_1 是 σ_1 在基 $\alpha_1,\cdots,\alpha_r$ 下的矩阵，而 A_2 是 σ_2 在基 $\alpha_{r+1},\cdots,\alpha_n$ 下的矩阵，因此

$$g(\lambda)h(\lambda)=|\lambda E-A|=|\lambda E_1-A_1||\lambda E_2-A_2|=g_1(\lambda)h_1(\lambda),$$

这里 $g_1(\lambda)=|\lambda E_1-A_1|$ 是 σ_1 的特征多项式，$h_1(\lambda)=|\lambda E_2-A_2|$ 是 σ_2 的特征多项式. 我们断言 $(g,h_1)=1$，否则可设 $\lambda\in C$ 是 g 与 h_1 的一个公共根，则存在 $\xi\in C^{n-r},\xi\neq0$，使得 $A_2\xi=\lambda\xi$，于是 $h(A_2)\xi=h(\lambda)\xi=0\Rightarrow h(\lambda)=0$，与 $(g,h)=1$ 矛盾，所以 $(g,h_1)=1$；同理可证 $(g_1,h)=1$，于是由 $g(\lambda)h(\lambda)=g_1(\lambda)h_1(\lambda)$，可得 $g(\lambda)=g_1(\lambda),h(\lambda)=h_1(\lambda)$.

说明：(1) 因为 A_2 是 σ_2 在基 $\alpha_{r+1},\cdots,\alpha_n$ 下的矩阵，所以 $h(A_2)$ 是 $h(\sigma_2)=0$ 在基 $\alpha_{r+1},\cdots,\alpha_n$ 下的矩阵，因此 $h(A_2)=0$.

(2) 设 $h(\lambda)=\sum\limits_{i=0}^{m}b_i\lambda^i$，则 $h(A_2)=\sum\limits_{i=0}^{m}b_iA_2^i$，因此

$$h(A_2)\xi=\sum_{i=0}^{m}b_i(A_2^i\xi)=\left(\sum_{i=0}^{m}b_i\lambda^i\right)\xi=h(\lambda)\xi.$$

(3) $\dim Ker(g(\sigma))=\partial(g),\dim Ker(h(\sigma))=\partial(h)$.

(4) 从证明中可见，V 是实数域上的一个 n 维向量空间这一条件可以改为 V 是任意数域上的一个 n 维向量空间.

(5) 结合例 7.25 可以得到一类典型题型：若 $f(x)\in P[x]$ 是 $A\in P^{n\times n}=M_n(P)$ 的一个化零多项式（即 $f(A)=0$），且存在 $g(x),h(x)\in P[x]$，使得 $f(x)=g(x)h(x),(g,h)=1$，那么 $P^n=\ker(g(x))\oplus\ker(h(A))$. 这里证明与例 7.25 相同，但无法与例 7.26 相同得到 $\dim\ker(g(x))=\partial(g),\dim\ker(h(A))=\partial(h)$. 请比较两者题设条件的差异并参见例 7.27. 特别的：若复数 λ 是 n 阶复方阵 A 的一个特征值，其重数等于 r，则 A 的特征多项式

$f(x)$ 可以表为 $f=(x-\lambda)^r g$，这里 $((x-\lambda)^r,g)=1$，$f(A)=0$，故 $C^n=\ker((A-\lambda E)^r)\oplus\ker(g(A))$ 且 $\dim\ker((A-\lambda E)^r)=r=\partial((x-\lambda)^r$.

例 7.27　设 $\lambda_1,\lambda_2,\cdots,\lambda_t$ 是数域 P 上 n 维线性空间 V 上的线性变换 σ 所有不同的特征值，σ 的极小多项式为

$$g(x)=(x-\lambda_1)^{r_1}(x-\lambda_2)^{r_2}\cdots(x-\lambda_t)^{r_t},g_i(x)=\frac{g(x)}{(x-\lambda_i)^{r_i}}.$$

则 $V=V_1\oplus V_2\oplus\cdots\oplus V_t$，其中

$$V_i=g_i(\sigma)V=\{g_i(\sigma)\xi\mid\xi\in V\}=Ker\,(\sigma-\lambda_i)^{r_i},1\leqslant i\leqslant t,$$

是 σ 的不变子空间且 $\dim V_i=n_i,1\leqslant i\leqslant t$，$\sigma$ 的特征多项式为

$$f(x)=(x-\lambda_1)^{n_1}(x-\lambda_2)^{n_2}\cdots(x-\lambda_t)^{n_t}.$$

分析：为了证明 $V=V_1\oplus V_2\oplus\cdots\oplus V_t$，利用直和证明方法 2，我们需要证明两点，一是 $V=V_1+V_2+\cdots+V_t$，二是若 $\xi_1+\xi_2+\cdots+\xi_t=0,\xi_i\in V_i$，则 $\xi_i=0$.

证明　令 $V_i=g_i(\sigma)V=\{g_i(\sigma)\xi\mid\xi\in V\}$，$1\leqslant i\leqslant t$，则 $V_i\subset Ker\,(\sigma-\lambda_i)^{r_i}$，又因为 $g_i(\sigma)\sigma=\sigma g_i(\sigma)$，所以 V_i 是 σ 的不变子空间. 因为 $(g_1,g_2,\cdots,g_t)=1$，所以存在多项式 $u_1,u_2,\cdots,u_t$，使得 $g_1u_1+g_2u_2+\cdots+g_tu_t=1$. 于是对任意 $\xi\in V$，我们有

$$\xi=g_1(u_1\xi)+g_2(u_2\xi)+\cdots+g_t(u_t\xi),\xi_i=g_i(u_i\xi)\in V_i,$$

所以 $V=V_1+V_2+\cdots+V_t$.

$$若\sum_{i=1}^{t}\beta_i=0,\beta_i\in Ker\,(\sigma-\lambda_i)^{r_i},1\leqslant i\leqslant t,$$

则由 $(x-\lambda_j)^{r_j}\mid g_i(x),j\neq i$ 可得 $g_i(\sigma)\beta_j=0,j\neq i$，因为

$$(g_i(x),(x-\lambda_i)^{r_i})=1,$$

所以存在多项式 u,v，使得 $u(x)g_i(x)+v(x)(x-\lambda_i)^{r_i}=1$. 于是

$$\beta_i=-u(\sigma)\sum_{1\leqslant j\neq i\leqslant t}g_i(\sigma)\beta_j+v(\sigma)(\sigma-\lambda_i)^{r_i}\beta_i=0,i=1,2,\cdots,t,$$

所以 $V=V_1\oplus V_2\oplus\cdots\oplus V_t$.

现证 $V_i=Ker\,(\sigma-\lambda_i)^{r_i}$，事实上 $\forall\xi_i\in Ker\,(\sigma-\lambda_i)^{r_i}\subset V$，知存在唯一的 $\beta_j\in V_j\subset Ker\,(\sigma-\lambda_j)^{r_j}$，使得 $\xi_i=\sum\limits_{j=1}^{t}\beta_j$，因此 $\sum\limits_{j\neq i}\beta_j+(\beta_i-\xi_i)=0$，由前面所证结论可得 $\xi_i=\beta_i\in V_i$，所以 $Ker\,(\sigma-\lambda_i)^{r_i}\subset V_i$，因此 $V_i=Ker\,(\sigma-\lambda_i)^{r_i}$.

最后证明 σ 的特征多项式为

$$f(x)=(x-\lambda_1)^{n_1}(x-\lambda_2)^{n_2}\cdots(x-\lambda_t)^{n_t}.$$

我们只需证明 $\sigma_i=\sigma|_{V_i}$ 在 V_i 内有唯一的特征值 λ_i. 因为 σ_i 的最小多项式是 $(x-\lambda_i)^{r_i}$，所以存在非零向量 $\xi\in V_i$，使得 $(\sigma-\lambda_i)^{r_i}\xi=0,\eta=(\sigma-\lambda_i)^{r_i-1}\xi\neq0$，于是 $\eta\in V_i$ 且 $\sigma_i\eta=\sigma\eta=\lambda_i\eta$，所以 λ_i 是 σ_i 的一个特征值. 若 μ 也是 σ_i 的一个特征值，则存在非零向量 $\xi\in V_i$，使得 $(\sigma_i-\mu)\xi=0$，因为 σ_i 的最小多项式是 $(x-\lambda_i)^{r_i}$，所以 $(\sigma-\lambda_i)^{r_i}\xi=0$，令 $(x-\lambda_i)^{r_i}=h(x)(x-\mu)+c$，则

$$c\xi=(\sigma_i-\lambda_i)^{r_i}\xi-h(\sigma_i)(\sigma_i-\mu)\xi=0\Rightarrow c=0,$$

所以 $x-\mu\mid(x-\lambda_i)^{r_i}\Rightarrow\mu=\lambda_i$，故 σ_i 只有唯一特征值 λ_i，因此 σ_i 的特征多项式为 $(x-\lambda_i)^{n_i}$，这里 $\dim V_i=n_i,1\leqslant i\leqslant t$，故 σ 的特征多项式为

$$f(x)=(x-\lambda_1)^{n_1}(x-\lambda_2)^{n_2}\cdots(x-\lambda_t)^{n_t}.$$

例 7.28 设数域 P 上 n 维线性空间 V 上的线性变换 σ 的特征多项式为

$$f(x)=(x-\lambda_1)^{n_1}(x-\lambda_2)^{n_2}\cdots(x-\lambda_t)^{n_t},f_i(x)=\frac{f(x)}{(x-\lambda_i)^{n_i}}.$$

则 $V=V_1\oplus V_2\oplus\cdots\oplus V_t$，其中

$$V_i=f_i(\sigma)V=\{f_i(\sigma)\xi\mid\xi\in V\}=Ker\,(\sigma-\lambda_i\varepsilon)^{n_i},1\leqslant i\leqslant t.$$

本题证明与例 7.27 前面部分完全类似，不再重复.

利用例 7.27 和例 7.28 不难得到

$$Ker\,(\sigma-\lambda_i\varepsilon)^{r_i}\subset Ker\,(\sigma-\lambda_i\varepsilon)^{n_i}=f_i(\sigma)V\subset g_i(\sigma)V=Ker\,(\sigma-\lambda_i\varepsilon)^{r_i},$$

所以 $\dim Ker\,(\sigma-\lambda_i\varepsilon)^{n_i}=\dim Ker\,(\sigma-\lambda_i\varepsilon)^{r_i}=n_i$.

例 7.29 设 λ 是复数域上 n 维线性空间 V 上的线性变换 σ 唯一的特征值，i 是小于 n 的正整数，则存在维数等于 i 的 σ 的不变子空间.

证明 令 $\tau=\sigma-\lambda$，则对任意 $\xi\in V$，有 $\tau^n\xi=(\sigma-\lambda)^n\xi=0$，我们对 V 的维数 n 进行归纳，证明存在 V 的如下形式的一组基：

$$\begin{array}{lll}
\alpha_1 & \alpha_2 & \cdots\alpha_t\\
\tau\alpha_1 & \tau\alpha_2 & \cdots\tau\alpha_t\\
\vdots & \vdots & \cdots\vdots\\
\tau^{k_1-1}\alpha_1 & \tau^{k_2-1}\alpha_2 & \cdots\tau^{k_t-1}\alpha_t\\
(\tau^{k_1}\alpha_1=0) & (\tau^{k_2}\alpha_2=0) & \cdots(\tau^{k_t}\alpha_t=0)
\end{array}$$

其中 $k_i\geqslant 1,\sum\limits_{i=1}^{t}k_i=n$. $n=1$ 时，存在 V 的基 α_1，且 $\tau\alpha_1=k\alpha_1=0$，因此 $k=0$，所以 α_1 是满足要求的基，结论成立. 现设结论对维数小于 n 的线性空间成立，则对 n 维线性空间，考虑 τ 的不变子空间 τV，若 $\dim\tau V=n$，则 $\tau V=V$，于是有

$$V=\tau V=\tau^2V=\cdots=\tau^nV=\{0\},$$

与 $\dim V=n>0$ 矛盾，所以 $\dim\tau V=m<n$，易见 τ 在 τV 上的限制满足条件，由归纳假设存在 τV 上的一组基

$$\begin{array}{lll}
\beta_1 & \beta_2 & \cdots\beta_t\\
\tau\beta_1 & \tau\beta_2 & \cdots\tau\beta_t\\
\vdots & \vdots & \cdots\vdots\\
\tau^{k_1-1}\beta_1 & \tau^{k_2-1}\beta_2 & \cdots\tau^{k_t-1}\beta_t\\
(\tau^{k_1}\beta_1=0) & (\tau^{k_2}\beta_2=0) & \cdots(\tau^{k_t}\beta_t=0)
\end{array}$$

令 $\beta_i=\tau\alpha_i$，若 $t=n-m=Ker\tau$，则

$$\begin{array}{lll}
\alpha_1 & \alpha_2 & \cdots\alpha_t\\
\tau\alpha_1 & \tau\alpha_2 & \cdots\tau\alpha_t\\
\vdots & \vdots & \cdots\vdots\\
\tau^{k_1}\alpha_1 & \tau^{k_2}\alpha_2 & \cdots\tau^{k_t}\alpha_t\\
(\tau^{k_1+1}\alpha_1=0) & (\tau^{k_2+1}\alpha_2=0) & \cdots(\tau^{k_t+1}\alpha_t=0)
\end{array}$$

是 V 的一组满足要求的基，若 $t<n-m=Ker\tau$，则将 $\tau^{k_1-1}\beta_1,\tau^{k_2-1}\beta_2,\cdots,\tau^{k_t-1}\beta_t$ 扩充为 $Ker\tau$ 的一组基 $\tau^{k_1-1}\beta_1,\tau^{k_2-1}\beta_2,\cdots,\tau^{k_t-1}\beta_t,\alpha_{t+1},\cdots,\alpha_s,s=n-m$，则

$$\begin{array}{lll}\alpha_1 & \alpha_2 & \cdots\alpha_t \\ \tau\alpha_1 & \tau\alpha_2 & \cdots\tau\alpha_t \\ \vdots & \vdots & \cdots\vdots \\ \tau^{k_1}\alpha_1 & \tau^{k_2}\alpha_2 & \cdots\tau^{k_t}\alpha_t \\ (\tau^{k_1+1}\alpha_1=0) & (\tau^{k_2+1}\alpha_2=0) & \cdots(\tau^{k_t+1}\alpha_t=0),\alpha_{t+1},\cdots,\alpha_s\end{array}$$

是 V 的一组满足要求的基.对小于 n 的正整数 i,必存在 $1\leqslant j\leqslant t$,使得

$$\sum_{s=1}^{j-1}k_s\leqslant i<\sum_{s=1}^{j}k_s,k_0=1.$$

令 $V_s=L(\alpha_s,\tau\alpha_s,\cdots,\tau^{k_s-1}\alpha_s),1\leqslant s<j,V_j=L(\tau^{k_i-m}\alpha_i,\cdots,\tau^{k_i-1}\alpha_i),m=i-\sum_{s=1}^{j-1}k_s$,则 $W=V_1\oplus\cdots\oplus V_{j-1}\oplus V_j$ 是维数等于 i 的 σ 的不变子空间.

利用本例和例 7.27,不难证明.

例 7.30 设 σ 是复数域上 n 维线性空间 V 上的线性变换,i 是小于 n 的正整数,则存在维数等于 i 的 σ 的不变子空间.

证明 设 $\lambda_1,\lambda_2,\cdots,\lambda_t$ 是 σ 所有不同的特征值,σ 的极小多项式为

$$g(x)=(x-\lambda_1)^{r_1}(x-\lambda_2)^{r_2}\cdots(x-\lambda_t)^{r_t}.$$

则 $V=V_1\oplus V_2\oplus\cdots\oplus V_t$,其中 $V_j=Ker(\sigma-\lambda_j)^{r_j}$ 是 σ 的不变子空间且 $\dim V_j=n_j,1\leqslant j\leqslant t,\sum_{j=1}^{t}n_j=n$,于是对小于 n 的正整数 i,必存在 $1\leqslant j\leqslant t$,使得 $\sum_{s=1}^{j-1}n_s\leqslant i<\sum_{s=1}^{j}n_s,n_0=1$.令 W_j 是 V_j 的维数等于 $i-\sum_{s=1}^{j-1}n_s$ 的 σ 的不变子空间,则 $W=V_1\oplus\cdots\oplus V_{j-1}\oplus W_j$ 是维数等于 i 的 σ 的不变子空间.

说明:没有 V 是复数域上的向量空间这一条件,结论不一定成立(参见例 7.60).

§7.1.7 象与核及其维数的计算、判定与证明

1. 利用定义

理论依据:设 σ 为数域 P 上的线性空间 V 到 U 的一个线性映射,则 $\sigma V=\{\sigma\xi\mid\xi\in V\}$ 称为线性映射 σ 的值域(或象集),记为 $\mathrm{Im}(\sigma)$(或 σV),$\sigma^{-1}(0)=\{\xi\in V\mid\sigma\xi=0\}$ 称为线性映射 σ 的核(或记为 $Ker(\sigma)$).

例 7.31 已知 A,B,C,D 为 V 上的线性变换,且两两可交换,并有 $AC+BD=E$,证明:$KerAB=KerA+KerB$,且和为直和.

证明 对任意 $\xi\in KerAB$,有 $\xi=E\xi=BD\xi+AC\xi$,因为 A,B,C,D 两两可换,所以

$$A(BD\xi)=D(AB\xi)=D(0)=0,B(AC\xi)=C(AB\xi)=C(0)=0.$$

因此 $BD\xi\in KerA,AC\xi\in KerB$,所以 $KerAB\subset KerA+KerB$;由于 $KerA\subset KerAB$ 且 $KerB\subset KerAB$,所以 $KerA+KerB\subset KerAB$,故 $KerAB=KerA+KerB$.现证和为直和:对任意 $\xi\in KerA\cap KerB$,有

$$\xi=E\xi=BD\xi+AC\xi=D(B\xi)+C(A\xi)=D(0)+C(0)=0,$$

因此 $KerA\cap KerB=\{0\}$,故 $KerAB=KerA\oplus KerB$.

例 7.32 设 σ,τ 为 n 维线性空间 V 上的线性变换,使得 $(\sigma\tau)^2=\varepsilon$(其中 ε 是 V 的恒等变换).令 $T=\varepsilon-\sigma\tau$.证明:$Ker(T)=\mathrm{Im}(T-2\varepsilon)$.

证明 $\forall \alpha \in Ker(T), T(\alpha)=0, \alpha=(T-2\varepsilon)\left(-\frac{1}{2}\alpha\right) \in \mathrm{Im}(T-2\varepsilon)$,因此

$$Ker(T) \subset \mathrm{Im}(T-2\varepsilon).$$

又对 $\forall \alpha \in \mathrm{Im}(T-2\varepsilon)$,可令 $\alpha=(T-2\varepsilon)\beta, \beta \in V$,则

$$T\alpha=(\varepsilon-\sigma\tau)(-\varepsilon-\sigma\tau)\beta=-(\varepsilon-(\sigma\tau)^2)\beta=0,$$

所以 $\alpha \in Ker(T)$, $\mathrm{Im}(T-2\varepsilon) \subset Ker(T)$,故:$Ker(T)=\mathrm{Im}(T-2\varepsilon)$.

2. **利用线性变换的矩阵**

理论依据:设有限维线性空间 V 上的线性变换 σ 在 V 的一个基 $\alpha_1,\alpha_2,\cdots,\alpha_n$ 下的矩阵为 $A=(a_{ij})$,则 $\dim\sigma V=\dim L(\sigma\alpha_1,\sigma\alpha_2,\cdots,\sigma\alpha_n)=rank(A)$;若 $Ax=0$ 的基础解系中的 $t=n-rank(A)$ 个列向量为 $\beta_1,\beta_2,\cdots,\beta_t$,则

$$\gamma_i=(\alpha_1,\alpha_2,\cdots,\alpha_n)\beta_i, i=1,2,\cdots,t$$

是 $Ker(\sigma)=\sigma^{-1}(0)$ 的一组基.

计算步骤:

(1) 求出 $\sigma \in L(V)$ 在 V 的一个基 $\alpha_1,\alpha_2,\cdots,\alpha_n$ 下的矩阵 $A=(a_{ij})$.

(2) 求出 A 的列向量组的一个极大无关组 $(a_{1k_1},\cdots,a_{nk_1})^T$, $(a_{1k_2},\cdots,a_{nk_2})^T,\cdots$, $(a_{1k_r},\cdots,a_{nk_r})^T$,则与这个极大无关组对应的 $\sigma(\alpha_{k_j})=(\alpha_1,\cdots,\alpha_n)\begin{pmatrix} a_{1k_j} \\ a_{2k_j} \\ \vdots \\ a_{nk_j} \end{pmatrix}, j=1,2,\cdots,r$ 是 $\sigma(V)$ 的一个基.

(3) 解齐次线性方程组 $Ax=0$,求出它的一个基础解系:

$$(x_{11},x_{12},\cdots,x_{1n}),(x_{21},x_{22},\cdots,x_{2n}),\cdots,(x_{t1},x_{t2},\cdots,x_{tn})\ (t=n-r)$$

那么:$\beta_1,\beta_2,\cdots,\beta_n$ 是 $\sigma^{-1}(0)$ 的一个基,其中 $\beta_i=x_{i1}\alpha_1+x_{i2}\alpha_2+\cdots+x_{in}\alpha_n$.

例7.33 设 $\varepsilon_1,\varepsilon_2,\varepsilon_3,\varepsilon_4$ 是4维线性空间 V 的一组基,已知线性变换 σ 在这组基下的矩阵为:$\begin{bmatrix} 1 & 0 & 2 & 1 \\ -1 & 2 & 1 & 3 \\ 1 & 2 & 5 & 5 \\ 2 & -2 & 1 & -2 \end{bmatrix}$.

(1) 求 σ 在基 $\eta_1=\varepsilon_1-2\varepsilon_2+\varepsilon_4, \eta_2=3\varepsilon_2-\varepsilon_3-\varepsilon_4, \eta_3=\varepsilon_3+\varepsilon_4, \eta_4=2\varepsilon_4$ 下的矩阵.

(2) 求 σ 的核与值域.

(3) 在 σ 的核中选一组基,把它扩充成 V 的一组基,并求 σ 在这组基下的矩阵.

(4) 在 σ 的值域中选一组基,把它扩充成 V 的一组基,并求 σ 在这组基下的矩阵.

解 (1) 由题设条件可得基 $\varepsilon_1,\varepsilon_2,\varepsilon_3,\varepsilon_4$ 到基 $\eta_1,\eta_2,\eta_3,\eta_4$ 的过渡矩阵为

$$T=\begin{bmatrix} 1 & 0 & 0 & 0 \\ -2 & 3 & 0 & 0 \\ 0 & -1 & 1 & 0 \\ 1 & -1 & 1 & 2 \end{bmatrix}$$

所以 σ 在基 $\eta_1,\eta_2,\eta_3,\eta_4$ 下的矩阵为

$$T^{-1}\begin{bmatrix}1&0&2&1\\-1&2&1&3\\1&2&5&5\\2&-2&1&-2\end{bmatrix}T=\begin{bmatrix}2&-3&3&2\\2/3&-4/3&10/3&10/3\\16/3&-28/3&40/3&40/3\\0&1&-7&-8\end{bmatrix}.$$

(2) $\begin{bmatrix}1&0&2&1\\-1&2&1&3\\1&2&5&5\\2&-2&1&-2\end{bmatrix}\to\begin{bmatrix}1&0&2&1\\0&1&3/2&2\\0&0&0&0\\0&0&0&0\end{bmatrix}$,因此

$$Ker(\sigma)=L(-2\varepsilon_1-\frac{3}{2}\varepsilon_2+\varepsilon_3,-\varepsilon_1-2\varepsilon_2+\varepsilon_4);$$

$$\sigma V=L(\varepsilon_1-\varepsilon_2+\varepsilon_3+2\varepsilon_4,2\varepsilon_2+2\varepsilon_3-2\varepsilon_4).$$

(3) $\alpha_1=-2\varepsilon_1-\frac{3}{2}\varepsilon_2+\varepsilon_3,\alpha_2=-\varepsilon_1-2\varepsilon_2+\varepsilon_4$ 为 $Ker(\sigma)$ 的一组基,且由

$$(\varepsilon_1,\varepsilon_2,\alpha_1,\alpha_2)=(\varepsilon_1,\varepsilon_2,\varepsilon_3,\varepsilon_4)\begin{bmatrix}1&0&-2&-1\\0&1&-3/2&-2\\0&0&1&0\\0&0&0&1\end{bmatrix}$$

可知 $\varepsilon_1,\varepsilon_2,\alpha_1,\alpha_2$ 是 V 的一组基,$T_1=\begin{bmatrix}1&0&-2&-1\\0&1&-3/2&-2\\0&0&1&0\\0&0&0&1\end{bmatrix}$ 是由基 $\varepsilon_1,\varepsilon_2,\varepsilon_3,\varepsilon_4$ 到基 $\varepsilon_1,\varepsilon_2,\alpha_1,\alpha_2$ 的过渡矩阵,故 σ 在基 $\varepsilon_1,\varepsilon_2,\alpha_1,\alpha_2$ 下的矩阵为

$$T_1^{-1}\begin{bmatrix}1&0&2&1\\-1&2&1&3\\1&2&5&5\\2&-2&1&-2\end{bmatrix}T_1=\begin{bmatrix}5&2&0&0\\9/2&1&0&0\\1&2&0&0\\2&-2&0&0\end{bmatrix}.$$

(4) $\beta_1=\varepsilon_1-\varepsilon_2+\varepsilon_3+2\varepsilon_4,\beta_2=2\varepsilon_2+2\varepsilon_3-2\varepsilon_4$ 为 σV 的一组基,且由

$$(\beta_1,\beta_2,\varepsilon_3,\varepsilon_4)=(\varepsilon_1,\varepsilon_2,\varepsilon_3,\varepsilon_4)\begin{bmatrix}1&0&0&0\\-1&2&0&0\\1&2&1&0\\2&-2&0&1\end{bmatrix}$$

可知 $\beta_1,\beta_2,\varepsilon_3,\varepsilon_4$ 是 V 的一组基,$T_2=\begin{bmatrix}1&0&0&0\\-1&2&0&0\\1&2&1&0\\2&-2&0&1\end{bmatrix}$ 是由基 $\varepsilon_1,\varepsilon_2,\varepsilon_3,\varepsilon_4$ 到基 $\beta_1,\beta_2,\varepsilon_3,\varepsilon_4$ 的过渡矩阵,故 σ 在基 $\beta_1,\beta_2,\varepsilon_3,\varepsilon_4$ 下的矩阵为

$$T_2^{-1}\begin{bmatrix}1&0&2&1\\-1&2&1&3\\1&2&5&5\\2&-2&1&-2\end{bmatrix}T_2=\begin{bmatrix}5&2&0&0\\9/2&1&0&0\\1&2&0&0\\2&-2&0&0\end{bmatrix}.$$

说明:(1) 将线性变换在给定基下的矩阵 $A=\begin{bmatrix}1&0&2&1\\-1&2&1&3\\1&2&5&5\\2&-2&1&-2\end{bmatrix}$ 经过行初等变换(不能做列变换,至多可做交换两列位置的列变换,但此时要注意各列所对应的向量也发生变化)化为简化阶梯型矩阵 $\begin{bmatrix}1&0&2&1\\0&1&3/2&2\\0&0&0&0\\0&0&0&0\end{bmatrix}$ 后,既求出了 A 的极大无关组(这里对应的是 A 的前两个列向量),又求出了线性方程组 $Ax=0$ 的基础解系(按照解齐次方程组的标准步骤不难理解).

(2) 在将 $Ker(\sigma)$ 与 σV 的基扩充为 V 的一组基,就是利用替换定理(定理6.4),用它去替换 V 的一组基中的 $r=\dim Ker(\sigma)$ $(t=n-r=\dim\sigma V)$ 个向量,一般把未被替换的向量去掉后,替换的向量所对应的坐标构成的矩阵是可逆矩阵就一定是正确的替换,在本题中不难看出 $\alpha_1=-2\varepsilon_1-\dfrac{3}{2}\varepsilon_2+\varepsilon_3,\alpha_2=-\varepsilon_1-2\varepsilon_2+\varepsilon_4$ 中去掉任何两个向量都可以,但替换 $\varepsilon_3,\varepsilon_4$ 后所得的基,在求基 $\varepsilon_1,\varepsilon_2,\varepsilon_3,\varepsilon_4$ 到扩充后的基 $\varepsilon_1,\varepsilon_2,\alpha_1,\alpha_2$ 的过渡矩阵是上三角形矩阵,因此后面的计算要容易一些.

§7.2 例题选讲

§7.2.1 线性变换的判定与证明的例题

例 7.34 令 $\xi=(x_1,x_2,x_3)$ 是 R^3 的任意向量.下列映射 σ 哪些是 R^3 到自身的线性变换?

(1) $\sigma(\xi)=(2x_1-x_2+x_3,x_2+x_3,-x_3)$.

(2) $\sigma(\xi)=(x_1^2,x_2^2,x_3^2)$.

(3) $\sigma(\xi)=(\cos x_1,\sin x_2,0)$.

解 (1) 对任意 $k,l\in R,\xi=(x_1,x_2,x_3),\eta=(y_1,y_2,y_3)\in R^3$,有

$$\sigma(k\xi+l\eta)=\sigma(kx_1+ly_1,kx_2+ly_2,kx_3+ly_3)$$

$$=(2(kx_1+ly_1)-(kx_2+ly_2)+kx_3+ly_3,(kx_2+ly_2)+(kx_3+ly_3),-(kx_3+ly_3))$$

$$=k(2x_1-x_2+x_3,x_2+x_3,-x_3)+l(2y_1-y_2+y_3,y_2+y_3,-y_3)=k\sigma(\xi)+l\sigma(\eta),$$

故 σ 是线性变换.

(2) 取 $\xi=(1,0,0)$,则 $\sigma(2\xi)=\sigma(2,0,0)=(4,0,0)\neq 2(1,0,0)=2\sigma(\xi)$,所以 σ 不是线性变换.

(3) 取 $\xi=(\pi,0,0)$,则 $\sigma(2\xi)=\sigma(2\pi,0,0)=(1,0,0)\neq 2(-1,0,0)=2\sigma(\xi)$,所以 σ 不是线性变换.

例 7.35 设 V 是数域 P 上 n 维线性空间.证明:V 的与全体线性变换可以交换的线性变换是数乘变换.

证明 取定 V 的一组基 $\alpha_1,\alpha_2,\cdots,\alpha_n$,设 V 的与全体线性变换可以交换的线性变换 σ 在这组基下的矩阵为 $A\in M_n(P)$,则对任意 $B\in M_n(P)$,存在唯一的 $\tau\in L(V)$,使得:τ 在基 $\alpha_1,\alpha_2,\cdots,\alpha_n$ 下的矩阵 B,于是 $\sigma\tau$ 与 $\tau\sigma$ 在基 $\alpha_1,\alpha_2,\cdots,\alpha_n$ 下的矩阵分别是:AB 与 BA,因为 $\sigma\tau=\tau\sigma$,所以 $AB=BA$,即:A 与全体 n 阶矩阵可交换,由此知:A 为数量矩阵,因此 σ 是数乘变换.

例 7.36 σ 是数域 P 上 n 维线性空间 V 的一个线性变换.证明:如果 σ 在任何一组基下的矩阵都相同,那么 σ 是数乘变换.

证明 取定 V 的一组基 $\alpha_1,\alpha_2,\cdots,\alpha_n$,设 σ 在这组基下的矩阵为 $A=(a_{ij})$,则:

$$\sigma(\alpha_i)=a_{1i}\alpha_1+\cdots+a_{ii}\alpha_i+\cdots+a_{ni}\alpha_n$$

$$\sigma(-\alpha_i)=(-a_{1i})\alpha_1+\cdots+a_{ii}(-\alpha_i)+\cdots+(-a_{ni})\alpha_n$$

因为 σ 在基 $\alpha_1,\cdots,-\alpha_i,\cdots,\alpha_n$ 下的矩阵也为 $A=(a_{ij})$,由此得:$a_{ki}=-a_{ki},k\neq i$,所以:$a_{ki}=0,1\leqslant k\neq i\leqslant n$,又因为 σ 在基 $\alpha_1,\cdots,\alpha_j,\cdots,\alpha_i,\cdots,\alpha_n$ 下的矩阵也为 $A=(a_{ij})$,因此:$a_{ii}=a_{jj}=k,1\leqslant i\neq j\leqslant n$,从而 $A=kE_n$ 为数量矩阵,因此 σ 是数乘变换.

例 7.37 设线性空间 V 的维数等于 n,σ 与 τ 都是 V 上的线性变换,σ 可对角化,$\sigma\tau-\tau\sigma=\sigma$,证明:存在 m,使得 σ^m 为零变换.

证明 由例 7.49 的证明知 σ 的特征值全为零,又因为 σ 可对角化,所以存在可逆矩阵 P,使得 $P^{-1}AP=0$,这里 A 是 σ 在 V 的任意一组基下的矩阵,所以 $A=0$,故 $\sigma=0$.

说明:σ 可对角化的条件可以去掉,因为 σ 的特征值全为零,所以存在 V 的一组基,使得 σ 在这组基下的矩阵为 $\begin{bmatrix}\Delta_1 & & & \\ & \Delta_2 & & \\ & & \ddots & \\ & & & \Delta_t\end{bmatrix}$,这里 $\Delta_i=\begin{bmatrix}0 & 0 & \cdots & 0 & 0\\ 1 & 0 & \cdots & 0 & 0\\ \vdots & \vdots & \cdots & \vdots & \vdots\\ 0 & 0 & \cdots & 0 & 0\\ 0 & 0 & \cdots & 1 & 0\end{bmatrix}_{m_i}$ 是 m_i 的若尔当块,$1\leqslant i\leqslant t$,$\sum\limits_{i=1}^{t}m_i=n$,因为 $\Delta_i^{m_i}=0$,所以令

$$m=\max\{m_1,m_2,\cdots,m_t\},\text{则}\begin{bmatrix}\Delta_1 & & & \\ & \Delta_2 & & \\ & & \ddots & \\ & & & \Delta_t\end{bmatrix}^m=0,\text{因此 }\sigma^m=0.$$

例 7.38 设 $\varepsilon_1,\varepsilon_2,\cdots,\varepsilon_n$ 是 n 维线性空间 V_n 的一组基,对任意 n 个向量

$$\alpha_1,\alpha_2,\cdots,\alpha_n\in V_n,$$

证明:存在唯一的线性变换 T 使得 $T(\varepsilon_i)=\alpha_i,i=1,2,\cdots,n$..

证明 对任意 $\xi=x_1\varepsilon_1+x_2\varepsilon_2+\cdots+x_n\varepsilon_n\in V_n$,令

$$T(\xi)=x_1\alpha_1+x_2\alpha_2+\cdots+x_n\alpha_n,$$

则 T 是 V_n 上的变换,且对任意,$k,l\in P,\xi=\sum\limits_{i=1}^{n}x_i\varepsilon_i,\eta=\sum\limits_{i=1}^{n}y_i\varepsilon_i\in V_n$,有

$$T(k\xi+l\eta)=T(\sum_{i=1}^{n}(kx_i+ly_i)\varepsilon_i)=\sum_{i=1}^{n}(kx_i+ly_i)\alpha_i=kT(\xi)+lT(\eta),$$

所以 T 是 V_n 上的线性变换,因为

$$\varepsilon_i=0\varepsilon_1+\cdots+\varepsilon_i+\cdots+0\varepsilon_n,$$

所以 $T(\varepsilon_i)=\alpha_i, i=1,2,\cdots,n$.

若另有 V_n 上的线性变换 S,满足 $S(\varepsilon_i)=\alpha_i, i=1,2,\cdots,n$,则 $\forall \xi=\sum_{i=1}^{n} x_i\varepsilon_i \in V_n$,有 $T(\xi)=\sum_{i=1}^{n} x_i\alpha_i=S(\xi)$,故 $T=S$.

例 7.39 设 V 是数域 K 上的一个线性空间,证明:

(1) 若 $V_1,V_2,\cdots,V_s$ 是 V 的 s 个真子空间,则 $V_1\cup V_2\cup\cdots\cup V_s\neq V$;

(2) 若 $A_1,A_2,\cdots,A_s$ 是 V 的 s 个两两不同的线性变换,则存在 $\alpha\in V$,使得 $A_1\alpha, A_2\alpha,\cdots,A_s\alpha$ 两两不同.

证明 (1) 参看 §6.4.1 第 10 题.

(2) 我们对 s 进行归纳.$s=2$ 时,结论显然成立;现设 $s>2$ 且结论对 $s-1$ 个两两不等的线性变换 $A_1,A_2,\cdots,A_{s-1}$ 成立,则对 s 个两两不等的线性变换 $A_1,A_2,\cdots,A_s$,存在 $\alpha\in V$,使得 $A_1\alpha,A_2\alpha,\cdots,A_{s-1}\alpha$ 两两不等,若 $A_s\alpha\notin\{A_1\alpha,A_2\alpha,\cdots,A_{s-1}\alpha\}$,结论已成立;现设 $A_s\alpha\in\{A_1\alpha,A_2\alpha,\cdots,A_{s-1}\alpha\}$,不失一般性,可令 $A_s\alpha=A_1\alpha$,因为 $A_s\neq A_1$,所以存在 $\beta\in V$,使得 $A_s\beta\neq A_1\beta$,对任意 $k\in K,k\neq 0$,有 $A_s(\alpha+k\beta)\neq A_1(\alpha+k\beta)$,否则 $A_s\beta=A_1\beta$,矛盾,且对 $1\leqslant i\neq j\leqslant s$,至多存在一个 $k\in K$,使得 $A_i(\alpha+k\beta)=A_j(\alpha+k\beta)$,否则可设 $k_1,k_2\in K,k_1\neq k_2$,使得

$$A_i(\alpha+k_1\beta)=A_j(\alpha+k_1\beta), A_i(\alpha+k_2\beta)=A_j(\alpha+k_2\beta),$$

则有

$$k_1(A_j\beta-A_i\beta)=A_i(\alpha)-A_j(\alpha)=k_2(A_j\beta-A_i\beta)\Rightarrow(k_1-k_2)(A_j\beta-A_i\beta)=0$$

所以 $A_i\beta=A_j\beta$,与 $A_i\alpha\neq A_j\alpha$ 矛盾;由此知总可以选取 $k\in K,k\neq 0,\alpha+k\beta\in V$,使得 $A_1(\alpha+k\beta),A_2(\alpha+k\beta),\cdots,A_s(\alpha+k\beta)$ 两两不等.

§7.2.2 求线性变换的矩阵的例题

例 7.40 设 $T=\begin{pmatrix}1&1\\0&1\end{pmatrix}$,在 $P^{2\times 2}$ 中定义 $\sigma: A\to TA, \forall A\in P^{2\times 2}$.证明:$\sigma$ 是数域 P 上线性空间 $P^{2\times 2}$ 的线性变换;找出 $P^{2\times 2}$ 的一组基并求 σ 在此基下的矩阵.

证明 (1) 对任意 $a,b\in P, X,Y\in P^{2\times 2}$,有

$$\sigma(aX+bY)=T(aX+bY)=a(TX)+b(TY)=a\sigma(X)+b\sigma(Y),$$

所以 σ 是 $P^{2\times 2}$ 上的线性变换.

(2) 因为

$$\sigma(E_{11})=TE_{11}=\begin{pmatrix}1&1\\0&1\end{pmatrix}\begin{pmatrix}1&0\\0&0\end{pmatrix}=E_{11},$$

$$\sigma(E_{12})=TE_{12}=\begin{pmatrix}1&1\\0&1\end{pmatrix}\begin{pmatrix}0&1\\0&0\end{pmatrix}=E_{12},$$

$$\sigma(E_{21})=TE_{21}=\begin{pmatrix}1&1\\0&1\end{pmatrix}\begin{pmatrix}0&0\\1&0\end{pmatrix}=E_{11}+E_{21},$$

$$\sigma(E_{22})=TE_{22}=\begin{pmatrix}1&1\\0&1\end{pmatrix}\begin{pmatrix}0&0\\0&1\end{pmatrix}=E_{12}+E_{22}.$$

所以 σ 在基 $E_{11},E_{12},E_{21},E_{22}$ 下的矩阵是 $A=\begin{bmatrix}1&0&1&0\\0&1&0&1\\0&0&1&0\\0&0&0&1\end{bmatrix}$.

例7.41 设 V 是数域 F 上线性空间, $\alpha_1,\alpha_2,\cdots,\alpha_n$ 是 V 的基,于是由 $\sigma\alpha_i=\alpha_{i+1},i=1,2,\cdots,n-1,\sigma\alpha_n=0$ 定义了 V 的一个线性变换 σ.

(1) 试求 σ 在基 $\alpha_1,\alpha_2,\cdots,\alpha_n$ 下的矩阵 A; (2) 证明: $\sigma^n=0,\sigma^{n-1}\neq 0$;

(3) 设 τ 是 V 的线性变换且满足 $\tau^n=0,\tau^{n-1}\neq 0$,则存在 V 的基,使 τ 在该基下的矩阵与(1) 中 σ 的矩阵 A 相同.

解 (1) $A=\begin{bmatrix}0&0&\cdots&0&0\\1&0&\cdots&0&0\\\vdots&\vdots&\vdots&\vdots&\vdots\\0&0&\cdots&0&0\\0&0&\cdots&1&0\end{bmatrix}$.

(2) 由题设条件可得 $\sigma^{n-i}(\alpha_i)=\alpha_n,i=1,2,\cdots,n-1$,所以

$$\sigma^n(\alpha_i)=0,i=1,2,\cdots,n,\sigma^{n-1}(\alpha_1)=\alpha_n\neq 0,$$

因此 $\sigma^{n-1}\neq 0$ 且对 $\forall\xi=\sum\limits_{i=1}^{n}x_i\alpha_i\in V$,有 $\sigma^n(\xi)=\sum\limits_{i=1}^{n}x_i\sigma^n(\alpha_i)=0$,故 $\sigma^n=0$.

(3) 因为 $\tau^n=0,\tau^{n-1}\neq 0$,所以存在 $\alpha\in V,\tau^{n-1}\alpha\neq 0,\tau^n\alpha=0$,我们证明 $\alpha,\tau\alpha,\cdots,\tau^{n-1}\alpha$ 线性无关,否则存在不全为零的数 $k_0,k_1,\cdots,k_{n-1}$,使得

$$k_0\alpha+k_1\tau\alpha+\cdots+k_{n-1}\tau^{n-1}\alpha=0,$$

令 k_i 是所有不为零的数中下标最小的,则

$$k_i\tau^i\alpha+\cdots+k_{n-1}\tau^{n-1}\alpha=0\Rightarrow k_i\tau^{n-1}\alpha=0,$$

所以 $k_i=0$,矛盾,故 $\alpha,\tau\alpha,\cdots,\tau^{n-1}\alpha$ 线性无关,构成 V 的一组基, τ 在这组基下的矩阵为
$\begin{bmatrix}0&0&\cdots&0&0\\1&0&\cdots&0&0\\\vdots&\vdots&\vdots&\vdots&\vdots\\0&0&\cdots&0&0\\0&0&\cdots&1&0\end{bmatrix}=A$.

例7.42 记 M 为2阶实方阵组成的线性空间, $B=\begin{pmatrix}b_1&b_2\\b_3&b_4\end{pmatrix}\in M$.定义映射 $f:M\to M$ 为 $f(A)=AB-BA,(\forall A\in M)$.验证 f 是线性映射,并写出 f 在基

$$\left\{\begin{pmatrix}1&0\\0&0\end{pmatrix},\begin{pmatrix}0&1\\0&0\end{pmatrix},\begin{pmatrix}0&0\\1&0\end{pmatrix},\begin{pmatrix}0&0\\0&1\end{pmatrix}\right\}$$

下的矩阵.

证明 对任意 $a,b\in R,X,Y\in M$,有

$f(aX+bY)=(aX+bY)B-B(aX+bY)=a(XB-BX)+b(YB-BY)=af(X)+bf(Y)$,

所以 f 是 M 上的线性变换.因为

$$f(E_{11})=\begin{pmatrix}1&0\\0&0\end{pmatrix}\begin{pmatrix}b_1&b_2\\b_3&b_4\end{pmatrix}-\begin{pmatrix}b_1&b_2\\b_3&b_4\end{pmatrix}\begin{pmatrix}1&0\\0&0\end{pmatrix}=b_2E_{12}-b_3E_{21},$$

$$f(E_{12})=\begin{pmatrix}0&1\\0&0\end{pmatrix}\begin{pmatrix}b_1&b_2\\b_3&b_4\end{pmatrix}-\begin{pmatrix}b_1&b_2\\b_3&b_4\end{pmatrix}\begin{pmatrix}0&1\\0&0\end{pmatrix}=b_3E_{11}+(b_4-b_1)E_{12}-b_3E_{22},$$

$$f(E_{21})=\begin{pmatrix}0&0\\1&0\end{pmatrix}\begin{pmatrix}b_1&b_2\\b_3&b_4\end{pmatrix}-\begin{pmatrix}b_1&b_2\\b_3&b_4\end{pmatrix}\begin{pmatrix}0&0\\1&0\end{pmatrix}=-b_2E_{11}+(b_1-b_4)E_{21}+b_2E_{22},$$

$$f(E_{22})=\begin{pmatrix}0&0\\0&1\end{pmatrix}\begin{pmatrix}b_1&b_2\\b_3&b_4\end{pmatrix}-\begin{pmatrix}b_1&b_2\\b_3&b_4\end{pmatrix}\begin{pmatrix}0&0\\0&1\end{pmatrix}=-b_2E_{12}+b_3E_{21}.$$

所以f在基$E_{11},E_{12},E_{21},E_{22}$下的矩阵是$A=\begin{bmatrix}0&b_3&-b_2&0\\b_2&b_4-b_1&0&-b_2\\-b_3&0&b_1-b_4&b_3\\0&-b_3&b_2&0\end{bmatrix}$.

例 7.43 设数域F上n维线性空间$V=W_1\oplus W_2$,则任一$x\in V$可表示为$x=x_1+x_2$,其中$x_i\in W_i(i=1,2)$.我们把变换$\sigma(x):x\mapsto x_1$称为在W_1上的投影变换.试证:

(1) 投影变换是线性变换;

(2) V的线性变换σ是投影变换的充分必要条件是σ在V的任何基下的矩阵A满足$A^2=A$.

证明 (1) 对任意$a,b\in F,x=x_1+x_2,y=y_1+y_2\in V=W_1\oplus W_2$,有

$$ax+by=(ax_1+by_1)+(ax_2+by_2),$$

所以$\sigma(ax+by)=ax_1+by_1=a\sigma(x)+b\sigma(y)$,故投影变换$\sigma$是线性变换.

(2)"必要性的证明":设$\alpha_1,\alpha_2,\cdots,\alpha_r$是$W_1$的一组基,$\alpha_{r+1},\alpha_{r+2},\cdots,\alpha_n$是$W_2$的一组基,则$\alpha_1,\alpha_2,\cdots,\alpha_n$构成$V$的一组基,因为$\sigma\alpha_i=\begin{cases}\alpha_i,1\leqslant i\leqslant r\\\alpha_i,r+1\leqslant i\leqslant n\end{cases}$,所以$\sigma$在基$\alpha_1,\alpha_2,\cdots,\alpha_n$下的矩阵为$A=\begin{bmatrix}E_r&0\\0&0\end{bmatrix}$,所以$A^2=\begin{bmatrix}E_r&0\\0&0\end{bmatrix}=A$,设$\sigma$在$V$的任意一组基$\beta_1,\beta_2,\cdots,\beta_n$下的矩阵为$B$,则$B=T^{-1}AT$,$T$为基$\alpha_1,\alpha_2,\cdots,\alpha_n$到基$\beta_1,\beta_2,\cdots,\beta_n$的过渡矩阵,所以$B^2=T^{-1}A^2T=T^{-1}AT=B$.

"充分性的证明":因为σ在V的任意基下的矩阵A满足$A^2=A$,所以σ的极小多项式整除$x^2-x=x(x-1)$,因此没有重根,所以σ可以对角化,令

$$W_1=\{\xi\in V\mid\sigma\xi=\xi\},W_2=\{\xi\in V\mid\sigma\xi=0\},$$

则$V=W_1\oplus W_2$,对任意$x=x_1+x_2\in V$,有$\sigma x=\sigma x_1+\sigma x_2=x_1$,故$\sigma$为投影变换.

例 7.44 设P是数域,$A=\begin{pmatrix}-2&1\\0&-2\end{pmatrix}\in M_{2\times2}(P)$,$f(x)=x^2+3x+2$,定义$\sigma:X\to f(A)X,X\in M_{2\times2}(P)$

(1) 证明:σ是数域P上线性空间$M_{2\times2}(P)$上的线性变换.

(2) 求σ在基$E_{11},E_{12},E_{21},E_{22}$下的矩阵.

(3) 求σ的特征值和属于特征值的线性无关的特征向量.

证明 (1) 对任意$a,b\in P,X,Y\in M_{2\times2}(P)$,有

$$\sigma(aX+bY)=f(A)(aX+bY)=af(A)(X)+bf(A)(Y)=a\sigma(X)+b\sigma(Y),$$

所以σ是$M_{2\times2}(P)$上的线性变换.

(2) 因为$f(A)=\begin{pmatrix}-2 & 1\\ 0 & -2\end{pmatrix}^2+3\begin{pmatrix}-2 & 1\\ 0 & -2\end{pmatrix}+2E=\begin{pmatrix}0 & -1\\ 0 & 0\end{pmatrix}$,所以

$$\sigma(E_{11})=f(A)(E_{11})=\begin{pmatrix}0 & -1\\ 0 & 0\end{pmatrix}\begin{pmatrix}1 & 0\\ 0 & 0\end{pmatrix}=0,$$

$$\sigma(E_{12})=f(A)(E_{12})=\begin{pmatrix}0 & -1\\ 0 & 0\end{pmatrix}\begin{pmatrix}0 & 1\\ 0 & 0\end{pmatrix}=0,$$

$$\sigma(E_{21})=f(A)(E_{21})=\begin{pmatrix}0 & -1\\ 0 & 0\end{pmatrix}\begin{pmatrix}0 & 0\\ 1 & 0\end{pmatrix}=-E_{11},$$

$$\sigma(E_{22})=f(A)(E_{22})=\begin{pmatrix}0 & -1\\ 0 & 0\end{pmatrix}\begin{pmatrix}0 & 0\\ 0 & 1\end{pmatrix}=-E_{12}.$$

所以σ在基$E_{11},E_{12},E_{21},E_{22}$下的矩阵是$A=\begin{bmatrix}0 & 0 & -1 & 0\\ 0 & 0 & 0 & -1\\ 0 & 0 & 0 & 0\\ 0 & 0 & 0 & 0\end{bmatrix}$.

(3) $|\lambda E-A|=\begin{vmatrix}\lambda & 0 & 1 & 0\\ 0 & \lambda & 0 & 1\\ 0 & 0 & \lambda & 0\\ 0 & 0 & 0 & \lambda\end{vmatrix}=\lambda^4$,所以 0 是$\sigma$的 4 重特征值;解方程组

$$\begin{pmatrix}0 & 0 & -1 & 0\\ 0 & 0 & 0 & -1\\ 0 & 0 & 0 & 0\\ 0 & 0 & 0 & 0\end{pmatrix}x=0$$

得σ的属于特征值 0 的线性无关的特征向量为$(1,0,00)^T,(0,1,0,0)^T$.

§7.2.3 线性变换(矩阵)对角化的判定与证明的例题

例 7.45 设n阶矩阵A的n个特征值两两不同,$AB=BA$. 证明:

(1)A与B有一组相同的线性无关的特征向量; (2)A,B可对角化.

证明 因为A有n个不同的特征值$\lambda_1,\lambda_2,\cdots,\lambda_n$,所以$A$可以对角化且存在可逆矩阵$P=(\alpha_1,\alpha_2,\cdots,\alpha_n)$,使得

$$P^{-1}AP=\begin{bmatrix}\lambda_1 & & & \\ & \lambda_2 & & \\ & & \ddots & \\ & & & \lambda_n\end{bmatrix}\Leftrightarrow A\alpha_i=\lambda_i\alpha_i,i=1,2,\cdots,n.$$

所以$k\alpha_i(k\neq 0)$是的属于特征根λ_i的全部特征向量,$i=1,2,\cdots,n$.

因为$AB=BA$,所以

$$P^{-1}BP\begin{bmatrix}\lambda_1 & & & \\ & \lambda_2 & & \\ & & \ddots & \\ & & & \lambda_n\end{bmatrix}=\begin{bmatrix}\lambda_1 & & & \\ & \lambda_2 & & \\ & & \ddots & \\ & & & \lambda_n\end{bmatrix}P^{-1}BP,$$

因此$P^{-1}BP=\begin{bmatrix}\mu_1 & & & \\ & \mu_2 & & \\ & & \ddots & \\ & & & \mu_n\end{bmatrix}\Leftrightarrow B\alpha_i=\mu_i\alpha_i, i=1,2,\cdots,n$,故$B$可以对角化且$\mu_1,\mu_2,\cdots,\mu_n$是$B$的全部特征值,而$\alpha_1,\alpha_2,\cdots,\alpha_n$是对应的线性无关的特征向量,故$A$与$B$有一组相同的线性无关特征向量,且$A,B$都可以对角化.

说明:原题中要求证明A与B有相同的特征向量,这是不对的,例如$A=\begin{pmatrix}1 & 0\\ 0 & 2\end{pmatrix}$,$B=E_2$,则题目所有条件成立,但$(1,1)^T$不是的$A$的特征向量,而是$B$的特征向量.

例 7.46 设A,B都是幂等矩阵,且$AB=BA$,证明有非奇异矩阵P,使得$P^{-1}AP$与$P^{-1}BP$都是对角矩阵.

证明 因为A是幂等矩阵,所以$A^2=A$.因此A的最小多项式整除x^2-x,因而没有重根,由此知A可以对角化,注意到A的特征值只能为0和1,若设1的重数为r,则存在可逆矩阵P_1,使得:$P_1^{-1}AP_1=\begin{bmatrix}E_r & 0\\ 0 & 0\end{bmatrix}$.令$P_1^{-1}BP_1=\begin{bmatrix}G_r & M\\ H & T\end{bmatrix}$,则由

$$P_1^{-1}AP_1P_1^{-1}BP=\begin{bmatrix}E_r & 0\\ 0 & 0\end{bmatrix}\begin{bmatrix}G_r & M\\ H & T\end{bmatrix}=\begin{bmatrix}G_r & M\\ 0 & 0\end{bmatrix}$$

$$P_1^{-1}BP_1P_1^{-1}AP=\begin{bmatrix}G_r & M\\ H & T\end{bmatrix}\begin{bmatrix}E_r & 0\\ 0 & 0\end{bmatrix}=\begin{bmatrix}G_r & 0\\ H & 0\end{bmatrix}$$

结合$AB=BA$得:$\begin{bmatrix}G_r & M\\ 0 & 0\end{bmatrix}=\begin{bmatrix}G_r & 0\\ H & 0\end{bmatrix}$,所以$M=H=0$.于是

$$\begin{bmatrix}G_r & 0\\ 0 & T\end{bmatrix}=P_1^{-1}BP_1=P_1^{-1}B^2P_1=(P_1^{-1}BP_1)^2=\begin{bmatrix}G_r^{\ 2} & 0\\ 0 & T^2\end{bmatrix}$$

所以$G_r=G_r^{\ 2}$,$T=T^2$,仿前可证G_r,T均可以对角化,所以存在r阶可逆矩阵Q_1与$n-r$阶可逆矩阵Q_2,使得:$Q_1^{-1}G_rQ_1$,$Q_2^{-1}TQ_2$均为对角矩阵.令$P_2=\begin{bmatrix}Q_1 & 0\\ 0 & Q_2\end{bmatrix}$,$P=P_1P_2$,则

$$P^{-1}BP=P_2^{-1}P_1^{-1}BP_1P_2=P_2^{-1}\begin{bmatrix}G_r & 0\\ 0 & T\end{bmatrix}P_2=\begin{bmatrix}Q_1^{-1}G_rQ_1 & 0\\ 0 & Q_2^{-1}TQ_2\end{bmatrix}$$

与

$$P^{-1}AP=P_2^{-1}P_1^{-1}AP_1P_2=P_2^{-1}\begin{bmatrix}E_r & 0\\ 0 & 0\end{bmatrix}P_2=\begin{bmatrix}Q_1^{-1}E_rQ_1 & 0\\ 0 & 0\end{bmatrix}=\begin{bmatrix}E_r & 0\\ 0 & 0\end{bmatrix}$$

都是对角矩阵.

例 7.47 非零的幂零矩阵一定不能对角化.

证明 设λ是幂零零矩A的任何一个特征值,则存在非零向量ξ,使得$A\xi=\lambda\xi$,因为存在正整数m,使得$A^m=0$,所以$\lambda^m\xi=0\Rightarrow\lambda^m=0\Rightarrow\lambda=0$,如果$A$可以对角化,则存在可逆矩阵$T$,使得$T^{-1}AT=0\Rightarrow A=0$,故非零的幂零矩阵一定不能对角化.

例 7.48 幂幺矩阵一定可以对角化.

证明 设A是任何数域P上的幂幺矩阵,则$A^2=E$,则A的极小多项式$p(x)\mid x^2-1$,

所以 $p(x)=x-1$ 或 $p(x)=x+1$ 或 $p(x)=x^2-1$,即 A 的极小多项式在数域 P 上完全分解为不同的一次因式的积(或就是一次因式),故幂幺矩阵 A 一定可以对角化.

§7.2.4 特征值与特征向量的计算、判定与证明的例题

例 7.49 设 V 是复数域上的 n 维向量空间. $f,g\in L(V)$,满足:$fg-gf=f$.

(1) 证明:f 的特征值全为 0; (2) f 与 g 有公共的特征向量.

证明 (1) 我们首先利用归纳法证明对任意正整数 k,有

$$fg^k=g^kf+kg^{k-1}f+\cdots+kgf+f.$$

$k=1$ 时,由题设条件得 $fg=gf+f$,结论成立; 现设 $k\geqslant 1$ 时,

$$fg^k=g^kf+kg^{k-1}f+\cdots+kgf+f,$$

则

$$\begin{aligned}fg^{k+1}&=(gf+f)g^k=g(fg^k)+fg^k\\&=(g+\varepsilon)(g^kf+kg^{k-1}f+\cdots+kgf+f)\\&=g^{k+1}f+(k+1)g^kf+\cdots+(k+1)gf+f,\end{aligned}$$

故由数学归纳法知结论成立.

现设 λ 是 f 的任意一个特征值,则存在非零向量 $\xi\in V$,使得 $f\xi=\lambda\xi$,因为 ξ 线性无关,$\xi,g\xi,\cdots,g^n\xi$ 线性相关,因此可设 m 是使得 $\xi,g\xi,\cdots,g^m\xi$ 线性相关的最小正整数,则存在不全为零的数 $k_0,k_1,\cdots,k_m$,使得

$$k_0\xi+k_1g\xi+\cdots+k_mg^m\xi=0,$$

由 m 的取法知 $\xi,g\xi,\cdots,g^{m-1}\xi$ 线性无关,所以 $k_m\neq 0$.因为

$$f\xi=\lambda\xi \tag{1}$$

$$f(g\xi)=(gf+f)\xi=\lambda g\xi+\lambda\xi \tag{2}$$

$$\vdots \qquad\qquad \vdots$$

$$f(g^m\xi)=(g^mf+mg^{m-1}f+\cdots+mgf+f)\xi=\lambda g^m\xi+m\lambda g^{m-1}\xi+\cdots+m\lambda g\xi+\lambda\xi \tag{m+1}$$

$(1)\times k_0+(2)\times k_1+\cdots+(m+1)\times k_m$ 得

$$\lambda k_m mg^{m-1}\xi+\cdots+\lambda(k_1+k_2+\cdots+k_m)\xi=0,$$

因为 $\xi,g\xi,\cdots,g^{m-1}\xi$ 线性无关,所以 $\lambda k_m m=0\Rightarrow\lambda=0$.

(2) 对任意 $\xi\in V_0=\{\xi\in V\mid f\xi=0\}$,有

$$f(g\xi)=(gf+f)\xi=g(f\xi)++f\xi=g(0)=0,$$

所以 $g\xi\in V_0$,因此 V_0 是 g 的不变子空间,令 μ 是 g 在 V_0 上的限制的一个特征值,则存在非零向量 $\xi\in V_0$,使得 $g\xi=\mu\xi$,即 ξ 是 f 与 g 有公共的特征向量.

例 7.50 设有 4 阶方阵 A 满足条件 $|\sqrt{2}I+A|=0,AA^T=2I,|A|<0$,其中 I 为 4 阶单位矩阵,求方阵 A 的伴随矩阵 A^* 的一个特征值.

分析 由 $|\sqrt{2}I+A|=0$ 知:$-\sqrt{2}$ 是 A 的一个特征值,因此 $-\dfrac{1}{\sqrt{2}}$ 是 A^{-1} 的一个特征值,但 $A^*=|A|A^{-1}$,所以 $-\dfrac{|A|}{\sqrt{2}}$ 是 A^* 的一个特征值,结合 $AA^T=2I,|A|<0$ 不难求出 $|A|$,问题得解.

解 因为 $AA^T=2I$,所以 $|A|^2=16$,又 $|A|<0$,因此 $|A|=-4$;

另由 $|\sqrt{2}I + A| = 0$ 知：$-\sqrt{2}$ 是 A 的一个特征值，因此 $-\frac{1}{\sqrt{2}}$ 是 A^{-1} 的一个特征值，但 $A^* = |A|A^{-1}$，所以 $-\frac{|A|}{\sqrt{2}} = 2\sqrt{2}$ 是 A^* 的一个特征值.

例 7.51　设向量 $\alpha = (a_1, a_2, \cdots, a_n)^T, \beta = (b_1, b_2, \cdots, b_n)^T$ 都是非零向量，且满足条件 $\alpha^T\beta = 0$，记 n 阶矩阵 $A = \alpha\beta^T$，求：

(1) A^2；(2) 矩阵 A 的特征值和特征向量.

分析：利用性质 $\beta^T\alpha = \alpha^T\beta$ 不难知道 $A^2 = 0$，又设 λ 是 A 的任意特征值，ξ 为对应的特征向量，则 $A\xi = \lambda\xi, A^2\xi = \lambda^2\xi = 0$，结合 $\xi \neq 0$ 得 $\lambda = 0$，即知：$\lambda = 0$ 是 A 的唯一的特征值，重数为 n.

解　(1) $A^2 = (\alpha\beta^T)(\alpha\beta^T) = \alpha(\beta^T\alpha)\beta^T = \alpha(\alpha^T\beta)\beta^T = 0$.

(2) 设 λ 是 A 的任意特征值，ξ 为对应的特征向量，则 $A\xi = \lambda\xi, A^2\xi = \lambda^2\xi = 0$，结合 $\xi \neq 0$ 得 $\lambda = 0$，即知：$\lambda_1 = \lambda_2 = \cdots = \lambda_n = 0$ 是 A 的全部特征值.

考虑齐次线性方程组 $Ax = 0$，由于 $\alpha \neq 0, \beta \neq 0$，所以该齐次线性方程组与

$$b_1x_1 + b_2x_2 + \cdots + b_nx_n = 0$$

同解，不妨设 $b_1 \neq 0$，则 $(-b_2, b_1, 0, \cdots, 0)^T, (-b_3, 0, b_1, \cdots, 0)^T, (-b_n, 0, 0, \cdots, b_1)^T$ 是 A 的属于特征值 $\lambda_1 = \lambda_2 = \cdots = \lambda_n = 0$ 的线性无关的特征向量，故：

$$k_1(-b_2, b_1, 0, \cdots, 0)^T + k_2(-b_3, 0, b_1, \cdots, 0)^T + \cdots + k_n(-b_n, 0, 0, \cdots, b_1)^T$$

(其中 $k_1, k_2, \cdots, k_n$ 是不全为零的任意常数) 是 A 的属于特征值 $\lambda_1 = \lambda_2 = \cdots = \lambda_n = 0$ 的所有特征向量.

例 7.52　设 A 为 n 阶方阵，A 的各行与各列恰有一个非零元素且为 1 或 -1，证明 A 的特征根都是单位根(作为例子).

证明　我们首先利用数学归纳法证明存在正整数 m，使得 $A^m = I_n$.

$m = 1$ 时，$A = (a_{11}) \Rightarrow A^2 = (1)$，结论成立；现设 $n > 1$ 且结论对满足条件的 $n-1$ 阶矩阵成立，则对满足条件的 n 阶矩阵 $A = (a_{ij})$，对任何正整数 k，A^k 也是满足条件的 n 阶矩阵，设 i_k 是 A^k 的第一行唯一的非零元素所在的列且用 $a_{1i_k}^{(k)}$ 来表示这个等于 1 或 -1 的唯一非零元素，显然 $i_1, i_2, \cdots$ 不可能两两不等，令 k 是使得 $i_1, i_2, \cdots, i_k$ 两两不等的最大下标，即 $i_1, i_2, \cdots, i_k$ 两两不等，而 $i_{k+1} \in \{i_1, i_2, \cdots, i_k\}$.

若 $i_{k+1} = i_1$，则由 $a_{1i_1}^{(k+1)} = a_{1i_k}^{(k)}a_{1i_1}$ 知 $i_k = 1$，因此 $A^k = \begin{pmatrix} a_{11}^{(k)} & 0 \\ 0 & A_1 \end{pmatrix}$，这里 A_1 是满足条件的 $n-1$ 阶矩阵，由归纳假设存在正整数 m，使得 $A_1^m = I_{n-1}$，于是 $A^{2m} = \begin{pmatrix} 1 & 0 \\ 0 & I_{n-1} \end{pmatrix} = I_n$，结论成立.

若 $i_{k+1} = i_j, 1 < j < k$，则由 $a_{1i_j}^{(k+1)} = a_{1i_k}^{(k)}a_{i_ki_j}, a_{1i_j}^{(j)} = a_{1i_{j-1}}^{(k)}a_{i_{j-1}i_j}$ 知 $i_k = i_{j-1}$，与 $i_1, i_2, \cdots, i_k$ 两两不等矛盾.

若 $i_{k+1} = i_k$，则由 $a_{1i_k}^{(k+1)} = a_{1i_k}^{(k)}a_{i_ki_k}$ 知 $a_{i_ki_k} \neq 0$，因此 $A = P^{-1}\begin{pmatrix} a_{i_ki_k} & 0 \\ 0 & A_1 \end{pmatrix}P$，这里 A_1 是满足条件的 $n-1$ 阶矩阵，而 P 是交换单位矩阵的第一列与第 i_k 列所得初等矩阵，由归纳假设

存在正整数 m,使得 $A_1^m = I_{n-1}$,于是 $A^{2m} = \begin{pmatrix} 1 & 0 \\ 0 & I_{n-1} \end{pmatrix} = I_n$,结论也成立.

若 λ 是 A 的特征值,则必有 $\lambda^m = 1$,故 λ 一定是单位根.

例 7.53 设 A,B 为实对称矩阵,它们的最大、最小特征根分别为 a_n,b_n 和 a_1,b_1,证明:$A+B$ 的最大和最小特征根 λ_n,λ_1 满足 $\lambda_n \leqslant a_n + b_n, \lambda_1 \geqslant a_1 + b_1$.

证明 存在正交矩阵 P_1,P_2,P,使得

$$P_1^T A P_1 = \begin{pmatrix} a_1 & & & \\ & a_2 & & \\ & & \ddots & \\ & & & a_n \end{pmatrix}, P_2^T B P_2 = \begin{pmatrix} b_1 & & & \\ & b_2 & & \\ & & \ddots & \\ & & & b_n \end{pmatrix}, P^T(A+B)P = \begin{pmatrix} \lambda_1 & & & \\ & \lambda_2 & & \\ & & \ddots & \\ & & & \lambda_n \end{pmatrix}.$$

取 $X = P(0,\cdots,0,1)^T = P_1Y_1 = P_2Y_2, Y_i = (y_{i1},\cdots,y_{in})^T, i = 1,2$,则

$$Y_1^TY_1 = Y_2^TY_2 = X^TX = (0,\cdots,0,1)(0,\cdots,0,1)^T = 1,$$

所以

$$\lambda_n = X^T(A+B)X = X^TAX + X^TBX.$$

$$X^TAX = \sum_{i=1}^n a_i y_{1i}^2 \leqslant a_n \sum_{i=1}^n y_{1i}^2 = a_n, X^TBX = \sum_{i=1}^n b_i y_{2i}^2 \leqslant b_n \sum_{i=1}^n y_{2i}^2 = b_n,$$

故 $\lambda_n = X^TAX + X^TBX \leqslant a_n + b_n$.

再取 $X = P(1,0,\cdots,0)^T = P_1Y_1 = P_2Y_2, Y_i = (y_{i1},\cdots,y_{in})^T, i = 1,2$,则

$$Y_1^TY_1 = Y_2^TY_2 = X^TX = (1,0,\cdots,0)(1,0,\cdots,0)^T = 1,$$

所以

$$\lambda_1 = X^T(A+B)X = X^TAX + X^TBX.$$

$$X^TAX = \sum_{i=1}^n a_i y_{1i}^2 \geqslant a_1 \sum_{i=1}^n y_{1i}^2 = a_1, X^TBX = \sum_{i=1}^n b_i y_{2i}^2 \geqslant b_1 \sum_{i=1}^n y_{2i}^2 = b_1,$$

故 $\lambda_1 = X^T(A+B)X = X^TAX + X^TBX \geqslant a_1 + b_1$.

§7.2.5 矩阵的特征值、特征向量与相似的性质及其应用的例题

例 7.54 设 A 是 n 阶可逆的实对称矩阵,证明:A 是正定矩阵当且仅当对任意 n 阶正定矩阵 B 都有 $tr(AB) > 0$,这里 tr 表示矩阵的迹.

证明 “必要性的证明”:因为 A,B 都是正定矩阵,所以存在实可逆矩阵 P,使得

$$P^TAP = E, P^TBP = \begin{pmatrix} \mu_1 & & & \\ & \mu_2 & & \\ & & \ddots & \\ & & & \mu_n \end{pmatrix}, \mu_i > 0, i = 1,2,\cdots,n$$

所以 $AB = (P^T)^{-1}(P^{-1}(P^{-1})^T)^T \begin{pmatrix} \mu_1 & & & \\ & \mu_2 & & \\ & & \ddots & \\ & & & \mu_n \end{pmatrix} (P^{-1}(P^{-1})^T)P^T$,即 AB 与正定矩阵

$(P^{-1}(P^{-1})^T)^T\begin{pmatrix}\mu_1 & & & \\ & \mu_2 & & \\ & & \ddots & \\ & & & \mu_n\end{pmatrix}(P^{-1}(P^{-1})^T)$ 相似,其特征值均为正实数,故 $tr(AB)>0$.

"充分性的证明":若 n 阶可逆的实对称矩阵 A 不是正定矩阵,则存在正交矩阵 Q,使得

$$P^TAP=\begin{pmatrix}\lambda_1 & & & \\ & \lambda_2 & & \\ & & \ddots & \\ & & & \lambda_n\end{pmatrix},$$

这里 $\lambda_1,\cdots,\lambda_n$ 均是非零实数且至少有一个数小于零,不妨设 $\lambda_1,\cdots,\lambda_r$ 为负,其余为正实数,则

$$B=P\begin{pmatrix}-\frac{n}{\lambda_1} & & & & & \\ & \ddots & & & & \\ & & -\frac{n}{\lambda_r} & & & \\ & & & \frac{1}{\lambda_{r+1}} & & \\ & & & & \ddots & \\ & & & & & \frac{1}{\lambda_n}\end{pmatrix}P^T$$

为正定矩阵,且

$$AB=P\begin{pmatrix}-n & & & & & \\ & \ddots & & & & \\ & & -n & & & \\ & & & 1 & & \\ & & & & \ddots & \\ & & & & & 1\end{pmatrix}P^T,$$

所以 $tr(AB)=-nr+(n-r)<0$,与题设条件矛盾,故 A 是正定矩阵.

例 7.55 设 A 是 n 阶实对称矩阵,证明:A 是半正定矩阵当且仅当对任意 n 阶半正定矩阵 B 都有 $tr(AB)>0$,这里 tr 表示矩阵的迹.

证明 "必要性的证明":因为 A 是半正定矩阵,所以 A 的特征值 $\lambda_1,\lambda_2,\cdots,\lambda_n$ 均为非负实数且存在正交矩阵 Q,使得 $A=Q\begin{bmatrix}\lambda_1 & & & \\ & \lambda_2 & & \\ & & \ddots & \\ & & & \lambda_n\end{bmatrix}Q^T$,因此对任意半正定矩阵 B,有

$$AB=Q\begin{bmatrix}\lambda_1 & & & \\ & \lambda_2 & & \\ & & \ddots & \\ & & & \lambda_n\end{bmatrix}Q^TBQQ^T,$$

所以 AB 相似于 $\begin{bmatrix}\lambda_1 & & & \\ & \lambda_2 & & \\ & & \ddots & \\ & & & \lambda_n\end{bmatrix}Q^TBQ$，由于 Q^TBQ 是半正定矩阵，因此存在实矩阵 B_1，使得 $Q^TBQ=B_1^TB_1$，于是令 $B_1=(b_{ij})$，则 $tr(AB)=\sum\limits_{i=1}^{n}\sum\limits_{j=1}^{n}\lambda_i b_{ij}^2\geqslant 0$.

"充分性的证明"：若 A 不是半正定矩阵，则 A 的特征值 $\lambda_1,\lambda_2,\cdots,\lambda_n$ 中至少有一个为负实数，不妨设 $\lambda_i<0,1\leqslant i\leqslant r,\lambda_j\geqslant 0,r+1\leqslant j\leqslant n$，则存在正交矩阵 Q，使得 $A=Q\begin{bmatrix}\lambda_1 & & & \\ & \lambda_2 & & \\ & & \ddots & \\ & & & \lambda_n\end{bmatrix}Q^T$，令 $B=Q\begin{bmatrix}E_r & 0\\ 0 & 0\end{bmatrix}Q^T$，则 B 是半正定矩阵且

$$AB=Q\begin{bmatrix}\lambda_1 & & & & & \\ & \ddots & & & & \\ & & \lambda_r & & & \\ & & & 0 & & \\ & & & & \ddots & \\ & & & & & 0\end{bmatrix}Q^T,$$

所以 $t(AB)=\lambda_1+\cdots+\lambda_r<0$，与题设条件矛盾，故 A 是半正定矩阵.

例 7.56 设 n 阶实数方阵 A 的特征值全是实数且 A 的所有 1 阶主子式之和为 0，2 阶主子式之和也为 0.求证：$A^n=0$.

证明 由题设条件，可设实数 $\lambda_1,\lambda_2,\cdots,\lambda_n$ 是 $A=(a_{ij})$ 的所有特征值，则 A 的特征多项式

$$f(\lambda)=|\lambda E-A|=\prod_{i=1}^{n}(\lambda-\lambda_i)=\lambda^n-(\sum_{i=1}^{n}\lambda_i)\lambda^{n-1}+(\sum_{1\leqslant i<j\leqslant n}\lambda_i\lambda_j)\lambda^{n-2}+\cdots,$$

另一方面

$$\begin{vmatrix}\lambda-a_{11} & -a_{12} & \cdots & -a_{1n}\\ -a_{21} & \lambda-a_{22} & \cdots & -a_{2n}\\ \vdots & \vdots & \vdots & \vdots\\ -a_{n1} & -a_{n2} & \cdots & \lambda-a_{nn}\end{vmatrix}=\lambda^n-(\sum_{i=1}^{n}a_{ii})\lambda^{n-1}+\sum_{1\leqslant i<j\leqslant n}(a_{ii}a_{jj}-a_{ij}a_{ji})\lambda^{n-2}+\cdots$$

因为 A 的 1 阶主子式之和为 0，2 阶主子式之和也为 0，所以

$$\lambda_1+\lambda_2+\cdots+\lambda_n=\sum_{i=1}^{n}a_{ii}=0,\ \sum_{1\leqslant i<j\leqslant n}\lambda_i\lambda_j=\sum_{1\leqslant i<j\leqslant n}(a_{ii}a_{jj}-a_{ij}a_{ji})=0.$$

因此 $\sum\limits_{i=1}^{n}\lambda_i^2=-2\sum\limits_{1\leqslant i<j\leqslant n}\lambda_i\lambda_j=0$，所以 $\lambda_1=\lambda_2=\cdots=\lambda_n=0$，所以 $f(\lambda)=\lambda^n$，故 $A^n=f(A)=0$.

例 7.57 设$f(x)=x^{p-1}+x^{p-2}+\cdots+x+1$,$p$是素数.

(1) 证明$f(x)$在有理数域Q上不可约.

(2) 令$M=\{A\in M_n(C)\mid f(A)=0\}$,其中$M_n(C)$是全体$n$阶复矩阵组成的集合,把$M$中的矩阵按相似关系分类,即$A,B$属于同一类当且仅当存在可逆的复矩阵$C$使得$A=C^{-1}BC$.问$M$中的全部矩阵可以分成几类?说明理由.

证明 (1) 略(详见第一章).

(2) 因为$f(A)=0$,所以A的极小多项式$p(x)$整除$f(x)$,由于$f(x)$不可约,所以$f(x)$没有重根,因此$p(x)$也没有重根,所以A可以对角化,即A相似于对角矩阵

$$\begin{bmatrix}\lambda_1 & & & \\ & \lambda_2 & & \\ & & \ddots & \\ & & & \lambda_n\end{bmatrix}$$

其中$\lambda_i,1\leqslant i\leqslant n$(不必不同)均为$f(x)$的根,设$f(x)$的$p-1$个根出现的次数分别为$x_i$,$1\leqslant i\leqslant p-1$,则$M$中的矩阵分成的类数就是满足

$$x_1+x_2+\cdots+x_{p-1}=n,x_i\geqslant 0$$

的非负整数解的解数C_{n+p-2}^{p-2}

例 7.58 设矩阵A与B相似,其中$A=\begin{bmatrix}1 & -1 & 1\\ 2 & 4 & -2\\ -3 & -3 & a\end{bmatrix}$,$B=\begin{bmatrix}2 & & \\ & 2 & \\ & & b\end{bmatrix}$.

(1) 求a,b的值; (2) 求可逆矩阵P,使$P^{-1}AP=B$.

解 (1) 因为A与B相似,所以$tr(A)=tr(B)$,$|A|=|B|$,而$|A|=\begin{vmatrix}1 & -1 & 1\\ 2 & 4 & -2\\ -3 & -3 & a\end{vmatrix}=$
$6(a-1)$,所以$a+1=b$,$6(a-1)=4b$,解之得:$a=5,b=6$.

(2) 对应于特征值$\lambda_1=\lambda_2=2$,解齐次线性方程组$(2E-A)x=0$得对应的线性无关的特征向量为$(-1,1,0)^T$,$(1,0,1)^T$;对于特征值$\lambda_3=6$,解齐次线性方程组$(6E-A)x=0$得对应的特征向量为$(1,-2,3)^T$;令:$P=\begin{bmatrix}-1 & 1 & 1\\ 1 & 0 & -2\\ 0 & 1 & 3\end{bmatrix}$,则$P^{-1}AP=B$.

例 7.59 设A,B为同阶方阵.

(1) 如果A,B相似,试证A,B的特征多项式相等.

(2) 举一个二阶方阵的例子说明(1)的逆命题不成立.

(3) 当A,B均为实对称矩阵时,试证(1)的逆命题成立.

解 (1) 因为A,B相似,所以存在n阶可逆矩阵P,使得:$P^{-1}AP=B$,于是B的特征多项式$f_B(\lambda)=|\lambda E-B|=|\lambda E-P^{-1}AP|=|P^{-1}(\lambda E-A)P|=|\lambda E-A|=f_A(\lambda)$.

(2) 取$A=\begin{bmatrix}0 & 1\\ 0 & 0\end{bmatrix}$,$B=\begin{bmatrix}0 & 0\\ 0 & 0\end{bmatrix}$,则$f_B(\lambda)=f_A(\lambda)=\lambda^2$,但$A,B$不相似,因此(1)的逆命题不成立.

(3) 因为$f_B(\lambda)=f_A(\lambda)$,所以$A,B$有相同的特征值$\lambda_1,\lambda_2,\cdots,\lambda_n$,又$A,B$均为实对称

矩阵,所以存在可逆矩阵 P_1,P_2,使得:$P_1^{-1}AP_1 = diag(\lambda_1,\lambda_2,\cdots,\lambda_n) = P_2^{-1}BP_2$,从而:$(P_1P_2^{-1})^{-1}AP_1P_2^{-1} = B$,故:$A,B$ 相似.

§7.2.6 不变子空间的判定与证明的例题

例 7.60 设 V 是数域 F 上的一个 $n(>1)$ 维线性空间,且 $e_1,e_2,\cdots,e_n$ 是 V 的一组基. V 上的线性变换 σ 满足:$\sigma e_i = e_{i+1}, 1 \leqslant i < n, \sigma e_n = e_1$.

(1) 求线性变换 σ 在 $e_1,e_2,\cdots,e_n$ 下的矩阵;

(2) 证明对 V 中任意向量 $\alpha, \sigma^n\alpha = \alpha$;

(3) 求出线性变换 σ 的所有非平凡的不变子空间.

解 (1) 因为 $\sigma e_i = e_{i+1}, e_{n+1} = e_1$,所以 σ 在 $e_1,e_2,\cdots,e_n$ 下的矩阵 $A = \begin{pmatrix} 0 & 1 \\ E_{n-1} & 0 \end{pmatrix}$.

(2) 因为 $A^n = E_n$,所以 σ^n 在 $e_1,e_2,\cdots,e_n$ 下的矩阵为单位矩阵 E_n,因此 $\sigma^n = \varepsilon$ 为恒等映射,故对 V 中任意向量 $\alpha, \sigma^n\alpha = \alpha$.

(3) 设 σ 的特征多项式 $\det(\lambda E_n - A) = \lambda^n - 1$ 在数域 F 上分解为首一不可约多项式 $p_1(\lambda),\cdots,p_m(\lambda)$ 的乘积,则 $V = V_1 \oplus \cdots \oplus V_m$,其中 $V_i = Ker(p_i(\sigma))$ 是 σ 的不变子空间,设 W 是 σ 的任意一个非平凡的不变子空间,则 σ 在 W 上的限制的特征多项式一定等于 $p_{i_1}(\lambda)\cdots p_{i_k}(\lambda)(1 \leqslant i_1 < \cdots < i_k \leqslant m, 1 \leqslant k < m)$,所以 $W = V_{i_1} \oplus \cdots \oplus V_{i_k}$,故

$$W = V_{i_1} \oplus \cdots \oplus V_{i_k}, 1 \leqslant i_i < \cdots < i_k \leqslant m, 1 \leqslant k < m$$

就是 σ 的所有非平凡的不变子空间.

说明:(1) 若 $F = C$ 为复数域,则 $\lambda^n - 1 = \prod_{k=0}^{n-1}(\lambda - \omega_k)$,其中 $\omega_k = e^{\frac{2k\pi i}{n}}$;则 V 有一组由 σ 的特征向量 $\alpha_1,\alpha_2,\cdots,\alpha_n$ 构成的基,σ 的所有非平凡的 k 维不变子空间为

$$W = L(\alpha_{i_1},\alpha_{i_2},\cdots,\alpha_{i_k}), 1 \leqslant i_1 < i_2 < \cdots < i_k \leqslant n, 1 \leqslant k \leqslant n-1.$$

(2) 若 $F = R$ 为实数域,则当 n 为偶数时,

$$\lambda^n - 1 = (\lambda - 1)(\lambda + 1)\prod_{k=0}^{\frac{n}{2}-1} g_i(\lambda), g_i = (\lambda - \omega_i)(\lambda - \overline{\omega}_i).$$

故 σ 的非平凡不变子空间是由 V_1, V_{-1} 与 $W_1,\cdots,W_{\frac{n}{2}-1}, W_j = Ker(g_j(\sigma))$ 中的 $k(1 \leqslant k \leqslant \frac{n}{2})$ 个的直和.当 n 为奇数时,$\lambda^n - 1 = (\lambda - 1)\prod_{k=0}^{\frac{n-1}{2}} g_i(\lambda)$.故 σ 的非平凡不变子空间是由 V_1 与 $W_1,\cdots,W_{\frac{n-1}{2}}$ 中的 $k(1 \leqslant k \leqslant \frac{n-1}{2})$ 个的直和.

(3) 若 $F = Q$ 为有理数域,$n = 5$,则 $\lambda^6 - 1 = (\lambda - 1)(\lambda^4 + \lambda^3 + \lambda^2 + \lambda + 1)$,故 σ 的非平凡不变子空间只有一个一维不变子空间和一个四维不变子空间.

例 7.61 令 σ 是数域 F 上向量空间 V 的一个线性变换,并且满足条件 $\sigma^2 = \sigma$.证明:

(1) $\ker(\sigma) = \{\xi - \sigma(\xi) \mid \xi \in V\}$;(2) $V = \ker(\sigma) \oplus \mathrm{Im}(\sigma)$;

(3) 如果 τ 是 V 的一个线性变换,那么 $\mathrm{Im}(\sigma)$ 和 $\ker(\sigma)$ 都在 τ 之下不变的充分必要条件是 $\sigma\tau = \tau\sigma$.

证明 (1) 对任意 $\xi \in \ker(\sigma)$,有 $\xi = \xi - \sigma(\xi) \in \{\xi - \sigma(\xi) \mid \xi \in V\}$,所以

$$\ker(\sigma) \subset \{\xi - \sigma(\xi) \mid \xi \in V\};$$

又对任意$\xi-\sigma(\xi)\in\{\xi-\sigma(\xi)\mid\xi\in V\}$,因为$\sigma^2=\sigma$,所以

$$\sigma(\xi-\sigma(\xi))=\sigma(\xi)-\sigma^2(\xi)=0\Rightarrow\xi-\sigma(\xi)\in\ker(\sigma),$$

因此$\{\xi-\sigma(\xi)\mid\xi\in V\}\subset\ker(\sigma)$,故$\ker(\sigma)=\{\xi-\sigma(\xi)\mid\xi\in V\}$.

(2) 对任意$\xi\in V$,有$\xi=\xi-\sigma(\xi)+\sigma(\xi)$,由(1)知$\xi-\sigma(\xi)\in\ker(\sigma)$,所以$V=\ker(\sigma)+\mathrm{Im}(\sigma)$,又对任意$\xi\in\ker(\sigma)\cap\mathrm{Im}(\sigma)$,可设$V=\ker(\sigma)\oplus\mathrm{Im}(\sigma)$,则有

$$\xi=\sigma(\eta)=\sigma^2(\eta)=\sigma(\sigma(\eta))=\sigma(\xi)=0,$$

所以$\ker(\sigma)\cap\mathrm{Im}(\sigma)=\{0\}$,故$V=\ker(\sigma)\oplus\mathrm{Im}(\sigma)$.

(3)“必要性的证明”:因为$\mathrm{Im}(\sigma)$和$\ker(\sigma)$都是τ的不变子空间,因此对任意$\xi\in V$,有$\tau\sigma(\xi)=\sigma\eta$,于是

$$\sigma\tau(\xi)=\sigma(\tau(\xi-\sigma(\xi))+\tau\sigma(\xi))=\sigma^2\eta=\sigma\eta=\tau\sigma(\xi),$$

故$\sigma\tau=\tau\sigma$.

“充分性的证明”:因为$\sigma\tau=\tau\sigma$,所以对$\forall\xi=\sigma\eta\in\mathrm{Im}(\sigma)$,有

$$\tau\xi=(\tau\sigma)\eta=\sigma(\tau\eta)\in\mathrm{Im}(\sigma),$$

所以$\mathrm{Im}(\sigma)$是τ的不变子空间;又对$\forall\xi\in\ker(\sigma)$,有

$$\sigma(\tau\xi)=\tau(\sigma\xi)=\tau(0)=0\Rightarrow\tau\xi\in\ker(\sigma),$$

所以$\ker(\sigma)$也是τ的不变子空间.

说明:第(3)问中,必要性的证明需要条件$\sigma^2=\sigma$,但充分性的证明不需要该条件.

例7.62 设σ为n维线性空间V的一个线性变换且$\sigma^2=\sigma$.证明:(1)σ的特征值为0,1;(2)设V_0,V_1分别为0,1对应的特征子空间,则$V=V_0\oplus V_1$;(3)若σ只有特征值0,则σ为零变换.

证明 (1) 设λ是σ的任何一个特征值,则存在非零向量$\xi\in V$,使得$\sigma\xi=\lambda\xi$,因为$\sigma^2=\sigma$,所以$(\lambda^2-\lambda)\xi=0\Rightarrow\lambda^2-\lambda=0$,故$\lambda=0$或$\lambda=1$.

(2) 对任意$\xi\in V$,有$\xi=\xi-\sigma\xi+\sigma\xi$,而

$$\sigma(\xi-\sigma\xi)=\sigma\xi-\sigma^2\xi=0,\sigma(\sigma\xi)=\sigma\xi\Rightarrow\xi-\sigma\xi\in V_0,\sigma\xi\in V_1,$$

所以$V=V_0+V_1$,又对任意$\xi\in V_0\cap V_1$,有$\xi\in V_0,\xi\in V_1$,因此$\xi=\sigma\xi=0$,所以$V_0\cap V_1=\{0\}$,故$V=V_0\oplus V_1$.

(3) 因为σ只有特征值0,所以$V_1=\{0\}$,$V=V_0$,故对任意$\xi\in V$,$\sigma\xi=0$,所以σ为零变换.

例7.63 设A是n阶实方阵,E是n阶单位矩阵,证明$A^2=A$的充分必要条件是:$r(A-E)+r(A)=n$,其中$r(A)$表示矩阵A的秩.

证明 “必要性的证明”:因为$A^2=A$,所以$A(A-E)=0$,因此

$$r(A)+r(A-E)\leqslant n,$$

又$r(A)+r(A-E)=r(A)+r(E-A)\geqslant r(E)=n$,故$r(A-E)+r(A)=n$.

“充分性的证明”:设$V_1=\{\xi\in R^n\mid(A-E)\xi=0\}$,$V_2=\{\xi\in R^n\mid A\xi=0\}$,则对任意$\xi\in V_1\cap V_2$,有$\xi\in V_1,\xi\in V_2$,所以$\xi=A\xi=0$,因此$V_1\cap V_2=\{0\}$,所以$V_1+V_2$为直和,又因为$r(A-E)+r(A)=n$,所以

$$\dim(V_1+V_2)=\dim V_1+\dim V_2=n-r(A-E)+n-r(A)=n=\dim R^n,$$

故$R^n=V_1\oplus V_2$,于是对$\xi\in R^n$,存在$\xi_1\in V_1,\xi\in V_2$,使得$\xi=\xi_1+\xi_2$,所以

$$(A^2-A)\xi=A(A-E)\xi_1+(A-E)A\xi_2=0+0=0,$$

所以$A^2-A=0$,故$A^2=A$.

说明:(1) 本题用到了结论:设 A 是数域 P 上的任意一个 n 阶方阵,则 $A=0$ 的充分必要条件是,对任意 $\xi \in P^n$,有 $A\xi=0$[这个结论证明需要用到齐次线性方程组的结构定理,即 $Ax=0$ 的解空间的维数等于 $n-r(A)$].

(2) 例 7.61,例 7.62 与例 7.63,本质上是同一类型的题目,只是表现方式不同,我们用了不同方法处理这三道题,例 7.61 主要是利用线性空间的直和分解的相关知识,例 7.62 也需要直和分解知识,但处理时主要是利用特征子空间的知识,而本题主要是利用线性方程组的理论.

(3) 例 7.61,例 7.62 的题目若改为只需证明线性变换 σ(或矩阵 A) 可以对角化,则利用极小多项式的理论证明更简单,因为 $\sigma^2=\sigma$,所以其极小多项式 $p(x) \mid x^2-x$,因此 $p(x)=x$(对应的特征值只有零),因此 σ 是零变换,或者 $p(x)=x-1$(对应的特征值只有 1),因此 σ 是恒等变换,或 $p(x)=x^2-x$(对应特征值既有零,也有 1).

§7.2.7 象与核及其维数的计算、判定与证明的例题

例 7.64 令 F^4 表示数域 F 上四元列空间.取 $A=\begin{bmatrix}1&-1&5&-1\\1&1&-2&3\\3&-1&8&1\\1&3&-9&7\end{bmatrix}$.对于 $\xi \in F^4$,令 $\sigma(\xi)=A\xi$.求线性映射 σ 的核和象的维数.

解 $A=\begin{bmatrix}1&-1&5&-1\\1&1&-2&3\\3&-1&8&1\\1&3&-9&7\end{bmatrix} \to \begin{bmatrix}1&0&3/2&1\\0&1&-7/2&2\\0&0&0&0\\0&0&0&0\end{bmatrix}$,因此

$\mathrm{Im}(\sigma)=L((1,1,3,1)^T,(-1,1,-1,3)^T)$,$(1,1,3,1)^T$,$(-1,1,-1,3)^T$ 是线性无关的生成元,构成 $\mathrm{Im}(\sigma)$ 的一组基,所以 $\dim(\mathrm{Im}(\sigma))=2$,$\ker(\sigma)=4-2=2$.

说明:(1) 由于只需求出核与象的维数,所以利用 $\dim(\mathrm{Im}(\sigma))+\ker(\sigma)=4=\dim F^4$,只需求出象的维数或核的维数就可以了.

(2) 取 F^4 的标准基 $\varepsilon_1,\varepsilon_2,\varepsilon_3,\varepsilon_4$,可得

$$\sigma(\varepsilon_1)=A\varepsilon_1=\begin{pmatrix}1\\1\\3\\1\end{pmatrix},\sigma(\varepsilon_2)=A\varepsilon_2=\begin{pmatrix}-1\\1\\-1\\3\end{pmatrix},\sigma(\varepsilon_3)=A\varepsilon_3=\begin{pmatrix}5\\-2\\8\\-9\end{pmatrix},\sigma(\varepsilon_4)=A\varepsilon_4=\begin{pmatrix}-1\\3\\1\\7\end{pmatrix},$$

所以 σ 在标准基 $\varepsilon_1,\varepsilon_2,\varepsilon_3,\varepsilon_4$ 下的矩阵就是 A,余下就是按照求核与象的标准步骤进行就行了.

(3) 如需求出核与象的基,则将 A 通过行初等变换化为阶梯型矩阵后,求出的 A 的极大无关组就是象空间的一组基,而按照解齐次方程组所得的 $Ax=0$ 的基础解系中的两个向量 $(-3/2,7/2,1,0)^T$,$(-1,-2,0,1)^T$ 就是核空间的一组基.

例 7.65 设 $F^n=\{(x_1,x_2,\cdots,x_n) \mid x_i \in F\}$ 是数域 F 上 n 维行空间.定义

$$\sigma(x_1,x_2,\cdots,x_n)=(0,x_1,\cdots,x_{n-1}).$$

(1) 证明,σ 是 F^n 的一个线性变换,且 $\sigma^n=\theta$; (2) 求 $\ker(\sigma)$ 和 $\mathrm{Im}(\sigma)$ 的维数.

证明 (1) 对任意 $k,l \in F$,$X=(x_1,\cdots,x_n)$,$Y=(y_1,\cdots,y_n) \in F^n$,有

$$\sigma(kX+lY)=(0,kx_1+ly_1,\cdots,kx_{n-1}+ly_{n-1})=k\sigma(X)+l\sigma(Y),$$

所以 σ 是 F^n 的一个线性变换.利用归纳递推不难得到:对任意 $X=(x_1,\cdots,x_n)\in F^n$,有 $\sigma(X)=(0,x_1,\cdots,x_{n-1}),\cdots,\sigma^{n-1}(X)=(0,\cdots,0,_1),\sigma^n(X)=0$,故 $\sigma^n=\theta$.

(2) 取 F^n 的标准基 $\varepsilon_1,\varepsilon_2,\cdots,\varepsilon_n$,可得 $\sigma\varepsilon_i=\varepsilon_{i+1},1\leqslant i\leqslant n-1,\sigma\varepsilon_n=0$,所以 $\mathrm{Im}(\sigma)=L(\varepsilon_1,\varepsilon_2,\cdots,\varepsilon_{n-1}),\dim\mathrm{Im}(\sigma)=n-1,\dim\ker(\sigma)=n-1$.

注意:不难证明 ε_n 是 $\ker(\sigma)$ 的一个基.

例 7.66 设 σ 是 n 维欧式空间 V 上的线性变换, $V_1=\sigma V,V_2=\sigma^{-1}(0)$ 分别是 σ 的值域和核, $\alpha_1,\alpha_2,\cdots,\alpha_r$ 是 V_1 的一组基, $\beta_1,\beta_2,\cdots,\beta_r$ 分别是 $\alpha_1,\alpha_2,\cdots,\alpha_r$ 的原象.令 $W=L(\beta_1,\beta_2,\cdots,\beta_r)$,则 $V=W\oplus V_2$.

证明 首先证明 $\beta_1,\beta_2,\cdots,\beta_r$ 线性无关,事实上,令

$$k_1\beta_1+k_2\beta_2+\cdots+k_r\beta_r=0,$$

则 $\sigma(k_1\beta_1+k_2\beta_2+\cdots+k_r\beta_r)=k_1\alpha_1+k_2\alpha_2+\cdots+k_r\alpha_r=\sigma(0)=0$,因为 $\alpha_1,\alpha_2,\cdots,\alpha_r$ 是 V_1 的一组基,所以 $k_1=k_2=\cdots=k_r=0$,因此 $\beta_1,\beta_2,\cdots,\beta_r$ 线性无关,构成 W 的一组基,对任意 $\xi\in W\cap V_2$,有 $\xi\in W,\xi\in V_2$,因此可令 $\xi=k_1\beta_1+k_2\beta_2+\cdots+k_r\beta_r$,则

$$0=\sigma(\xi)=k_1\sigma\beta_1+\cdots+k_r\sigma\beta_r=k_1\alpha_1+\cdots+k_r\alpha_r,$$

所以 $k_1=k_2=\cdots=k_r=0$,因此 $\xi=0\Rightarrow W\cap V_2=\{0\}$,所以 $W+V_2$ 是直和,又因为 $\dim W+\dim V_2=\dim\mathrm{Im}(\sigma)+\dim\sigma^{-1}(0)=n=\dim V$,故 $V=W\oplus V_2$.

例 7.67 设 V 是数域 P 上 n 维线性空间,σ 是 V 上的线性变换.证明 $V=\mathrm{Im}\sigma\oplus Ker\sigma$ 当且仅当 $\mathrm{Im}\sigma=\mathrm{Im}\sigma^2$,其中 $\mathrm{Im}\sigma,Ker\sigma$ 分别表示 σ 的值域与核.

证明 "必要性的证明":$\forall\xi=\sigma\eta\in\mathrm{Im}\sigma$,因为 $V=\mathrm{Im}\sigma\oplus Ker\sigma$,所以可设

$$\eta=\sigma\alpha+\beta,\beta\in Ker\sigma,$$

则 $\xi=\sigma\eta=\sigma^2\alpha+\sigma\beta=\sigma^2\alpha\in\mathrm{Im}\sigma^2$,所以 $\mathrm{Im}\sigma\subset\mathrm{Im}\sigma^2$,显然 $\mathrm{Im}\sigma^2\subset\mathrm{Im}\sigma$,故 $\mathrm{Im}\sigma=\mathrm{Im}\sigma^2$.

"充分性的证明":因为 $\ker\sigma\subset\ker\sigma^2$,且由 $\mathrm{Im}\sigma=\mathrm{Im}\sigma^2$ 可得

$$\dim\ker\sigma=n-\dim\mathrm{Im}\sigma=n-\dim\mathrm{Im}\sigma^2=\dim\ker\sigma^2,$$

所以 $\ker\sigma=\ker\sigma^2$.于是对任意 $\xi\in\mathrm{Im}\sigma\cap Ker\sigma$,可令 $\xi=\sigma\eta$,则 $\sigma^2\eta=\sigma\xi=0$,所以 $\eta\in\ker\sigma^2=\ker\sigma$,因此 $\xi=\sigma\eta=0$,所以 $\mathrm{Im}\sigma\cap Ker\sigma=\{0\}$,故 $\mathrm{Im}\sigma+Ker\sigma$ 是直和,再结合 $\dim\ker\sigma+\dim\mathrm{Im}\sigma=n$ 可得 $V=\mathrm{Im}\sigma\oplus Ker\sigma$.

说明:因为 $\mathrm{Im}\sigma^2\subset\mathrm{Im}\sigma$,所以 $\mathrm{Im}\sigma=\mathrm{Im}\sigma^2\Leftrightarrow\dim\mathrm{Im}\sigma=\dim\mathrm{Im}\sigma^2$,因此本题也可将 $\mathrm{Im}\sigma=\mathrm{Im}\sigma^2$ 换成 $\dim\mathrm{Im}\sigma=\dim\mathrm{Im}\sigma^2$,但证明时需将 $\mathrm{Im}\sigma=\mathrm{Im}\sigma^2$ 作为桥梁.

例 7.68 设 A 是线性空间 V 的线性变换,求证:秩 $A^2=$ 秩 $A\Leftrightarrow A$ 的值域与核的交为零空间.即 $AV\cap A^{-1}(0)=\{0\}$(秩 A^2,秩 A 的含义就是 $\dim A^2V,\dim AV,AV=\mathrm{Im}A,A^{-1}(0)=KerA$).

证明 "必要性的证明":因为秩 $A^2=$ 秩 A,结合 $A^2V\subset AV$ 得 $A^2V=AV$,所以

$$V=AV\oplus A^{-1}(0)\text{(考试时重复例 7.62 充分性的证明)},$$

故 $AV\cap A^{-1}(0)=\{0\}$;

"充分性的证明":因为 $AV\cap A^{-1}(0)=\{0\}$,所以

$$\dim(AV+A^{-1}(0))=\dim AV+\dim A^{-1}V=n=\dim V.$$

因此 $V=AV\oplus A^{-1}(0)$,所以(再重复例 7.62 必要性的证明步骤证明)$A^2V=AV$,故秩 $A^2=$ 秩 A.

§ 7.3 练习题

§ 7.3.1 北大与北师大版教材习题

1. 在 $P^{2\times2}$ 中定义线性变换

$$\sigma_1(X)=\begin{bmatrix}a & c\\ b & d\end{bmatrix}X,\sigma_2(X)=X\begin{bmatrix}a & c\\ b & d\end{bmatrix},\sigma_3(X)=\begin{bmatrix}a & c\\ b & d\end{bmatrix}X\begin{bmatrix}a & c\\ b & d\end{bmatrix}.$$

求 $\sigma_1,\sigma_2,\sigma_3$ 在基 $E_{11},E_{12},E_{21},E_{22}$ 下的矩阵.

2. 设三维线性空间 V 上的线性变换 σ 在基 $\varepsilon_1,\varepsilon_2,\varepsilon_3$ 下的矩阵为 $A=\begin{bmatrix}a_{11} & a_{12} & a_{13}\\ a_{21} & a_{22} & a_{23}\\ a_{31} & a_{32} & a_{33}\end{bmatrix}$

(1) 求 σ 在基 $\varepsilon_3,\varepsilon_2,\varepsilon_1$ 下的矩阵.

(2) 求 σ 在基 $\varepsilon_1,k\varepsilon_2,\varepsilon_3$ 下的矩阵.

(3) 求 σ 在基 $\varepsilon_1+\varepsilon_2,\varepsilon_2,\varepsilon_3$ 下的矩阵.

3. 在 n 维线性空间中,设有线性变换 σ 与向量 ξ,使得 $\sigma^{n-1}(\xi)\neq0$,但 $\sigma^n(\xi)=0$. 求证 σ 在某组基下的矩阵是 $\begin{bmatrix}0 & 0 & \cdots & 0 & 0\\ 1 & 0 & \cdots & 0 & 0\\ 0 & 1 & \cdots & 0 & 0\\ \vdots & \vdots & \cdots & \vdots & \vdots\\ 0 & 0 & \cdots & 1 & 0\end{bmatrix}$.

4. 设 σ 是线性空间 V 上的线性变换,如果 $\sigma^{k-1}(\xi)\neq0$,但 $\sigma^k(\xi)=0$,求证 $\xi,\sigma(\xi),\cdots,\sigma^{k-1}(\xi)(k>0)$ 线性无关.

5. 如果 A 可逆,证明:AB 与 BA 相似.

6. 设 V 是复数域上的 n 维线性空间,而线性变换 σ 在基 $\varepsilon_1,\varepsilon_2,\cdots,\varepsilon_n$ 下的矩阵是一若尔当块.证明:

(1) V 中包含 ε_1 的 σ - 子空间只有 V 自身.

(2) V 中任一非零 σ - 子空间都包含 ε_n.

(3) V 不能分解成两个非平凡的 σ - 子空间的直和.

7. 求下列矩阵的最小多项式

(1) $\begin{bmatrix}0 & 0 & 1\\ 0 & 1 & 0\\ 1 & 0 & 0\end{bmatrix}$.

(2) $\begin{bmatrix}3 & -1 & -3 & 1\\ -1 & 3 & 1 & -3\\ 3 & -1 & -3 & 1\\ -1 & 3 & 1 & -3\end{bmatrix}$.

8. 设 σ,τ 是线性变换,$\sigma^2=\sigma,\tau^2=\tau$. 证明:

(1) 如果$(\sigma+\tau)^2=\sigma+\tau$,那么$\sigma\tau=\theta$;

(2) 如果σ,τ,那么σ,τ.

9. 设σ是数域P上n维线性空间V的一个线性变换.证明:

(1) 在$P[x]$中有一次数$\leqslant n^2$的多项式f,使$f(\sigma)=\theta$.

(2) 如果$f(\sigma)=\theta,g(\sigma)=\theta$,那么$d(\sigma)=\theta$,这里$d$是$f$与$g$的最大公因式.

(3)σ可逆的充分必要条件是,有一常数项不为零的多项式$f(x)$使$f(\sigma)=\theta$.

10. 设A是一n级下三角形矩阵,证明:

(1) 如果$a_{ii}\neq a_{jj},1\leqslant i\neq j\leqslant n$,那么$A$相似于一对角矩阵;

(2) 如果$a_{11}=a_{22}=\cdots=a_{nn}$,而至少有一$a_{ij}\neq 0(i>j)$,那么$A$不与对角矩阵相似.

11. 证明:对任一$n\times n$复系数矩阵A,存在可逆矩阵T,使$T^{-1}AT$是上三角矩阵.

12. 如果$\sigma_1,\sigma_2,\cdots,\sigma_s$是线性空间$V$的$s$个两两不同的线性变换,那么$V$中必存在向量$\beta$,使$\sigma_1(\beta),\sigma_2(\beta),\cdots,\sigma_s(\beta)$也两两不同.

13. 设σ是有限维线性空间V的线性变换,W是V的子空间,$\sigma(W)$表示W中向量的象组成的子空间.证明:维$(\sigma(W))$ + 维$(\sigma^{-1}(0)\cap W)$ = 维(W).

14. 设σ,τ是n维线性空间V的两个线性变换.证明:$\sigma\tau$的秩$\geqslant\sigma$的秩$+\tau$的秩$-n$.

15. 设$\sigma^2=\sigma,\tau^2=\tau$. 证明:

(1)σ与τ有相同值域的充分必要条件是$\sigma\tau=\tau,\tau\sigma=\sigma$.

(2)σ与τ有相同的核的充分必要条件是$\sigma\tau=\sigma,\tau\sigma=\tau$.

16. 设V和W都是数域F上向量空间,且$\dim V=n$.令σ是V到W的一个线性映射.我们如此选取V的一个基:$\alpha_1,\cdots,\alpha_s,\alpha_{s+1},\cdots,\alpha_n$,使得$\alpha_1,\cdots,\alpha_s$是$\ker(\sigma)$的一个基.证明:

(1)$\sigma(\alpha_{s+1}),\cdots,\sigma(\alpha_n)$组成$\operatorname{Im}(\sigma)$的一个基;(2)$\dim Ker(\sigma)+\dim\operatorname{Im}(\sigma)=n$.

17. 设σ是数域F上n维向量空间V到自身的一个线性映射. W_1,W_2是V的子空间,并且$V=W_1\oplus W_2$.

证明:σ是可逆影射的充分必要条件是$V=\sigma(W_1)\oplus\sigma(W_2)$.

18. 设$\sigma\in L(V)$.证明

(1)$\operatorname{Im}(\sigma)\subset Ker(\sigma)$当且仅当$\sigma^2=\theta$.

(2)$Ker(\sigma)\subset Ker(\sigma^2)\subset Ker(\sigma^3)\subset\cdots$.

(3)$\operatorname{Im}(\sigma)\supset\operatorname{Im}(\sigma^2)\supset\operatorname{Im}(\sigma^3)\supset\cdots$.

19. 令$M_n(F)$是数域F上全体n阶矩阵所成的向量空间.取定一个矩阵$A\in M_n(F)$.对于任意$X\in M_n(F)$,定义$\sigma(X)=AX-XA$. 则σ是$M_n(F)$的一个线性变换.设

$$A=\begin{bmatrix}a_1 & & & \\ & a_2 & & \\ & & \ddots & \\ & & & a_n\end{bmatrix}$$

是一个对角形矩阵.证明,σ关于$M_n(F)$的标准基$\{E_{ij}\mid 1\leqslant i,j\leqslant n\}$的矩阵也是对角矩阵,它的主对角线上的元素是一切$a_i-a_j(1\leqslant i,j\leqslant n)$.

20. 设σ是数域F上n维向量空间V的一个线性变换.证明,总可以如此选取V的两个基$\alpha_1,\alpha_2,\cdots,\alpha_n$和$\beta_1,\beta_2,\cdots,\beta_n$,使得对于$V$的任意向量$\xi$来说,如果$\xi=\sum\limits_{i=1}^{n}x_i\alpha_i$,则$\sigma(\xi)=$

$\sum_{i=1}^{r} x_i\beta_i$,这里 $0 \leqslant r \leqslant n$ 是一个定数.

21. 令 S 是数域 F 上向量空间 V 的一些线性变换所成的集合. V 的一个子空间 W 如果在 S 中每一线性变换之下不变,那么就说 W 是 S 的一个不变子空间. S 说是不可约的,如果 S 在 V 中没有非平凡的不变子空间.设 S 不可约,而 φ 是 V 的一个线性变换,它与 S 中每一线性变换可交换.证明 φ 或者是零变换,或者是可逆变换.

22. 设 $A = \begin{bmatrix} a & c \\ b & d \end{bmatrix}$ 是一个实矩阵且 $ad - bc = 1$.证明:

(1) 如果 $|Tr(A)| > 2$,那么存在可逆实矩阵 T,使得 $T^{-1}AT = \begin{bmatrix} \lambda & 0 \\ 0 & \lambda^{-1} \end{bmatrix}$,这里 $\lambda \neq 0,1,-1$.

(2) 如果 $|Tr(A)| = 2$ 且 $A \neq \pm E$,那么存在可逆实矩阵 T,使得

$$T^{-1}AT = \begin{bmatrix} 1 & 1 \\ 0 & 1 \end{bmatrix} \text{或 } T^{-1}AT = \begin{bmatrix} -1 & 1 \\ 0 & -1 \end{bmatrix}.$$

(3) 如果 $|Tr(A)| < 2$,那么存在可逆实矩阵 T 及 $\theta \in R$,使得

$T^{-1}AT = \begin{bmatrix} \cos\theta & \sin\theta \\ -\sin\theta & \cos\theta \end{bmatrix}$.

23. 设 $a,b,c \in C$.令 $A = \begin{bmatrix} b & c & a \\ c & a & b \\ a & b & c \end{bmatrix}$,$B = \begin{bmatrix} c & a & b \\ a & b & c \\ b & c & a \end{bmatrix}$,$C = \begin{bmatrix} a & b & c \\ b & c & a \\ c & a & b \end{bmatrix}$.

(1) 证明,A,B,C 彼此相似.

(2) 如果 $BC = CB$,那么 A,B,C 的特征根至少有两个等于零.

24. 令 $\alpha_1,\alpha_2,\cdots,\alpha_n$ 是任意复数,行列式 $D = \begin{vmatrix} a_1 & a_2 & a_3 & \cdots & a_n \\ a_n & a_1 & a_2 & \cdots & a_{n-1} \\ a_{n-1} & a_n & a_1 & \cdots & a_{n-2} \\ \vdots & \vdots & \vdots & \cdots & \vdots \\ a_2 & a_3 & a_4 & \cdots & a_1 \end{vmatrix}$ 叫作一个循环行列式.证明 $D = f(\omega_1)f(\omega_2)\cdots f(\omega_n)$,这里 $f(x) = a_1 + a_2x + \cdots + a_nx^{n-1}$,而 $\omega_1,\omega_2,\cdots,\omega_n$ 是全部 n 次单位根.

25. 数域 F 上 n 维向量空间的一个线性变换 σ 叫作幂零的,如果存在一个自然数 m 使 $\sigma^m = \theta$.证明:

(1) σ 是幂零变换当且仅当它的特征多项式的根都是零;

(2) 如果一个幂零变换 σ 可以对角化,那么 σ 一定是零变换.

26. 令 S 是复数域上 n 维向量空间 V 的一些线性变换所成的集合,而 φ 是 V 的一个线性变换,并且 φ 与 S 中每一线性变换可交换. 证明,如果 S 不可约,那么 φ 一定是一个位似.

27. 设 σ 是数域 F 上 n 维向量空间 V 的一个可以对角化的线性变换.令 $\lambda_1,\lambda_2,\cdots,\lambda_t$ 是 σ 的全部特征根.证明,存在 V 的线性变换 $\sigma_1,\sigma_2,\cdots,\sigma_t$ 使得

(1) $\sigma = \lambda_1\sigma_1 + \lambda_2\sigma_2 + \cdots + \lambda_t\sigma_t$.

(2) $\sigma_1 + \sigma_2 + \cdots + \sigma_t = \iota$,$\iota$ 是单位变换.

(3) $\sigma_i\sigma_j=\theta$,若 $i\neq j$,θ 是零变换.

(4) ${\sigma_i}^2=\sigma_i, i=1,2,\cdots,t$.

(5) $\sigma_i(V)=V_{\lambda_i}$,$V_{\lambda_i}$ 是 σ 的属于特征根 λ_i 的特征子空间,$i=1,2,\cdots,t$.

28. 令 V 是复数域 C 上一个 n 维向量空间,σ,τ 是 V 的线性变换,且 $\sigma\tau=\tau\sigma$.

(1) 证明,σ 的每一特征子空间都在 τ 之下不变;(2) σ 与 τ 在 V 中有一公共特征向量.

参考答案

§7.3.2 各高校研究生入学考试原题

一、填空题

1. 设 A 是复数域 F 上一个 n 阶方阵,如果与 A 相似的矩阵只有 A 本身,则 A 一定是一个______矩阵.

2. 设 A 为 n 阶矩阵,$|A|\neq 0$,A^* 为 A 的伴随矩阵,E 为 n 阶单位矩阵,若 A 有特征值 λ,则 $(A^*)^2+E$ 必有特征值是______.

3. 设 n 阶矩阵 A 的元素全为 1,则 A 的 n 个特征值是________.

4. 与 n 级数量矩阵 aE_n 相似的矩阵是____________.

5. $A=\begin{pmatrix}0 & a & 9\\ 0 & 6 & 0\\ 4 & 2b & 0\end{pmatrix}$ 相似于对角矩阵,则 a 与 b 的关系为__________.

6. 设 P 为数域,f 为线性空间 P^3 的线性变换,使

$$f(x,y,z)=(x+y-z,x+y+z,x+y-2z)$$

则 f 的核空间 $Ker(f)$ 的维数是______________.

7. 给定 P^3 的线性变换 A 如下 $A:(X_1,X_2,X_3)\to(2X_1-X_3,X_2+X_1,2X_1+X_3)$,则 $Ker(A)=$______.

8. 设 V 是数域上 n 维线性空间,σ 为 V 的线性变换,ε 是恒等变换,λ 是 σ 的一个 3 重特征值,则 $\dim Ker\,(\sigma-\lambda\varepsilon)^3=$______.

9. 设 $\sigma\begin{pmatrix}x_1\\ x_3\\ x_3\end{pmatrix}=\begin{pmatrix}x_1\\ 2x_2-x_3\\ 3x_1+2x_2\end{pmatrix}$,其中 $\begin{pmatrix}x_1\\ x_3\\ x_3\end{pmatrix}\in R^3$ 为任意 3 维实向量,则线性变换 σ 在

$$(1,0,0)^T,(0,1,0)^T,(0,0,1)^T$$

下的矩阵表示为______.

10. 已知 A 是 3 维线性空间 V 上的线性变换,A 在基 $\alpha_1,\alpha_2,\alpha_3$ 下的矩阵为 $\begin{pmatrix}a_1 & b_1 & c_1\\ a_2 & b_2 & c_2\\ a_3 & b_3 & c_3\end{pmatrix}$,则 A 在基 $\beta_1=\alpha_3,\beta_2=\alpha_2,\beta_3=\alpha_1$ 下的矩阵为______.

11. 设γ是V的一个线性变换，γ在V的两个基$\{\alpha_1,\alpha_2,\cdots,\alpha_n\}$和$\{\beta_1,\beta_2,\cdots,\beta_n\}$下的矩阵分别为$A$和$B$，基$\{\alpha_1,\alpha_2,\cdots,\alpha_n\}$到$\{\beta_1,\beta_2,\cdots,\beta_n\}$的过度矩阵为$T$，$A=$______（用$B$和$T$表示）.

12. 设线性变换σ,τ满足$\sigma^2=\sigma,\tau^2=\tau$则$\sigma$与$\tau$有相同值域的充分必要条件是________.

13. 设λ_1和λ_2是n维线形空间V上线性变换A的两个不同特征值，V_{λ_1}和V_{λ_2}分别是λ_1和λ_2的特征子空间，则$V_{\lambda_1}\cap V_{\lambda_2}=$________.

14. 设A为P^3的线性变换，$\alpha=(1,1,3)$，$\beta=(1,2,1)$，已知

$$A\alpha=(2,-1,1),A\beta=(0,1,3),$$

则$A(2\alpha-\beta)=$________.

15. 设A是数域P上的2阶方阵，α_1,α_2为P上线性无关的2维向量，$A\alpha_1=0,A\alpha_2=2\alpha_1+\alpha_2$，则$A$的特征值为______.

16. 设$A=(a_1,a_2,\cdots,a_n)$，其中$a_1,a_2,\cdots,a_n$为实数，且不全为零，$B=A^TA$，这里A^T是A的转置.则B的全部特征值为__________.

17. 设A是可逆矩阵，λ是A的一个特征值，则A的伴随矩阵A^*一定有一个特征值为______.

18. 设1,2,3是3阶方阵A的3个特征值，则$5E+A^*$的特征值为______（其中E是3阶单位矩阵，A^*为A的伴随矩阵）.

19. 复数域上4阶方阵A满足$A^4=A$，则A的全部特征值为______.

20. 设三级方阵A的三个特征值是$1,2,-2$.矩阵B与A相似，则B的伴随矩阵B^*的三个特征值是________.

21. 正交矩阵的实特征值为__________.

22. 三阶方阵A的特征值为$1,-1,2$，则A^2+4A^{-1}的特征值为______.

23. n级可逆矩阵A的特征值为$\lambda_1,\lambda_2,\cdots,\lambda_n$，又$k$为正整数，则$[(A^*)^k\}^{-1}$的特征值是______.

24. 设V是R上的n维线性空间，σ是V上的线性变换，且满足$\sigma^3+\sigma=0$，则$tr\sigma=$________（其中$tr\sigma$表示$tr\sigma=$在$tr\sigma=$的某组基下的矩阵的迹）.

25. 设$A=\begin{pmatrix}0&0&1\\0&1&0\\1&0&0\end{pmatrix}$，则$A$的特征值为____________.

26. 设A是有理数域上的$m\times n$矩阵，则矩阵A^TA的特征值均为__________

27. 设A是一个三阶实对称矩阵，$1,-1$是A的两个特征值，其中-1是A的一个二重特征值.已知$(1,1,1)$是A的属于特征值1的特征向量.则__________是A的属于特征值-1的正交特征向量.

28. 设$A=\begin{bmatrix}A_1&0\\0&A_2\end{bmatrix}$为准对角阵，已知$A_1$的特征多项式为$(\lambda-1)(\lambda-2)$，$A_2$的特征多项式为$(\lambda-2)(\lambda-3)$，则$A$的特征多项式为____________.

29. 已知$A=\begin{pmatrix}0&1&1&-1\\1&0&-1&1\\1&-1&0&1\\-1&1&1&0\end{pmatrix}$，求一正交矩阵$T$使$T^{-1}AT$成对角形________.

二、选择题

1. 设 $\lambda=2$ 是非奇异矩阵 A 的一个特征值，则矩阵 $\left(\frac{1}{3}A^2\right)^{-1}$ 有一个特征值等于

(A) $\frac{4}{3}$　　(B) $\frac{3}{4}$　　(C) $\frac{1}{2}$　　(D) $\frac{1}{4}$

2. 设矩阵 $B=\begin{bmatrix}0&0&1\\0&1&0\\1&0&0\end{bmatrix}$，已知矩阵 A 相似于 B，则秩 $r(A-2E)$ 与秩 $r(A-E)$ 之和等于

(A) 2　　(B) 3　　(C) 4　　(D) 5

3. 设 λ_1,λ_2 是矩阵 A 的两个不同的特征值，对应的特征向量分别为 α_1,α_2，则矩阵 α_1，$A(\alpha_1+\alpha_2)$ 线性无关的充分必要条件是

(A) $\lambda_1\neq 0$　　(B) $\lambda_2\neq 0$　　(C) $\lambda_1=0$　　(D) $\lambda_2=0$

4. 设 A 为 n 阶可逆阵，λ 是 A 的特征值，则__________必为 A 的伴随矩阵 A^* 的特征值.

(A) $\lambda^{-1}|A|^n$　　(B) $\lambda^{-1}|A|$；　　(C) $\lambda|A|^n$　　(D) $\lambda|A|$.

5. 设 A 是线性空间的线性变换，使得 $A(1,1)=(1,-1)$，$A(3,2)=(2,1)$，则 $A(4,2)$ 等于.

(A) $(2,4)$　　(B) $(-4,2)$　　(C) $(-2,3)$　　(D) $(2,-3)$.

三、解答题

1. 已知矩阵 $A=\begin{bmatrix}2&0&0\\0&0&1\\0&1&x\end{bmatrix}$，$B=\begin{bmatrix}2&0&0\\0&y&0\\0&0&-1\end{bmatrix}$.

(1) 求 x 与 y；　(2) 求一个满足 $P^{-1}AP=B$ 的可逆矩阵 P.

2. 设方阵 A 满足条件 $A^TA=E$，其中 A^T 是 A 的转置矩阵，E 为单位矩阵. 试证明 A 的实特征向量所对应的特征值的绝对值等于 1.

3. 已知向量 $\alpha=(1,k,1)^T$ 是矩阵 $A=\begin{bmatrix}2&1&1\\1&2&1\\1&1&2\end{bmatrix}$ 的逆矩阵 A^{-1} 的特征向量，试求常数 k 的值.

4. 设 3 阶矩阵 A 的特征值为 $\lambda_1=1,\lambda_2=2,\lambda_3=3$，对应的特征向量依次为

$\xi_1=\begin{bmatrix}1\\1\\1\end{bmatrix}$，$\xi_2=\begin{bmatrix}1\\2\\4\end{bmatrix}$，$\xi_3=\begin{bmatrix}1\\3\\9\end{bmatrix}$. 又向量 $\beta=\begin{bmatrix}1\\1\\3\end{bmatrix}$.

(1) 将 β 用 ξ_1,ξ_2,ξ_3 线性表出；　(2) 求 $A^n\beta$（n 为自然数）.

5. 设 A 为 n 阶实对称矩阵，且 A 的行列式 $|A|<0$，证明必存在 n 维非零向量 x 使得 $x^TAx<0$.

6. (1) 若矩阵 A 与矩阵 B 相似，证明：A 与 B 有相同的特征值. (2) 举例说明上述命题的逆命题不成立. (3) 若 A 与 B 均为对称矩阵，则(1) 的逆命题成立.

7. 设 $A,B \in M_n(K)$，且 $rank(A) + rank(B) < n$，证明：

(1) 数 0 是 A 与 B 的一个特征值.

(2) 设 $V_0^{(A)}$ 和 $V_0^{(B)}$ 分别表示矩阵 A 和 B 对应公共特征值 0 的特征子空间，则 $V_0^{(A)} \cap V_0^{(B)} \neq \{0\}$，即 A 与 B 至少有一个公共特征向量.

8. 设向量 $\alpha = (a_1, a_2, \cdots, a_n)^T$，$\beta = (b_1, b_2, \cdots, b_n)^T$ 都是非零向量，且满足条件 $\alpha^T\beta = 0$，记 n 阶矩阵 $A = \alpha\beta^T$，求(1) A^2；(2) 矩阵 A 的特征值和特征向量.

9. 设矩阵 $A = \begin{bmatrix} 3 & 2 & -2 \\ -k & -1 & k \\ 4 & 2 & -3 \end{bmatrix}$，问当 k 为何值时，存在可逆矩阵 P，使得 $P^{-1}AP$ 为对角矩阵？并求出 P 和相应的对角矩阵.

10. 设矩阵 $A = \begin{bmatrix} a & -1 & c \\ 5 & b & 3 \\ 1-c & 0 & -a \end{bmatrix}$，其行列式 $|A| = -1$，又 A 的伴随矩阵 A^* 有一个特征值为 λ_0，属于 λ_0 的一个特征向量为 $\alpha = (-1, -1, 1)^T$，求 a,b,c 和 λ_0 的值.

11. 设矩阵 $A = \begin{bmatrix} 1 & -1 & 1 \\ x & 4 & y \\ -3 & -3 & 5 \end{bmatrix}$，已知 A 有三个线性无关的特征向量，$\lambda = 2$ 是 A 的二重特征值，试求可逆矩阵 P，使得 $P^{-1}AP$ 为对角矩阵.

12. 某试验性生产线每年一月份进行熟练工与非熟练工的人数统计，然后将 $\frac{1}{6}$ 熟练工支援其他生产部门，其缺额由招收的新的非熟练工补齐. 新、老非熟练工经过培训及实践至年终考核有 $\frac{2}{5}$ 成为熟练工. 设第 n 年一月份统计的熟练工和非熟练工所占百分比分别为 x_n 和 y_n，记成向量 $\begin{bmatrix} x_n \\ y_n \end{bmatrix}$.

(1) 求 $\begin{bmatrix} x_{n+1} \\ y_{n+1} \end{bmatrix}$ 与 $\begin{bmatrix} x_n \\ y_n \end{bmatrix}$ 的关系式并写成矩阵形式：$\begin{bmatrix} x_{n+1} \\ y_{n+1} \end{bmatrix} = A\begin{bmatrix} x_n \\ y_n \end{bmatrix}$.

(2) 验证 $\eta_1 = \begin{bmatrix} 4 \\ 1 \end{bmatrix}$，$\eta_2 = \begin{bmatrix} -1 \\ 1 \end{bmatrix}$ 是 A 的两个线性无关的特征向量，并求出相应的特征值.

(3) 当 $\begin{bmatrix} x_1 \\ y_1 \end{bmatrix} = \begin{bmatrix} \frac{1}{2} \\ \frac{1}{2} \end{bmatrix}$ 时，求 $\begin{bmatrix} x_{n+1} \\ y_{n+1} \end{bmatrix}$.

13. 设 $A = \begin{pmatrix} 1 & 2 & 2 \\ 2 & 1 & 2 \\ 2 & 2 & 1 \end{pmatrix}$

(1) 求 A 的特征多项式；(2) 求 A 的特征根及重根；(3) 若 $f(x) = (x^2+1)(x+1)(x-5)+2$，计算 A 的多项式 $f(A)$.

14. 设实对称矩阵 $A=\begin{bmatrix} a & 1 & 1 \\ 1 & a & -1 \\ 1 & -1 & a \end{bmatrix}$,求可逆矩阵 P,使得 $P^{-1}AP$ 为对角矩阵,并计算行列式 $|A-E|$ 的值.

15. 设矩阵 $A=\begin{bmatrix} 2 & 1 & 1 \\ 1 & 2 & 1 \\ 1 & 1 & a \end{bmatrix}$ 可逆,向量 $\alpha=\begin{bmatrix} 1 \\ b \\ 1 \end{bmatrix}$ 是矩阵 A^* 的一个特征向量,λ 是与对应的特征值,其中 A^* 是 A 的伴随矩阵,试求 a,b 和 λ 的值.

16. 设矩阵 $A=\begin{bmatrix} 3 & 2 & 2 \\ 2 & 3 & 2 \\ 2 & 2 & 3 \end{bmatrix}$,$P=\begin{bmatrix} 0 & 1 & 0 \\ 1 & 0 & 1 \\ 0 & 0 & 1 \end{bmatrix}$,矩阵 $B=P^{-1}A^*P$,求 $B+2E$ 的特征值与特征向量,其中 A^* 是 A 的伴随矩阵,E 为 3 阶单位矩阵.

17. 设矩阵 $A=\begin{bmatrix} 1 & 2 & -3 \\ -1 & 4 & -3 \\ 1 & a & 5 \end{bmatrix}$ 的特征方程有一个二重根,求 a 的值,并讨论 A 是否可相似对角化.

18. 设 A 为 3 阶矩阵,$\alpha_1,\alpha_2,\alpha_3$ 是线性无关的三维列向量,且满足:

$$A\alpha_1=\alpha_1+\alpha_2+\alpha_3, A\alpha_2=2\alpha_2+\alpha_3, A\alpha_3=2\alpha_2+3\alpha_3.$$

(1) 求矩阵 B,使得 $A(\alpha_1,\alpha_2,\alpha_3)=(\alpha_1,\alpha_2,\alpha_3)B$.

(2) 求矩阵 A 的特征值.

(3) 求可逆矩阵 P,使得 $P^{-1}AP$ 为对角矩阵.

19. V 为实数域上的 $2n+1$ 维空间,σ,τ 为 V 上的线性变换,且 $\sigma\tau=\tau\sigma$,证明存在 $\lambda,\mu\in R,v\in V$,使得 $\sigma(v)=\lambda v,\tau(v)=\mu v$.

20. 设 A 是 n 级方阵,k 是一个大于 1 的正整数.若 $A^k=A$,则 A 相似于对角阵吗? 为什么?

21. (1) 设 V 是数域 F 上的线性空间,$\alpha_1,\alpha_2,\cdots,\alpha_s\in V$.令

$$W=\{\sum_{i=1}^{s}k_i\alpha_i \mid k_i\in F\}.$$

证明:W 是 V 的子空间(称为由 $\alpha_1,\alpha_2,\cdots,\alpha_s$ 生成的子空间).

(2) 设 $M_2(F)$ 是数域 F 上的 2 阶方阵组成的线性空间,设 V 是由如下的 4 个矩阵生成的 $M_2(F)$ 的子空间:

$$A_1=\begin{bmatrix} -1 & 4 \\ 2 & 0 \end{bmatrix}, A_2=\begin{bmatrix} 5 & 1 \\ 0 & 3 \end{bmatrix}, A_3=\begin{bmatrix} 3 & -2 \\ -1 & 4 \end{bmatrix}, A_4=\begin{bmatrix} -2 & 9 \\ 4 & -5 \end{bmatrix},$$

求 $\dim V$ 并求出 V 的一个基.

(3) 设映射 $f:M_2(F)\to F$ 为:$f(A)=tr(A)$,其中 $tr(A)$ 表示矩阵 A 的迹.求 $\dim Kerf$ 并写出 $Kerf$ 的一个基.

22. A 为实数域 R 上的 n 阶实对称矩阵.

(1) 证明:矩阵 $\sqrt{-1}E_n+A$ 可逆,这里 A 是 A 阶单位阵.

(2) 设函数 $f:R^n\times R^n\to R$ 为 $f(X,Y)=X^TAY,X,Y\in R^n$.证明:f 不是零函数当且仅当存在 $X_0\in R^n$ 使得 $f(X_0,X_0)\neq 0$.

(3) 设$f(x)=|xE_n-A|$是A的特征多项式,设$f'(x)$为$f(x)$的导数且$f'(x)|f(x)$.证明:A是数量矩阵.

(4) 设A的秩为$r(A)=r$,设$V=\{X\in R^n \mid X^TAX=0\}$,证明:$V$包含$R^n$的一个维数$n-r$的子空间.$V$是$R^n$的子空间吗?说明您的理由.

(5) 进一步假设A正定,而B是一个负定的n阶矩阵.证明:如果$AC=CB$,那么必然有$C=0$.

23. 设W是数域P上n维线性空间V的子空间,证明:存V在的线性变换σ,τ使得$\mathrm{Im}(\sigma)=W,Ker(\tau)=W$.

24. 设A为数域F上的n阶方阵,它的秩为r.

(1) 设E_r是r阶单位阵,写出"存在可逆矩阵P使得$PA=\begin{bmatrix}E_r & 0\\0 & 0\end{bmatrix}$"的一个充分必要条件,并证明你的结论.

(2) 设$\alpha_1,\alpha_2,\cdots,\alpha_n$是$R^n$的一个基,令$(\beta_1,\beta_2,\cdots,\beta_n)=(\alpha_1,\alpha_2,\cdots,\alpha_n)A$.求向量组$\beta_1,\beta_2,\cdots,\beta_n$的秩,并给出它的一个极大无关组.

(3) 设$P(A)$是满足$f(A)=0$的F上的所有多项式$f(x)$组成的集合.证明:$P(A)$是F上的无穷维线性空间;并且,如果$g(x)\in P(A)$的次数大于n,那么$g(x)$在F上是可约的.

(4) 设$\lambda_1,\lambda_2,\cdots,\lambda_n$是$A$的全部复特征值.证明:对任意非负整数$k$,数$S_k=\sum\limits_{i=1}^{n}\lambda_i^k$属于$F$.

(5) 设V是F上的线性空间,$\varepsilon_1,\varepsilon_2,\cdots,\varepsilon_n$是$V$的一个基,设$V$上的一个线性变换$A$满足$A(\varepsilon_1,\varepsilon_2,\cdots,\varepsilon_n)=(\varepsilon_1,\varepsilon_2,\cdots,\varepsilon_n)A$,且$A^2=A$.证明:$\ker A+\mathrm{Im}A$是直和,这里$\ker A$和$\mathrm{Im}A$分别是$A$的核和像.

25. 设A是数域F上的n阶方阵,A的特征多项式在F上不可约,设$M_n(C)$是所有n阶复方阵组成的线性空间.

(1) 证明:A是可逆矩阵.

(2) 设σ_A是$M_n(C)$上的如下线性变换:$\sigma_A(X)=A-1X-XA^{-1}$,任意$X\in M_n(C)$.记σ_A的核为$Ker\sigma_A$,σ_A的象为$\mathrm{Im}\sigma_A$,求$Ker\sigma_A\cap\mathrm{Im}\sigma_A$的维数.

26. 设A是n维欧式空间V上的可逆线性变换,证明:

(1)A的特征值一定不为零;(2) 如果λ是A的特征值,则λ^{-1}是A^{-1}的特征值.

27. 设A为三阶矩阵,有三个不同的特征值$\lambda_1,\lambda_2,\lambda_3$,对应的特征向量分别为$\alpha_1,\alpha_2,\alpha_3$,令$\beta=\alpha_1+\alpha_2+\alpha_3$.

(1) 证明β不是A的特征向量.(2) 证明$\beta,A\beta,A^2\beta$线性无关.

(3) 若$A^3\beta=A\beta$,计算行列式$|2A+3E|$,其中E为3阶单位矩阵.

28. 设$A=\begin{bmatrix}2 & 0 & 2\\-1 & 3 & 1\\1 & -1 & 3\end{bmatrix}$

(1) 证明:在任意的数域F上,A都不可能相似于一个对角阵.

(2) 设$f(x)=x^4-10x^3+36x^2-56x+32$,计算$f(A)$.

29. 设V是数域F上任一线性空间,A是V上一个线性变换,$F[x]$是数域F上一元多项式的集合.证明:设$d(x)$是$f(x),g(x)$的最大公因式,$f(x),g(x)\in F[x]$,则

$\ker d(A)=\ker f(A)\cap\ker g(A)$,其中 $\ker A$ 是的 A 核.

30. 设 V 是数域 P 上的 n 维线性空间,σ 为 V 的线性变换,W 为 V 的非平凡的 σ 不变子空间,$\sigma|_W$ 是 σ 在 W 上的限制线性变换.

(1) 证明:若 σ 可对角化,$\sigma|_W$ 则也可对角化.

(2) 反之,假设 $\sigma|_W$ 可对角化,问 σ 是否可对角化? 若能,请给出证明;若不能,请举出例子.

31. 设 A 是有限维线性空间 V 上的线性变换,如果 $V\neq KerA+\mathrm{Im}A$,则

$$KerA\cap\mathrm{Im}A\neq\{0\}.$$

32. 给定数域 P 上的 n 个数 $a_1,a_2,\cdots,a_n$ 下列 n 级矩阵

$$A=\begin{pmatrix} a_1 & a_2 & a_3 & \cdots & a_{m-1} & a_n \\ a_n & a_1 & a_2 & \cdots & a_{n-2} & a_{n-1} \\ a_{n-1} & a_n & a_1 & \cdots & a_{n-3} & a_{n-2} \\ \vdots & \vdots & \vdots & \cdots & \vdots & \vdots \\ a_3 & a_4 & a_5 & \cdots & a_1 & a_2 \\ a_2 & a_3 & a_4 & \cdots & a_n & a_1 \end{pmatrix}$$

称为循环矩阵.设 $f(x)=a_1+a_2x+\cdots+a_nx^{n-1}$ 为数域 P 上的多项式及 $\varepsilon_1,\varepsilon_2,\cdots,\varepsilon_n$ 为 $x^n-1=0$ 的 n 个单位根,试用 $f(x)$ 与 $\varepsilon_1,\varepsilon_2,\cdots,\varepsilon_n$ 计算 A 的行列式.

33. (16) 设 A 为 $m\times m$ 的正定矩阵, B 为秩等于 n 的 $m\times n$ 矩阵, C 为 $n\times n$ 的半负定矩阵.令 $K=\begin{pmatrix} A & B \\ B^T & C\end{pmatrix}$.证明:

(1) K 有 m 个正特征值,n 个负特征值.

(2) 存在 $m\times m$ 与 $n\times n$ 的上三角矩阵 R_{11} 与 R_{22},$m\times n$ 的矩阵 R_{12} 使得

$$K=\begin{pmatrix} R_{11}^T & 0 \\ R_{12}^T & R_{22}^T\end{pmatrix}\begin{pmatrix} E_m & 0 \\ 0 & -E_n\end{pmatrix}\begin{pmatrix} R_{11} & R_{12} \\ 0 & R_{22}\end{pmatrix}.$$

34. 设 V 是由数域 F 上 x 的次数小于 n 的全体多项式,再添上零多项式构成的线性空间,定义 V 上的线性变换 A,使 $A(fx)=xf'(x)-f(x)$,其中 $f'(x)$ 为 $f(x)$ 的导数. (1) 求 A 的核 $A^{-1}V$ 与值域 AV; (2) 证明:线性空间 V 是 $A^{-1}V$ 与 AV 的直和.

35. 证明:数域 F 上的有限维空间上的线性变换只有有限多个特征值.举一个有无穷多个特征值的线性变换的例子.

36. 设 A 和 B 是 n 维线性空间 V 的线性变换,求证:

$$\dim(AB)^{-1}(0)\leqslant\dim A^{-1}(0)+\dim B^{-1}(0).$$

37. 设 A 是线性空间 V 的线性变换,$V_1=AV,V_2=A^{-1}(0)$ 分别是 A 的值域与核,$\alpha_1,\alpha_2,\cdots,\alpha_s$ 是 V_1 的一组基,$\beta_1,\beta_2,\cdots,\beta_s$ 是 $\alpha_1,\alpha_2,\cdots,\alpha_s$ 的原像.令 $W=L(\beta_1,\beta_2,\cdots,\beta_s)$,则 $V=W\oplus V_2$.

38. 设 F 是数域,A 是 F 上的一个元素全为 a 的 n 阶方阵.

(1) 求 A 的特征多项式.

(2) A 在 F 上是否相似于一个对角矩阵? 说明理由.

39. 设 A 为三阶正交矩阵 $|A|=1$,证明 A 的特征多项式为

$$f(\lambda)=\lambda^3-t\lambda^2+t\lambda-1,\ -1\leqslant t\leqslant 3.$$

40. 设$A=(a_{ij})_{m\times n}$为$m\times n$实矩阵,$V=R^n$,$W=R^m$分别为通常的n,m维实列向量空间.映射$f:V\to W$定义为:任给$X=\begin{pmatrix}x_1\\x_2\\\vdots\\x_n\end{pmatrix}\in V$,有$f(X)=\begin{pmatrix}y_1\\y_2\\\vdots\\y_m\end{pmatrix}$,其中$y_i=\sum_{j=1}^{n}a_{ij}x_j$,$i=1,2,\cdots,m$.记$\mathrm{Im}f=\{f(X)\mid X\in V\}$和$Kerf=\{X\in V\mid f(X)=0\}$分别是$f$的象和核.证明:

(1) 对$b=\begin{pmatrix}b_1\\b_2\\\vdots\\b_m\end{pmatrix}\in W$,方程$AX=b$有解的充分必要条件是$b\in\mathrm{Im}f$.

(2) $\mathrm{Im}f$是W的子空间,而$Kerf$是V的子空间.

(3) $\dim Kerf+\dim\mathrm{Im}f=n$,其中dim是指维数.

41. 设A是有限维线性空间V上的线性变换,已知存在正整数k使得$Ker(A^k)=Ker(A^{k+1})$.

证明:$Ker(A^k)\cap\mathrm{Im}(A^k)=\{0\}$.其中$Ker(A^k)$,$\mathrm{Im}(A^k)$分别是线性变换$A^k$的核空间与象空间.

42. 设$A=\begin{pmatrix}2&-1&-1&2\\1&-1&-3&3\\0&1&3&-2\\0&0&0&1\end{pmatrix}$.

(1) 证明:A的特征多项式为$f(x)=(x-a)^3(x-b)$,并求出a与b的值.

(2) 证明:A的任意三个特征向量都是线性相关的.

(3) 令$\beta=(0,0,0,1)^T$为C^4中的一个列向量,求:列向量$\alpha_1,\alpha_2,\alpha_3\in C^4$使得$C$上4阶矩阵$S=(\alpha_1,\alpha_2,\alpha_3,\beta)$满足$S^{-1}AS=\begin{pmatrix}b&0&0&0\\0&a&1&0\\0&0&a&1\\0&0&0&a\end{pmatrix}$,其中$a,b$为(1)中求得的值.

43. 设$\sigma\tau$为n维实向量空间V到自身的线性映射,且$\sigma^2=\sigma$.记$V_1=Ker(\sigma)$(σ的核),$V_2=\mathrm{Im}(\sigma)$(σ的像).证明:$\sigma\tau=\tau\sigma$当且仅当$\tau(V_1)\subset V_1$且$\tau(V_2)\subset V_2$.

44. 设$a+bi$是n阶实方阵A的任一特征值. a、b是实数.如$A+A^T$的n个特征值是μ_1,$\mu_2,\cdots,\mu_n$.证明:必有$\frac{1}{2}\min\limits_i\mu_i\leqslant a\leqslant\frac{1}{2}\max\limits_i\mu_i$($A^T$是$A$的转置矩阵).

45. 设A是n阶下三角阵.如果$a_{11}=a_{22}=\cdots=a_{nn}$,且至少有一$a_{i_0j_0}\neq 0(i_0>j_0)$,证明$A$不可对角化.

46. 设实矩阵$A=\begin{pmatrix}1&a&1\\a&1&2b\\1&2b&1\end{pmatrix}$.如果有正交矩阵$T$,使得$T^{-1}AT=\begin{pmatrix}0&0&0\\0&1&0\\0&0&2\end{pmatrix}$,求$a,b$及$T$.

47. (20) 设线性空间 $V=W_1\oplus W_2\oplus\cdots\oplus W_t$，证明：存在 V 的线性变换 $\sigma_1,\sigma_2,\cdots,\sigma_t$，使得

(1) $\sigma_i^2=\sigma_i, 1\leqslant i\leqslant t$;　　　　(2) $\sigma_i\sigma_j=0, i\neq j$;

(3) $\sigma_1+\sigma_2+\cdots+\sigma_t=I$ 为恒等变换；　(4) $\mathrm{Im}\sigma_i=W_i, 1\leqslant i\leqslant t$.

48. 设 $A\in M_{s\times n}(K)$，构造向量空间 K^n 到 K^s 的映射 $A: A(\alpha)=A\alpha, \forall\alpha\in K^n$ 这里 K^n 中的向量均记为列向量. 证明：

(1) A 是线性映射；(2) $\dim\mathrm{Im}A=rank(A)$.

49. 设 σ 是 n 维线性空间 V 的线性变换，证明存在正整数 k，使得 $\ker\sigma^k=\ker\sigma^{k+1}$ 其中 $\ker\sigma$ 表示 σ 的核.

50. 在 R^n 空间中，已知线性变换 T 在任一基下 e_i 的坐标均为 $(1,1,\cdots,1)^T$，其中 e_i 为单位矩阵的第 i 列的列向量.

(1) 求 T 的特征值. (2) 求 R^n 的一组标准正交基，使得 T 在这一组基下的矩阵为对角阵.

51. 设 σ,τ 为 V 中线性变换，且 $\sigma^2=\sigma,\tau^2=\tau$，证明 $Ker\sigma=Ker\tau$ 当且仅当 $\sigma\tau=\sigma,\tau\sigma=\tau$，其中 $Ker\sigma$ 为 σ 的核.

52. 设 σ 是实数域 R 上线性空间 V 的线性变换，$f(x),g(x)\in R[x]$，$h(x)=f(x)g(x)$. 证明：(1) $Kerf(\sigma)\oplus Kerg(\sigma)\subset Kerh(\sigma)$；

(2) 若 $(f(x),g(x))=1$，则 $Kerh(\sigma)=Kerf(\sigma)\oplus Kerg(\sigma)$.

53. 设 $A=\begin{pmatrix}a&b\\c&d\end{pmatrix}$，其中 a,b,c,d 是实数，且 $ad-bc=1$. 证明：如果 $|a+d|<2$，则存在实数 θ 和实可逆矩阵 T，使得 $T^{-1}AT=\begin{pmatrix}\cos\theta&\sin\theta\\-\sin\theta&\cos\theta\end{pmatrix}$.

54. 求一非奇异矩阵 C，使 C^TAC 为对角矩阵，这里 $A=\begin{bmatrix}0&1&1\\1&0&-2\\1&-2&0\end{bmatrix}$.

55. 设 $A=\begin{bmatrix}1&x&1\\x&1&y\\1&y&1\end{bmatrix}$ 与 $B=\begin{bmatrix}0&0&0\\0&1&0\\0&0&2\end{bmatrix}$ 相似.

(1) 求 x,y 的值；(2) 求一个正交矩阵 T，使 $T^{-1}AT=T'AT=B$.

56. 设矩阵 $A=\begin{bmatrix}1&0&0&0\\a&1&0&0\\a_1&b&2&0\\a_2&b_1&c&2\end{bmatrix}$. 问 a,a_1,a_2,b,b_1,c 为何值时，A 与对角矩阵相似.

57. 设 $A=\begin{bmatrix}2&2&-2\\2&5&-4\\-2&-4&5\end{bmatrix}$，求可逆矩阵 P，使 $P^{-1}AP$ 为对角阵.

58. 设 $A=\begin{bmatrix}3&-2&0&0\\-2&0&0&0\\0&0&5&-2\\0&0&-2&2\end{bmatrix}$，求正交矩阵 P，使 $P^{-1}AP=P^TAP$ 为对角形矩阵，

并写出这个对角形矩阵.

59. 设 2 阶矩阵 A 中所有元素都是正实数,证明:A 有实特征向量(即每个分量都是实数的特征向量).

60. 在 P^3 中定义线性变换 A 为 $A(x_1,x_2,x_3)=(2x_1-x_2,x_2+x_3,x_1)$.

(1) 求 A 在基 $\varepsilon_1=(1,0,0),\varepsilon_2=(0,1,0),\varepsilon_3=(0,0,1)$ 下的矩阵.

(2) 设 $\alpha=(1,0,-2)$,求 $A\alpha$ 在基 $\alpha_1=(2,0,1),\alpha_2=(0,-1,1),\alpha_3=(-1,0,2)$ 下的坐标.

(3) A 是否可逆? 若可逆,求 A^{-1},若不可逆,说明原因.

61. 设 $\alpha_1,\alpha_2,\alpha_3$ 和 β_1,β_2,β_3 是三维线性空间 V 的两组基,V 上的线性变换 σ 在基 α_1, α_2,α_3 下的矩阵为 $A=\begin{bmatrix}2&-2&-2\\-2&2&-2\\-2&-2&2\end{bmatrix}$,而 $\alpha_1,\alpha_2,\alpha_3$ 到 β_1,β_2,β_3 的过渡矩阵为

$$S=\begin{bmatrix}-1&0&2\\0&1&-1\\2&-2&1\end{bmatrix}$$

(1) 求 σ 的全部特征值和分别属于不同特征值的极大线性无关的特征向量.

(2) 求一可逆矩阵 T 使得 $T^{-1}AT$ 为对角形.

(3) 设 $X_0=(1,-1,2)'$,计算 A^kX_0,其中 k 为任意正整数.

(4) 求一正交矩阵 Q 使用 $Q'AQ$ 为对角阵.

(5) 求 σ 在基 β_1,β_2,β_3 下的矩阵.

62. 设 $M_{2\times2}(F)$ 是数域 F 的 2 阶方阵的全体,给定

$$A=\begin{bmatrix}1&-1\\0&0\end{bmatrix},B=\begin{bmatrix}2&1\\-2&-1\end{bmatrix}\in M_{2\times2}(F).$$

定义映射:$T:M_{2\times2}(F)\to M_{2\times2}(F)$ 为 $X\mapsto T(X)=AXB$

(1) 证明:T 是 $M_{2\times2}(F)$ 上的线性变换.(2) 分别求 T 的核与像的维数.

63. 设 V 是数域 F 上的 n 维线性空间,σ,τ 是 V 上的线性变换,其中 τ 可逆,证明,存在无穷多个 $t\in F$ 使得 $\sigma+t\tau$ 可逆.

64. 设 $M_n(F)$ 是数域 F 上的全体 n 阶方阵的集合,$A\in M_n(F)$.定义映射 $T:M_n(F)\to M_n(F)$ 为:$X\mapsto T(X)=AX$,任意 $X\in M_n(F)$.

(1) 证明:T 是 $M_n(F)$ 上的线性变换.

(2) 证明:a 是 A 的一个特征值当且仅当 a 也是 T 的一个特征值.

(3) 设 a 作为 A 的特征值的几何重数为 m,求 a 作为 T 的特征值的几何重数.(注:特征值的几何重数就是特征值的特征子空间的维数).

65. 设 $T:V\to W$ 是数域 F 上的线性空间之间的映射.

(1) 证明:T 是单射当且仅当对任意满足 $TS=0$ 的线性映射 $S:W\to V$,都有 $S=0$,T 是满射当且仅当对任意满足 $RT=0$ 的线性映射 $R:W\to V$,都有 $R=0$.

(2) 设 $\dim V<\infty,\dim W<\infty$.设 W_1 是 W 的子空间,证明:

$$\dim T^{-1}(W_1)\geqslant\dim V-\dim W+\dim W_1.$$

66. 设 A 是行列式为 -1 的正交矩阵,证明:-1 是 A 的一个特征值.

67. 设 V 是数域 F 上的 n 维线性空间，$End(V)$ 是 V 的所有线性变换组成的集合.

(1) 证明：对任意 $0 \neq \alpha \in V$ 都有 $V = \{A\alpha \mid A \in End(V)\}$.

(2) 不用 $Hamilton - Caylay$ 定理直接证明：对任意 $A \in End(V)$ 都存在 F 上的非零多项式 $f(x)$ 使得 $f(A) = 0$.

(3) 上述两个结论对无穷维线性空间是否成立？简要说明理由.

68. 设 $\varepsilon_1, \varepsilon_2, \cdots, \varepsilon_n$ 是 n 维线性空间 V 的一组基，σ 是 V 上的线性变换. 证明：σ 可逆当且仅当 $\sigma\varepsilon_1, \sigma\varepsilon_2, \cdots, \sigma\varepsilon_n$ 也是 V 的一组基.

69. 设 A 为一个 n 阶正定矩阵，B 为一个 n 阶实反对称矩阵，即 B 满足：$B^T = -B$.

(1) 证明：存在 n 阶实可逆矩阵 T 使得 $A = TT^T$，其中 T^T 表示矩阵 T 的转置矩阵.

(2) 证明：B 的特征值或者是 0 或者是纯虚数.

(3) 证明：$A + B$ 为可逆矩阵.

70. 设设数域 F 上三维线性空间 V 上线性变换 σ 在基 $\varepsilon_1, \varepsilon_2, \varepsilon_3$ 下的矩阵是 $A = \begin{pmatrix} a_{11} & a_{12} & a_{13} \\ a_{21} & a_{22} & a_{23} \\ a_{31} & a_{32} & a_{33} \end{pmatrix}$，求在基 $\varepsilon_1, + \varepsilon_2, \varepsilon_2 + \varepsilon_3, \varepsilon_3$ 下矩阵 B 的具体表达式.

71. 设方阵 A 的特征多项式为 $f(\lambda) = (\lambda - 1)^2(\lambda + 1)$，求矩阵 $B = A^3 + 2A^2 + 3A$ 的行列式.

72. 设 σ 为数域 K 上的 n 维线性空间 V 上的一个线性变换，满足 $\sigma^2 = \sigma$，A 为 σ 在 V 的某基组下的矩阵，$rank(A) = r$.

(1) 证明：$\sigma + I$ 为 V 的可逆线性变换；

(2) $rank(A) = Tr(A)$，这里 E 为单位矩阵，I 为恒等变换，$rank(A)$，$Tr(A)$ 分别表示秩和迹.

73. 设 A 为复数域 C 上的一个 n 阶方阵，已知它的特征多项式为 $f(x) = (x - a)^{n-1}(x - b)$，其中 a 与 b 不相等. 假设 A 的任意三个特征向量都是线性相关的. 对于复数 $\lambda \in C$，以及正整数 l，试求复数域 C 上线性空间 V 的维数，其中 $V = \{\alpha \in C^n \mid (A - \lambda E_n)^l \alpha = 0\}$，其中 E_n 为 n 阶单位矩阵.

74. 设实数矩阵 $A = \begin{bmatrix} 2 & 1 & 1 \\ 1 & 2 & 1 \\ 1 & 1 & 2 \end{bmatrix}$

(1) 求正交矩阵 P，促得 $P^{-1}AP$ 为对角阵.

(2) 求正交矩阵 Q 及上三角矩阵 R，使得 $A = QR$.

75. 已知 R^3 的线性变换 T 在基 $\alpha_1 = (-1,1,1)^T, \alpha_2 = (1,0,1)^T, \alpha_3 = (0,1,1)^T$ 下的矩阵为 $A = \begin{bmatrix} 1 & 0 & 1 \\ 1 & 1 & 0 \\ -3 & 2 & 1 \end{bmatrix}$. 求 T 在基 $\varepsilon_1 = (1,0,0)^T, \varepsilon_2 = (0,1,0)^T, \varepsilon_3 = (0,0,1)^T$ 下的矩阵，T 的值域与核.

76. 设 A, B 为 n 阶矩阵，证明：AB 与 BA 有相同的特征根.

77. 设 $f(x) = x^n + a_{n-1}x^{n-1} + \cdots + a_1 x + a_0 \in F[x]$ 是数域 F 上的不可约多项式，α 是 $f(x)$ 的一个复数根.

(1) 证明 $F[\alpha]=\{g(\alpha)\mid g(x)\in F[x]\}$ 是 F 上 n 维线性空间,且 $1,\alpha,\cdots,\alpha^{n-1}$ 是一组基.

(2) 定义 $F[\alpha]$ 的线性变换 $\lambda_\alpha:\beta\mapsto\alpha\beta$. 求 λ_α 在上述基下对应的矩阵 A_α,并求行列式 $|A_\alpha|$.

78. 记 $V=\left\{\begin{pmatrix}a&b\\c&d\end{pmatrix}\mid a,b,c,d\in C,a+d=0\right\}$ 对任一 $A\in V$,定义 V 上的线性变换 T 为:对任意 $X\in V,T(X)=AX-XA$. 假设 $A=\begin{pmatrix}1&0\\0&-1\end{pmatrix}$. 试求:$T$ 的所有特征值以及与这些特征值相对应的特征向量.

79. 令 $F^{2\times2}$ 表示数域 F 上全体 2×2 矩阵组成的线性空间,$P=\begin{pmatrix}1&1\\1&2\end{pmatrix}$,定义:

$$\sigma(X)=PX,\forall X\in F^{2\times2}.$$

(1) 证明:σ 是 $F^{2\times2}$ 上的线性变换.

(2) 求 σ 在基 $E_{11}=\begin{pmatrix}1&0\\0&0\end{pmatrix},E_{12}=\begin{pmatrix}0&1\\0&0\end{pmatrix},E_{21}=\begin{pmatrix}0&0\\1&0\end{pmatrix},E_{22}=\begin{pmatrix}0&0\\0&1\end{pmatrix}$ 下的矩阵.

(3) 设 $A=\begin{pmatrix}1&2\\2&3\end{pmatrix}$,求 $\sigma(A)$ 在基 $E_{11},E_{12},E_{21},E_{22}$ 下的坐标.

80. 设 A,B 是 n 级方阵,证明:

(1) $r(AB+BA+A+B)\leqslant r(A)+r(B)$,$r(A)$ 表示矩阵 A 的秩.

(2) AB,BA 有相同的特征值.

81. 设 $\varepsilon_1=(1,0)^T,\varepsilon_2=(0,1)^T$ 是二维向量空间 V 的一组基,$\alpha=(2,3)^T,\beta=(-4,9)^T$. σ 是 V 上的一个线性变换,且 $\sigma(\varepsilon_1)=\alpha,\sigma(\varepsilon_2)=\beta$.

(1) 写出线性变换 σ 在基 $\varepsilon_1,\varepsilon_2$ 之下的矩阵.

(2) 求出线性变换 σ 的逆变换.

(3) 求出线性变换 σ 的特征值和特征向量.

(4) 求出线性变换 σ 的全部不变子空间.

82. 设 $M_2(P)$ 是数域 P 上的全体 2×2 矩阵按照加法和数乘构成的线性空间. 已知

$$\varepsilon_1=\begin{pmatrix}1&0\\0&0\end{pmatrix},\varepsilon_2=\begin{pmatrix}0&1\\0&0\end{pmatrix},\varepsilon_3=\begin{pmatrix}0&0\\1&0\end{pmatrix},\varepsilon_4=\begin{pmatrix}0&0\\0&1\end{pmatrix}$$

和

$$\eta_1=\begin{pmatrix}8&1\\2&-7\end{pmatrix},\eta_2=\begin{pmatrix}5&4\\2&-5\end{pmatrix},\eta_3=\begin{pmatrix}4&2\\4&-4\end{pmatrix},\eta_4=\begin{pmatrix}8&2\\3&-7\end{pmatrix}$$

是 $M_2(P)$ 的两组基,σ 是 $M_2(P)$ 的线性变换,定义 $\sigma(\alpha)=\begin{pmatrix}1&2\\-1&4\end{pmatrix}\alpha,\alpha\in M_2(P)$.

(1) 求由基 $\varepsilon_1,\varepsilon_2,\varepsilon_3,\varepsilon_4$ 到基 $\eta_1,\eta_2,\eta_3,\eta_4$ 的过渡矩阵.

(2) 求一个非零的 $\xi\in M_2(P)$ 使它在 $\varepsilon_1,\varepsilon_2,\varepsilon_3,\varepsilon_4$ 和 $\eta_1,\eta_2,\eta_3,\eta_4$ 下有相同的坐标.

(3) 求 σ 的特征值.

(4) 求 σ 的特征子空间.

83. 在 R^3 中,设线性变换 T 在基 $\alpha_1=(1,0,0)^T,\alpha_2=(1,2,0)^T,\alpha_3=(1,2,3)^T$ 下有 $T(\alpha_1)=3\alpha_1+\alpha_2-2\alpha_3,T(\alpha_2)=2\alpha_1-\alpha_2+\alpha_3,T(\alpha_3)=-\alpha_1+\alpha_3$;线性变换 S 在基 $\beta_1=$

$(1,0,-1)^T,\beta_2=(0,1,1)^T,\beta_3=(-1,1,1)^T$下的矩阵是$\begin{pmatrix}1&1&1\\-1&0&1\\1&2&0\end{pmatrix}$. 试求$T+S$在$\alpha_1$, α_2,α_3下的矩阵.

84. 设$A=(a_{ij})$是n阶方阵,并且$a_{ij}>0(1\leqslant i,j\leqslant n)$, $\sum\limits_{k=1}^{n}a_{ik}=1(1\leqslant i\leqslant n)$.

(1) 证明:对于A的任一特征值λ,均有$|\lambda|\leqslant 1$并且1是A的特征值.

(2) 若A可逆,求A^{-1}的每一行之和.

85. 设V是数域P上n维线性空间,T是V的线性变换.$\lambda_1,\lambda_2,\cdots,\lambda_k$是$T$的互不相同的特征值. $V_{\lambda_i},i=1,2,\cdots,k$是$T$的特征子空间,且$V=V_{\lambda_1}\oplus V_{\lambda_2}\oplus\cdots\oplus V_{\lambda_k}$.$W$是$T$的不变子空间.证明:$W$的每个向量$\eta$可唯一表示成$\eta=\xi_1+\xi_2+\cdots+\xi_k$,其中

$$\xi_i\in V_{\lambda_i}\cap W,i=1,2,\cdots,k.$$

86. A,B为n阶方阵,$A+B+AB=0$,证明:

(1)A,B有相同的特征向量; (2)A可以对角化当且仅当B可对角化.

87. 设P是一个数域,令线性变换$A:P^2\to P^2,(a,b)\mapsto(a,b)\begin{pmatrix}1&-1\\2&2\end{pmatrix}$.证明:

(1)P是实数域R时,R^2无A的非零的真不变子空间.

(2)P是复数域C时,C^2有A的非零的真不变子空间.

88. 设$A=\begin{pmatrix}1&2&1\\\alpha&1&\beta\\1&\beta&1\end{pmatrix}$,$B=\begin{pmatrix}0&0&0\\0&1&0\\0&0&2\end{pmatrix}$且$A$与$B$相似

(1) 求α,β的值; (2) 求可逆矩阵A使$P^{-1}AP=B$.

89. 设p是素数,$f(x)=x^{p-1}+x^{p-2}+\cdots+x+1$是一个多项式.

(1) 证明:在有理数域Q上,$f(x)$不可约.

(2) 设V是复数域C上的一个n维线性空间,A是V上的一个线性变换,满足$f(A)=0$. 证明:对任意$1\leqslant k\leqslant n$,V有A的k维不变子空间.

90. 已知实矩阵$A=\begin{pmatrix}2&2\\2&x\end{pmatrix}$,$B=\begin{pmatrix}4&y\\3&1\end{pmatrix}$.问:

(1)x,y为何值时,A合同于B? (2)x,y为何值时,A相似于B?

91. 设V是数域P上的n维线性空间,$\varepsilon_1,\varepsilon_2,\cdots,\varepsilon_n$是其一组基,证明:线性变换$\sigma$在基$\varepsilon_1,\varepsilon_2,\cdots,\varepsilon_n$下的矩阵为对角阵,即$A=\begin{pmatrix}A_1&0\\0&A_2\end{pmatrix}$,$A_1$是$k$阶方阵,$A_2$是$n-k$阶方阵,当且仅当由向量组$\varepsilon_1,\varepsilon_2,\cdots,\varepsilon_k$生成的子空间以及由向量组$\varepsilon_{k+1},\varepsilon_{k+2},\cdots,\varepsilon_n$生成的子空间都是线性变换$\sigma$的不变子空间.

92. 设σ是数域F上的线性空间V的一个线性变换,$\sigma^2=\tau$,τ是恒等变换,证明:$V=W_1\oplus W_2$,其中$W_1=\{\xi\in V|\sigma(\xi)=\xi\}$,$W_2=\{\eta\in V|\sigma(\eta)=-\eta\}$.

93. 设A是数域K上n维线性空间V的线性变换.证明:存在V的A不变子空间W_1,W_2,$\cdots,W_m$,使得$V=W_1\oplus W_2\oplus\cdots\oplus W_m$,其中$A$在每个$W_i$上的极小多项式为$p_i^{k_i}(x)$,而$p_1(x),p_2(x),\cdots,p_m(x)$为互不相同的首一不可约多项式.

94. 设 n 维线性空间上的线性变换 σ 的特征多项式为

$$f(\lambda) = (\lambda - \lambda_1)^{n_1}(\lambda - \lambda_2)^{n_2}, \lambda_1 \neq \lambda_2 \text{ 并且有}$$

$$\sigma\alpha_1 = \lambda_1\alpha_1, (\sigma - \lambda_1\varepsilon)\alpha_2 = \alpha_1, \cdots, (\sigma - \lambda_1\varepsilon)\alpha_{n_1} = \alpha_{n_1-1},$$

$$\sigma\beta_1 = \lambda_2\beta_1, (\sigma - \lambda_2\varepsilon)\beta_2 = \beta_1, \cdots, (\sigma - \lambda_2\varepsilon)\beta_{n_2} = \beta_{n_2-1}.$$

证明:$\alpha_1, \alpha_2, \cdots, \alpha_{n_1}, \beta_1, \beta_2, \cdots, \beta_{n_2}$ 构成整个线性空间的一组基,并写出 σ 在这组基下的矩阵.

95. 设 V 是数域 P 上 n 维线性空间,T 是 V 的线性变换.证明:存在 V 的线性变换 S 使得 $TST = T$.

96. 设 V 是数域 P 上的 3 维线性空间,δ 为 V 的线性变换,δ 在 V 的基 $\alpha_1, \alpha_2, \alpha_3$ 下的矩阵为 $\begin{pmatrix} 1 & 1 & -1 \\ 2 & 1 & 0 \\ 1 & 1 & 0 \end{pmatrix}$.

(1) 证明 δ 是可逆的; (2) 求 $\delta^{-1}(\alpha_1 + \alpha_2 + \alpha_3)$.

97. 设 A 是 n 阶实矩阵,0 和 -1 均不是 A 的特征值.证明:

(1) A 及 $A + I$ 可逆. (2) A 正交 $\Leftrightarrow (A + I)^{-1} + (A^T + I)^{-1} = I$.

98. C 表示复数域,$M_n(C) = \{(a_{ij})_n \mid a_{ij} \in C\}$.

(1) 问 $M_n(C)$ 关于矩阵的加法与数乘能否作为实数域 R 上的线性空间? 若能,求出其维数.

(2) 选定 $A \in M_2(C)$,定义 $\sigma_A: X \mapsto AX - XA$, $\forall X \in M_2(C)$,证明 σ_A 是 $M_2(C)$ 上的线性变换.

(3) 证明:数 0 是 σ_A 的一个特征值.

99. 设 V 是数域 F 上的 n 维线性空间,$End(V)$ 表示 V 上的全体线性变换组成的线性空间.

(1) 求 $End(V)$ 并写出 $End(V)$ 的一个基.

(2) 设 $A \in End(V)$,设 A 的特征多项式为 $f(x)$,证明:如果 V 可以分解为非平凡的 A - 不变子空间的直和,那么,$f(x)$ 在 F 上可约.问:此结论的逆命题是否成立? 说明理由.

100. 假设 A 是 n 维欧式空间 V 的线性变换,A^* 是同一空间 V 的变换.且对 $\forall \alpha, \beta \in V$,有 $(A\alpha, \beta) = (\alpha, A^*\beta)$.证明:

(1) A^* 是线性变换; (2) A 的核等于 A^* 的值域的正交补.

101. 设 A 为数域 K 上的 n 维线性空间 V 的一个线性变换,满足 $A^2 = A$,A 为 A 在 V 的某基下的矩阵,$rankA = r$

(1) 证明:①$A + E$ 为 V 的可逆线性变换; ②$rankA = TrA$.

(2) 试求 $|2E - A|$.这里 E 为单位矩阵,E 为恒等变换,$rank$ 与 Tr 分别表示秩与迹.

102. 设有 R 上线性空间 V, V', U 是 V 的子空间,φ 是线性空间 $U \to V'$ 的线性映射,证明:存在 $V \to V'$ 的线性映射 ψ,它在 U 上的限制是 φ.

103. 设 A 是有限维线性空间 V 的线性变换,m 为正整数,使 $A^{m-1} \neq 0$,而 $A^m = 0$.求一个 n 维向量 α,使 $\alpha, A\alpha, \cdots, A^{m-1}\alpha$ 是线性无关.

104. 设 V 和 W 是数域 K 上的线性空间,$f: V \to W$ 是线性映射,且为单射.则线性空间 V 内向量组 $\alpha_1, \alpha_2, \cdots, \alpha_t$ 线性无关的充分必要条件是 $f(\alpha_1), f(\alpha_2), \cdots, f(\alpha_t)$ 在 W 内线性无关.

105. 证明：n 维线性空间 V 中的线性变换 σ 可逆的充分必要条件是 σ 把 V 的一组基仍变为一组基.

106. 设 σ 是数域 F 上 n 维线性空间 V 的线性变换，α 和 β 分别是 σ 的属于特征值 λ_1 与 λ_2 的特征向量，而且 $\lambda_1 \neq \lambda_2$. 试证：

(1) α,β 线性无关； (2) $\alpha - \beta$ 不可能是 σ 的特征向量.

107. 设 V 是数域 F 上全体 n 阶方阵做成的线性空间，$A,B,C,D \in V$. 对任意 $X \in V$，定义 $\sigma(X) = AXB + CX + XD$. 证明：

(1) σ 是 V 的线性变换.

(2) 当 $C = D = 0$ 时，σ 为可逆线性变换当且仅当 $|AB| \neq 0$.

108. 设 V 是数域 P 上 n 维线性空间，σ 是 V 的一个线性变换，σ 的特征多项式为 $f(\lambda)$. 证明：$f(\lambda)$ 在 P 上不可约的充分必要条件是 V 无关于 σ 的非平凡不变子空间（通常称 V 的子空间 $\{0\}$ 和 V 为 V 的关于 σ 的平凡不变子空间）.

109. 考虑实数域 R 上的线性空间 $C_0 = \left\{\begin{bmatrix} a & -b \\ b & a \end{bmatrix} \in M_2(R) \mid a,b \in R\right\}$.

(1) 计算：$\dim C_0$，并给出 C_0 的一组基.

(2) 建立 C_0 上的变换 τ，$\tau\begin{bmatrix} a & -b \\ b & a \end{bmatrix} = \begin{bmatrix} a & b \\ -b & a \end{bmatrix}$. 证明：$\tau$ 是线性变换.

(3) 求出 τ 的全部不变子空间.

110. 如果 σ,τ 都是幂等（$\sigma^2 = \sigma,\tau^2 = \tau$）的线性变换. 证明：

(1) 如果 $\sigma\tau = \tau\sigma$，则 $\sigma + \tau - \sigma\tau$ 也是幂等变换.

(2) 如果 $\sigma + \tau$ 是幂等变换，则 $\sigma\tau = 0$.

111. 解答下列各题

(1) 证明：n 阶实对称矩阵的特征值一定是实数.

(2) 证明如下的定理：对任意 n 阶实对称矩阵 A，都存在正交矩阵 T 使得 $T^{-1}AT$ 为对角阵，对任意 n 阶实对称矩阵 A，如何求上述正交阵 T？

(3) 举例说明，复对称矩阵不一定能相似于一个对角阵.

112. 设 σ 是数域 F 上线性空间 V 的线性变换，$\alpha_1,\alpha_2,\cdots,\alpha_n \in V$ 且线性无关. 证明：σ 是单射当且仅当 $\sigma(\alpha_1),\sigma(\alpha_2),\cdots,\sigma(\alpha_n)$ 线性无关.

113. 设 $A = \begin{bmatrix} 2 & -2 & 2 \\ -2 & -1 & 4 \\ 2 & 4 & -1 \end{bmatrix}$.

(1) 证明 A 可以写成若干初等矩阵的乘积.

(2) 把 A^{-1} 写成 A 的多项式.

(3) 在有理数域上 A 是否相似于一个对角矩阵？说明理由.

114. 设 $M_n(F)$ 是数域 F 上的全体 n 阶方阵的集合，$A \in M_n(F)$，$f(x)$ 是 A 的特征多项式.

(1) 对任意 $g(x) \in F[x]$，求齐次线性方程组 $g(f(A))X = 0$ 的解.

(2) 证明：$U = \{h(A) \mid h(x) \in F[x]\}$ 是 $M_n(F)$ 的子空间，进一步，$f(x)$ 在 F 上不可约，求 $\dim U$ 和 U 的一个基.

(3) 设 $A = \begin{bmatrix} 2 & -2 & 2 \\ -2 & -1 & 4 \\ 2 & 4 & -1 \end{bmatrix}$，对任意 $q(x) \in F[x]$，求行列式 $\det q(A)$.

115. 设σ是平面R^2上的线性变换，$\forall\ (x,y)^T \in R^2, \sigma((x,y)^T) = (y,x)^T$，求$\sigma$的两个非平凡不变子空间$V_1$和$V_2$，使$R^2 = V_1 \oplus V_2$.

116. 设σ,τ为$P[x]$中线性变换，且$\sigma(f(x)) = f'(x), \tau(f(x)) = xf(x)$，证明$\sigma\tau - \tau\sigma = \varepsilon$，其中$\varepsilon$为单位变换.

117. 设σ是数域P上n维线性空间V的线性变换，W_1, W_2是V的子空间，并且$V = W_1 \oplus W_2$，证明σ有逆变换的充分必要条件是$V = \sigma(W_1) \oplus \sigma(W_2)$.

118. 设A、B、AB都是n阶实对称矩阵，λ是AB的一个特征值，证明存在A的一个特征值s和B的一个特征值t，使$\lambda = st$.

119. 已知X为n阶矩阵A关于特征值λ的特征向量，Y为A^T关于特征值μ的特征向量，$\lambda \neq \mu$.证明：

(1)$Y^TX = 0$；(2)若X,Y均为实向量，证明X与Y线性无关.

120. 已知A_1,A_2,A_3是三个非零的三阶方阵，且$A_i^2 = A_i, i = 1,2,3, A_iA_j = 0, i \neq j$.

证明：(1)$A_i(i = 1,2,3)$的特征值只有1和0.

(2)A_i属于特征值1的特征向量是A_j属于特征值的特征向量.

(3)若x_1,x_2,x_3分别是A_1,A_2,A_3属于特征值1的特征向量.则x_1,x_2,x_3线性无关.

121. 设$A = \begin{bmatrix} B & G \\ G^T & 0 \end{bmatrix}$，其中$B$是$n$阶正定阵，$G$为秩为$m$的$n \times m$阶实矩阵，

证明：A有n个正的特征值，m个负的特征值.

122. 设A是n阶正定矩阵，B为n阶实方阵，证明：

(1)若$B^T = B$，则AB的特征值都为实数.

(2)若B正定，则AB的特征值都大于零.

(3)若B正定，且$AB = BA$，则AB正定.

123. 设A是n阶实反对称矩阵.

(1)证明1与-1不是A的特征值.

(2)令$B = (E - A)(E + A)^{-1}$，证明：B是正交阵，且-1不是B的特征值.

124. 是否存在非零的反对称矩阵A，使得A相似于一个实对角矩阵？证明你的结论.

125. 设σ是m维向量空间V到n维向量空间W的一个线性映射.证明：对于$\alpha \in V$，$\sigma\alpha = \beta \in W$，存在适当的基，使它们的坐标分别为$x_1,\cdots,x_m$和$y_1,\cdots,y_n$，且满足$y_i = x_i, i = 1,\cdots,r, y_j = 0, j = r+1,\cdots,n$，并说明式中$r$的含义.

参考答案

第八章

λ-矩阵与最小多项式

§8.1 基本题型及其常用解题方法

§8.1.1 求 λ - 矩阵的标准形

计算依据：λ - 矩阵 $A(\lambda)$ 必等价于如下形式的 λ - 矩阵

$$\begin{pmatrix} d_1(\lambda) & & & & & \\ & d_2(\lambda) & & & & \\ & & \ddots & & & \\ & & & d_r(\lambda) & & \\ & & & & 0 & \\ & & & & & \ddots \end{pmatrix} \tag{8.1}$$

这里 r 是 $A(\lambda)$ 的秩，$d_1(\lambda),d_2(\lambda),\cdots,d_r(\lambda)$ 均为首项系数为 1 的多项式，且满足：

$$d_i(\lambda) \mid d_{i+1}(\lambda), i = 1,2,\cdots,r-1.$$

计算步骤：

(1) 利用初等变换将给定的 λ - 矩阵化为对角形.

(2) 再对对角线上次数大于零的多项式进行因式分解，求出其典型分解式.

(3) 将典型分解式中出现的相同的一次因式及其方幂（即具有相同的根的重因式，要求首项系数为 1）按照次数的大小由高到低（或由低到高）排序，使每一个的个数和 λ - 矩阵的秩 r 一样（不够数的添加常数 1），最后将它们依序组合到 $d_1(\lambda),d_2(\lambda),\cdots,d_r(\lambda)$ 上并下结论.

例 8.1 求下列 λ - 矩阵的标准形

(1) $\begin{bmatrix} 1-\lambda & \lambda^2 & \lambda \\ \lambda & \lambda & -\lambda \\ 1+\lambda^2 & \lambda^2 & -\lambda^2 \end{bmatrix}$； (2) $\begin{bmatrix} \lambda^2+\lambda & 0 & 0 \\ 0 & \lambda & 0 \\ 0 & 0 & (\lambda+1)^2 \end{bmatrix}$.

解　(1) $\begin{bmatrix}1-\lambda & \lambda^2 & \lambda \\ \lambda & \lambda & -\lambda \\ 1+\lambda^2 & \lambda^2 & -\lambda^2\end{bmatrix} \to \begin{bmatrix}1 & 0 & 0 \\ 0 & \lambda & 0 \\ 0 & 0 & \lambda^2+\lambda\end{bmatrix}$

(2) $\begin{bmatrix}\lambda^2+\lambda & 0 & 0 \\ 0 & \lambda & 0 \\ 0 & 0 & (\lambda+1)^2\end{bmatrix} \to \begin{bmatrix}1 & 0 & 0 \\ 0 & \lambda^2+\lambda & 0 \\ 0 & 0 & \lambda(\lambda+1)^2\end{bmatrix}$

§8.1.2　求不变因子

1. 利用初等变换

计算依据: λ - 矩阵的不变因子：设 λ - 矩阵 $A(\lambda)$ 的标准形为(8.1)，则 $d_1(\lambda)$，$d_2(\lambda)$，…，$d_r(\lambda)$ 称为它的不变因子.

计算步骤:

(1) 求出标准形；(2) 下结论.

例 8.2　求下列 λ - 矩阵的不变因子.

(1) $\begin{bmatrix}\lambda-2 & -1 & \lambda \\ 0 & \lambda & -\lambda \\ 0 & 0 & -\lambda^2\end{bmatrix}$；　　(2) $\begin{bmatrix}0 & 0 & 1 & \lambda+2 \\ 0 & 1 & \lambda+2 & 0 \\ 1 & \lambda+2 & 0 & 0 \\ \lambda+2 & 0 & 0 & 0\end{bmatrix}$.

解　(1) $\begin{bmatrix}\lambda-2 & -1 & \lambda \\ 0 & \lambda & -\lambda \\ 0 & 0 & -\lambda^2\end{bmatrix} \to \begin{bmatrix}1 & 0 & 0 \\ 0 & 1 & 0 \\ 0 & 0 & \lambda^2(\lambda-2)\end{bmatrix}$，因此所求不变因子为

$$d_1(\lambda)=d_2(\lambda)=1, d_3(\lambda)=\lambda^2(\lambda-2).$$

(2) $\begin{bmatrix}0 & 0 & 1 & \lambda+2 \\ 0 & 1 & \lambda+2 & 0 \\ 1 & \lambda+2 & 0 & 0 \\ \lambda+2 & 0 & 0 & 0\end{bmatrix} \to \begin{bmatrix}1 & 0 & 0 & 0 \\ 0 & 1 & 0 & 0 \\ 0 & 0 & 1 & 0 \\ 0 & 0 & 0 & (\lambda+2)^4\end{bmatrix}$，因此所求不变因子为

$$d_1(\lambda)=d_2(\lambda)=d_3(\lambda)=1, d_4(\lambda)=(\lambda+2)^4.$$

2. 利用行列式因子

计算依据: 如果 λ - 矩阵 $A(\lambda)$ 的秩为 r 且它的不变因子与行列式因子分别为 $d_1(\lambda)$，$d_2(\lambda)$，…，$d_r(\lambda)$ 与 $D_1(\lambda)$，$D_2(\lambda)$，…，$D_r(\lambda)$，则

$$D_k(\lambda)=d_1(\lambda)d_2(\lambda)\cdots d_k(\lambda), k=1,2,\cdots,r.$$

计算步骤:

(1) 求出行列式因子.

(2) 下结论.

说明: 本方法主要是求一个 n 阶数字矩阵 A 的不变因子，尤其是它的特征矩阵有一个 $n-1$ 阶子式是一个非零常数，此时它的行列式因子为 1,1,…,1, $|\lambda E-A|=f_A(\lambda)$，因而不变因子也为 1,1,…,1, $|\lambda E-A|=f_A(\lambda)$，因为一般的 λ - 矩阵行列式因子的计算(用行列式因子的定义计算)比直接求不变因子复杂，计算量也大.

例 8.3 求下列复系数矩阵 $A=\begin{bmatrix}0&0&0&-4\\1&0&0&12\\0&1&0&-13\\0&0&1&6\end{bmatrix}$ 的不变因子及若尔当标准形.

解 矩阵的行列式因子为 $D_1(\lambda)=D_2(\lambda)=D_3(\lambda)=1$,

$$D_4(\lambda)=|\lambda E-A|=\begin{vmatrix}\lambda&0&0&4\\-1&\lambda&0&-12\\0&-1&\lambda&13\\0&0&-1&\lambda-6\end{vmatrix}=(\lambda-1)^2(\lambda-2)^2,$$

所以所求不变因子为

$$d_1(\lambda)=d_2(\lambda)=d_3(\lambda)=1,d_4(\lambda)=D_4(\lambda)=(\lambda-1)^2(\lambda-2)^2.$$

矩阵的若尔当标准形为 $\begin{bmatrix}1&0&0&0\\1&1&0&0\\0&0&2&0\\0&0&1&2\end{bmatrix}$.

3. **利用初等因子**

计算依据: 设 A 是数域 P 上的 n 阶矩阵,将 A 的特征矩阵 $A(\lambda)$ 的所有次数大于零的不变因子分解为一次因式幂的乘积,则所有这些一次因式幂(相同的按出现的次数计数)称为 $A(\lambda)$ 的初等因子.

计算步骤:(本方法只适用于题目告诉初等因子的情况)

(1) 将所有初等因子中次数大于零的相同的初等因子排序(不够矩阵阶数的添加 1 凑够矩阵阶数).

(2) 将排好序的初等因子组合到不变因子 $d_1(\lambda),d_2(\lambda),\cdots,d_n(\lambda)$ 上即可.

例 8.4 设 $A\in P^{3\times3}$,其初等因子为 $\lambda,\lambda,\lambda-1$,则下面不正确的是(　　).

A. A 的不变因子为 $\lambda(\lambda-1),\lambda,1$

B. 矩阵 A 是一个满秩矩阵

C. 若 A 又满足矩阵 $A=A^T\in P^{3\times3}$,则二次型 X^TAX 的一个标准形为 y_1^2

D. 矩阵 A 相似于 $\begin{pmatrix}1&0&0\\0&0&0\\0&0&0\end{pmatrix}$

解 因为 A 的初等因子为 $\lambda,\lambda,\lambda-1$,所以 A 的若尔当标准形为 $\begin{bmatrix}1&0&0\\0&0&0\\0&0&0\end{bmatrix}$,由此可知 A、C、D 是正确结论,故 B 不对,应选 B.

4. **利用矩阵的秩**

计算依据: 如果 $r(A)=1$,则 A 的若尔当标准型为 $\begin{bmatrix}0&\cdots&0&0\\\vdots&\vdots&\vdots&\vdots\\0&\cdots&0&0\\0&\cdots&1&0\end{bmatrix}$(特征值全部为

零）或$\begin{bmatrix}\lambda & \cdots & 0 & 0\\ \vdots & \vdots & \vdots & \vdots\\ 0 & \cdots & 0 & 0\\ 0 & \cdots & 0 & 0\end{bmatrix}$（有一个非零特征值 λ）.

例 8.5 设 $\alpha=(a_1,a_2,\cdots,a_n)$，$\beta=(b_1,b_2,\cdots,b_n)$ 是两个非零的复向量，且 $\sum\limits_{i=1}^{n}a_ib_i=0$.令 $A=\alpha^T\beta$.试求 A 的若尔当典范型以及不变因子.

解 因为α,β是两个非零的复向量，所以$0<r(A)\leqslant r(\beta)=1\Rightarrow r(A)=1$，因此$A$至多有一个非零特征值 λ，又因为 $\lambda=tr(A)=\sum\limits_{i=1}^{n}a_ib_i=0$，所以零是 A 的 n 重特征值.因为 $\ker(A)=n-r(A)=n-1$，所以 A 的若尔当典范型为

$$\begin{bmatrix}0 & \cdots & 0 & 0\\ \vdots & \vdots & \vdots & \vdots\\ 0 & \cdots & 0 & 0\\ 0 & \cdots & 1 & 0\end{bmatrix}.$$

A 的初等因子为$\overbrace{\lambda,\cdots,\lambda}^{n-2},\lambda^2$，故其不变因子为 $1,\overbrace{\lambda,\cdots,\lambda}^{n-2},\lambda^2$.

§8.1.3 求初等因子

1. 利用定义

计算步骤：

(1) 求出标准形，得不变因子；(2) 对次数大于零的不变因子进行因式分解；(3) 下结论.

例 8.6 设 $A=\begin{bmatrix}1 & 1 & -1\\ -3 & -3 & 3\\ -2 & -2 & 2\end{bmatrix}$，求 A 的初等因子和若尔当标准型.

解 $\lambda E-A=\begin{bmatrix}\lambda-1 & -1 & 1\\ 3 & \lambda+3 & -3\\ 2 & 2 & \lambda-2\end{bmatrix}\to\begin{bmatrix}1 & 0 & 0\\ 0 & \lambda & 0\\ 0 & 0 & \lambda^2\end{bmatrix}$，因此 A 的初等因子为 λ,λ^2，其若尔当标准型为$\begin{bmatrix}0 & 0 & 0\\ 0 & 0 & 0\\ 0 & 1 & 0\end{bmatrix}$.

2. 利用行列式因子

计算步骤：

(1) 求出 A 的特征多项式 $|\lambda E-A|=f_A(\lambda)$；(2) 对 $f_A(\lambda)$ 进行因式分解；(3) 下结论.

说明：本方法主要适用于一个 n 阶矩阵 A 的特征有一个 $n-1$ 阶子式是一个非零常数的情形.

例 8.7 求 n 阶矩阵 $A=\begin{bmatrix}0&1&0&\cdots&0&0\\0&0&1&\cdots&0&0\\\vdots&\vdots&\vdots&\cdots&\vdots&\vdots\\0&0&0&\cdots&0&1\\1&0&0&\cdots&0&0\end{bmatrix}$ 的初等因子.

解 $|\lambda E-A|=\begin{vmatrix}\lambda&-1&0&\cdots&0&0\\0&\lambda&-1&\cdots&0&0\\\vdots&\vdots&\vdots&\cdots&\vdots&\vdots\\0&0&0&\cdots&\lambda&-1\\-1&0&0&\cdots&0&\lambda\end{vmatrix}=\lambda^n-1=\prod_{k=0}^{n-1}(\lambda-\omega^k)$,这里 $\omega=e^{\frac{2\pi i}{n}}$,因此 A 的行列式因子为

$$D_1(\lambda)=\cdots=D_{n-1}(\lambda)=1,D_n(\lambda)=\prod_{k=0}^{n-1}(\lambda-\omega^k),$$

故其初等因子为 $\lambda-1,\lambda-\omega,\cdots,\lambda-\omega^{n-1}$.

3. 利用分块矩阵

计算依据:设 $A=\begin{bmatrix}A_1&&&\\&A_2&&\\&&\ddots&\\&&&A_m\end{bmatrix}$ 为准对角形矩阵,则 $A_1,\cdots,A_m$ 的所有初等因子就是 A 的初等因子.

计算步骤:

(1) 分别求出 $A_1,\cdots,A_m$ 的初等因子;(2) 下结论.

例 8.8 设 $C=\begin{pmatrix}1&-1&0&0&0\\0&3&0&0&0\\0&0&3&0&0\\0&0&1&3&0\\0&0&0&1&3\end{pmatrix}$,则 C 的全部初等因子为______

解 $|\lambda E_2-C_1|=\begin{vmatrix}\lambda-1&1\\0&\lambda-3\end{vmatrix}=(\lambda-1)(\lambda-3)$,

因此 $C_1=\begin{pmatrix}1&-1\\0&3\end{pmatrix}$ 的初等因子为 $\lambda-1,\lambda-3$;

$$|\lambda E_3-C_2|=\begin{vmatrix}\lambda-3&0&0\\-1&\lambda-3&0\\0&-1&\lambda-3\end{vmatrix}=(\lambda-3)^3,$$

因此 $C_2=\begin{pmatrix}3&0&0\\1&3&0\\0&1&3\end{pmatrix}$ 的初等因子为 $(\lambda-3)^3$;故 C 的全部初等因子为 $\lambda-1,\lambda-3,(\lambda-3)^3$.

4. **利用矩阵的相似对角化**

例 8.9 已知三阶方阵 A 的特征值是 1，-1,2.设矩阵 $B=A^3-5A^2$.计算：

(1)B 的初等因子及若尔当典范形；

(2) 行列式 $|A-5E|$，$\left|\frac{1}{2}B\right|$的值.

解 (1) 因为 A 的特征值是 1，-1,2,所以 $B=A^3-5A^2$ 的特征值为 -4，-6，-16，所以 B 可以对角化,其初等因子为 $\lambda+4,\lambda+6,\lambda+16$,其若尔当典范形为

$$\begin{bmatrix}-4 & & \\ & -6 & \\ & & -16\end{bmatrix}.$$

(2) $|A-5E|=(1-5)(-1-5)(2-5)=-72$, $\left|\frac{1}{2}B\right|=-\left(\frac{1}{2}\right)^3\cdot 4\cdot 6\cdot 16=-48$.

§8.1.4 求矩阵的若尔当标准形

计算步骤：

(1) 求出 A 的初等因子 $(\lambda-\lambda_1)^{k_1},(\lambda-\lambda_2)^{k_2},\cdots,(\lambda-\lambda_t)^{k_t}$(其中 $\lambda_1,\lambda_2\cdots,\lambda_t$ 不一定不同).

(2) 下结论,A 的若尔当标准形 $J=\begin{bmatrix}J_1 & & & \\ & J_2 & & \\ & & \ddots & \\ & & & J_t\end{bmatrix}$,其中

$$J_i=\begin{bmatrix}\lambda_i & & & \\ 1 & \lambda_i & & \\ & \ddots & \ddots & \\ & & 1 & \lambda_i\end{bmatrix}_{k_i\times k_i}$$

是若尔当块.

如果还需求可逆矩阵 P,使得 $P^{-1}AP=J$,则增加如下步骤：

(3) 对每个初等因子 $(\lambda-\lambda_i)^{k_i}$,解齐次线性方程组 $(A-\lambda_iE)^{k_i-1}x=0$,求出基础解系,也是 $\ker(A-\lambda_iE)^{k_i-1}$ 的一组基,同时是 $\ker(A-\lambda_iE)^{k_i}$ 的一组线性无关的元素,将其扩充为 $\ker(A-\lambda_iE)^{k_i}$ 的一组基,设扩充添加的基向量为 $\alpha_i\notin\ker(A-\lambda_iE)^{k_i-1}$.

(4) 最后令 $P_i=(\alpha_i,(A-\lambda_iE)\alpha_i,\cdots,(A-\lambda_iE)^{k_i-1}\alpha_i)$,$P=(P_1,P_2,\cdots,P_t)$,则 $P^{-1}AP=J$.

如果初等因子中 $(\lambda-\lambda_i)^{k_i}$ 出现了两次,则扩充的基向量中有两个向量 $\alpha_i,\beta_i\notin\ker(A-\lambda_iE)^{k_i-1}$,那么

$$\alpha_i,(A-\lambda_iE)\alpha_i,\cdots,(A-\lambda_iE)^{k_i-1}\alpha_i$$

与

$$\beta_i,(A-\lambda_iE)\beta_i,\cdots,(A-\lambda_iE)^{k_i-1}\beta_i$$

正好对应两个若尔当块.

例 8.10 求矩阵 $A=\begin{pmatrix}-1&-2&6\\-1&0&3\\-1&-1&4\end{pmatrix}$ 的若尔当标准形 J 及相似变换矩阵 P,使得 $P^{-1}AP=J$.

解 $\lambda E-A=\begin{pmatrix}\lambda+1&2&-6\\1&\lambda&-3\\1&1&\lambda-4\end{pmatrix}\to\begin{pmatrix}1&0&0\\0&\lambda-1&0\\0&0&(\lambda-1)^2\end{pmatrix}$,因此 A 的初等因子为 $\lambda-1,(\lambda-1)^2$,其若尔当标准形为 $J=\begin{pmatrix}1&0&0\\0&1&0\\0&1&1\end{pmatrix}$.

解 齐次线性方程组 $(A-E)x=\begin{pmatrix}-2&-2&6\\-1&-1&3\\-1&-1&3\end{pmatrix}x=0$ 得基础解系 $(-1,1,0)^T$, $(3,0,1)^T$,将其扩充为 $\ker(A-E)^2=P^3$ 的一组基 $(-1,1,0)^T,(3,0,1)^T,(0,0,1)^T$,则取 $P=\begin{pmatrix}-1&0&6\\1&0&3\\0&1&3\end{pmatrix}$,有 $P^{-1}AP=J$.

说明:(1) 因为 $(A-E)^2=0$,因此不用解方程便知 e_1,e_2,e_3 是 $\ker(A-E)^2$ 的一组基,其中有一个不属于 $\ker(A-E)$,可以分别计算,也可以将 $\ker(A-E)$ 中的两个基向量替换其中的两个,余下的便符合需要,易见 e_1,e_2,e_3 均符合要求,本题解答中取 e_3.

(2) 最后从 $\ker(A-E)$ 中的两个向量中任取一个,加上 $e_3,(A-E)e_3$ 为列向量组所得的矩阵就是 P.

§8.1.5 最小多项式的计算

1. 利用定义

计算步骤:(本方法只能用于证明题),要证明 $p(x)$ 为矩阵 A 的最小多项式,需要验证 $p(A)=0,g(A)\neq 0$[$g(x)$ 是次数小于 $p(x)$ 的任意一个非零多项式].

例 8.11 证明 n 阶若尔当块 $J=\begin{bmatrix}\lambda&&&\\1&\lambda&&\\&\ddots&\ddots&\\&&1&\lambda\end{bmatrix}$ 的最小多项式为 $(x-\lambda)^n$.

证明 因为 $J-\lambda E=\begin{bmatrix}0&0&\cdots&0&0\\1&0&\cdots&0&0\\\vdots&\vdots&\vdots&\vdots&\vdots\\0&0&\cdots&0&0\\0&0&\cdots&1&0\end{bmatrix}$, 所以 $(J-\lambda E)^{n-1}=\begin{bmatrix}0&0&\cdots&0&0\\0&0&\cdots&0&0\\\vdots&\vdots&\vdots&\vdots&\vdots\\0&0&\cdots&0&0\\1&0&\cdots&0&0\end{bmatrix}$,且 $(J-\lambda E)^n=0$,故 J 的最小多项式为 $(x-\lambda)^n$.

2. 利用不变因子

计算步骤：

(1) 求出矩阵的不变因子；(2) 下结论.

例 8.12 设 $A=\begin{bmatrix} & & & a \\ & & a & \\ & \iddots & & \\ a & & & \end{bmatrix}$ 为 n 阶方阵，求 A 的最小多项式.

解 当 n 为奇数时，

$$\lambda E-A=\begin{bmatrix} \lambda & \cdots & 0 & \cdots & -a \\ \vdots & \vdots & \vdots & \vdots & \vdots \\ 0 & \cdots & \lambda-a & \cdots & 0 \\ \vdots & \vdots & \vdots & \vdots & \vdots \\ -a & \cdots & 0 & \cdots & \lambda \end{bmatrix}\to\begin{bmatrix} \lambda-a & & & & \\ & \lambda^2-a^2 & & & \\ & & \ddots & & \\ & & & \lambda^2-a^2 & \\ & & & & \lambda^2-a^2 \end{bmatrix}$$

故 A 的最小多项式为 λ^2-a^2；当 n 为偶数时，

$$\lambda E-A=\begin{bmatrix} \lambda & \cdots & -a \\ \vdots & \vdots & \vdots \\ -a & \cdots & \lambda \end{bmatrix}\to\begin{bmatrix} \lambda^2-a^2 & & \\ & \ddots & \\ & & \lambda^2-a^2 \end{bmatrix}$$

故 A 的最小多项式也为 λ^2-a^2.

说明：本题利用定义更简单，因为 $A=a\begin{bmatrix} & & & 1 \\ & & 1 & \\ & \iddots & & \\ 1 & & & \end{bmatrix}$，所以 $A^2=a^2E$，因此 $A^2-a^2E=0$，$A-aE\neq 0$，$A+aE\neq 0$，故 A 的最小多项式也为 λ^2-a^2.

3. 利用初等变换

计算步骤：

(1) 求出矩阵 A 的特征矩阵 $\lambda E-A$；

(2) 利用初等变换将 $\lambda E-A$ 化为对角形 $\begin{bmatrix} h_1(\lambda) & & & \\ & h_2(\lambda) & & \\ & & \ddots & \\ & & & h_n(\lambda) \end{bmatrix}$；

(3) 下结论矩阵 A 的最小多项式为 $[h_1(\lambda),h_2(\lambda),\cdots,h_n(\lambda)]$.

例 8.13 设 $A=\begin{bmatrix} 2 & 1 & 0 \\ -1 & 0 & 0 \\ -2 & -1 & 2 \end{bmatrix}\in P^{3\times 3}$，$E$ 为 n 阶单位矩阵.

(1) 求 A 的最小多项式.

(2) 证明 E,A,A^2 线性无关.

(3) 把 A^3 表示成 E,A,A^2 的线性组合.

解 (1) $\lambda E-A=\begin{bmatrix} \lambda-2 & -1 & 0 \\ 1 & \lambda & 0 \\ 2 & 1 & \lambda-2 \end{bmatrix}\to\begin{bmatrix} 1 & 0 & 0 \\ 0 & 1 & 0 \\ 0 & 0 & (\lambda-1)^2(\lambda-2) \end{bmatrix}$，因此所求最

小多项式为$(\lambda-1)^2(\lambda-2)$.

(2) 如果E,A,A^2线性相关,则存在不全为零的数a,b,c,使得$aE+bA+cA^2=0$,所以$(\lambda-1)^2(\lambda-2)\mid a+b\lambda+c\lambda^2$,矛盾,故$E,A,A^2$线性无关.

(3) 因为$(A-E)^2(A-2E)=A^3-4A^2+5A-2E=0$,所以

$$A^3=4A^2-5A+2E.$$

§8.1.6 矩阵相似与对角化的判定与证明

1. 利用不变因子

例 8.14 设$A=\begin{pmatrix}2&0&0\\a&2&0\\b&c&-1\end{pmatrix}$是复矩阵.

(1) 求出A的一切可能的若尔当标准形; (2) 给出A可对角化的一个充分必要条件.

解 (1) 如果$a=b=c=0$,则其若尔当标准形为$\begin{pmatrix}2&0&0\\0&2&0\\0&0&-1\end{pmatrix}$.

如果$a=0,b,c$至少有一个不为零,则

$$\lambda E-A=\begin{pmatrix}\lambda-2&0&0\\0&\lambda-2&0\\-b&-c&\lambda+1\end{pmatrix}\to\begin{pmatrix}1&&\\&\lambda-2&\\&&(\lambda-2)(\lambda+1)\end{pmatrix},$$

因此其不变因子为$1,\lambda-2,(\lambda-2)(\lambda+1)$,初等因子为$\lambda-2,\lambda-2,\lambda+1$,所以其若尔当标准形为$\begin{pmatrix}2&0&0\\0&2&0\\0&0&-1\end{pmatrix}$.

如果$a\neq0$,则

$$\lambda E-A=\begin{pmatrix}\lambda-2&0&0\\-a&\lambda-2&0\\-b&-c&\lambda+1\end{pmatrix}\to\begin{pmatrix}1&&\\&1&\\&&(\lambda-2)^2(\lambda+1)\end{pmatrix},$$

因此其不变因子为$1,1,(\lambda-2)^2(\lambda+1)$,初等因子为$(\lambda-2)^2,\lambda+1$,所以其若尔当标准形为$\begin{pmatrix}2&0&0\\1&2&0\\0&0&-1\end{pmatrix}$.

(2) 由(1)可知$a=0$时,A相似于对角矩阵,因此可以对角化,反之如果A可以对角化,则$rank(2E-A)=rank\begin{pmatrix}0&0&0\\-a&0&0\\-b&-c&3\end{pmatrix}=1$,所以$a=0$,故$A$可以对角化的充分必要条件是$a=0$.

2. **利用初等因子**

例 8.15 设 n 阶方阵 A 的特征值全为 1.证明:对任意正整数 k,A^k 相似于 A.

证明 因为 n 阶方阵 A 的特征值全为 1,所以 A 必相似于如下的若尔当标准形

$$\begin{bmatrix} J_1 & & & \\ & J_2 & & \\ & & \ddots & \\ & & & J_t \end{bmatrix},$$

其中 $J_i=\begin{bmatrix} 1 & & & \\ 1 & \ddots & & \\ & \ddots & \ddots & \\ & & 1 & 1 \end{bmatrix}$是 m_i 阶若尔当块,$i=1,2,\cdots t$,因此对任意正整数 k,A^k 相似于 $\begin{bmatrix} J_1^k & & & \\ & J_2^k & & \\ & & \ddots & \\ & & & J_t^k \end{bmatrix}$.不难利用归纳法证明:

$$J_i^k=\begin{bmatrix} 1 & 0 & \cdots & 0 & 0 \\ k & 1 & \cdots & 0 & 0 \\ \vdots & \vdots & \vdots & \vdots & \vdots \\ * & * & \cdots & 1 & 0 \\ * & * & \cdots & k & 1 \end{bmatrix},k=1,2,\cdots$$

这里 * 处的元素可以为零,也可以不为零,事实上 $k=1$ 时,结论自然成立,现设 $k\geqslant 1$ 时,结论成立,则

$$J_i^{k+1}=\begin{bmatrix} 1 & 0 & \cdots & 0 & 0 \\ k & 1 & \cdots & 0 & 0 \\ \vdots & \vdots & \vdots & \vdots & \vdots \\ * & * & \cdots & 1 & 0 \\ * & * & \cdots & k & 1 \end{bmatrix}\begin{bmatrix} 1 & & & & \\ 1 & 1 & & & \\ & \ddots & \ddots & & \\ & & \ddots & 1 & \\ & & & 1 & 1 \end{bmatrix}=\begin{bmatrix} 1 & 0 & \cdots & 0 & 0 \\ k+1 & 1 & \cdots & 0 & 0 \\ \vdots & \vdots & \vdots & \vdots & \vdots \\ * & * & \cdots & 1 & 0 \\ * & * & \cdots & k+1 & 1 \end{bmatrix}.$$

因为 $\lambda E_{m_i}-J_i^k=\begin{bmatrix} \lambda-1 & 0 & \cdots & 0 & 0 \\ -k & \lambda-1 & \cdots & 0 & 0 \\ \vdots & \vdots & \vdots & \vdots & \vdots \\ * & * & \cdots & \lambda-1 & 0 \\ * & * & \cdots & -k & \lambda-1 \end{bmatrix}$有一个 m_i-1 阶子式

$\begin{vmatrix} -k & \lambda-1 & \cdots & 0 \\ * & -k & \cdots & 0 \\ \vdots & \vdots & \vdots & \vdots \\ * & * & \cdots & -k \end{vmatrix}=g(\lambda)$ 且 $g(1)=\begin{vmatrix} -k & 0 & \cdots & 0 \\ * & -k & \cdots & 0 \\ \vdots & \vdots & \vdots & \vdots \\ * & * & \cdots & -k \end{vmatrix}=(-k)^{m_i-1}$, 所以 $(g(\lambda),\lambda-1)=1$,由于 $\lambda E_{m_i}-J_i^k$ 明显有一个 m_i-1 阶子式为$(\lambda-1)^{m_i-1}$,因此它的行列式因子为 $D_1(\lambda)=\cdots=D_{m_i-1}(\lambda)=1$,$D_{m_i}=(\lambda-1)^{m_i}$,从而其初等因子为$(\lambda-1)^{m_i}$,所以

J_i^k 相似于 J_i，因此 $\begin{bmatrix} J_1^k & & & \\ & J_2^k & & \\ & & \ddots & \\ & & & J_t^k \end{bmatrix}$ 相似于 $\begin{bmatrix} J_1 & & & \\ & J_2 & & \\ & & \ddots & \\ & & & J_t \end{bmatrix}$，故对任意正整数 k，A^k 相似于 A.

例 8.16 设三阶复矩阵 A,B,C,D 有相同的特征多项式，证明其中必有两个方阵相似.

证明 设 A,B,C,D 的特征多项式为 $f(x)=(x-\lambda_1)(x-\lambda_2)(x-\lambda_3)$.

如果 $\lambda_1,\lambda_2,\lambda_3$ 两两不等，则 A,B,C,D 的初等因子均为 $x-\lambda_1,x-\lambda_2,x-\lambda_3$，它们均相似于对角矩阵 $\begin{bmatrix} \lambda_1 & & \\ & \lambda_2 & \\ & & \lambda_3 \end{bmatrix}$，结论成立.

如果 $\lambda_1,\lambda_2,\lambda_3$ 恰有两个相等，不妨设 $\lambda_1=\lambda_2\neq\lambda_3$ 则 A,B,C,D 的每一个矩阵的初等因子均为 $x-\lambda_1,x-\lambda_2,x-\lambda_3$ 或 $(x-\lambda_1)^2,x-\lambda_3$，其中至少有两个矩阵的初等矩阵相同，因此它们相似，结论也成立.

如果 $\lambda_1=\lambda_2=\lambda_3=\lambda$，则 A,B,C,D 的每一个矩阵的初等因子均为 $x-\lambda,x-\lambda,x-\lambda$，或 $(x-\lambda)^2,x-\lambda$，或 $(x-\lambda)^3$，所以其中至少有两个矩阵的初等矩阵相同，因此它们相似，结论也成立.

3. 利用最小多项式

例 8.17 已知 A 为元素全为 1 的 n 阶方阵，

(1) 求 A 的特征多项式与最小多项式.

(2) 证明 A 可对角化，并求 P，使得 $P^{-1}AP$ 为对角阵.

解 (1) A 的特征多项式为 $f(x)=|xE-A|=x^{n-1}(x-n)$，因为 $A\neq 0$ 且 $A-nE\neq 0$，而 $A(A-nE)=0$，故 A 的最小多项式为 $x(x-n)$.

(2) 因为 A 的最小多项式为 $x(x-n)$，所以 A 可以对角化，解方程组 $Ax=0$ 得 A 的属于特征值零的线性无关的特征向量为

$$(-1,1,0,\cdots,0)^T,(-1,0,1,\cdots,0)^T,(-1,0,\cdots,1)^T;$$

显然 A 的属于特征值 n 的线性无关的特征向量为 $(1,1,\cdots,1)^T$，故取

$$P=\begin{bmatrix} -1 & \cdots & -1 & 1 \\ 1 & \cdots & 0 & 1 \\ \vdots & \cdots & \vdots & \vdots \\ 0 & \cdots & 1 & 1 \end{bmatrix},$$

则 $P^{-1}AP=\begin{bmatrix} 0 & & & \\ & \ddots & & \\ & & 0 & \\ & & & 1 \end{bmatrix}$.

§8.2 例题选讲

§8.2.1 求 λ - 矩阵的标准形的例题

例 8.18 求下列 λ - 矩阵的标准形

(1) $\begin{bmatrix} \lambda^3-\lambda & 2\lambda^2 \\ \lambda^2+5\lambda & 3\lambda \end{bmatrix}$；　　(2) $\begin{bmatrix} 1-\lambda & \lambda^2 & \lambda \\ \lambda & \lambda & -\lambda \\ 1+\lambda^2 & \lambda^2 & -\lambda^2 \end{bmatrix}$.

解 (1) $\begin{bmatrix} \lambda^3-\lambda & 2\lambda^2 \\ \lambda^2+5\lambda & 3\lambda \end{bmatrix} \to \begin{bmatrix} \lambda & 0 \\ 0 & \lambda(\lambda^2-10\lambda-3) \end{bmatrix}$；

(2) $\begin{bmatrix} 1-\lambda & \lambda^2 & \lambda \\ \lambda & \lambda & -\lambda \\ 1+\lambda^2 & \lambda^2 & -\lambda^2 \end{bmatrix} \to \begin{bmatrix} 1 & 0 & 0 \\ 0 & \lambda & 0 \\ 0 & 0 & \lambda(\lambda+1) \end{bmatrix}$.

§8.2.2 求不变因子的例题

例 8.19 设矩阵 $A=\begin{pmatrix} 3 & 0 & 8 \\ 3 & -1 & 6 \\ -2 & 0 & -5 \end{pmatrix}$. 求:

(1) A 的不变因子；(2) A 的初等因子；(3) A 的若尔当标准形.

解 (1) $\lambda E-A=\begin{pmatrix} \lambda-3 & 0 & -8 \\ -3 & \lambda+1 & -6 \\ 2 & 0 & \lambda+5 \end{pmatrix} \to \begin{pmatrix} 1 & 0 & 0 \\ 0 & \lambda+1 & 0 \\ 0 & 0 & (\lambda+1)^2 \end{pmatrix}$,所以 A 的不变因子为 $1,\lambda+1,(\lambda+1)^2$.

(2) 由(1) 可知 A 的初等因子为 $\lambda+1,(\lambda+1)^2$.

(3) A 的若尔当标准形为 $\begin{pmatrix} -1 & 0 & 0 \\ 0 & -1 & 0 \\ 0 & 1 & -1 \end{pmatrix}$.

§8.2.3 求初等因子的例题

例 8.20 设 $A=\begin{pmatrix} 4 & -1 & 2 \\ -9 & 4 & -6 \\ -9 & 3 & -5 \end{pmatrix}$

(1) 求 A 的初等因子；(2) 求出 A 的若尔当标准形.

解 (1) $\lambda E-A=\begin{pmatrix} \lambda-4 & 1 & -2 \\ 9 & \lambda-4 & 6 \\ 9 & -3 & \lambda+5 \end{pmatrix} \to \begin{bmatrix} 1 & 0 & 0 \\ 0 & \lambda-1 & 0 \\ 0 & 0 & (\lambda-1)^2 \end{bmatrix}$,所以 A 的初等因子为 $\lambda-1,(\lambda-1)^2$；

(2) A 的若尔当标准形为$\begin{pmatrix}1&0&0\\0&1&0\\0&1&1\end{pmatrix}$.

§8.2.4 求矩阵的若尔当标准形的例题

例 8.21 设复矩阵 $A=\begin{pmatrix}-1&-2&6\\-1&0&3\\-1&-1&4\end{pmatrix}$,

(1) 求A的若尔当标准形J;(2) 求一幂零矩阵B以及一可对角化矩阵C使得$A=B+C$.

解 (1)$\lambda E-A=\begin{pmatrix}\lambda+1&2&-6\\1&\lambda&-3\\1&1&\lambda-4\end{pmatrix}\to\begin{bmatrix}1&0&0\\0&\lambda-1&0\\0&0&(\lambda-1)^2\end{bmatrix}$,所以$A$的初等因子为$\lambda-1,(\lambda-1)^2$,其若尔当标准形 $J=\begin{pmatrix}1&0&0\\0&1&0\\0&1&1\end{pmatrix}$.

(2) 解方程组$(A-E)x=0$得 A 的属于特征值 1 的线性无关的特征向量为 $(-1,1,0)^T,(3,0,1)^T$,取 $P=\begin{pmatrix}-1&0&6\\1&0&3\\0&1&3\end{pmatrix}$,则

$$A=PJP^{-1}=E+P\begin{bmatrix}0&0&0\\0&0&0\\0&1&0\end{bmatrix}P^{-1},$$

即 $B=P\begin{pmatrix}0&0&0\\0&0&0\\0&1&0\end{pmatrix}P^{-1}=\begin{pmatrix}-2&-2&6\\-1&-1&3\\-1&-1&3\end{pmatrix}$为幂零矩阵,$C=E$ 为对角矩阵,使得 $A=B+C$.

例 8.22 已知 $g(\lambda)=(\lambda^2-2\lambda+2)^2(\lambda-1)$ 是六阶方阵 A 的极小多项式,且 $Tr(A)=6$,试求:(1)A 的特征多项式$f(\lambda)$ 及若尔当典范型;(2)A 的伴随矩阵 A^* 的若尔当典范型.

解 (1) 因为$g(\lambda)=(\lambda^2-2\lambda+2)^2(\lambda-1)$ 是六阶方阵 A 的极小多项式,所以

$$\lambda_1=\lambda_2=1+i,\lambda_3=\lambda_4=1-i,\lambda_5=1$$

是 A 的 5 个特征值, 因为 $Tr(A)=6$, 所以 $\lambda_6=1$ 是其另一个特征值, 故 $f(\lambda)=(\lambda^2-2\lambda+2)^2(\lambda-1)^2$,$A$ 的若尔当典范型为

$$\begin{pmatrix}1&&&&&\\&1&&&&\\&&i&0&&\\&&1&i&&\\&&&&-i&0\\&&&&1&-i\end{pmatrix}.$$

(2) 因为$A^*=|A|A^{-1}=A^{-1}$,所以其若尔当典范型为

$$\begin{pmatrix}1&&&&&\\&1&&&&\\&&i&0&&\\&&1&i&&\\&&&&-i&0\\&&&&1&-i\end{pmatrix}^{-1}=\begin{pmatrix}1&&&&&\\&1&&&&\\&&-i&0&&\\&&1&-i&&\\&&&&i&0\\&&&&1&i\end{pmatrix}.$$

说明:(1) 矩阵的每一个特征值至少是其极小多项式的单根.

(2) 矩阵的极小多项式是其初等因子的最小公倍式.

§8.1.5　最小多项式的计算的例题

例 8.23　$r(A_{n\times n})=1, B=A-E$,求 B 的最小多项式.

解　因为 $r(A_{n\times n})=1$,所以 A 至多有一个非零特征值.

如果 A 的特征值全部为零,则其若尔当标准型为$\begin{pmatrix}0&\cdots&0&0\\\vdots&\vdots&\vdots&\vdots\\0&\cdots&0&0\\0&\cdots&1&0\end{pmatrix}$,因此存在可逆矩阵 P,使得 $A=P\begin{pmatrix}0&\cdots&0&0\\\vdots&\vdots&\vdots&\vdots\\0&\cdots&0&0\\0&\cdots&1&0\end{pmatrix}P^{-1}$,因此 $B=A-E=P\begin{pmatrix}-1&\cdots&0&0\\\vdots&\vdots&\vdots&\vdots\\0&\cdots&-1&0\\0&\cdots&1&-1\end{pmatrix}P^{-1}$,所以 B 的最小多项式为$(\lambda+1)^2$.

如果 A 有一个非零特征值 $a\neq 0$,则其若尔当标准型为$\begin{pmatrix}a&0&\cdots&0\\0&0&\cdots&0\\\vdots&\vdots&\vdots&\vdots\\0&0&\cdots&0\end{pmatrix}$,因此存在可逆矩阵 P,使得 $A=P\begin{pmatrix}a&0&\cdots&0\\0&0&\cdots&0\\\vdots&\vdots&\vdots&\vdots\\0&0&\cdots&0\end{pmatrix}P^{-1}$,因此

$$B=A-E=P\begin{pmatrix}a-1&\cdots&0&0\\\vdots&\vdots&\vdots&\vdots\\0&\cdots&-1&0\\0&\cdots&0&-1\end{pmatrix}P^{-1},$$

所以 B 的最小多项式为$(\lambda+1)(\lambda-a+1)$.

例 8.24　已知某个实对称矩阵 A 的特征多项式为

$$f(\lambda)=|\lambda E-A|=\lambda^5+3\lambda^4-6\lambda^3-10\lambda^2+21\lambda-9.$$

(1) 求 A 的行列式和极小多项式.

(2) 设 $V_A=\{g(A)\mid g(x)\in R[x]\}$.证明 V_A 是线性空间,求 $\dim V_A$.

(3) t 为什么实数时,$tE+A$ 是正定矩阵? 其中 E 为单位矩阵.

(4) 给出一个具体的不是对角的实对称矩阵 A,使它的特征多项式为 $f(\lambda)$.

解 (1) 因为$f(\lambda)=(\lambda-1)^3(\lambda+3)^2$,所以$A$的特征值为

$$\lambda_1=\lambda_2=\lambda_3=1,\lambda_4=\lambda_5=-3.$$

因此$|A|=9$,又因为A是实对称矩阵,因此可以对角化,故其极小多项式为$(\lambda-1)(\lambda+3)$.

(2) 对任意$g(A)\in V_A,g(x)\in R[x]$,存在$q(x)\in R[x],a,b\in R$,使得

$$g(x)=q(x)(x-1)(x-3)+ax+b,$$

所以$g(A)=q(A)(A-E)(A-3E)+aA+bE=aA+bE\in L(E,A)$,因此$V_A\subset L(E,A)$,显然$L(E,A)\subset V_A$,故$V_A=L(E,A)$是由$E,A$生成的线性空间且$\dim V_A=2$.

(3) 因为$tE+A$的特征值为

$$\lambda_1+t=\lambda_2+t=\lambda_3+t=1+t,\lambda_4+t=\lambda_5+t=-3+t,$$

所以当且仅当$t>3$时,$tE+A$是正定矩阵.

(4) 令$Q=\begin{pmatrix}\frac{1}{2}&\frac{1}{2}&0&\frac{1}{2}&\frac{1}{2}\\\frac{-1}{2}&\frac{-1}{2}&0&\frac{1}{2}&\frac{1}{2}\\\frac{1}{2}&\frac{-1}{2}&0&\frac{1}{2}&\frac{-1}{2}\\\frac{-1}{2}&\frac{1}{2}&0&\frac{1}{2}&\frac{-1}{2}\\0&0&1&0&0\end{pmatrix}$为正交矩阵,则

$$A=Q\begin{pmatrix}E_3&0\\0&-3E_2\end{pmatrix}Q^T=\begin{pmatrix}-1&-2&0&0&0\\-2&-1&0&0&0\\0&0&-1&-2&0\\0&0&-2&-1&0\\0&0&0&0&1\end{pmatrix}$$

是不是对角的实对称矩阵A,且它的特征多项式为$f(\lambda)$.

说明:本题第四问本质上是一个构造问题.构造的方法有两个,一个是构造一个正交矩阵Q,使得$Q\begin{pmatrix}E_3&0\\0&-3E_2\end{pmatrix}Q^T$不是对角矩阵(本解答就是采用的此方法),构造时注意利用分块矩阵的知识,令$Q=\begin{pmatrix}Q_{11}&Q_{12}\\Q_{21}&Q_{22}\end{pmatrix}$,则

$$Q\begin{pmatrix}E_3&0\\0&-3E_2\end{pmatrix}Q^T=\begin{pmatrix}Q_{11}Q_{11}^T-3Q_{12}Q_{12}^T&Q_{11}Q_{21}^T-3Q_{12}Q_{22}^T\\Q_{21}Q_{11}^T-3Q_{22}Q_{12}^T&Q_{21}Q_{21}^T-3Q_{22}Q_{22}^T\end{pmatrix}.$$

因此只要使$Q_{11}Q_{11}^T-3Q_{12}Q_{12}^T$不是对角矩阵(或$Q_{21}Q_{21}^T-3Q_{22}Q_{22}^T$不是对角矩阵)就可以了,当然也可以使$Q_{11}Q_{21}^T-3Q_{12}Q_{22}^T\neq 0$(但构造难度可能大一点),因为利用$Q$为正交矩阵可得$Q_{11}Q_{11}^T+Q_{12}Q_{12}^T=E_3,Q_{21}Q_{21}^T+Q_{22}Q_{22}^T=E_2$,于是$Q_{11}Q_{11}^T-3Q_{12}Q_{12}^T=E_3-4Q_{12}Q_{12}^T$,因而余下的构造相对容易一些.第二种构造的方法可能简单一些,即构造一个非对角的二阶实对称矩阵$\begin{pmatrix}a&b\\b&c\end{pmatrix}$,使得

$$\det\left(\lambda E_2-\begin{pmatrix}a & b\\ b & c\end{pmatrix}\right)=\lambda^2-(a+c)\lambda+(ac-b^2)=(\lambda-1)(\lambda+3),$$

于是不难得到$a+c=2,ac-b^2=-3$,解之得$a=c=1,b=2$为一组符合要求的解(当然还有其他解,只需给 a 赋值,使得 $ac>-3$),于是令 $A=\begin{pmatrix}1 & 2 & & & \\ 2 & 1 & & & \\ & & 1 & 2 & \\ & & 2 & 1 & \\ & & & & 1\end{pmatrix}$也是满足要求的矩阵.

§8.2.6 矩阵相似与对角化的判定与证明的例题

例 8.25 设矩阵 $A=(\beta_1,\beta_2,\beta_3)$ 有一个二重特征值.

(1) 试求 $A=(\beta_1,\beta_2,\beta_3)$ 的最小多项式与若尔当标准形.

(2) 确定 $A=(\beta_1,\beta_2,\beta_3)$ 相似于对角矩阵的充分必要条件.

解 (1) 设矩阵 A 的二重特征值为 a,另一个特征值为 b,则 A 的特征多项式为$(\lambda-a)^2(\lambda-b)$,因此其最小多项式为$(\lambda-a)(\lambda-b)$ 或$(\lambda-a)^2(\lambda-b)$.

若最小多项式为$(\lambda-a)(\lambda-b)$,则其初等因子为$\lambda-a,\lambda-a,\lambda-b$,因此其若尔当标准形为$\begin{pmatrix}a & 0 & 0\\ 0 & a & 0\\ 0 & 0 & b\end{pmatrix}$.

若最小多项式为$(\lambda-a)^2(\lambda-b)$,则其初等因子为$(\lambda-a)^2,\lambda-b$,因此其若尔当标准形为$\begin{pmatrix}a & 0 & 0\\ 1 & a & 0\\ 0 & 0 & b\end{pmatrix}$.

(2) 矩阵A可以对角化的充分必要条件是矩阵A的属于二重特征值的特征子空间的维数等于2,即$rank(aE-A)=1$.

例 8.26 已知矩阵 $A=\begin{pmatrix}1 & 0 & 0 & 0\\ a & 1 & 0 & 0\\ 2 & 3 & 2 & 0\\ 2 & 3 & c & 2\end{pmatrix}$,

(1) 讨论 a 与 c 取何值时,A 可对角化?

(2) 当 $a=1,c=0$ 时,求 A 的若尔当标准型 J 及可逆矩阵 P,使得 $P^{-1}AP=J$.

解 (1)A 可对角化的充分必要条件是 $r(E-A)=r\begin{pmatrix}0 & 0 & 0 & 0\\ -a & 0 & 0 & 0\\ -2 & -3 & -1 & 0\\ -2 & -3 & -c & -1\end{pmatrix}=2$ 且

$r(2E-A)=r\begin{pmatrix}1 & 0 & 0 & 0\\ -a & 1 & 0 & 0\\ -2 & -3 & 0 & 0\\ -2 & -3 & -c & 0\end{pmatrix}=2$,故 $a=c=0$ 时,A 可对角化.

(2) $a=1,c=0$ 时,不难得到 A 的属于特征值 2 的线性无关的特征向量为 e_3,e_4,解方程组 $(A-E)^2x=0$,即 $\begin{pmatrix}0&0&0&0\\0&0&0&0\\5&3&1&0\\5&3&0&1\end{pmatrix}x=0$ 得基础解系为 $\begin{pmatrix}1\\0\\-5\\-5\end{pmatrix},\begin{pmatrix}0\\1\\-3\\-3\end{pmatrix}$,故令

$$P=\begin{pmatrix}1&0&0&0\\0&1&0&0\\-5&-3&1&0\\-5&-3&0&1\end{pmatrix},\text{则 } P^{-1}AP=J=\begin{pmatrix}1&0&0&0\\1&1&0&0\\0&0&2&0\\0&0&0&2\end{pmatrix}.$$

说明: (1) 不难验证 $(A-E)(1,0,-5,-5)^T=(0,1,-3,-3)^T$, $(A-E)(0,1,-3,-3)^T=0$.

(2) 如果令 $P=\begin{pmatrix}0&1&0&0\\1&0&0&0\\-3&-5&1&0\\-3&-5&0&1\end{pmatrix}$,则 $P^{-1}AP=J=\begin{pmatrix}1&1&0&0\\0&1&0&0\\0&0&2&0\\0&0&0&2\end{pmatrix}$.

§8.3 练习题

§8.3.1 北大与北师大版教材习题

1. 化下列 λ - 矩阵成标准形.

(1) $\begin{bmatrix}\lambda^2+\lambda&0&0\\0&\lambda&0\\0&0&(\lambda+1)^2\end{bmatrix}$; (2) $\begin{bmatrix}0&0&0&\lambda^2\\0&0&\lambda^2-\lambda&0\\0&(\lambda-1)^2&0&0\\\lambda^2-\lambda&0&0&0\end{bmatrix}$;

(3) $\begin{bmatrix}3\lambda^2+2\lambda-3&2\lambda-1&\lambda^2+2\lambda-3\\4\lambda^2+3\lambda-5&3\lambda-2&\lambda^2+3\lambda-4\\\lambda^2+\lambda-4&\lambda-2&\lambda-1\end{bmatrix}$;

(4) $\begin{bmatrix}2\lambda&3&0&0&\lambda\\4\lambda&3\lambda+6&0&\lambda+2&2\lambda\\0&6\lambda&\lambda&2\lambda&0\\\lambda-1&0&\lambda-1&0&0\\3\lambda-3&1-\lambda&2\lambda-2&0&0\end{bmatrix}$.

2. 求下列 λ - 矩阵的不变因子.

(1) $\begin{bmatrix}\lambda-2&-1&0\\0&\lambda-2&-1\\0&0&\lambda-2\end{bmatrix}$; (2) $\begin{bmatrix}\lambda&-1&0&0\\0&\lambda&-1&0\\0&0&\lambda&-1\\5&4&3&\lambda+2\end{bmatrix}$;

(3) $\begin{bmatrix} \lambda+\alpha & \beta & 1 & 0 \\ -\beta & \lambda+\alpha & 0 & 1 \\ 0 & 0 & \lambda+\alpha & \beta \\ 0 & 0 & -\beta & \lambda+\alpha \end{bmatrix}$； (4) $\begin{bmatrix} 0 & 0 & 1 & \lambda+2 \\ 0 & 1 & \lambda+2 & 0 \\ 1 & \lambda+2 & 0 & 0 \\ \lambda+2 & 0 & 0 & 0 \end{bmatrix}$；

(5) $\begin{bmatrix} \lambda+1 & 0 & 0 & 0 \\ 0 & \lambda+2 & 0 & 0 \\ 0 & 0 & \lambda-1 & 0 \\ 0 & 0 & 0 & \lambda-2 \end{bmatrix}$.

3. 证明

$$\begin{bmatrix} \lambda & 0 & 0 & \cdots & 0 & a_n \\ -1 & \lambda & & \cdots & 0 & a_{n-1} \\ 0 & -1 & \lambda & \cdots & 0 & a_{n-2} \\ \vdots & \vdots & \vdots & \cdots & \vdots & \vdots \\ 0 & 0 & 0 & \cdots & \lambda & a_2 \\ 0 & 0 & 0 & \cdots & -1 & \lambda+a_1 \end{bmatrix}$$

的不变因子为$\overbrace{1,1,\cdots,1}^{n-1个},f(\lambda)$，其中$f(\lambda)=\lambda^n+a_1\lambda^{n-1}+\cdots+a_{n-1}\lambda+a_n$.

4. 设A是数域P上一个$n\times n$矩阵，证明A与A^T相似.

5. 设$A=\begin{bmatrix} \lambda & 0 & 0 \\ 1 & \lambda & 0 \\ 0 & 1 & \lambda \end{bmatrix}$，求$A^k$.

6. 求下列复系数矩阵的若尔当标准形：

(1) $\begin{bmatrix} 1 & 2 & 0 \\ 0 & 2 & 0 \\ -2 & -2 & -1 \end{bmatrix}$； (2) $\begin{bmatrix} 13 & 16 & 16 \\ -5 & -7 & -6 \\ -6 & -8 & -7 \end{bmatrix}$； (3) $\begin{bmatrix} 3 & 0 & 8 \\ 3 & -1 & 6 \\ -2 & 0 & -5 \end{bmatrix}$；

(4) $\begin{bmatrix} 4 & 5 & -2 \\ -2 & -2 & 1 \\ -1 & -1 & 1 \end{bmatrix}$； (5) $\begin{bmatrix} 3 & 7 & -3 \\ -2 & -5 & 2 \\ -4 & -10 & 3 \end{bmatrix}$； (6) $\begin{bmatrix} 1 & -1 & 2 \\ 3 & -3 & 6 \\ 2 & -2 & 4 \end{bmatrix}$；

(7) $\begin{bmatrix} 1 & 1 & -1 \\ -3 & -3 & 3 \\ -2 & -2 & 2 \end{bmatrix}$； (8) $\begin{bmatrix} -4 & 2 & 10 \\ -4 & 3 & 7 \\ -3 & 1 & 7 \end{bmatrix}$； (9) $\begin{bmatrix} 0 & 3 & 3 \\ -1 & 8 & 6 \\ 2 & -14 & -10 \end{bmatrix}$；

(10) $\begin{bmatrix} 8 & 30 & -14 \\ -6 & -19 & 9 \\ -6 & -23 & 11 \end{bmatrix}$； (11) $\begin{bmatrix} 3 & 1 & 0 & 0 \\ -4 & -1 & 0 & 0 \\ 7 & 1 & 2 & 1 \\ -7 & -6 & -1 & 0 \end{bmatrix}$； (12) $\begin{bmatrix} 1 & 2 & 3 & 4 \\ 0 & 1 & 2 & 3 \\ 0 & 0 & 1 & 2 \\ 0 & 0 & 0 & 1 \end{bmatrix}$；

(13) $\begin{bmatrix} 1 & -3 & 0 & 3 \\ -2 & 6 & 0 & 13 \\ 0 & -3 & 1 & 3 \\ -1 & 2 & 0 & 8 \end{bmatrix}$.

7. 把习题 6 中矩阵看成有理数域上矩阵,试写出它们的有理标准形.

8. σ 是 n 维线性空间 V 上的线性变换.

(1) 若 σ 在 V 的某基下的矩阵 A 是某多项式 $d(\lambda)$ 的伴侣阵,则 σ 的最小多项式是 $d(\lambda)$.

(2) 设 σ 的最高次的不变因子是 $d(\lambda)$,则 σ 的最小多项式是 $d(\lambda)$.

9. 令 V 是实数域 R 上一个三维向量空间,σ 是 V 的一个线性变换,它关于 V 的一个基的矩阵是 $\begin{pmatrix} 6 & -3 & -2 \\ 4 & -1 & -2 \\ 10 & -5 & -3 \end{pmatrix}$.

(1) 求出 σ 的最小多项式 $p(x)$,并把 $p(x)$ 在 $R[x]$ 内分解为两个最高次项系数是 1 的不可约多项式 $p_1(x)$ 与 $p_2(x)$ 的乘积.

(2) 令 $W_i=\{\xi\in V\mid p_i(\sigma)\xi=0\}$,$i=1,2$.证明:W_i 是 σ 的不变子空间,并且 $V=W_1\oplus W_2$.

(3) 在每一个子空间 W_i 中选取一个基,凑成 V 的一个基,使得 σ 关于这个基的矩阵里只出现三个非零元素.

10. 令 $F_n[x]$ 是某一数域 F 上全体次数 $\leqslant n$ 的多项式连同零多项式所组成的向量空间.令 $\sigma:f(x)\mapsto f'(x)$.求出 σ 的最小多项式.

11. 设 V 是复数域上一个 n 维向量空间,$\sigma\in L(V)$ 的最小多项式 $p(\lambda)$ 在复数域上分解为

$$p(\lambda)=(\lambda-\lambda_1)^{r_1}(\lambda-\lambda_2)^{r_2}\cdots(\lambda-\lambda_s)^{r_s},$$

令 $V=V_1\oplus V_2\oplus\cdots\oplus V_s$,其中

$$V_i=\mathrm{Im}p_i(\sigma)=Ker\,(\sigma-\lambda_i)^{r_i},p_i(\lambda)=\frac{p(\lambda)}{(\lambda-\lambda_i)^{r_i}},i=1,2,\cdots,s.$$

令 W 是 V 的一个在 σ 之下不变的子空间.证明:

$$W=W_1\oplus W_2\oplus\cdots\oplus W_s,$$

这里 $W_i=W\cap V_i,i=1,2,\cdots,s$.

12. 令 A 是复数域上一个 n 阶可逆矩阵.证明 A^{-1} 可以表示成 A 的一个复系数多项式.

13. 求出 $A=\begin{pmatrix} 2 & 0 & 0 & 0 \\ 1 & 2 & 0 & 0 \\ 0 & 0 & 2 & 0 \\ 0 & 0 & a & 2 \end{pmatrix}$ 的一切可能的若尔当标准形.

14. 设 N_1 和 N_2 都是 3 阶幂零矩阵.证明 N_1 与 N_2 相似当且仅当它们有相同的最小多项式.如果 N_1,N_2 都是 4 阶幂零矩阵,上述论断是否成立?

15. 设 A,B 都是 n 阶矩阵,并且有相同的特征多项式

$$f(x)=(x-c_1)^{d_1}\cdots(x-c_k)^{d_k}$$

和相同的最小多项式.证明如果 $d_i\leqslant 3,i=1,2\cdots,k$,那么 A 与 B 相似.

16. 设 A 是一个 6 阶矩阵,具有特征多项式 $f(x)=(x+2)^2(x-1)^4$ 和最小多项式

$$p(x)=(x+2)(x-1)^3.$$

求出 A 的若尔当标准形式.如果 $p(x)=(x+2)(x-1)^2$,A 的若尔当标准形式有几种可能的形式?

参考答案

§8.3.2 各高校研究生入学考试原题

一、填空题

1. 设$A=\begin{bmatrix}1&1&0\\0&1&0\\0&0&1\end{bmatrix}$为复数域上三阶方阵,则$A$的最小多项式为_________.

2. 矩阵$A=\begin{pmatrix}3&0&8\\3&-1&6\\-2&0&-5\end{pmatrix}$的最小多项式为______,若尔当标准形为______.

3. 设矩阵$A=\begin{pmatrix}1&1&1\\1&1&1\\1&1&1\end{pmatrix}$,$A$的最小多项式为______.

4. 设$A=\begin{bmatrix}4&-1&2\\-9&-4&-6\\-9&3&-5\end{bmatrix}$则$A$的若尔当标准形为____________.

5. $|A(\lambda)|\neq 0$是λ矩阵$A(\lambda)$可逆的________________条件.

二、选择题

1. 特征多项式等于$(\lambda-1)^4(\lambda-5)^2$的两两不相似的矩阵共有(　　).

(A)10个　　(B)8个　　(C)6个　　(D)4个

2. 设A是一个n阶方阵,则线性空间$W=L(E,A,A^2,A^3,\cdots)$的维数$\dim W$等于(　　).

(A)A的特征多项式的次数　　(B)A的最小多项式的次数

(C)A的初等因子的个数　　(D)A的秩

三、解答题

1. 设$A\in C^{n\times n}$,$W=\{f(A)\mid f(x)\in P[x]\}$,$m(x)$是$A$的最小多项式,证明$W$的维数$=\partial(m(x))$.

2. 已知$A=\begin{pmatrix}1&1&1&1\\1&1&1&1\\1&1&1&1\\1&1&1&1\end{pmatrix}$,计算

(1)A的最小多项式.

(2)A的若尔当标准形J.

(3) 可逆矩阵P,使$P^{-1}AP=J$.

(4) 正交矩阵 Q,使 $Q^TAQ=\Lambda$(对角阵).

3. 设A为方阵,$g(\lambda)$为A的最小多项式,$f(\lambda)$为任意次数大于零的多项式,记$d(\lambda)=(f(\lambda),g(\lambda))$,则

(1)$rank(d(A))=rank(f(A))$;(2)$f(A)$ 可逆的充分必要条件为 $d(\lambda)=1$.

注:$rank(A)$ 表示矩阵 A 的秩.

4. 设有矩阵 $A=\begin{pmatrix}0&1&0\\-4&4&0\\-2&1&2\end{pmatrix}$.

(1) 求 A 的最低(最小) 多项式.

(2) 求 A 的初等因子.

(3) 求 A 的若尔当标准形 J,并求可逆矩阵 P,使得 $P^{-1}AP=J$.

5. 证明:如果 A 为 n 阶正规矩阵,则 A 的最低(最小) 多项式 $d(\lambda)$ 无重因式.

6. 设 A 是 n 阶幂零阵(存在正整数 k,使得 $A^k=0$),

(1) 求 A 的所有特征值.

(2) 如果 $rankA=r$,则 $A^{r+1}=0$.

(3) 求 $\det(A+E_n)$,其中 E_n 为 n 阶单位阵.

7. 设 A 是 n 阶方阵,证明:

(1)A 的特征多项式$f(x)$ 与 A 的最小多项式 $m(x)$ 的根相同;

(2) 若 A 的特征根互异,则 $m(x)=f(x)$.

8. 设σ是线性空间V上的线性变换,满足$\sigma^2-3\sigma+2I=0$,其中I是恒等变换. 证明:σ 的特征值只能是 1 或 2.

9. 设 F,K 都是数域且 $F\subset K$.

(1) 设$\alpha_1,\alpha_2,\cdots,\alpha_s$是$F$上的$n$维列向量.证明:$\alpha_1,\alpha_2,\cdots,\alpha_s$在$F$上线性相关当且仅当$\alpha_1,\alpha_2,\cdots,\alpha_s$ 在 K 上线性相关.

(2) 设A,B为F上的n阶方阵,证明:A,B在F上相似当且仅当A,B在K上相似.

10. 设$A=\begin{pmatrix}2&&\\&2&\\&&2\end{pmatrix}$,$B=\begin{pmatrix}2&1&\\&2&\\&&2\end{pmatrix}$,$C=\begin{pmatrix}2&1&\\&2&1\\&&2\end{pmatrix}$,求$A,B,C$的特征多项式和最小多项式.

11. 设 T 是 n 维线性空间 V 内的一个幂等线性变换,即 $T^2=T$.

(1) 证明 V 是 $\mathrm{Im}(V)$ 与 $Ker(V)$ 的和空间.这个和是直和吗? 说明你的理由.

(2) 设T的秩为r.证明存在V的一组基,使得对任意的向量α,如果α在这组基下的坐标为$(x_1,\cdots,x_n)^T$,则$T(\alpha)$在这组基下的坐标为$(x_1,\cdots,x_r,0,\cdots,0)^T$.求$T$的最小多项式.

12. 设A是对角元为$a_1,a_2,\cdots,a_n$的上三角阵,B是对角元为$b_1,b_2,\cdots,b_n$的上三角阵,且B可逆,求矩阵$\begin{pmatrix}A&B\\B&A\end{pmatrix}$的特征值.

13. 设$A=\begin{bmatrix}2&-2&2\\-2&-1&4\\2&4&-1\end{bmatrix}$,(1) 在任意数域$F$上,$A$能否相似于一个对角阵? 说明理由.

(2) 求 A 的极小多项式.

(3) 设 $f(X)=X'AX$ 其中 $X=(x_1,x_2,x_3)'$ 是列向量.求 $f(X)$ 的一个标准型.

14. 设矩阵 $A=\begin{pmatrix}1&2&0\\0&1&0\\0&1&1\end{pmatrix}$,求 A 的若尔当标准形.

15. 求矩阵 $A=\begin{pmatrix}-1&-2&6\\-1&0&3\\-1&-1&4\end{pmatrix}$的若尔当标准形 J 及相似变换矩阵 P,使得 $P^{-1}AP=J$.

16. 求矩阵 $A=\begin{pmatrix}0&1&1&1\\0&0&1&1\\0&0&0&1\\0&0&0&0\end{pmatrix}$的若尔当标准形.

17. 求矩阵 $A=\begin{pmatrix}1&-3&0&3\\-2&-6&0&13\\0&-3&1&3\\-1&-4&0&8\end{pmatrix}$的若尔当标准形.

18. 求可逆矩阵 P 及 A 的若尔当标准形 J,使得 $P^{-1}AP=J$,其中

$$A=\begin{pmatrix}2&-1&1&-1\\2&2&-1&-1\\1&2&-1&2\\0&0&0&3\end{pmatrix}.$$

19. 证明:在任意数域 F 上矩阵 $A=\begin{bmatrix}2&-1&0\\1&0&0\\-1&1&1\end{bmatrix}$与 $B=\begin{bmatrix}1&0&0\\1&1&0\\0&1&1\end{bmatrix}$都不相似.

20. 求可逆矩阵 P 及 A 的若尔当标准形 J,使得 $P^{-1}AP=J$,其中

$$A=\begin{pmatrix}3&0&8&0\\3&-1&6&0\\-2&0&-5&0\\0&0&0&2\end{pmatrix}.$$

21. 求四级矩阵 $A=\begin{pmatrix}3&-4&0&2\\4&-5&2&0\\0&0&3&-2\\0&0&2&-1\end{pmatrix}$的若尔当标准形.

22. 试求矩阵 $A=\begin{pmatrix}3&-1&0&0\\1&1&0&0\\3&0&5&-3\\4&-1&3&-1\end{pmatrix}$的特征多项式、最小多项式和若尔当典范形.

23. 试求矩阵 $A=\begin{pmatrix}5&-1&3\\-8&3&-6\\-8&2&-5\end{pmatrix}$的若尔当典范形.

24. 设矩阵 $A=\begin{pmatrix}3&0&0\\-1&1&1\\2&0&1\end{pmatrix}$,求 A 的若尔当标准形和 A 的有理标准形.

25. 求方阵 $A=\begin{bmatrix}0&1&0&0&0\\0&0&1&0&0\\0&0&0&1&0\\0&0&0&0&1\\1&-5&10&-10&5\end{bmatrix}$ 的若尔当标准型.

26. 求矩阵 $A=\begin{bmatrix}1-\lambda&\lambda^2&\lambda\\\lambda&\lambda&-\lambda\\1+\lambda^2&\lambda^2&-\lambda^2\end{bmatrix}$ 的标准形.

27. 写出你所知道的复数域 C 上的 n 阶方阵 A 可以对角化的充分必要条件.

28. 设 $A=\begin{bmatrix}1&1&-1\\-3&-3&3\\-2&-2&2\end{bmatrix}$,求 A 的初等因子和若尔当标准型.

29. 设 $A=\begin{pmatrix}-1&-2&6\\-1&0&3\\-1&-1&4\end{pmatrix}$,求$(\lambda I-A)$ 的不变因子、初等因子及 A 的若尔当标准形.

30. 设 $A=\begin{pmatrix}0&1&0&\cdots&0\\0&0&1&\cdots&0\\\vdots&\vdots&\vdots&\cdots&\vdots\\0&0&0&\cdots&1\\1&0&0&\cdots&0\end{pmatrix}$,

复矩阵 $B=\begin{pmatrix}a_0&a_1&a_2&\cdots&a_{n-2}&a_{n-1}\\a_{n-1}&a_0&a_1&\cdots&a_{n-3}&a_{n-2}\\a_{n-2}&a_{n-1}&a_0&\cdots&a_{n-4}&a_{n-3}\\\vdots&\vdots&\vdots&\cdots&\vdots&\vdots\\a_2&a_3&a_4&\cdots&a_0&a_1\\a_1&a_2&a_3&\cdots&a_{n-1}&a_0\end{pmatrix}$.

(1)A 是否相似于对角矩阵?

(2) 求 B 的行列式.

31. 设 $A(\lambda)=\begin{pmatrix}0&0&\lambda^2-\lambda&0\\0&0&0&\lambda^2\\(\lambda-1)^2&0&0&0\\0&\lambda^2-\lambda&0&0\end{pmatrix}$,(1) 求 $A(\lambda)$ 的不变因子;(2) 求 $A(\lambda)$ 的标准形.

32. 设 A 为一个三阶方阵,A 的特征值为 1,1,1.问 A 的标准型一定为 $\begin{pmatrix}1&1&0\\0&1&1\\0&0&1\end{pmatrix}$ 吗?

如果不是,都有哪些形式?

33. 设矩阵 $A(x)=(a_{ij}(x))_{s\times n}$,其中 $a_{ij}(x)\in K[x](i=1,\cdots,s;j=1,\cdots,n)$,对 $k\leqslant \min\{s,n\}$,若 $A(x)$ 有非零的 k 阶子式,则称其所有 k 阶子式的首项系数为1的最大公因式为 $A(x)$ 的 k 阶行列式因子,记为 $D_k(x)$.证明:若矩阵 $A(x)$ 等价于矩阵 $B(x)$,则 $A(x)$ 与 $B(x)$ 的各阶行列式因子对应相同.

34. 已知 A 为 n 阶方阵,且 $r(A)=n-1$,证明:$(A^*)^2=kA^*$(k 为常数, A^* 是 A 的伴随矩阵).

35. 设 $A=\begin{bmatrix}0 & 2\,011 & 1\\ 0 & 0 & 2\,011\\ 0 & 0 & 0\end{bmatrix}$,证明 $X^2=A$ 无解,这里 X 为三阶未知复矩阵.

36. 设 A,B 是数域 P 上两个 n 阶方阵,$A^n=B^n=0$ 但 $A^{n-1}\neq 0,B^{n-1}\neq 0$,证明 A 与 B 相似.

37. 设 A,B 是两个特征值都是正数的 n 阶实矩阵,证明:如果 $A^2=B^2$,则 $A=B$.

38. 设 A,B,C,D 是同阶的方阵,且 A 与 B 相似,C 与 D 相似,问 $A+C$ 与 $B+D$ 相似,对吗? 对,请证明; 不对,请举例说明.

39. 证明:复线性空间 C^n,$A\in C^{n\times n}$,有 $\alpha\in C^n$ 使 $\alpha,A\alpha,\cdots,A^{n-1}\alpha$ 线性无关.若 λ_0 是 A 的特征值,证明:λ_0 的特征子空间 V_{λ_0} 必有维 $V_{\lambda_0}=1$.

40. 设 V 是数域 P 上的3维线性空间,V 上的线性变换 σ 在 V 的一组基 $\varepsilon_1,\varepsilon_2,\varepsilon_3$ 下的矩阵为 $A=\begin{pmatrix}4 & 6 & -15\\ 1 & 3 & -5\\ 1 & 2 & -4\end{pmatrix}$,问 σ 可否在 V 的某组基下的矩阵为 $B=\begin{pmatrix}1 & -3 & 3\\ -2 & -6 & 13\\ -1 & -4 & 8\end{pmatrix}$.

41. A 为 n 阶方阵,$f(\lambda)=|\lambda E-A|$ 是 A 的特征多项式.并令

$$g(\lambda)=\frac{f(\lambda)}{(f(\lambda),f'(\lambda))}(f'(\lambda)\text{ 称为 }f'(\lambda)\text{ 的一阶微商}),$$

证明:A 与一个对角矩阵相似的充分必要条件是 $g(A)=0$.

42. 设 T 是实向量空间 R^5 上的一个线性变换,证明:对任意整数 $k(0\leqslant k\leqslant 5)$,$T$ 一定有 k 维不变子空间.

43. 设数域 F 上的4阶方阵 A 的特征多项式为

$$f(x)=\det(xE_4-A)=x^4+2x^3-3x^2-4x+4.$$

其中 E_4 是单位阵.

(1) 对满足上述条件的矩阵 A 在相似意义下进行分类,可以分为几类? 说明理由.

(2) 证明:4维向量空间 F^4 不能分解为 A 的特征子空间的直和当且仅当 A^2,A,E_4 线性无关.

(3) 当 $A^2+aA+bE_4=0$ 时,求 a,b 的值.

参考答案

第九章 欧式空间

§9.1 基本题型及其常用解题方法

§9.1.1 欧式空间的应用

1. 求夹角、长度与距离

计算依据:设 V 是欧式空间,对任意 $\xi \in V$, $\sqrt{(\xi,\xi)}$ 称为向量 ξ 的长度,记为 $|\xi|$;对任意 $\xi,\eta \in V$, $\dfrac{(\xi,\eta)}{|\xi||\eta|}$ 定义为向量 ξ 与 η 的夹角(记为 $\theta=<\xi,\eta>$)的余弦;$|\xi-\eta|$ 定义为向量 ξ 与 η 的距离,记为 $d(\xi,\eta)$.

例 9.1 在 R^4 中,求向量 α,β 的长度,夹角和距离.

(1) $\alpha=(2,1,3,2)$, $\beta=(1,2,-2,1)$;

(2) $\alpha=(1,2,2,3)$, $\beta=(3,1,5,1)$;

(3) $\alpha=(1,1,1,2)$, $\beta=(3,1,-2,0)$.

解 (1) $|\alpha|=\sqrt{2^2+1^2+3^2+2^2}=3\sqrt{3}$, $|\beta|=\sqrt{1^2+2^2+(-2)^2+1^2}=\sqrt{10}$;

因为 $(\alpha,\beta)=2+2-6+2=0$,所以向量 α,β 的夹角 $\theta=\dfrac{\pi}{2}$;向量 α,β 的距离为

$$d(\alpha,\beta)=|\alpha-\beta|=\sqrt{(2-1)^2+(1-2)^2+(3+2)^2+(2-1)^2}=2\sqrt{7}.$$

(2) $|\alpha|=\sqrt{1^2+2^2+2^2+3^2}=3\sqrt{3}$, $|\beta|=\sqrt{3^2+1^2+5^2+1^2}=4$.

因为 $(\alpha,\beta)=3+2+10+3=18$,所以向量 α,β 的夹角 $\theta=\arccos\dfrac{18}{12\sqrt{3}}=\dfrac{\pi}{6}$;

向量 α,β 的距离为

$$\ldots -1)^2+(2-5)^2+(3-1)^2=3\sqrt{2}.$$

$$\ldots (-2)^2+0^2=\sqrt{14}.$$

因为 $<\alpha,\beta>=3+1-2+0=2$,所以向量α, β的夹角$\theta=\arccos\frac{\sqrt{2}}{7}$; 向量$\alpha$,$\beta$的距离为

$$d(\alpha,\beta)=|\alpha-\beta|=\sqrt{(1-3)^2+(1-1)^2+(1+2)^2+(2-0)^2}=\sqrt{17}.$$

2. 柯西 - 施瓦兹不等式

例 9.2 设V是欧式空间,则对任意$\alpha,\beta\in V$,有$|(\alpha,\beta)|\leqslant|\alpha||\beta|$,且等号成立当且仅当$\alpha,\beta$线性相关.

证明 对任意$\alpha,\beta\in V$,有

$$(\alpha+t\beta,\alpha+t\beta)=(\alpha,\alpha)+2t(\alpha,\beta)+t^2(\beta,\beta)\geqslant 0,\forall t\in R,$$

因此$\Delta=4(\alpha,\beta)^2-4(\alpha,\alpha)(\beta,\beta)\leqslant 0$,即$(\alpha,\beta)^2\leqslant(\alpha,\alpha)(\beta,\beta)=|\alpha|^2|\beta|^2$,所以$|(\alpha,\beta)|\leqslant|\alpha||\beta|$,若$|(\alpha,\beta)|=|\alpha||\beta|$,则$\Delta=0$,因此存在$t\in R$,使得$(\alpha+t\beta,\alpha+t\beta)=0$,即$\alpha+t\beta=0$,故$\alpha,\beta$线性相关;若$\alpha,\beta$线性相关,则存在不全为零的数$k,l$,使得$k\alpha+l\beta=0$;若$k=0$,则必有$\beta=0$,所以$|(\alpha,\beta)|=|\alpha||\beta|=0$;若$k\neq 0$,则令$t=\frac{l}{k}$,有$\alpha+t\beta=0$,因此

$$(\alpha,\beta)^2=(-t\beta,\beta)^2=(-t\beta,-t\beta)(\beta,\beta)=(\alpha,\alpha)(\beta,\beta),$$

所以$|(\alpha,\beta)|=|\alpha||\beta|$,故等号成立当且仅当$\alpha,\beta$线性相关.

例 9.3 证明:对于任意实数$a_1,a_2,\cdots,a_n$,

$$\sum_{i=1}^{n}|a_i|\leqslant\sqrt{n(a_1^2+a_2^2+\cdots+a_n^2)}.$$

证明 对$\xi=(|a_1|,\cdots,|a_n|)$,$\eta=(1,\cdots,1)\in R^n$,我们有

$$<\xi,\eta>^2=\left(\sum_{i=1}^{n}|a_i|\right)^2\leqslant<\xi,\xi><\eta,\eta>=n(a_1^2+a_2^2+\cdots+a_n^2),$$

故$\sum_{i=1}^{n}|a_i|\leqslant\sqrt{n(a_1^2+a_2^2+\cdots+a_n^2)}$.

§9.1.2 求度量矩阵

计算依据: $\begin{pmatrix}(\alpha_1,\alpha_1)&(\alpha_1,\alpha_2)&\cdots&(\alpha_1,\alpha_n)\\(\alpha_2,\alpha_1)&(\alpha_2,\alpha_2)&\cdots&(\alpha_2,\alpha_n)\\\vdots&\vdots&\vdots&\vdots\\(\alpha_n,\alpha_1)&(\alpha_n,\alpha_2)&\cdots&(\alpha_n,\alpha_n)\end{pmatrix}$称为$n$维欧式空间的一组基$\alpha_1,\alpha_2,\cdots,\alpha_n$的度量矩阵.

例 9.4 证明:$\alpha_1=(2,1,2)$,$\alpha_2=(1,2,-2)$,$\alpha_3=(0,0,1)$是欧式空间R^3的一组基,并求这组基的度量矩阵.

证明 因为$\begin{vmatrix}2&1&0\\1&2&0\\2&-2&1\end{vmatrix}=3\neq 0$,所以$\alpha_1,\alpha_2,\alpha_3$是欧式空间$R^3$的一组基,这组基的度量矩阵是$\begin{pmatrix}(\alpha_1,\alpha_1)&(\alpha_1,\alpha_2)&(\alpha_1,\alpha_3)\\(\alpha_2,\alpha_1)&(\alpha_2,\alpha_2)&(\alpha_2,\alpha_3)\\(\alpha_3,\alpha_1)&(\alpha_3,\alpha_2)&(\alpha_3,\alpha_3)\end{pmatrix}=\begin{pmatrix}9&0&2\\0&9&-2\\2&-2&1\end{pmatrix}$.

例9.5 设R^2中的内积为$(\alpha,\beta)=\alpha^TA\beta, A=\begin{pmatrix}2&1\\1&2\end{pmatrix}$，则$\begin{pmatrix}1\\0\end{pmatrix}$，$\begin{pmatrix}0\\1\end{pmatrix}$在此内积下的度量矩阵为______.

解 应填$\begin{pmatrix}2&1\\1&2\end{pmatrix}$.

§9.1.3 欧式空间的判定与证明

理论依据：设V是实数域上的线性空间，定义在V上的二元实函数，称为内积，记为(α,β)(或$<\alpha,\beta>$)，如果满足

(1)(对称性)：$(\alpha,\beta)=(\beta,\alpha)$.

(2)(齐次性)：$(k\alpha,\beta)=k(\alpha,\beta)$.

(3)(可加性)：$(\alpha+\beta,\gamma)=(\alpha,\gamma)+(\beta,\gamma)$.

(4)(非负性)：$(\alpha,\alpha)\geqslant 0,(\alpha,\alpha)=0\Leftrightarrow\alpha=0$.

这里$\alpha,\beta,\gamma\in V,k\in R$，这样的线性空间$V$称为欧几里得空间(简称欧式空间).

例9.6 在线性空间$M_n(R)$(实数域R上所有n阶方阵之集)上定义一个二元实函数$(A,B)=tr(A^TB),\forall A,B\in M_n(R)$.

(1) 验证上述定义是$M_n(R)$的一个内积，从而$M_n(R)$是一个欧式空间.

(2) 设$A\in M_n(R)$，定义$M_n(R)$上的一个线性变换

$$\sigma: X\mapsto AX$$

证明 σ是欧式空间$M_n(R)$上的正交变换的充分必要条件是A是正交矩阵.

证明 (1) $\forall A,B,C\in M_n(R),\forall k\in R$，则有

$(A+B,C)=tr((A+B)^TC)=tr(A^TC+B^TC)=tr(A^TC)+tr(B^TC)=(A,C)+(B,C)$;

$(A,B)=tr(A^TB)=tr((A^TB)^T)=tr(B^TA)=(B,A)$;

$(kA,B)=tr((kA)^TB)=ktr(A^TB)=k(A,B)$;

$(A,A)=tr(A^TA)=\sum\limits_{j=1}^{n}\sum\limits_{i=1}^{n}a_{ij}^2\geqslant 0$;

且$(A,A)=tr(A^TA)=\sum\limits_{j=1}^{n}\sum\limits_{i=1}^{n}a_{ij}^2=0$的充分必要条件是$A=(a_{ij})=0$，故二元实函数$(A,B)=tr(A^TB),\forall A,B\in M_n(R)$是$M_n(R)$的一个内积，从而$M_n(R)$是一个欧式空间.

(2)"必要性的证明"：因为σ是欧式空间$M_n(R)$上的正交变换，所以$\forall X,Y\in M_n(R)$，有

$$(\sigma X,\sigma Y)=(AX,AY)=tr(X^T(A^TA)Y)=tr(X^TY)=(X,Y),$$

又因为

$$tr(E_{i1}{}^TE_{j1})=tr(E_{1i}E_{j1})=\begin{cases}tr(0)=0,i\neq j\\tr(E_{11})=1,i=j\end{cases},$$

$(\sigma E_{i1})^T\sigma E_{j1}=E_{i1}{}^T(A^TA)E_{j1}=E_{1i}(A^TA)E_{j1}$的1行1列的元素等于$A^TA=(b_{ij})$的$i$行$j$列的元素$b_{ij}$，其余元素均为零，因此

$$b_{ij}=(\sigma E_{i1},\sigma E_{j1})=tr(E_{i1}{}^TE_{j1})=tr(E_{1i}E_{j1})=\begin{cases}tr(0)=0,i\neq j\\tr(E_{11})=1,i=j\end{cases}$$

故A是正交矩阵.

"充分性的证明":因为 A 是正交矩阵,所以 $A^TA=E$,因此 $\forall X,Y\in M_n(R)$,有 $(\sigma X,\sigma Y)=(AX,AY)=tr(X^T(A^TA)Y)=tr(X^TY)=(X,Y)$,故 σ 是欧式空间 $M_n(R)$ 上的正交变换.

例 9.7 设 $A=(a_{ij})$ 是一个 n 级正定矩阵,而

$$\alpha=(x_1,x_2,\cdots,x_n),\beta=(y_1,y_2,\cdots,y_n)$$

在 R^n 中定义内积为 $(\alpha,\beta)=\alpha A\beta^T$.

(1) 证明在这个定义之下,R^n 成一欧式空间.

(2) 求单位向量 $\varepsilon_1=(1,0,\cdots,0),\varepsilon_2=(0,1,\cdots,0),\cdots,\varepsilon_n=(0,0,\cdots,1)$ 的度量矩阵.

(3) 具体写出这个空间中的柯西 - 布涅柯夫斯基不等式.

证明 (1) $\forall\alpha,\beta,\gamma\in R^n,\forall k\in R$,则有

$$(\alpha+\beta,\gamma)=(\alpha+\beta)A\gamma^T=\alpha A\gamma^T+\beta A\gamma^T=(\alpha,\gamma)+(\beta,\gamma);$$

$$(\alpha,\beta)=\alpha A\beta^T=\beta(\alpha A)^T=\beta A\alpha^T=(\beta,\alpha);$$

$$(k\alpha,\beta)=(k\alpha)A\beta^T=k(\alpha A\beta^T)=k(\alpha,\beta);$$

因为 A 是 n 级正定矩阵,所以

$(\alpha,\alpha)=\alpha A\alpha^T\geqslant 0$ 且 $(\alpha,\alpha)=0$ 的充分必要条件是 $\alpha=0$,故二元实函数 $(\alpha,\beta)=\alpha A\beta^T$ 是 R^n 的一个内积,从而 R^n 是一个欧式空间.

(2) $(\varepsilon_i,\varepsilon_j)=\varepsilon_iA\varepsilon_j^T=a_{ij}$,故所求度量矩阵为 A.

(3) 对任意 $\alpha=(x_1,\cdots,x_n),\beta=(y_1,\cdots,y_n)\in R^n$,

$$(\alpha,\beta)=\sum_{i=1}^n\sum_{j=1}^n a_{ij}x_iy_j,(\alpha,\alpha)=\sum_{i=1}^n\sum_{j=1}^n a_{ij}x_ix_j,(\beta,\beta)=\sum_{i=1}^n\sum_{j=1}^n a_{ij}y_iy_j,$$

故由柯西 - 布涅柯夫斯基不等式得

$$\left(\sum_{i=1}^n\sum_{j=1}^n a_{ij}x_iy_j\right)\leqslant\left(\sum_{i=1}^n\sum_{j=1}^n a_{ij2}x_ix_j\right)\left(\sum_{i=1}^n\sum_{j=1}^n a_{ij}y_iy_j\right).$$

§9.1.4 标准正交基(组)与正交矩阵的计算与判定

1. 利用定义

理论依据:欧式空间 V 的一组非零向量 $\alpha_1,\alpha_2,\cdots,\alpha_m$ 称为正交组,如果两两正交,由单位向量构成的正交组称为标准正交组,n 维欧式空间 V 的一组基 $\alpha_1,\alpha_2,\cdots,\alpha_n$ 称为正交基(标准正交基),如果 $\alpha_1,\alpha_2,\cdots,\alpha_n$ 是正交组(标准正交组),列向量组或行向量组为 R^n 的标准正交基的 n 阶矩阵是正交矩阵.

例 9.8 证明:如果 $\{\varepsilon_1,\varepsilon_2,\cdots,\varepsilon_n\}$ 是欧式空间 V 的一个标准正交基,n 阶实方阵 $A=(a_{ij})$ 是正交矩阵,令 $(\eta_1,\eta_2,\cdots,\eta_n)=(\varepsilon_1,\varepsilon_2,\cdots,\varepsilon_n)A$,证明:$\{\eta_1,\eta_2,\cdots,\eta_n\}$ 也是标准正交基.

证明 因为 $\{\varepsilon_1,\varepsilon_2,\cdots,\varepsilon_n\}$ 是欧式空间 V 的一个标准正交基,$A=(a_{ij})$ 是正交矩阵,所以

$$<\varepsilon_i,\varepsilon_j>=\begin{cases}1,i=j\\0,i\neq j\end{cases},\sum_{k=1}^n a_{ki}a_{kj}=\begin{cases}1,i=j\\0,i\neq j\end{cases}$$

又因为 $(\eta_1,\eta_2,\cdots,\eta_n)=(\varepsilon_1,\varepsilon_2,\cdots,\varepsilon_n)A$,所以 $\eta_i=\sum_{r=1}^n a_{ri}\varepsilon_r,\eta_j=\sum_{k=1}^n a_{kj}\varepsilon_k$,于是

$$< \eta_i,\eta_j > = < \sum_{r=1}^{n} a_{ri}\varepsilon_r, \sum_{k=1}^{n} a_{kj}\varepsilon_k > = \sum_{r=1}^{n}\sum_{k=1}^{n} a_{ri}a_{kj} < \varepsilon_r,\varepsilon_k > = \sum_{k=1}^{n} a_{ki}a_{kj} = \begin{cases}1, i=j\\0, i\neq j\end{cases},$$

故$\{\eta_1,\eta_2,\cdots,\eta_n\}$也是标准正交基.

2. 利用过渡矩阵

理论依据:标准正交基到标准正交基的过渡矩阵是正交矩阵,反之若一个标准正交基到另一组基的过渡矩阵是正交矩阵,则另一组基也是标准正交基.

例 9.9 设$\varepsilon_1,\varepsilon_2,\varepsilon_3$是三维向量空间中一组标准正交基,证明:

$$\alpha_1 = \frac{1}{3}(2\varepsilon_1 + 2\varepsilon_2 - \varepsilon_3), \alpha_2 = \frac{1}{3}(2\varepsilon_1 - \varepsilon_2 + 2\varepsilon_3), \alpha_3 = \frac{1}{3}(\varepsilon_1 - 2\varepsilon_2 - 2\varepsilon_3)$$

也是一组标准正交基.

证明 因为$\begin{bmatrix} 2/3 & 2/3 & 1/3 \\ 2/3 & -1/3 & -2/3 \\ -1/3 & 2/3 & -2/3 \end{bmatrix}^T \begin{bmatrix} 2/3 & 2/3 & 1/3 \\ 2/3 & -1/3 & -2/3 \\ -1/3 & 2/3 & -2/3 \end{bmatrix} = I_3$,所以标准正交基$\varepsilon_1,\varepsilon_2,\varepsilon_3$到$\alpha_1,\alpha_2,\alpha_3$的过度矩阵是正交矩阵,因此$\alpha_1,\alpha_2,\alpha_3$也是一组标准正交基.

3. 利用施密特正交化方法

理论依据:若$\alpha_1,\alpha_2,\cdots,\alpha_m$为一个线性无关列向量组,则

$$\beta_1 = \alpha_1, \beta_2 = \alpha_2 - \frac{(\alpha_2,\beta_1)}{(\beta_1,\beta_1)}\beta_1, \cdots, \beta_m = \alpha_m - \sum_{i=1}^{m-1}\frac{(\alpha_m,\beta_i)}{(\beta_i,\beta_i)}\beta_i \tag{9.1}$$

是一个正交向量组.

说明:(1) 从线性无关向量组$\alpha_1,\alpha_2,\cdots,\alpha_m$出发,利用公式(9.1)求出正交组$\beta_1,\beta_2,\cdots,\beta_m$的方法,称为 Schmidt 正交规范化方法.

(2) 取$\gamma_i = \frac{1}{|\beta_i|}\beta_i (i=1,2,\cdots,m)$,则$\gamma_1,\gamma_2,\cdots,\gamma_m$便为一个规范正交组.

例 9.10 已知$\alpha_1=(1,1,1),\alpha_2=(1,2,3),\alpha_3=(1,0,0)$.证明:$\alpha_1,\alpha_2,\alpha_3$线性无关,并将$\alpha_1,\alpha_2,\alpha_3$用 Schmidt 正交化方法化为规范正交组$e_1,e_2,e_3$.

解 因为$\begin{vmatrix} 1 & 1 & 1 \\ 1 & 2 & 3 \\ 1 & 0 & 0 \end{vmatrix} = 1 \neq 0$,所以$\alpha_1,\alpha_2,\alpha_3$线性无关.取

$$\beta_1 = \alpha_1, \beta_2 = \alpha_2 - \frac{\alpha_2\beta_1^T}{\beta_1\beta_1^T}\beta_1 = (1,2,3) - \frac{6}{3}(1,1,1) = (-1,0,1),$$

$$\beta_3 = \alpha_3 - \frac{\alpha_3\beta_1^T}{\beta_1\beta_1^T}\beta_1 - \frac{\alpha_3\beta_2^T}{\beta_2\beta_2^T}\beta_2 = (1,0,0) - \frac{1}{3}(1,1,1) + \frac{1}{2}(-1,0,1) = (\frac{1}{6}, -\frac{1}{3}, \frac{1}{6})$$

则β_1,β_2,β_3为正交组,又取

$$e_1 = \frac{1}{|\beta_1|}\beta_1 = (\frac{1}{\sqrt{3}},\frac{1}{\sqrt{3}},\frac{1}{\sqrt{3}}), e_2 = \frac{1}{|\beta_2|}\beta_2 = (-\frac{1}{\sqrt{2}},0,\frac{1}{\sqrt{2}}), e_3 = \frac{1}{|\beta_3|}\beta_3 = (\frac{1}{\sqrt{6}}, -\frac{2}{\sqrt{6}}, \frac{1}{\sqrt{6}}),$$

则e_1,e_2,e_3为所求规范正交组.

说明:(1) 本题利用 Schmidt 正交化方法求规范正交组采用的是先正交化,再单位化的计算步骤,其优点是单纯,便于操作,缺点是计算量可能会大一点.

(2) 采用正交化与单位化同步进行的方式求规范正交组,计算量会小一些,但容易发生计算错误.

例 9.11 求实数域R上齐次线性方程组$\begin{cases}x_1+x_2+x_3+x_4=0\\x_1-x_2-x_3-x_4=0\end{cases}$的解空间$W$在$R$中的正交补的维数和一个标准正交基.

解 解方程组$\begin{cases}x_1+x_2+x_3+x_4=0\\x_1-x_2-x_3-x_4=0\end{cases}$可得$W=L((0,-1,1,0)^T,(0,-1,0,1)^T)$,再解方程组$\begin{cases}-x_2+x_3=0\\-x_2+x_4=0\end{cases}$可得$W^T=L((1,0,0,0)^T,(0,1,1,1)^T)$,所以$\dim W^T=2$,且$(1,0,0,0)^T,(0,\frac{1}{\sqrt{3}},\frac{1}{\sqrt{3}},\frac{1}{\sqrt{3}})^T$为正交补的一个标准正交基.

说明:因为$(1,0,0,0)^T,(0,1,1,1)^T$是正交基,所以不需正交化步骤,只需单位化.若α是实n元单位列向量,则$A=E_n-2\alpha\alpha^T$是正交矩阵(因为$AA^T=E_n-4\alpha\alpha^T+4\alpha\alpha^T=E_n$).

例 9.12 (1)设$\alpha=(1,3,4)^T,\beta=(5,0,-1)^T$,求一个三阶正交矩阵$A$,使得$A\alpha=\beta$(不用写求解过程).

(2)设非零向量$\alpha,\beta\in R^n$,证明存在正交矩阵A,使得$A\alpha=\beta$当且仅当$\alpha^T\alpha-\beta^T\beta=0$.

分析:令$A=E-2\varepsilon\varepsilon^T$($\varepsilon$为单位向量)是正交矩阵,则由$A\alpha=\beta$可得$\varepsilon=\frac{\alpha-\beta}{|\alpha-\beta|}$.

解 (1)取$\varepsilon=\frac{\alpha-\beta}{|\alpha-\beta|}$,则

$$A=E-2\varepsilon\varepsilon^T=E-\frac{1}{25}(-4,3,5)^T(-4,3,5)=\begin{bmatrix}9/25&12/25&4/5\\12/25&16/25&-3/5\\4/5&-3/5&0\end{bmatrix}.$$

(2)"必要性的证明":因为$A\alpha=\beta$,所以$\beta^T\beta=\alpha^T(A^TA)\alpha=\alpha^T\alpha$.

"充分性的证明":若$\alpha=\beta$,则$A=E_n$为正交矩阵且$A\alpha=\beta$;若$\alpha\neq\beta$,则取$\varepsilon=\frac{\alpha-\beta}{|\alpha-\beta|}$,那么$A=E-2\varepsilon\varepsilon^T$为正交矩阵,且$A\alpha=\alpha-\frac{\alpha^T\alpha-\beta^T\alpha}{\alpha^T\alpha-\beta^T\alpha}(\alpha-\beta)=\beta$.

§9.1.5 正交变换的判定与证明

1. 利用定义

理论依据:欧式空间V上线性变换σ称为正交变换,如果σ保持内积不变,即$(\sigma(\xi),\sigma(\eta))=(\xi,\eta),\forall\xi,\eta\in V$.

例 9.13 设σ是欧式空间V到自身的一个映射,且对$\xi,\eta\in V$有$<\sigma(\xi),\sigma(\eta)>=<\xi,\eta>$证明:$\sigma$是$V$的一个线性变换,因而是正交变换.

证明 $\forall\xi,\eta\in V,k,l\in R$,由题设条件有:

$$<\sigma(k\xi+l\eta),\sigma(k\xi+l\eta)>$$
$$=<k\xi+l\eta,k\xi+l\eta>=k^2<\xi,\xi>+2kl<\xi,\eta>+l^2<\eta,\eta>;$$
$$<\sigma(k\xi+l\eta),k\sigma\xi>=k<k\xi+l\eta,\xi>=k^2<\xi,\xi>+kl<\xi,\eta>;$$
$$<\sigma(k\xi+l\eta),l\sigma\eta>=l<k\xi+l\eta,\eta>=kl<\xi,\eta>+l^2<\eta,\eta>;$$

$<k\sigma\xi,k\sigma\xi>=k^2<\xi,\xi>$, $<k\sigma\xi,l\sigma\eta>=kl<\xi,\eta>$, $<l\sigma\eta,l\sigma\eta>=l^2<\eta,\eta>$

于是

$$
\begin{aligned}
&< \sigma(k\xi + l\eta) - (k\sigma\xi + l\sigma\eta), \sigma(k\xi + l\eta) - (k\sigma\xi + l\sigma\eta) > \\
&= < \sigma(k\xi + l\eta), \sigma(k\xi + l\eta) > - 2 < \sigma(k\xi + l\eta), k\sigma\xi > - 2 < \sigma(k\xi + l\eta), l\sigma\eta > \\
&\quad + < k\sigma\xi, k\sigma\xi > + 2 < k\sigma\xi, l\sigma\eta > + < l\sigma\eta, l\sigma\eta > \\
&= < k\xi + l\eta, k\xi + l\eta > - 2\mathrm{k} < k\xi + l\eta, \xi > - 2l < k\xi + l\eta, \eta > + \\
&\quad k^2 < \xi, \xi > + 2kl < \xi, \eta > + l^2 < \eta, \eta > = 0.
\end{aligned}
$$

因此 $\sigma(k\xi + l\eta) = k\sigma\xi + l\sigma\eta$，所以 σ 是 V 的一个线性变换，因而是正交变换.

2. 利用长度不变形

理论依据：欧式空间 V 的线性变换 σ 是正交变换，当且仅当：$|\sigma(\alpha)| = |\alpha|, \forall \alpha \in V$.

例 9.14 在 Euclid 空间 R^n 中定义变换 $A: A\alpha = \alpha - k(\alpha, \varepsilon)\varepsilon, \forall \alpha \in R^n$，其中 ε 为单位向量，k 为实数，若 A 为正交交换，则 $k =$ ________.

解 因为 $A\varepsilon = (1 - k(\varepsilon, \varepsilon))\varepsilon$，$\varepsilon$ 为单位向量，所以 $A\varepsilon = (1 - k)\varepsilon$，又因为 A 为正交交换，所以 $1 = |\varepsilon| = |A\varepsilon| = |1 - k|$，因此 $k = 0$ 或 $k = 2$.

3. 利用标准正交基

理论依据：n 维欧式空间 V 的一个线性变换 σ 是正交变换当且仅当 σ 把标准正交基变成标准正交基.

例 9.15 设 $\{\alpha_1, \alpha_2, \cdots, \alpha_n\}$ 和 $\{\beta_1, \beta_2, \cdots, \beta_n\}$ 是 n 维欧式空间 V 的两个标准正交基.

(1) 证明：存在 V 的一个正交变换 σ，使 $\sigma(\alpha_i) = \beta_i, i = 1, 2, \cdots, n$.

(2) 如果 V 的一个正交变换 τ 使得 $\tau(\alpha_1) = \beta_1$，那么 $\{\tau(\alpha_2), \cdots, \tau(\alpha_n)\}$ 所生成的子空间与由 $\{\beta_2, \cdots, \beta_n\}$ 所生成的子空间重合.

证明 (1) 对任意 $\xi = k_1\alpha_1 + k_2\alpha_2 + \cdots + k_n\alpha_n \in V$，令

$$\sigma(\xi) = k_1\beta_1 + k_2\beta_2 + \cdots + k_n\beta_n,$$

则 σ 是 V 的一个线性变换，且 $\sigma(\alpha_i) = \beta_i, i = 1, 2, \cdots, n$，即 σ 把标准正交基变成标准正交基，故 σ 是 V 的一个正交变换.

(2) 因为 τ 是 V 的一个正交变换，所以 $\tau(\alpha_1), \tau(\alpha_2), \cdots, \tau(\alpha_n)$ 也是标准正交基，因此

$$L(\tau(\alpha_2), \cdots, \tau(\alpha_n)) = W^{\perp}, W = L(\tau(\alpha_1)).$$

因为 $\tau(\alpha_1) = \beta_1$，所以 $L(\tau(\alpha_2), \cdots, \tau(\alpha_n)) = W^{\perp} = L(\beta_2, \cdots, \beta_n)$.

说明：第(2)问的证明利用了正交补的唯一性定理.

4. 利用标准正交基下的矩阵

理论依据：n 维欧式空间 V 的一个线性变换 σ 是正交变换当且仅当 σ 在任意一个标准正交基下的矩阵是正交矩阵.

例 9.16 设 V 是一个欧式空间，$\alpha \in V$ 是一个非零向量. 对于 $\xi \in V$，规定 $\tau(\xi) = \xi - \dfrac{2 < \xi, \alpha >}{< \alpha, \alpha >}\alpha$. 证明：$\tau$ 是 V 的一个正交变换，且 $\tau^2 = \iota$，ι 是单位变换.

证明 对任意 $k, l \in R, \xi, \eta \in V$，有

$$
\begin{aligned}
\tau(k\xi + l\eta) &= (k\xi + l\eta) - \frac{2 < k\xi + l\eta, \alpha >}{< \alpha, \alpha >}\alpha \\
&= k(\xi - \frac{2 < \xi, \alpha >}{< \alpha, \alpha >}\alpha) + (\eta - \frac{2 < \eta, \alpha >}{< \alpha, \alpha >}\alpha) = k\tau(\xi) + l\tau(\eta),
\end{aligned}
$$

所以 τ 是 V 的一个线性变换，现取 $\varepsilon_1=\frac{1}{|\alpha|}\alpha$，并将其扩充为 V 的一个标准正交基 $\varepsilon_1,\varepsilon_2,\cdots,\varepsilon_n$，则

$$\tau(\varepsilon_1)=\varepsilon_1-\frac{2<\varepsilon_1,|\alpha|\varepsilon_1>}{<|\alpha|\varepsilon_1,|\alpha|\varepsilon_1>}|\alpha|\varepsilon_1=-\varepsilon_1,\tau(\varepsilon_i)=\varepsilon_i,2\leqslant i\leqslant n,$$

所以 τ 在标准正交基 $\varepsilon_1,\varepsilon_2,\cdots,\varepsilon_n$ 下的矩阵为 $U=\begin{pmatrix}-1&&&\\&1&&\\&&\ddots&\\&&&1\end{pmatrix}$，是正交矩阵，所以 τ 是正交变换，且由 τ^2 在标准正交基 $\varepsilon_1,\varepsilon_2,\cdots,\varepsilon_n$ 下的矩阵为 $U^2=I$ 知 $\tau^2=\iota$.

§9.1.6 对称变换的判定与证明

1. 利用定义

理论依据：欧式空间 V 上线性变换 σ 称为对称变换，如果 $(\sigma(\xi),\eta)=(\xi\sigma(\eta)),\forall\xi,\eta\in V$.

例 9.17 证明：两个对称变换的和还是一个对称变换. 两个对称变换的乘积是不是对称变换？找出两个对称变换的乘积是对称变换的充分必要条件.

证明 设 σ,τ 是欧式空间 V 的任意两个对称变换，则对任意 $\xi,\eta\in V$，有

$$((\sigma+\tau)(\xi),\eta)=(\sigma\xi,\eta)+(\tau\xi,\eta)=(\xi,\sigma\eta)+(\xi,\tau\eta)=(\xi,(\sigma+\tau)(\eta)),$$

所以 $\sigma+\tau$ 也是对称变换.

两个对称变换的乘积不一定是对称变换. 如

$$\sigma\varepsilon_1=\sigma\varepsilon_2=\varepsilon_1+\varepsilon_2,\tau\varepsilon_1=2\varepsilon_1+\varepsilon_2,\tau\varepsilon_2=\varepsilon_1+3\varepsilon_2$$

则 σ,τ 是欧式空间 R^2 上的对称变换（因为它们在标准正交基 $\varepsilon_1,\varepsilon_2$ 下的矩阵均为对称矩阵），但 $\sigma\tau$ 在标准正交基 $\varepsilon_1,\varepsilon_2$ 下的矩阵为 $\begin{pmatrix}1&1\\1&1\end{pmatrix}\begin{pmatrix}2&1\\1&3\end{pmatrix}=\begin{pmatrix}3&4\\3&4\end{pmatrix}$ 不是对称矩阵，所以 $\sigma\tau$ 不是对称变换.

若 σ,τ 与 $\sigma\tau$ 均为欧式空间 V 的对称变换，则对任意 $\xi\in V$，有

$$((\sigma\tau)\xi,(\tau\sigma)\xi)=(\xi,(\sigma\tau)(\tau\sigma)\xi)=(\sigma\xi,\tau(\tau\sigma)\xi)=((\tau\sigma)\xi,(\tau\sigma)\xi),$$

$$((\sigma\tau)\xi,(\tau\sigma)\xi)=(\tau(\sigma\tau)\xi,\sigma\xi)=((\sigma\tau)(\sigma\tau)\xi,\xi)=((\sigma\tau)\xi,(\sigma\tau)\xi),$$

于是

$$((\sigma\tau)\xi-(\tau\sigma)\xi,(\sigma\tau)\xi-(\tau\sigma)\xi)=$$
$$((\sigma\tau)\xi,(\sigma\tau)\xi)+((\tau\sigma)\xi,(\tau\sigma)\xi)-2((\sigma\tau)\xi,(\tau\sigma)\xi)=0$$

所以 $(\sigma\tau)\xi-(\tau\sigma)\xi=0$，即 $(\sigma\tau)\xi=(\tau\sigma)\xi$，故 $\sigma\tau=\tau\sigma$.

反之若欧式空间 V 的两个对称变换 σ,τ 可换，即 $\sigma\tau=\tau\sigma$，则对任意 $\xi,\eta\in V$，有

$$(\sigma\tau(\xi),\eta)=(\tau\xi,\sigma\eta)=(\xi,\tau\sigma(\eta))=(\xi,\sigma\tau(\eta)),$$

所以 $\sigma\tau$ 为对称变换. 故两个对称变换的乘积是对称变换的充分必要条件是这两个对称变换满足交换律.

2. 利用标准正交基下的矩阵

理论依据：n 维欧式空间 V 的对称变换 σ 在任意一个标准正交基下的矩阵是对称矩阵，反之若 σ 在某个标准正交基下的矩阵是对称矩阵，则 σ 是对称变换.

例 9.18 设σ是n维欧式空间V的一个线性变换.证明:如果σ满足下列三个条件中的任意两个,那么它必然满足第三个:(1)σ是正交变换;(2)σ是对称变换;(3)$\sigma^2=\iota$是单位变换.

证明 取定V的一个标准正交基$\varepsilon_1,\varepsilon_2,\cdots,\varepsilon_n$,设$\sigma$在这个基下的矩阵为$A$.若(1),(2)成立,则$A$是正交矩阵,也是对称矩阵,所以$A^2=AA^T=I$,故$\sigma^2=\iota$;若(1),(3)成立,则$A^TA=A^2=I$,所以$A^T=A^{-1}=A$,故$A$是对称矩阵,所以$\sigma$是对称变换;若(2),(3)成立,则$A^2=I,A=A^T$,所以$AA^T=A^2=I$,因此$A$是正交矩阵,所以$\sigma$是正交变换.

§9.1.7 正交补的计算、判定与证明

1. 利用定义

理论依据: 欧式空间V的一个非空子集W称为V的一个子空间,如果W关于V的加法、纯量乘法与内积也构成欧式空间;任意$\xi\in V$称为与V的一个子空间W正交,记为$\xi\perp W$,如果$(\xi,\eta)=0,\forall\eta\in W$;$V$的两个子空间$W_1,W_2$称为正交的,记为$W_1\perp W_2$,如果$(\xi,\eta)=0,\forall\xi\in W_1,\eta\in W_2$;$V$的子空间$W_1$称为子空间$W_2$的正交补,记为$W_1=W_2^{\perp}$,如果$W_1\perp W_2$且$V=W_1+W_2$.

例 9.19 设V_1,V_2是n维欧式空间V的两个子空间.证明:

$$(V_1+V_2)^{\perp}=V_1^{\perp}\cap V_2^{\perp},(V_1?\ \cap V_2)^{\perp}=V_1^{\perp}+V_2^{\perp}.$$

证明 对任意$\xi\in(V_1+V_2)^{\perp}$,有$<\xi,\eta>=0,\forall\eta\in V_1+V_2$,因为$V_i\subset V_1+V_2,i=1,2$,所以对任意$\eta\in V_1$,$<\xi,\eta>=0$,所以$\xi\in V_1^{\perp}$,同理$\xi\in V_2^{\perp}$,因此$\xi\in V_1^{\perp}\cap V_2^{\perp}$,所以$(V_1+V_2)^{\perp}\subset V_1^{\perp}\cap V_2^{\perp}$;又对任意$\xi\in V_1^{\perp}\cap V_2^{\perp}$,有$\xi\in V_1^{\perp},\xi\in V_2^{\perp}$,因此对任意$\eta=\eta_1+\eta_2\in V_1+V_2$,$<\xi,\eta>=<\xi,\eta_1>+<\xi,\eta_2>=0$,所以$\xi\in(V_1+V_2)^{\perp}$,所以$(V_1+V_2)^{\perp}\supset V_1^{\perp}\cap V_2^{\perp}$,故$(V_1+V_2)^{\perp}=V_1^{\perp}\cap V_2^{\perp}$.

对任意$\xi=\xi_1+\xi_2\in V_1^{\perp}+V_2^{\perp},\xi_i\in V_i^{\perp},i=1,2,\eta\in V_1\cap V_2$,有

$$<\xi,\eta)=<\xi_1,\eta>+<\xi_2,\eta>=0,$$

所以$\xi\in(V_1\cap V_2)^{\perp}$,因此$V_1^{\perp}+V_2^{\perp}\subset(V_1\cap V_2)^{\perp}$,又因为

$$\begin{aligned}\dim(V_1^{\perp}+V_2^{\perp})&=\dim V_1^{\perp}+\dim V_2^{\perp}-\dim V_1^{\perp}\cap V_2^{\perp}\\&=n-\dim V_1+n-\dim V_2-\dim(V_1+V_2)^{\perp}\\&=2n-\dim V_1-\dim V_2-n+\dim(V_1+V_2)\\&=n-(\dim V_1+\dim V_2-\dim(V_1+V_2))=n-\dim V_1\cap V_2=\dim(V_1\cap V_2)^{\perp}\end{aligned}$$

故$(V_1\cap V_2)^{\perp}=V_1^{\perp}+V_2^{\perp}$.

例 9.20 设V是一n维欧式空间,$\alpha\neq0$是V中一固定向量.

(1)证明:$V_1=\{x\mid<x,\alpha>=0,x\in V\}$是$V$的一个子空间.

(2)证明:V_1的维数等于$n-1$.

证明 (1)因为$<0,\alpha>=0$,所以$0\in V_1\Rightarrow V_1\neq\Phi$,又对任意$k,l\in R,x,y\in V_1$,有$<kx+ly,\alpha>=k<x,\alpha>+l<y,\alpha>=0$,所以$kx+ly\in V_1$,故$V_1$是$V$的一个子空间.

(2)将α扩充为V的一个正交基$\alpha_1=\alpha,\alpha_2,\cdots,\alpha_n$,则$L(\alpha_2,\cdots,\alpha_n)\subset V_1$,又对任意$\xi\in V_1\subset V$,可令$\xi=k_1\alpha_1+k_2\alpha_2+\cdots+k_n\alpha_n$,则

$$<\xi,\alpha>=k_1<\alpha,\alpha>=0\Rightarrow k_1=0,$$

所以

$$\xi = k_2\alpha_2 + \cdots + k_n\alpha_n \in L(\alpha_2, \cdots, \alpha_n),$$

因此 $V_1 \subset L(\alpha_2, \cdots, \alpha_n)$，故 $V_1 = L(\alpha_2, \cdots, \alpha_n)$ 为 $n-1$ 子空间.

2. **利用线性方程组**

例 9.21 已知：在四维向量空间 V 中 $\alpha_1 = \left(\frac{1}{2}, \frac{1}{2}, \frac{1}{2}, \frac{1}{2}\right)$，$\alpha_1 = \left(\frac{1}{6}, \frac{1}{6}, \frac{1}{2}, \frac{5}{6}\right)$，$W = L(\alpha_1, \alpha_2)$. 求 $W^{\perp}$.

解 $\xi = (x_1, x_2, x_3, x_4) \in W^{\perp} \Leftrightarrow (\xi, \alpha_i) = 0, i = 1, 2$，即

$$\begin{cases} \frac{1}{2}x_1 + \frac{1}{2}x_2 + \frac{1}{2}x_3 + \frac{1}{2}x_4 = 0 \\ \frac{1}{6}x_1 + \frac{1}{6}x_2 + \frac{1}{2}x_3 + \frac{5}{6}x_4 = 0 \end{cases},$$

解之得 $W^{\perp}$ 的一组基为 $(-1,1,0,0)$，$(1,0,-2,1)$，故 $W^{\perp} = L((-1,1,0,0), (1,0,-2,1))$.

§9.2 例题选讲

§9.2.1 欧式空间应用的例题

例 9.22 在欧式空间 R^n 里，求向量 $\alpha = (1, 1, \cdots, 1)$ 与每一向量

$$\varepsilon_i = (0, \cdots, 0, \overset{(i)}{1}, 0, \cdots 0), i = 1, 2, \cdots, n$$

的夹角.

解 因为 $\cos\theta = \frac{<\alpha, \varepsilon_i>}{|\alpha||\varepsilon_i|} = \frac{1}{\sqrt{n}}$，故 α 与 ε_i 的夹角 $\theta = \arccos\frac{1}{\sqrt{n}}$.

例 9.23 设 α, β 是欧式空间两个线性无关的向量，满足以下条件：

$$\frac{2<\alpha,\beta>}{<\alpha,\alpha>} \text{和} \frac{2<\alpha,\beta>}{<\beta,\beta>} \text{都是} \leqslant 0 \text{的整数.}$$

证明 α 与 β 的夹角只可能是 $\frac{\pi}{2}, \frac{2\pi}{3}, \frac{3\pi}{4}$ 或 $\frac{5\pi}{6}$.

证明 因为 α, β 线性无关，所以 $\frac{<\alpha,\beta>^2}{<\alpha,\alpha><\beta,\beta>} < 1$，又因为

$$\frac{2<\alpha,\beta>}{<\alpha,\alpha>} \text{和} \frac{2<\alpha,\beta>}{<\beta,\beta>} \text{都是} \leqslant 0 \text{的整数,}$$

所以 $\frac{<\alpha,\beta>^2}{<\alpha,\alpha><\beta,\beta>} = 0, \frac{1}{4}, \frac{1}{2}, \frac{3}{4}$，设 α 与 β 的夹角为 θ，则

$$\cos\theta = \frac{<\alpha,\beta>}{|\alpha||\beta|} = 0, -\frac{1}{2}, -\frac{1}{\sqrt{2}}, -\frac{\sqrt{3}}{2},$$

故 $\theta = \frac{\pi}{2}, \frac{2\pi}{3}, \frac{3\pi}{4}$ 或 $\frac{5\pi}{6}$.

例 9.24 如果 $\alpha_1, \alpha_2, \cdots, \alpha_m$ 是 n 维欧式空间中的一组非零向量，且满足：$(\alpha_i, \alpha_j) \leqslant 0, \forall i \neq j$，则 m 的最大值是__________.

解 对 n 进行归纳，证明 $m \geqslant 2^n+1$ 时，$\alpha_1,\alpha_2,\cdots,\alpha_m$ 中必有两个不同向量，满足 $(\alpha_i,\alpha_j)>0$. 当 $n=1$ 时，取定单位向量 ε，则对 $\alpha_1=x_1\varepsilon,\alpha_2=x_2\varepsilon,\cdots,\alpha_m=x_m\varepsilon,m\geqslant 3$，必存在 $1\leqslant i<j\leqslant m$，使得 $(\alpha_i,\alpha_j)=x_ix_j>0$，结论成立；现设 $n>1$ 且结论对 $n-1$ 维欧式空间成立，则对 n 维欧式空间，取定一组标准正交基 $\varepsilon_1,\varepsilon_2,\cdots,\varepsilon_n$，令

$$\alpha_i=\sum_{j=1}^{n}x_{ij}\varepsilon_j\neq 0,\beta_i=\sum_{j=1}^{n-1}x_{ij}\varepsilon_j,i=1,2,\cdots,m,m\geqslant 2^n+1.$$

因为 $m\geqslant 2^n+1$，所以 $x_{1n},x_{2n},\cdots,x_{mn}$ 中至少有 $2^{n-1}+1$ 个数同为非负数或同为负数，不失一般性，不妨设 $x_{in}\geqslant 0,i=1,2,\cdots,2^{n-1}+1$，若 $\beta_1,\beta_2,\cdots,\beta_{2^{n-1}+1}$ 均不为零，则由归纳假设存在 $1\leqslant i<j\leqslant 2^{n-1}+1$，使得 $(\beta_i,\beta_j)>0$，从而

$$(\alpha_i,\alpha_j)=(\beta_i,\beta_j)+x_{in}x_{jn}>0.$$

若 $\beta_1,\beta_2,\cdots,\beta_{2^{n-1}+1}$ 中至少有两个为零，不妨设 $\beta_1=\beta_2=0$，则 $x_{1n}>0,x_{2n}>0$，因此 $(\alpha_1,\alpha_2)=x_{1n}x_{2n}>0$，结论也成立；现设 $\beta_1,\beta_2,\cdots,\beta_{2^{n-1}+1}$ 恰有一个为零，不妨设 $\beta_{2^{n-1}+1}=0$，若 $x_{1n},x_{2n},\cdots,x_{2^{n-1}n}$ 中至少有一个不为零，设 $x_{1n}\neq 0$，则 $(\alpha_1,\alpha_{2^{n-1}+1})=x_{1n}x_{(2^{n-1}+1)n}>0$，结论也成立；最后考虑 $x_{1n}=x_{2n}=\cdots=x_{2^{n-1}n}=0$，若 $\beta_{2^{n-1}+2},\beta_{2^{n-1}+3},\cdots,\beta_m$ 均为零，则 $x_{(2^{n-1}+2)n}$，$x_{(2^{n-1}+3)n},\cdots,x_{mn}$ 均为负数，则 $(\alpha_{m-1},\alpha_m)=x_{(m-1)n}x_{mn}>0$，若 $x_{(2^{n-1}+2)n},x_{(2^{n-1}+3)n},\cdots,x_{mn}$ 不全为负数，则由一个数为正数，设 $x_{mn}>0$，则 $(\alpha_{2^{n-1}+1},\alpha_m)=x_{(2^{n-1}+1)n}x_{mn}>0$；若 $\beta_{2^{n-1}+2}$，$\beta_{2^{n-1}+3},\cdots,\beta_m$ 不全为零，不妨设 $\beta_m\neq 0$，则由归纳假设 $\beta_1,\beta_2,\cdots,\beta_{2^{n-1}},\beta_m$ 中存在 $i\neq j$，使得 $(\beta_i,\beta_j)>0$，于是 $(\alpha_i,\alpha_j)=(\beta_i,\beta_j)>0$；综上知 $m\geqslant 2^n+1$ 时，$\alpha_1,\alpha_2,\cdots,\alpha_m$ 中必有两个不同向量，满足 $(\alpha_i,\alpha_j)>0$，故所求最大值 $m\leqslant 2^n$，另一方面，$\pm\varepsilon_1,\pm\varepsilon_2,\cdots,\pm\varepsilon_n$ 是满足题设条件的 2^n 个向量，故所求最大值 $m=2^n$.

§9.2.2　求度量矩阵的例题

例 9.25　设 $A=\begin{pmatrix}5&2\\2&1\end{pmatrix}$，定义 R^2 中的内积 $(\alpha,\beta)=\alpha^TA\beta$，令 $\alpha_1=(1,0)^T$，$\alpha_2=(1,1)^T$，则 α_1,α_2 在此内积下的度量矩阵为________.

解　应填 $\begin{pmatrix}5&7\\7&10\end{pmatrix}$.

例 9.26　设 A 为 n 阶正定矩阵.

(1) 证明：对任意正整数 k，A^k 也是正定矩阵.

(2) 证明：存在 R^n 上的一个内积 $(\ ,\ )$，使得 $(\ ,\ )$ 在 R^n 的某个基下的度量矩阵是 A.

(3) 对于任意 $n\times m$ 型的实矩阵 B，证明：$r(B)=r(B^TAB)$.

证明　(1) 因为 A 为 n 阶正定矩阵，所以 A 的特征值 $\lambda_1,\lambda_2,\cdots,\lambda_n$ 均为正实数，所以任意正整数 k，A^k 的特征值 $\lambda_1^k,\lambda_2^k,\cdots,\lambda_n^k$ 均为正实数，所以 A^k 也是正定矩阵.

(2) 取定 R^n 的一组基 $\varepsilon_1,\varepsilon_2,\cdots,\varepsilon_n$，对任意 $\alpha=\sum_{i=1}^{n}x_i\varepsilon_i,\beta=\sum_{j=1}^{n}y_j\varepsilon_j\in R^n$，定义

$$(\alpha,\beta)=\alpha^TA\beta=\sum_{i=1}^{n}\sum_{j=1}^{n}a_{ij}x_iy_j,$$

仿例 9.7 可证 $(\ ,\ )$ 是 R^n 上的一个内积且这个内积在基 $\varepsilon_1,\varepsilon_2,\cdots,\varepsilon_n$ 下的度量矩阵是 A.

(3) 令 $r(B)=r$，则存在 n 阶可逆矩阵 P 与 n 阶可逆矩阵 Q，使得 $B=P\begin{pmatrix}E_r&0\\0&0\end{pmatrix}Q$，于是

$B^TAB=Q^T\begin{pmatrix}E_r & 0\\ 0 & 0\end{pmatrix}P^TAP\begin{pmatrix}E_r & 0\\ 0 & 0\end{pmatrix}Q=Q^T\begin{pmatrix}A_r & 0\\ 0 & 0\end{pmatrix}Q$,这里 A_r 是正定矩阵 P^TAP 的 r 阶顺序主子式对应的矩阵,所以 $r(B^TAB)=r(A_r)=r=r(B)$.

例 9.27 (1) 证明:欧式空间中不同基的度量矩阵是合同的.

(2) 利用上述结果证明:任意欧式空间都存在标准正交基.

证明 (1) 设 $\alpha_1,\alpha_2,\cdots,\alpha_n$ 与 $\beta_1,\beta_2,\cdots,\beta_n$ 是 n 维欧式空间 V 中任意两组基,由前一组基到后一组基的过渡矩阵 $T=(t_{ij})$,即有 $(\beta_1,\beta_2,\cdots,\beta_n)=(\alpha_1,\alpha_2,\cdots,\alpha_n)T$,因此

$$\beta_i=\sum_{u=1}^{n}t_{ui}\alpha_u,\beta_j=\sum_{u=1}^{n}t_{uj}\alpha_u,1\leqslant i,j\leqslant n.$$

所以 $\beta_1,\beta_2,\cdots,\beta_n$ 的度量矩阵 $B=((\beta_i,\beta_j))$ 的 i 行 j 列元素为

$$(\beta_i,\beta_j)=(\sum_{u=1}^{n}t_{ui}\alpha_u,=\sum_{v=1}^{n}t_{vj}\alpha_u)=\sum_{u=1}^{n}\sum_{v=1}^{n}t_{ui}t_{vj}(\alpha_u,\alpha_v).$$

所以 $B=T^TAT,A=((\alpha_i,\alpha_j))$ 为 $\alpha_1,\alpha_2,\cdots,\alpha_n$ 的过渡矩阵,故欧式空间中不同基的度量矩阵是合同的.

(2) 设 $\alpha_1,\alpha_2,\cdots,\alpha_n$ 是 n 维欧式空间 V 的任意一组基,因为其度量矩阵 A 是正定矩阵,所以存在可逆实矩阵 Q,使得 $Q^TAQ=E$,则令 $(\beta_1,\beta_2,\cdots,\beta_n)=(\alpha_1,\alpha_2,\cdots,\alpha_n)Q$,那么由(1)的结论知 $\beta_1,\beta_2,\cdots,\beta_n$ 的度量矩阵等于 $Q^TAQ=E$,即 $(\beta_i,\beta_j)=\begin{cases}1,i=j\\0,i\neq j\end{cases}$,故 $\beta_1,\beta_2,\cdots,\beta_n$ 是一组标准正交基.

§9.2.3 欧式空间的判定与证明的例题

例 9.28 (1) 设实数域 R 上 n 阶矩阵 A 的 (i,j) 元为 $\dfrac{1}{i+j-1}(n>1)$,在实数域上 n 维线性空间 R^n 中,对于 $\alpha,\beta\in R^n$,定义 $f(\alpha,\beta)=\alpha^TA\beta$,试问:

(1) f 是不是 R^n 上的一个内积? 写出理由.

(2) 设 A 是 n 阶正定矩阵 $(n>1)$,$\alpha\in R^n$,且 α 是非零列向量,令 $B=A\alpha\alpha^T$,求 B 的最大特征值以及 B 的属于这个特征值的特征子空间的维数和一个基.

解 (1) 我们首先证明矩阵 A 是正定矩阵. 将矩阵 A 的第 $i(i=2,3,\cdots,n)$ 行减去第一行的 $\dfrac{1}{i}$ 倍,再将第 $i(i=2,3,\cdots,n)$ 列减去第一列的 $\dfrac{1}{i}$ 倍所得矩阵记为 $\begin{bmatrix}1 & 0\\ 0 & A_1\end{bmatrix}$,那么 A_1 的 $i-1$ 行 $j-1$ 列元素为

$$\frac{(i-1)(j-1)}{(i+j-1)ij},i,j=2,\cdots,n.$$

矩阵 A_1 的第 $i(i=2,3,\cdots,n-1)$ 行减去第一行的 $\dfrac{6(i-1)}{(i+1)i}$ 倍,再将第 $i(i=2,3,\cdots,n-1)$ 列减去第一列的 $\dfrac{6(i-1)}{(i+1)i}$ 倍所得矩阵记为 $\begin{bmatrix}\frac{1}{12} & 0\\ 0 & A_2\end{bmatrix}$,那么 A_2 的 $i-2$ 行 $j-2$ 列元素为

$$\frac{(i-1)(i-2)(j-1)(j-2)}{(i+j-1)i(i+1)j(j+1)},i,j=3,4,\cdots,n.$$

矩阵A_2的第$i(i=2,3,\cdots,n-2)$行减去第一行的$\frac{5(i-1)i}{(i+2)i(i+1)(i+2)}$倍，再将第$i(i=2,3,\cdots,n-2)$列减去第一列的$\frac{5(i-1)i}{(i+2)i(i+1)(i+2)}$倍所得矩阵记为$\begin{bmatrix}\frac{1}{180} & 0\\ 0 & A_3\end{bmatrix}$，那么$A_3$的$i-3$行$j-3$列元素为

$$\frac{(i-1)(i-2)(i-3)j(j-2)(j-3)}{(i+j-1)i(i+1)(i+2)j(j+1)(j+2)},i,j=4,5,\cdots,n.$$

如此讨论下去可知矩阵合同于对角矩阵$diag(\lambda_1,\lambda_2,\cdots,\lambda_n)$，其中

$$\lambda_1=1,\lambda_i=\frac{((i-1)!\ )^2}{(2i-1)\ (i(i+1)(i+2)\cdots(2i-2))^2},i=2,\cdots,n.$$

所以矩阵A是正定矩阵. 现证f是R^n上的一个内积：$\forall\alpha,\beta,\gamma\in R^n,a\in R$，

$$f(\alpha,\beta)=\alpha^TA\beta=(\alpha^TA\beta)^T=\beta^TA\alpha=f(\beta,\alpha),$$

$$f(\alpha+\beta,\gamma)=(\alpha+\beta)^TA\gamma=\alpha^TA\gamma+\beta^TA\gamma=f(\alpha,\lambda)+f(\beta,\gamma),$$

$$f(a\alpha,\beta)=(a\alpha)^TA\beta=a(\alpha^TA\beta)=af(\alpha,\beta),$$

若$\alpha\neq 0$，由于A是正定矩阵，所以$f(\alpha,\alpha)=\alpha^TA\alpha>0$，故$f$是$R^n$上的一个内积.

(2) 因为A是正定矩阵，$\alpha\neq 0$，所以$\lambda=\alpha^TA\alpha>0,\beta=A\alpha\neq 0$，且

$$B\beta=(A\alpha\alpha^T)(A\alpha)=(A\alpha)(\alpha^TA\alpha)=\lambda\beta,$$

所以λ是B的一个特征值，又因为$R(B)=R(A\alpha\alpha^T)\leqslant R(\alpha)=1$，所以$B$的非零特征值至多有一个，因而$\lambda_1=\lambda,\lambda_2=\cdots=\lambda_n=0$是$B$的全部特征值，故$\lambda$是$B$的最大特征值且其特征子空间的维数等于1，$\beta=A\alpha$是这个特征子空间的基.

例9.29 给定n维实线性空间V的基$\alpha_1,\alpha_2,\cdots,\alpha_n$，设$\alpha,\beta\in V$在该基下的坐标分别为$(x_1,x_2,\cdots,x_n),(y_1,y_2,\cdots,y_n)$，定义实数

$$(\alpha,\beta)=x_1y_1+x_2y_2+\cdots+x_ny_n$$

证明：(1) 实数(α,β)构成V的内积.

(2) 在该内积意义下$\alpha_1,\alpha_2,\cdots,\alpha_n$是$V$的一组标准正交基.

证明 (1) 对任意$\alpha,\beta,\gamma\in V,k\in R$，设它们在$V$的基$\alpha_1,\alpha_2,\cdots,\alpha_n$下的坐标分别为$(x_1,x_2,\cdots,x_n),(y_1,y_2,\cdots,y_n),(z_1,z_2,\cdots,z_n)$，则

$$(\alpha,\beta)=x_1y_1+x_2y_2+\cdots+x_ny_n=(\beta,\alpha),$$

$$(k\alpha,\beta)=k(x_1y_1+x_2y_2+\cdots+x_xy_n)=k(\alpha,\beta),$$

$$(\alpha+\beta,\gamma)=(x_1z_1+\cdots+x_xz_n)+(y_1z_1+\cdots+y_nz_n)=(\alpha,\gamma)+(\beta,\gamma),$$

$$(\alpha,\alpha)=\sum_{i=1}^{n}x_i^2\geqslant 0,(\alpha,\alpha)=0\Leftrightarrow\alpha=0,$$

故实数(α,β)构成V的内积.

(2) 因为$(\alpha_i,\alpha_j)=\begin{cases}1,i=j\\0,i\neq j\end{cases}$，所以在该内积意义下$\alpha_1,\alpha_2,\cdots,\alpha_n$是$V$的一组标准正交基.

例9.30 设σ与τ是n维欧式空间V上的两个线性变换.若对任意的$\alpha\in V$，有

$$(\sigma\alpha,\sigma\alpha)=(\tau\alpha,\tau\alpha),$$

则 σV 与 τV 作为欧式空间是同构的.

证明 对任意 $\alpha,\beta\in V$,有 $(\sigma(\alpha-\beta),\sigma(\alpha-\beta))=(\tau(\alpha-\beta),\tau(\alpha-\beta))$,由于

$$(\sigma(\alpha-\beta),\sigma(\alpha-\beta))=(\sigma\alpha,\sigma\alpha)-2(\sigma\alpha,\sigma\beta)+(\sigma\beta,\sigma\beta),$$
$$(\tau(\alpha-\beta),\tau(\alpha-\beta))=(\tau\alpha,\tau\alpha)-2(\tau\alpha,\tau\beta)+(\tau\beta,\tau\beta),$$

所以 $2(\sigma\alpha,\sigma\beta)=2(\tau\alpha,\tau\beta)\Rightarrow(\sigma\alpha,\sigma\beta)=(\tau\alpha,\tau\beta)$.设 $\varepsilon_1,\varepsilon_2,\cdots,\varepsilon_n$ 为 V 的一组标准正交基,则

$$\sigma V=L(\sigma\varepsilon_1,\sigma\varepsilon_2,\cdots,\sigma\varepsilon_n),\tau V=L(\tau\varepsilon_1,\tau\varepsilon_2,\cdots,\tau\varepsilon_n).$$

设 $\dim\sigma V=R(\sigma\varepsilon_1,\sigma\varepsilon_2,\cdots,\sigma\varepsilon_n)=r$,不失一般性可设 $\sigma\varepsilon_1,\cdots,\sigma\varepsilon_r$ 为其一组基,则有 $G(\sigma\varepsilon_1,\cdots,\sigma\varepsilon_r)=\det(\sigma\varepsilon_i,\sigma\varepsilon_j)_{r\times r}=\det(\tau\varepsilon_i,\tau\varepsilon_j)_{r\times r}=G(\tau\varepsilon_1,\cdots,\tau\varepsilon_r)\neq0$,所以 $\tau\varepsilon_1,\cdots,\tau\varepsilon_r$ 线性无关,因此 $\dim\tau V\geqslant r$,同理可证 $\dim\tau V\leqslant\dim\sigma V$,故 $\dim\tau V=\dim\sigma V$,因此 σV 与 τV 作为欧式空间是同构的.

§9.2.4 标准正交基(组)与正交矩阵的计算与判定的例题

例 9.31 设 $\varepsilon_1,\varepsilon_2,\varepsilon_3,\varepsilon_4,\varepsilon_5$ 是五维欧式空间 V 的一组标准正交基,$V_1=L(\alpha_1,\alpha_2,\alpha_3)$,其中

$$\alpha_1=\varepsilon_1+\varepsilon_5,\alpha_2=\varepsilon_1-\varepsilon_2+\varepsilon_4,\alpha_3=2\varepsilon_1+\varepsilon_2+\varepsilon_3,$$

求 V_1 的一组标准正交基.

解 令 $\beta_1=\alpha_1,\beta_2=\alpha_2-\dfrac{(\alpha_2,\beta_1)}{(\beta_1,\beta_1)}\beta_1=\dfrac{1}{2}\varepsilon_1-\varepsilon_2+\varepsilon_4-\dfrac{1}{2}\varepsilon_5$,

$$\beta_3=\alpha_3-\frac{(\alpha_3,\beta_1)}{(\beta_1,\beta_1)}\beta_1-\frac{(\alpha_3,\beta_2)}{(\beta_2,\beta_2)}\beta_2=\varepsilon_1+\varepsilon_2+\varepsilon_3-\varepsilon_5,$$

故 $\gamma_1=\dfrac{1}{\sqrt2}\varepsilon_1+\dfrac{1}{\sqrt2}\varepsilon_5,\gamma_2=\dfrac{1}{\sqrt{10}}\varepsilon_1-\dfrac{2}{\sqrt{10}}\varepsilon_2+\dfrac{2}{\sqrt{10}}\varepsilon_4-\dfrac{1}{\sqrt{10}}\varepsilon_5$ 与 $\gamma_3=\dfrac12\varepsilon_1+\dfrac12\varepsilon_2+\dfrac12\varepsilon_3-\dfrac12\varepsilon_5$ 为 V_1 的一组标准正交基.

例 9.32 设 $R^{2\times2}$ 是 2 阶实方阵构成的欧式空间,其内积为:

$$(A,B)=\sum_{i=1}^{2}\sum_{j=1}^{2}a_{ij}b_{ij},\forall A=(a_{ij})_{2\times2},B=(b_{ij})_{2\times2}.$$

又设 $A_1=\begin{pmatrix}1&1\\0&0\end{pmatrix},A_2=\begin{pmatrix}0&1\\1&1\end{pmatrix}$. 求 A_1,A_2 生成的子空间 $W=L(A_1,A_2)$ 的正交补空间 W^T 的一组标准正交基.

解 $B=\begin{pmatrix}x_1&x_2\\x_3&x_4\end{pmatrix}\in W^{\perp}\Leftrightarrow\begin{cases}(A_1,B)=x_1+x_2=0\\(A_2,B)=x_2+x_3+x_4=0\end{cases}$,解之得 $W^{\perp}$ 的一组基为 $B_1=\begin{pmatrix}1&-1\\1&0\end{pmatrix},B_2=\begin{pmatrix}1&-1\\0&1\end{pmatrix}$,故 $W^{\perp}=L(B_1,B_2)$,利用施密特正交化方法可得 W^T 的一组标准正交基为$\begin{pmatrix}\frac{1}{\sqrt3}&\frac{-1}{\sqrt3}\\\frac{1}{\sqrt3}&0\end{pmatrix},\begin{pmatrix}\frac{1}{\sqrt{15}}&\frac{-1}{\sqrt{15}}\\\frac{-2}{\sqrt{15}}&\frac{3}{\sqrt{15}}\end{pmatrix}$.

例 9.33 设 B 是秩为 2 的 5×4 矩阵,

$$\alpha_1=(1,1,2,3)^T,\alpha_2=(-1,1,4,-1)^T,\alpha_3=(5,-1,-8.9)^T$$

都是齐次线性方程组 $BX=0$ 的解向量,求 $BX=0$ 的解空间的一个标准正交基.

解 因为 α_1,α_2 的分量不成比例,因此线性无关,由题设条件知:B 是秩为 2 的 5×4 矩阵,因此 $BX=0$ 的基础解系含有 $4-r(B)=4-2=2$ 个解向量,所以 α_1,α_2 是 $BX=0$ 的解空间的基,由 Schmidt 正交化方法,令 $\beta_1=\alpha_1=(1,1,2,3)$, $\beta_2=\alpha_2-\dfrac{\alpha_2{}^T\beta_1}{\beta_1{}^T\beta_1}\beta_1=(-\dfrac{4}{3},\dfrac{2}{3},\dfrac{10}{3},-2)^T$,则

$$e_1=\frac{1}{||\beta_1||}\beta_1=(\frac{1}{\sqrt{15}},\frac{1}{\sqrt{15}},\frac{2}{\sqrt{15}},\frac{3}{\sqrt{15}}),$$

$$e_2=\frac{1}{||\beta_2||}\beta_2=(-\frac{4}{\sqrt{156}},\frac{2}{\sqrt{156}},\frac{10}{\sqrt{156}},-\frac{6}{\sqrt{156}})^T$$

为 $BX=0$ 的解空间的一个标准正交基.

例 9.34 证明 n 维欧式空间中任一个正交向量组都能扩充成一组正交基.

证明 设 $\alpha_1,\alpha_2,\cdots,\alpha_m$ 是 n 维欧式空间 V 中任一个正交向量组,令 $W=L(\alpha_1,\alpha_2,\cdots,\alpha_m)$,则 $V=W\oplus W^\perp$,取定 $W^\perp$ 的一组正交基 $\alpha_{m+1},\alpha_{m+2},\cdots,\alpha_n$,则 $\alpha_1,\alpha_2,\cdots,\alpha_n$ 就是 V 的一组正交基.

§9.2.5 正交变换的判定与证明的例题

例 9.35 令 V 是一个 n 维欧式空间.证明:

(1) 对 V 中任意两不同单位向量 α,β,存在一个镜面反射 τ,使得 $\tau(\alpha)=\beta$;

(2) V 中每一正交变换 σ 都可以表示成若干个镜面反射的乘积.

证明 (1) 对任意 $\xi\in V$,定义 $\tau(\xi)=\xi-\dfrac{2(\xi,\alpha-\beta)}{(\alpha-\beta,\alpha-\beta)}(\alpha-\beta)$,则 τ 是 V 的一个镜面反射,且 $\tau(\alpha)=\alpha-\dfrac{2(\alpha,\alpha-\beta)}{(\alpha-\beta,\alpha-\beta)}(\alpha-\beta)=\beta$.

(2) 我们对 V 的维数进行归纳.若 $n=1$,σ 不是镜面反射,则 σ 在一个标准正交基 ε 下的矩阵为 $(1)=(-1)(-1)$,所以 $\sigma=\tau^2$,τ 在 ε 下的矩阵为 (-1),因而是镜面反射;现设 $n>1$ 且结论对 $n-1$ 维欧式空间上的正交变换成立,则对 n 维欧式空间 V 上的正交变换 σ,取定 V 的一个标准正交基 $\varepsilon_1,\varepsilon_2,\cdots,\varepsilon_n$,则 $\sigma\varepsilon_1,\sigma\varepsilon_2,\cdots,\sigma\varepsilon_n$ 也是 V 的一个标准正交基,由(1) 知存在一个镜面反射 τ,使得 $\tau(\varepsilon_1)=\sigma(\varepsilon_1)$,于是

$$L(\sigma\varepsilon_2,\cdots,\sigma\varepsilon_n)=L(\tau\varepsilon_2,\cdots,\tau\varepsilon_n).$$

所以 $\tau^{-1}\sigma$ 是 $n-1$ 维欧式空间 $L(\varepsilon_2,\cdots,\varepsilon_n)=W^\perp$, $W=L(\varepsilon_1)$ 上的正交变换,由归纳假设它可以表示为 $W^\perp$ 上的镜面反射 $\tau_1,\tau_2,\cdots,\tau_k$ 的乘积,补充定义 $\tau_i(\varepsilon_1)=\varepsilon_1$, $i=1,2,\cdots,k$,则 $\tau_1,\tau_2,\cdots,\tau_k$ 成为 V 上的镜面反射,由 $\tau^{-1}\sigma(\varepsilon_1)=\varepsilon_1=\tau_1\tau_2\cdots\tau_k(\varepsilon_1)$ 可得在 V 上,仍然有 $\tau^{-1}\sigma=\tau_1\tau_2\cdots\tau_k$,故 $\sigma=\tau\tau_1\tau_2\cdots\tau_k$.

例 9.36 设 V 是 n 维欧式空间,V_1,V_2 是 V 的两个 $m(0<m<n)$ 维子空间.证明:存在 V 的正交变换 τ 使得 $\tau(V_1)=V_2$.

证明 取定 V_1 的一个标准正交基 $\varepsilon_1,\cdots,\varepsilon_m$ 并将其扩充为 V 的一个标准正交基 $\varepsilon_1,\cdots,\varepsilon_n$,再取定 V_2 的一个标准正交基 $\eta_1,\cdots,\eta_m$ 并将其扩充为 V 的一个标准正交基 $\eta_1,\cdots,\eta_n$,则存在 V 的一个唯一线性变换 τ,使得 $\tau(\varepsilon_i)=\eta_i,i=1,2,\cdots,n$,故 τ 是正交变换且 $\tau(V_1)=V_2$.

例 9.37 证明:n 维欧式空间的两个正交变换的乘积还是正交变换;一个正交变换的逆变换还是一个正交变换.

证明 设 σ,τ 是 n 维欧式空间 V 的任意两个正交变换,取定 V 的一个标准正交基 $\varepsilon_1,\cdots,\varepsilon_n$,则 σ,τ 在这组基下的矩阵 A,B 均为正交矩阵,所以 $AB,A^{-1}=A^T$ 均为正交矩阵,即 $\sigma\tau$ 与 σ^{-1} 在标准正交基 $\varepsilon_1,\cdots,\varepsilon_n$ 下的矩阵 AB 与 $A^{-1}=A^T$ 均为正交矩阵,故 $\sigma\tau$ 与 σ^{-1} 均为正交变换.

例 9.38 设 R 是欧式空间,T 是 R 的线性变换保持向量的距离不变,即对任意的向量 α,β, $|T\alpha-T\beta|=|\alpha-\beta|$,证明 T 为正交变换.

证明 因为 T 是线性变换,所以 $T0=0$,于是对任意 $\alpha\in R$,有

$$|T\alpha|=|T\alpha-T0|=|\alpha-0|=|\alpha|,$$

故 T 为正交变换.

例 9.39 设 $\alpha_1,\alpha_2,\cdots,\alpha_m$ 和 $\beta_1,\beta_2,\cdots,\beta_m$ 是 n 维欧式空间中两个向量组,证明:存在一正交变换 A,使 $A\alpha_i=\beta_i,i=1,2,\cdots,m$ 的充分必要条件为

$$(\alpha_i,\alpha_j)=(\beta_i,\beta_j),i,j=1,2,\cdots,m.$$

证明 “必要性的证明”:因为 $A\alpha_i=\beta_i,i=1,2,\cdots,m$,所以对 $1\leqslant i,j\leqslant m$,有

$$(\beta_i,\beta_j)=(A\alpha_i,A\alpha_j)=(\alpha_i,\alpha_j).$$

“充分性的证明”:设 $\alpha_{i_1},\alpha_{i_2},\cdots,\alpha_{i_r}$ 是 $\alpha_1,\alpha_2,\cdots,\alpha_m$ 的任意一个子向量组,则由题设条件得

$$G(\alpha_{i_1},\alpha_{i_2},\cdots,\alpha_{i_r})=((\alpha_{i_u},\alpha_{i_v}))_{r\times r}=((\beta_{i_u},\beta_{i_v}))_{r\times r}=G(\beta_{i_1},\beta_{i_2},\cdots,\beta_{i_r}),$$

因此向量组 $\alpha_1,\alpha_2,\cdots,\alpha_m$ 的秩等于向量组 $\beta_1,\beta_2,\cdots,\beta_m$ 的秩,不妨设 $\alpha_1,\alpha_2,\cdots,\alpha_r$ 为 $\alpha_1,\alpha_2,\cdots,\alpha_m$ 的一个极大无关组,则 $\beta_1,\beta_2,\cdots,\beta_r$ 为 $\beta_1,\beta_2,\cdots,\beta_m$ 的一个极大无关组,由施密特正交化方法可得标准正交组 $\varepsilon_1,\varepsilon_2,\cdots,\varepsilon_r$ 与 $\eta_1,\eta_2,\cdots,\eta_r$,且 ε_i 可由 $\alpha_1,\alpha_2,\cdots,\alpha_r$ 线性表示,η_i 可由 $\beta_1,\beta_2,\cdots,\beta_r$ 线性表示,我们利用归纳法证明两者的表示系数相等,事实上 $\varepsilon_1=\dfrac{1}{\sqrt{(\alpha_1,\alpha_1)}}\alpha_1,\eta_1=\dfrac{1}{\sqrt{(\beta_1,\beta_1)}}\beta_1=\dfrac{1}{\sqrt{(\alpha_1,\alpha_1)}}\beta_1$,现设

$$\varepsilon_i=\sum_{j=1}^{i}k_{ji}\alpha_j,\eta_i=\sum_{j=1}^{i}k_{ji}\beta_j,1\leqslant i<r,$$

则 $(\varepsilon_i,\alpha_r)=\sum\limits_{j=1}^{i}k_{ji}(\alpha_j,\alpha_r)=\sum\limits_{j=1}^{i}k_{ji}(\beta_j,\beta_r)=(\eta_i,\beta_r),i=1,2,\cdots,r-1$,因此由施密特正交化方法知

$$\varepsilon_r=\frac{1}{|u_r|}u_r,u_r=\alpha_r-\sum_{j=1}^{r-1}(\alpha_r,\varepsilon_j)\varepsilon_j,v_r=\beta_r-\sum_{j=1}^{r-1}(\beta_r,\eta_j)\eta_j,\eta_r=\frac{1}{|v_r|}v_r,$$

不难计算得 $|u_r|=|v_r|$,所以

$$\varepsilon_r=\frac{1}{|u_r|}\alpha_r-\sum_{j=1}^{r-1}\frac{(\alpha_r,\varepsilon_j)}{|u_r|}\varepsilon_j,\eta_r=\frac{1}{|u_r|}\beta_r-\sum_{j=1}^{r-1}\frac{(\alpha_r,\varepsilon_j)}{|u_r|}\eta_j,$$

由此证明了

$$(\alpha_1,\alpha_2,\cdots,\alpha_r)=(\varepsilon_1,\varepsilon_2,\cdots,\varepsilon_r)Q,(\beta_1,\beta_2,\cdots,\beta_r)=(\eta_1,\eta_2,\cdots,\eta_r)Q,$$

其中Q是r阶可逆矩阵,将$\varepsilon_1,\varepsilon_2,\cdots,\varepsilon_r$与$\eta_1,\eta_2,\cdots,\eta_r$分别扩充为标准正交基$\varepsilon_1,\varepsilon_2,\cdots,\varepsilon_n$与$\eta_1,\eta_2,\cdots,\eta_n$,则存在正交变换$A$,使得$A\varepsilon_i=\eta_i,i=1,2,\cdots,n$,于是

$$(A\alpha_1,A\alpha_2,\cdots,A\alpha_r)=(A\varepsilon_1,A\varepsilon_2,\cdots,A\varepsilon_r)Q=(\eta_1,\eta_2,\cdots,\eta_r)Q=(\beta_1,\beta_2,\cdots,\beta_r),$$

即$A\alpha_i=\beta_i,i=1,2,\cdots,r$.因为$\alpha_j,r+1\leqslant j\leqslant m$可以由$\alpha_1,\alpha_2,\cdots,\alpha_r$线性表示,因而也可由$\varepsilon_1,\varepsilon_2,\cdots,\varepsilon_r$线性表示,$\alpha_j=\sum\limits_{i=1}^{r}(\alpha_j,\varepsilon_i)\varepsilon_i$,同理有$\beta_j=\sum\limits_{i=1}^{r}(\beta_j,\eta_i)\eta_i$,因为$(\alpha_j,\varepsilon_i)=\sum\limits_{t=1}^{i}k_{ti}(\alpha_j,\alpha_t)=\sum\limits_{t=1}^{i}k_{ti}(\beta_j,\beta_t)=(\beta_j,\eta_i),i=1,2,\cdots,r$,所以

$$A\alpha_j=\sum_{i=1}^{r}(\alpha_j,\varepsilon_i)A\varepsilon_i=\sum_{i=1}^{r}(\beta_j,\eta_i)\eta_i=\beta_j.$$

例 9.40 设V_1,V_2是两个欧式空间,A是V_1到V_2的一个线性映射,如果A满足:(1)对任意$\alpha,\beta\in V_1$都有$(A\alpha,A\beta)=(\alpha,\beta)$;(2)$A$是一个双射,那么称$A$是$V_1$到$V_2$的一个等距映射.

(1) 请作出等距映射的几何解释.

(2) 设$V_1=R^3$按照标准内积定义构成欧式空间,R上的3阶反对称矩阵全体V_2按照如下定义也构成欧式空间:$(A,B)=\dfrac{1}{2}Tr(A^TB)$,现定义映射如下:是$V_1$到$V_2$

$$A:V_1\to V_2,\begin{pmatrix}x_1\\x_2\\x_3\end{pmatrix}\to\begin{pmatrix}0&-x_3&x_2\\x_3&0&-x_1\\-x_2&x_1&0\end{pmatrix}.$$

证明:A是V_1到V_2的一个等距映射.

证明 (1) 等距映射就是保持长度不变的映射.

(2) 对任意$\alpha=(x_1,x_2,x_3),\beta=(y_1,y_2,y_3)\in V_1=R^3$,有

$$A\alpha=\begin{pmatrix}0&-x_3&x_2\\x_3&0&-x_1\\-x_2&x_1&0\end{pmatrix},A\beta=\begin{pmatrix}0&-y_3&y_2\\y_3&0&-y_1\\-y_2&y_1&0\end{pmatrix};$$

因此

$$(A\alpha,A\beta)=\frac{1}{2}tr\begin{pmatrix}x_3y_3+x_2y_2&-x_2y_1&-x_3y_1\\-x_1y_2&x_3y_3+x_1y_1&-x_3y_2\\-x_1y_2&-x_2y_3&x_2y_2+x_1y_1\end{pmatrix}$$

$$=x_1y_1+x_2y_2+x_3y_3=(\alpha,\beta).$$

故A是V_1到V_2的一个等距映射.

§9.2.6 对称变换的判定与证明的例题

例 9.41 设σ是n维欧式空间V上的线性变换,V的线性变换τ称为σ的伴随变换,如果$(\sigma\alpha,\beta)=(\alpha,\tau\beta)$.

(1) 若σ在V的一组标准正交基下的矩阵为A,证明:τ在这组标准正交基下的矩阵为A^T,其中A^T表示A的转置矩阵.

(2) 证明:$\tau(V)=(\sigma^{-1}(0))^{\perp}$,其中 $\tau(V)$ 表示 τ 的值域,$\sigma^{-1}(0)$ 表示 σ 的核,$(\sigma^{-1}(0))^{\perp}$ 表示 $\sigma^{-1}(0)$ 的正交补.

证明 (1) 设 σ 在 V 的一组标准正交基 $\alpha_1,\alpha_2,\cdots,\alpha_n$ 下的矩阵为 $A=(a_{ij})$,则

$$a_{ij}=(\sigma\alpha_j,\alpha_i)=(\alpha_j,\tau\alpha_i),1\leqslant i,j\leqslant n,$$

所以 τ 在标准正交基 $\alpha_1,\alpha_2,\cdots,\alpha_n$ 下的矩阵为 A^T.

(2) 取定 $\sigma^{-1}(0)$ 的一组标准正交基 $\alpha_1,\alpha_2,\cdots,\alpha_r$,并将其扩充为 V 的一组标准正交基 $\alpha_1,\cdots,\alpha_r,\alpha_{r+1}\cdots,\alpha_n$,则 $\tau(V)=L(\tau\alpha_1,\cdots,\tau\alpha_r,\tau\alpha_{r+1}\cdots,\tau\alpha_n)$.因为

$$(\tau\alpha_i,\alpha_j)=(\alpha_i,\sigma\alpha_j)=(\alpha_i,0)=0,1\leqslant i\leqslant n,1\leqslant j\leqslant r,$$

所以 $\tau\alpha_i\in(\sigma^{-1}(0))^{\perp}=L(\alpha_{r+1},\cdots,\alpha_n),1\leqslant i\leqslant n$,因此 $\tau(V)\subset(\sigma^{-1}(0))^{\perp}$,所以

$$\dim\tau(V)\leqslant\dim(\sigma^{-1}(0))^{\perp}=n-\dim\sigma^{-1}(0)=\dim\sigma(V).$$

同理可证

$$\dim\sigma(V)\leqslant\dim(\tau^{-1}(0))^{\perp}=n-\dim\tau^{-1}(0)=\dim\tau(V),$$

所以

$$\dim\tau(V)=\dim\sigma(V)=n-\dim\sigma^{-1}(0)=\dim(\sigma^{-1}(0))^{\perp},$$

$$\text{故 }\tau(V)=(\sigma^{-1}(0))^{\perp}.$$

例 9.42 设 φ 是 *Euclid* 空间 V 上的线性变换,ρ 是 V 上的变换,且对任意 $\alpha,\beta\in V$,有 $(\varphi(\alpha),\beta)=(\alpha,\rho(\beta))$.

(1) 证明:ρ 是 V 上的线性变换;(2) ρ 的值域 $\mathrm{Im}\rho$ 等于 φ 的核 $\ker\varphi$ 的正交补.

分析:注意例 9.41,只需要证明(1).

证明 因为

$$(\varphi\rho(\alpha+\beta),\alpha)=(\rho(\alpha+\beta),\rho\alpha),(\varphi\rho(\alpha+\beta),\beta)=(\rho(\alpha+\beta),\rho\beta),$$

所以

$$(\rho(\alpha+\beta),\rho\alpha+\rho\beta)=(\varphi\rho(\alpha+\beta),\alpha+\beta)=(\rho(\alpha+\beta),\rho(\alpha+\beta)).$$

又因为

$$(\rho\alpha+\rho\beta,\rho\alpha)=(\varphi(\rho\alpha+\rho\beta),\alpha),(\rho\alpha+\rho\beta,\rho\beta)=(\varphi(\rho\alpha+\rho\beta),\beta),$$

所以

$$(\rho\alpha+\rho\beta,\rho\alpha+\rho\beta)=(\varphi(\rho\alpha+\rho\beta),\alpha+\beta)=(\rho\alpha+\rho\beta,\rho(\alpha+\beta)).$$

于是

$$\begin{aligned}&(\rho(\alpha+\beta)-\rho\alpha-\rho\beta,\rho(\alpha+\beta)-\rho\alpha-\rho\beta)\\=&(\rho(\alpha+\beta),\rho(\alpha+\beta))-2(\rho(\alpha+\beta),\rho\alpha+\rho\beta)+(\rho\alpha+\rho\beta,\rho\alpha+\rho\beta)=0.\end{aligned}$$

所以 $\rho(\alpha+\beta)=\rho\alpha+\rho\beta$;再由

$$(\rho(k\alpha),\rho(k\alpha))=k(\alpha,\varphi(\rho(k\alpha)))=(k\rho\alpha,\rho(k\alpha)),$$
$$(k\rho\alpha,k\rho\alpha)=k(\alpha,\varphi(k\rho\alpha))=(\rho(k\alpha),k\rho\alpha),$$

可得

$$(\rho(k\alpha)-k\rho\alpha,\rho(k\alpha)-k\rho\alpha)=(\rho(k\alpha),\rho(k\alpha))-2(\rho(k\alpha),k\rho\alpha)+(k\rho\alpha,k\rho\alpha)=0,$$

因此 $\rho(k\alpha)=k\rho\alpha$,所以 ρ 是 V 上的线性变换.

例 9.43 设 σ 是 n 维欧式空间 V 的一个对称变换,且 $\sigma^2=\sigma$.证明存在 V 的一个标准正交基,使得 σ 关于这个基的矩阵有形状

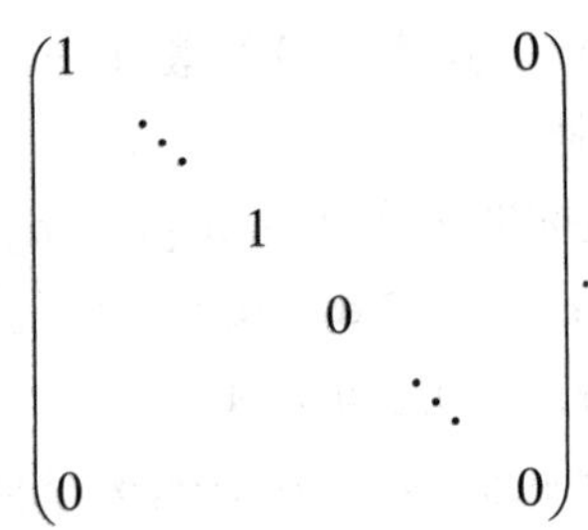

证明　因为$\sigma^2=\sigma$,所以σ的特征值只有1,0且σ可以对角化,即$V=V_1\oplus V_0$,又因为σ是对称变换,所以$V_1\perp V_0$,在V_1上取一组标准正交基$\varepsilon_1,\cdots,\varepsilon_r$,在$V_2$上取一组标准正交基$\varepsilon_{r+1},\cdots,\varepsilon_n$,则这两组基并在一起构成在$V$上的一组标准正交基$\varepsilon_1,\cdots,\varepsilon_r,\varepsilon_{r+1},\cdots,\varepsilon_n$,

σ关于这个基的矩阵为$\begin{pmatrix}1&&&&&0\\&\ddots&&&&\\&&1&&&\\&&&0&&\\&&&&\ddots&\\0&&&&&0\end{pmatrix}$.

例9.44　设V为n维欧式空间,求证:对V中每个线性变换A,都存在唯一的共轭变换A^*,即存在唯一的线性变换A^*,使得对$\forall\alpha,\beta\in V$,有$(A\alpha,\beta)=(\alpha,A^*\beta)$;

证明　取定V的一组标准正交基$\varepsilon_1,\varepsilon_2,\cdots,\varepsilon_n$,令线性变换$A$在这组基下的矩阵为$P=((A\varepsilon_j,\varepsilon_i))_{n\times n}$,则存在一个线性变换$A^*$,使得$A^*$在这组基下的矩阵为$P^T$,于是

$$(A\varepsilon_j,\varepsilon_i)=(\varepsilon_j,A^*\varepsilon_i),1\leqslant i,j\leqslant n.\text{对任意}\ \alpha=\sum_{i=1}^{n}k_i\varepsilon_i,\beta=\sum l_j\varepsilon_j\in V,\text{有}$$

$$(A\alpha,\beta)=\sum_{i=1}^{n}\sum_{j=1}^{n}k_il_j(A\varepsilon_i,\varepsilon_j)=\sum_{i=1}^{n}\sum_{j=1}^{n}k_il_j(\varepsilon_i,A^*\varepsilon_j)=(\alpha,A^*\beta),$$

所以A^*是A的共轭变换.

若另有共轭变换B,则$(A\varepsilon_j,\varepsilon_i)=(\varepsilon_j,B\varepsilon_i)$,因此$B$在基$\varepsilon_1,\varepsilon_2,\cdots,\varepsilon_n$下的矩阵为$P^T$,所以$A^*=B$.

§9.2.7　正交补、不变子空间的判定与证明的例题

例9.45　设V是一个n维欧式空间.证明:

(1) 如果W是V的一个子空间,那么$(W^T)^T=W$;

(2) 如果W_1,W_2都是V的子空间,且$W_1\subset W_2$,那么$W_2^\perp\subset W_1^\perp$;

(3) 如果W_1,W_2都是V的子空间,那么$(W_1+W_2)^T=W_1^\perp\cap W_2^\perp$.

证明　(1) 对任意$\xi\in(W^T)^T\subset V=W\oplus W^\perp$,存在$\alpha\in W,\beta\in W^\perp$,使得$\xi=\alpha+\beta$,所以$(\xi-\alpha,\xi-\alpha)=(\xi-\alpha,\beta)=(\xi,\beta)+(\alpha,\beta)=0$,因此$\xi=\alpha\in W$,所以$(W^T)^T\subset W$,又因为$\dim(W^T)^T=\dim W=n-\dim W^\perp$,故$(W^T)^T=W$.

(2) 对任意$\xi\in W_2^\perp$,有$(\xi,\eta)=0,\forall\eta\in W_2$,因为$W_1\subset W_2$,所以对任意$\alpha\in W_1$,有$(\xi,\alpha)=0$,所以$\xi\in W_1^\perp$,故$W_2^\perp\subset W_1^\perp$.

(3) 参见例9.15.

例9.46 设 $\alpha=(1,2,3)$，令 $V_1=L(\alpha)$，那么 $V_1^{\perp}=$ ______.

解 $\xi=(x_1,x_2,x_3)\in V_1^{\perp}\Leftrightarrow(\xi,\alpha)=0$，即 $x_1+2x_2+3x_3=0$，解之得 $V_1^{\perp}$ 的一组基为 $(-2,1,0),(-3,0,1)$，故 $V_1^{\perp}=L((-2,1,0),(-3,0,1))$.

例9.47 证明：如果 σ 是 n 维欧式空间 V 的一个正交变换，那么 σ 的不变子空间的正交补也是 σ 的不变子空间.

23. **证明** 设 W 为 σ 的任意一个不变子空间，$\alpha_1,\cdots,\alpha_r$ 为 W 的一个标准正交基，将其扩充为 V 的一个标准正交基 $\alpha_1,\cdots,\alpha_r,\alpha_{r+1},\cdots,\alpha_n$，则 $\sigma\alpha_1,\cdots,\sigma\alpha_r,\sigma\alpha_{r+1},\cdots,\sigma\alpha_n$ 也是 V 的一个标准正交基，所以 $L(\sigma\alpha_{r+1},\cdots,\sigma\alpha_n)=L(\sigma\alpha_1,\cdots,\sigma\alpha_r)^{\perp}$，又因为 $\sigma\alpha_1,\cdots,\sigma\alpha_r\in W$，所以 $L(\sigma\alpha_1,\cdots,\sigma\alpha_r)=W$，因此

$$\sigma(W^{\perp})=L(\sigma\alpha_{r+1},\cdots,\sigma\alpha_n)=L(\sigma\alpha_1,\cdots,\sigma\alpha_r)^{\perp}=W^{\perp}=L(\alpha_{r+1},\cdots,\alpha_n),$$

故 W^T 也是 σ 的不变子空间.

例9.48 设 σ 是 n 维欧式空间 V 的线性变换.证明：如果 σ 是对称变换，那么 σ 有 n 个两两正交的特征向量.

证明 取定 V 的一组标准正交基 $\varepsilon_1,\varepsilon_2,\cdots,\varepsilon_n$，则对称变换 σ 在这组基下的矩阵 A 是实对称矩阵，所以存在正交矩阵 Q，使得 $Q^TAQ=\begin{pmatrix}\lambda_1&&&\\&\lambda_2&&\\&&\ddots&\\&&&\lambda_n\end{pmatrix}$.

令 $(\eta_1,\eta_2,\cdots,\eta_n)=(\varepsilon_1,\varepsilon_2,\cdots,\varepsilon_n)Q$，则 $\sigma(\eta_i)=\lambda_i\eta_i,i=1,2,\cdots,n$，所以 σ 有 n 个两两正交的特征向量 $\eta_1,\eta_2,\cdots,\eta_n$（因为 Q 是正交矩阵，所以 $\eta_1,\eta_2,\cdots,\eta_n$ 也是标准正交基）.

例9.49 设 V 是 n 维欧式空间，f 是 V 上的线性变换，并且满足条件：对任意的 $\alpha,\beta\in V$，有 $(f(\alpha),\beta)=(\alpha,f(\beta))$.

(1) 证明：f 的属于不同特征值的特征向量两两正交.

(2) 证明：若 $f^2=f$，则 $V_0=V_1^{\perp}$，其中 V_0,V_1 分别表示 f 的关于特征值0和1的特征子空间.

证明 (1) 设 λ,μ 是 f 的两个不同的特征值，α,β 分别是 f 的属于 λ,μ 的特征向量，则

$$\lambda(\alpha,\beta)=(\lambda\alpha,\beta)=(f\alpha,\beta)=(\alpha,f\beta)=(\alpha,\mu\beta)=\mu(\alpha,\beta),$$

因此 $(\alpha,\beta)=0$，故 α,β 正交.

(2) 因为 $f^2=f$，所以 f 的特征值有且仅有0和1，且由(1)知 $V_0\subset V_1^{\perp}$，另一方面，由于 $f^2=f$，所以 f 的极小多项式没有重根，因此 f 可以对角化，所以 $V=V_0\oplus V_1$，所以 $\dim V_0=n-\dim V_1=\dim V_1^{\perp}$，故 $V_0=V_1^{\perp}$.

例9.50 设 A 是 n 阶实方阵，X 与 β 均为实数域上 n 元列向量.证明：线性方程组 $AX=\beta$ 有解的充分必要条件是 β 与方程组 $A^TX=0$ 的解空间 W 正交.

证明 “必要性的证明”：设线性方程组 $AX=\beta$ 有解 X，则对 $\forall\alpha\in W,A^T\alpha=0$，因此 $(\beta,\alpha)=\beta^T\alpha=(X^TA^T)\alpha=X^T(A^T\alpha)=X^T0=0$，所以 β 与方程组 $A^TX=0$ 的解空间 W 正交.

“充分性的证明”：因为 β 与方程组 $A^TX=0$ 的解空间 W 正交，所以 $\beta\in W^T$.令 α_1,α_2，

$\cdots,\alpha_n$ 为的列向量组，则对 $\forall\alpha\in W$，我们有 $A^T\alpha=\begin{pmatrix}\alpha_1^T\alpha\\ \alpha_2^T\alpha\\ \vdots\\ \alpha_n^T\alpha\end{pmatrix}=0$，所以 $\alpha_1,\alpha_2,\cdots,\alpha_n\in W^T$，又因为 $\dim(\alpha_1,\alpha_2,\cdots,\alpha_n)+\dim W=n$，因此 $\alpha_1,\alpha_2,\cdots,\alpha_n$ 构成 $W^T=L(\alpha_1,\alpha_2,\cdots,\alpha_n)$. 于是由 $\beta\in W^T$ 可得 $R(A)=R(A,\beta)$，故线性方程组 $AX=\beta$ 有解.

§9.3　练习题

§9.3.1　北大与北师大版教材习题

1. $d(\alpha,\beta)=|\alpha-\beta|$ 通常称为 α 与 β 的距离，证明：$d(\alpha,\gamma)\leqslant d(\alpha,\beta)+d(\beta,\gamma)$.

2. 设 $\alpha_1,\alpha_2,\cdots,\alpha_n$ 是欧式空间 V 的一组基，证明：

(1) 如果 $\gamma\in V$ 使 $<\gamma,\alpha_i>=0,i=1,2,\cdots,n$，那么 $\gamma=0$；

(2) 如果 $\gamma_1,\gamma_2\in V$ 使对任一 $\alpha\in V$ 有 $<\gamma_1,\alpha>=<\gamma_2,\alpha>$，那么 $\gamma_1=\gamma_2$.

3. 求齐次线性方程组 $\begin{cases}2x_1+x_2-x_3+x_4-3x_5=0\\ x_1+x_2-x_3+x_5=0\end{cases}$ 的解空间（作为 R^5 的子空间）的一组标准正交基.

4. 在 $R[x]_3$ 中定义内积为 $(f,g)=\int_{-1}^{1}f(x)g(x)dx$. 求 $R[x]_3$ 的一组标准正交基（由基 $1,x,x^2,x^3$ 出发作正交化）.

5. 证明：上三角的正交矩阵必为对角矩阵，且对角线上的元素为 1 或 -1.

6. 设 A 是一个 n 阶实对称矩阵，证明：A 正定的充分必要条件是 A 的特征多项式的根全大于零.

7. 设 A 是一个 n 阶实矩阵，证明：存在正交矩阵 T 使 $T^{-1}AT$ 为三角矩阵的充分必要条件是 A 的特征多项式的根全是实数.

8. 设 $\alpha_1,\alpha_2,\cdots,\alpha_m$ 是 n 维欧式空间 V 中一组向量，而

$$\Delta=\begin{pmatrix}<\alpha_1,\alpha_1> & <\alpha_1,\alpha_2> & \cdots & <\alpha_1,\alpha_m>\\ <\alpha_2,\alpha_1> & <\alpha_2,\alpha_2> & \cdots & <\alpha_2,\alpha_m>\\ \vdots & \vdots & \cdots & \vdots\\ <\alpha_m,\alpha_1> & <\alpha_m,\alpha_2> & \cdots & <\alpha_m,\alpha_m>\end{pmatrix}.$$

证明：当且仅当 $|\Delta|\neq 0$ 时 $\alpha_1,\alpha_2,\cdots,\alpha_m$ 线性无关.

9. (1) 设 A 为一个 n 阶实矩阵，且 $|A|\neq 0$. 证明 A 可以分解成 $A=QT$，其中 Q 是正交矩阵，T 是一上三角形矩阵：$T=\begin{bmatrix}t_{11} & t_{12} & \cdots & t_{1n}\\ 0 & t_{22} & \cdots & t_{2n}\\ \vdots & \vdots & \cdots & \vdots\\ 0 & 0 & \cdots & t_{nn}\end{bmatrix}$，且 $t_{ii}>0,i=1,2,\cdots,n$. 并证明这个分解是唯一的.

(2) 设 A 是 n 阶正定矩阵,证明存在一上三角形矩阵 T,使 $A = T^T T$.

10. 设 A,B 都是 n 阶实对称矩阵,证明:存在正交矩阵 T 使得 $T^{-1}AT = B$ 的充分必要条件是 A,B 的特征多项式的根全部相同.

11. 欧式空间 V 中的线性变换 σ 称为反对称的,如果对任意 $\alpha,\beta \in V$,

$$<\sigma\alpha,\beta> = -<\alpha,\sigma\beta>.$$

证明:(1)σ 为反对称的充分必要条件是,σ 在一组标准正交基下的矩阵是反对称矩阵.

(2) 如果 W 是反对称线性变换的不变子空间,则 W^T 也是.

12. 证明:向量 $\beta \in W$ 是向量 α 在子空间 W 上的内射影的充分必要条件是,对任意 $\xi \in W$, $|\alpha - \beta| \leqslant |\alpha - \xi|$.

13. 证明:正交矩阵的实特征根等于 ± 1.

14. 证明:奇数维欧式空间中的旋转一定以 1 作为它的一个特征根.

15. 证明:第二类正交变换一定以 -1 作为它的一个特征值.

16. 设 A 是一个 n 阶实对称矩阵,且 $A^2 = E$,证明存在正交矩阵 T 使得

$$T^{-1}AT = \begin{bmatrix} E_r & 0 \\ 0 & -E_{n-r} \end{bmatrix}.$$

17. 设 $f(x_1,x_2,\cdots,x_n) = X^TAX$ 是一实二次型,$\lambda_1,\lambda_2,\cdots,\lambda_n$ 是 A 的特征多项式的根,且 $\lambda_1 \leqslant \lambda_2 \leqslant \cdots \leqslant \lambda_n$.证明对任一 $X \in R^n$,有

$$\lambda_1 X^TX \leqslant X^TAX \leqslant \lambda_n X^TX.$$

18. 设二次型 $f(x_1,x_2,\cdots,x_n)$ 的矩阵是 A, λ 是,证明存在 R^n 中的非零向量 $(x_1,x_2,\cdots,x_n)$ 使得

$$f(x_1,x_2,\cdots,x_n) = \lambda(x_1^2 + x_2^2 + \cdots + x_n^2).$$

19. 在欧式空间 R^4 里找出两个单位向量,使它们同时与向量

$$\alpha = (2,1,-4,0), \beta = (-1,-1,2,2), \gamma = (3,2,5,4)$$

中每一个正交.

20. 令 $\gamma_1,\gamma_2,\cdots,\gamma_m$ 是 n 维欧式空间 V 的一个标准正交基,又令

$$K = \left\{\xi \in V \mid \xi = \sum_{i=1}^{n} x_i\gamma_i, 0 \leqslant x_i \leqslant 1, i = 1,2,\cdots,n\right\}.$$

K 叫作一个 $n-$方体.如果每一 x_i 都等于 0 或 1,ξ 就叫作 K 的一个顶点.K 的顶点间一切可能的距离是多少?

21. 设$\{\alpha_1,\alpha_2,\cdots,\alpha_m\}$ 是欧式空间 V 的一个标准正交组.证明,对于任意 $\xi \in V$,以下不等式成立:

$$\sum_{i=1}^{m} <\xi,\alpha_i>^2 \leqslant |\xi|^2.$$

22. 证明:R^3 中向量(x_0,y_0,z_0) 到平面

$$W = \{(x,y,z) \in R^3 \mid ax + by + cz = 0\}$$

的最短距离等于

$$\left|\frac{ax_0 + by_0 + cz_0}{\sqrt{a^2 + b^2 + c^2}}\right|.$$

23. 证明实系数线性方程组

$$\sum_{j=1}^{n} a_{ij}x_j = b_i i = 1,2,\cdots,n,$$

有解的充分必要条件是向量 $\beta = (b_1, b_2, \cdots, b_n)$ 与齐次线性方程组

$$\sum_{j=1}^{n} a_{ij}x_j = 0, i = 1,2,\cdots,n,$$

的解空间正交.

24. 令 α 是 n 维欧式空间 V 的一个非零向量.令

$$P_\alpha = \{\xi \in V \mid (\xi,\alpha) = 0\}.$$

P_α 称为垂直于 α 的超平面,它是 V 的一个 $n-1$ 维子空间.V 中两个向量 ξ,η 说是位于 P_α 的同侧,如果 (ξ,α) 与 (η,α) 同时为正或同时为负.证明:V 中一组位于超平面 P_α 同侧,且两两夹角都 $\geqslant \dfrac{\pi}{2}$ 的非零向量一定线性无关.

25. 设 $\cos\dfrac{\theta}{2} \neq 0$,且 $U = \begin{pmatrix} 1 & 0 & 0 \\ 0 & \cos\theta & -\sin\theta \\ 0 & \sin\theta & \cos\theta \end{pmatrix}$,证明 $I+U$ 可逆,并且

$$(I-U)(I+U)^{-1} = \tan\frac{\theta}{2}\begin{pmatrix} 0 & 0 & 0 \\ 0 & 0 & 1 \\ 0 & -1 & 0 \end{pmatrix}.$$

26. 设 U 是一个三阶正交矩阵,且 $\det U = 1$.证明:

(1)U 有一个特征值等于 1.

(2)U 的特征多项式有形状

$$f(x) = x^3 - tx^2 + tx - 1,$$

这里 $-1 \leqslant t \leqslant 3$.

27. 令 A 是一个反对称实矩阵.证明:$I+A$ 可逆,并且 $U = (I-A)(I+A)^{-1}$ 是一个正交矩阵.

参考答案

§9.3.2 各高校研究生入学考试原题

一、填空题

1. 设 V 为 n 维欧几里得空间(欧式空间),α 为 V 中非零向量,σ 是关于 α 的反射变换,对 $\beta \in V$,有 $\sigma(\beta)$__________.

2. 设 k 是实数,T 是正交矩阵.若 kT 也是正交矩阵,则 k __________.

3. 3 阶整系数且行列式等于 -1 的正交矩阵共有________ 个.

4. 设 A 是行列式等于 -1 的正交变换,则__________一定是 A 的特征值.

5. 设 $\alpha=(1,2,3)$，令 $V_1=L(\alpha)$，那么 $V_1^{\perp}$ ______.

6. R^3 中的子空间 $V_1=L(\alpha)$，其中 $\alpha=(1,1,1)$，则 $V_1^{\perp}=$ ________.

7. 三维欧式空间 $R^{1\times 3}$ 的基 $\alpha_1=(0,1,1)$，$\alpha_2=(1,1,)$，$\alpha_3=(1,0,1)$ 化成 $R^{1\times 3}$ 的正交基为 β_1______，β_2______，β_3______.

8. 由标准欧几里得空间 R^4 中的向量组 $\alpha_1=(1,0,1,1)$，$\alpha_2=(1,-1,-1,0)$，$\alpha_3=(2,0,-1,01)$ 张成子空间 W 的一组规范正交基为______________.

9. 设 α,β 是欧式空间 V 中两个向量，则 $\alpha\perp\beta$ 的充分必要条件是 __________.

10. 设 $A=\begin{bmatrix}1 & 0 & 0\\ 0 & 1 & 1/\sqrt{2}\\ 0 & 1/\sqrt{2} & 1/\sqrt{2}\end{bmatrix}$，$x=\begin{bmatrix}1\\2\\3\end{bmatrix}$，$y=Ax$，则向量 y 的长度 $|y|=$ ______.

11. 在 R^3 中与向量 $(1,1,2)$ 和 $(-1,1,0)$ 都正交的单位向量是 ___________.

12. 对于欧式空间 V 中任意非零向量 γ，则 $\left|\dfrac{\gamma}{|\gamma|}\right|$ 的值为____________.

13. 设三维欧几里得空间 V 中一组基 $\varepsilon_1,\varepsilon_2,\varepsilon_3$ 的度量矩阵为 $\begin{pmatrix}2 & 0 & -1\\ 0 & 4 & 0\\ -1 & 0 & 1\end{pmatrix}$，且 $\alpha=2\varepsilon_1-\varepsilon_2+\varepsilon_3$，则 α 的长度 $|\alpha|=$ _________.

14. 在 $R_4[x]$ 中定义内积 $(f(x),g(x))=\int_{-1}^{1}f(x)g(x)dx$，则 $f(x)=x^2-\dfrac{1}{3}$ 的长度是 _______.

二、选择题

设 V 是 n 维欧几里得空间，W 是 V 的子空间，则 $(W^{\perp})^{\perp}$ _________ W.

(A) $\subset$　　(B) $\supset$　　(C) $=$　　(D) $\neq$

三、解答题

1. 设 V 为 n 维欧几里得空间，σ 是 V 的一个正交变换，令

$$V_1=\{\alpha\in V|\sigma(\alpha)=\alpha\},V_2=\{\alpha-\sigma(\alpha)|\alpha\in V\}.$$

(1) 证明：V_1,V_2 是 V 的子空间.

(2) 证明：$V=V_1\oplus V_2$.

2. 证明：反对称实矩阵的特征值只能是 0 或纯虚数.

3. 设 $\alpha_1,\alpha_2,\cdots,\alpha_m$ 是欧式空间 V 中的向量，则向量组 $\alpha_1,\alpha_2,\cdots,\alpha_m$ 的拉格姆行列式

$$|G(\alpha_1,\alpha_2,\cdots,\alpha_m)|>|\alpha_1|^2|\alpha_2|^2\cdots|\alpha_m|^2$$

成立吗？为什么？

4. 设 V 是 n 维欧式空间. 证明：在 V 中给定向量 α，则 V 上实函数 $f(\beta)=(\alpha,\beta)$ 连续，即任取 $\varepsilon>0$，都存在 $\delta>0$，使得当 $|\gamma-\beta|<\delta$ 时，必有 $|f(\gamma)-f(\beta)|<\varepsilon$.

5. 设 α 是 n 维欧式空间 V 中一单位向量. 定义

$$\sigma(\xi)=\xi-2<\xi,\alpha>\eta,\forall\xi\in V.$$

证明：(1) σ 是 V 的一个正交变换，这样的正交变换称为镜面反射.

(2) σ 是第二类的.

(3) 如果 n 维欧式空间 V 中，正交变换 σ 以 1 作为一个特征值，且属于特征值 1 的特征子空间 V_1 的维数为 $n-1$，那么 σ 是镜面反射.

6. 设 σ 和 τ 是 n 维欧式空间 V 的两个对称变换,则 $\sigma+\tau$ 也是对称变换.

7. 设 n 维欧式空间 V 的线性变换 A 满足 $A^3+A=0$.证明:A 的迹(即 A 在 V 的某一基下对应矩阵的迹)等于零.

8. 设 $2n$ 阶实对称矩阵 $A=\begin{pmatrix}0&\cdots&0&1\\0&\cdots&1&0\\\vdots&\vdots&\vdots&\vdots\\1&\cdots&0&0\end{pmatrix}$,试求正交矩阵 T,使 $T^TAT=B$ 为对角矩阵,并求矩阵 B.

9. 如果欧几里得空间上的线性变换 A 将每个标准正交基映为标准正交基,则 A 是正交变换.

10. 已知矩阵 $A=\begin{pmatrix}-1&-3&3&-3\\-3&-1&-3&3\\3&-3&-1&-3\\-3&3&-3&-1\end{pmatrix}$,求正交矩阵 T,使 T^TAT 为对角矩阵.

11. 证明:特征根全为实数的正交矩阵是对称矩阵.

12. 如果欧几里得空间 V 上的线性变换 A 在 V 的任意一个规范正交基下的矩阵是对称矩阵,则 A 是对称变换.

13. $A_{n\times n}=A$ 不可逆,则 A 可以分解成 $A=Q_1T_1=T_2Q_2$,其中 Q_1,Q_2 为正交阵,T_1,T_2 为上三角.

14. 设 A 为 n 阶实方阵,且特征值不等于 -1,证明:

(1)$A+I$ 与 A^T+I 都可逆.

(2)A 是正交矩阵的充分必要条件为$(A+I)^{-1}+(A^T+I)^{-1}=I$,这里 I 表示单位矩阵,A^T 表示 A 的转置.

15. 设 A 为 n 阶实方阵($n\geqslant 3$),证明:

(1) 若 A 的每一个元素都等于它的代数余子式,且至少有一个元素不为零,则 $AA^T=I$(I 为 n 阶单位矩阵,A^T 为 A 的转置).

(2) 若 $|A|\neq 0$,则存在正交阵 P 与正定阵 B,使得 $A=PB$.

16. 证明:

(1) 任意 $m\times n$ 矩阵 A 的列向量线性无关的充分必要条件是:设 ξ 为 $n\times 1$ 矩阵,则 $A\xi=0$ 时(此处 0 为 $m\times 1$ 零矩阵)必有 $\xi=0$.

(2) 设 A 为 n 级反对称矩阵,Z 为任意 n 维实向量,则 AZ 与 Z 的内积必为零,即$(AZ,Z)=0$.

17. 设 A 是 n 阶实对称矩阵,存在一正数 c,使对任一 n 维向量 X 都有

$$|X^TAX|\leqslant cX^TX.$$

18. 设 V 是 n 维欧式空间,其内积为(,).设向量组 $\alpha_1,\alpha_2,\cdots,\alpha_m\in V$ 满足如下条件:如果非负实数 $\lambda_1,\lambda_2,\cdots,\lambda_m$ 使得 $\lambda_1\alpha_1+\lambda_2\alpha_2+\cdots+\lambda_m\alpha_m=0$,那么必有

$$\lambda_1=\lambda_2=\cdots=\lambda_m=0.$$

证明:必然存在向量 $\alpha\in V$ 使得$(\alpha,\alpha_i)>0,i=1,2,\cdots,m$.

19. 设 V 是 n 维欧式空间,内积为(,)

(1) 设 $\alpha_1,\alpha_2,\cdots,\alpha_s$ 是 V 中的一个线性无关的向量组.证明如下的 Schmidt 正交化定

理:存在 V 中的一个两两正交的向量组 $\beta_1,\beta_2,\cdots,\beta_s$,满足:对任意的 $1\leqslant k\leqslant s$ 有 $\alpha_1,\alpha_2,\cdots,\alpha_k$ 与 $\beta_1,\beta_2,\cdots,\beta_k$ 等价.

(2) 对 V 中的任意一个向量组 $\alpha_1,\alpha_2,\cdots,\alpha_m$,证明:$\alpha_1,\alpha_2,\cdots,\alpha_m$ 线性无关的充分必要条件是矩阵 $\begin{bmatrix}(\alpha_1,\alpha_1) & \cdots & (\alpha_1,\alpha_m)\\ \vdots & \cdots & \vdots\\ (\alpha_m,\alpha_1) & \cdots & (\alpha_m,\alpha_m)\end{bmatrix}$ 是正定矩阵.

20. 设欧式空间 R^3 的线性变换 A 在标准基下的矩阵为 $A=\begin{pmatrix}2&1&1\\1&2&1\\1&1&2\end{pmatrix}$.

(1) 求 A 的特征值和特征向量.

(2) 求 R^3 的一组标准正交基,使 A 在此基下的矩阵为对角矩阵.

21. 设 V 是实数域上所有 n 阶对称矩阵所构成的线性空间,对任意 $A,B\in V$,定义

$$(A,B)=tr(AB)$$

其中 $tr(AB)$ 表示 AB 的迹.

(1) 证明 V 构成一欧式空间.

(2) 求使 $tr(A)=0$ 的子空间 S 的维数.

(3) 求 S 的正交补 $S^{\perp}$ 的维数.

22. 设 V 为 n 维欧式空间,$\alpha_1,\cdots,\alpha_n,\alpha_{n+1}$ 是 V 中 $n+1$ 个非零向量.证明:V 中存在非零向量 α 与 $\alpha_1,\cdots,\alpha_n,\alpha_{n+1}$ 都不正交.

23. 设 A 是一个 3 阶正交矩阵,且 $|A|=1$.

(1) 证明:$\lambda=1$ 必为 A 的特征值.

(2) 证明:存在正交矩阵 Q,使得 $Q^TAQ=\begin{pmatrix}1&0&0\\0&\cos\theta&\sin\theta\\0&-\sin\theta&\cos\theta\end{pmatrix}$.

24. 设 V 是 n 维欧式空间,$\alpha_1,\alpha_2,\cdots,\alpha_m$ 是 V 的一组标准正交向量,证明:对任意的 $\beta\in V$,总有 $|\beta|^2\geqslant\sum\limits_{i=1}^{m}(\alpha_i,\beta)^2$.

25. 设 A,B 都是 n 阶正交矩阵,证明:

(1)AB 是正交矩阵.

(2) 当 $|A|+|B|=0$ 时,$|A+B|=0$.

(3)n 为奇数时,$|(A-B)(A+B)|=0$.

26. 已知实矩阵 $A=\begin{bmatrix}2&2\\2&a\end{bmatrix}$,$B=\begin{bmatrix}4&b\\3&1\end{bmatrix}$.证明:

(1)A 相似于 B 的充分必要条件是 $a=3,b=\dfrac{2}{3}$;

(2)A 合同于 B 的充分必要条件是 $a<2,b=3$.

27. 设 V 表示区间$[0,1]$上的次数不超过 3 的多项式全体.

(1) 证明 $1,x,x^2,x^3$ 在 R 中线性无关.

(2) 如果在 V 中引入内积

$$(f,g)=\int_0^1 f(x)g(x)dx$$

试将 $1,x,x^2,x^3$ 正交化而得到 V 的一组标准正交基.

28. 设 V 是实数域 R 上的一个 3 维线性空间,$\alpha_1,\alpha_2,\alpha_3$ 是 V 的一个基.设 $f(\alpha,\beta)$ 是 V 上的一个双线性函数,它在基 $\alpha_1,\alpha_2,\alpha_3$ 下的度量矩阵为 $A=\begin{pmatrix} a & b & 0 \\ -2 & 2 & 0 \\ 0 & 0 & 1 \end{pmatrix}$.

(1) 问参数 a,b 满足什么条件时,$f(\alpha,\beta)$ 是 V 上的一个内积?

(2) 当 $a=4$ 时,求欧式空间 V 的一组标准正交基.

29. 在 $P[x_3]$ 中定义内积:

$$(f(x),g(x))=\int_{-1}^1 f(x)g(x)dx, f(x),g(x)\in P[x]_3$$

并定义线性变换为 σ: $\sigma\varepsilon_i=\eta_i, i=1,2,3,4$

$$\varepsilon_1=\frac{1}{2}(1+x+x^2+x^3), \eta_1=2x+x^2-x^3$$

$$\varepsilon_2=\frac{1}{2}(-1-x+x^2+x^3), \eta_2=-1-x^2-2x^3$$

$$\varepsilon_3=\frac{1}{2}(-1+x-x^2+x^3), \eta_3=-2x-x^2+x^3$$

$$\varepsilon_4=\frac{1}{2}(-1+x+x^2-x^3), \eta_4=1-4x-x^2$$

求 σ 的核空间的一个标准正交基.

30. 已知 $\alpha_1,\alpha_2,\alpha_3$ 线性无关,β_1,β_2,β_3 线性无关,且

$$(\alpha_i,\beta_j)=0(i,j=1,2,3).$$

证明:$\alpha_1,\alpha_2,\alpha_3,\beta_1,\beta_2,\beta_3$ 线性无关.

31. 设 $\{e_1,e_2,\cdots,e_n\}$ 是 n 维欧式空间 V 的一组标准正交基,$x_1,x_2\in V$.证明:如果 $(e_i,x_1)=(e_i,x_2), i=1,2,\cdots,n$,则 $x_1=x_2$.

32. 设 α,β,γ 是欧式空间 R^n 的向量,并且 $\alpha+\beta+\gamma=0$.如果 $(\alpha,\beta)>0$,证明 $(\alpha,\gamma)<0$, $(\beta,\gamma)<0$ 并且 $|\gamma|>\max\{|\alpha|,|\beta|\}$

33. V_1 是欧式空间 V 的子空间并且 $\alpha\in V_1$,则 $\alpha\notin V_1^{\perp}$ 吗? 为什么?

34. 设 T 是欧式空间 E 内的一个线性变换,对于任意的向量 α,β 都有

$$<T\alpha,\beta>=<\alpha,T\beta>.$$

(1) 证明 T 的特征值都是实数.

(2) 是否可以找到空间 E 的基,使得 T 对应的矩阵是对角矩阵? 证明你的结论.

(3) 取 $E=R^3$,以及它的一个标准正交基 $\{e_1,e_2,e_3\}$.已知

$$T(e_1)=T(e_2)=T(e_3)=e_1+e_2+e_3,$$

求 R^3 的另一个标准正交基,使得 T 对应的矩阵是对角矩阵.

35. 设 A 为 $n\times n$ 实对称阵,R^n 为 n 维欧式空间,$\lambda_1\leqslant\lambda_2\leqslant\cdots\leqslant\lambda_n$ 是 A 的 n 个特征值,证明:$\forall Z\in R^n, \lambda_1^2\leqslant\dfrac{|AZ|^2}{|Z|^2}$,$|Z|$ 表示向量 Z 的长度.

36. 设 V_1 是 n 维欧式空间 V 的一个 $m(m<n)$ 维子空间，$\alpha\in V$，证明：在 V_1 存在唯一的向量 β，使 $(\alpha-\beta)\perp V_1$.

37. 设 $V=R^4$ 是实数域 R 上通常的 4 维欧式空间，$\varepsilon_1=(\frac{1}{2},\frac{1}{2},\frac{1}{2},\frac{1}{2})$ 和 $\varepsilon_2=(\frac{1}{2},\frac{-1}{2},\frac{1}{2},\frac{-1}{2})$.求 V 中向量 $\varepsilon_3,\varepsilon_4$ 使得 $\varepsilon_1,\varepsilon_2,\varepsilon_3,\varepsilon_4$ 为 V 的一组标准正交基.

38. 设 $f(x_1,x_2,x_3)=(x_1,x_2,x_3)A\begin{pmatrix}x_1\\x_2\\x_3\end{pmatrix}$ 为三元实二次型（A 为 3 阶实对称方阵），B 为 3 维欧几里得空间 V 中的单位球面 $\{(a_1,a_2,a_3)^T\mid a_1^2+a_2^2+a_3^2=1\}$.设 f 在 B 上最大值为 λ，而最大值在点 $v\in B$ 处达到.证明：若向量 w 与 v 正交，则 Aw 与 v 正交.

39. 设 V_1,V_2 是 n 维欧式空间 V 的子空间，且 $\dim V_1<\dim V_2$.证明：存在 V_2 中的非零向量 α，使得 α 与 V_1 正交.

40. 在 R^4 中，

$a=(1,1,-1,1)$，$\beta=(1,-1,-1,1)$，$\gamma=(1,0,-1,1)$，$W=L(\alpha,\beta,\gamma)$.

（1）计算向量 α 与向量 β 的长度及夹角；

（2）计算向量 α 在向量 β 上的投影；

（3）计算 W^T，并给出 W^T 的一组标准正交基.

41. 设 A 是秩为 n 的 $m\times n$ 实矩阵，b 为 m 维向量，若 n 维向量 x 满足 $A^TAx=A^Tb$，证明对一切不等于 x 的 n 维向量 y，有 $|b-Ax|<|b-Ay|$.

42. 设 V 是实数域 R 上的 n 维线性空间，若能在 V 上定义一个二元实函数，记作 $[\alpha,\beta]$，满足如下性质：

（1）$[k\alpha,\beta]=k[\alpha,\beta]$，对任意 $\alpha,\beta\in V,k\in R$；

（2）$[\alpha+\beta,\gamma]=[\alpha,\gamma]+[\beta,\gamma]$，对任意 $\alpha,\beta,\gamma\in V$；

（3）$[\alpha,\beta]=[-\beta,\alpha]$，对任意 $\alpha,\beta\in V$；

（4）对任意 $\alpha\in V-\{0\}$，存在 $\beta\in V$，使得 $[\alpha,\beta]\neq 0$，则称 V 为 $S-$空间.

在 n 维 $S-$空间 V 中，回答下列问题：

（1）证明：对任意 $\alpha,\beta,\gamma\in V,k\in R$，有

$$[\alpha,k\beta]=k[\alpha,\beta],[\gamma,\alpha+\beta]=[\gamma,\alpha]+[\gamma,\beta],[\alpha,0]=0.$$

（2）设 σ 是 V 上的一个可逆线性变换且满足：对任意 $\alpha,\beta\in\gamma$，有 $[\sigma\alpha,\sigma\beta]=[\alpha,\beta]$.设 U 是 V 的一个 $\sigma-$不变子空间.令 $U^{\perp}=\{v\in V\mid[u,v]=0,\forall u\in U\}$. 证明：$U^{\perp}$ 是 V 的 $\sigma-$不变子空间.

（3）设 $n>2$，U 是 V 的一个由 α 和 β 生成的子空间且 $[\alpha,\beta]\neq 0$，证明：$U^{\perp}\neq\{0\}$；是否存在一维与三维 $S-$空间？为什么？

参考答案